21世纪高等学校计算机
基础实用规划教材

ASP.NET程序设计高级教程

陈长喜 主编
许晓华 张万潮 于娜 副主编
赵光煜 韦冰 何玲 甄爱军 吴凯 编著

清华大学出版社
北京

内 容 简 介

本书详细讲解 ASP.NET 应用程序开发的高级应用，从 AJAX、LINQ 技术、数据库高级应用到一致性处理、分布式开发、安全性编程、GDI+、水晶报表，再到 ASP.NET 的三层架构、MVC 框架、物联网技术、程序调试、发布与优化，最后是一个完整 Web 应用系统的开发实例。所有知识点都结合具体实例进行详细讲解，循序渐进地引导读者掌握 ASP.NET 开发。

本书各章提供丰富的作业题、思考题与上机实践，便于读者巩固知识和加深理解，也便于教师教学。

本书可作为高等院校计算机相关专业的教材，也可以作为自学 ASP.NET 开发的读者的参考书及 ASP.NET 开发人员的工作参考书。

图书在版编目（CIP）数据

ASP.NET 程序设计高级教程/陈长喜主编. 一北京：清华大学出版社，2017
（21 世纪高等学校计算机基础实用规划教材）
ISBN 978-7-302-47635-1

Ⅰ. ①A… Ⅱ. ①陈… Ⅲ. ①网页制作工具 – 程序设计 – 高等学校 – 教材 Ⅳ. ①TP393.092.2

中国版本图书馆 CIP 数据核字（2017）第 155189 号

责任编辑：付弘宇 李 晔
封面设计：刘 键
责任校对：梁 毅
责任印制：宋 林

出版发行：清华大学出版社
网 址：http://www.tup.com.cn，http://www.wqbook.com
地 址：北京清华大学学研大厦 A 座 **邮 编**：100084
社 总 机：010-62770175 **邮 购**：010-62786544
投稿与读者服务：010-62776969，c-service@tup.tsinghua.edu.cn
质 量 反 馈：010-62772015，zhiliang@tup.tsinghua.edu.cn
课 件 下 载：http://www.tup.com.cn，010-62795954
印 装 者：三河市铭诚印务有限公司
经 销：全国新华书店
开 本：185mm×260mm **印 张**：30.25 **字 数**：734 千字
版 次：2017 年 10 月第 1 版 **印 次**：2017 年 10 月第1 次印刷
印 数：1～2000
定 价：59.80 元

产品编号：071395-01

出版说明

随着我国改革开放的进一步深化，高等教育也得到了快速发展，各地高校紧密结合地方经济建设发展需要，科学运用市场调节机制，加大了使用信息科学等现代科学技术提升、改造传统学科专业的投入力度，通过教育改革合理调整和配置了教育资源，优化了传统学科专业，积极为地方经济建设输送人才，为我国经济社会的快速、健康和可持续发展以及高等教育自身的改革发展做出了巨大贡献。但是，高等教育质量还需要进一步提高以适应经济社会发展的需要，不少高校的专业设置和结构不尽合理，教师队伍整体素质亟待提高，人才培养模式、教学内容和方法需要进一步转变，学生的实践能力和创新精神亟待加强。

教育部一直十分重视高等教育质量工作。2007 年 1 月，教育部下发了《关于实施高等学校本科教学质量与教学改革工程的意见》，计划实施“高等学校本科教学质量与教学改革工程（简称‘质量工程’）”，通过专业结构调整、课程教材建设、实践教学改革、教学团队建设等多项内容，进一步深化高等学校教学改革，提高人才培养的能力和水平，更好地满足经济社会发展对高素质人才的需要。在贯彻和落实教育部“质量工程”的过程中，各地高校发挥师资力量强、办学经验丰富、教学资源充裕等优势，对其特色专业及特色课程（群）加以规划、整理和总结，更新教学内容、改革课程体系，建设了一大批内容新、体系新、方法新、手段新的特色课程。在此基础上，经教育部相关教学指导委员会专家的指导和建议，清华大学出版社在多个领域精选各高校的特色课程，分别规划出版系列教材，以配合“质量工程”的实施，满足各高校教学质量和教学改革的需要。

本系列教材立足于计算机公共课程领域，以公共基础课为主、专业基础课为辅，横向满足高校多层次教学的需要。在规划过程中体现了如下一些基本原则和特点。

（1）面向多层次、多学科专业，强调计算机在各专业中的应用。教材内容坚持基本理论适度，反映各层次对基本理论和原理的需求，同时加强实践和应用环节。

（2）反映教学需要，促进教学发展。教材要适应多样化的教学需要，正确把握教学内容和课程体系的改革方向，在选择教材内容和编写体系时注意体现素质教育、创新能力与实践能力的培养，为学生的知识、能力、素质协调发展创造条件。

（3）实施精品战略，突出重点，保证质量。规划教材把重点放在公共基础课和专业基础课的教材建设上；特别注意选择并安排一部分原来基础比较好的优秀教材或讲义修订再版，逐步形成精品教材；提倡并鼓励编写体现教学质量和教学改革成果的教材。

（4）主张一纲多本，合理配套。基础课和专业基础课教材配套，同一门课程可以有针对不同层次、面向不同专业的多本具有各自内容特点的教材。处理好教材统一性与多样化，基本教材与辅助教材、教学参考书，文字教材与软件教材的关系，实现教材系列资源配套。

（5）依靠专家，择优选用。在制定教材规划时依靠各课程专家在调查研究本课程教材建设现状的基础上提出规划选题。在落实主编人选时，要引入竞争机制，通过申报、评审确定主题。书稿完成后要认真实行审稿程序，确保出书质量。

繁荣教材出版事业，提高教材质量的关键是教师。建立一支高水平教材编写梯队才能保证教材的编写质量和建设力度，希望有志于教材建设的教师能够加入到我们的编写队伍中来。

21 世纪高等学校计算机基础实用规划教材

联系人：魏江江 weijj@tup.tsinghua.edu.cn

前　言

从 Visual Studio 2002 与.NET Framework 1.0 到 Visual Studio 2017 与.NET Core 2.0，15 年来，微软公司的.NET 技术架构经历了从最初的封闭和局限于 Windows 到目前的开源和跨多 OS，现.NET 技术架构逐渐走向成熟、稳定并赢得了广大程序开发人员的认可。基于 Visual Studio 便捷、易用的操作特性，ASP.NET 在开发效率上的优势是有目共睹的，而.NET 平台的跨语言特性，也使得开发者在语言选择上有了更大的灵活性，2017 年 4 月最新的 TIOBE Index 显示，.NET 平台的主流开发语言 C#和 Visual Basic.NET 在市场占有率上的排名分别为第 4 位和第 7 位。这一切都表明 ASP.NET 技术已成为 Web 应用开发领域的主流技术之一。

在多年的教学经验积累下，笔者的教学团队于 2011 年 9 月和 2013 年 8 月先后在清华大学出版社推出《ASP.NET 程序设计基础教程》第 1 版和第 2 版，市场好评如潮，多次重印，许多高校将此教程选为授课教材，也有很多读者通过本教程自学成才，开启了.NET 开发的职场生涯。在推出基础教程之前，作者团队即考虑教材在架构上分为基础与高级教程。基础教程推出后的 6 年来，接到了很多读者的来信，希望能尽快出版《ASP.NET 程序设计高级教程》以利于后续更深层次地学习 ASP.NET 架构的知识。经过了 3 年多的总结和撰写，值此 2017 年春夏之交，高级教程终于完稿了。

作者团队的系列教材均基于多年的教学与科研的实践，在笔者任教的高校，自 2003 年开设“.NET 程序设计”课程以来，全程进行案例教学，经过多年的摸索和教学实践，大胆地进行了教学和考试改革，将原来“出试卷、答试卷、判试卷”的传统考核方式，改革为“选题目、做项目、现场答辩”的考核方式，该课程也被评为校级精品课程。由于教程采用了循序渐进的案例式教学模式，选用了贴近现实生活的例题、使读者们在“做中学，学中做”，能够快速地提升了学生的项目开发能力。

近 10 年来，作者团队组成的科研团队，采用.NET 技术研发了多个关系国计民生的科研项目，申请了 4 项专利，登记了 25 项软件著作权。 如自主研发了基于物联网的肉鸡生产监测与产品质量可追溯平台（3 个版本后台代码近 100 万行），作者团队通过项目投标并中标实施了天津市十大民心工程之一——“天津市放心鸡肉工程”（网址 http://www.rjzspt.cn），现该平台已在天津市 10 个区县、299 家肉鸡养殖与屠宰企业推广和应用，取得了良好的经济与社会效益。研发的“中国农业资源与环境预测网”将来源于我国 60 余年的分布于各省的 756 个气象台站的气象数据汇聚形成近 2000 万条记录的海量数据库，并以此气象数据库为依据，建立了中国气象墒情预测与预警模型，此模型能够对全中国 2445 个县，3450 区的 10 天、20 天、40 天、60 天、90 天内的降雨进行预测与预警。研发的“生猪屠宰追溯系统”对生猪屠宰全程进行质控与预警，实现了自动化生产线上的猪肉单体追溯，即将在天津市西青区某企业部署、实施并拟推广至全市。

本书特色

本书的编者均为具有多年项目开发、教学和科研经验的高校教师，经过多年的知识积累、沉淀，将开发经验以娓娓道来的讲述方式、图文案例的呈现形式毫无保留地展现给大家，而不是简单、枯燥的知识罗列。所有的例题均为实用性较强的真实案例，最后一章的综合案例“生猪屠宰追溯系统”更是团队成员最近综合运用 ASP.NET 高级知识开发的真实实例。同时，类似《ASP.NET 程序设计基础教程》，本书每章末也提供了作业题、思考题和上机实践题，以便于读者进一步巩固所学知识，以及方便教师布置作业和安排上机实验。

面向的读者

本书可作为学习 ASP.NET 开发的高级教材，也可作为 ASP.NET 开发的参考资料。本书面向的读者包括：

- 已学习完《ASP.NET 程序设计基础教程》的学生。
- 有一定 ASP.NET 开发基础，想进一步提高开发水平的读者。
- 正在从事 ASP.NET 开发，想尽快提升开发经验，成为高级程序员的初、中级程序员。
- 相关培训机构的教师和学员。

准备工作

在开始本教程的学习之前，请首先选用 Windows 10 操作系统，安装 Visual Studio 2015 版本的开发环境，选用 C#开发语言，数据库管理系统需要安装 SQL Server 2014 或 2016 版本，浏览器选用 Microsoft Edge 或 Internet Explorer 11。

内容组织

第 1 章 XML 操作，主要讲述 XML 文档结构与基本语法、XML 读写操作实例、XML 与 ADO.NET 的数据交换，介绍了网站 RSS 的应用，带领读者实现了一个简易的在线 RSS 阅读器。

第 2 章 AJAX 开发，主要讲述了 AJAX 的适用范围及局限，纯 JavaScript 开发 AJAX 的方法，第三方 AJAX 框架如 JQuery 开发 AJAX 的方法与实例，ScriptManager、ScriptManagerProxy、UpdatePanel、Timer 等微软自带的 AJAX 服务器控件的使用方法，最后给出了 AJAX 的应用实例。

第 3 章 LINQ 技术，主要讲述了 LINQ 基础知识、LINQ 查询步骤、LINQ 和泛型、LINQ 基本查询操作、LINQ 操作 SQL Server 数据库实现添加、删除、修改和查询操作、LINQ to SQL、如何创建创建对象模型、还讲述了 LinqDataSource、QueryExtender 等控件的使用、LINQ 防止 SQL 注入的方法，以及 LINQ 实现数据分页的技巧。

第 4 章数据库高级应用，主要讲述数据库建模、NetSQL，包括线程池、多表连接、存储过程、触发器、函数等，以及数据库级的错误跟踪与调试。

第 5 章一致性处理，主要讲述母版页机制和菜单操作。

第 6 章分布式应用开发，主要讲述 Web Service 与 WCF 开发。

第 7 章 ASP.NET 安全性编程，主要讲述 SQL 注入漏洞的防范、XSS 漏洞的防范、Cookie 窃取漏洞的防范。

第 8 章 ASP.NET 中的三层架构，主要讲述 SqlHelper 类的编写与使用、三层架构的思想，以及三层架构在项目开发中的应用。

第 9 章 ASP.NET MVC 框架，主要讲述了 Web Forms 和 MVC 模式的优缺点，MVC 模式的三个组成部分：Model、View 和 Controller、路由(Routing)的原理、Razor 视图引擎的用法、HtmlHelper 类的使用以及强类型视图的编写方法。

第 10 章 GDI+，主要讲述了 GDI+的常用绘图函数，如何在图片添加文字，如何掌握验证码技术，以及使用 Chart 控件绘制常用图表的方法。

第 11 章水晶报表 Crystal Report for VS，主要讲述了水晶报表的下载与安装、如何编辑报表，包括组、公式、参数、排序和汇总等操作，如何格式化报表，以及交叉报表的使用方法。

第 12 章实现物联网关键技术，主要讲述 RFID 基本知识、RFID 服务器端驱动的自动安装下载、RFID 客户端程序的开发、如何打印一维条码与二维条码，向读者展示了读写 RFID 与打印条码的实例。

第 13 章调试、发布与优化，主要讲述在页面级以及应用程序级的错误调试与跟踪处理。

第 14 章开发综合实例，主要综合运用了前 13 章的知识，向读者讲述了“生猪屠宰追溯系统”的研发过程。

例题源码与教学课件

为方便读者学习，本书所有章节例题均提供源代码，可以在清华大学出版社网站 www.tup.com.cn 下载，其中每个例题一个文件夹，文件夹命名方式 ch3-2（表示第 3 章第 2 个例题）。同时为了方便教师教学，本书有配套的教学课件（PowerPoint 版本），也可以在清华大学出版社网站下载。资源下载中的问题请联系 fuhy@tup.tsinghua.edu.cn。

由于 ASP.NET 博大精深，本书难免会有错误、疏漏或不足之处，恳请各路专家、学者和广大读者不吝赐教，我们会虚心地接受建议和批评，以便再版时更正或改进。笔者的邮箱是 changxichen@163.com，请及时与我们联系，我们会尽快给予答复。

编　者

2017 年 4 月

目　录

第 1 章 XML 操作

不同操作系统、不同应用程序存储数据的格式不兼容，当异构系统进行数据交换时，变得十分困难。W3C（World Wide Web Consortium）组织推出了一种新的数据交换标准——XML（Extensible Markup Language，可扩展标记语言）。XML 便于实现异构系统之间的数据共享，它具有性能卓越的数据存储机制以及强大的数据检索能力。

本章主要学习目标如下：

- 了解 XML 技术的定义、发展、优点、用途；
- 掌握 XML 文档的语法和规则；
- 掌握 XML 文档在 ASP.NET 和 ADO.NET 中的使用方法；
- 了解 XML 技术的应用实例 RSS 及其实现方法。

1.1 XML 概述

1.1.1 什么是 XML

XML 是一种描述数据和数据结构的语言。它是一种类似于 HTML 的标记语言，称为可扩展标记语言。虽然 XML 是一种语言，但它并不像其他语言那样能够被计算机识别并运行，只能依靠另一种语言来进行解释。XML 的内容可以保存在任何文本中，这就让 XML 具有了可扩展性、跨平台性以及在数据传输与存储方面的优点。它在描述数据时能够表达层次与关联关系。如要表达农业、种植业、养殖业之间的关系，如图 1-1 所示。

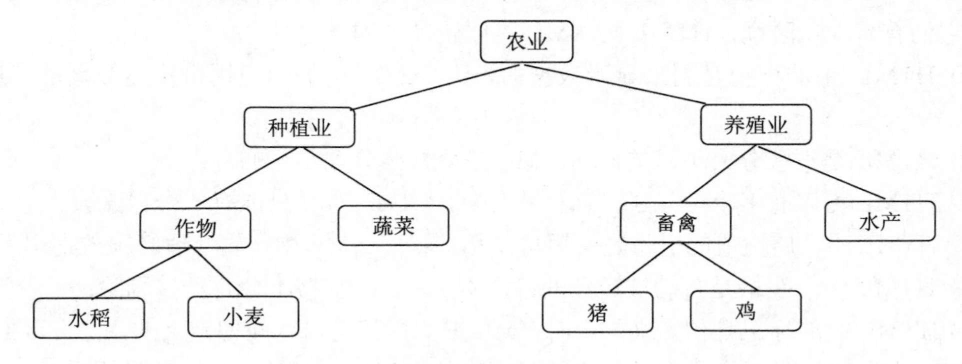

图 1-1 农业关系图

若通过一个 XML 文档，则可表示如下：

```
<农业>
<种植业>
```

```
        <作物>
            <水稻/>
        </作物>
        <作物>
            <小麦/>
        </作物>
        <蔬菜></蔬菜>
    </种植业>
    <养殖业>
        <畜禽>
            <猪/>
        </畜禽>
        <畜禽>
            <鸡/>
        </畜禽>
        <水产></水产>
    </养殖业>
</农业>
```

在上例中，<农业>、<种植业>、<养殖业>等均是用户创建的标记，可称为元素。这些元素必须成对出现。<农业></农业>是整个文档的根元素。<种植业>、<养殖业>、<作物>、<畜禽>等称为子元素。在 XML 文档中，通过嵌套关系可以准确描述具有树状层次的复杂信息。

1.1.2 XML 与 HTML 的比较

在 ASP.NET 开发中，最常用的标记语言就是 HTML，HTML 定义了其文档的语义、结构以及格式，以便在不同的浏览器中为用户呈现相同的内容。

XML 和 HTML 都是标记语言，它们在结构上大致相同，都是以标记的形式来描述信息。但它们有着本质区别，HTML 与 XML 的比较具体如下：

（1）HTML 中的标记是用来显示数据的，而 XML 中的标记用来描述数据的性质和结构；

（2）HTML 是不区分大小写的，而 XML 是严格区分大小写的；

（3）HTML 可以有多个根元素，而格式良好的 XML 有且只能有一个根元素；

（4）HTML 中，属性值的引号是可用可不用的；而 XML 中，属性值必须放在引号中；

（5）HTML 中，空格是自动被过滤的；而 XML 中，空格不会自动被删除；

（6）HTML 中的标记是预定义的，而 XML 中的标记是可以随便定义的，并且可扩展。

XML 要比 HTML 强大得多，它不再是固定的标记，而是允许定义数量不限的标记来描述文档中的资料，允许嵌套的信息结构。HTML 只是 Web 应用显示数据的通用方法，XML 则提供了一个直接处理 Web 数据的通用方法。HTML 着重描述 Web 页面的显示格式，而 XML 着重描述的是 Web 页面的内容。XML 不是 HTML 的升级，也不是 HTML 的替代产品，虽然两者有些相似，但其应用领域和范围完全不同。

1.1.3　XML 技术的用途

XML 技术通常用于存储、传输以及交换数据，而不是用来展示数据。所以 XML 可以用来实现 HTML 与数据的分离，可以在不同程序、不同数据源之间交换数据，它解决了数据统一接口的问题。

1.2　XML 文档结构

一个合法的 XML 文档是由 XML 声明、处理指令、元素、属性、注释等构成的。一个 XML 文档实例代码如图 1-2 所示。

```
1   <?xml version="1.0" encoding="UTF-8" standalone="no" ?>
2   <?xml-stylesheet type="text/xsl" href="show_book.xsl"?>
3   <!--如下演示xml文档结构 -->
4   <!DOCTYPE 书架 SYSTEM "books.dtd">
5   <书架>
6       <书>
7           <书名 id="b001">ASP.NET程序设计基础教程</书名>
8           <作者>陈长喜</作者>
9           <售价>39.50</售价>
10      </书>
11      <书>
12          <书名  id="b002">ASP.NET程序设计高级教程</书名>
13          <作者>许晓华</作者>
14          <售价>40.00</售价>
15      </书>
16  </书架>
```

图 1-2　一个 XML 文档的实例

在这个 XML 文档中，第 1 行是 XML 声明，第 2 行为处理指令，第 3 行是注释，第 4 行为文档约束，第 5～16 行就是文档的各个元素。具体解释如下：

（1）XML 声明。XML 文档应该有一个 XML 声明，在 XML 声明中标明该 XML 文档并提供版本号。

（2）处理指令。将指令（如怎么处理元素或其内容）传递给应用程序。

```
<?XML-stylesheet type="text/xsl" href="show_book.xsl"?>
```

（3）注释。用于提高文档可读性的手段。可以在<!-- 和 -->字符之间输入注释内容。

（4）文档约束。XML 文档约束有 DTD 约束及 Schema 约束两种。

（5）文档元素。XML 文档中只能有一个根元素，它是所有其他元素的父元素。

（6）属性。提供用于在元素中包含其他信息的另一种方法。在通常情况下，将要显示的信息存储在元素的上下文中。id="b001"即是书名元素的属性。

1.3　XML 语法

1.3.1　文档声明

一个完整的 XML 文档，必须包含一个 XML 声明，XML 声明必须是 XML 文档的第一句，其格式如下：

```
<?xml 版本信息 [编码信息][文档独立性信息]?>
```

示例如下：

```
<?xml version="1.0" encoding="UTF-8" standalone="no"?>
```

声明的作用是告诉浏览器或者其他处理程序，这个文档是 XML 文档。声明语句中的 version 表示本文档遵守 XML 规范的版本；encoding 表示文档所用的语言编码，默认是 UTF-8，若是中文则可以是 GB 2312。standalone 表示文档是否附带 DTD 等约束规范文件，如果有，则参数为 no。

1.3.2 XML 元素

元素是 XML 文档内容的基本单元。一个元素包含一个起始标记、一个结束标记及标记间的数据内容。一个元素也可以称为一个节点。通常一个 XML 文档由一个或者多个 XML 元素构成，如“<学校>天津农学院</学校>”就是一个 XML 元素。一个元素中可以嵌套若干子元素，若一个元素没有嵌套在其他元素之内，则这个元素称为根元素。其形式为：

```
<标记>元素内容</标记>
```

标记的名称即是元素的名称。在 XML 文档中，元素的名称可以包含字母、数字以及其他一些可见字符，但在元素命名时应该遵守如下规范：

（1）区分大小写，例如，<BOOK>和<book>是两个不同的标记。

（2）元素名称中，不能包含空格、冒号、分号、逗号和尖括号等，元素不能以数字开头，否则 XML 文档会报错。

（3）建议不要使用“.”，因为在很多程序语言中，“.”用于引用对象的属性。

（4）建议不要用减号（–），而以下画线（_）代替，以避免与表达式中的减号（–）运算符发生冲突。

（5）建议名称不要以字符组合 xml（XML 或 Xml 等）开头。

（6）建议名称的大小写尽量采用同一标准，要么全部大写，要么全部小写。

（7）名称可以使用非英文字符，例如中文，但有些软件可能不支持英文字符以外的字符，在使用时应考虑这种情况。

XML 元素内容：一个 XML 元素从一个起始标记开始，到对应的结束标记结束。在起始标记和结束标记之间的内容，称为 XML 元素的内容。

空元素（empty element）：如果一个 XML 元素没有内容，就称其为空元素（empty element）。它有一种特殊的写法，以“<”开始，然后是元素名称，最后以“/>”结束。如<网址 site="www.tjau.edu.cn"/>，即为一个空元素。

1.3.3 XML 属性

XML 文档中，可以为元素定义属性，属性是对元素的进一步描述和说明。在一个元素中，可以有多个属性，并且每个属性都有自己的名称和值。

比如<书名 id="b001">就是一个带有属性的 XML 元素。id 是属性名称（name），b001 是属性的值（value）。

XML 属性是以名-值对（name-value）的形式配对出现的。

XML 属性应写在开始标记里面，在开始标记的名称之后。其值应用引号围起来，可以用单引号（"），也可用双引号（""）引起来，最好采用双引号。

```
<书名 ISBN ="b001"/>
<书名 ISBN ='b001'/>
```

一个 XML 元素可以有一个或者多个属性。每个属性都以空格分开。

注意：使用技巧：使用 XML 元素还是属性？

没有硬性规定说哪些数据应该使用元素，哪些数据应该使用属性，比如以下这两种写法都是对的。

第一种写法，使用属性：

```
<天津农学院 网址="www.tjau.edu.cn">
```

第二种写法，使用元素：

```
<天津农学院>
  <网址> www.tjau.edu.cn </网址>
</天津农学院>
```

一般情况下，元素用于封装数据，而属性通常用于提供有关元素的相关信息，而不是封装原始数据本身。使用元素还是属性更大程度上取决于应用程序的需要。当信息需要简单类型的数据并且存在以下情况时，一般认为应使用属性：

（1）信息需要默认值或固定值。

（2）信息需要的数据是现有元素的元数据。

（3）如果 XML 文件的大小很重要，那么属性所需的字节数往往比元素要少。

1.3.4 注释

XML 注释与 HTML 注释写法基本一致，具体语法格式如下：

```
<!- 注释内容 -->
```

XML 注释有一些细节问题需要注意，具体如下：

（1）注释不能出现在 XML 声明之前，XML 声明必须是文档的第一行。

（2）注释不能出现在标记中。

（3）字符串“--”不能在注释内容中出现。

（4）在 XML 中，不允许注释以“--->”结尾。

（5）注释不能嵌套使用，因为第一个“<!--”会匹配在它后面第一次出现的“-->”作为一个完整的注释符。

1.3.5 特殊字符的处理

XML 文档中，有些字符被赋予了特殊含义，解析器在解析这些字符时，会按照 XML

所规定的特殊含义解析。例如，某元素内容为“<ASP.NET 程序设计高级教程>”，其中的“<”与“>”会被看作是一个元素而非一个具有书名含义的内容。XML 有 5 个特殊字符，分别是：&、<、>、"、'，为了让 XML 解析器正常解析需要进行转义。特殊符号转义如表 1-1 所示。

表 1-1　特殊符号转义

特殊符号	&	<	>	"	'
转义序列	&	<	>	"	'

例如，book.xml。

```
<?xml version="1.0" encoding="UTF-8" standalone="no" ?>
<书架>
    <书>
        <书名 id="b001">&lt;ASP.NET 程序设计基础教程&gt;</书名>
        <作者>&amp;陈长喜</作者>
        <售价>&quot;39.50&apos;</售价>
    </书>
</书架>
```

通过转义特殊字符后，当用浏览器打开文档 book.xml 时出现如图 1-3 所示的解析结果。

```
<?xml version="1.0" encoding="UTF-8"?>
- <书架>
  - <书>
      <书名 id="b001"><ASP.NET程序设计基础教程></书名>
      <作者>&陈长喜</作者>
      <售价>"39.50'</售价>
    </书>
  </书架>
```

图 1-3　含有特殊字符的文档 book.xml 的解析结果

1.3.6　CDATA 区

通过转义特殊字符处理，可以通知解析器按照转义方式解析，但当元素或属性内容包含的特殊字符较多，如包含一段 C#代码片段时，显然较为麻烦，此时可通过 CDATA 区解决此问题。

CDATA 是 Character Data 的缩写，即字符数据，CDATA 区指的是不想被程序解析的一段原始数据，它以“<![CDATA[”开始，以“]]>”结束。

例如，csharp.xml。

```
<?xml version="1.0" encoding="UTF-8" standalone="no" ?>
<csharp>
   <![CDATA[
   if(a>b&&a<c)
         max=c;
```

```
    ]]>
</csharp>
```

通过浏览器解析的结果如图 1-4 所示。

```
  <?xml version="1.0" encoding="UTF-8"?>
- <csharp>
  - <![CDATA[

              if(a>b&&a<c)
                  max=c;

    ]]>
  </csharp>
```

图 1-4　含有 C#代码的文档 csharp.xml 的解析结果

1.4　ASP.NET 中 XML 操作

在 ASP.NET 环境中涉及 XML 操作主要有 5 种技术：

（1）直接使用 Visual Studio 开发环境手动创建 XML 文档。

（2）使用 XmlReader 类和 XmlWriter 类以非缓存的流方式操作 XML。

（3）以 XML 文档对象模型（DOM）类的方式操作 XML。

（4）ADO.NET 中的 DataSet 与 XML 之间的互操作。

（5）以 LINQ 技术操作 XML 的方式，即 LINQ TO XML 技术。

第 3 章将系统介绍 LINQ 技术，其中包括了 LINQ TO XML 技术，故在此只介绍前 4 种技术。

XML 文档支持直接使用 notepad，Dreamweaver 等编辑软件进行创建、编辑。当然在 Visual Studio 下也可以直接创建 XML 文档。

1.4.1　使用 Visual Studio 直接创建 XML 文档

下面就以一个简单的 XML 文档的创建来说明这个操作过程。

例 1-1　首先在 D 盘上建立一个 Web 应用，创建一个 XML 文档，操作步骤如下：

步骤 1，在 D 盘上新建一个网站。

启动 Visual Studio 2015（以后简称 VS），依次单击菜单栏中的“文件”→“新建”→“网站”，在出现的界面中，单击“ASP.NET 空网站”，如图 1-5 所示。

单击“浏览”按钮，考虑到在 Windows 10 操作系统下的安全问题，选择 D:\WebSite1.1，如果 D 盘上没有这个文件夹，将出现如图 1-6（a）所示的对话框，单击“是”按钮，回到刚才的界面，单击“确定”按钮，即可成功建立空网站，如图 1-6（b）所示。

步骤 2，使用 VS 建立一个名为 book.xml 的文档，单击菜单栏中的“文件”→“新建”→“文件”（或者使用 Ctrl+N 快捷键），在出现的界面中，选择“XML 文件”，在“名称”处填入 book.xml，然后单击“添加”按钮，如图 1-7 所示。

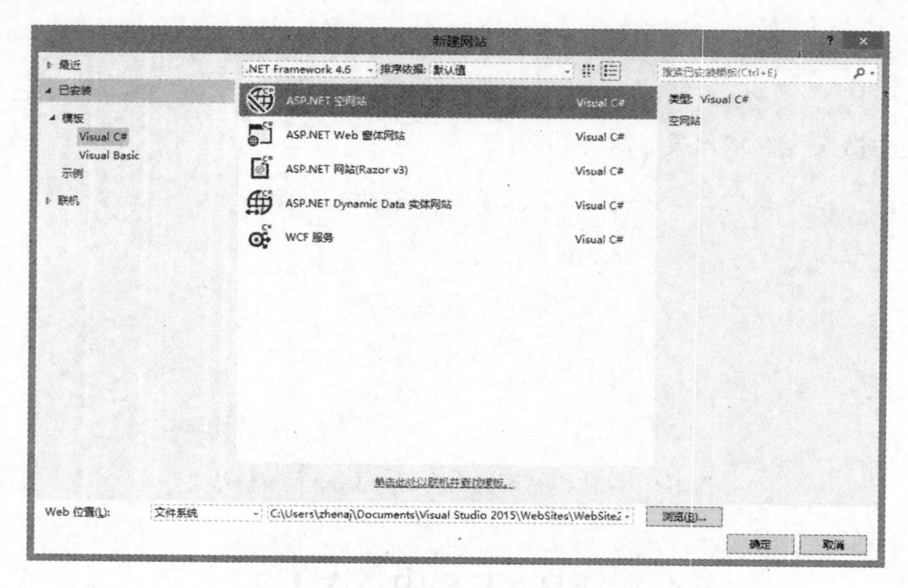

图 1-5　建立 ASP.NET 空网站

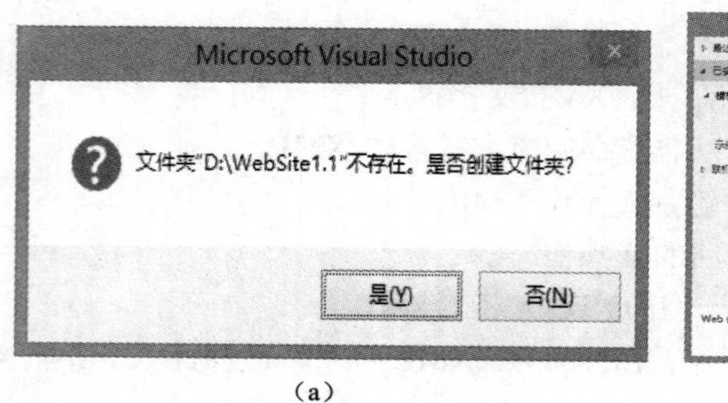

（a）

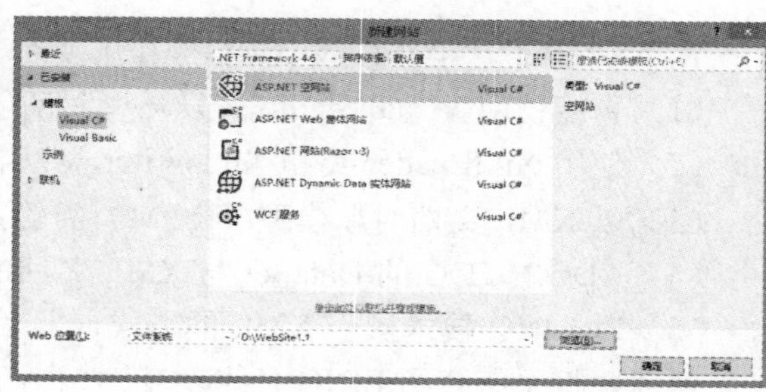

（b）

图 1-6　以新建文件夹的方式建立网站

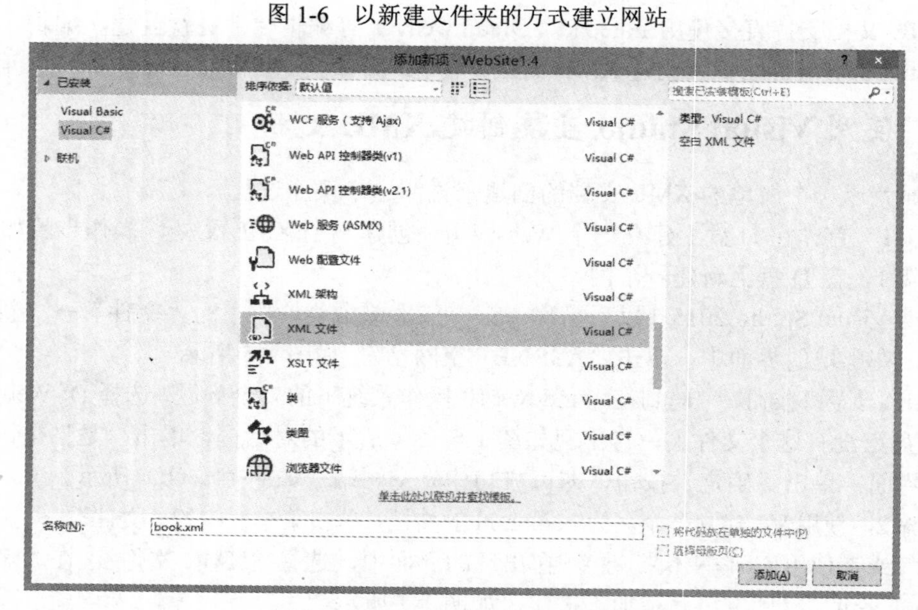

图 1-7　使用 VS 建立 book.xml 文档

在出现的界面中，录入下列代码：

```
<?xml version="1.0" encoding="utf-8" ?>
<!--如下演示 XML 文档结构-->
<bookstore>
  <book ISBN="978-7-302-32210-8" Type="必修课">
    <title>ASP.net 程序设计基础教程（第二版）</title>
    <author>陈长喜</author>
    <price>45.00</price>
  </book>
  <book ISBN="978-7-302-32210-9" Type="选修课">
    <title>ASP.NET 程序设计高级教程</title>
    <author>许晓华</author>
    <price>40.00</price>
  </book>
</bookstore>
```

保存文档，至此名为 book.xml 的文档就建好了。用 IE 浏览器打开此文档，可看到如图 1-8 所示的效果。

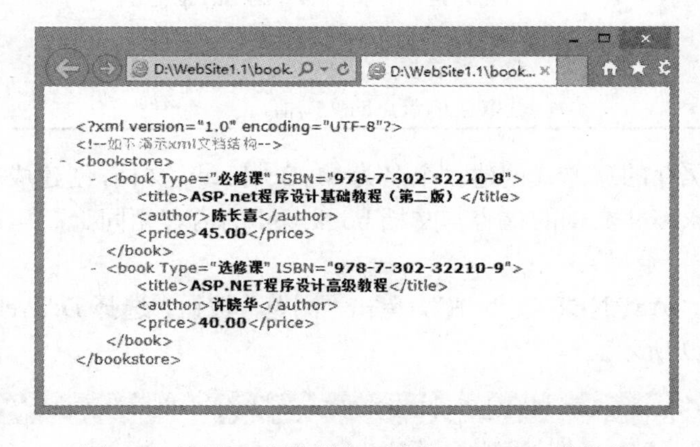

图 1-8　使用 IE 浏览器打开文档 book.xml 的效果

1.4.2　以非缓存的流方式操作 XML

在 ASP.NET 开发环境中，如果欲操作的 XML 文档内容过多，读入内存后对资源消耗过大，此时应该考虑以非缓存的流方式操作 XML 文档。以流方式操作 XML，可以使用 XmlReader 类和 XmlWriter 类完成读写 XML 文档内容的任务。

XmlReader 类和 XmlWriter 类提供对 XML 数据的非缓存、只读或只进的快速访问方式，可以实现读取或生成 XML 文件。其主要的方法和属性如表 1-2 和表 1-3 所示。

表 1-2　XmlWriter 类常用方法及说明

方法/属性	说明
Create(String)	创建一个新 XmlWriter 实例使用指定的文件名
WriteComment(String)	写出包含指定文本的注释 <!--...-->

续表

方法/属性	说明
WriteStartDocument()	写入版本为 1.0 的 XML 声明
WriteEndDocument()	关闭任何打开的元素或属性并将写入器重新设置为起始状态
WriteStartElement(String)	写出具有指定的本地名称的开始标记
WriteEndElement()	关闭一个元素并弹出相应的命名空间范围
WriteStartAttribute(String)	写入具有指定本地名称的属性的开头
WriteEndAttribute()	关闭上一个 WriteStartAttribute 调用

表 1-3　XmlReader 类常用方法、属性的说明

方法/属性	说明
Create(String)	用指定的 URI 创建一个新的 XmlReader 实例
Dispose()	释放 XmlReader 类的当前实例所使用的所有资源
GetAttribute(String)	获取具有指定属性的值 Name
Read()	从流中读取下一个节点
ReadStartElement()	检查当前节点是否为元素并将读取器推到下一个节点
ReadEndElement()	检查当前内容节点是否为结束标记并将读取器推进到下一个节点
ReadElementContentAsString(String, String)	检查指定的本地名称和命名空间 URI 与当前元素的匹配，然后读取当前元素，并将内容作为 String 返回
AttributeCount	获取当前节点上的属性数
NodeType	获取当前节点的类型
Value	获取当前节点的文本值

例 1-2　以非缓存的流方式创建一个名为 MyBook.xml 文档，创建成功后再以流方式读取其内容。MyBook.xml 文档的内容与文档 book.xml 的内容相同。

操作步骤如下：

步骤 1，新建“ASP.NET 空网站”，单击“浏览”按钮，选择 D:\WebSite1.2，单击“确定”按钮，如图 1-9 所示。

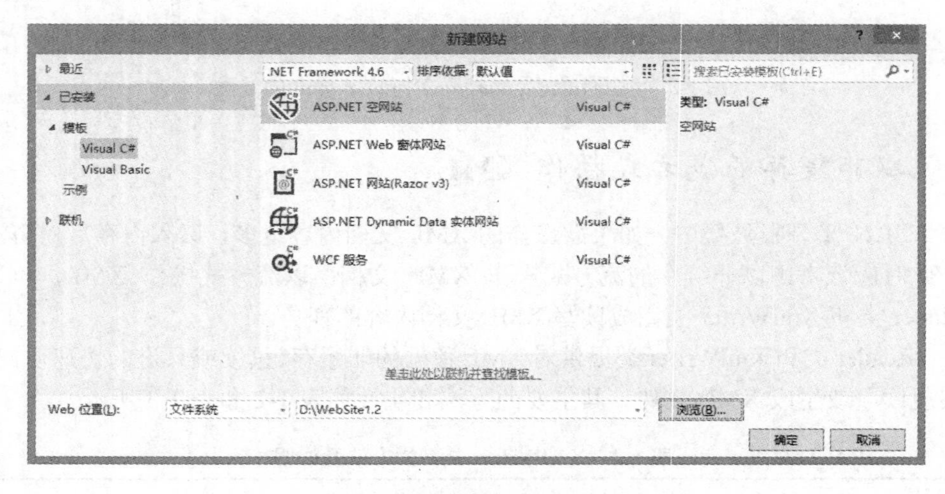

图 1-9　创建网站 WebSite1.2

步骤 2，按 Ctrl+N 快捷键，在打开的添加新项窗口中新建“Web 窗体”，在“名称”

处填入 Default.aspx，单击“添加”按钮。

步骤 3，在文件 Default.aspx 中，在<form></form>中添加如下代码：

```
<h3>以非缓存的流方式操作 XML</h3>
<form id="form1" runat="server">
<div>
<asp:Button ID="Button1" runat="server" Text="以流方式创建一个 XML 文档"
Height="30px" OnClick="Btn1_OnClick" /> <br /> <br />
<asp:Button ID="Button2" runat="server" Text="以流方式读取 XML 文档内容"
Height="30px" OnClick="Btn2_OnClick" />
</div>
</form>
```

步骤 4，在代码页 Default.aspx.cs 中添加如下代码：

```
using System;
using System.Collections.Generic;
using System.Linq;
using System.Web;
using System.Web.UI;
using System.Web.UI.WebControls;
using System.Xml;
public partial class _Default : System.Web.UI.Page
{
   protected void Page_Load(object sender, EventArgs e)
   {  }
   //以流方式创建 XML 文档
   protected void Btn1_OnClick(object sender, EventArgs e)
   {
     XmlWriter xw = XmlWriter.Create(Server.MapPath("MyBook.xml"));
     xw.WriteComment("如下演示 xml 文档结构");       //写注释语句
     xw.WriteStartElement("bookstore");              //写根节点开始标记
     xw.WriteStartElement("book");                   //写 book 元素开始标记
     xw.WriteAttributeString("ISBN", "978-7-302-32210-8");
                                                     //为 book 添加 ISBN 属性
     xw.WriteAttributeString("Type", "必修课"); //为 book 添加 Type 属性
     xw.WriteElementString("title", "ASP.NET 程序设计基础教程（第二版）");
                                                     //为 book 添加 title 子元素
     xw.WriteElementString("author", "陈长喜"); //为 book 添加 author 子元素
     xw.WriteElementString("price", "45.00");   //为 book 添加 price 子元素
     xw.WriteEndElement();                           //写 book 元素结束标记
     //写第二个 book 元素
     xw.WriteStartElement("book");                   //写 book 元素开始标记
     xw.WriteAttributeString("ISBN", "978-7-302-32210-9");
                                                     //为 book 添加 ISBN 属性
     xw.WriteAttributeString("Type", "必修课"); //为 book 添加 Type 属性
     xw.WriteElementString("title", "ASP.NET 程序设计高级教程");
                                                     //为 book 添加 title 子元素
     xw.WriteElementString("author", "许晓华"); //为 book 添加 author 子元素
```

```
        xw.WriteElementString("price", "40.00");  //为 book 添加 price 子元素
        xw.WriteEndElement();                     //写 book 元素结束标记
        xw.WriteEndElement();                     //写根节点结束标记
        xw.Close();                               //关闭前面创建的 xw 对象
        Response.Write("<script>location = 'MyBook.xml';</script>");
                                          //在浏览器中打开刚才创建的 XML 文档
    }
    //以流方式读取 XML 文档的内容
    protected void Btn2_OnClick(object sender, EventArgs e)
    {
        XmlReader xr = XmlReader.Create(Server.MapPath("MyBook.xml"));
                                                  //创建 XmlReader 实例
        while (xr.Read())
        {
            switch (xr.NodeType)                  //根据节点类型输出内容
            {
                case XmlNodeType.Element:         //节点开始符号及其属性
                    Response.Write(Server.HtmlEncode("<" + xr.Name));
                    while (xr.MoveToNextAttribute())
                    {
                        Response.Write(" " + xr.Name + "=" + xr.Value);
                    }
                    Response.Write(Server.HtmlEncode(">"));
                    break;
                case XmlNodeType.Text://文本内容
                    Response.Write(xr.Value);
                    break;
                case XmlNodeType.EndElement://结束符号
                    Response.Write(Server.HtmlEncode("</" + xr.Name + ">"));
                    break;
            }
        }
        xr.Close();//关闭创建 xr 对象
    }
}
```

图 1-10　以流方式创建和读取 XML 文档的首页

运行程序，出现如图 1-10 所示的界面，当单击“以流方式创建一个 XML 文档”按钮时，会出现如图 1-11 所示的结果。

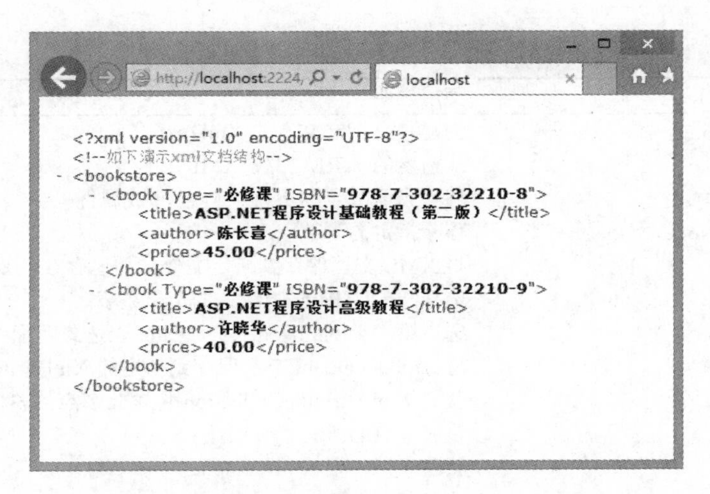

图 1-11　以非缓存的流方式创建 MyBook.xml 的创建结果

单击后退，单击“以流方式读取 XML 文档内容”按钮，出现如图 1-12 所示的结果。可以看出程序以流方式读取出了 MyBook.xml 文档的内容。

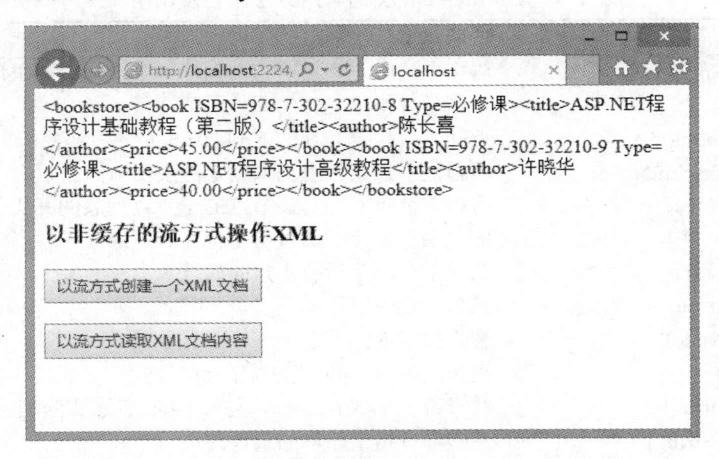

图 1-12　以流方式读取 MyBook.xml 文档的内容

1.4.3　以 XML 文档对象模型（DOM）类的方式操作 XML

XML 文档对象模型（DOM）类是 XML 文档在内存中的表现形式，以基于 DOM 结构的方式完成对 XML 文档的操作是 ASP.NET 中最普遍的方法。这个方法主要是将 XML 文档读入内存形成 DOM 的结构，然后以树形结构的方法操作 XML 文档中的每一个节点。使用 DOM 结构的方式操作 XML 主要用到了 XmlDocument 类、XmlElement 类、XmlNode 类和 XmlNodeList 类。这 4 个类的主要方法和属性分别如表 1-4～表 1-7 所示。

表 1-4　XmlDocument 类的常用方法、属性及说明

方法/属性	使用说明
AppendChild(XmlNode)	将指定的节点添加到该节点的子节点列表的末尾
CreateComment(String)	创建包含指定数据的 XmlComment

续表

方法/属性	使用说明
CreateTextNode(String)	创建具有指定文本的 XmlText
Load(String)	从指定的 URL 加载 XML 文档
RemoveAll()	移除当前节点的所有子节点和/或属性
RemoveChild(XmlNode)	移除指定的子节点
Save(String)	将 XML 文档保存到指定文件。如已存在，则覆盖它
SelectNodes(String)	选择匹配 XPath 表达式的节点列表
SelectSingleNode(String)	选择第一个 XmlNode 与 XPath 表达式匹配
WriteTo(XmlWriter)	将 XmlDocument 节点保存到指定的 XmlWriter
Attributes	获取 XmlAttributeCollection 包含此节点的属性
ChildNodes	获取节点的所有子节点
DocumentElement	获取文档的根 XmlElement
FirstChild	获取节点的第一个子级
InnerText	在所有情况下引发 InvalidOperationException
Item[String]	获取具有指定的第一个子元素 Name

表 1-5 XmlElement 类的常用方法属性及说明

方法/属性	说明
AppendChild(XmlNode)	将指定的节点添加到该节点的子节点列表的末尾
GetAttribute(String)	返回具有指定名称的属性的值
GetAttributeNode(String)	返回具有指定名称的 XmlAttribute
InsertAfter(XmlNode,XmlNode)	将指定节点紧接着插入指定的引用节点之后
PrependChild(XmlNode)	将指定节点添加到该节点的子节点列表的开头
RemoveAll()	删除当前节点的所有指定特性和子级
RemoveAllAttributes()	从元素中删除所有指定的属性
RemoveAttribute(String)	按名称删除特性
RemoveChild(XmlNode)	移除指定的子节点
SelectNodes(String)	选择匹配 XPath 表达式的节点列表
SelectSingleNode(String)	选择第一个 XmlNode，与 XPath 表达式匹配
SetAttribute(String, String)	设置具有指定名称的属性的值
WriteTo(XmlWriter)	将当前节点保存到指定的 XmlWriter

表 1-6 XmlNode 类的常用方法、属性及说明

方法/属性	使用说明
AppendChild(XmlNode)	将指定节点添加到该节点的子节点列表的末尾
Equals(Object)	确定指定的对象是否等于当前对象
RemoveAll()	移除当前节点的所有子节点和/或属性
RemoveChild(XmlNode)	移除指定的子节点
SelectNodes(String)	选择匹配 XPath 表达式的节点列表
SelectSingleNode(String)	选择第一个 XmlNode，与 XPath 表达式匹配
ToString()	返回表示当前对象的字符串
WriteContentTo(XmlWriter)	将当前节点及其所有子节点都保存到指定 XmlWriter
WriteTo(XmlWriter)	将当前节点保存到指定 XmlWriter
ChildNodes	获取节点的所有子节点
Item[String]	获取具有指定的第一个子元素 Name
Value	获取或设置节点的值

表 1-7　XmlNodeList 类常用方法、属性及说明

方法/属性	使用说明
Equals(Object)	确定指定的对象是否等于当前对象
Item(Int32)	检索给定索引处的节点
ToString()	返回表示当前对象的字符串
ItemOf[Int32]	获取给定索引处的节点
Count	获取 XmlNodeList 集合中的节点数

例 1-3　利用 DOM 技术创建一个名为 MyBook.xml 的文档并完成后续操作，其内容如图 1-13 所示。

```
<?xml version="1.0"?>
- <bookstore>
  - <book Type="必修课" ISBN="978-7-302-32210-8">
      <title> ASP.NET程序设计基础教程（第二版）</title>
      <author>陈长喜</author>
      <price>45.00</price>
    </book>
  - <book Type="必修课" ISBN="978-7-302-32210-9">
      <title>ASP.NET程序设计高级教程</title>
      <author>许晓华</author>
      <price>40.00</price>
    </book>
</bookstore>
```

图 1-13　使用 DOM 技术欲创建的 MyBook.xml 文档的内容

（1）创建好文档后，添加内容如图 1-14 所示的节点，仍以 MyBook.xml 为名保存。

```
<book ISBN="978-7-109-13329-7" Type="必修课">
  <title>计算机网络应用技术教程</title>
  <author>张万潮</author>
  <price>33.00</price>
</book>
```

图 1-14　使用 DOM 技术增加一个节点的内容

在此基础上，为元素 author 值为“陈长喜”的节点，增加一个属性 Memo，值为“这是一本‘十二’五规划教材”，然后将修改后的文档以 NewMyBook.xml 为名保存。

（2）修改节点和属性，将属性 ISBN 值为 978-7-109-13329-7 的节点修改为：

```
<book ISBN="申请中" Type="必修课">
    <title>计算机网络技术教程</title>
    <author>待确认</author>
    <price>33.00</price>
```

增加元素 IfSale，其值为 1；增加属性 Introduction，其值为“这是一本非常不错的书”，然后将修改后的文档以 ModifyNodeMyBook.xml 和 ModifyAttributeMyBook.xml 的文件名保存。

（3）删除 price 属性，再删除元素 author 值为“张万潮”的节点。然后分别将修改后的文档以 DeleteAttributeMyBook.xml 和 DeleteNodeMyBook.xml 保存。

操作步骤如下：

步骤 1，在 D 盘上创建一个文件夹 WebSite1.3。

步骤 2，启动 VS，依次单击“文件”→“新建”→“网站”→“ASP.NET 空网站”，在“Web 位置”处填入“D:\WebSite1.3”，最后单击“确定”按钮，如图 1-15 所示。

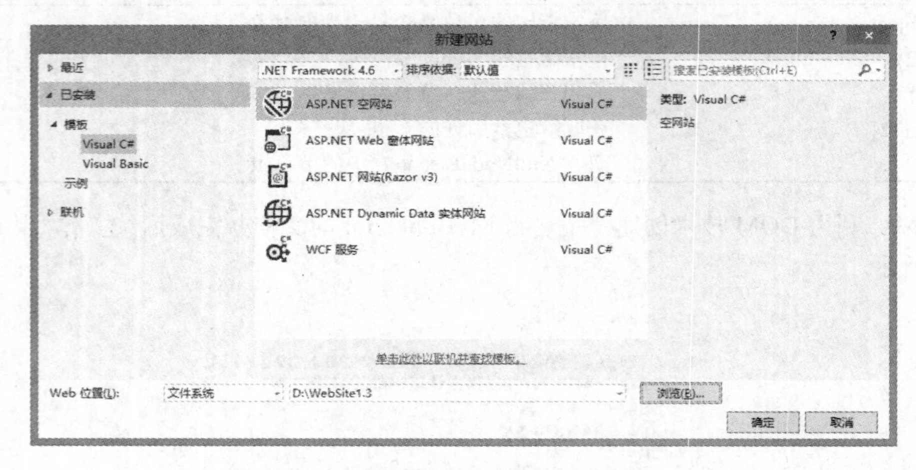

图 1-15　创建网站 WebSite1.3

步骤 3， 新建“Web 窗体”，在名称栏中填入 Default.aspx，单击“添加”按钮。

步骤 4，在代码页 Default.aspx 中输入如下代码：

```
<%@ Page Language="C#" AutoEventWireup="true" CodeFile="Default.aspx.cs"
Inherits="_Default" %>
<!DOCTYPE html>
<html xmlns="http://www.w3.org/1999/xhtml">
<head runat="server">
<meta http-equiv="Content-Type" content="text/html; charset=utf-8"/>
    <title>基于 DOM 方式操作 XML</title>
</head>
<body>
    使用 DOM 技术管理 XML 文档<br /><br />
    <form id="form1" runat="server">
    <div>
        <asp:Button ID="Btn_WriteXml" runat="server" Width="240px" Text="
        创建 XML 文档" OnClick="WriteXml_Click"/>
        <br /><br />
        <asp:Button ID="Btn_appNode" runat="server" Width="240px" Text=
       "新增一个节点" OnClick="appNode_Click"/>
        <br /><br />
        <asp:Button ID="Btn_appAttribute" runat="server" Width="240px"
        Text="新增一个属性" OnClick="appAttribute_Click"/>
    </div>
    </form>
</body>
</html>
```

步骤 5，在其代码页 Default.aspx.cs 中添加如下代码：

```
using System;
using System.Collections.Generic;
using System.Linq;
using System.Web;
using System.Web.UI;
using System.Web.UI.WebControls;
using System.Xml;
public partial class _Default : System.Web.UI.Page
{
    protected void Page_Load(object sender, EventArgs e)
    {   }
    protected void WriteXml_Click(object sender,EventArgs e)
    {   //创建 Xml 文档，其内容不能用双引号
        String XmlFileContent = @"<bookstore>
         <book ISBN='978-7-302-32210-8' Type='必修课'>
         <title> ASP.NET 程序设计基础教程（第二版）</title >
         <author>陈长喜</author >
         <price>45.00</price >
         </book>
         <book ISBN='978-7-302-32210-9' Type='必修课'>
           <title>ASP.NET 程序设计高级教程</title>
           <author>许晓华</author>
           <price>40.00</price>
           </book>
           </bookstore>";
        XmlDocument xmlDoc = new XmlDocument();      //创建 xml 文档对象
        xmlDoc.LoadXml(XmlFileContent);              //加载 xml 字符串
        string path = Server.MapPath("MyBook.xml"); //设置 xml 文件的路径
        xmlDoc.Save(path);                           //保存 xml 文件
        Response.Write("<script>alert('写入成功');location='MyBook.xml';
        </script>");                                 //页面定位到 XML 文件
    }
    protected void appNode_Click(object sender,EventArgs e)
    {
        XmlDocument xmlDoc = new XmlDocument();
        xmlDoc.Load(Server.MapPath("MyBook.xml"));
        XmlNode root = xmlDoc.SelectSingleNode("bookstore");//查找<bookstore>
        XmlElement xe1 = xmlDoc.CreateElement("book");//创建一个<book>节点
        xe1.SetAttribute("ISBN", "978-7-109-13329-7");//设置该节点 ISBN 属性
        xe1.SetAttribute("Type", "必修课");            //设置该节点 Type 属性
        XmlElement xesub1 = xmlDoc.CreateElement("title");
        xesub1.InnerText = "计算机网络应用技术教程";     //设置文本节点
```

```
        xe1.AppendChild(xesub1);                        //添加到<book>节点中
        XmlElement xesub2 = xmlDoc.CreateElement("author");
        xesub2.InnerText = "张万潮";
        xe1.AppendChild(xesub2);
        XmlElement xesub3 = xmlDoc.CreateElement("price");
        xesub3.InnerText = "33.00";
        xe1.AppendChild(xesub3);
        root.AppendChild(xe1);                          //添加到<bookstore>节点中
        xmlDoc.Save(Server.MapPath("MyBook.xml"));
        Response.Write("<script>alert('成功增加一个节点');location=
        'MyBook.xml';</script>");                       //页面定位到 XML 文件
    }
    protected void appAttribute_Click(object sender,EventArgs e)
    {
        string path = Server.MapPath("MyBook.xml");
        XmlDocument doc = new XmlDocument();
        doc.Load(path);
        XmlNode rootNode = doc.DocumentElement;
        XmlNode node = rootNode.SelectSingleNode("descendant::book[author=
        '陈长喜']");                                            //查找元素节点
        XmlAttribute attr = doc.CreateAttribute("Memo"); //创建一个新的属性
        attr.InnerText = "这是一本“十二五”规划教材";    //创建属性文本
        node.Attributes.Append(attr);                   //将属性添加到相应节点
        string newPath = Server.MapPath("newMyBook.xml");
        doc.Save(newPath);//保存到新的 xml 文件
        Response.Write("<script>alert('成功增加一个属性');location=
        'NewMyBook.xml';</script>");
    }
    }
```

运行程序，出现如图 1-16 所示的界面。单击“创建 XML 文档”按钮，出现如图 1-17（a）所示的对话窗。单击“确定”按钮，出现图 1-17（b）所示的创建 MyBook.xml 文档的内容。

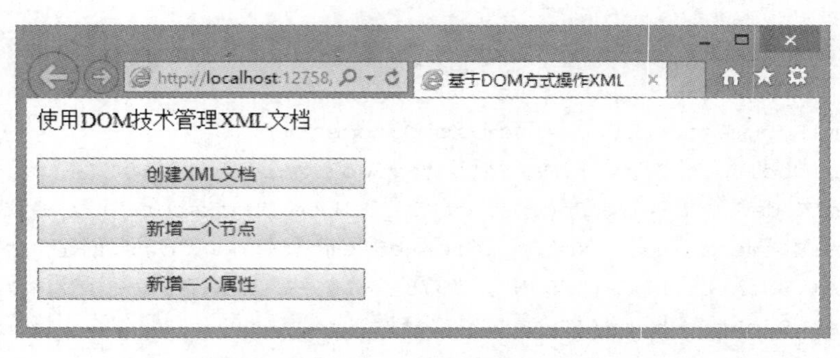

图 1-16　使用 DOM 技术管理 XML 文档

（a）

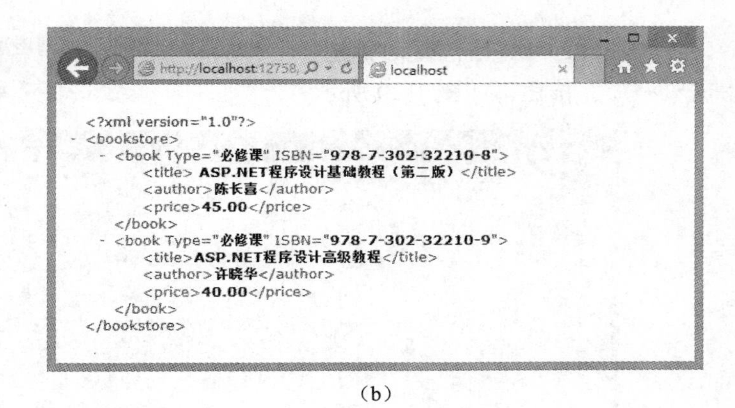

（b）

图 1-17　使用 DOM 技术创建 XML 文档成功及显示内容

单击后退，单击“新增一个节点”按钮，出现如图 1-18 所示的界面，单击“确定”按钮即可显示新增节点的内容。

（a）

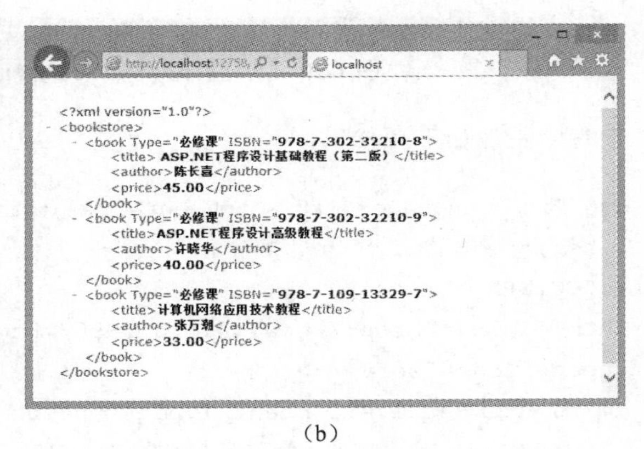

（b）

图 1-18　使用 DOM 技术在 XML 文档中成功新增一个节点及显示内容

单击后退，单击“新增一个属性”按钮，出现如图 1-19 所示的界面，单击“确定”按钮即可显示新增一个 Meno 属性的内容。

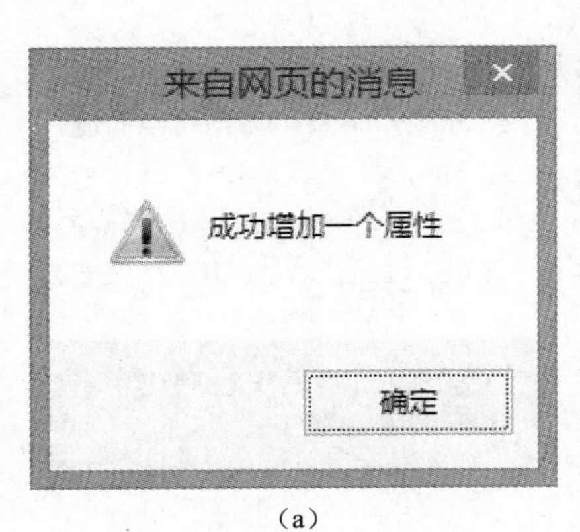

（a）

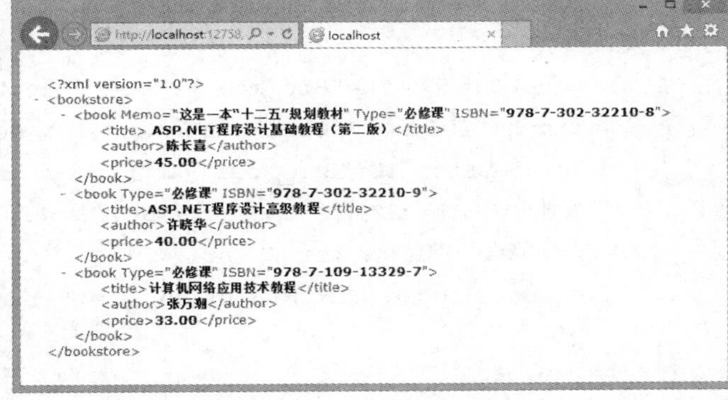

（b）

图 1-19　使用 DOM 技术在 XML 文档中成功新增一个属性及显示内容

步骤 6，按 Ctrl+N 快捷键新建一个“Web 窗体”，在“名称”处填入 ModifyNode.aspx，单击“添加”按钮，如图 1-20 所示。

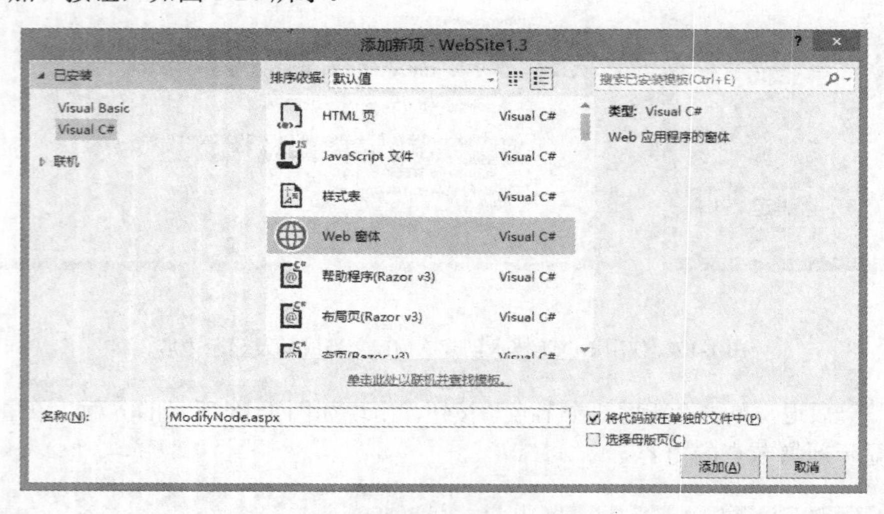

图 1-20　创建名为 ModifyNode.aspx 的 Web 窗体页

在其中添加如下源代码：

```
<%@ Page Language="C#" AutoEventWireup="true" CodeFile="ModifyNode.aspx.cs"
Inherits="ModifyNode" %>
<!DOCTYPE html>
<html xmlns="http://www.w3.org/1999/xhtml">
<head runat="server">
<meta http-equiv="Content-Type" content="text/html; charset=utf-8"/>
    <title>使用 DOM 技术修改节点属性</title>
</head>
<body>
    <h3>修改 XML 文档中的数据</h3>
说明：修改 XML 文档中的数据有两种情况：其一是修改节点的值；其二是修改节点的属性。
    <form id="form1" runat="server">
    <div>
        <asp:Button ID="Btn_ModifyNode" runat="server" Text="修改节点的值"
        Width="200px" OnClick="Btn_ModifyNode_Click" /><br /><br />
        <asp:Button ID="Btn_ModifyAttribute" runat="server" Text="修改节点的
        属性" Width="200px" OnClick="Btn_ModifyAttribute_Click" /><br /><br />
        显示修改后的结果：<br /><br />
        <asp:GridView ID="MyBookGridView" runat="server"></asp:GridView>
    </div>
    </form>
</body>
</html>
```

步骤 7，在其代码页 ModifyNode.aspx.cs 中添加如下代码：

```
using System;
using System.Collections.Generic;
using System.Linq;
using System.Web;
using System.Web.UI;
using System.Web.UI.WebControls;
using System.Xml;
using System.Xml.Linq;
using System.Data;
public partial class ModifyNode : System.Web.UI.Page
{   protected void Page_Load(object sender, EventArgs e)
    {   //在操作中需要用到using System.Xml;using System.Xml.Linq; using
          System.Data;需要在开始时添加
    }
    protected void Btn_ModifyNode_Click(object sender, EventArgs e)
    {
        XmlDocument xmlDoc = new XmlDocument();
        xmlDoc.Load(Server.MapPath("MyBook.xml"));
        //获取 bookstore 节点的所有子节点
        XmlNodeList nodeList = xmlDoc.SelectSingleNode("bookstore").ChildNodes;
        foreach (XmlNode xn in nodeList)              //遍历每一个节点
        {
            XmlElement xe = (XmlElement)xn;//将子节点类型转换为 XmlElement 类型
            //如果 ISBN 属性值为"978-7-109-13329-7"
            if (xe.GetAttribute("ISBN") == "978-7-109-13329-7")
            {
                xe.SetAttribute("ISBN", "申请中"); //将 ISBN 的值修改为申请中
                XmlNodeList nls = xe.ChildNodes;//继续获取 xe 子节点的所有子节点
                foreach (XmlNode xn1 in nls)            //遍历
                {
                    XmlElement xe2 = (XmlElement)xn1; //转换类型
                    if (xe2.Name == "author")           //如果找到
                    {
                        xe2.InnerText = "待确认";         //则修改
                    }
                }
            }
        }
        xmlDoc.Save(Server.MapPath("ModifyNodeMyBook.xml"));//将修改的结果保存
        //将修改后的结果进行显示
        DataSet objDataSet = new DataSet();
        objDataSet.ReadXml(Server.MapPath("ModifyNodeMyBook.xml"));
        MyBookGridView.DataSource = objDataSet;
```

```
            MyBookGridView.DataBind();
        }
        protected void Btn_ModifyAttribute_Click(object sender, EventArgs e)
        {
            XmlDocument xmlDoc = new XmlDocument();
            xmlDoc.Load(Server.MapPath("MyBook.xml"));
            XmlNodeList nodeList = xmlDoc.SelectSingleNode("bookstore").ChildNodes;
                                                    //获取 bookstore 节点的所有子节点
            foreach (XmlNode xn in nodeList)      //遍历每一个节点
            {
                XmlElement xe = (XmlElement)xn;//将子节点类型转换为 XmlElement 类型
                xe.SetAttribute("Introduction", "这是一本非常不错的书。");
                XmlElement xesub = xmlDoc.CreateElement("IfSale");
                xesub.InnerText = "1";
                xe.AppendChild(xesub);
            }
            xmlDoc.Save(Server.MapPath("ModifyAttributeMyBook.xml"));
                                                //修改结束后，显示修改结果
            DataSet objDataSet = new DataSet();
            objDataSet.ReadXml(Server.MapPath("ModifyAttributeMyBook.xml"));
            MyBookGridView.DataSource = objDataSet;
            MyBookGridView.DataBind();
        }
    }
```

运行程序，打开 ModifyNode.aspx 页面，如图 1-21 所示，单击“修改节点的值”按钮，出现如图 1-22 所示的界面。在此界面中可以看出相应的 ISBN 值已被修改成“申请中”，author 的值也改成了“待确认”。

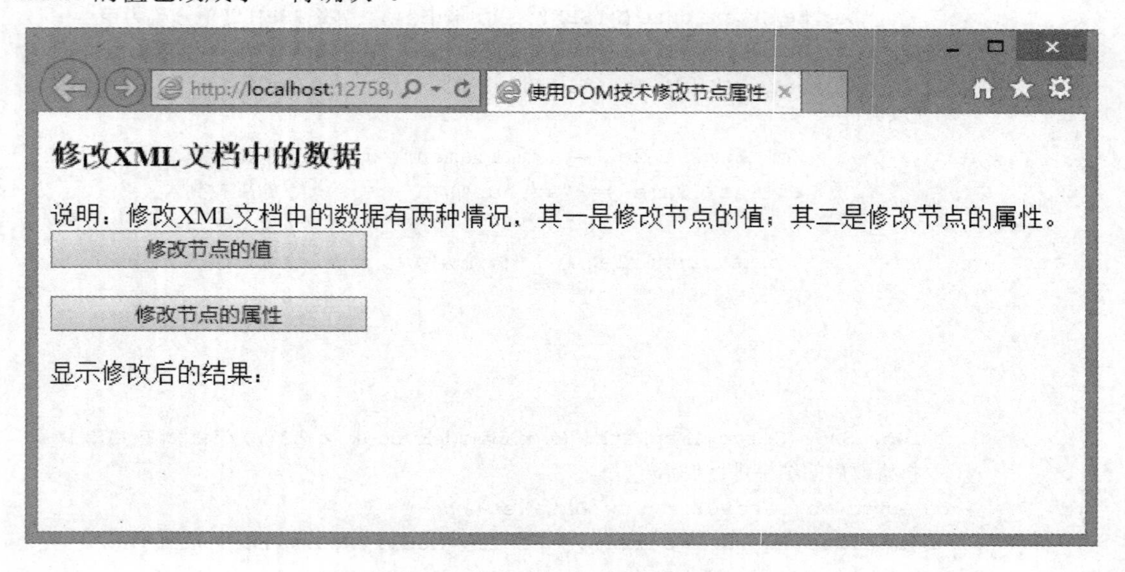

图 1-21　修改 XML 文档数据的界面

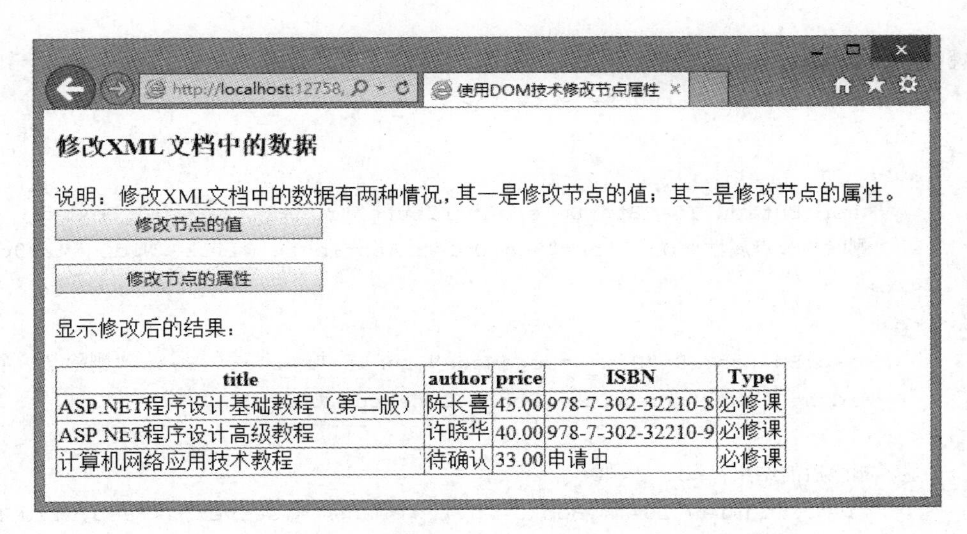

title	author	price	ISBN	Type
ASP.NET程序设计基础教程（第二版）	陈长喜	45.00	978-7-302-32210-8	必修课
ASP.NET程序设计高级教程	许晓华	40.00	978-7-302-32210-9	必修课
计算机网络应用技术教程	待确认	33.00	申请中	必修课

图 1-22　使用 DOM 技术修改 XML 文档中节点值的界面

单击后退，单击“修改节点的属性”按钮，出现如图 1-23 所示的界面，可以看到成功地增加了属性 Introduction 和元素 IfSale。

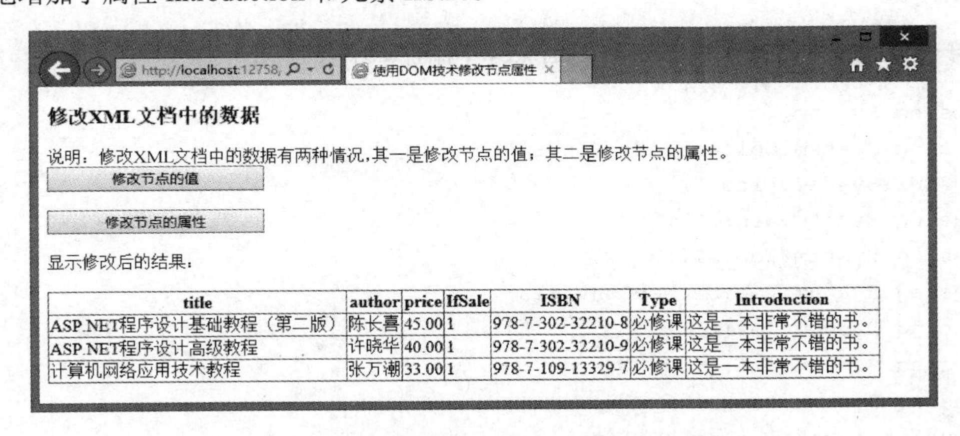

title	author	price	IfSale	ISBN	Type	Introduction
ASP.NET程序设计基础教程（第二版）	陈长喜	45.00	1	978-7-302-32210-8	必修课	这是一本非常不错的书。
ASP.NET程序设计高级教程	许晓华	40.00	1	978-7-302-32210-9	必修课	这是一本非常不错的书。
计算机网络应用技术教程	张万潮	33.00	1	978-7-109-13329-7	必修课	这是一本非常不错的书。

图 1-23　使用 DOM 技术修改 XML 文档中节点属性的界面

步骤 8，新建“Web 窗体”，在名称栏中填入 DeleteNode.aspx，单击“添加”按钮。在其中添加如下源代码：

```
<%@ Page Language="C#" AutoEventWireup="true" CodeFile="DeleteNode.aspx.cs"
Inherits="DeleteNode" %>
<!DOCTYPE html>
<html xmlns="http://www.w3.org/1999/xhtml">
<head runat="server">
<meta http-equiv="Content-Type" content="text/html; charset=utf-8"/>
    <title>使用 DOM 技术删除节点属性</title>
</head>
<body>
    <h3>删除 XML 文档中的数据</h3>
```

说明：删除 XML 文档中的数据有两种情况，其一是删除某节点的属性；其二是删除某一个节点。

```
    <form id="form1" runat="server">
    <div>
    <p>
        <asp:Button ID="Btn_DeleteAttribute" runat="server" Text=
       "删除某节点属性" OnClick="Btn_DeleteAttribute_Click" Width="200px" />
    </p>
    <p>
        <asp:Button ID="Btn_DeleteNode" runat="server" Text="删除某一个节点"
        Width="200px" OnClick="Btn_DeleteNode_Click" />
    </p>
    显示删除后的结果：<br /><br />
        <asp:GridView ID="MyBookGridView" runat="server"></asp:GridView>
    </div>
    </form>
</body>
</html>
```

步骤 9，在其代码页 DeleteNode.aspx.cs 中添加如下代码：

```
using System;
using System.Collections.Generic;
using System.Linq;
using System.Web;
using System.Web.UI;
using System.Web.UI.WebControls;
using System.Xml;
using System.Xml.Linq;
using System.Data;
public partial class DeleteNode : System.Web.UI.Page
{
    protected void Page_Load(object sender, EventArgs e)
{  //在操作中需要用到 using System.Xml;using System.Xml.Linq; using System.
   Data;需要在开始时添加
}
    protected void Btn_DeleteAttribute_Click(object sender, EventArgs e)
    {   //删除某节点的属性
        XmlDocument xmlDoc = new XmlDocument();
        xmlDoc.Load(Server.MapPath("MyBook.xml"));
        //获取 bookstore 节点的所有子节点
        XmlNodeList xnl = xmlDoc.SelectSingleNode("bookstore").ChildNodes;
        foreach (XmlNode xn in xnl)
        {
            XmlReaderSettings settings = new XmlReaderSettings();
```

```
        settings.IgnoreComments = true;//忽略文档中的注释
        XmlElement xe = (XmlElement)xn;//将子节点类型转换为 XmlElement 类型
        xe.RemoveAttribute("price");   //删除 price 属性
        XmlNodeList nls = xe.ChildNodes; //继续获取 xe 子节点的所有子节点
        foreach (XmlNode xn1 in nls)     //遍历
        {
            XmlElement xe2 = (XmlElement)xn1; //转换类型
            if (xe2.Name == "price")          //如果找到
            {
                xe.RemoveChild(xe2);          //则删除
            }
        }
    }
    xmlDoc.Save(Server.MapPath("DeleteAttributeMyBook.xml"));
    //删除结束后，显示删除结果
    DataSet objDataSet = new DataSet();
    objDataSet.ReadXml(Server.MapPath("DeleteAttributeMyBook.xml"));
    MyBookGridView.DataSource = objDataSet;
    MyBookGridView.DataBind();
}
protected void Btn_DeleteNode_Click(object sender, EventArgs e)
{   //删除一个节点，首先创建文档对象
    XmlDocument xmlDoc = new XmlDocument();
    //加载 XML 文档
    xmlDoc.Load(Server.MapPath("MyBook.xml"));
    //获取根元素
    XmlElement root = xmlDoc.DocumentElement;
    //查找 author 为张万潮的节点，将符合条件的节点纳入一个节点集合之后删除
    XmlNodeList nodes = root.SelectNodes("descendant::book[author=
    '张万潮']");
    foreach(XmlNode node in nodes)
    {  root.RemoveChild(node);  }
    //此处也提供了删除节点的另外一种方法，遍历每一个节点，找到符合条件的删除之。
      用 63～73 行直接替换 55～61 即可
    //XmlNode root = xmlDoc.SelectSingleNode("bookstore");
    //XmlNodeList xn2 = xmlDoc.SelectSingleNode("book").ChildNodes;
    //for (int i = 0; i < xn2.Count; i++)
    //{
    //    XmlElement xe2 = (XmlElement)xn2.Item(i);
    //    if ((string)xe2.GetAttribute("author") == "张万潮")
    //    {
    //        root.RemoveChild(xe2);
    //        if (i < xn2.Count) i = i - 1;
    //    }
    //}
```

```
            //将操作后的结果保存
            xmlDoc.Save(Server.MapPath("DeleteNodeMyBook.xml"));
            //删除结束后，显示删除结果
            DataSet objDataSet = new DataSet();
            objDataSet.ReadXml(Server.MapPath("DeleteNodeMyBook.xml"));
            MyBookGridView.DataSource = objDataSet;
            MyBookGridView.DataBind();
        }
    }
```

运行程序，出现如图 1-24 所示的界面，单击“删除某节点属性”按钮，出现如图 1-25 所示的操作结果。通过该界面，可以看出成功地删除了属性 price。

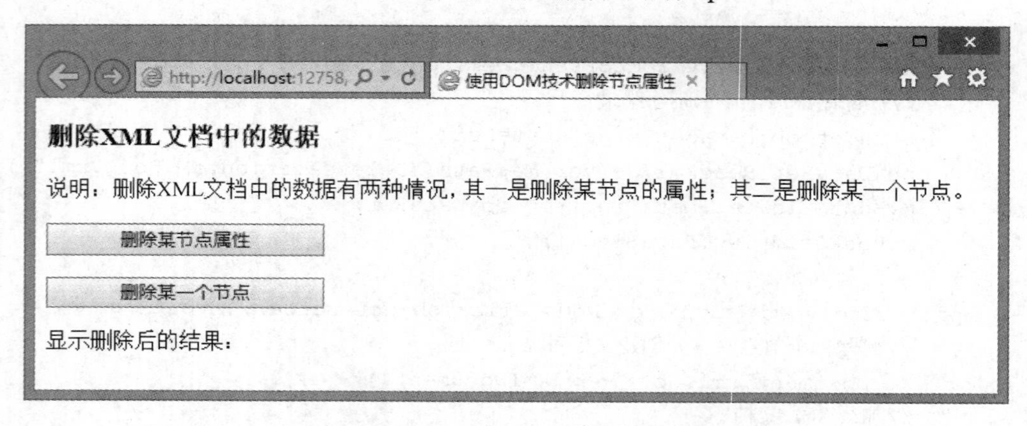

图 1-24　使用 DOM 技术删除 XML 文档中的数据界面

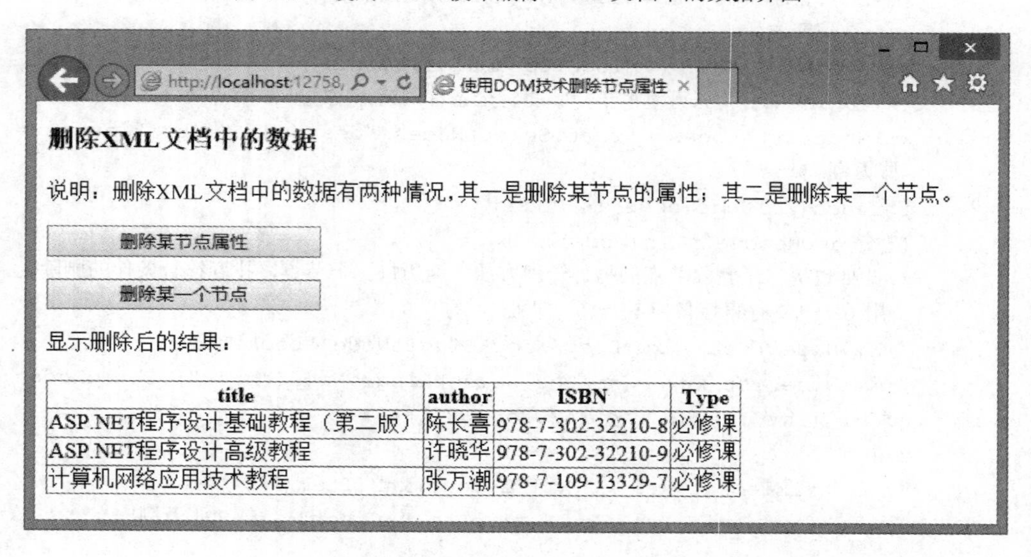

title	author	ISBN	Type
ASP.NET程序设计基础教程（第二版）	陈长喜	978-7-302-32210-8	必修课
ASP.NET程序设计高级教程	许晓华	978-7-302-32210-9	必修课
计算机网络应用技术教程	张万潮	978-7-109-13329-7	必修课

图 1-25　使用 DOM 技术删除 XML 文档中节点属性的界面

单击←后退，单击“删除某一个节点”按钮，出现如图 1-26 所示的界面，可以看到成功地删除了节点元素 author 的值为“张万潮”的节点。

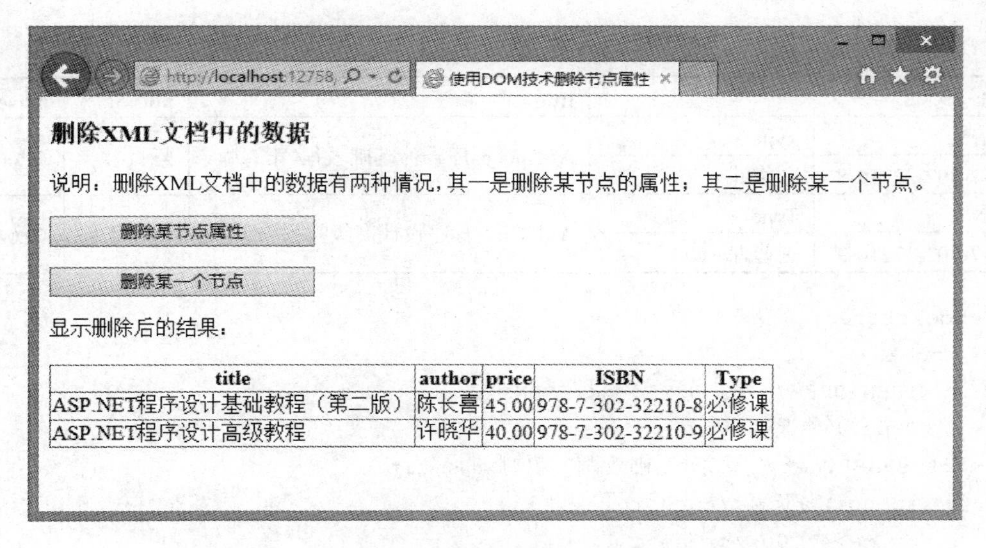

图 1-26　使用 DOM 技术成功删除某一个节点的界面

1.4.4　DataSet 与 XML 之间的互操作

在 ASP.NET 应用程序中，经常需要将数据库中的数据写入 XML 文档中，以方便程序的执行。有时也需要将 XML 文档中的数据写入到数据库中，利用成熟的数据库技术进行数据的存储、管理和使用，从而提高程序的执行效率。DataSet 是外部数据存储到内存的数据容器，其数据组织形式通常是关系模型。XML 文件也可以用于存储、传输数据，而它的数据组织形式则是层次模型。为了能够互操作，必须将 XML 文档中元素的属性进行转化，转化的方法是关系模式的规范化处理方法。也就是说，要么将元素的属性转换成一个单独的关系模式，要么在层次模型中直接将元素的属性转换成元素。下面以例 1-2 中用到的 MyBook.xml 中的内容来说明。

MyBook.xml 文档与 DataSet 对应关系转换前的情况如下：

```
<bookstore>
  <book ISBN="978-7-302-32210-8" Type="必修课">
    <title>ASP.net 程序设计基础教程（第二版）</title>
    <author>陈长喜</author>
    <price>45.00</price>
  </book>
  <book ISBN="978-7-302-32210-9" Type="选修课">
    <title>ASP.NET 程序设计高级教程</title>
    <author>许晓华</author>
    <price>40.00</price>
  </book>
</bookstore>
```

不难看出表 1-8 中的情形不符合关系模式的要求，所以将它们进行规范化处理后，得到规范的情况如表 1-9 所示。

表 1-8　Table:bookstore

<table>
<tr><th colspan="2">book</th><th>title</th><th>author</th><th>price</th></tr>
<tr><td>ISBN</td><td>Type</td><td rowspan="2">ASP.net 程序设计基础教程(第二版)</td><td rowspan="2">陈长喜</td><td rowspan="2">45.00</td></tr>
<tr><td>978-7-302-32210-8</td><td>必修课</td></tr>
<tr><td>ISBN</td><td>Type</td><td rowspan="2">ASP.NET 程序设计高级教程</td><td rowspan="2">许晓华</td><td rowspan="2">40.00</td></tr>
<tr><td>978-7-302-32210-9</td><td>选修课</td></tr>
</table>

```
<bookstore>
  <book>
    <ISBN>978-7-302-32210-8</ISBN>
    <Type>必修课</type>
<title>ASP.net 程序设计基础教程（第二版）</title>
    <author>陈长喜</author>
    <price>45.00</price>
  </book>
  <book>
    <ISBN>978-7-302-32210-9</isbn>
    <Type>选修课</type>
<title>ASP.NET 程序设计高级教程</title>
    <author>许晓华</author>
    <price>40.00</price>
  </book>
</bookstore>
```

表 1-9　Table:bookstore

title	author	price	ISBN	Type
ASP.net 程序设计基础教程（第二版）	陈长喜	45.00	978-7-302-32210-8	必修课
ASP.NET 程序设计高级教程	许晓华	40.00	978-7-302-32210-9	选修课

在 ADO.NET 中，DataSet 对象解决了与 XML 文档之间的数据传递与转换。DataSet 对象中的数据可以方便地转换成 XML 文档的形式来展示和存储，也可以创建一个 DataSet 对象逐步处理 XML 文档。在 DataSet 和 XML 的互操作中通常用到 DataSet 类的方法如表 1-10 所示。

表 1-10　DataSet 类常用方法及说明

方法	说明
GetXml()	以 XML 文档的形式返回存储在 DataSet 中的数据
GetXmlSchema()	以 XML 文档的形式返回存储数据的 DataSet 的架构
ReadXml(String)	将指定的 XML 文件的架构和数据读入 DataSet
ReadXmlSchema(String)	将指定的 XML 文件的架构读入 DataSet
WriteXml(String)	当前数据写入指定的 XML 文件
WriteXmlSchema(String)	DataSet 作为一个架构写入 XML 文件的结构

例 1-4 在数据库管理系统中建立如表 1-9 所示的数据表 book，并录入数据；然后使用 DataSet 技术读取数据，写入 book.xml 文件中，再通过 DataSet 技术将数据从该文件中读取进行显示；最后将基本表中的数据作为字符串输出。

操作步骤如下：

步骤 1，在 SQL Server 数据库管理系统中建立一个名为 BookStore 的数据库，在其中建立一个基本表 Book 后，添加如表 1-9 所示的数据。

步骤 2，打开 VS，单击“文件”→“新建”→“网站”→“ASP.NET 空网站”，在“Web 位置”栏中直接写入“D:\WebSite1.4”，最后单击“确定”按钮。如图 1-27 所示。

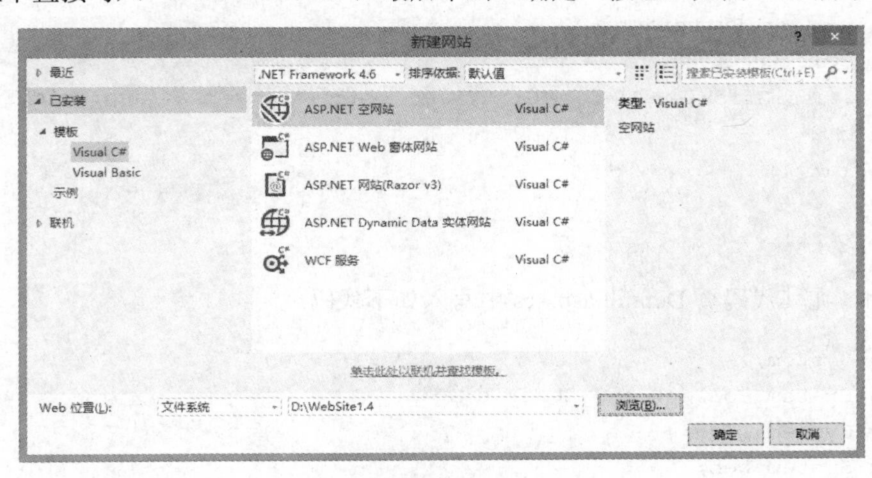

图 1-27 建立 WebSite1.4 网站

步骤 3，在 WebSite1.4 网站中新建一个“Web 窗体”的文件 default.aspx，并在其中添加如下代码：

```
<%@ Page Language="C#" AutoEventWireup="true" CodeFile="Default.aspx.cs"
Inherits="data_Default" %>
<!DOCTYPE html>
<html xmlns="http://www.w3.org/1999/xhtml">
<head runat="server">
<meta http-equiv="Content-Type" content="text/html; charset=utf-8"/>
    <title>DataSet 技术与 XML 技术的互操作</title>
</head>
<body>
    DataSet 技术与 XML 技术的互操作<br /><br />
    <form id="form1" runat="server">
    <div>
        请输入欲写入数据的 Xml 文档名称<br /><br />
        <asp:TextBox ID="WriteXmlFileName" runat="server"
        Width="240px"> </asp:TextBox>
        <asp:Label ID="WriteXmlFile" runat="server"></asp:Label><br />
        <asp:Button ID="Btn_WriteXml" runat="server" Width="240px" Text=
```

```
        "将数据库中的数据写入该文档" OnClick="WriteXml_Click"/><br /><br />
        读取 XML 文档的内容，请输入文件名<br />
        <asp:TextBox ID="XmlName" runat="server" Width="240px">
        </asp:TextBox>
        <asp:Label ID="ReadXmlFile" runat="server"></asp:Label><br />
        <asp:Button ID="XmlNameSubmit" runat="server" Text="读取该 Xml 文档的
        内容" OnClick="ReadXml_Click"Width="240px"></asp:Button><br/><br />
        <asp:Button ID="ReadXmlText" runat="server" Width="240px" Text=
        "获取基本表的数据转换为 XML 字符输出" OnClick="ReadXmlText_Click">
         </asp:Button><br />
        <br />
        <asp:GridView ID="XmlGridView" runat="server"></asp:GridView>
    </div>
    </form>
</body>
</html>
```

步骤 4，在其代码页 Default.aspx.cs 中写入如下代码：

```
using System;
using System.Collections.Generic;
using System.Linq;
using System.Web;
using System.Web.UI;
using System.Web.UI.WebControls;
using System.Xml;
using System.Data;
using System.Data.SqlClient;
public partial class data_Default : System.Web.UI.Page
{
    protected void Page_Load(object sender, EventArgs e)
    {    }
    protected void WriteXml_Click(object sender, EventArgs e)
    {
        String XmlFileName = WriteXmlFileName.Text;
        if (XmlFileName == "")//写入数据的 XML 文档名称
        {
            WriteXmlFile.Text = "欲写入数据的 XML 文档名称不能为空！";
            return;
        }
        string conString = "data source=127.0.0.1;Database=BookStore;user
        id=sa;password=";//创建连接字符串
        string strSQL = "SELECT * FROM book"; //构造查询 SQL 语句
        SqlConnection myConnection = new SqlConnection(conString);
```

```
        SqlDataAdapter adapter = new SqlDataAdapter(strSQL, myConnection);
        DataSet ds = new DataSet();
        myConnection.Open();
        adapter.Fill(ds, "ds");
        myConnection.Close();
        ds.WriteXml(Server.MapPath(XmlFileName));
        Response.Write("<script>alert('写入成功');location='" +XmlFileName
        +" ';</script>");
    }
    protected void ReadXml_Click(object sender, EventArgs e)
    {
        String XmlFileName = XmlName.Text;
        if (XmlFileName == "")//读取Xml文档的名称
        {
            ReadXmlFile.Text = "读取的XML文档名称不能为空！";
            return;
        }
        DataSet ds = new DataSet();
        ds.ReadXml(Server.MapPath(XmlFileName));
        XmlGridView.DataSource = ds;
        XmlGridView.DataBind();
    }
    protected void ReadXmlText_Click(object sender, EventArgs e)
    {
        string conString = "data source=127.0.0.1;Database=BookStore;user
        id=sa;password=";
        string strSQL = "SELECT * FROM book";
        SqlConnection myConnection = new SqlConnection(conString);
        SqlDataAdapter adapter = new SqlDataAdapter(strSQL, myConnection);
        DataSet ds = new DataSet();
        myConnection.Open();
        adapter.Fill(ds, "ds");
        myConnection.Close();
        string str = ds.GetXml();
        Response.Write(str);
    }
}
```

运行程序，结果如图 1-28 所示。

在如图 1-28 所示的界面中，在文档名称栏内写入相应的 XML 文档名称，单击“将数据库中的数据写入该文档”按钮。在如图 1-29（a）所示的界面中，单击“确定”按钮后即可在该文档中写入数据，运行效果如图 1-29（b）所示。如果未写文件名称，会有提示信息提醒。

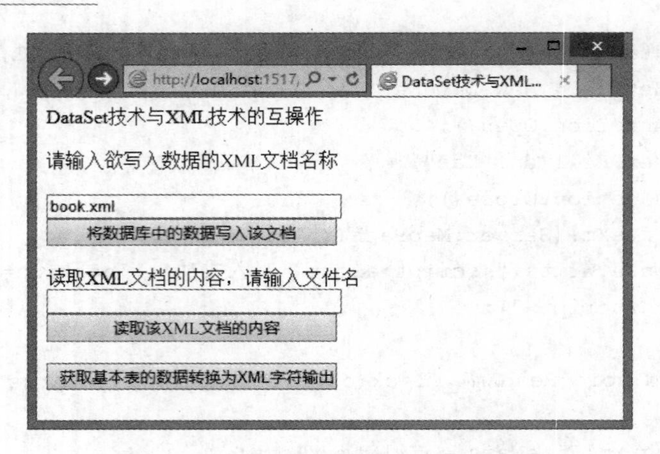

图 1-28　DataSet 与 XML 技术互操作效果图

（a）

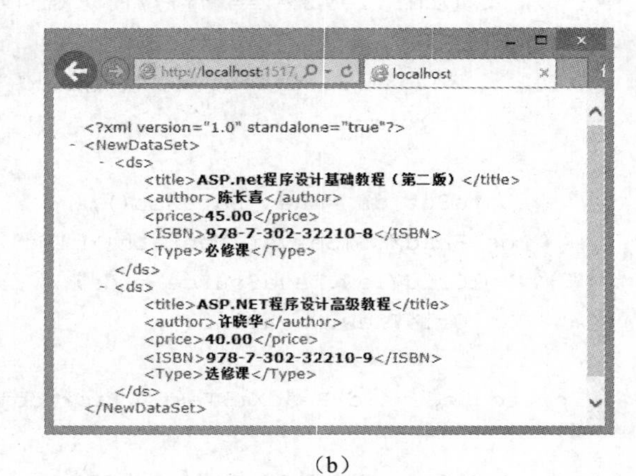

（b）

图 1-29　DataSet 中的数据成功写入 XML 文档

单击后退，在如图 1-28 所示的界面中，在读取 XML 文档名称栏内填上刚才写入数据的 XML 文档名称，单击“读取该 XML 文档的内容”按钮，即可以 DataSet 形式读取其数据。读出的结果直接在页面上显示，结果如图 1-30 所示。如果未写文件名称，会有提示信息。

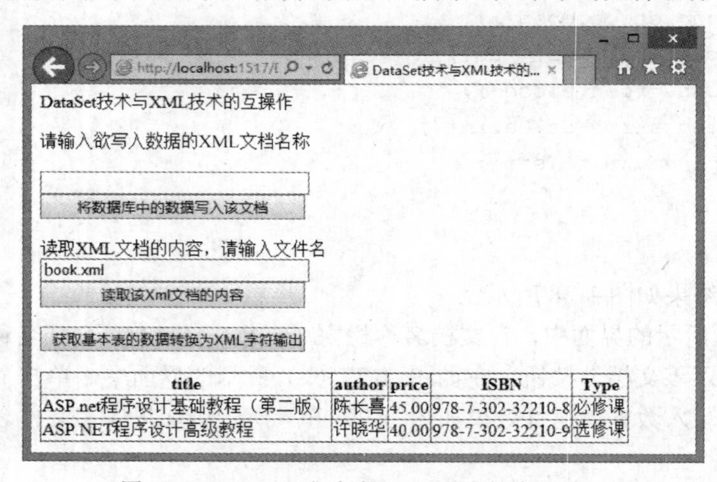

图 1-30　DataSet 成功读取 XML 文档中的数据

单击后退，在如图 1-28 所示的界面中，单击“获取基本表数据转换为 XML 字符输出”按钮，获取的结果直接在页面中显示，结果如图 1-31 所示。

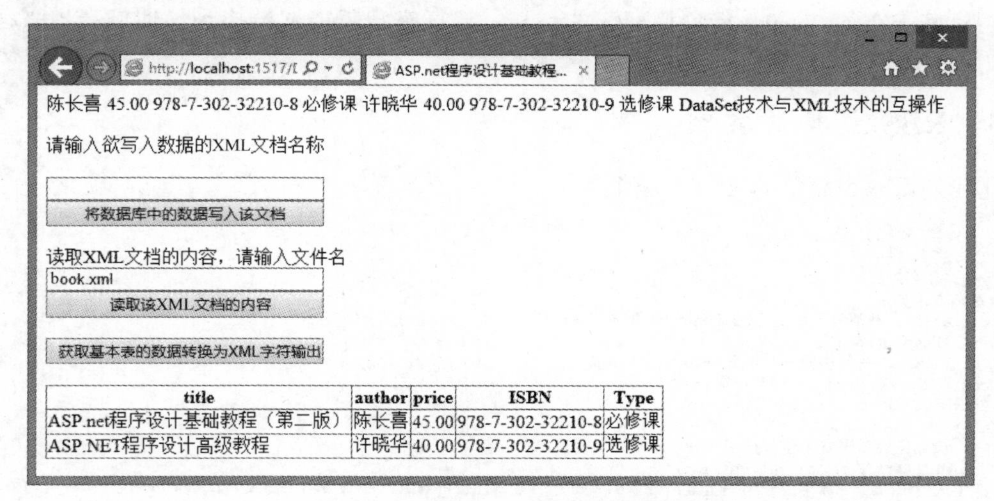

图 1-31　DataSet 中的数据作为字符输出

1.5　网站 RSS 应用

RSS(Really Simple Syndication)是一种描述和同步网站内容的方式，是一种使用非常广泛的 XML 应用。它搭建了信息迅速传播的一个技术平台，使得每个人都可以成为一个潜在的信息提供者。

1.5.1　什么是 RSS

RSS 目前广泛用于网上新闻频道、blog 和 wiki，主要的版本有 0.91、1.0 和 2.0。使用 RSS 订阅能更快地获取用户所感兴趣的信息，筛选过滤那些用户不感兴趣、不关心的信息，在信息爆炸时代的今天显得非常有用。网站提供 RSS 输出，有利于让用户获取网站内容的最新更新。使用者可以在客户端借助支持 RSS 的聚合软件，在不打开网站内容页面的情况下阅读支持 RSS 输出的网站内容。

从根本上来说，RSS 其实就是一种简单的信息发布和传递方式，它可以使一个网站方便地调用其他提供 RSS 订阅服务功能的网站内容，形成“新闻聚合”的效应，从而提高网站服务客户的“黏性”，让网站发布的内容在更大的范围内传播。如果从 RSS 阅读者的角度来看，RSS 获取信息的模式与加入邮件列表获取信息有一定的相似之处，也就是可以不必登录各个提供信息的网站而通过客户端浏览方式（称为“RSS 阅读器”）或者在线 RSS 方式阅读这些可以随时被更新的内容。

1.5.2　RSS 的工作过程

使用 RSS，需要信息或新闻推广者在 RSS 阅读器中注册欲推广的信息。第一，需要推广者创建一个 RSS 文档，然后使用 .xml 扩展名来保存它。然后把此文件上传到自己的网站。第二，通过一个 RSS 阅读器来注册相关信息，当然也可以自己开发一个简单的在线阅读器。第三，注册后的阅读器每天都会到已注册的网站搜索相应 RSS 文档，校验其链接，并显示有关 Feed（简称摘要）的信息，这样客户就能够链接到使他们产生兴趣的文档。

1.5.3 RSS 文档的实例

让我们看一个简单的 RSS 文档：

```
<?xml version="1.0" standalone="yes"?>
<!--RSS页的实现-->
<rss version="2.0">
  <channel>
    <title>ASP.net教程高级版之RSSDemo--甄爱军</title>
    <link>http://localhost</link>
    <description>一分耕耘一分收获</description>
    <copyright>Copyright 2016</copyright>
    <language>zh-cn</language>
    <item>
      <title>肉鸡质量安全生产追溯平台</title>
      <link>http://www.rjzspt.cn</link>
      <description>天津市放心肉鸡工程所依靠的平台，为老百姓提供安全放心的肉鸡生产全过程追根溯源！</description>
      <pubdate>2016/7/21 12:54:53</pubdate>
      <category>肉鸡平台</category>
    </item>
    <item>
      <title>天津市放心肉鸡追溯查询</title>
      <link>http://www.rjzspt.cn/web/zsmcx.aspx</link>
      <description>实现老百姓放心肉鸡的生产过程信息查询</description>
      <pubdate>2016/7/22 15:24:53</pubdate>
      <category>肉鸡查询</category>
    </item>
  </channel>
</rss>
```

图 1-32 RSS 文档的实例内容

在如图 1-32 所示的文档中，第 1 行：XML 声明——定义了文档中使用的 XML 版本和字符编码。此例子遵守 1.0 规范，并使用 GB 2312 字符集。

第 2 行是标识此文档是一个 RSS 文档的 RSS 声明（此例是 RSS version 2.0）。

第 3 行含有 <channel> 元素，用于描述 RSS feed。

<channel> 元素有三个必需的子元素。

- <title> ： 定义频道的标题。
- <link>：定义到达频道的超链接。
- <description> ：描述此频道。

每个 <channel> 元素可拥有一个或多个 <item> 元素。每个 <item> 元素可定义 RSS feed 中的一篇文章或一个"story"。

<item> 元素拥有五个子元素。

- <title>：定义项目的标题。
- <link>：定义到达项目的超链接。
- <description>：描述此项目。
- <pubDate >：此项目的聚合时间。
- <category >：此项目所属类别。

最后，后面的两行关闭 <channel> 和 <rss> 元素。

通过这个实例，不难看出 RSS 文档的内容采用的是标准的 XML 格式。

1.5.4 RSS 文档网站应用实例

当用户发布一个 RSS 文档后，RSS Feed 中包含的信息就能直接被其他网站调用，而且由于这些数据都是标准的 XML 格式，所以也能在其他终端和服务中使用。现在我们来在线生成一个 RSS 文档。

例 1-5 一个 RSS 文档网站应用实例。在线生成如下所示的 RSS 文档，供订阅者订阅，以浏览其关注的内容；然后制作一款在线阅读器，读取其内容。

RSS 文档的内容如下：

```
<?xml version="1.0" standalone="yes"?>
<!--RSS 页的实现-->
<rss version="2.0">
  <channel>
    <title>ASP.net 教程高级版之 RSSDemo--甄爱军</title>
    <link>http://localhost</link>
    <description>一分耕耘一分收获</description>
    <copyright>Copyright 2016</copyright>
    <language>zh-cn</language>
    <item>
      <title>肉鸡质量安全生产追溯平台</title>
      <link>http://www.rjzspt.cn</link>
      <description>天津市放心肉鸡工程所依靠的平台，为老百姓提供安全放心的肉鸡生产全
      过程追根溯源！</description>
      <pubdate>2016/7/21 12:54:53</pubdate>
      <category>肉鸡平台</category>
    </item>
    <item>
      <title>天津市放心肉鸡追溯查询</title>
      <link>http://www.rjzspt.cn/web/zsmcx.aspx</link>
      <description>实现老百姓放心肉鸡的生产过程信息查询</description>
      <pubdate>2016/7/22 15:24:53</pubdate>
      <category>肉鸡查询</category>
    </item>
  </channel>
</rss>
```

操作步骤如下：

步骤 1，首先在 D 盘上建立一个文件夹 WebSite1.5。

步骤 2，打开 VS，单击“文件”→“新建”→“网站”→“ASP.NET 空网站”，在“Web 位置”栏中直接写入“D:\WebSite1.5”，最后单击“确定”按钮。

步骤 3，单击“文件”→“新建”→“文件”，选择“Web 窗体”，在名称栏内写入

“Default.aspx”，单击“添加”按钮。

在出现的界面中，写入下列代码：

```
<%@ Page Language="C#" AutoEventWireup="true" CodeFile="Default.aspx.cs"
Inherits="Default" %>
<!DOCTYPE html>
<html xmlns="http://www.w3.org/1999/xhtml">
<head runat="server">
<meta http-equiv="Content-Type" content="text/html; charset=utf-8"/>
    <title>在线生成 Rss 文档</title>
</head>
<body>
    <form id="form1" runat="server">
    <div>
    <h3>演示在线生成 Rss 文档</h3><br />
    <asp:Button ID="Button1" runat="server" Text="在线生成Rss 文档" Height="30px"
    OnClick="Btn_OnClick" />
    </div>
    </form>
</body>
</html>
```

步骤 4，在其代码页 Default.aspx.cs 中写入如下代码：

```
using System;
using System.Collections.Generic;
using System.Linq;
using System.Web;
using System.Web.UI;
using System.Web.UI.WebControls;
using System.Xml;
public partial class Default : System.Web.UI.Page
{
    protected void Btn_OnClick(object sender, EventArgs e)
    {
        string xmlDoc = "rss.xml";
        xmlDoc = Server.MapPath("./") + xmlDoc;
        XmlTextWriter writer = new XmlTextWriter(xmlDoc, null);
        writer.Formatting = Formatting.Indented;
        writer.WriteStartDocument(true);
        writer.WriteComment("RSS 页的实现");
        writer.WriteStartElement("rss");
        writer.WriteAttributeString("version", "2.0");
        writer.WriteStartElement("channel");
        writer.WriteStartElement("title");
```

```
writer.WriteString("ASP.net 教程高级版之 RSSDemo--甄爱军");
writer.WriteEndElement();
writer.WriteStartElement("link");
writer.WriteString("http://" + Request.ServerVariables["SERVER_NAME"]);
writer.WriteEndElement();
writer.WriteStartElement("description");
writer.WriteString("一分耕耘一分收获");
writer.WriteEndElement();
writer.WriteStartElement("copyright");
writer.WriteString("Copyright 2016");
writer.WriteEndElement();
writer.WriteStartElement("language");
writer.WriteString("zh-cn");
writer.WriteEndElement();
//第一行订阅
writer.WriteStartElement("item");
writer.WriteStartElement("title");
writer.WriteString("肉鸡质量安全生产追溯平台");
writer.WriteEndElement();
writer.WriteStartElement("link");
writer.WriteString("http://www.rjzspt.cn");
writer.WriteEndElement();
writer.WriteStartElement("description");
writer.WriteString("天津市放心肉鸡工程所依靠的平台，为老百姓提供安全放心的
                    肉鸡生产全过程追根溯源！");
writer.WriteEndElement();
writer.WriteStartElement("pubdate");
writer.WriteString("2016/7/21 12:54:53");
writer.WriteEndElement();
writer.WriteStartElement("category");
writer.WriteString("肉鸡平台");
writer.WriteEndElement();
writer.WriteEndElement();
//第二行订阅
writer.WriteStartElement("item");
writer.WriteStartElement("title");
writer.WriteString("天津市放心肉鸡追溯查询");
writer.WriteEndElement();
writer.WriteStartElement("link");
writer.WriteString("http://www.rjzspt.cn/web/zsmcx.aspx");
writer.WriteEndElement();
writer.WriteStartElement("description");
writer.WriteString("实现老百姓放心肉鸡的生产过程信息查询");
writer.WriteEndElement();
```

```
        writer.WriteStartElement("pubdate");
        writer.WriteString("2016/7/22 15:24:53");
        writer.WriteEndElement();
        writer.WriteStartElement("category");
        writer.WriteString("肉鸡查询");
        writer.WriteEndElement();
        writer.WriteEndElement();
        //结束
        writer.WriteEndElement();
        writer.Flush();
        writer.Close();
        Response.Write(@"<script>location='Rss.xml';</script>");
                                                    //从页面定位到 XML 文件
    }
}
```

运行程序，运行结果如图 1-33 所示。

图 1-33 演示在线生成 RSS 文档

单击“在线生成 RSS 文档”按钮，出现如图 1-34 所示的结果。

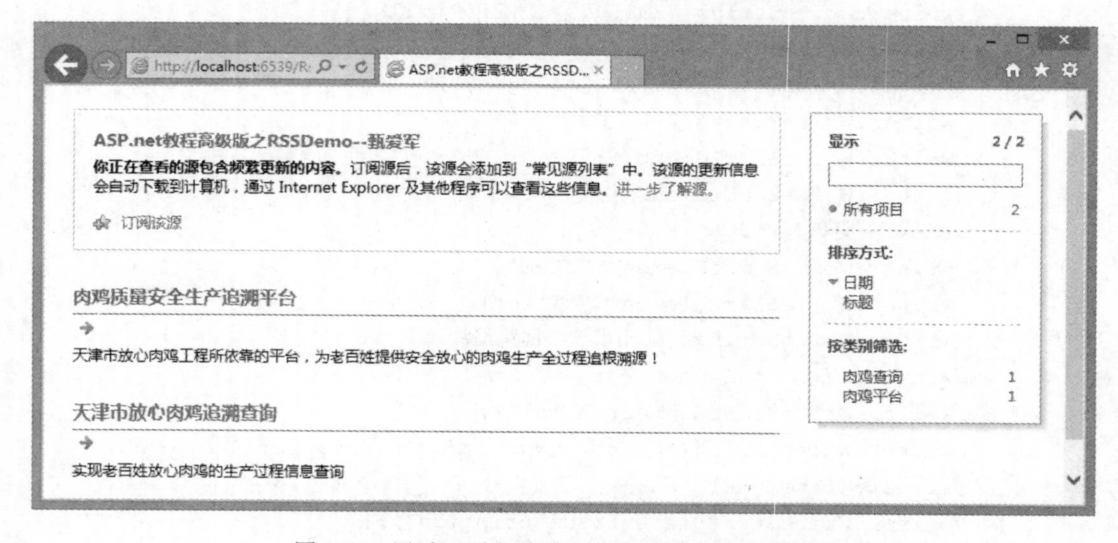

图 1-34 通过网页查看到 RSS 文档聚合内容效果图

通过该网页就可以看到 RSS 文档聚合内容。

1.5.5 在线 RSS 阅读器的实现

现在网络上有很多 RSS 阅读器，有的以 Web Service 的形式来工作，有的则运行于 Windows（Mac、PDA 或 UNIX），还有一些浏览器也内建了 RSS 阅读器（如 Mozilla Firefox）方便读者使用。如果你想使用一些现有的 RSS 在线阅读器，可以考虑 NewsGator Online、RssReader、FeedDemon 或 Blogbot 等。如果这些 RSS 阅读器不能满足个性化的需要，则可以自己动手实现一个在线 RSS 阅读器。以前如果要实现博客的 RSS 订阅，通常都需要手写代码去读取 XML。现在有了 RSSToolKit，这一切就变得简单了。可以使用它在五分钟内实现自己的 RSS 在线阅读器。

上一节讲述了网站如何提供 RSS 文档内容，下面将介绍如何实现将获取的 RSS 信息进行展示。读取 RSS 信息时，通常使用两种方法进行实现。其一是通过 XMLHTTP 实现客户端方式的静态读取，通常这种方法为了提高用户体验都会采取无刷新的方式来加载内容。这种方式就是本书第 2 章介绍的 AJAX 技术，在这里就不做介绍了。其二则是通过.NET Framework 提供的 XmlDocument 类来实现信息的读取。下面就对这种方法进行介绍。

续例 1-5 继续在例 1-5 的基础上，制作一款 RSS 阅读器，读取在例 1-5 中生成的 RSS 文档，并显示。

具体实现步骤如下：

步骤 1，启动 VS，依次单击“文件”→“打开”，在如图 1-35 所示的界面中，选择 WebSite1.5，单击“打开”按钮后，就打开了例 1-5 所设计的网站。

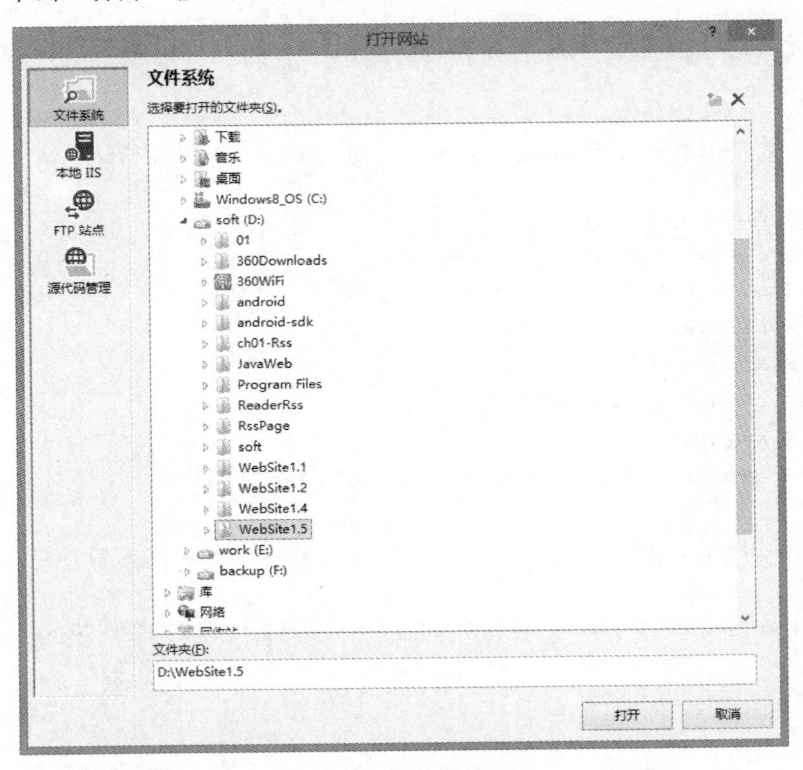

图 1-35 打开 WebSite1.5 网站

步骤 2，依次单击“文件”→“新建”→“文件”，选择“Web 窗体”，在名称栏内直接写入 RssReader.aspx，单击“添加”按钮。在其中添加如下代码后保存。

```
<%@ Page Language="C#" AutoEventWireup="true" CodeFile="RssReader.aspx.cs"
Inherits="RssReader" %>
<!DOCTYPE html>
<html xmlns="http://www.w3.org/1999/xhtml">
<head runat="server">
<meta http-equiv="Content-Type" content="text/html; charset=utf-8"/>
   <title>RSS 信息获取页</title>
</head>
<body>
   <form id="form1" runat="server">
   <div>
   Feed 摘要：<asp:TextBox ID="FeedUrl" runat="server" Width="200px">
   </asp:TextBox><br /><br />
   显示条数：<asp:TextBox ID="Num" runat="server" Width="200px">
   </asp:TextBox><br />
   <asp:Button ID="GetFeed" runat="server" Text="获得 RSS" OnClick=
   "GetFeed_Click"></asp:Button><br /><br />
   <asp:Label ID="RssFeed" runat="server"></asp:Label>
   </div>
   </form>
</body>
</html>
```

步骤 3，打开其代码页 RssReader.aspx.cs，添加如下代码后保存。

```
using System;
using System.Collections.Generic;
using System.Linq;
using System.Web;
using System.Web.UI;
using System.Web.UI.WebControls;
using System.Xml;
public partial class RssReader : System.Web.UI.Page
{
   protected void Page_Load(object sender, EventArgs e)
   { }
   protected void GetFeed_Click(object sender, EventArgs e)
   {
      if (FeedUrl.Text == "")//RSS 地址
      {
         RssFeed.Text = "信息源不能为空，您可刷新重试或联系管理员！";
```

```
            return;
        }
        RssFeed.Text = LoadRSS(FeedUrl.Text, Convert.ToInt32(Num.Text));
                                                            //获取指定数目
    }
    public string LoadRSS(string RssUrl, int showNewsCount)
    {
        string strRssList = "";
        string strMsg;
        try
        {
            XmlDocument objXMLDoc = new XmlDocument();
            objXMLDoc.Load(Server.MapPath("./") + RssUrl);//加载XML文档
            XmlNodeList objItems = objXMLDoc.GetElementsByTagName("item");
                                                            //获取所有匹配的元素
            if (showNewsCount > 30)
                showNewsCount = 10;                         //只显示10条记录
            if (showNewsCount < 1)
                showNewsCount = objItems.Count;
            string title = "";
            string link = "";
            int i;
            if (objXMLDoc.HasChildNodes == true)            //该文档有子节点
            {
                i = 1;
                foreach (XmlNode objNode in objItems)       //循环所有元素
                {
                  if (i <= showNewsCount)
                  {
                      if (objNode.HasChildNodes == true)
                      {   //得到当前元素的所有子节点
                          XmlNodeList objItemsChild = objNode.ChildNodes;
                          foreach (XmlNode objNodeChild in objItemsChild)
                          {
                              switch (objNodeChild.Name)
                              { case "title":
                                  title = objNodeChild.InnerText;
                                  break;
                                case "link":
                                  link = objNodeChild.InnerText;
                                  break;
                              }
                          }
```

```
                    i = i + 1;
              strRssList += "<a href="+link+"target=_blank>"+title+ "</a><br>";
                  }
              }
          }
      }
      strMsg = strRssList;
    }
    catch
    {  strMsg = "RSS Feed 源数据出错！"; }
    return strMsg;
  }
}
```

步骤 4，运行程序出现如图 1-36 所示的界面。

图 1-36　在线获取 RSS 摘要

在“Feed 摘要”栏中写入 rss.xml，在“显示条数”栏中写入 2 后，单击“获得 RSS”按钮后，出现如图 1-37 所示的结果。

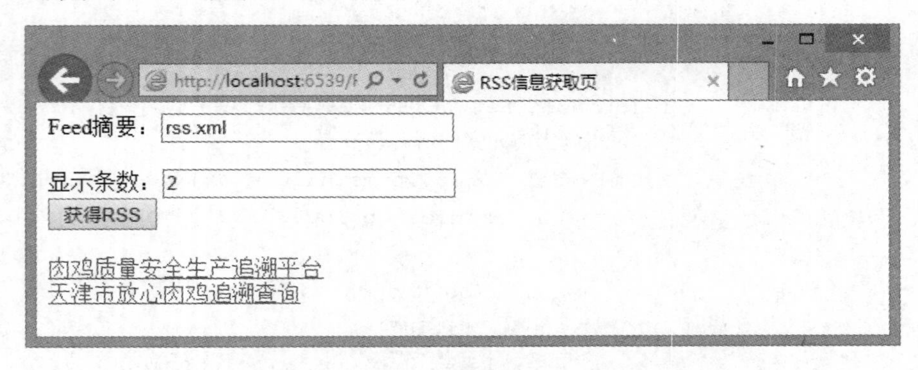

图 1-37　在线读取聚合 RSS 文档效果

1.6　小　　结

本章主要介绍了 XML 的基本概念和基本语法知识，以及如何操纵 XML 文件，同时还介绍了 ADO.NET 与 XML 如何进行相互操作，实现数据共享。最后介绍了比较常见的基于 XML 的 RSS 应用和在线 RSS 阅读器的实现，通过该应用可以实现学以致用，提高实践能力。

XML 作为当今网站应用最为广泛的数据传输形式，具有非常重要的地位。本章受篇幅所限，只介绍了使用 ASP.NET 技术操作 XML 文档。在实际运用时，还可以使用 HTML、JavaScript 技术操作 XML 文档，有兴趣的读者可以参考网络上的相关资料。掌握 XML 文档也是对程序开发人员要求必备的一项基本技能，充分了解和深入学习 XML 相关技术对读者的求职或日常开发会有很大的帮助。

1.7 习　　题

一、选择题

1. 在 XML 中，下面的 DTD 机制中最适合于模仿关系型数据库的主键与外键的关系的是（　　）。

　A. ID/IDREF　　B. Key/keyref
　C. CDATA　　D. ENTITY
　E. PCDATA

2. 在 XML 中，DOM 中 IXMLDOMNodeList 的 length 属性表示的是（　　）。

　A. 该对象中文本字符的长度　　B. 该对象中元素节点的数量
　C. 该对象中节点的数量　　D. 该对象中文档对象的数量

3. 下列说法错误的是（　　）。

　A. 在 Schema 中，通过对元素的定义和元素关系的定义来实现对整个文档性质和内容的定义的
　B. Schema 从字面意义上来说，可以翻译成架构，它的基本意思是为 XML 文档制定一种模式
　C. Schema 相对于 DTD 的明显好处是 XML Schema 文档本身也是 XML 文档，而不是像 DTD 一样使用自成一体的语法
　D. IXMLDOMNode 表示根节点，这是处理 XML 对象模型数据的基本接口，这个接口还包含对数据类型、名称空间、DTD、schema 的支持

4. 下列说法错误的是（　　）。

　A. XSL 在转换 XML 文档时分为明显的两个过程：首先转换文档结构，然后将文档格式化输出
　B. XSLT 包含 XSL 和 XPath 的强大功能，从而可以把 XML 文档转换成任何一种其他格式的文档
　C. 如果将 XML 文档看成 DOS 目录结构，XPath 就是 cd、dir 等目录操作命令的集合
　D. 如果将 XML 文档看作一个数据库，XPath 就是 SQL 查询语言

5. 在 XML 中，（　　）是文档对象模型 DOM 中的基本对象，元素、属性、注释、处理指令等都可以认为是它。

A. DOMDocument　　B. IXMLDOMNode
C. IXMLDOMNodeList　　D. IXMLDOMElement
E. IXMLDOMDocumentType

二、问答题

1. 什么是 XML？XML 的特点有哪些？
2. 简述 XML 与 HTML 的区别。
3. 什么是有效的 XML 文件？IE 能否检查一个 XML 文件的有效性？
4. 如何将 DTD 关联到 XML 文件？
5. XML 声明中有哪些属性？都有什么作用？

1.8 上机实践

1. 创建一个格式良好的 XML 文档，存储学生(student)的信息，包括学号 id(属性)、姓名 name(元素)、年龄 age(元素)、性别 sex(元素)、住址 address(元素)。上机实现并在浏览器中进行查看，参考源代码请见\ch01\ch01-上机实践题源代码\student.xml。

2. 编写一个程序，实现对 XML 文档中的数据进行管理，程序可实现对 XML 文档中的节点进行添加、删除、修改和查找的功能，参考源代码请见\ch01\ch01-上机实践题源代码\ Default.aspx。

第2章 AJAX开发

2.1 AJAX概述

2.1.1 什么是AJAX 技术

AJAX（Asynchronous JavaScript and XML，译做“异步 JavaScript 和 XML”），它不是一种编程语言，而是一种创建更强交互性 Web 应用程序的网页开发技术。其技术核心包括：客户端脚本语言 JavaScript 和异步数据获取对象 XMLHTTPRequest。

AJAX 之前的 Web 应用程序，当浏览器端提交一个表单（Form）时，就向 Web 服务器端发送一个请求。服务器端接收并处理传来的表单，然后返回一个新的网页。这种做法浪费了许多带宽，因为这一去一回两个页面中的大部分 HTML 代码往往是相同的。由于每次交互都需要向服务器发送请求，再等待服务器响应完成并返回，用户的响应时间等于服务器的响应时间加上来往的传输时间，这比用户本地响应要慢许多。传统的 Web 应用程序结构如图 2-1 所示。

与之不同，AJAX 技术的应用程序可以仅向服务器发送并取回必需的数据，浏览器端在本地采用 JavaScript 处理来自服务器的返回数据，不用重新加载页面，展示给用户的还是同一个页面（做了必要的局部更新），因此，浏览如同本地程序一样顺畅。另外，利用 XMLHTTPRequest 对象，每次向服务器端发送请求和接收响应的过程是异步完成的，不阻塞当前的浏览线程，用户完全感觉不到后台正与服务器发生的数据交互。由于很多处理工作可以在浏览器端本地机器上完成，所以 Web 服务器的响应时间也会减少。AJAX Web 应用程序结构如图 2-2 所示。

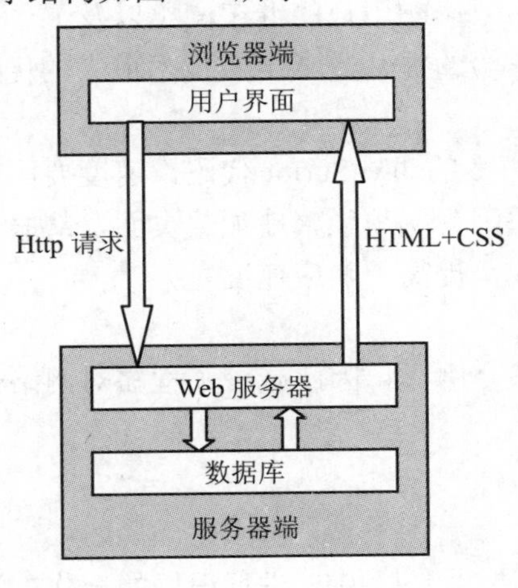

图 2-1　传统 Web 应用程序交互模式

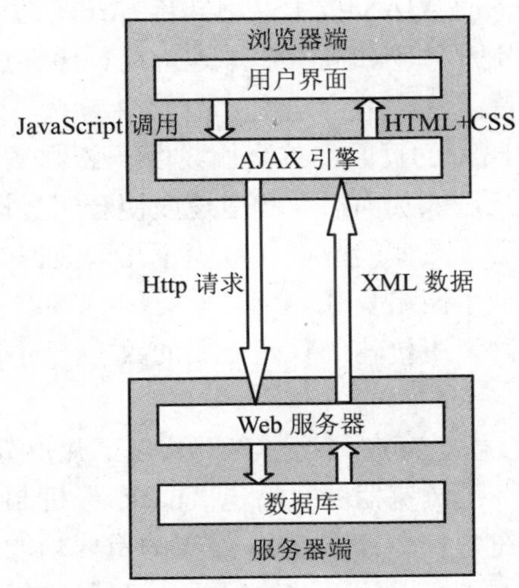

图 2-2　AJAX Web 应用程序交互模式

传统 Web 应用程序与 AJAX Web 应用程序数据交互过程对比如图 2-3 所示，通过对比可以看出基于 AJAX 的 Web 应用程序，在浏览器端没有反复加载新的页面；用户操作不必等待上次响应返回；整个程序响应时间加快。

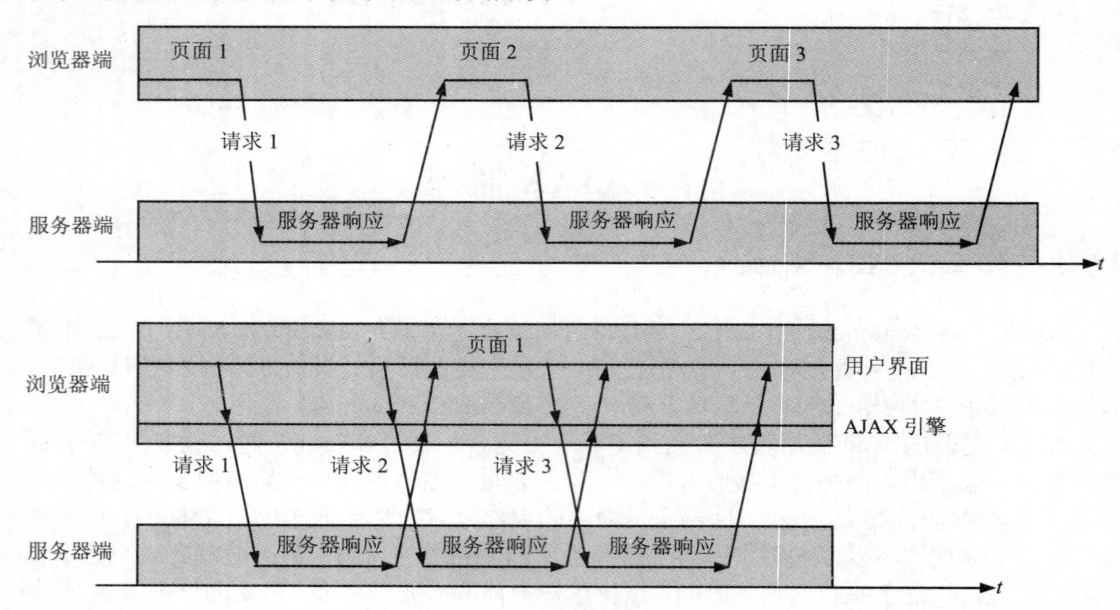

图 2-3　传统页面与 AJAX 页面数据交互对比

2.1.2　AJAX 的优势与局限性

应用了 AJAX 技术的 Web 应用程序，其优势在于：

（1）提升了用户体验。

传统的 Web 应用，用户只能发出独占式请求，在服务器完成响应之前，浏览器端只能是一片空白。而 AJAX 技术采用异步方式发送请求，不影响用户的继续浏览以及下一个请求的发送，用户体验如同操作本地应用程序。用户体验的提升是 AJAX 技术最大的优势。

（2）提高了程序响应速度。

基于 AJAX 的页面，首次加载由于必须要下载更多的 JavaScript 代码，速度要比普通页面慢。一旦进入页面后，响应速度便会明显提高，因为无须频繁地加载页面，从服务器得到的只是必须改变的数据，减少了冗余数据的下载，提高了响应速度。

（3）降低了网络负载。

由于在网络中传输的只是必要的数据，而不是整个网页，因此减少了程序对网络带宽的占用。

AJAX 技术也存在弊端，我们从以下几点分析：

（1）破坏了浏览器的“后退（back）”机制。

后退按钮是一个标准 Web 站点的重要功能，但是它没法和 JS 进行很好的合作，这是 AJAX 带来的一个比较严重的问题。虽然这个问题可以迂回地得到解决（例如，当用户在 Google Maps 中单击“后退”按钮时，它会在一个隐藏的 IFRAME 中进行搜索，然后将搜索结果反映到 AJAX 元素上，以便将应用程序状态恢复到当时的状态），但是，它所带来的开发成本是非常高的，这和 AJAX 框架所要求的快速开发是相背离的。

（2）频繁使用会增加服务器负担。

适当使用 AJAX 技术，会减轻服务器负担，因为服务器只需要生成客户端必须更新的数据。但当页面过度使用 AJAX 技术时，需要发送多次请求，这样便会大大加重服务器的负担。比如，若要使文本框具备联想提示功能，当采用 AJAX 技术时，每输入一个字符就会向服务器发送一次请求，给出新的联想提示，从而使服务器负担加重。显然，页面中不宜过多使用 AJAX 技术。

（3）存在安全隐患。

AJAX 技术一般均是采用 JavaScript 语言实现的，这些 JavaScript 代码可以在浏览器端保留一些用户信息，而无须使用 Session，就能将服务器的部分功能转移到浏览器端页面，这必将带来安全隐患。

（4）存在兼容性问题。

AJAX 高度依赖 JavaScript，而不同的浏览器对 JavaScript 的支持程度存在差异，尤其是当 AJAX 必须跨许多浏览器工作的时候。那些不支持 JavaScript 或者不支持 JavaScript 某些选项的浏览器将不能够正常运行页面功能。通常情况下，浏览器版本越新，对 AJAX 的支持越好。

（5）代码调试与维护难度大。

JavaScript 语言不是面向对象的编程语言，其代码可重用性低；JavaScript 代码并没有一个完善的调试工具，错误定位困难，导致程序编写与维护的难度加大。

2.1.3 AJAX 的适用范围

基于上述优点和缺点，AJAX 技术应该在哪些情况下使用，是个重要的问题。我们应用 AJAX，主要是为了改善用户体验，绝不能让过度的 JavaScritp 代码给程序维护和服务器带来负担。AJAX 比较适用于交互较多，读取数据频繁，而数据传输量又较小的 Web 应用程序。具体列举如下：

1．自动提示输入或需要数据校验的表单

有的表单中有下拉列表，其项目很多，从中找到用户需要的选项很麻烦，AJAX 技术可以提供解决方法。用户只要在文本框中输入一个或两个已知文字，XMLHTTPRequest 对象将立即异步向数据库查询包含该文字的字段值，并返回给页面，在文本框下面弹出这些自动提示的值，用户点选即可。

如用户注册表单，需要和数据库比对，验证一些数据（如用户名是否已被注册等）。如果采取整页回发到服务器，不仅传输数据量大、服务器负担重、响应时间长，而且会导致用户体验较差。用户录入复杂的注册信息并提交后，由于某项数据错误而重新返回（加载）注册页面，之前填写的信息全部丢失，必须重新填写。而采用 AJAX 技术后，用户填写下一项内容时 XMLHTTPRequest 对象已异步完成上一项的校验，极大地改善了用户体验。

2．实时更新的页面信息

如聊天、评论、统计投票、股票涨跌信息等页面，都需要实时地反映变化。采用 AJAX

技术能定时异步访问服务器，可以获得最新信息并将其返回页面，从而避免整页刷新。

3．联动选择或级联菜单

经常有多级下拉列表，后一级的项目依赖用户前一级的选择，比如地址里选择省、市、区、街道。若不采用 AJAX 技术，用户选择了所在“省”，页面提交，查询数据库，返回整个页面，列出“市”列表的项目，继续选择“市”，又一次提交页面，查询数据库后，返回整个页面，列出了“区”的列表项目，这样选择一个省、市、区 3 个选项，需要提交 3 次请求，整个页面又被返回 3 次。如果采用 AJAX 技术，以异步方式，仅将用户选择的列表项发送，用于查询数据库，返回的是下级列表框的项目。减少了数据传输，用户感受不到页面的反复刷新。类似的应用还有级联菜单、树状导航等。

4．网页的美观特效

使用 AJAX 通常是为了给网页带来更唯美的外观效果，如浮动、展开/折叠、圆角、阴影、透明度、轮播、动画渐变等。

2.2 用 JavaScript 脚本演绎 AJAX 工作原理

2.2.1 AJAX 的运行原理

应用 AJAX 技术的页面首次加载过程与传统的 Web 应用程序没什么不同。用户在浏览器输入 URL 或点击了页面的链接，引发了一次浏览器向服务器的 HTTP 请求，服务器收到请求，生成合适的执行结果返回给浏览器端，浏览器将 HTML 显示出来。页面首次加载完成后，采用 AJAX 技术的 Web 应用程序，交互过程总结如下：

（1）用户在 Web 页面上执行了某个操作，如单击某个按钮，或进行某项选择等，触发了交互过程的启动。

（2）根据用户的操作，页面产生相应的 DHTML 事件。

（3）调用注册到该 DHTML 事件的客户端 JavaScript 事件处理函数。其中需要创建并初始化一个用于向服务器发送异步请求的 XMLHttpRequest 对象，同时指定一个回调函数。当服务器端的响应返回时，将自动调用该回调函数。

（4）服务器收到 XMLHttpRequest 对象的请求之后，根据请求进行一系列的处理。

（5）处理完毕，服务器端向客户端返回所需要的数据。

（6）数据到达客户端之后，执行 JavaScript 回调函数，并根据返回的数据对用户显示界面进行更新。

（7）用户获得自己操作所需的数据，即看到显示界面的局部变化。

2.2.2 一个简单示例

可以用 JavaScript 语言编写一个简单程序，演示上述 AJAX 工作流程。

例 2-1 编写 JavaScript，用 AJAX 技术实现注册页面用户名已被注册的校验。

（1）准备数据库。在 SQLServer 中新建一个数据库，命名为 exp_ajax，准备一个简单的数据表“用户表”，创建数据库 SQL 代码如下：

```
CREATE TABLE [dbo].[用户表](
        [username] [varchar](10) NOT NULL,
        [password] [varchar](10) NULL)
```

（2）新建网站。新建一个“ASP.NET 空网站”，命名为 exp2_1。编辑 Web.Config 文件，添加元素，代码如下：

```
<connectionStrings>
   <add name="exp_ajaxConnectionString" connectionString="Data Source=.;
   Initial Catalog=exp_ajax; Persist Security Info=True;User ID=sa;Password=
   123456"
   providerName="System.Data.SqlClient" />
</connectionStrings>
```

本章以下例题用到的连接字符串均如上，不再赘述。

（3）设计网页。在站点根目录，添加新项“Web 窗体页”，命名为 Default.aspx。设计该页面，放置两个文本框和一个按钮，具体 HTML 代码如下：

```
<body>
      <table id="registerForm">
      <tr>
         <td class="title">
            用户名
         </td>
         <td>
            <input id="tbUserName" type="text" onblur="checkUserName()" />
            <span id="checkResult"></span>
         </td>
      </tr>
      <tr>
         <td class="title">
            密码
         </td>
         <td>
            <input id="tbPassword" type="password" />
         </td>
      </tr>
      <tr>
         <td rowspan="2">
            <input id="btnSubmit" type="submit" value="提交" onclick=
            "checkUserName()" />
         </td>
      </tr>
   </table>
</body>
```

（4）编写 JS 代码。在页面 Default.aspx head 部编写 JavaScript 脚本，实现异步请求及回调函数，代码如下：

```
<head>
<script type="text/javascript">
/// <summary>
//定义 XMLHttpRequest 对象，向服务器发送请求
/// </summary>
var xmlHttp = false;// var 是可变参数类型，代表任何一种数据类型
function checkUserName() {// 检查输入的用户名是否为空
        var tbUserName = document.getElementById('tbUserName');
        if (tbUserName.value == "")     return;
        //创建 XMLHttpRequest 对象，根据浏览器类型不同创建方式不同
        try {//使用 6.0 以上的 IE 浏览器
              xmlHttp = new ActiveXObject("Msxml2.XMLHTTP");
        }
        catch (e) {
              try {//低版本的浏览器
                 xmlHttp = new ActiveXObject("Microsoft.XMLHTTP");
              }
              catch (e2){//XMLHttpRequest 创建失败，保证其值仍为 false
                    xmlHttp = false;
              }
        }
        //验证创建是否成功，为 IE 之外的谷歌、火狐等浏览器创建 XMLHttpRequest
         if (!xmlHttp && typeof XMLHttpRequest != 'undefined') {
               xmlHttp = new XMLHttpRequest();
         }
         if (!xmlHttp) {//不符合上述所有浏览器情况，创建失败
                 return false;
         }
         //规定请求的类型为 Get 类型，参数 true 表示异步请求，
         //向 CheckUserNameService.aspx 页面发送请求
         var url = "CheckUserNameService.aspx?UserName=" + tbUserName. value;
         xmlHttp.open("GET", url, true);
         xmlHttp.onreadystatechange = callBack_CheckUserName;
                                     // 规定回调函数为 callBack_CheckUserName
         xmlHttp.send(null);//发送请求
         }
/// <summary>
//回调函数
/// </summary>
function callBack_CheckUserName() {
      //readyState 存有 XMLHttpRequest 状态，从 0 到 4
```

```
        //0 是请求未初始化，1 是服务器连接已经建立，2 是请求已经接受，3 是请求处理中，
          4 是请求已完成，且响应已就绪
        if (xmlHttp.readyState == 4) {
                //responsText 是返回的内容，交给 isValid 变量
                var isValid = String(xmlHttp.responseText).substring(0,4);
                //由标签 checkResult 显示验证结果
                var checkResult = document.getElementById("checkResult");
                checkResult.innerHTML = (isValid == "true") ? "恭喜您，这
                个用户名可以使用" : "很抱歉该会员名已经被使用";
        }
    }
</script>
</head>
```

（5）编写 CS 代码。服务器端响应请求的页面 CheckUserNameService.aspx，其 CS 代码如下：

```
protected void Page_Load(object sender, EventArgs e)
{
        // 获取用户名
        string candidateUserName = Request.QueryString["UserName"];
        bool isValid = false;
        // 连接数据库查询有无 candidateUserName 的用户名，将布尔结果置于 isValid 变量中
        String conStr = WebConfigurationManager.ConnectionStrings
        ["exp_ajaxConnectionString"]. ConnectionString;
        using (SqlConnection conn = new SqlConnection(conStr))
        {
            conn.Open();
            using (SqlCommand cmd = conn.CreateCommand())
            {
                cmd.CommandText = "select * from 用户表 where username='" +
                candidateUserName + "'";
                object objResult = cmd.ExecuteScalar();
                if (objResult== null)
                {
                    isValid = true;//可以用
                }
            }
        }
        Response.Clear();
        //将指定字符写入 HTTP 输出
        Response.Write(isValid ? "true" : "false");
}
```

程序运行界面如图 2-4 所示，当用户输入用户名，并将光标移至下个文本框后，自动提示用户名是否已占用。

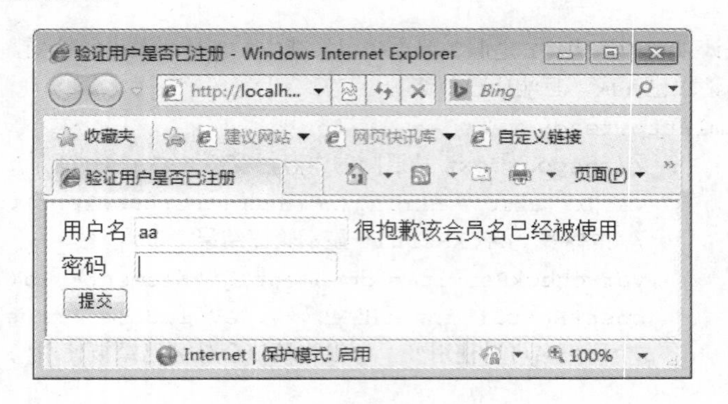

图 2-4　程序运行效果

上例是用来演示一次完整异步请求与回应的最精简的 JavaScript 程序，可见，用纯 JavaScript 开发 AJAX，代码量较大，加之调试不便，给开发人员带来的较大工作量。于是各种 AJAX 框架应运而生。AJAX 框架将 AJAX 功能封装为一个控件，或者封装为一个函数，大大方便了调用。

2.3　第三方 AJAX 框架

单纯使用 JavaScript 创建 AJAX 页面，要考虑很多问题，而且会出现很多麻烦。例如，针对不同浏览器，需要使用不同的方式创建 XMLHTTPRequest 对象，以便在所有浏览器中都能运行。JavaScript 是非面向对象语言，在编写 AJAX 的过程中会产生大量重复代码。

解决上述问题的方法是：通过将完整细节工作的代码提取到通用的函数或者对象中，来减少代码库中重复代码的数量。于是，将那些通用的功能封装为可以在不同项目中重用的库，从而形成框架。利用框架编写程序，可以明显减少项目中需要编写代码的数量，并且提高工作效率。从 AJAX 诞生以来，出现了大量的 AJAX 框架，有些框架基于客户端，有些框架基于服务器端；有些框架为特定语言设计，有些是与语言无关的；大部分是开源框架，也有少量是专用的。

常用的 AJAX 框架有 Dojo、prototype、jQuery、AJAX.NET、ASP.NET AJAX 等。

Dojo（JS library and UI component）：是目前最为完善和历史最长的 JS 框架，它于 2004 年 9 月创建。它是一个用 JavaScript 编写的开源的 DHTML 工具箱。Dojo 包括 AJAX、Browser、Event、Widget 等跨浏览器 API，包括了 JS 本身的语言扩展，以及各个方面的工具类库和比较完善的 UI 组件库。它的 UI 组件的特点是通过给 HTML 标签增加 tag 的方式进行扩展，而不是通过写 JS 来生成，Dojo 的 API 模仿 Java 类库的组织方式。 Dojo 的优点是库较为完善，发展时间也比较长；缺点是文件比较大，操作比较复杂难用。

Prototype（JS OO library）：是一个非常优雅的 JS 库，定义了 JS 的面向对象扩展、DOM 操作 API、事件等内容，以 Prototype 为核心，形成 JS 扩展库，是相当有前途的 JS 底层框架。其优点是基于底层，易学易用，体积小；缺点是功能还不够完善。

jQuery：顾名思义，是用 JavaScript 来查询（Query），是继 Prototype 之后又一个优秀的 JavaScript 库。jQuery 优点很多，最为突出的一点是文档说明很全，而且各种应用也说得很详细，同时还有许多成熟的插件可供选择；另一个优点是设计思路简洁，几乎所有操作都是以选择 DOM 元素开始，然后是对其的操作；jQuery 体积小，压缩后代码只有几十 KB。如今，jQuery 已经成为最流行的 JavaScript 库，在世界前 10 000 个访问最多的网站中，有超过 55%在使用 jQuery。

AJAX.NET：它是 Microsoft 开发的一个库，利用 AJAX.NET 能从 JavaScript 客户端调用.NET 方法。AJAX.NET 包括一个 DLL，可以与 VB.NET 或 C#.NET 一同使用。AJAX.NET 的文档很好地展示了针对各种场景的解决方案，而且能得到相关的源代码。不过，AJAX.NET 的许可协议很不明确。

Atlas：它是 Microsoft 公司开发的应用在 ASP.NET 上的 AJAX 框架，也叫 ASP.NET AJAX。它提供了完备且功能最强大的封装。它包括完善的对客户端面向对象编程的支持、丰富的客户端/服务器端组件、客户端/服务器端类型的自动转换、自动将服务器端页面方法或 Web Service 方法暴露给客户端、为远程 Web Service 提供本地客户端代理等非常强大的功能。而且，ASP.NET AJAX 并不仅仅是一个封装了 AJAX 操作的框架，它还对 JavaScript 进行了非常精巧的面向对象的扩展，提供了强大的面向对象开发基础，将客户端开发提到了新的高度。

下面一小节将讲解 jQuery AJAX 的开发，接下来的两个小节对 ASP.NET AJAX 框架展开讲述。

2.4 jQuery 框架下 AJAX 开发

jQuery 是一个轻量级的 JavaScript 框架，它的设计宗旨是“Write Less, Do More”，即写更少的代码，做更多的事情。jQuery 框架的一个巨大优势是可兼容 IE、Edge、Firefox、Safari、Opera 等各种主流浏览器，解决了浏览器的兼容问题。

在使用 jQuery 之前，首先到 jQuery 官网进行下载，网址为：http://jquery.com/，截至 2017 年 3 月，最新版本为 v3.2.0。

jQuery 框架提供的$.ajax()方法，可方便快捷地进行 AJAX 开发，其语法为：

```
$.ajax({name:value, name:value, … })
```

该函数由一系列参数组成，参数的提供形式是 name 和 value 对，常用的参数详解如下：

- url——发送请求的地址，默认为当前页地址。
- type——请求方式（post 或 get），默认为 get。
- contentType——发送数据到服务器时所使用的内容类型，默认是："application/x-www-form-urlencoded"。
- datatype——预期的服务器响应的数据类型。如果不指定，JQuery 将自动根据 http 包 mime 信息返回 responseXML 或 responseText，并作为回调函数参数传递。
- data——规定要发送到服务器的数据。
- async——Boolean 类型的参数，默认为 true，表示异步请求，false 表示发送同步请求。同步请求将锁住浏览器，用户其他操作必须等待请求完成才可以执行。
- success——请求成功时运行的函数。
- error——请求失败时运行的函数。

- complete——无论请求成功或失败时均调用的函数。

下面通过实现与例 2-1 相同的功能，来学习一下 jQuery AJAX 的用法。

例 2-2 jQuery AJAX 在注册页面实现对用户名的校验

（1）新建一个网站，命名为 exp2_2。如前例所示，在 Web.Config 文件中添加连接字符串。

（2）添加一个 Default.aspx 窗体。Default.aspx 前台<body>标签同前例。

（3）将下载好的 jquery-3.2.0.js 复制到网站根目录下，并在 default.aspx 的<head></head>标签内写入如下代码：

```
<script type="text/javascript" src="jquery-3.2.0.js"></script>
```

（4）在<head></head>标签内继续写入如下代码：

```
<script type="text/javascript">
        $(function () {
            //失去焦点时执行
            $('#tbUserName').blur(function () {
                var id = $("#tbUserName").val()
                $.ajax({
                    type: "post",
                    url: "CheckUserNameService.aspx/IsValidUsername",
                                                    //发送请求的地址/调用的方法
                    contentType: "application/json;charset=utf-8",
                    dataType: "json",               //返回 JSON 数据。
                    data: "{'id': '" + id + "'}",
                    success: function (data) {      //请求成功后调用的回调函数
                        checkResult.innerHTML = (data.d == true) ? "恭喜您，这
                        个用户名可以使用" : "很抱歉，该会员名已经被使用";
                    },
                    error: function () {
                        alert("ajax 调用失败!");
                    }//请求失败时被调用的函数
                });
            });
        })
    </script>
```

（5）新建一个窗体 CheckUserNameService.aspx，在 CheckUserNameService.asp.cs 中新建一个方法 IsValidUsername，代码如下：

```
[WebMethod]
    public static bool IsValidUsername(string id) //方法一定要是静态的
    {
        String conStr = WebConfigurationManager.ConnectionStrings
        ["exp_ajaxConnectionString"]. ConnectionString;
        //bool isValid = false;
```

```
        using (SqlConnection conn = new SqlConnection(conStr))
        {
            conn.Open();
            using (SqlCommand cmd = conn.CreateCommand())
            {
                cmd.CommandText = "select*from 用户表 where username='"+id+ "'";

                if (cmd.ExecuteScalar()==null)      //数据表中未找到该用户名
                {
                    return true;                    //该用户名可以使用
                }
                else
                {
                    return false;
                }
            }
        }
    }
```

注意：IsValidUsername 方法前一定要附加方法特性[WebMethod]，表示将该方法公开为 XML Web Services 的一部分。同时需要引入以下三个命名空间：

```
using System.Web.Services;
using System.Web.Configuration;
using System.Data.SqlClient;
```

运行后可发现，其功能与前例相同，通过比较这两个例题的代码可看出，jQuery 框架下的 AJAX 开发能够大大简化前台代码的编写。

2.5 ASP.NET AJAX 服务器控件

ASP.NET AJAX 框架提供了 5 个核心的控件，即 ScriptManager、ScriptManagerProxy、UpdatePanel、UpdateProgress、Timer。在 VS 2015 中，ASP.NET AJAX 已内置安装，并且这 5 个控件已置于"工具箱"的"AJAX 扩展"选项卡下，如图 2-5 所示。下面详述每种控件的用法。

图 2-5　工具箱中的"AJAX 扩展"

2.5.1 ScriptManager 控件

ScriptManager 控件是一个脚本管理器，负责管理页面中需要的 JavaScript 脚本、Web Service、身份验证服务、个性化设置、页面错误处理等所有资源。

在一个 ASP.NET 页面中，只能包含一个 ScriptManager 控件，而且该控件必须出现在任何 AJAX 控件之前。在 ASP.NET AJAX 开发中，该控件是必不可少的重要控件。

1．如何使用 ScriptManager 控件

将工具箱中的 ScriptManager 控件拖曳到页面的设计视图中，查看该页面的代码视图，出现如下代码：

```
<asp:ScriptManager ID="ScriptManager1" runat="server">
</asp:ScriptManager>
```

向标签内添加<service></service>标签，即可调用服务器端的 Web Service。添加<scripts></scripts>标签，即可调用 JS 文件，该标签下可以同时调用多个 JS 文件。具体代码示意如下：

```
<asp:ScriptManager ID="ScriptManager1" runat="server">
    <Services>
        <asp:ServiceReference Path="WebService1.asmx" />
    </Services>
    <Scripts>
        <asp:ScriptReference Path="Script/Jscript1.js" />
    </Scripts>
</asp:ScriptManager>
```

2．控件的属性

ScriptManager 控件的常用属性，如表 2-1 所示。

表 2-1 ScriptManager 控件的常用属性

属性	描述
AllowCustomError	当发生错误时，是否导航到 web.config 中定义的错误页面，默认值为 true。如果设置为 false，则使用 AsyncPostBackErrorMessage 和 OnAsyncPostBackError 提示错误
AsyncPostBackErrorMessage	异步回传发生错误时的自定义错误提示信息
AsyncPostBackTimeout	异步回传的超时限制，默认值为 90 秒
EnablePartialRendering	是否支持页面的局部更新，默认值为 True，一般不需要修改
ScriptMode	指定 ScriptManager 发送到客户端的脚本的运行模式，有 4 种模式：Auto（取决于页面或 Web.config 中的 Debug 设置）、Inherit（同 Auto）、Debug（调试方式）和 Release（发布方式），默认值为 Auto
Scripts	对脚本的调用，可以嵌套多个 ScriptReference 模板来调用多个脚本文件
Service	设置所有的脚本块的根目录，作为全局属性，包括自定义的脚本块或者引用第三方的脚本块。如果在 Scripts 中的<asp:ScriptReference/>标签中设置了 Path 属性，那么其优先级高于该属性
ScriptPath	对服务的调用，也可以嵌套多个 ServiceReference 模板以实现多个服务的引用
OnAsyncPostBackError	异步回传发生错误时的服务端处理函数，在这里可以捕获异常信息并作相应的处理
OnResolveScriptReference	指定 ResolveScriptReference 事件的服务器端处理函数，在该函数中可以修改某一条脚本的相关信息如路径、版本等

下面用一个程序实例，具体说明 ScriptManager 控件的用法。

例 2-3 用 ASP.NET AJAX 技术中的 ScriptManager 控件实现用户登录的功能，并从运行界面的细节体会与常规登录功能的不同（该例题用到例 2-1 中的数据库 exp_ajax 和数据表“用户表”，不再赘述其结构）

（1）设计页面。新建一个“空 ASP.NET 网站”，命名为 exp2_3，添加新项“Web 窗体页”，命名为 Default.aspx。将 ScriptManager 控件从工具箱拖曳到该页面的设计视图，并在其中添加<server>标签和<script>标签。设计简单的登录界面，允许输入用户名和密码，完成 Defaul.aspx 页面，body 部代码如下：

```
<body>
    <form id="form1" runat="server">
    <div id="rMsg"></div>
    <div id="logindiv"> 用户名：<input type="text" id="txtName" />
    密码：<input type="text" id="txtPass"/>
    <input type="button" id="login" value="登录" onclick=
    "ReferencSercviceMethod2()" />
    </div>
    <asp:ScriptManager ID="ScriptManager1" runat="server">
    <Services>
        <asp:ServiceReference Path="WebService.asmx" />
    </Services>
    <Scripts>
        <asp:ScriptReference Path="Scripts/JScript.js" />
    </Scripts>
    </asp:ScriptManager>
</form>
</body>
```

（2）创建 Web 服务。在站点根目录添加新项，选择“Web 服务”，新文件名为 WebService.asmx，在其中编写服务函数，实现在数据库查询用户名、密码的功能，代码如下：

```
...
using System.Data.SqlClient;     //新增，用于数据库操作
using System.Web.Configuration; //新增，用于配置文件读取
/// <summary>
///WebService 的摘要说明
/// </summary>
[WebService(Namespace = "http://tempuri.org/")]
[WebServiceBinding(ConformsTo = WsiProfiles.BasicProfile1_1)]
//若要允许使用 ASP.NET AJAX 从脚本中调用此 Web 服务，请取消对下行的注释
 [System.Web.Script.Services.ScriptService]
public class WebService : System.Web.Services.WebService {
    public WebService () {
        //如果使用设计的组件，请取消注释以下行
```

```
        //InitializeComponent();
    }
    [WebMethod]
    public string Login(string name,string pass)
    {
        String conStr = WebConfigurationManager.ConnectionStrings
 ["exp_ajaxConnectionString"].ConnectionString;
        using (SqlConnection conn = new SqlConnection(conStr))
        {
            conn.Open();
            using (SqlCommand cmd = conn.CreateCommand())
            {
                cmd.CommandText="select*from 用户表 where username='" +name+ "'";
                SqlDataReader reader = cmd.ExecuteReader();
                if (reader.Read())
                {
                    if (pass == reader.GetString(reader.GetOrdinal("password")))
                        return "欢迎你，"+name+"! <a href='Default.aspx'>我要退
                        出</a>";
                    else
                        return "对不起，密码不对哦！";
                }
                else
                {
                    return "对不起，用户名不存在哦！";
                }
            }
        }
    }
}
```

（3）编写 JS 脚本。在站点根目录新建文件夹，命名为 Scripts，其中添加新项“JavaScript 文件”，命名为 JScript.js。其代码如下：

```
function GetResult(result) {
        var restr = String(result);
        document.getElementById("rMsg").innerHTML = restr;
    }
function ReferencSercviceMethod2() {//调用 WebService 中的 Login 函数，返回值
                                        交给 GetResult 这个 js 函数处理
        WebService.Login(document.getElementById("txtName").value,
        document.getElementById("txtPass").value, GetResult);
    }
```

程序运行效果如图 2-6（a）所示，单击“登录”按钮后，页面显示如图 2-6（b）所示。

提示：与普通登录页面相比，使用 AJAX 技术，登录过程看不到页面跳转的过程，页面也无法“后退”。

（a）登录页面

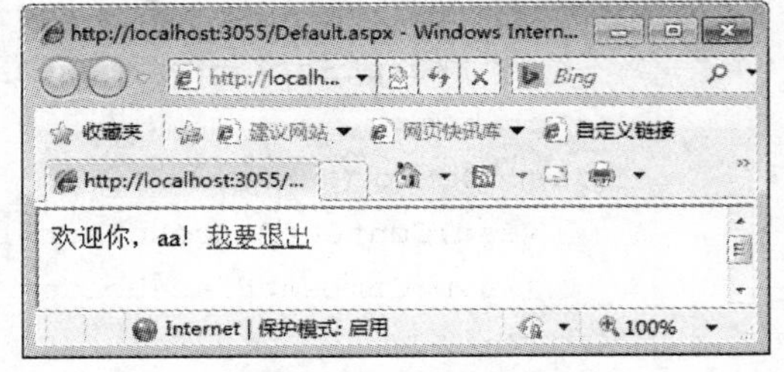

（b）单击“登录”按钮后

图 2-6　程序运行效果

2.5.2　ScriptManagerProxy 控件

在 ASP.NET AJAX 中，由于一个 ASPX 页面上只能有一个 ScriptManager 控件，所以在有母版页的情况下，在 Master Page 和 Content Page 中都需要引入不同的 Web 服务的情况下，就需要在 Content Page 中使用 ScriptManagerProxy 控件，而不是 ScriptManager 控件，ScriptManager 和 ScriptManagerProxy 是两个用法非常相似的控件。

要使用 ScriptManagerProxy 控件，将其从工具箱中拖曳到内容页的设计视图下，生成页面代码：

```
<asp:ScriptManagerProxy id="ScriptManagerProxy1" runat="server">
</asp:ScriptManagerProxy>
```

要想调用 JS 脚本或 WebService 服务则向其中添加<script>标签或<server>标签，方法与 ScriptManager 控件完全相同。下面举例说明 ScriptManagerProxy 控件的用法。

例 2-4　用 ScriptManagerProxy 控件实现简单购物功能，并与例 2-3 结合，实现 Master 页登录，Content 页购物的页面功能。

（1）设计页面。新建一个“ASP.NET 空网站”，命名为 exp2_4，添加新项“母版页”，命名为 MasterPage.master，页面内容同例 2-3，其 body 部分的代码如下：

```
<body>
    <form id="form1" runat="server">
    <div>
    <div id="rMsg"></div>
      <div id="logindiv"> 用户名<input type="text" id="txtName" />密码
    <input type="text" id="txtPass" />
    <input type="button" id="login" value="登录" onclick=
    "ReferencSercviceMethod2()" />
    </div>
    <asp:ScriptManager ID="ScriptManager1" runat="server">
```

```
    <Services>
        <asp:ServiceReference Path="WebServicem.asmx" />
    </Services>
    <Scripts>
        <asp:ScriptReference Path="Scripts/JScriptm.js" />
    </Scripts>
    </asp:ScriptManager>
      <asp:ContentPlaceHolder id="ContentPlaceHolder1" runat="server">
      </asp:ContentPlaceHolder>
    </div>
    </form>
</body>
```

（2）为框架页创建 Web 服务和 JS 脚本。在站点根目录，添加新项“Web 服务”，命名为 WebServicem.asmx。其代码同例 2-3 中的 WebService.asmx 文件。在文件夹 Scripts 中添加新项“Javascript 文件”，命名为 JScriptm.js。其代码同例 2-3 中的 JScript.js 文件。

（3）以上步骤完成了框架页的设置，以下完成内容页的工作，首先基于框架页创建内容页。在网站根目录，基于母版页 MasterPage 创建“Web 窗体”，文件名为 Default.aspx。设计界面添加简单的商品购买控件，其代码如下：

```
<asp:Content ID="Content1" ContentPlaceHolderID="head" Runat="Server">
</asp:Content>
<asp:Content ID="Content2" ContentPlaceHolderID="ContentPlaceHolder1" Runat=
"Server">
<div>
    <asp:ScriptManagerProxy id="ScriptManagerProxy1" runat="server">
        <Services>
            <asp:ServiceReference Path="WebServicec.asmx" />
        </Services>
        <Scripts>
            <asp:ScriptReference Path="Scripts/JScriptc.js" />
        </Scripts>
    </asp:ScriptManagerProxy>
    <hr />
    <ul style="list-style:none">
    <li style="float:left;margin-right:100px"><img src=" images/1.jpg"
    width="200px" height="150px"//></li>
    <li style="float:left;margin-right:100px"><img src=" images/2.jpg"
    width="200px" height="150px"//></li>
    <li style="float:left;margin-right:100px"><img src=" images/3.jpg"
    width="200px" height="150px"//></li>
    <li><img src=" images/4.jpg" width="200px" height="150px"//></li>
    </ul>
    <br />
```

```
    <h3>商品单价： <input id="inputA" type="text" style="width: 110px"
    />  商品数量：
    <input id="inputB" style="width: 110px" type="text" /> 
    <input id="buttonEqual" type="button" value="计算"  onclick="return
    OnbuttonEqual_click()"/>
 <div id="rsum"> </div></h3>
 </div>
 </asp:Content>
```

（4）为内容页创建 Web 服务。在站点根目录添加新项“Web 服务”，命名为 WebServicec.asmx，其代码如下：

```
using System;
using System.Collections.Generic;
using System.Linq;
using System.Web;
using System.Web.Services;
 [WebService(Namespace = "http://tempuri.org/")]
[WebServiceBinding(ConformsTo = WsiProfiles.BasicProfile1_1)]
//若要允许使用 ASP.NET AJAX 从脚本中调用此 Web 服务，请取消对下行的注释
[System.Web.Script.Services.ScriptService]
public class WebServicec : System.Web.Services.WebService {
    public WebServicec () {
        //如果使用设计的组件，请取消注释以下行
        //InitializeComponent();
    }
    [WebMethod]
    public int Mul(int a, int b)
    {
        return a * b;
    }
}
```

（5）为内容页创建 JS 脚本。在“Jscripts 文件夹”中，添加新项“Javascript 文件”，命名为 JScriptc.js，其代码如下：

```
function OnbuttonEqual_click() {
    requestSimpleService = WebServicec.Mul(document.getElementById
    ("inputA").value, document.getElementById("inputB").value,
    OnRequestComplete1);
    return false;
}
function OnRequestComplete1(result) {
    document.getElementById("rsum").innerHTML = result.toString();
}
```

界面运行如图 2-7 所示。

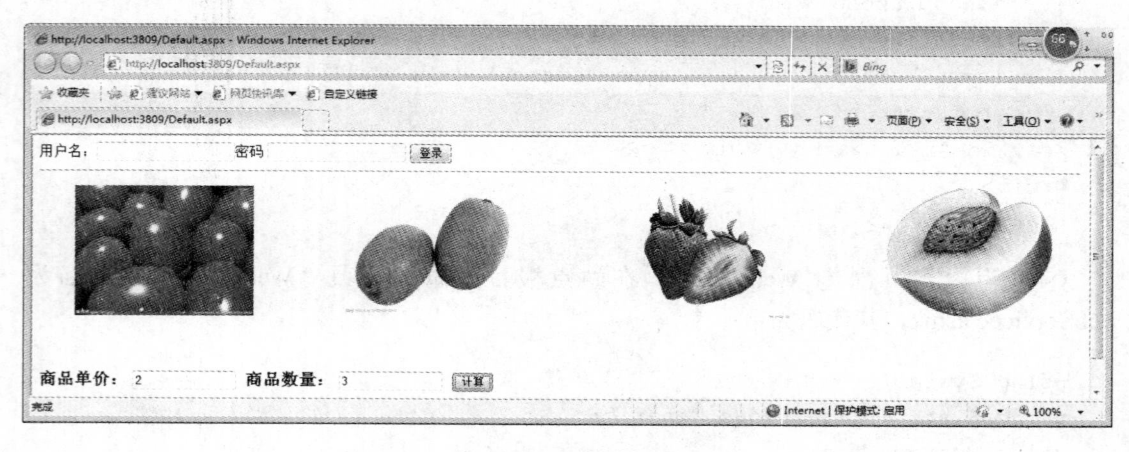

图 2-7 运行效果图

2.5.3 UpdatePanel 控件

UpdatePanel 控件是 Asp.Net AJAX 中的又一重要控件，使用频率仅次于 ScriptManager 控件。可以通过该控件创建丰富的页面局部更新应用程序。使用 UpdatePanel 控件可以大大减少客户端脚本的编写工作量。开发人员不需要编写任何客户端脚本，只要在页面中添加几个 UpdatePanel 控件和一个 ScriptManager 控件就可以方便地实现页面局部更新功能。UpdatePanel 控件相当于一个容器，将需要做局部更新处理的一个或多个控件包括起来。

1．UpdatePanel 控件的使用方法

使用 UpdatePanel 控件，必须先在当前页面中使用 ScriptManager 控件，然后再从工具箱中将 UpdatePanel 控件拖曳到页面的设计视图。接着把需要更新的控件拖入 UpdatePanel 之中。形成的页面代码如下：

```
<asp:ScriptManager ID="ScriptManager1" runat="server">
</asp:ScriptManager>
<asp:UpdatePanel ID="UpdatePanel1" runat="server">
   <ContentTemplate>
         <!—要更新的局部内容—>
   </ContentTemplate>
      <Triggers>
         <asp:AsyncPostBackTrigger ControlID="Button1" />
         <asp:PostBackTrigger  ControlID="Button2" />
      </Triggers>
   </asp:UpdatePanel>
```

2．UpdatePanel 控件的常用属性

UpdatePanel 控件的常用属性如表 2-2 所示。

表 2-2　UpdatePanel 控件的常用属性

属性	描述
ChildrenAsTriggers	当 UpdateMode 属性为 Conditional 时，UpdatePanel 中的子控件的异步回送是否会引发 UpdatePanle 的更新
RenderMode	表示 UpdatePanel 最终呈现的 HTML 元素。Block（默认）表示<div>，Inline 表示<span>
UpdateMode	表示 UpdatePanel 的更新模式，有两个选项：Always 和 Conditional。Always 是不管有没有 Trigger，其他控件都将更新该 UpdatePanel；Conditional 表示只有当前 UpdatePanel 的 Trigger 或 ChildrenAsTriggers 属性为 true 时，当前 UpdatePanel 中控件引发的异步回发或者整页回发，或是服务器端调用 Update()方法才会引发更新该 UpdatePanel
Triggers	用于引起局部更新的事件。在 ASP.NET 中包括两种触发方式：异步回发 (AsyncPostBackTrigger) 用来实现局部更新。同步回发（PostBackTrigger）和普通的 Postback 一样，不管是否使用了局部更新控件，都会引起页面的全部更新，详见例 2-5

3．UpdatePanel 控件的实例

下面举例说明如何使用 UpdatePanel 控件。

例 2-5　用 UpdatePanel 控件实现发贴功能的局部更新，在页面运行时，比较同步更新与异步更新的差别。

（1）准备数据库。在数据库 exp_ajax 中创建一个数据表“帖子”，创建表的 SQL 代码如下：

```
CREATE TABLE [dbo].[帖子](
[id] [int] IDENTITY(1,1) NOT NULL,
[title] [nvarchar](50) NULL,
[details] [nvarchar](500) NULL,
[time] [datetime] NULL)
```

（2）设计页面。新建一个“ASP.NET 空网站”在网站根目录下添加新项“Web 窗体”，命名为 Default.aspx，向页面设计视图中拖曳一个 ScriptManager 控件、一个 UpdatePanel 控件，在 UpdatePanel 控件中拖曳一个 GridView 和与其绑定的 SqlDataSource 控件，用于显示最新帖子。因为最新帖子需要随时更新，所以放在 UpdatePanel 控件里面。在 UpdatePanel 控件外面，是用户发表帖子的部分，包括一个用于填写帖子标题的 TextBox 控件，一个用于填写内容的 TextBox 控件，和两个发布帖子的按钮 Button 控件。这两个按钮分别演示 Triggers 下的同步回发和异步回发的设置。完成后，其界面布局内容如图 2-8 所示，其 Body 部代码如下：

```
<body>
    <form id="form1" runat="server">
    <asp:ScriptManager ID="ScriptManager1" runat="server">
    </asp:ScriptManager>
    <asp:UpdatePanel ID="UpdatePanel1" runat="server">
        <ContentTemplate>
```

```
<div style="background-color:#ffffcc">最新帖子:
<asp:GridView ID="GridView1" runat="server" AutoGenerateColumns="False"
BorderStyle="None" DataSourceID="SqlDataSource1" GridLines="None" ShowHeader=
"False">
<Columns>
<asp:BoundField  DataField="title"  HeaderText="title"  SortExpression=
"title" />
                <asp:BoundField DataField="time" DataFormatString=
                "{0:yyyy-MM-dd hh:mm:ss}"
                   HeaderText="time" SortExpression="time" />
             </Columns>
         </asp:GridView>
         <asp:SqlDataSource ID="SqlDataSource1" runat="server"
ConnectionString="<%$ ConnectionStrings:exp_ajaxConnectionString %>"
             SelectCommand="SELECT TOP (3) title, time FROM 帖子 order
             by id desc"></asp:SqlDataSource>
      </div>
   </ContentTemplate>
      <Triggers>
         <asp:AsyncPostBackTrigger ControlID="Button1" />
         <asp:PostBackTrigger  ControlID="Button2"  />
      </Triggers>
   </asp:UpdatePanel>
      <div><br />发布新帖<br />
         标题:<asp:TextBox ID="title" runat="server" Height="22px"
Width="500px"></asp:TextBox>
         <br />
         内容:
         <asp:TextBox ID="details"runat="server"Height="116px"Rows="10"
            TextMode="MultiLine" Width="490px"></asp:TextBox>
         <br />
         <asp:Button ID="Button1" runat="server" OnClick="Button1_Click1"
            Text="发布帖子(异步)" />
           
         <asp:Button ID="Button2" runat="server" OnClick="Button2_Click"
            Text="发布帖子(同步)" />
         <br />
         </br></div>
   <div style="background-color:Red; font-size:24px">当前时间:<%=System.
   DateTime.Now%></div>
  </form>
</body>
```

（3）编写 Default.aspx.cs 代码，实现两个按钮的单击事件。代码如下，可以看出两个按钮的代码完全一样。所以说，同步回发和异步回发的服务器端响应没有区别。

```
    protected void Button1_Click1(object sender, EventArgs e)
    {
        String conStr = WebConfigurationManager.ConnectionStrings
["exp_ajaxConnectionString"].ConnectionString;
                                            //注意到Web.config中配置连接字符串，同例2-1
        SqlConnection conn = new SqlConnection(conStr);
        SqlCommand cmmd = new SqlCommand("insert into 帖子(title,details,
        time) values ('"+title.Text+"','"+details.Text+"',GETDATE())",conn);
        cmmd.Connection.Open();
        cmmd.ExecuteNonQuery();
        GridView1.DataSourceID = "SqlDataSource1";
    }
    protected void Button2_Click(object sender, EventArgs e)
    {
        String conStr = WebConfigurationManager.ConnectionStrings
["exp_ajaxConnectionString"].ConnectionString;
        SqlConnection conn = new SqlConnection(conStr);
        SqlCommand cmmd = new SqlCommand("insert into 帖子(title,details,
        time) values ('" + title.Text + "','"+ details.Text + "',GETDATE())", conn);
        cmmd.Connection.Open();
        cmmd.ExecuteNonQuery();
        GridView1.DataSourceID = "SqlDataSource1";
    }
```

代码运行如图 2-9 所示。请读者运行时注意单击“异步”按钮与“同步”按钮，页面下方的时间分别是怎样变化的，思考其原理。答：同步是整页回发，所以时间变化；异步是局部回发，时间显示不在 UpdatePanel 中，所以未变化。

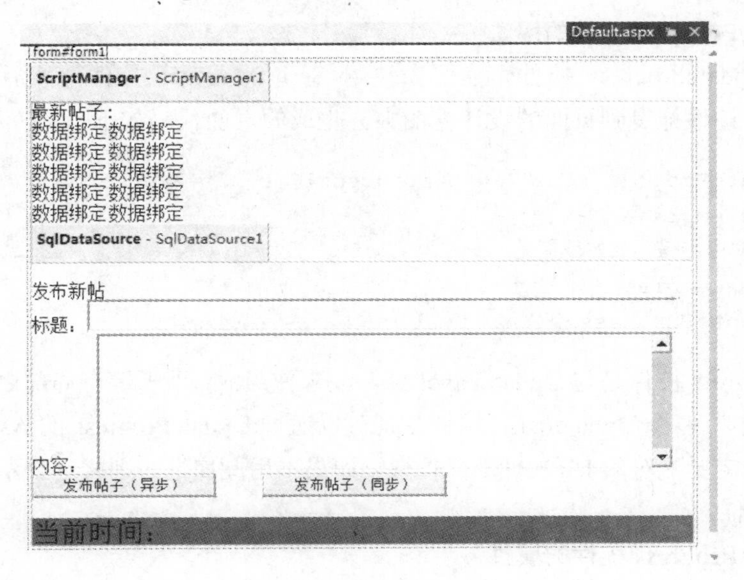

图 2-8　页面设计

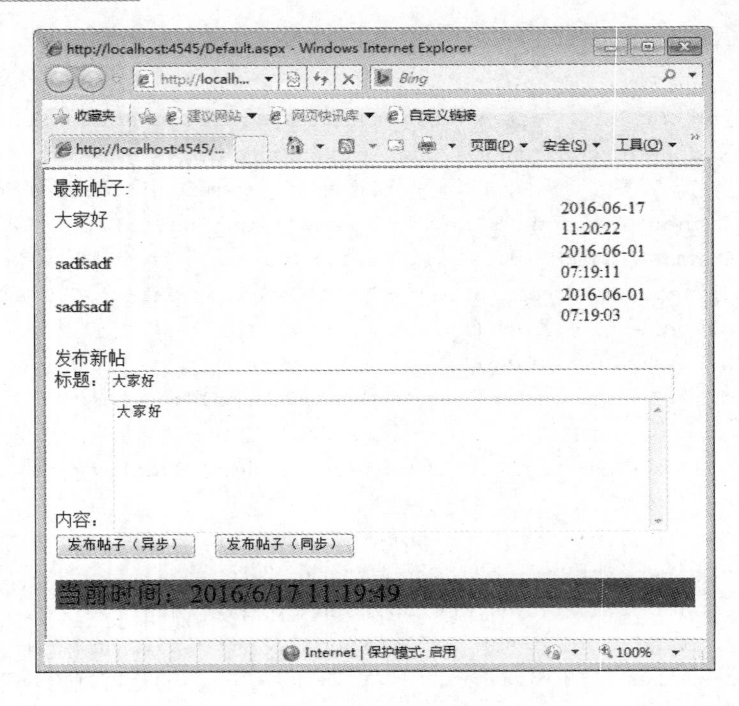

图 2-9　页面浏览效果

2.5.4　UpdateProgress 控件

UpdateProgress 控件是 ASP.NET AJAX 框架中最简单的控件，用于当异步更新数据时，显示给用户的友好提示信息，该信息可以是文本，如"loading……"，可以是图片，如进度条的 gif 动画等。

1．UpdateProgress 控件的用法

要使用 UpdateProgress 控件，需要先使用 ScriptManager 控件，然后从工具箱中将 UpdateProgress 控件拖曳到页面的设计视图中。生成的页面代码如下：

```
<asp:UpdateProgress ID="UpdateProgress1" runat="server">
<ProgressTemplate >
  <!—友好的用户提示文本或图片-->
</ProgressTemplate>
</asp:UpdateProgress>
```

UpdateProgress 控件是与 UpdatePanel 控件配合使用的，用于等待局部更新时的友好提示，如果页面中有多个 UpdatePanel 控件，则可以通过 UpdateProgress 的 AssociatedUpdatePanelID 属性指定要配对的 UpdatePanel 控件，如果不用此属性，则表示提示页面中的所有 UpdatePanel 控件。

2．UpdateProgress 控件的属性

表 2-3 列出了 UpdateProgress 控件的常用属性。

表 2-3　UpdateProgress 控件常用属性

属性	描述
AssociatedUpdatePannelID	该属性和该 UpdateProgress 相关联的 UpdatePanel 的 ID，通常用于有多个 UpdatePanel 的情况下
DisplayAfter	友好信息于多少毫秒后才显示
DynamicLayout	指示控件是否动态绘制，而不占用页面空间

3．UpdateProgress 控件的实例

例 2-6　运用 UpdateProgress 控件，模拟页面等待局部更新时的提示效果。

（1）设计页面。新建一个“ASP.NET 空网站”，命名为 exp2_6，添加新项“Web 窗体”，命名为 Default.aspx，在其中拖曳一个 ScriptManager 控件、一个 UpdatePanel 控件和一个 UpdateProgress 控件。在 UpdatePanel 控件中，放置一个 Button 控件，用于测试产生一个延迟。完成后，布局效果如图 2-10 所示，body 部分的代码如下：

```
<body>
<form id="form1" runat="server">
<div>
<asp:Label ID="lheader" runat="server" Font-Bold="True" Font-Size="Large"
Text="使用 UpdateProgress 控件"></asp:Label><br />
<hr />
 </div>
<asp:ScriptManager ID="ScriptManager1" runat="server">
</asp:ScriptManager>
<asp:UpdatePanel ID="UpdatePanel1" runat="server">
<ContentTemplate>
<asp:Label ID="linfo" runat="server" Text="单击下面按钮进行测试"></asp:Label><br/>
  <asp:Button ID="btTest" runat="server" OnClick="btTest_Click" Text=
  "测试" /><br />
<asp:Label ID="lResult" runat="server"></asp:Label>
</ContentTemplate>
</asp:UpdatePanel>
<asp:UpdateProgress ID="UpdateProgress1" runat="server" >
<ProgressTemplate >
<div id="iLoading" style="font-weight: bold; font-size: large; left: 20px;
text-transform: capitalize; color: red; font-family: Monospace; position:
absolute; top: 50px; background-color: #99ccff;">
Loading...... <img src="b.gif" />
</div>
</ProgressTemplate>
</asp:UpdateProgress>
</form>
</body>
```

（2）编写 CS 代码。对 Button 控件的 Click 事件编程，触发一个延迟。代码如下：

```
protected void btTest_Click(object sender, EventArgs e)
```

```
    {
        System.Threading.Thread.Sleep(6000);//产生 6 秒延时
        string strMsg = "欢迎访问 IT 在中国 http://www.itzcn.com<br >";
        strMsg += "当前时间是：" + DateTime.Now.ToString();
        lResult.Text = strMsg;//延时后显示系统时间
    }
```

运行效果如图 2-11 所示。

图 2-10　页面设计

图 2-11　页面浏览效果

2.5.5　Timer 控件

Timer，顾名思义是一个定时器控件，通过它可以在指定时间间隔内刷新 UpdatePanel 或整个页面。一个页面可以定义多个 Timer 控件来为不同的 UpdatePanel 指定刷新间隔，也可以多个 UpdatePanel 共用一个 Timer 控件。

1．Timer 控件的用法

使用 Timer 控件，需要先使用 ScriptManager 控件，然后在页面设计视图中拖曳一个 UpdatePanel 控件，最后将 Timer 控件拖曳到 UpdatePanel 中。生成的页面代码如下：

```
<asp:ScriptManager ID="ScriptManager1" runat="server">
</asp:ScriptManager>
<asp:UpdatePanel ID="UpdatePanel1" runat="server">
      <ContentTemplate>
         </asp:Timer>
      </ContentTemplate>
</asp:UpdatePanel>
```

2．Timer 控件的属性

表 2-4 列出了 Timer 控件的常用属性和事件。

表 2-4　Timer 控件常用属性和事件

属性和事件	描述
Enabled	该时钟是否开始计时
Interval	触发 Tick 事件的时间间隔，单位 ms
Tick	按 Interval 间隔触发的事件

3. Timer 控件的实例

例 2-7 运用 Timer 控件，实时显示服务器时间。

（1）新建一个“ASP.NET 空网站”，命名为 exp2_7，添加新项“Web 窗体”，命名为 Default.aspx，向页面设计视图中拖曳一个 ScriptManager 控件和一个 UpdatePanel 控件，在 UpdatePanel 控件中，放置一个 Timer 控件和一个 Label 控件，用于显示时间，其 body 部分的代码如下：

```
<body>
    <form id="form1" runat="server">
    <div>
        <asp:ScriptManager ID="ScriptManager1" runat="server">
        </asp:ScriptManager>
        <asp:UpdatePanel ID="UpdatePanel1" runat="server">
            <ContentTemplate>
                <asp:Timer ID="Timer1" runat="server" Interval="1000" ontick=
                "Timer1_Tick">
                </asp:Timer>
                <asp:Label ID="Label1" runat="server" Text="Label"></asp:Label>
            </ContentTemplate>
        </asp:UpdatePanel>
    </div>
    </form>
</body>
```

（2）编写 Timer 控件的 Tick 事件代码如下：

```
protected void Timer1_Tick(object sender, EventArgs e)
    {
        Label1.Text = "当前时间：" + DateTime.Now.ToLongTimeString();
}
```

代码运行效果如图 2-12 所示，每隔 1 秒，时间局部自动刷新，整个网页感觉不到与服务器的交互，就像在本地，而时间是服务器端的。

图 2-12 页面浏览效果

2.6 AJAX Control Toolkit 的使用

2.6.1 如何使用 AJAX Control Toolkit

AJAX Control Toolkit 是一套构建在 ASP.NET AJAX 框架上的控件集，这个控件集提供了广泛的跨浏览器支持，最新的 AJAX Control Toolkit 版本是 16.1，包含 51 个控件。到哪里找到这些控件，怎么使用它们呢？首先到微软 ASP.NET 的官方网站（http://ajax.asp.net）下载安装文件 AjaxControlToolkit.Installer.16.1.0.0.exe，然后直接双击安装，无须任何配置，即可安装完成。在 VS 2015“工具箱”面板里新建一个选项卡，命名为 Ajax Control Toolkits。这些控件会自动列入该选项卡中，如图 2-13 所示。除此之外，在页面中拖入任何一个控件（比如 TextBox），可以看到控件右边多出了一个“TextBox 任务”菜单，单击“添加扩展程序”菜单项，如图 2-20 所示，弹出“扩展程序向导”对话框，其中提供了很多 VS 中原本没有的扩展功能。

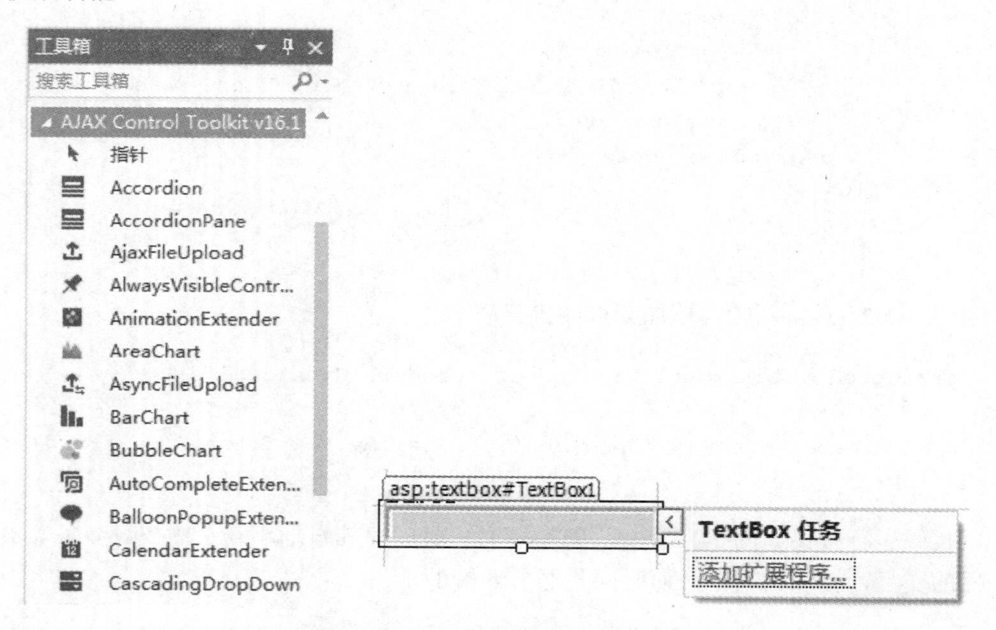

图 2-13 “工具箱”AJAX Control Toolkit　　　图 2-14 控件任务菜单“添加扩展程序”命令

这些 Control Toolkit 控件，大多数可归入两类功能：一是辅助标准控件输入或选择；二是美化页面。现将控件的功能总结于表 2-5 中。

表 2-5 Control Toolkit 控件功能表

控件名称	说明
Accordion	多个可折叠面板
AccordionPane	Accordion 中的一个面板
AjaxFileUpload	文件异步上传
AlwaysVisibleControlExtender	让控件浮于页面上层，保持可见

续表

控件名称	说明
AnimationExtender	设置动画效果
AutoCompleteExtender	文本框提示输入
AreaChart、BarChart、BubbleChart、LineChart	绘制各种类型的图表
BalloonPopupExtender	弹出一个层
CalendarExtender	选取日期，辅助文本框输入日期
CascadingDropDown	联动下拉列表
CollapsiblePanelExtender	收缩/展开一个面板
ColorPickerExtender	颜色选取面板，辅助文本框输入颜色值
ComboBox	组合框（文本框和下拉列表框的组合）
ConfirmButtonExtender	单击按钮弹出确认消息框
DragPanelExtender	可拖动面板
DropDownExtender	下拉菜单
DropShadowExtender	阴影效果
DynamicPopulateExtender	动态加载一段新脚本或 WebService，替换原内容
FilteredTextBoxExtender	过滤文本框输入的内容，不合法内容无法输入
Gravatar	与服务器相连的全球通用头像
HoverMenuExtender	悬浮菜单
HtmlEditorExtender	HTML 文本编辑，辅助文本框输入文字变为 HTML
ListSearchExtender	用于 ListBox 和 DropDownList. 可根据输入的字符查找到类似选项
MaskedEditExtender	对文本框中的内容进行指定修饰，使用户输入的格式直接满足需要
ModalPopupExtender	模态对话框
MutuallyExclusiveCheckBox	互斥的复选框，类似于 Radio，但可取消选择
NoBot	防止垃圾攻击
NumericUpDownExtender	辅助文本框输入数字（增/减）
PagingBulletedListExtender	对列表进行排序和分页
Rating	评级控件
PasswordStrength	密码强度检测控件
PopupControl	弹出控件
Rating	评分控件
ReorderList	可拖动改变项目次序的列表
ResizableControlExtender	可拖动边缘改变控件大小
RoundedCornersExtender	复杂圆角效果
SliderExtender	滑块条，辅助文本框输入数值
SlideShowExtender	滚动显示一组图片，并允许通过按钮控制前进后退
TabContainer	选项卡容器
TextBoxWatermark	文本框水印
ToggleButtonExtender	用不同的图片显示 CheckBox 弹起或按下的状态
RoundedCorners	圆角效果
TextBoxWaterMakerExtender	文本框水印效果，用户输入，水印文字即消失
UpdatePanelAnimation	UpdatePanel 内的动画更新
ValidatorCalloutExtender	关联到 Validator 控件。改用弹出的方式显示验证提示

这些控件中，有不少用法简单，无须编写代码，设置其属性即可。而有些用法较为复杂，需要编写 WebService。限于篇幅，不能逐个控件举例讲述。下面介绍 4 个极为常用的

Control Toolkit 控件。两个简单应用的：控件日期选取（CalendarExtender）和密码强度检测（PasswordStrength）；两个用法复杂些的：文本框自动输入（AutoCompleteExtender）和级联下拉列表（CascadingDropDown）。希望能抛砖引玉。

2.6.2 日期选取（CalendarExtender 控件）

CalendarExtender 控件是辅助文本框输入日期的，所以使用时一定要和一个 TextBox 控件关联。具体用法：首先在页面设计视图中拖曳一个 ScriptManager 控件，然后拖曳一个 TextBox 控件，最后将 CalendarExtender 控件拖曳到 TextBox 控件上，松开鼠标。生成代码如下：

```
<asp:ScriptManager ID="ScriptManager1" runat="server" EnableScriptGlobalization=
"true" EnableScriptLocalization="true">
        </asp:ScriptManager>
        <br />
        <asp:TextBox ID="TextBox1" runat="server"></asp:TextBox>
        <ajaxToolkit:CalendarExtender ID="TextBox1_CalendarExtender" runat=
        "server"
            TargetControlID="TextBox1" />
```

提示读者注意，CalendarExtender 控件的 TargetControlID 属性表示关联的文本框控件，一般拖曳过程中自动生成了该属性值。CalendarExtender 控件默认是英文面板，可以修改 ScriptManager 控件的两个属性值：EnableScriptGlobalization="True" 和 EnableScript Localization="True"，使之变为中文。代码运行效果如图 2-15 所示。

设置文本框的日期选取关联控件的另一种方式是，右击文本框右上角的“任务菜单”，单击“添加扩展程序”命令，打开“扩展程序向导”对话框，如图 2-16 所示，选择 TextBox_CalendarExtender，单击“确定”按钮。

图 2-15　页面浏览效果

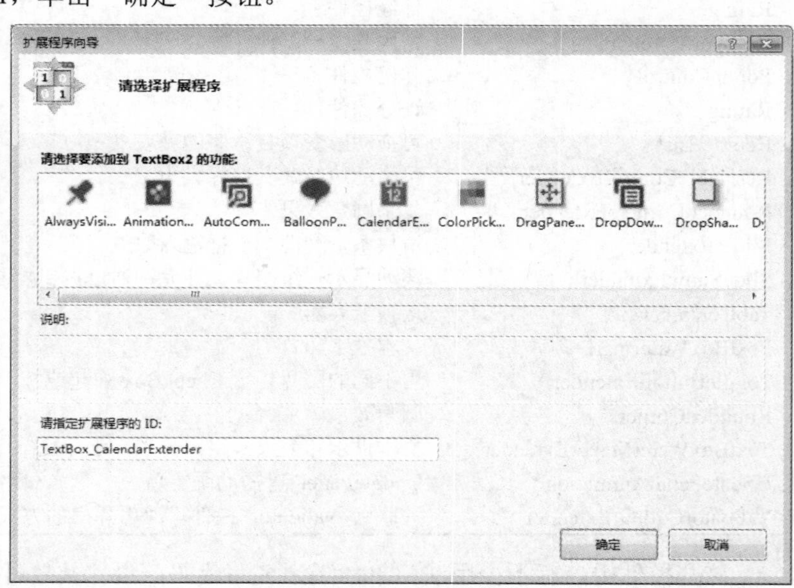

图 2-16　“扩展程序向导”对话框

2.6.3 密码强度检测（PasswordStrength 控件）

PasswordStrength 控件是辅助密码文本框判定密码强度的，所以必须和一个 TextBox 控件关联，另外提示密码强度要局部更新，所以要将其放入 UpdatePanel 控件之中。具体操作为：先在页面中拖曳一个 ScriptManager 控件，然后拖曳一个 UpdatePanel 控件，其中放置一个 TextBox 控件，将 PasswordStrength 控件拖曳到 TextBox 控件上，松开鼠标，生成代码如下：

```
<asp:ScriptManager ID="ScriptManager1" runat="server">
</asp:ScriptManager>
<asp:UpdatePanel ID="UpdatePanel1" runat="server">
    <ContentTemplate>
        <asp:TextBox ID="TextBox1" runat="server"></asp:TextBox>
        <ajaxToolkit:PasswordStrength ID="TextBox1_PasswordStrength"
        runat="server" TargetControlID="TextBox1" StrengthIndicatorType=
        "Text" DisplayPosition="RightSide" PrefixText="安全性："
         PreferredPasswordLength="6" MinimumNumericCharacters="1"
        MinimumSymbolCharacters="1" RequiresUpperAndLowerCaseCharacters=
        "true"  TextStrengthDescriptions="弱;较弱;一般;强;很强"/>
       </ContentTemplate>
</asp:UpdatePanel>
```

代码运行效果如图 2-17 所示。

图 2-17　页面浏览效果

PasswordStrength 控件有几个很重要的属性，说明如下：

- TargetControlID——要检测密码的 TextBox 控件 ID。
- DisplayPosition——提示的信息的位置，如 DisplayPosition="RightSide|LeftSide|BelowLeft"。
- StrengthIndicatorType——强度信息提示方式，有文本和进度条。
- PreferredPasswordLength——密码的字符个数。
- PrefixText——提示密码强度的开始文本，如“安全性：”。
- MinimumNumericCharacters——密码中最少要包含的数字字符数。
- MinimumSymbolCharacters——密码中最少要包含的符号数量。

- TextStrengthDescriptions——文本方式时的文字提示信息。
- HelpStatusLabelID——提示信息显示在哪个 Label 控件上。

2.6.4 文本框自动完成输入（AutoCompleteExtender 控件）

AutoCompleteExtender 控件是和文本框关联的辅助输入控件，当用户输入少量字符后，提示出可选的输入项，用户点击选取，不必完全输入。该控件的使用要编写 WebService，以从服务器端获取必要的信息。该控件有一些重要属性，说明如下：

- TargetControlID——关联的文本框控件；
- ServicePath——WebService 文件，获取可选数据项的方法是写在 WebService 中的；
- ServeiceMethod——WebService 中用于获取可选数据项的方法名；
- MinimumPrefixLength——用户输入多少字符才出现提示效果；
- CompletionSetCount——可选数据项的数量；
- CompletionInterval——从服务器获取数据的时间间隔，单位是毫秒。

下面举例说明 AutoCompleteExtender 控件的用法。

例 2-8 利用 AutoCompleteExtender 控件实现功能：当用户输入帖子标题的某一个字符时，从数据库中查出所有含此字符的帖子标题，提示出来，辅助完成文本框的输入。

（1）该程序使用数据表“帖子”已在例 2-5 中说明，Web.Config 的设置已在例 2-1 中说明，此处不再赘述。

（2）设计页面。新建一个“ASP.NET 空网站”，命名为 exp2_8，添加新项“Web 窗体”，命名为 Default.aspx。在其设计视图中拖曳一个 ScriptManager 控件、一个 TextBox 控件和一个关联的 AutoCompleteExtender 控件。页面代码的 body 的部分如下：

```
<body>
    <form id="form1" runat="server">
    <div>
        <asp:ScriptManager ID="ScriptManager1" runat="server">
        <Services>
            <asp:ServiceReference Path="WebService.asmx" />
    </Services>
        </asp:ScriptManager>
        <asp:TextBox ID="TextBox1" runat="server"></asp:TextBox>
        <ajaxToolkit:AutoCompleteExtender ID="TextBox1_AutoCompleteExtender"
            runat="server" TargetControlID="TextBox1" ServicePath="WebService.
            asmx"
           CompletionInterval="1000" ServiceMethod="GetKeyword" EnableCaching=
            "True" CompletionSetCount="7" MinimumPrefixLength="1">
        </ajaxToolkit:AutoCompleteExtender>
    </div>
    </form>
</body>
```

（3）创建 Web 服务。在站点根目录下，添加新项“Web 服务”，命名为 WebService.asmx，在此文件的 GetKeyword 方法中完成查询数据表“帖子”的 title 字段，把包含文本框输入字符的记录找出来，返回。代码如下：

```
...
using System.Data.SqlClient;          //新增，用于数据库操作
using System.Web.Configuration;       //新增，用于配置文件读取
 [WebService(Namespace = "http:      //tempuri.org/")]
[WebServiceBinding(ConformsTo = WsiProfiles.BasicProfile1_1)]
//若要允许使用 ASP.NET AJAX 从脚本中调用此 Web 服务，请取消对下行的注释
 [System.Web.Script.Services.ScriptService]
public class WebService : System.Web.Services.WebService {
    public WebService () {
        //如果使用设计的组件，请取消注释以下行
        //InitializeComponent();
    }
    [WebMethod]
    public string[] GetKeyword(string prefixText, int count)
    {
        String conStr = WebConfigurationManager.ConnectionStrings
        ["exp_ajaxConnectionString"].ConnectionString;
        using (SqlConnection conn = new SqlConnection(conStr))
        {
            conn.Open();
            using (SqlCommand cmd = conn.CreateCommand())
            {
                string sql = "select id,title from 帖子 where title LIKE '%"
                + prefixText + "%'";
                SqlDataAdapter adapter = new SqlDataAdapter(sql, conn);
                DataSet ds = new DataSet();
                adapter.Fill(ds,"ds");
                DataTable dt = ds.Tables[0];
                string[] result = new string[dt.Rows.Count];
                for (int i = 0; i < dt.Rows.Count;i++ )
                {
                    result.SetValue(dt.Rows[i][1],i);
                }
                return result;
            }
        }
    }
}
```

代码运行效果如图 2-18 所示。

图 2-18　页面浏览效果

2.6.5　级联下拉列表（CascadingDropDown 控件）

CascadingDropDown 控件是和 DropDownList 控件关联的控件。有些情况下，页面中多个连续的 DropDownList 控件，只有当用户选择了第一级下拉列表的某一项，第二级列表中才有项目，选择了第二级，第三级列表中才有项目，以此类推，称为级联下拉列表框。只用 DropDownList 实现的级联列表框，用户每一次选取，都会提交请求，等待返回整个页面，是同步的过程。而配合 AJAX CascadingDropDown 控件后，用户的选取请求是异步发送给服务器端的，仅把下一级列表项返回浏览器，用户不会看到页面重载的延迟。该控件的使用要编写 WebService，以从服务器端获取下一级列表项。该控件有一些重要属性，说明如下：

- Category——区分不同 DropDownList 的类别名称，在 WebService 的方法中会用到；
- LoadingText——加载下拉列表数据时的提示；
- ParentControlID——当前 DropDownList 的上级 DropDownList 控件 ID；
- PromptText——列表中无项目时的提示文字；
- TargetControlID——关联的 DropDownList 控件 ID；
- ServicePath——WebService 路径及文件名；
- ServiceMethod——调用 WebService 中的方法名。

下面举例说明 CascadingDropDown 控件的用法。

例 2-9　用 CascadingDropDown 控件实现省、市、区的三级联动下拉列表。

（1）准备数据表。在数据库 exp_ajax 中，创建数据表“行政区划表”，创建表的 SQL 语句如下：

```
CREATE TABLE [dbo].[行政区划表](
    [行政区划编号] [varchar](9) NULL,
    [行政区划名称] [nvarchar](20) NULL,
    [行政区划级别] [int] NULL,
    [所属行政区划编号] [varchar](9) NULL)
```

数据表中的部分数据如图 2-19 所示，完整的行政区划数据可到网上下载。

设置 Web.config 文件的连接字符串（已在例 2-1 中说明）。

（2）设计页面。新建一个“ASP.NET 空网站”，命名为 exp2_9 添加新项“Web 窗体”，命名为 Default.aspx。在页面的设计视图中拖曳一个 ScriptManager 控件、三个 DropDownList 控件和三个分别对应关联的 CascadingDropDown 控件，设置它们的必要属性，body 部分的代码如下：

	行政区划编号	行政区划名称	行政区划级别	所属行政区划编号
1	12	天津市	1	NULL
2	1201	市辖区	2	12
3	1202	市辖县	2	12
4	120101	和平区	3	1201
5	120102	河东区	3	1201
6	120103	河西区	3	1201
7	120104	南开区	3	1201
8	120105	河北区	3	1201
9	120106	红桥区	3	1201
10	120107	塘沽区	3	1201

图 2-19　行政区划表部分数据

```
<body>
    <form id="form1" runat="server">
    <div>
    <asp:ScriptManager ID="ScriptManager1" runat="server">
    </asp:ScriptManager>
        <asp:DropDownList ID="ddlProvince" runat="server">
        </asp:DropDownList>
        <ajaxToolkit:CascadingDropDown ID="ddlProvince_CascadingDropDown"
        runat="server" TargetControlID="ddlProvince" Category="Province"
        PromptText="请选择省份...." LoadingText="加载中，请稍后 ..."ServicePath=
        "WebService.asmx" ServiceMethod="GetProvinceContents"/>
        <asp:DropDownList ID="ddlCity" runat="server">
        </asp:DropDownList>
        <ajaxToolkit:CascadingDropDown ID="ddlCity_CascadingDropDown"
        runat="server" TargetControlID="ddlCity" ParentControlID=
        "ddlProvince" Category="City" PromptText="请选择城市..." LoadingText=
        "加载中，请稍后 ..." ServicePath="WebService.asmx" ServiceMethod=
        "GetCityContents"/>
        <asp:DropDownList ID="ddlStreet" runat="server">
        </asp:DropDownList>
        <ajaxToolkit:CascadingDropDown ID="ddlStreet_CascadingDropDown"
        runat="server" TargetControlID="ddlStreet" ParentControlID=
        "ddlCity" Category="Street" PromptText="请选择城市..." LoadingText="
        加载中，请稍后 ..." ServicePath="WebService.asmx" ServiceMethod=
        "GetViliageContents"/>
    </div>
    </form>
</body>
```

（3）创建 Web 服务。在站点根目录添加新项“Web 服务”，命名为 WebService. asmx，代码如下：

```
...
using System.Data.SqlClient;          //新增，用于数据库操作
```

```
using System.Web.Configuration;      //新增，用于配置文件读取
 [WebService(Namespace = "http:      //tempuri.org/")]
[WebServiceBinding(ConformsTo = WsiProfiles.BasicProfile1_1)]
//若要允许使用 ASP.NET AJAX 从脚本中调用此 Web 服务，请取消对下行的注释
[System.Web.Script.Services.ScriptService]
public class WebService : System.Web.Services.WebService {
    public WebService () {
        //如果使用设计的组件，请取消注释以下行
        //InitializeComponent();
    }
    /// <summary>
    /// 获取省数据
    /// </summary>
    [WebMethod]
    public CascadingDropDownNameValue[] GetProvinceContents(string
    knownCategoryValues, string category)
    {
        List<CascadingDropDownNameValue> provinceList = new
List<CascadingDropDownNameValue>();
        String sConnectionString =
WebConfigurationManager.ConnectionStrings["exp_ajaxConnectionString"].
ConnectionString;
        using (SqlConnection sqlCon = new SqlConnection(sConnectionString))
        {
            sqlCon.Open();
            string strSql = "select * from 行政区划表 where 行政区划级别=1";
            using (SqlCommand sqlCmd = new SqlCommand(strSql, sqlCon))
            {
                using (SqlDataReader dtrProvince = sqlCmd.ExecuteReader())
                {
                    while (dtrProvince.Read())
                    {
                        provinceList.Add(new CascadingDropDownNameValue
                       (dtrProvince["Name"].ToString(), dtrProvince["Code"].
                       ToString()));
                    }
                }
            }
            sqlCon.Close();
        }
        return provinceList.ToArray();
    }
    /// <summary>
    /// 获取市数据
    /// </summary>
```

```
    [WebMethod]
    public CascadingDropDownNameValue[] GetCityContents(string
    knownCategoryValues, string category)
    {
        StringDictionary provinceList =
CascadingDropDown.ParseKnownCategoryValuesString(knownCategoryValues);
        List<CascadingDropDownNameValue> cityList =
new List<CascadingDropDownNameValue>();
        String sConnectionString =
 WebConfigurationManager.ConnectionStrings["exp_ajaxConnectionString"].
 ConnectionString;
        using (SqlConnection sqlCon = new SqlConnection(sConnectionString))
        {
            sqlCon.Open();
            string strSql = "select * from 行政区划表 where left(行政区划编号,2)=
'" + provinceList["Province"] + "' and 行政区划级别=2";
            using (SqlCommand sqlCmd = new SqlCommand(strSql, sqlCon))
            {
                using (SqlDataReader dtrCity = sqlCmd.ExecuteReader())
                {
                    while (dtrCity.Read())
                    {
                        cityList.Add(new CascadingDropDownNameValue(dtrCity
                        ["Name"].ToString(), dtrCity["code"].ToString()));
                    }
                }
            }
            sqlCon.Close();
        }
        return cityList.ToArray();
    }
    /// <summary>
    /// 获取乡镇数据
    /// </summary>
    [WebMethod]
    public CascadingDropDownNameValue[] GetViliageContents(string
    knownCategoryValues, string category)
    {
        StringDictionary cityList =
 CascadingDropDown.ParseKnownCategoryValuesString(knownCategoryValues);
        List<CascadingDropDownNameValue> viliageList =
 new List<CascadingDropDownNameValue>();
        String sConnectionString =
 WebConfigurationManager.ConnectionStrings["exp_ajaxConnectionString"]
 .ConnectionString;
```

```
        using (SqlConnection sqlCon = new SqlConnection(sConnectionString))
        {
            sqlCon.Open();
            string strSql = " select * from 行政区划表 where left(行政区划编
            号,4)='" + CityList["City"] + "' and 行政区划级别=3";
            using (SqlCommand sqlCmd = new SqlCommand(strSql, sqlCon))
            {
                using (SqlDataReader dtrViliage = sqlCmd.ExecuteReader())
                {
                    while (dtrViliage.Read())
                    {
                        viliageList.Add(new CascadingDropDownNameValue
                       (dtrViliage["Name"].ToString(), dtrViliage["id"].
                       ToString()));
                    }
                }
            }
            sqlCon.Close();
        }
        return viliageList.ToArray();
    }
}
```

界面浏览效果如图 2-20 所示。

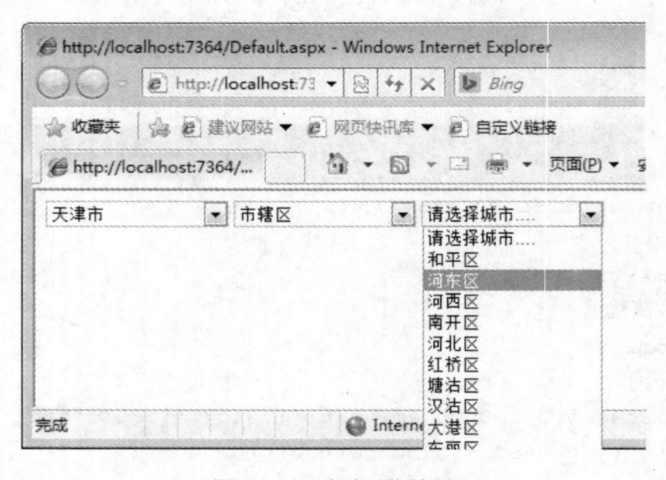

图 2-20　页面浏览效果

2.7　小　结

AJAX 是一项不断发展、完善，具有极强生命力的技术，其本质是利用浏览器内置的一个对象（XMLHttpRequest）异步地向服务器发送请求，并且利用服务器返回的数据（仅是必要数据）来更新当前页面的局部，用户体验更加流畅。本章讲述了该项技术的原理，并用 JavaScript 语言完整地实现了 AJAX 异步请求实例，同时介绍了 AJAX 技术最为出色的几个框架，并重点讲述了 ASP.NET AJAX 框架的核心控件及其 Control Toolkit 控件的使用方法。在介绍控件用法的过程中，完成了对 AJAX 几个经典应用的介绍，希望读者能理解 AJAX 的原理并能在特定需求环境下运用 AJAX 技术。

2.8 习　题

2.8.1 作业题

1．什么是 AJAX？
2．写出 XMLHttpRequest 对象的常用方法和属性。
3．AJAX 的工作原理是什么？
4．AJAX 主要包含了哪些技术？
5．常用的 AJAX 框架有哪些？

2.8.2 思考题

1．AJAX 的优缺点都有什么？
2．不同浏览器创建 XMLHttpRequest 的方法有什么不同？

2.9 上 机 实 践

制作一个个人主页，用 AJAX 技术实现用户登录和留言板功能，实现页面局部更新。

第3章　LINQ 技术

传统的.NET 语言提供了强类型化和完整对象开发功能，但对各种数据源使用不同的查询语言，如 SQL 数据库查询、XML 文档查询、各种 Web 服务查询等。本章介绍 Visual Studio 和.NET Framework 3.5 版后引入的一项新功能——语言集成查询技术(Language Integrated Query，LINQ)。.NET 引入 LINQ 后可以使用语言关键字和熟悉的运算符针对强类型化对象集合编写查询语句。LINQ 查询常见数据源包括 SQL Server 数据库、XML 文档、ADO.NET 数据集、支持 IEnumerable 或泛型 IEnumerable(Of T)接口的任意对象集合，填补了对象领域和数据领域之间的空白。

在 Visual Studio 中，可以用 Visual Basic 或 C#语言为数据源编写 LINQ 查询，既可在新项目中使用，也可在现有项目中与非 LINQ 查询一起使用，唯一的要求是项目应面向.NET Framework 3.5 或更高版本。本章以 Visual Studio 2015（以下简称 VS 2015）为开发工具，SQL Server 2014 数据库为数据源，采用 C#语言介绍 LINQ 基本语法及查询技术。

本章主要学习目标如下：

- 了解传统查询方法的局限性；
- 了解 LINQ 特性、工作原理、运行机制等概念；
- 掌握 Lambda 表达式、LINQ 语句、LINQ 函数等语法；
- 掌握 LINQ to Objects、LINQ to SQL、LINQ to XML、LINQ to DataSet 查询类型。

3.1　LINQ 基础

3.1.1　LINQ 的引入

通常情况下，查询技术往往使用字符串来表示查询操作，如查询关系数据库的 SQL 语句、查询 XML 结构数据的 XQuery 等。在这些查询操作中，一般不会检查被查询数据的类型。同时，这些查询操作往往与编程语言处于一种相对孤立的状态。

在没有实现泛型功能的时候，如果要访问集合对象的每一个元素，除了使用 for 循环之外，就要使用 IEnumerable 接口的 GetEnumerator()，再用 MoveNext()方法逐一遍历集合对象内的元素，采用这样的解决方案需要编写的程序代码较多。

为解决在程序中处理集合对象的问题，.NET Framework 3.5 后引入了 LINQ 技术，通过 select、from、join 等运算符，采用类似 SQL 语言的方式，将查询操作进行程序设计语言化，开发人员不必写 SQL 语句就可以访问数据库，或者实现对集合对象进行访问。

3.1.2 Lambda 表达式

微软从.NET Framework 3.5 开始支持 Lambda，Lambda 表达式主要简化类的方法数量，从而提高可维护性。LINQ 的许多函数都可以使用 Lambda 表达式，所以灵活运用 LINQ，必须熟悉 Lambda 表达式。

在面向对象类的设计中，通常会设计许多方法和属性来支持类的任务，不过方法内有很多具体实现只能通过特定方法才会调用，这些方法大多是因为要处理委托（delegate）而生成的。委托机制是封装函数的机制，将函数作为对象，将其传递给需要的对象使用。委托可以保证目标对象的实现方法必须符合委托所声明的参数规格以及返回的数据值，所以委托适用于需要由目标对象实现的流程。

在.NET Framework 2.0 之前，委托都必须明确声明，称为具名委托，明确知道委托的声明细节，但是通常大部分委托都用于事件或通知，若每个委托都声明，则加重了程序员的负担，在.NET Framework 2.0 之后，建立了匿名委托机制，开发者只在需要时以 delegate 指令声明即可。

Lambda 表达式是与委托紧密联系的。只要有委托参数类型的地方，就可以使用 Lambda 表达式（Lambda Expression）。一个 Lambda Expression 就是一个包含若干表达式和语句的匿名函数，可以用于创建委托对象或表达式树类型。在.NET Framework 3.5 以后，微软将 delegate 指令拿掉，以“=>”指令代替 delegate。函数体不需要返回值，由接收这个函数定义的 Lambda 表达式的委托决定。

Lambda 表达式分成三种：表达式型 Lambda 表达式（Expression Lambdas）、语句型 Lambda 表达式（Statement Lambdas）、异步型 Lambda 表达式（Asynchronous Lambdas）。Lambda 表达式基本语法格式如下：操作符“=>”左边部分是输入参数表，右边部分是表达式或语句块。

```
(input parameters) => expression
```

（1）如果只有一个输入参数，那么括号可以省略。如：

```
(x) => x * x 等价于 x => x * x
```

其中“=>”表示“goes to (转变为)”。x => x * x 读成“x 转变为 x 乘 x”。

（2）如果具有一个以上的输入参数，则必须加上括号。

```
(x, y) => x == y
```

（3）可以显式指定输入参数的类型：

```
(int x, string s) => s.Length > x
```

（4）可以没有任何输入参数：

```
() => SomeMethod1()
```

当表达式有多行时，则选择使用语句型 Lambda，它的语法结构和表达式型类似，语法格式为：操作符“=>”右边部分为语句，并使用大括号（“{ }”）括起来。


```
(input parameters) =>{statements; }
```

3.1.3 LINQ 函数

LINQ 查询表达式由一组类似于 SQL 或 XQuery 的声明性语法编写的子句组成。每一个子句可以包含一个或多个 C#表达式，而这些表达式本身又可能是查询表达式或包含查询表达式。LINQ 查询表达式包含 8 个基本子句，具体说明如下：

（1）from 子句——指定查询表达式的数据源和范围变量。

（2）select 子句——指定筛选元素的逻辑条件，一般由逻辑运算符组成。

（3）where 子句——指定查询结果筛选条件。

（4）group 子句——对查询结果进行分组。

（5）orderby 子句——对查询结果进行排序。

（6）join 子句——用来连接多个查询操作的数据源。

（7）let 子句——用来引入用于存储子表达式查询结果的范围变量。

（8）into 子句——提供一个临时标识符，使用该标识可以允许对 join、group 或 select 子句进行结果引用。

使用 LINQ 查询时，不仅使用上面介绍 8 个基本查询子句，还会使用 LINQ 函数。常见 LINQ 函数如下：

（1）过滤函数——Enumerable.where()是应用最多的函数，主要过滤集合中的数据。

（2）选取函数——Select()、SelectMany()函数，用于处理有两个集合对象来源的数据。

（3）汇总函数——GroupBy()、ToLookUp()函数，GroupBy()用于将数据群组化，汇总之前具有延迟执行特性。ToLookUp()也用于数据群组化，可以生成具有群组特性的集合对象，由 ILookup<TKey,TElement>组成。

（4）联接函数——Join()、GroupJoin()函数用于将两个集合进行联接。

（5）条件排序函数——OrderBy()、ThenBy()函数，LINQ 内数据进行排序主要是以 OrderBy()为主，ThenBy()函数通常位于 OrderBy()后面，用于多重条件排序。

（6）划分获取集合——数据库查询时，经常需要用到 Skip()、Take()函数，Skip()用于在集合中跳跃，将 LINQ 游标跳到指定位置，Take()用来传回集合中特定数量的元素。

3.1.4 LINQ 分类

LINQ 为.NET Framekwork 3.5 以后版本所支持，按照数据源不同分为以下 4 个主要类型查询技术。

（1）LINQ to Objects：查询 IEnumerable 或 IEnumerable<T>类型的集合，即查询任何可枚举的集合，如数组（Array 和 ArrayList）、泛型列表（List<T>）、字典（Dictionary<T>）以及用户自定义的集合。

（2）LINQ to SQL：查询和处理（如插入、修改、删除、排序等操作）基于关系数据库（如 SQL Server 数据库等）的数据。

（3）LINQ to XML：查询和处理 XML 结构的数据（如 XML 文档、XML 数据片段、XML 格式的字符串等）。

（4）LINQ to DataSet：查询和处理 DataSet 对象中的数据，并对这些数据进行检索、过滤和排序等操作。

3.2 LINQ to Objects

LINQ to Objects 主要功能是查询 IEnumerable 或 IEnumerable<T>类型的集合，如数组（Array 和 ArrayList）、泛型列表（List<T>）、字典（Dictionary<T>）以及用户自定义的集合。IEnumerable<T>类需引用命名空间——System.Linq；程序集——System.Core（在 System.Core.dll 中）。创建可以查询和排序的集合对象并不是新功能，但是在.NET Framework 3.5 版本之前执行该操作通常要编写大量的复杂代码，维护较为困难。

3.2.1 LINQ 查询数据

在 LINQ 查询表达式中，where 子句和 SQL 语言类似，设定筛选元素的逻辑条件，可以不包含 where 子句，也可以包含一个或者多个 where 子句，每个 where 子句可以包含一个或多个布尔条件表达式。

例 3-1 演示在 LINQ 中采用 LINQ to Objects 进行查询，具体步骤如下：

（1）新建一个网站，将其命名为 LINQQuery，如图 3-1 和图 3-2 所示。

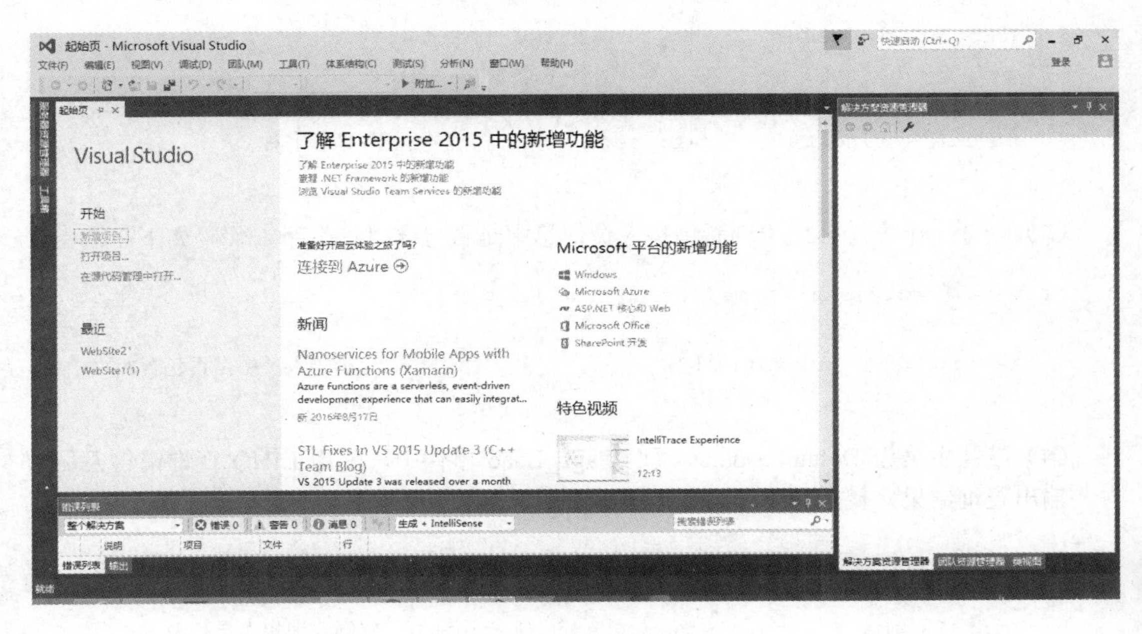

图 3-1 启动 Visual Studio 2015

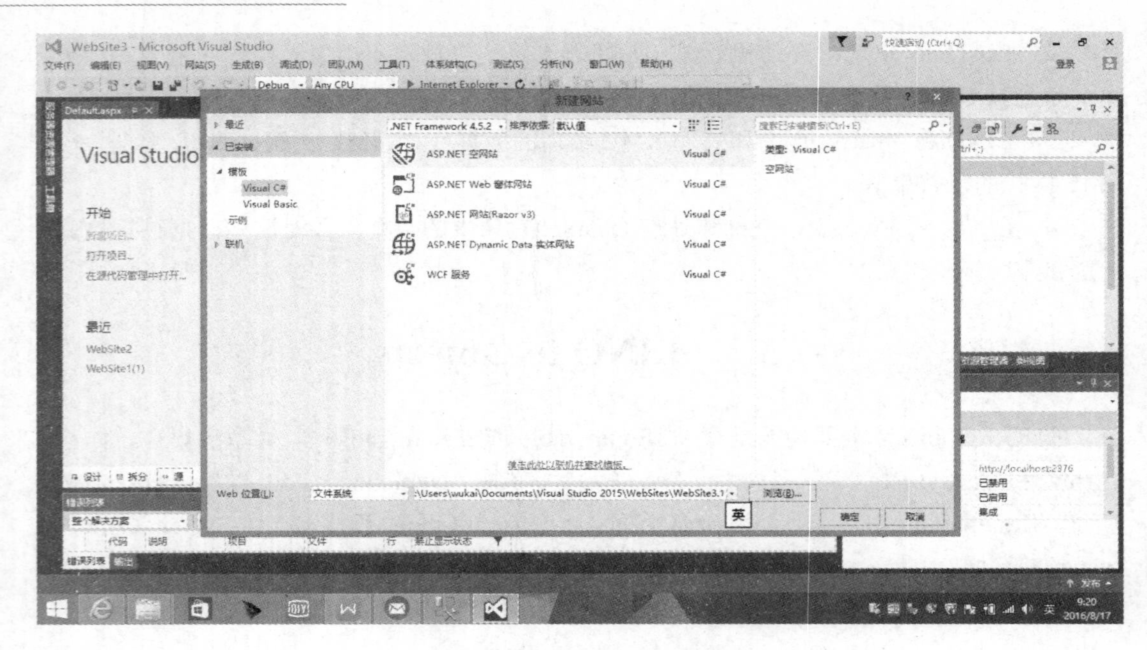

图 3-2　创建 ASP.NET 网站

（2）默认主页为 Default.aspx，定义一个销售人员信息类 Saleman，代码如下：

```
public class Saleman
{
    public Saleman(int id, string name)
    {
    this.ID = id;
    this.Name = name;
    }
    public int ID { get; set; }                   //销售人员 ID
    public string Name { get; set; }              //销售名称
}
```

（3）创建一个方法，用于判断销售人员信息中是否包含“许”字，代码如下：

```
private bool IsExistName(string name)
{
    return name.IndexOf("许") > -1;               //销售人员中是否包含"许"
}
```

（4）默认主页为 Default.aspx.cs 页面 Page_Load 事件中，使用 LINQ 查询销售人员信息，输出查询结果，代码如下：

```
protected void Page_Load(object sender, EventArgs e)
{
    List<Saleman> People = new List<Saleman>(); //创建销售人员列表
    People.Add(new Saleman(1, "许小华"));         //为销售列表添加 3 个销售对象
```

```
    People.Add(new Saleman(2, "吴凯"));
    People.Add(new Saleman(3, "甄爱军"));
    var query = from p in People                    //使用 LINQ 查询销售人员列表
    where IsExistName(p.Name)
    select p;
    string fmt = "(ID = {0}, Name = {1})<br/>";
    foreach (var item in query)                     //输出查询结果
    {
            Response.Write(string.Format(fmt, item.ID, item.Name));
     }
  }
```

（5）运行结果如图 3-3 所示。

图 3-3 LINQ 查询数据结果

3.2.2 LINQ 实现登录功能

LINQ 中 Enumerable 类的 Single 方法用于返回源序列中满足指定条件的唯一元素，如果存在多个符合条件的元素，则引发异常，具体语法如下：

```
public static TSource Single<TSource>(
   this IEnumerable<TSource> source,
   Func<TSource, bool> predicate
)
```

类型参数

TSource——source 中的元素的类型。

参数

source——类型为 System.Collections.Generic.IEnumerable<TSource>，一个 IEnumerable<T>，

用于从中返回单个元素。

predicate——类型为 System.Func<TSource, Boolean>，用于测试元素是否满足条件的函数。

返回值

类型：TSource。

输入序列中满足条件的单个元素。

例 3-2 应用 Enumerable 类的 Single 方法演示用户登录功能，实现用户登录模块中的用户名和密码唯一并且不能为空，具体步骤如下：

（1）新建一个网站，将其命名为 Login，实现方法如例 3-1，本章以后实例不再赘述。

（2）默认主页为 Default.aspx，在页面设计视图上添加两个 TextBox 控件，分别用于用户添加用户名和密码；添加一个 Button 控件，用于登录。

（3）定义一个用户信息类 User，主要包含用户 ID、用户名和密码信息，代码如下：

```
class User
{
    public User(string userId, string userName, string password)
    {
        this.UserID = userId;
        this.UserName = userName;
        this.Password = password;
    }
    public string UserID { get; set; }//用户 ID
    public string UserName { get; set; }//用户名称
    public string Password { get; set; }//密码
}
```

（4）创建一个方法 GetUserList，用于返回用户列表，代码如下：

```
private List<User> GetUserList()
{
        List<User> userList = new List<User>//创建用户列表
        {
            new User("001","许小华","123"),
            new User("002","甄爱军","456"),
            new User("003","吴凯","789")
        };
        return userList;
}
```

（5）在 Default.aspx 设计页面，找到“登录”按钮，触发其 Click 事件，添加代码如下：

```
List<User> userList = GetUserList();//获取用户列表
try
{
    //根据输入的用户名、密码从用户列表中取该用户信息
```

```
    User user = userList.Single(itm => itm.UserID == txtUserName.Text &&
    itm.Password == txtPassword.Text);
    if (user != null)
    {
        Response.Write("<script>alert('登录成功');</script>");
        lblMessage.Text = "";
    }
}
catch {
    lblMessage.Text = "用户名或密码不正确,请重新输入! ";
}
User user2 = userList.SingleOrDefault(itm => itm.UserID == txtUserName.Text
&& itm.Password == txtPassword.Text);
```

（6）运行效果如图 3-4 和图 3-5 所示。

图 3-4　LINQ 登录界面

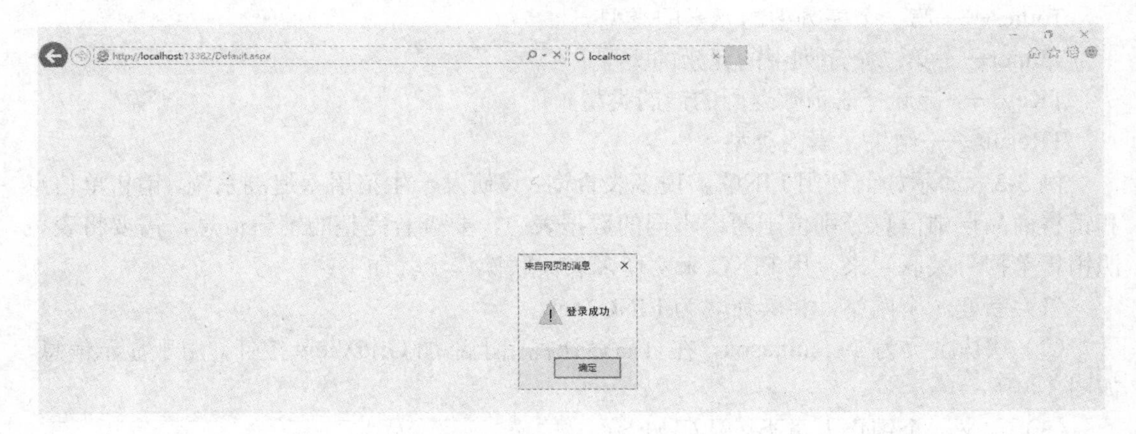

图 3-5　LINQ 登录成功界面

3.2.3　LINQ 实现销售单查询

LINQ 中 Enumerable 类的 Join 方法用于通过匹配键对两个序列元素进行关联。具体语法如下：

```
public static IEnumerable<TResult> Join<TOuter, TInner, TKey, TResult>(
    this IEnumerable<TOuter> outer,
```

```
    IEnumerable<TInner> inner,
    Func<TOuter, TKey> outerKeySelector,
    Func<TInner, TKey> innerKeySelector,
    Func<TOuter, TInner, TResult> resultSelector
)
```

参数

outer——类型为 System.Collections.Generic.IEnumerable<TOuter>，要连接的第一个序列。

inner——类型为 System.Collections.Generic.IEnumerable<TInner>，要与第一个序列连接的序列。

outerKeySelector——类型为 System.Func<TOuter, TKey>，用于从第一个序列的每个元素提取连接键的函数。

innerKeySelector——类型为 System.Func<TInner, TKey>，用于从第二个序列的每个元素提取连接键的函数。

resultSelector——类型为 System.Func<TOuter, TInner, TResult>，用于从两个匹配元素创建结果元素的函数。

返回值

类型：System.Collections.Generic.IEnumerable<TResult>。

IEnumerable<T>，其类型的元素 TResult 通过对两个序列执行内部连接获得。

类型参数

Touter——第一个序列中的元素的类型。

TInner——第二个序列中的元素的类型。

TKey——键选择器函数返回的键的类型。

TResult——结果元素的类型。

例 3-3 演示如何使用 LINQ 实现多表查询，设研发一生猪屠宰追溯系统，销售单信息和销售商品详细信息分别位于两个不同的数据表中，要查看完整的销售信息，需要将表按照销售单据号关联起来，用 LINQ 来实现多表关联操作步骤如下：

（1）新建一个网站，将其命名为 LINQJoin。

（2）默认主页为 Default.aspx，在页面设计视图上添加 GridView 控件，用于显示信息，如图 3-6 所示。

（3）定义一个销售人员类，代码如下：

```
class Sale                                          //销售人员类
{
   public Sale(string saleCode, string saleMan, DateTime saleDate)
   {
       this.SaleCode = saleCode;
       this.SaleMan = saleMan;
       this.SaleDate = saleDate;
   }
   public string SaleCode { get; set; }    //销售单号
```

```
    public string SaleMan { get; set; }      //销售员
    public DateTime SaleDate { get; set; }  //销售日期
}
```

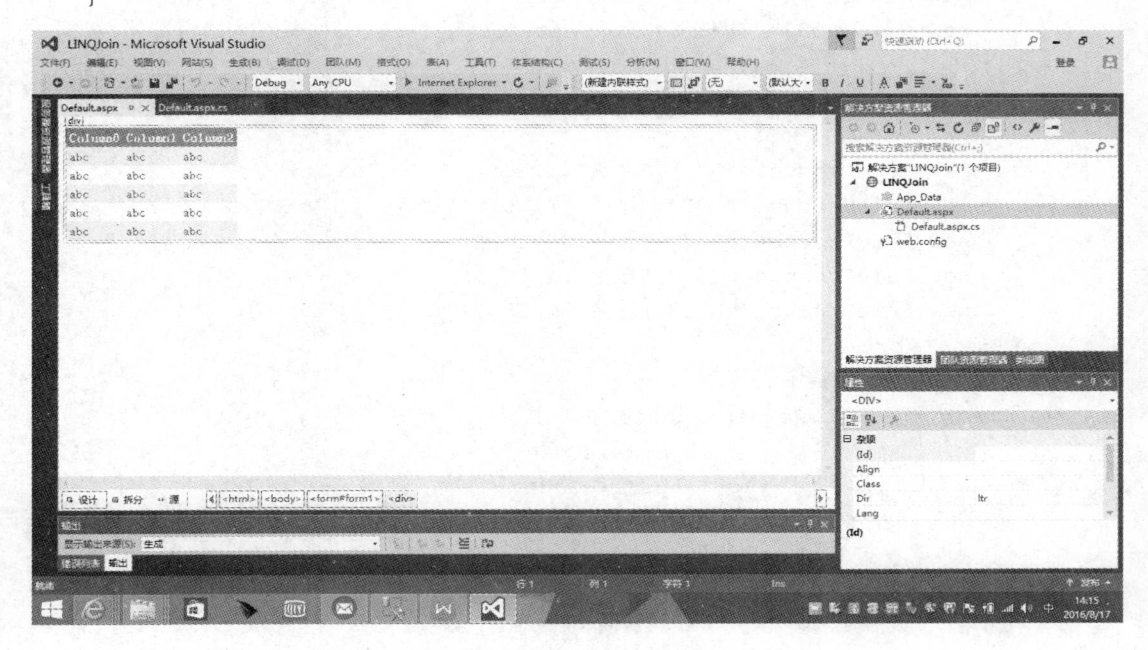

图 3-6　LINQJoin 网站中添加 GridView 控件

（4）定义一个销售商品类，代码如下：

```
class SaleProduct                                           //销售商品类
{
    public SaleProduct(string saleCode, string productName, int quantity,
    double price)
    {
        this.SaleCode = saleCode;
        this.ProductName = productName;
        this.Quantity = quantity;
        this.Price = price;
    }
    public string SaleCode { get; set; }     //销售单号
    public string ProductName { get; set; } //商品名称
    public int Quantity { get; set; }        //数量
    public double Price { get; set; }        //单价
}
```

（5）在 Default.aspx.cs 的 Page_Load 方法添加代码如下：

```
protected void Page_Load(object sender, EventArgs e)
{
    List<Sale> bills = new List<Sale>        //创建销售人员列表
```

```
    {
        new Sale("001","镇关西",Convert.ToDateTime("2016-11-1")),
        new Sale("002","屠夫张",Convert.ToDateTime("2016-11-2")),
        new Sale("003","屠夫王",Convert.ToDateTime("2016-11-3"))
    };
    List<SaleProduct> products = new List<SaleProduct>//创建销售商品列表
    {
        new SaleProduct("001","猪头",1,60),
        new SaleProduct("001","肥肉",2,60),
        new SaleProduct("002","猪蹄",3,24),
        new SaleProduct("002","排骨",4,100),
        new SaleProduct("003","毛猪",1,1250)
    };
//关联销售单列表和销售商品列表
var query = bills.Join(products,
                        b => b.SaleCode,
                        p => p.SaleCode,
                        (b, p) =>new
                        {
                            销售单号 = b.SaleCode,
                            销售日期 = b.SaleDate,
                            销售员 = b.SaleMan,
                            商品名称 = p.ProductName,
                            数量 = p.Quantity,
                            单价 = p.Price,
                            金额 = p.Quantity * p.Price
                        });
        GridView1.DataSource = query;
        GridView1.DataBind();
    }
}
```

（6）运行效果如图 3-7 所示。

销售单号	销售日期	销售员	商品名称	数量	单价	金额
001	2016/11/1 0:00:00	镇关西	猪头	1	60	60
001	2016/11/1 0:00:00	镇关西	肥肉	2	60	120
002	2016/11/2 0:00:00	屠夫张	猪蹄	3	24	72
002	2016/11/2 0:00:00	屠夫张	排骨	4	100	400
003	2016/11/3 0:00:00	屠夫王	毛猪	1	1250	1250

图 3-7　销售单查询结果

3.3　LINQ to SQL

LINQ to SQL 可以快捷地查询基于 SQL 的数据源，其功能也是包含在独立的程序集 System.Data.Linq（System.Data.Linq.dll 中）中，需引用命名空间 System.Data.Linq。

LINQ to SQL 直接在 VS 2015 中包含基本的 O/R（Object/Relation）映射器。其提供了一个可视化设计视图，用于创建基于数据库中数据对象的 LINQ to SQL 实体类和关联关系，即在应用程序中创建映射到数据库中对象模型，它还生成一个强类型 DataContext，用于在实体类与数据库之间发送和接收数据。O/R 设计器还提供了用于将存储过程和函数映射到 DataContext 方法，以便返回数据和填充实体类。最后，O/R 设计器提供了对实体类之间的继承关系进行设计的能力。使用 LINQ to SQL 查询的前提是必须创建 LINQ to SQL 模型。

例 3-4　演示使用 O/R 设计器创建 LINQ to SQL 模型，具体步骤如下：

（1）创建一个名为 SingleTableQuery 新网站，在解决方案资源管理器中右击 APP_Code 文件夹，在弹出的快捷菜单中选择“添加/添加新项”命令，如图 3-8 所示。

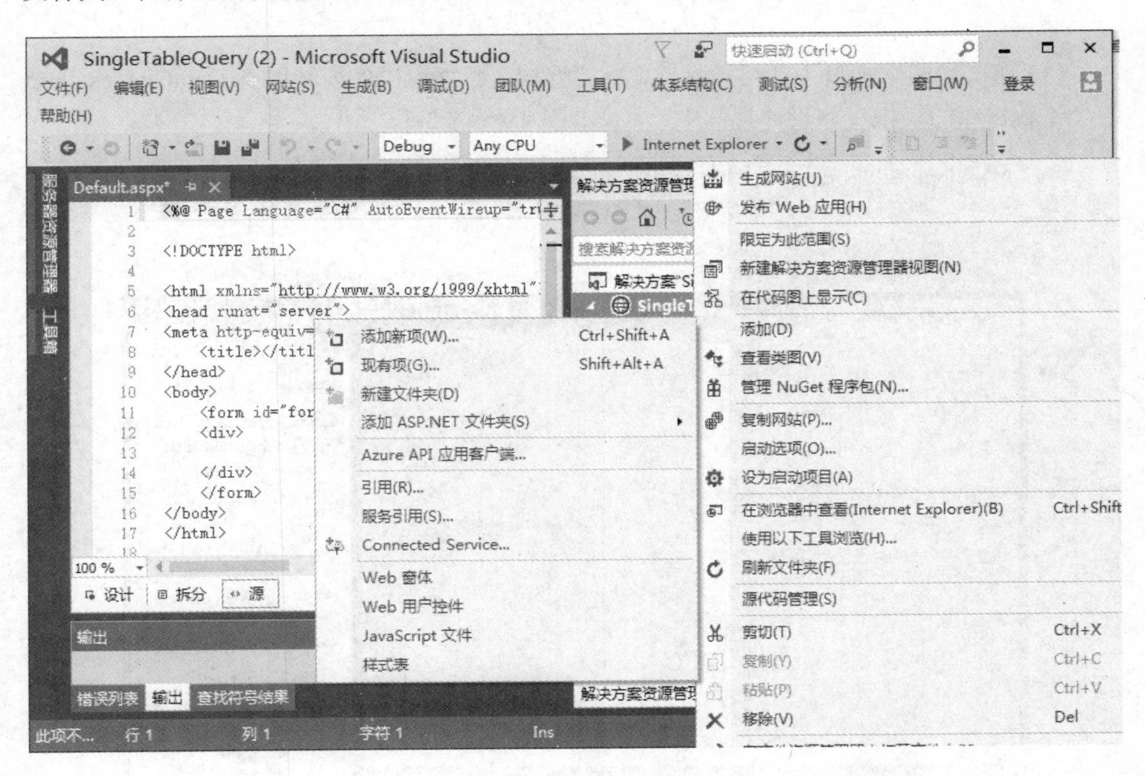

图 3-8　添加新项

（2）在“模板”列表中选择“LINQ to SQL 类”选项，并将其名为 DataClasses.dbml，单击“添加”按钮创建一个扩展名为 dbml 文件，如图 3-9 所示。

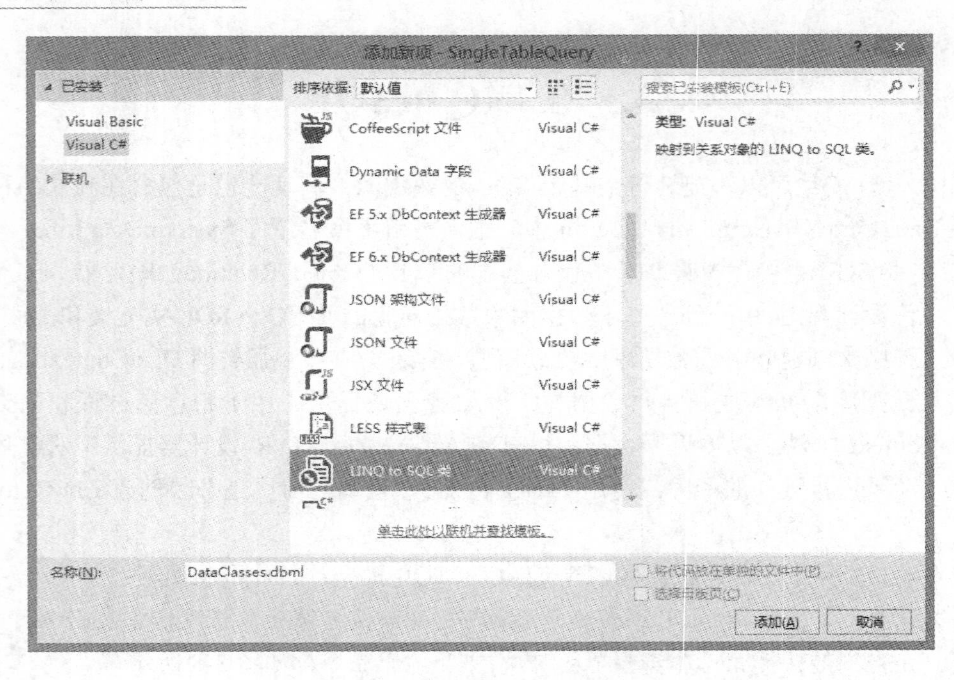

图 3-9　创建 dbml 文件

（3）服务资源管理器中连接数据库，然后将指定数据库中的表映射到 DataClasses.dbml 中（将数据库的表拖曳到设计视图中），如图 3-10～图 3-12 所示。

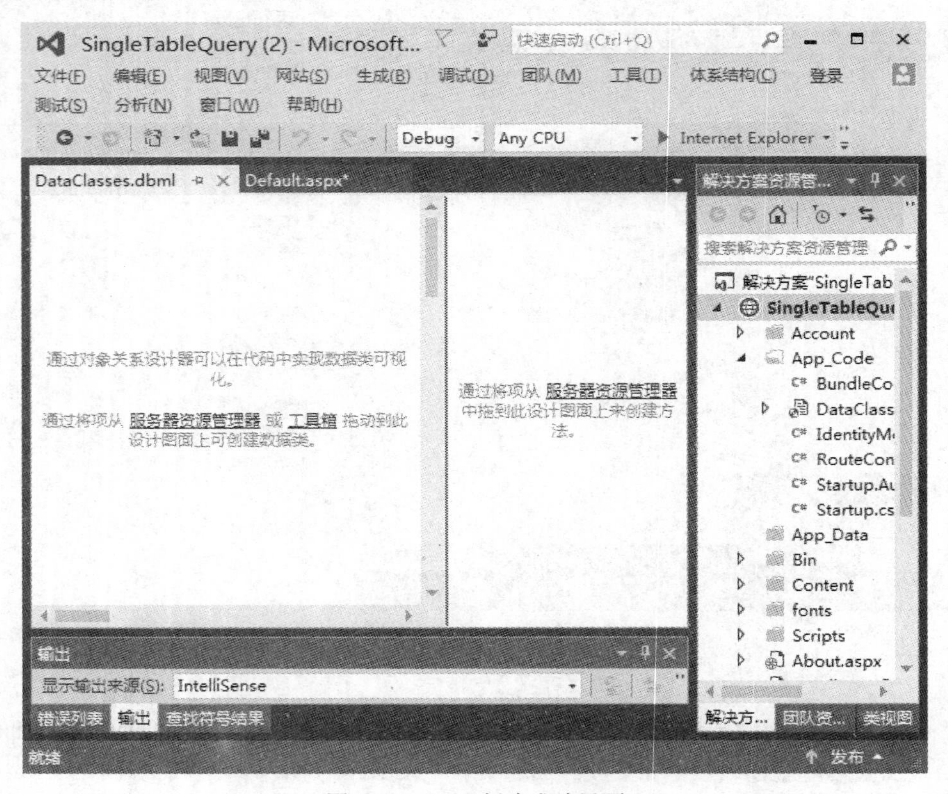

图 3-10　dbml 创建成功界面

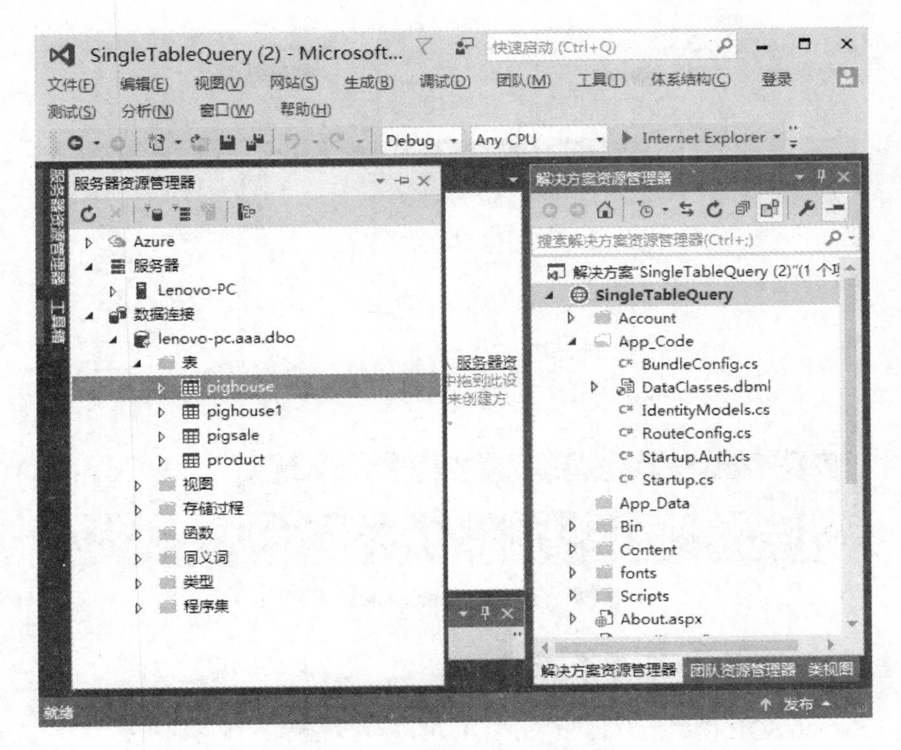

图 3-11　指定数据库中的数据表

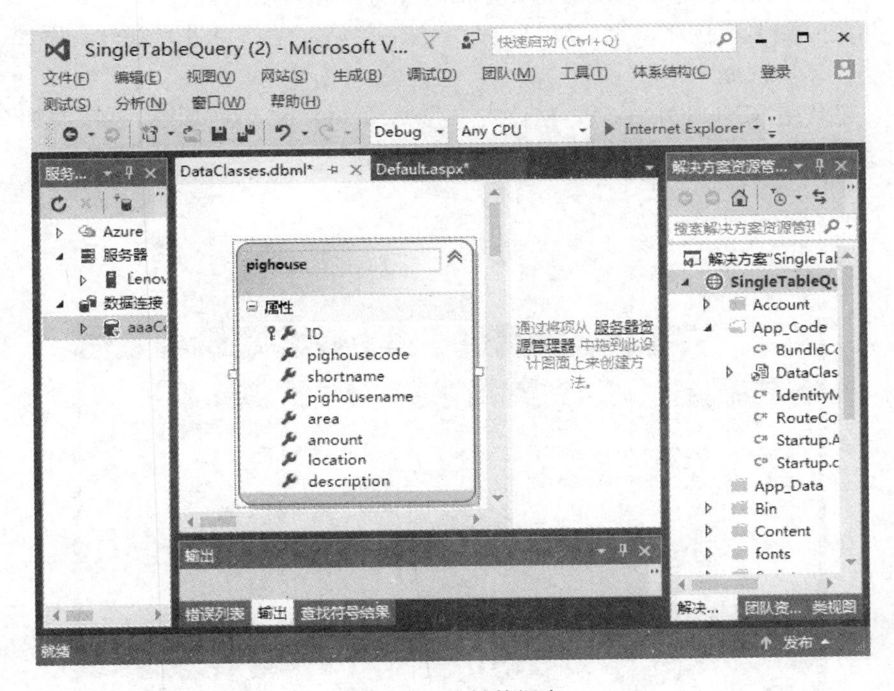

图 3-12　映射数据表

（4）DataClasses.dbml 文件创建一个名称为 datacontext 的类，该类的程序代码均自动生成，如图 3-13 所示。

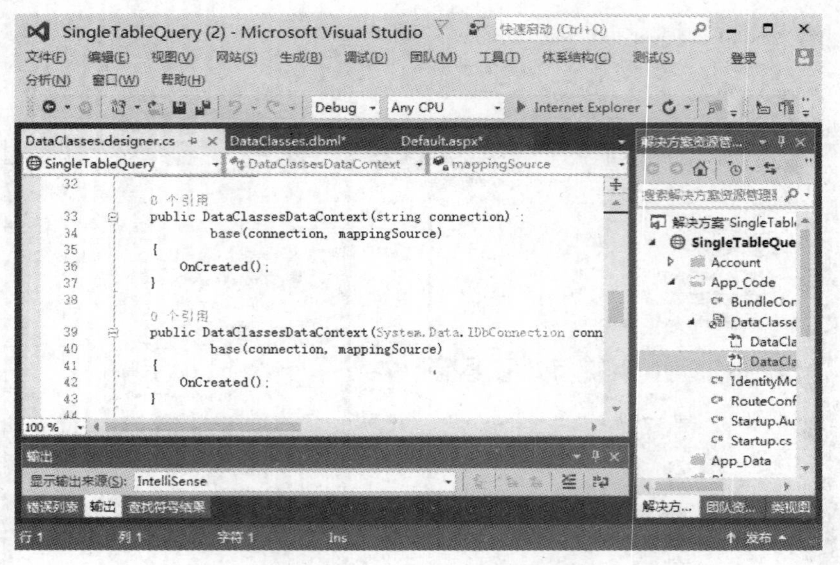

图 3-13 自动生成 datacontext 类代码

3.3.1 LINQ 查询数据库表数据

创建 LINQ to SQL 模型后，LINQ to SQL 可以对数据库进行查询操作。

例 3-5 在生猪屠宰追溯系统中，使用 LINQ 查询圈内生猪数量小于 70 头的猪圈名称的信息，并按照圈名称排序，也可以对数据库内的生猪养殖信息进行查询、添加、修改和删除操作。具体步骤如下：

（1）创建网站 LINQSQLquery，默认主页为 Default.aspx，在其设计视图添加 GridView 控件，用于显示查询结果，如图 3-14 所示。

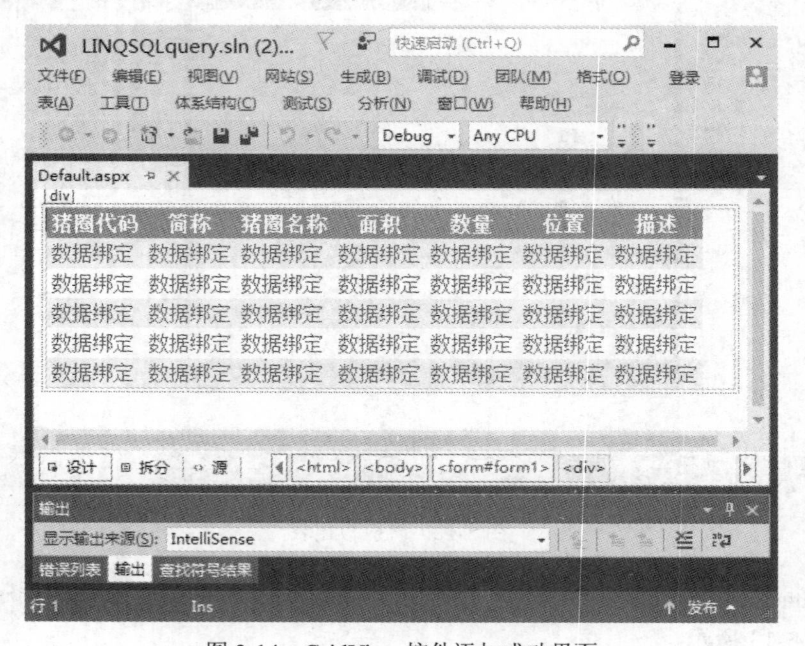

图 3-14 GridView 控件添加成功界面

（2）在 APP_Code 文件夹目录下创建 LINQ to SQL 的 dbml 文件。

（3）在 Default.aspx.cs 页面的 Page_Load 方法中添加如下代码：

```
DataClassesDataContext DC = new DataClassesDataContext();
                                                    //创建数据上下文类的实例
var query = from item in DC.pighouse
where item.amount<= 70              //使用 LINQ 查询圈内猪数量小于 70 头的猪圈名称
orderby item.pighousecode           //按猪圈代码排序
select item;
dgvInfo.DataSource = query;         //将查询结果集绑定到 GridView
dgvInfo.DataBind();
```

（4）运行效果如图 3-15 和图 3-16 所示。

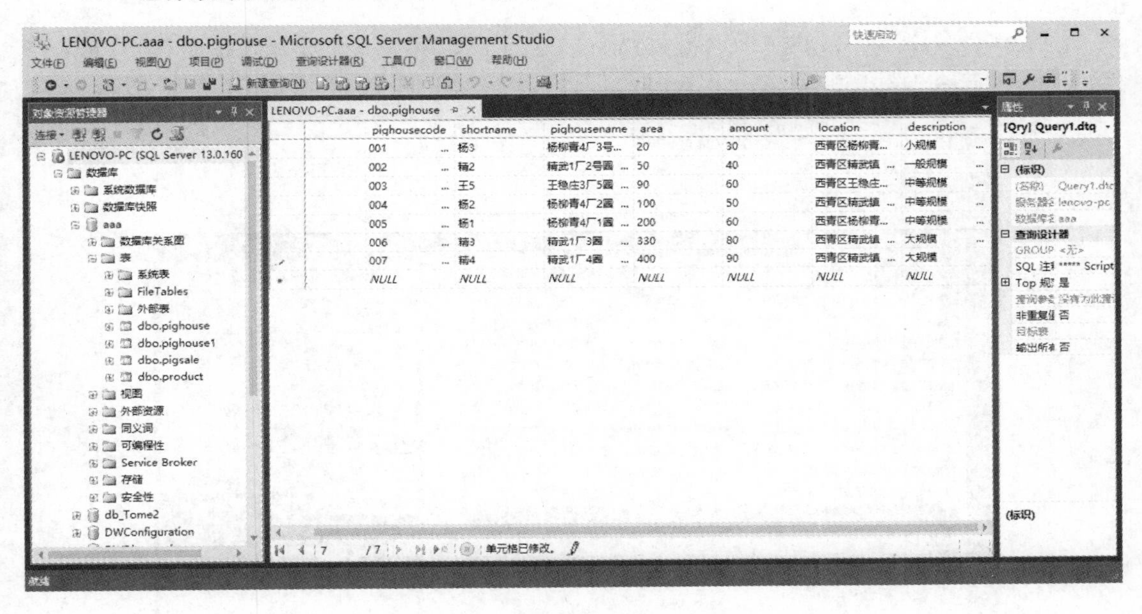

图 3-15　SQL Server 中数据表信息

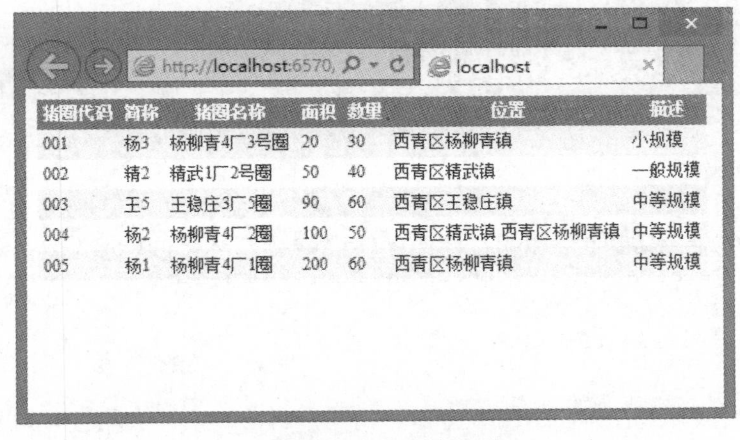

图 3-16　查询成功界面

3.3.2 使用 LINQ 向数据库插入数据

LINQ to SQL 还可以对数据库进行添加、修改和删除操作。使用 LINQ 的 Table<T>类的 InsertOnSubmit 方法可以添加新的一条记录到数据库中，具体语法如下。

```
public void InsertOnSubmit(TEntity entity)
```

参数 entity：要添加的实体。

例 3-6 在生猪屠宰追溯系统中，使用 LINQ 向猪圈信息表中添加一条记录。具体步骤如下：

（1）新建一个网站，将其命名为 LINQInsert。

（2）在 APP_Code 文件夹目录下创建 LINQ to SQL 的 dbml 文件，将信息表添加到 dmbl 文件中。

（3）新建一个页面，将其命名为 pighouseList.aspx，并在其设计视图添加 GridView 控件，用于显示查询结果，添加一个 Button 控件，用于返回录入界面，如图 3-17 所示。

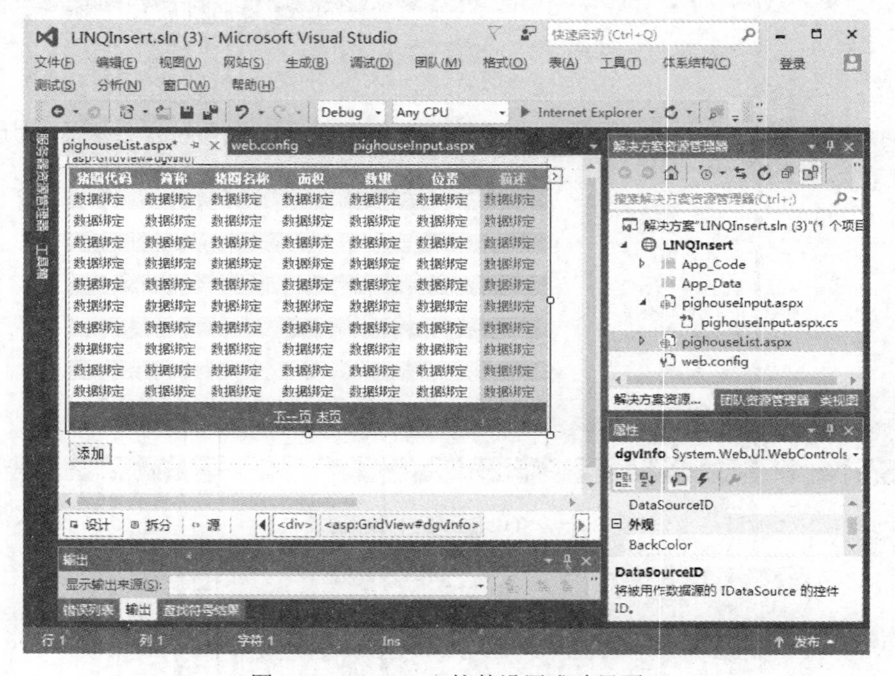

图 3-17 GridView 控件设置成功界面

代码如下：

```
DataClassesDataContext dc = new DataClassesDataContext();
protected void Page_Load(object sender, EventArgs e)
{
    if (!this.IsPostBack)
    {
        LoadData();
    }
}
```

```
private void LoadData()
{
    List<pighouse> pighouseList = dc.pighouse.ToList();
    dgvInfo.DataKeyNames = new string[] { "ID" };    //设置 GridView 数据主键
    dgvInfo.DataSource = pighouseList;
    dgvInfo.DataBind();
}
protected void dgvInfo_RowCommand(object sender, GridViewCommandEventArgs e)
{
    if (!string.IsNullOrEmpty(e.CommandName))        //判断命令名是否为空
    {
        if (e.CommandName == "Page")
        {
            LoadData();
        }
    }
}
protected  void  dgvInfo_PageIndexChanging(object  sender,  GridViewPage
EventArgs e)
{
    (sender as GridView).PageIndex = e.NewPageIndex;//指定 GridView 新页索引
    (sender as GridView).DataBind();                //GridView 数据源绑定
}
protected void btnAdd_Click(object sender, EventArgs e)
{
    Response.Redirect("pighouseInput.aspx");
}
```

（4）新建一个页面，将其命名为 pighouseInput.aspx，并在设计视图添加 7 个 TextBox 控件，用于录入信息；添加 2 个 Button 控件，用于保存和返回，如图 3-18 所示。

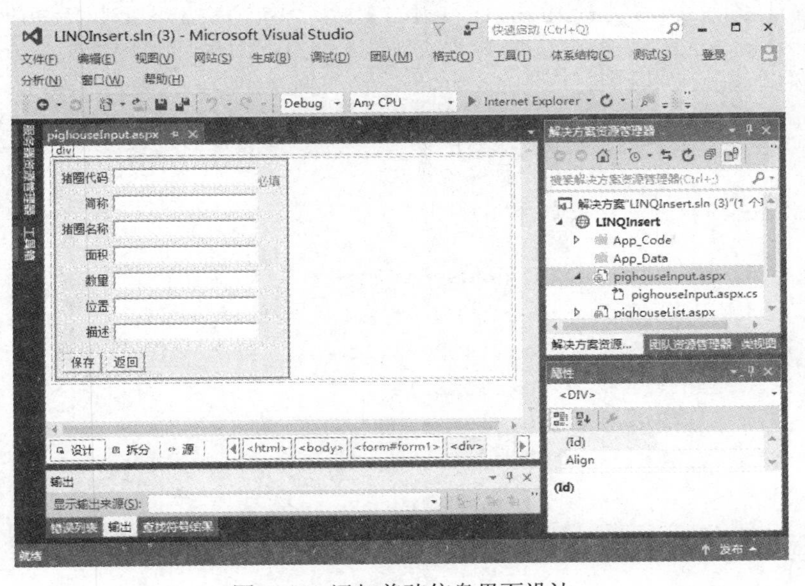

图 3-18　添加养殖信息界面设计

（5）在 Input.aspx.cs 页面中定义一个 DataClassesDataContext 的对象 dc，代码如下：

```
DataClassesDataContext dc = new DataClassesDataContext();
```

（6）在 Input.aspx.cs 页面的 Page_Load 方法中添加如下代码：

```
if (!this.IsPostBack)
{
    ClearTextBox();                                //清除服务器控件的内容
}
```

其中，ClearTextBox()方法定义如下：

```
private void ClearTextBox()
{
        TextBox1.Text = "";
        TextBox2.Text = "";
        TextBox3.Text = "";
        TextBox4.Text = "";
        TextBox5.Text = "";
        TextBox6.Text = "";
        TextBox7.Text = "";
}
```

（7）在 Input.aspx 设计页面找到“保存”按钮，触发 Click 事件，添加如下代码：

```
if (Page.IsValid)                              //页面验证通过
{
pighouse info = new pighouse();                //创建信息实体
   EditModel(info);                            //将录入的内容赋值给信息实体
   dc.pighouse.InsertOnSubmit(info);           //将信息实体添加到内存中的信息表中
   dc.SubmitChanges();                         //将操作结果更新到数据库中
   ClearTextBox();                             //清除所有文本框的内容
   Response.Write("<Script>window.alert('保存成功!')</Script>");
 }
```

其中 EditModel() 方法定义如下：

```
 private void EditModel(pighouse info)
 {
       info.pighousecode = TextBox1.Text;        //代码
       info.shortname = TextBox2.Text;           //简称
       info.pighousename = TextBox3.Text;
       if (!string.IsNullOrEmpty(TextBox4.Text))//面积
       {
           info.area = Convert.ToDouble(TextBox4.Text);
       }
```

```
        info.amount = Convert.ToInt32(TextBox5.Text);
        info.location = TextBox6.Text;          //位置
        info.description = TextBox7.Text;       //备注
    }
```

（8）运行结果如图 3-19～图 3-23 所示。

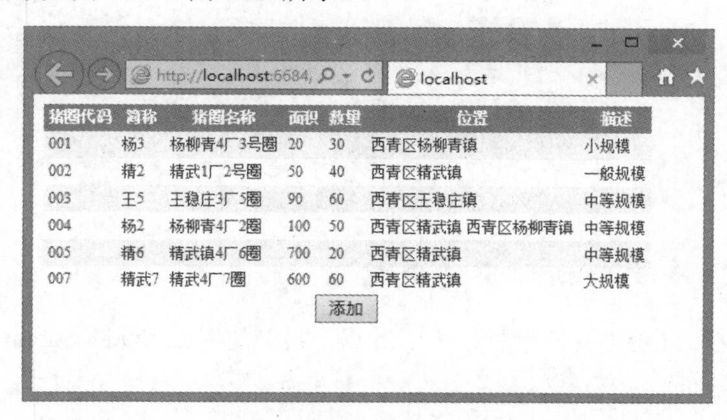

猪圈代码	简称	猪圈名称	面积	数量	位置	描述
001	杨3	杨柳青4厂3号圈	20	30	西青区杨柳青镇	小规模
002	精2	精武1厂2号圈	50	40	西青区精武镇	一般规模
003	王5	王稳庄3厂5圈	90	60	西青区王稳庄镇	中等规模
004	杨2	杨柳青4厂2圈	100	50	西青区精武镇 西青区杨柳青镇	中等规模
005	精6	精武镇4厂6圈	700	20	西青区精武镇	中等规模
007	精武7	精武4厂7圈	600	60	西青区精武镇	大规模

图 3-19　系统运行界面

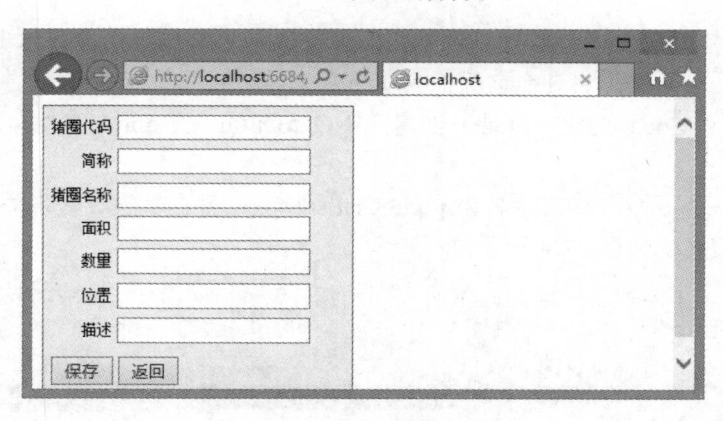

图 3-20　添加信息界面

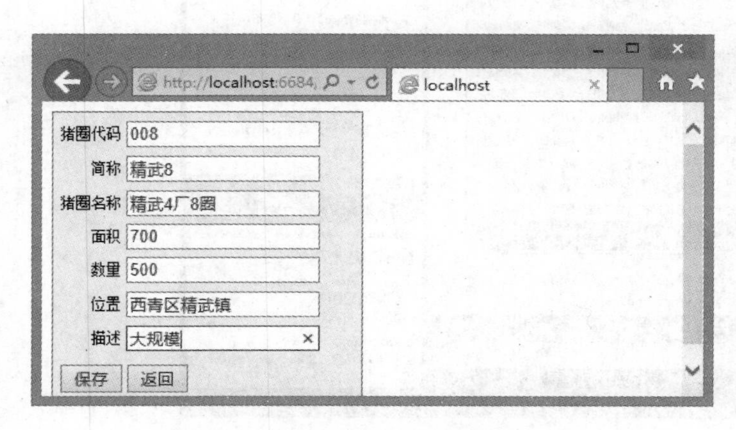

图 3-21　添加信息界面

图 3-22　添加信息成功提示界面

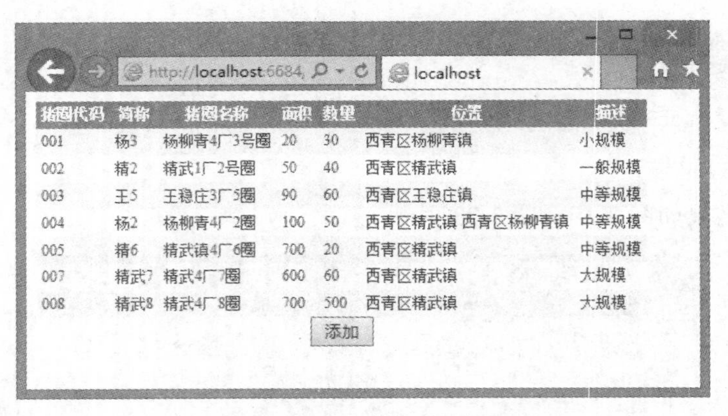

猪圈代码	简称	猪圈名称	面积	数量	位置	描述
001	杨3	杨柳青4厂3号圈	20	30	西青区杨柳青镇	小规模
002	精2	精武1厂2号圈	50	40	西青区精武镇	一般规模
003	王5	王稳庄3厂5圈	90	60	西青区王稳庄镇	中等规模
004	杨2	杨柳青4厂2圈	100	50	西青区精武镇 西青区杨柳青镇	中等规模
005	精6	精武镇4厂6圈	700	20	西青区精武镇	中等规模
007	精武7	精武4厂7圈	600	60	西青区精武镇	大规模
008	精武8	精武4厂8圈	700	500	西青区精武镇	大规模

图 3-23　添加信息成功运行界面

3.3.3　LINQ 修改数据库中的数据

LINQ to SQL 还能够修改数据库中的数据，需要使用 LINQ 的 SubmitChanges 方法，具体语法格式如下：

```
public void SubmitChanges()
```

例 3-7　在生猪屠宰追溯管理系统中，实现修改养殖信息操作，具体步骤如下：

（1）新建一个网站，将其命名为 LINQUpdate。

（2）在 APP_Code 文件夹目录下创建 LINQ to SQL 的 dbml 文件，将信息表添加到 dmbl 文件中。

（3）新建一个页面，将其命名为 pighouselist.aspx，并在其设计视图添加 GridView 控件，用于显示信息，如图 3-24 所示。

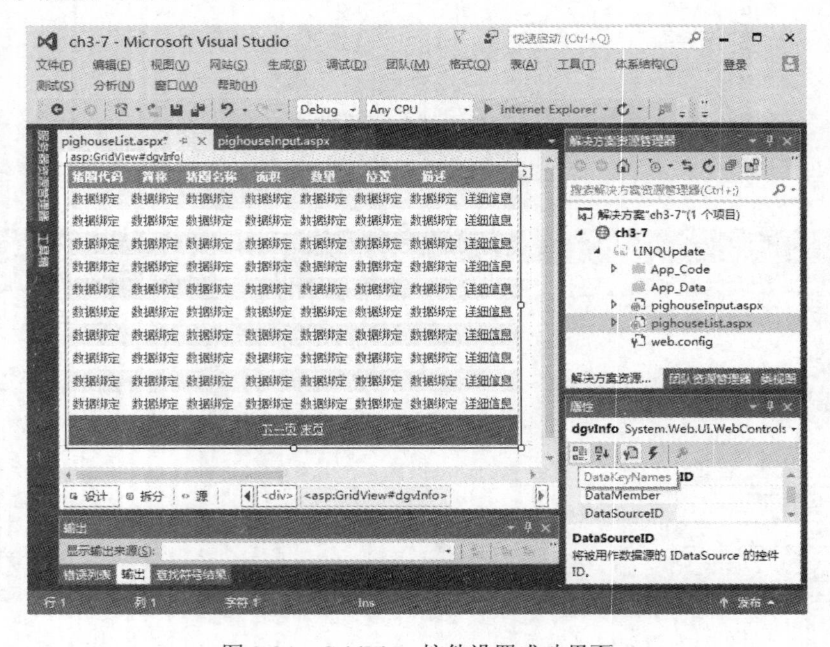

图 3-24　GridView 控件设置成功界面

（4）在 GridView 的 RowCommand 事件中单击“详细信息”超链接触发事件方法（命令名 Edi），跳转到信息修改页面 pighouseupdate.aspx，代码如下：

```
if (!string.IsNullOrEmpty(e.CommandName))  //判断命令名是否为空
{
    if (e.CommandName == "Edi")              //如果触发的是"详细信息"按钮的事件
    {
        int index = Convert.ToInt32(e.CommandArgument);//取 GridView 行索引
        GridView grid = (GridView)e.CommandSource;//取当前操作的 GridView
        int id = Convert.ToInt32(grid.DataKeys[index].Value);
                                             //取 GridView 主键值
        Response.Redirect(@"pighouseupdate.aspx?ID=" + id.ToString());
    }
    elseif (e.CommandName == "Page")
    {
            LoadData();
    }
}
```

（5）新建一个页面，命名为 pighouseupdate.aspx，并在设计视图添加 7 个 TextBox 控件，用于录入圈信息；添加 2 个 Button 控件，用于保存和返回，如图 3-25 所示。

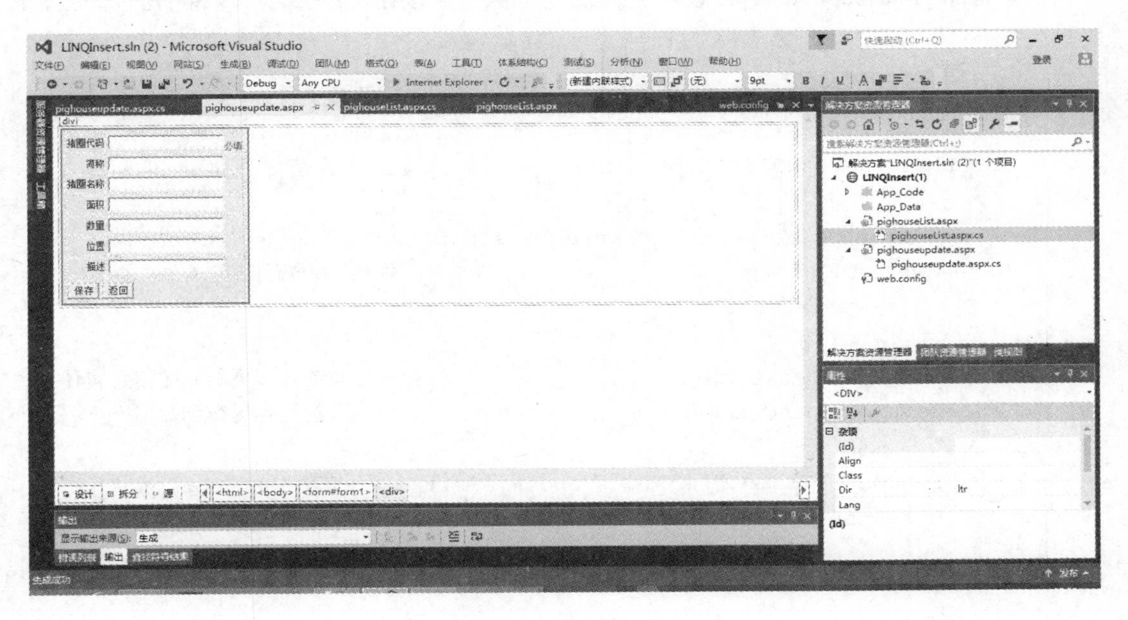

图 3-25　修改界面设计

（6）在 pighouseupdate.aspx.cs 页面 Page_Load 方法中添加如下代码：

```
if (!this.IsPostBack)
{
    if (Request.QueryString["ID"] != null)
```

```
    {
        id = Request.QueryString["ID"].ToString(); //从查询字符串中取出 ID
        pighouse info = dc.pighouse.FirstOrDefault(itm => itm.ID == Convert.
        ToInt32(id));                               //根据 ID 取出实体
    EditTextBox(info);                              //根据实体填充 TextBox 控件
    }
}
```

上述代码中 EditTextBox()方法定义如下：

```
private void EditTextBox(pighouse info)
{
    TextBox1.Text = info.pighousecode;
    TextBox2.Text = info.shortname;
    TextBox3.Text = info.pighousename;
    TextBox4.Text = info.area.ToString();
    TextBox5.Text = info.amount.ToString();
    TextBox6.Text = info.location;
    TextBox7.Text = info.description;
}
```

（7）在 pighouseupdate.aspx 设计页面找到“保存”按钮，触发 Click 事件，添加如下代码：

```
if (Page.IsValid)                                   //页面验证有效
{
    if (!string.IsNullOrEmpty(id))                  //ID 不为空
    {
        pighouse temp = dc.pighouse.FirstOrDefault(itm => itm.ID ==
        Convert.ToInt32(id));                       //根据 ID 取信息实体
        if (temp != null)
        {
            EditModel(temp);                        //将修改的内容更新到圈信息实体
            dc.SubmitChanges();                     //将修改的内容提交到数据库
        }
        Response.Write("<Script>window.alert('保存成功!')</Script>");
        Response.Redirect("pighouseList.aspx");
    }
}
```

上述代码中，EditModel()方法定义代码如下：

```
private void EditModel(pighouse info)
{
    info.pighousecode = TextBox1.Text;              //代码
    info.shortname = TextBox2.Text;                 //简称
    info.pighousename = TextBox3.Text;
```

```
    if (!string.IsNullOrEmpty(TextBox4.Text))//面积
    {
        info.area = Convert.ToDouble(TextBox4.Text);
    }
    info.amount = Convert.ToInt32(TextBox5.Text);
    info.location = TextBox6.Text;              //位置
    info.description = TextBox7.Text;           //备注
}
```

（8）运行效果如图 3-26～图 3-29 所示。

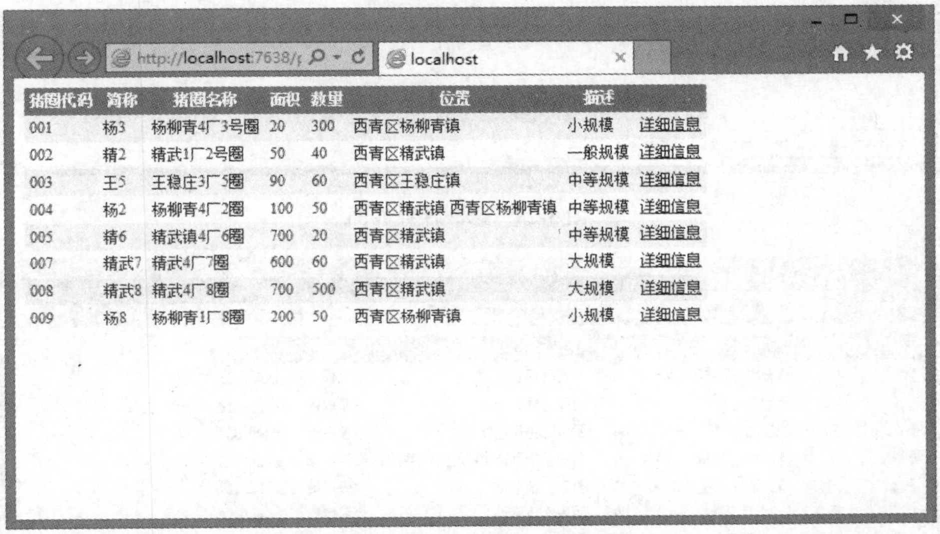
http://localhost:7638/
localhost
猪圈代码 简称 猪圈名称 面积 数量 位置 描述
001 杨3 杨柳青4厂3号圈 20 300 西青区杨柳青镇 小规模 详细信息
002 精2 精武1厂2号圈 50 40 西青区精武镇 一般规模 详细信息
003 王5 王稳庄3厂5圈 90 60 西青区王稳庄镇 中等规模 详细信息
004 杨2 杨柳青4厂2圈 100 50 西青区精武镇 西青区杨柳青镇 中等规模 详细信息
005 精6 精武镇4厂6圈 700 20 西青区精武镇 中等规模 详细信息
007 精武7 精武4厂7圈 600 60 西青区精武镇 大规模 详细信息
008 精武8 精武4厂8圈 700 500 西青区精武镇 大规模 详细信息
009 杨8 杨柳青1厂8圈 200 50 西青区杨柳青镇 小规模 详细信息

图 3-26　系统初始运行界面

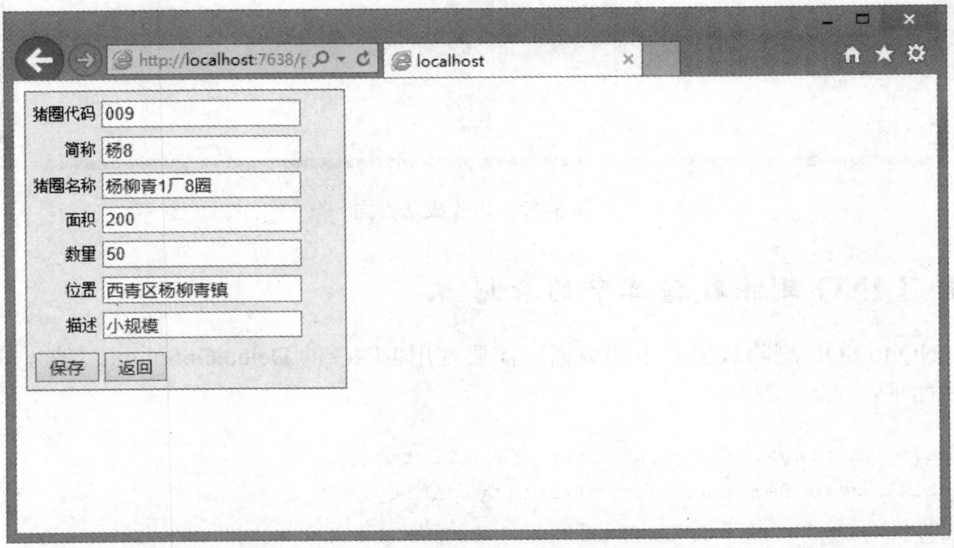
http://localhost:7638/
localhost
猪圈代码 009
简称 杨8
猪圈名称 杨柳青1厂8圈
面积 200
数量 50
位置 西青区杨柳青镇
描述 小规模
保存 返回

图 3-27　修改编辑界面

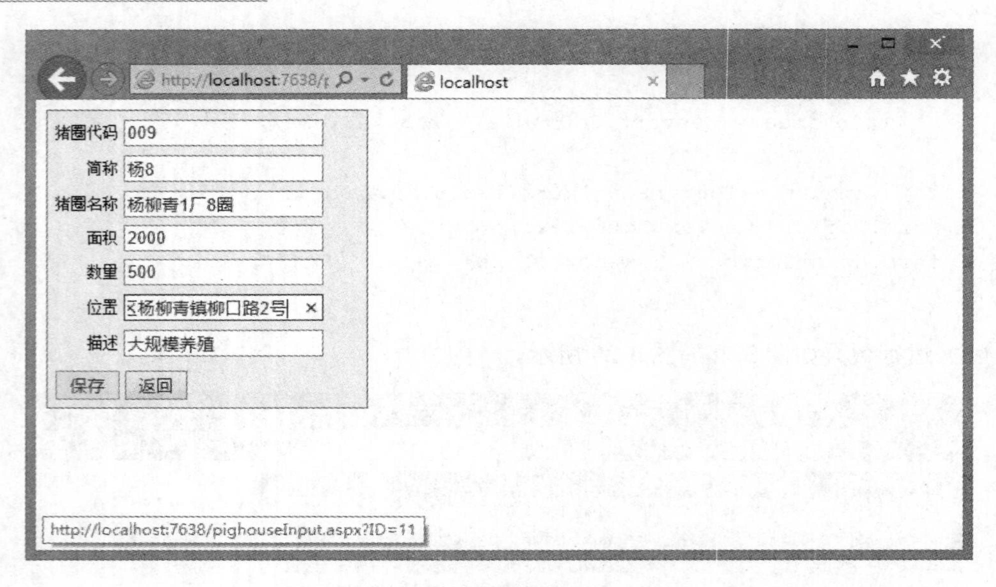

图 3-28　修改保存界面

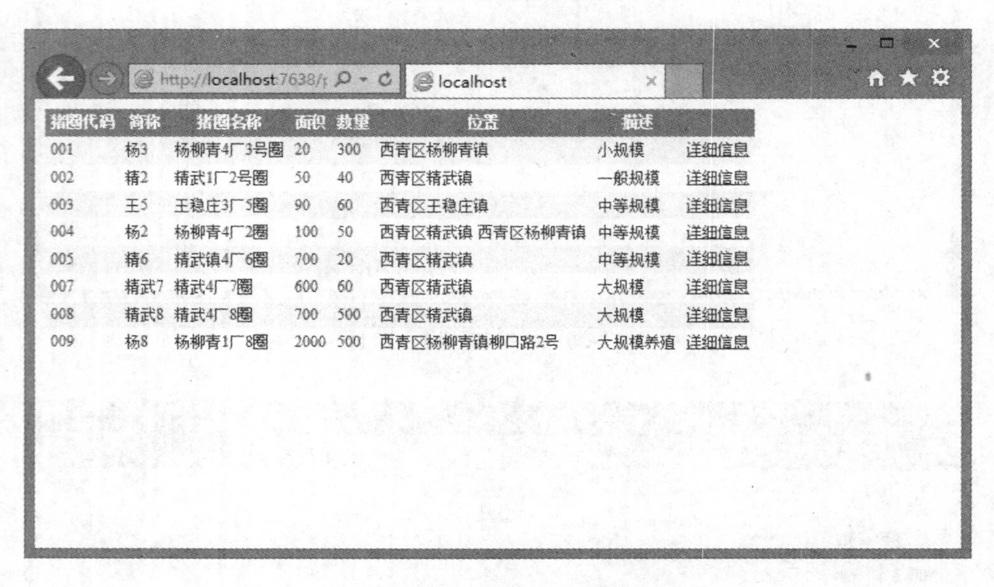

图 3-29　修改成功界面

3.3.4　LINQ 删除数据库中的数据

LINQ to SQL 删除数据库中的数据，需要使用 LINQ 的 DeleteOnSubmit 方法，具体语法格式如下：

```
Table<TEntity>.DeleteOnSubmit 方法 (TEntity)
public void DeleteOnSubmit(TEntity entity)
```

参数

entity——类型为 TEntity，要删除的实体。

例 3-8 在生猪屠宰追溯系统中，使用 LINQ 技术实现删除数据库中的养殖信息数据。具体步骤如下：

（1）新建一个网站，将其命名为 LINQDelete。

（2）在 APP_Code 文件夹目录下创建 LINQ to SQL 的 dbml 文件，将信息表添加到 dbml 文件中，如图 3-30 所示。

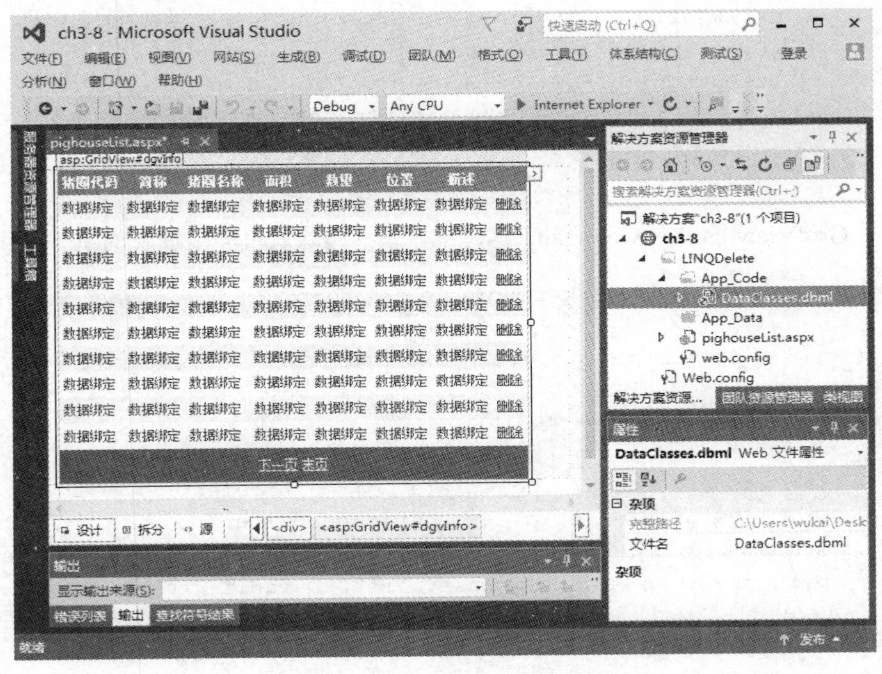

图 3-30 dbml 文件添加成功界面

（3）新建一个页面，将其命名为 pighouseList.aspx，并在其设计视图添加 GridView 控件，用于显示查询结果，如图 3-31 所示。

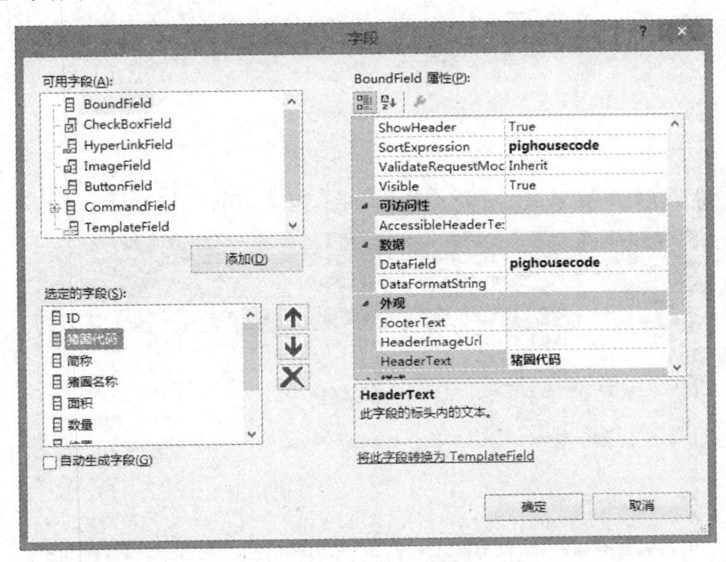

图 3-31 GridView 控件设置成功界面

（4）在 GridView 的 RowDataBound 事件中为 GridView 添加删除功能，代码如下：

```
protected void dgvInfo_RowDataBound(object sender, GridViewRowEventArgs e)
{
    if (e.Row.RowType == DataControlRowType.DataRow)//如果是数据行
    {
        GridView grid = sender as GridView;         //取当前操作的 GridView
        //为 GridView 添加客户端的 onclick 事件
        ((LinkButton)(e.Row.Cells[grid.Columns.Count - 1].Controls[0])).
        Attributes.Add("onclick", "return confirm('确认删除?');");
    }
}
```

（5）在 GridView 的 RowCommand 事件中单击“删除”超链接触发的事件，代码如下：

```
protected void dgvInfo_RowCommand(object sender, GridViewCommandEventArgs e)
{
  if (!string.IsNullOrEmpty(e.CommandName))                //判断命令名是否为空
  {
     if (e.CommandName == "Del")
     {
        int index = Convert.ToInt32(e.CommandArgument);//取 GridView 行索引
        GridView grid = (GridView)e.CommandSource;  //取当前操作的 GridView
        string id = grid.DataKeys[index].Value.ToString();//取 GridView 主键值
        pighouse temp = dc.pighouse.FirstOrDefault(itm => itm.ID ==
        Convert.ToInt32(id));                              //根据主键值取信息实体
        dc.pighouse.DeleteOnSubmit(temp);                  //删除操作
        dc.SubmitChanges();                                //将更改的操作提交到数据库
        LoadData();                                        //重新加载数据
     }
     elseif (e.CommandName == "Page")
     {
        LoadData();
     }
  }
}
```

（6）单击删除最后一条记录，运行效果如图 3-32 和图 3-33 所示。

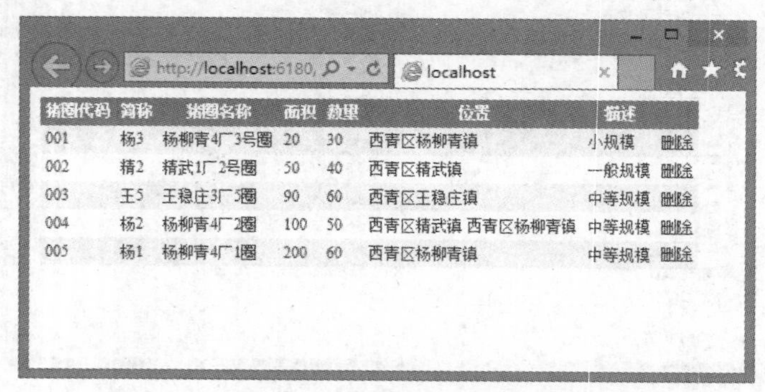

图 3-32　系统运行初始界面

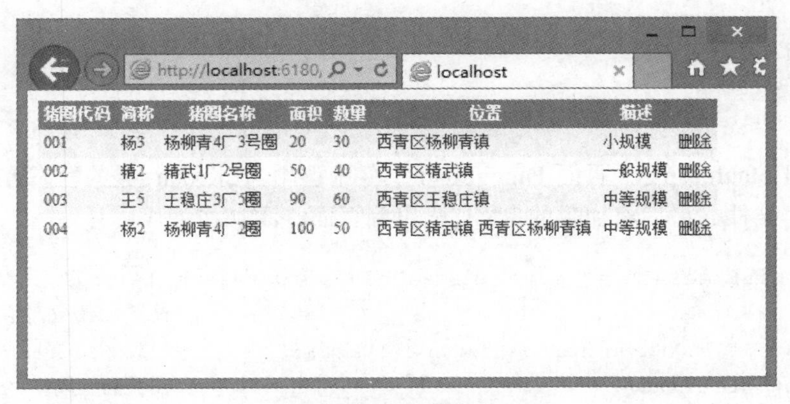

图 3-33　删除成功界面

3.4　LINQ to XML

LINQ 使用基本的 LINQ 语法查询 XML 文档，其功能也是包含在独立的程序集 System.Xml.Linq 中，使用 LINQ 操作 XML 代码规范、精炼、简单、功能更强大。

3.4.1　LINQ 读取 XML 文件

使用 LINQ 操作 XML 文件之前必须将其加载到类 XElement 的实例对象中，用到的方法为：

```
public static XElement Load(string uri)
```

参数

Uri：一个 URI 字符串，用来引用要加载到新 XElement 中的文件。

返回值

Type：System.Xml.Linq.XElement，一个包含指定文件的内容的 XElement。

例 3-9　主要演示应用 XElement 类读取指定 XML 文件，并将读取内容显示在页面上。具体步骤如下：

（1）新建一个网站，将其命名为 LoadXML。

（2）在 APP_Code 文件夹目录添加一个名称为 sample.xml 的 XML 文件，代码如下：

```
<?xmlversion="1.0"encoding="utf-8"standalone="yes"?>
<Saleman>
<SalemanID="0000123">
<Name>许小华</Name>
<Sex>男</Sex>
<Old>30</Old>
</Saleman>
<SalemanID="0000456">
<Name>甄爱军</Name>
<Sex>男</Sex>
```

```
<Old>38</Old>
</Saleman>
</Saleman>
```


（3）在 Default.aspx.cs 页面 Page_Load 事件中调用 XElement 类的静态方法 Load 加载指定的 XML 文件，最后将加载的 XML 输出到页面，添加如下代码：

```
string xmlFilePath = Server.MapPath("App_Data/sample.xml");
                                                          //设置 XML 文件存放的目录
XElement xe = XElement.Load(xmlFilePath);                 //加载 XML 文件
Response.Write(xe);                                       //在页面上输出 XML 文件内容
Response.ContentType = "text/xml";                        //设置网页显示的类型为 XML 文件
Response.End();
```

（4）运行效果如图 3-34 所示。

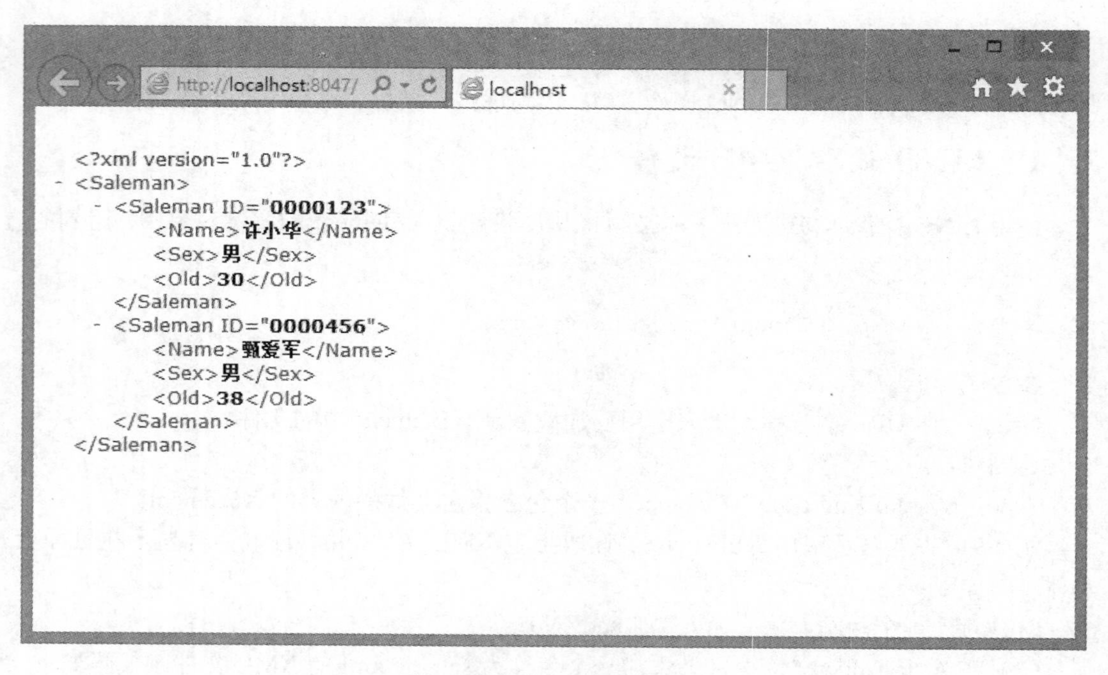

图 3-34　加载 XML 成功界面

3.4.2　LINQ 查询 XML 元素

LINQ 可以查询 XML 元素的信息，通过 XElement.FirstAttribute、XAttribute.NextAttribute 属性获得 XML 元素的所有属性，具体语法如下：

（1）XElement.FirstAttribute 属性

```
public XAttribute FirstAttribute { get; }
```

属性值类型：System.Xml.Linq.XAttribute，一个包含此元素第一个特性的 XAttribute。

（2）XAttribute.NextAttribute 属性

```
public XAttribute NextAttribute { get; }
```

属性值类型：System.Xml.Linq.XAttribute，一个包含父元素下一个特性的 XAttribute。

例 3-10 主要演示 LINQ 可以查询 XML 元素的信息，具体步骤如下：

（1）新建一个网站，将其命名为 queryXML。

（2）在 APP_Code 文件夹目录添加一个名称为 sample.xml 的 XML 文件，代码如下：

```
<?xml version="1.0" encoding="utf-8" standalone="yes"?>
<Saleman Firsteacher="许小华" Secondeacher="甄爱军">
```

（3）在 Default.aspx 页面中添加两个 TextBox 控件和一个 Button 控件，用于显示 XML、提取和遍历属性的操作。

（4）在 Default.aspx.cs 页面 Page_Load 事件中调用 XElement 类的静态方法 Load 加载指定的 XML 文件，最后将加载的 XML 输出到 TextBox 控件，添加如下代码：

```
if (!IsPostBack)
{
     string xmlFilePath = Server.MapPath("App_Data/sample.xml");
                                                             //XML 文件存放的路径
     XElement xes = XElement.Load(xmlFilePath);    //加载 XML 文件
         TextBox1.Text = xes.ToString();
 }
```

（5）在 Default.aspx 设计页面双击 Button 控件，触发其 Click 事件，添加如下代码：

```
string xmlFilePath = Server.MapPath("App_Data/sample.xml");
                                                        //XML 文件存放的路径
XElement xes = XElement.Load(xmlFilePath);              //加载 XML 文件
StringBuilder sb = new StringBuilder();
XAttribute firstAttr = xes.FirstAttribute;              //取第一个属性
if (firstAttr != null)                                  //第一个属性不为空
{
   sb.AppendLine(firstAttr.Name.LocalName + ": " + firstAttr.Value);
   XAttribute nextAttr = firstAttr.NextAttribute;  //取下一个属性
   while (nextAttr != null)                             //下一个属性不为空
   {
       sb.AppendLine(nextAttr.Name.LocalName + ": " + nextAttr.Value);
       nextAttr = nextAttr.NextAttribute;               //取下一个属性
   }
  }
   TextBox2.Text = sb.ToString();             //将提取的属性赋值给 TextBox 控件
 }
```

（6）运行效果如图 3-35 所示。

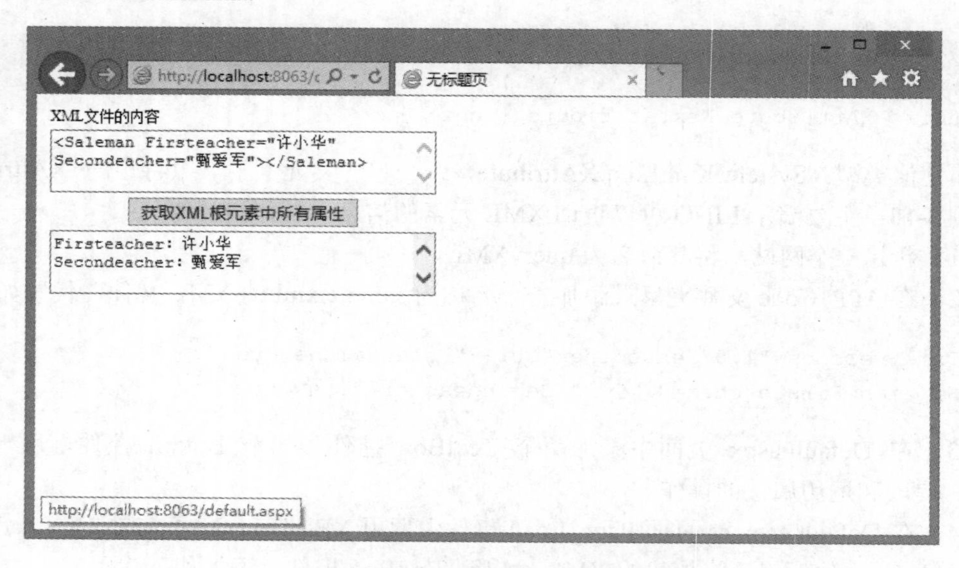

图 3-35　查询 XML 成功界面

3.4.3　LINQ 添加元素到 XML

使用 LINQ 可以添加元素到 XML 文件中。使用类 XElement 的 Add 方法，具体语法如下：

```
public void Add(object content)
```

参数

content——类型为 System.Object，一个包含简单内容或要添加的内容对象集合的内容对象。

例 3-11　主要演示 LINQ 添加 XML 元素的信息。具体步骤如下：

（1）新建一个网站，将其命名为 AddXML。

（2）在 APP_Code 文件夹目录中添加一个名称为 sample.xml 的 XML 文件，代码如下：

```
<?xmlversion="1.0"encoding="utf-8"standalone="yes"?>
<Saleman>
<SalemanID="0000123">
<Name>许小华</Name>
<Sex>男</Sex>
<Old>30</Old>
</Saleman>
<SalemanID="0000456">
<Name>甄爱军</Name>
<Sex>男</Sex>
<Old>38</Old>
</Saleman>
</Saleman>
```

（3）在 Default.aspx.cs 页面 Page_Load 事件中调用 XElement 类的静态方法 Load 加载指定的 XML 文件，然后使用 Add 方法将元素添加到 XML 文件，最后将加载的 XML 输出到页面，添加如下代码：

```
string xmlFilePath = Server.MapPath("App_Data/sample.xml");
                                                        //取 XML 文件的全路径
XElement xe = XElement.Load(xmlFilePath);               //加载 XML 文件
//创建一个新节点
XElement newPerson = new XElement("Saleman",
new XAttribute("ID", "0000789"),
new XElement("Name", "吴凯"),
new XElement("Sex", "男"),
new XElement("Age", 34)
         );
xe.Add(newPerson);              //添加新节点到 XML 文件中
xe.Save(xmlFilePath);           //保存 XML 文件
Response.Write(xe);             //在网页中显示 XML 文件内容
Response.ContentType = "text/xml";
Response.End();
```

（4）运行效果如图 3-36 所示。

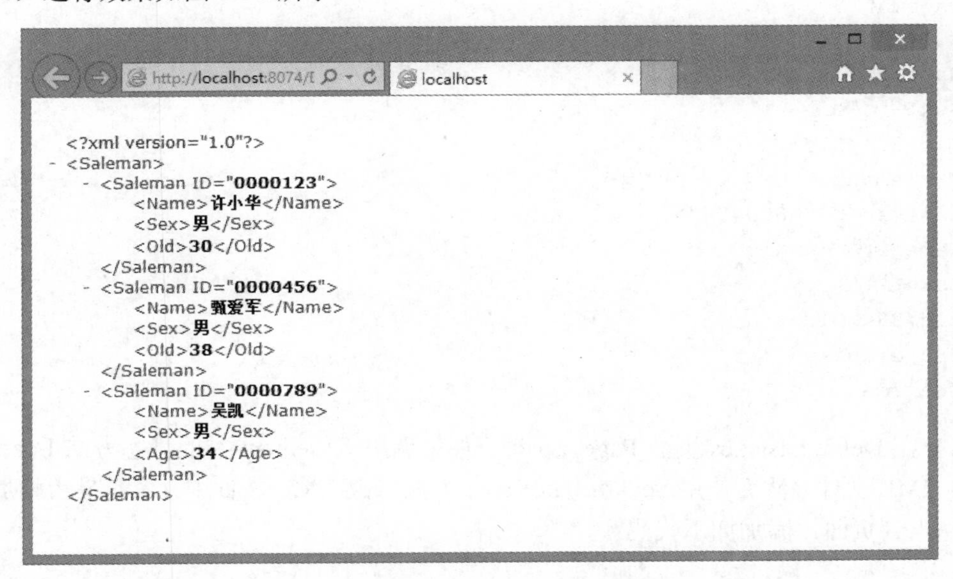

图 3-36　添加元素到 XML 成功界面

3.4.4　LINQ 修改 XML 元素

使用 LINQ 不仅可以添加元素到 XML 文件，还可以修改 XML 文件中的元素。使用类 XElement 的 SetElementValue 方法修改元素值、使用 SetAttributeValue 方法修改元素属性值，具体语法如下：

（1）SetElementValue 方法

```
public void SetElementValue(XName name,object value)
```

参数

name：一个 XName，其中包含要更改的子元素的名称。

value：要分配给子元素的值。如果值为 null，则移除子元素；否则，将值转换为其字符串表示形式，并将该值分配给子元素的 Value 属性。

（2）SetAttributeValue 方法

```
public void SetAttributeValue(XName name,object value)
```

参数

name：一个 XName，其中包含要更改的属性的名称。

value：要分配给属性的值。如果值为 null，则移除属性。

例 3-12　主要演示 LINQ 修改 XML 元素的信息。具体步骤如下：

（1）新建一个网站，将其命名为 UpdateXML。

（2）在 APP_Code 文件夹目录添加一个名称为 sample.xml 的 XML 文件，代码如下：

```
<?xmlversion="1.0"encoding="utf-8"?>
<Saleman>
<SalemanID="0000123">
<Name>许小华</Name>
<Sex>男</Sex>
<Old>30</Old>
</Saleman>
<SalemanID="0000456">
<Name>甄爱军</Name>
<Sex>男</Sex>
<Old>38</Old>
</Saleman>
</Saleman>
```

（3）在 Default.aspx.cs 页面 Page_Load 事件中调用 XElement 类的静态方法 Load 加载指定的 XML 文件，然后使用 SetAttributeValue 方法修改 XML 文件中元素，最后将加载的 XML 输出到页面，添加如下代码：

```
string path = Server.MapPath("App_Data/sample.xml"); //取 XML 文件的全路径
XElement xe = XElement.Load(path);                    //加载 XML 文件
//用 LINQ 查找要修改的元素
IEnumerable<XElement> element = from ee in xe.Elements("Saleman")
where ee.Attribute("ID").Value == "0000123"
&& ee.Element("Name").Value == "许小华"
select ee;
if (element.Count() > 0)                              //存在要修改的元素
```

```
        {
XElement first = element.First();
            first.SetAttributeValue("ID", "0000789");//修改指定的属性值
            first.SetElementValue("Name", "吴凯");     //修改指定子节点的值
        }
        xe.Save(path);                                      //保存文件
        Response.Write(xe);                                 //在网页上显示 XML 内容
        Response.ContentType = "text/xml";
        Response.End();
    }
```

（4）运行效果如图 3-37 所示。

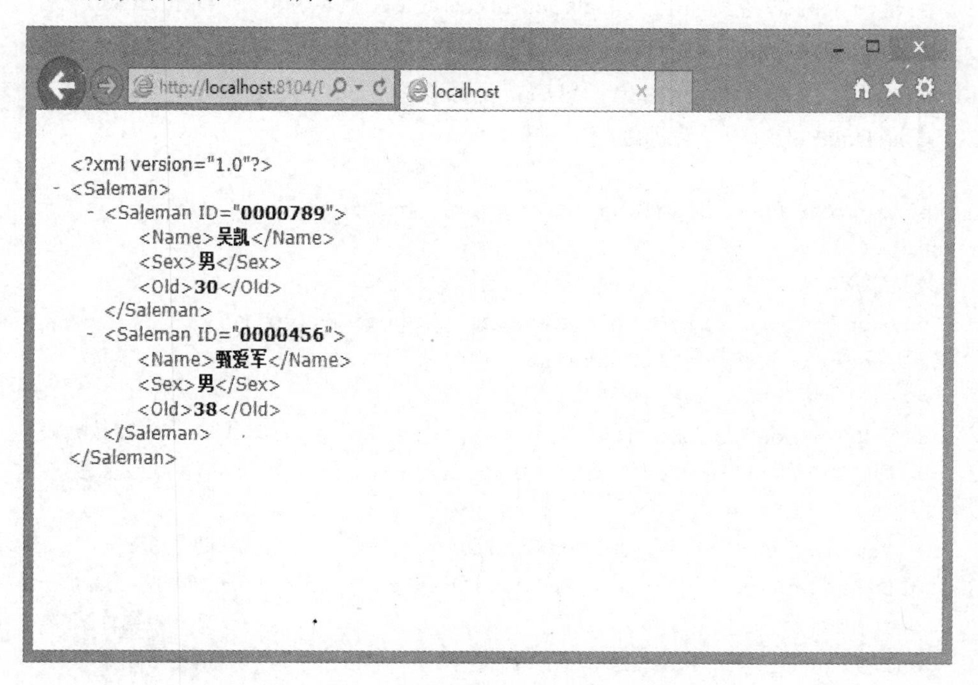

图 3-37　修改 XML 元素成功界面

3.5　LINQ to DataSet

对于 ADO.NET 开发人员，普遍使用 DataSet 和 DataTable 访问数据，但是普遍查询效率不高，通过使用 LINQ 可以方便灵活查询，可以查询 DataSet 对象中的数据并对这些数据进行检索、过滤、排序等操作。

3.5.1　LINQ 查询 DataSet 数据

LINQ to DataSet 可以查询 DataSet 对象中的数据并对这些数据进行检索、排序、提取等操作。LINQ 查询适用于实现 IEnumerable<T>接口或 IQueryable 接口的数据源，而

DataTable 类没有实现其中的任何接口，必须调用。应用 AsEnumerable 方法实现 DataSet 查询并显示 DataSet 对象中的数据，具体语法如下：

```
public static EnumerableRowCollection<DataRow> AsEnumerable(
    this DataTable source
)
```

参数 source——类型为 System.Data.DataTable，源 DataTable 可枚举。

例 3-13 在生猪屠宰追溯系统中，使用 LINQ to DataSet 进行查询、排序、提取数据。通过本例演示查询猪圈信息表中的数据，具体步骤如下：

（1）新建一个网站将其命名为 DataSetSingleTable，默认主页为 Default.aspx。

（2）在 Default.aspx.cs 页面 Page_Load 事件中创建 DataSet 对象、SqlConnection 对象、SqlCommand 对象、SqlAdapter 对象，然后打开数据库连接并将数据填充到 DataSet 中，使用 LINQ 查询 DataSet 对象，添加如下代码：

```
protectedvoid Page_Load(object sender, EventArgs e)
    {
//取连接字符串
string conStr = ConfigurationManager.ConnectionStrings
["aaaConnectionString"].ToString();
string sql = "select * from pighouse";                    //构造 SQL 语句
DataSet ds = new DataSet();                               //创建数据集
using (SqlConnection con = new SqlConnection(conStr))     //创建数据连接
{
    SqlCommand cmd = new SqlCommand(sql, con);          //创建 Command 对象
    SqlDataAdapter sda = new SqlDataAdapter(cmd);       //创建 DataAdapter 对象
    con.Open();                                         //打开数据连接
    sda.Fill(ds, "pighouse");                           //填充数据集
}
//使用 LINQ 查询数据集
IEnumerable<DataRow> query = from item in ds.Tables["pighouse"].AsEnumerable()
select item;
foreach (var itm in query)
{
            Response.Write("猪圈代码: " + itm.Field<string>("pighousecode") + ",
            猪圈名称: " + itm.Field<string>("pighousename") + "<br/>");
    }
}
```

（3）运行结果如图 3-38 和图 3-39 所示。

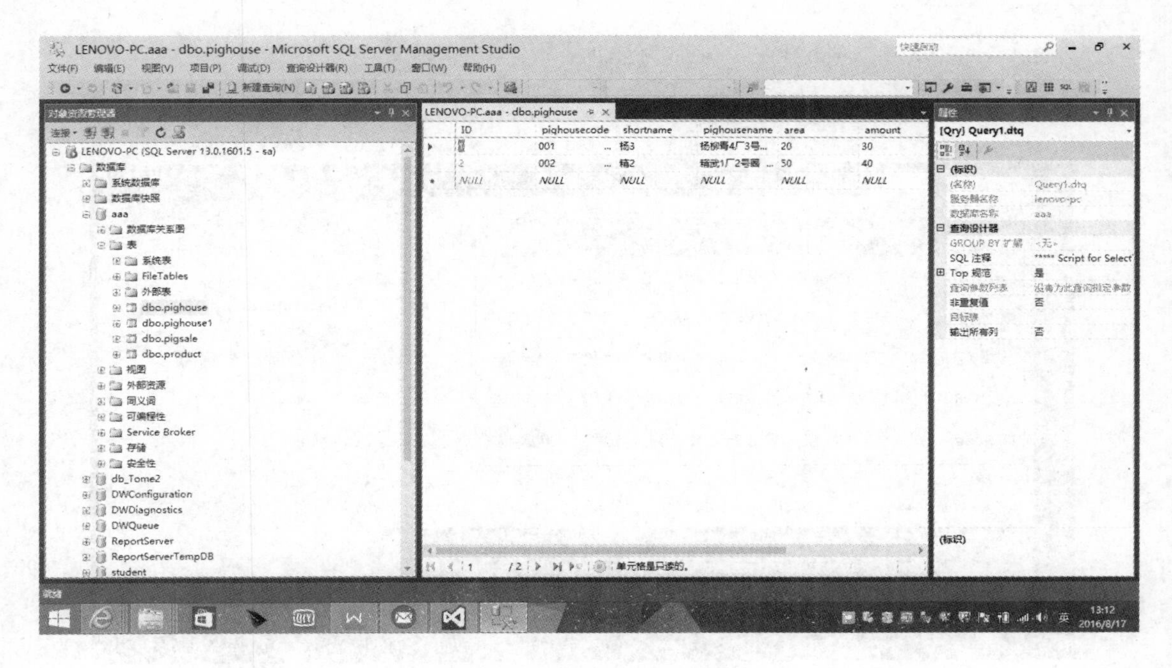

图 3-38　SQL Server 中数据表信息

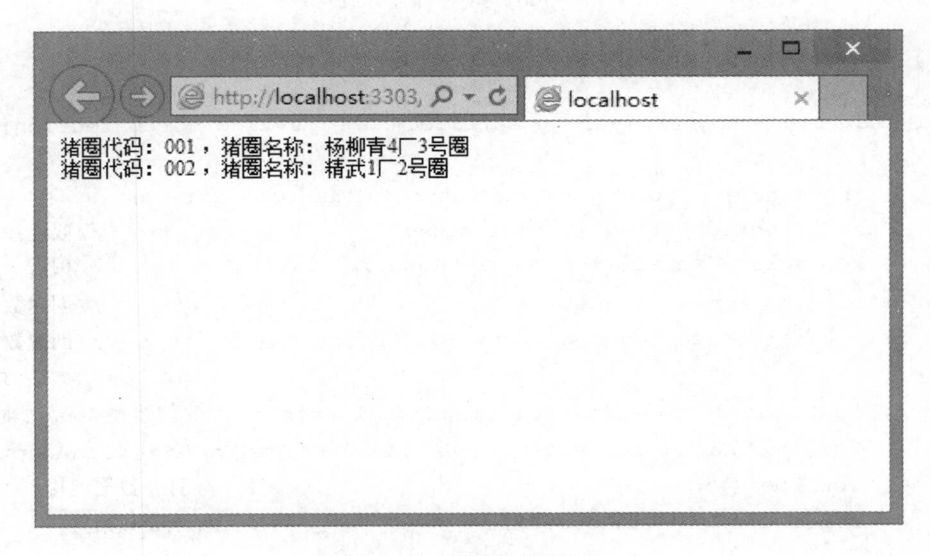

图 3-39　查询成功界面

3.5.2　LINQ 排序 DataSet 中数据

LINQ 提供强大的排序 DataTable 中的数据功能，主要应用 orderby…descending（ascending）对 DataTable 进行排序：

例 3-14　使用 LINQ 对生猪屠宰追溯系统中的数据表进行排序，具体步骤如下：

（1）新建一个网站，将其命名为 DataSetOrderBy，默认主页为 Default.aspx，并在其视图上添加 GridView 控件，用于显示结果，如图 3-40 所示。

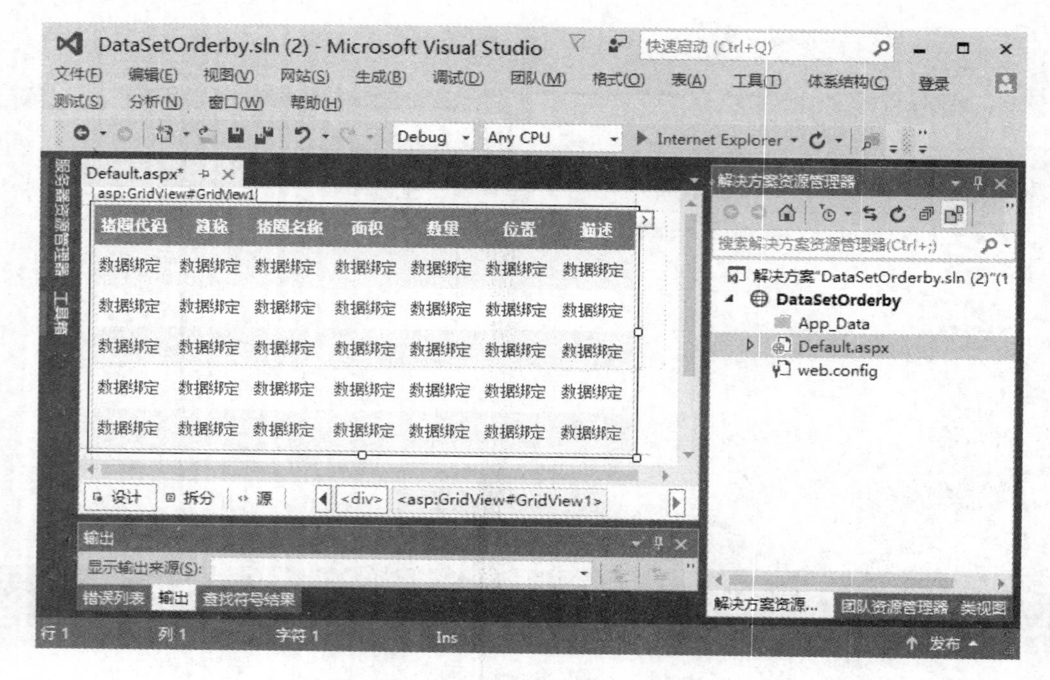

图 3-40　GridView 控件设置成功界面

（2）自定义方法 QueryData，用于根据传入参数进行排序。

```
private void QueryData(string sortFieldName, string sortDirection)
{
    string conStr = ConfigurationManager.ConnectionStrings
    ["aaaConnectionString"].ToString();                        //取连接字符串
    string sql = "select * from pighouse";                     //构造 SQL 语句
    DataSet ds = new DataSet();                                //创建数据集
    using (SqlConnection con = new SqlConnection(conStr))      //创建数据连接
    {
        SqlCommand cmd = new SqlCommand(sql, con);     //创建 Command 对象
        SqlDataAdapter sda = new SqlDataAdapter(cmd);//创建 DataAdapter 对象
        con.Open();                                    //打开数据连接
        sda.Fill(ds, "pighouse");                      //填充数据集
    }
if (string.IsNullOrEmpty(sortFieldName))               //如果排序字段名参数为空
    {
            GridView1.DataSource = ds.Tables["pighouse"];//设置 GridView 数据源
            GridView1.DataBind();                      //绑定 GridView
    }
    else                                               //如果排序字段名参数不为空
    {
        //使用 LINQ 查询数据集
        if (sortDirection == "Ascending")
```

```
        {
                IEnumerable<DataRow> query =
                from item in ds.Tables["pighouse"].AsEnumerable()
                orderby item.Field<string>(sortFieldName)
                select item;
                GridView1.DataSource = query.CopyToDataTable();
                                                        //设置 GridView 数据源
                GridView1.DataBind();                   //绑定 GridView
            }
    else
    {
      IEnumerable<DataRow> query =
      from item in ds.Tables["pighouse"].AsEnumerable()
      orderby item.Field<string>(sortFieldName) descending
      select item;
                    GridView1.DataSource = query.CopyToDataTable();
                    GridView1.DataBind();               //绑定 GridView
    }
  }
}
```

（3）在 GridView 控件的 Sorting 事件中，添加如下代码：

```
string colName = e.SortExpression; //排序的列名
if (ViewState[colName] == null)     //保存该列排序方向的 ViewState 是否存在
{
        ViewState[colName] = "Ascending";//如果不存在,则将该列按升序排列
 }
else//否则原来是升序,那么按降序排列
{
    ViewState[colName] = (ViewState[colName].ToString() == "Ascending" ?
    "Descending" : "Ascending");
}
   //调用自定义方法实现排序功能
   QueryData(e.SortExpression, ViewState[colName].ToString());
}
```

（4）在 Default.aspx.cs 页面 Page_Load 事件添加如下代码：

```
if (!IsPostBack)
{
     QueryData("","");
}
```

（5）运行效果如图 3-41 所示。

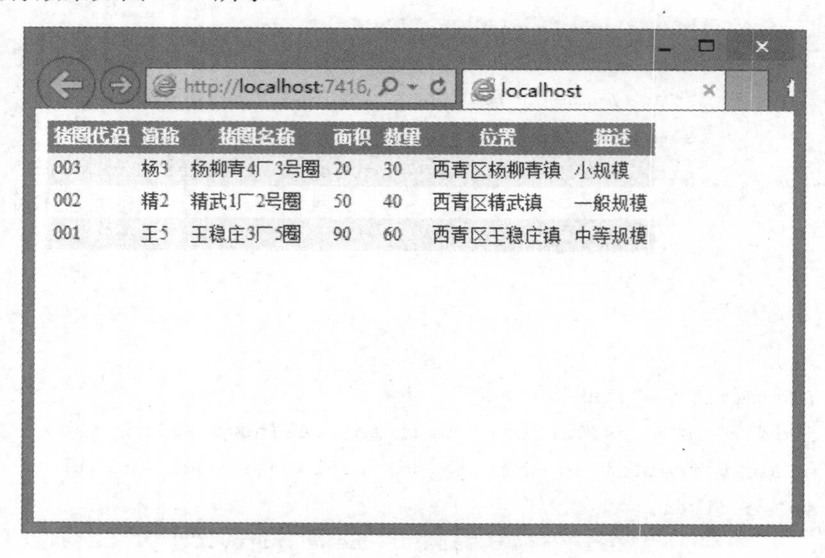

图 3-41　排序成功界面

3.5.3　LINQ 提取 DataSet 中数据

编写 SQL 语句时，可以通过 TOP 子句返回结果集中的行数。LINQ 查询语句也具备同样的功能，具体语法如下：

```
public static IEnumerable<TSource> Take<TSource>(
    this IEnumerable<TSource> source,
    int count
)
```

参数

source——类型为 System.Collections.Generic.IEnumerable<TSource>，要从其返回元素的序列。

count——类型为 System.Int32，要返回的元素数量。

返回值

类型：System.Collections.Generic.IEnumerable<TSource>。

IEnumerable<T>，其中包含指定从输入序列的起始位置的元素数。

类型参数：TSource。

例 3-15　演示使用 LINQ 获取数据表中的前几条记录，具体步骤如下：

（1）新建一个网站，将其命名为 Take，默认主页为 Default.aspx，并在其视图上添加 GridView 控件，用于显示结果，如图 3-42 所示。

（2）在 Default.aspx 页面添加一个 TextBox 控件、一个 Button 控件，用于输入提取记录数、提取指定记录操作。

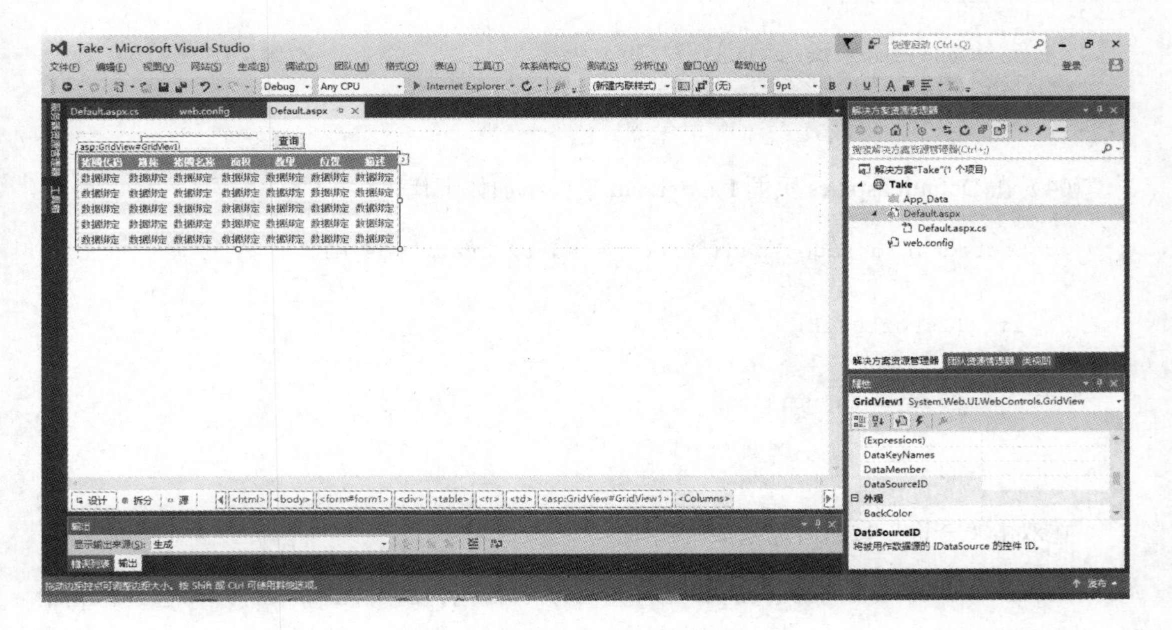

图 3-42　GridView 控件设置成功界面

（3）自定义方法 QueryData，用于根据传入参数进行过滤。

```
private void QueryData(int? cnt)
{
    string conStr = ConfigurationManager.ConnectionStrings
    ["aaaConnectionString"].ToString();                     //取连接字符串
    string sql = "select * from pighouse";                  //构造 SQL 语句
    DataSet ds = new DataSet();                             //创建数据集
    using (SqlConnection con = new SqlConnection(conStr))   //创建数据连接
    {
        SqlCommand cmd = new SqlCommand(sql, con);  //创建 Command 对象
        SqlDataAdapter sda = new SqlDataAdapter(cmd);//创建 DataAdapter 对象
                con.Open();                                 //打开数据连接
                sda.Fill(ds, "pighouse");                   //填充数据集
    }
    if (cnt == null || cnt <=0)                             //如果参数为空,取所有记录
    {
        GridView1.DataSource = ds.Tables["pighouse"];//设置 GridView 数据源
        GridView1.DataBind();                                //绑定 GridView
    }
    else                                          //如果参数不为空,取参数指定的记录数
    {
    IEnumerable<DataRow> query = ds.Tables["pighouse"].AsEnumerable().
    Take(cnt ?? 0);                                          //使用 LINQ 查询数据集
      GridView1.DataSource = query.CopyToDataTable();//设置 GridView 数据源
```

```
        GridView1.DataBind();                              //绑定 GridView
    }
}
```


(4) 在 Default.aspx.cs 页面 Page_Load 事件添加如下代码:

```
protected void Page_Load(object sender, EventArgs e)
{
    if (!IsPostBack)
    {
        QueryData(null);
    }
}
```

在双击“查询”按钮时输入如下代码:

```
protected void btnSearch_Click(object sender, EventArgs e)//查询按钮单击事件
{
    if (txtCount.Text.Trim() != "")
    {
        int cnt = Convert.ToInt32(txtCount.Text);
        QueryData(cnt);
    }
}
```

(5) 运行效果如图 3-43 和图 3-44 所示。

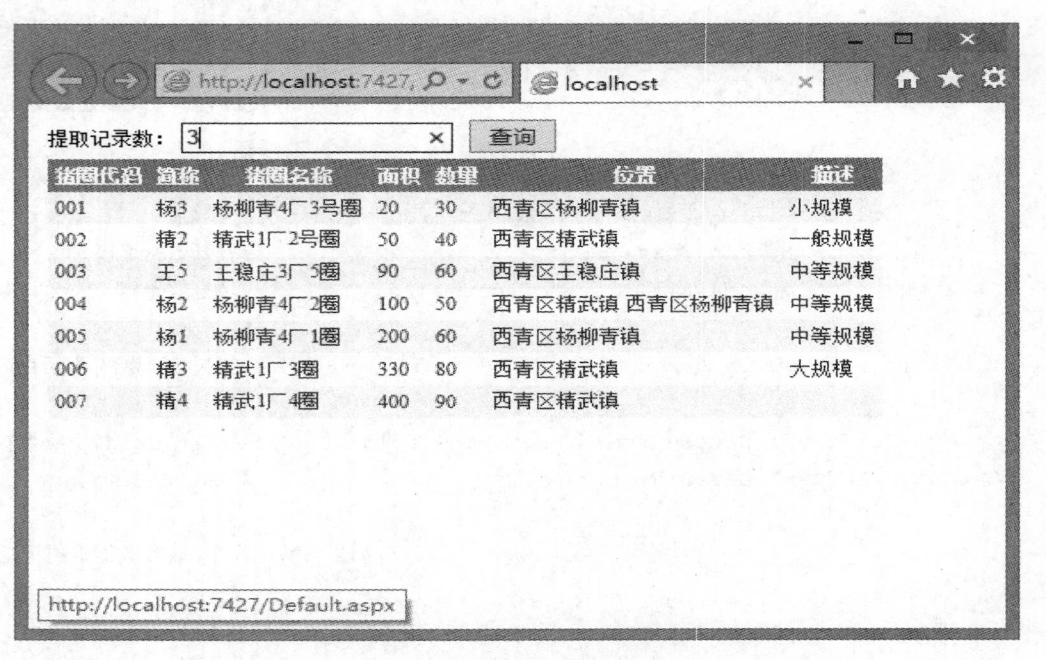

图 3-43 系统运行初始界面

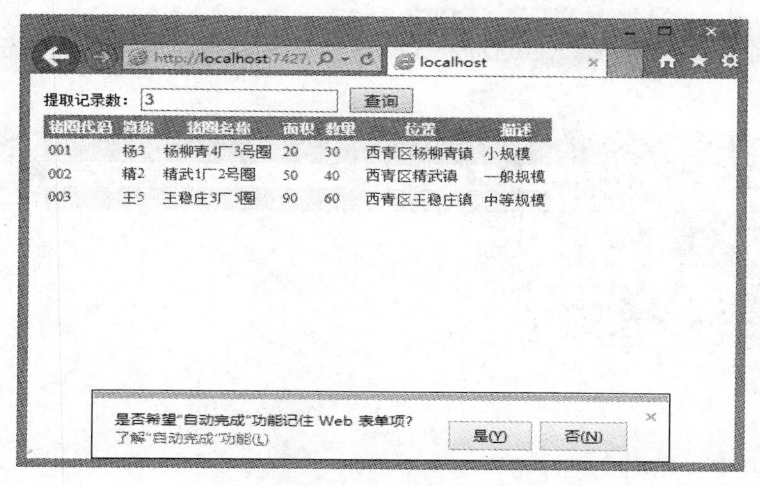

图 3-44　提取前 3 条记录成功界面

3.6　小　　结

本章简单介绍了 LINQ 的基本概念，详细介绍了 LINQ 的基本语法格式，重点讲解了 LINQ 的 4 种查询技术，包括 LINQ to Objects、LINQ to SQL、LINQ to XML、LINQ to DataSet 技术。通过具体实例演示，使程序设计人员能够熟练、灵活掌握 LINQ 技术，简化程序设计，提高程序开发效率。

3.7　习　　题

3.7.1　作业题

1．LINQ 的概念及常用 LINQ 语句有哪些？

2．参考例 3-1，使用 LINQ to Objects 创建一个网站，查询名字中包含“许”的教师信息，如图 3-45 所示。

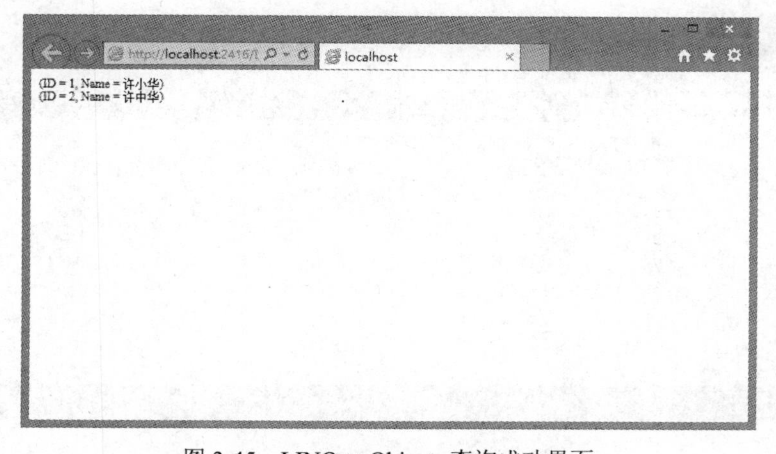

图 3-45　LINQ to Objects 查询成功界面

3．参考例 3-13，使用 LINQ to DataSet 创建一个网站，查询圈名称与圈位置，如图 3-46 所示。

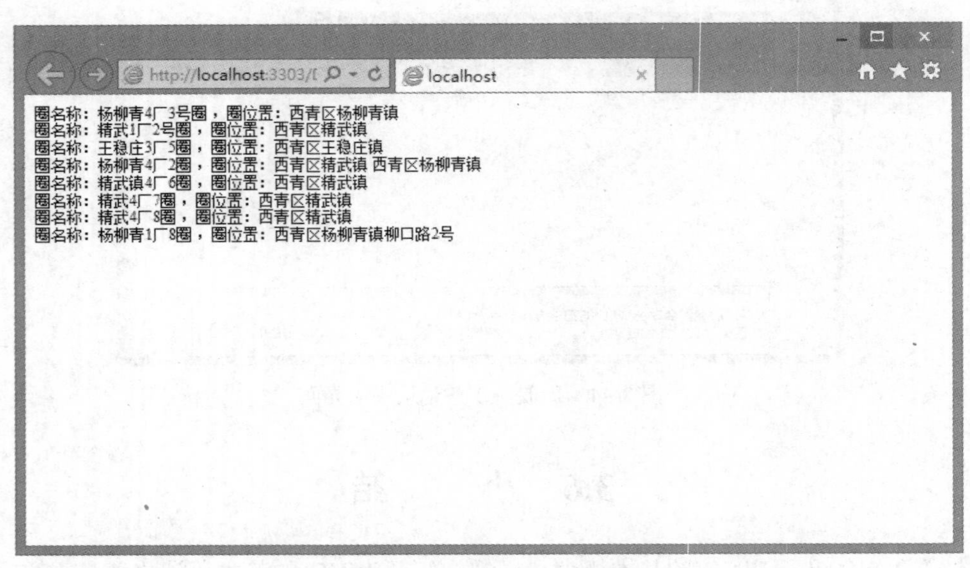

图 3-46　LINQ to DataSet 查询界面

3.7.2　思考题

1．LINQ 的常见查询类型有哪些？能否用一句话概述这些查询类型的区别？

2．在应用开发中，哪些情况下使用 LINQ？LINQ 有无缺点？

3.8　上 机 实 践

参考例 3-5，使用 LINQ to SQL 创建一个网站，首先创建如图 3-47 所示的数据表，配置 LINQ 数据源如图 3-48 所示，查询销售金额小于 100 元的商品信息，结果如图 3-49 所示。

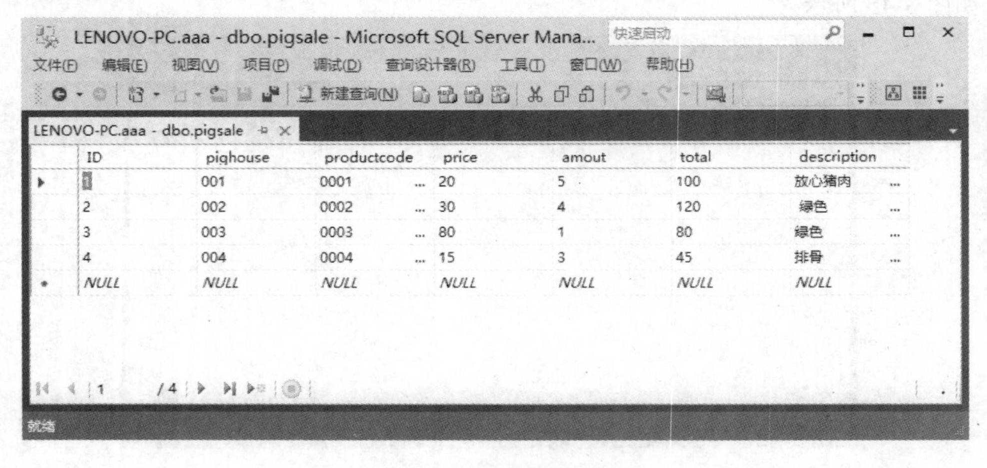

图 3-47　销售信息表

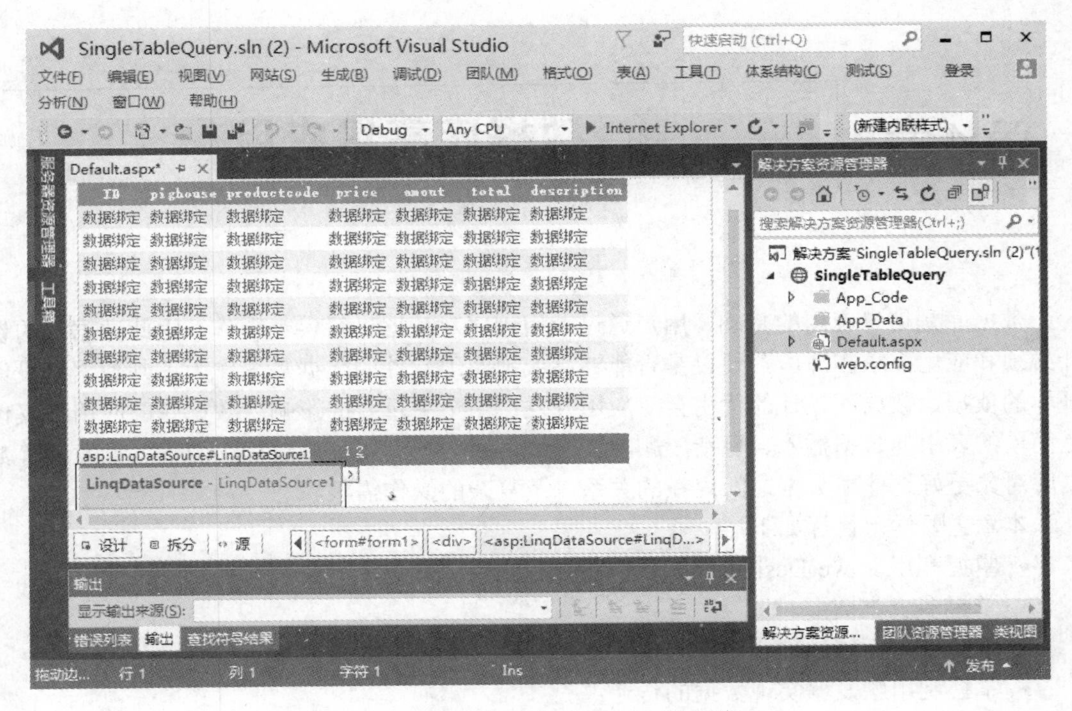

图 3-48　配置 LinqDataSource 数据源

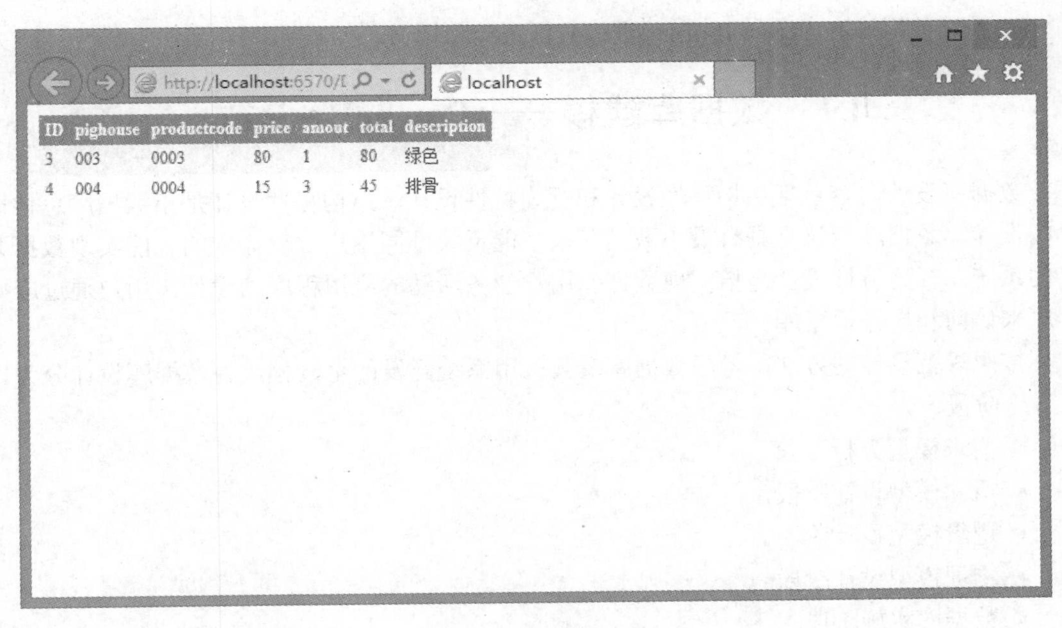

图 3-49　查询结果

第4章 数据库高级应用

数据库是信息应用的基础，用户通过应用程序对数据进行各类操作。因此数据库的设计必须和应用需求相适应，要以是否能够高效地实现软件的数据需求作为评判数据库设计好坏的依据，数据库设计的优劣会对应用开发产生至关重要的影响。数据库的应用不仅仅是简单的表中的数据插入、更新、删除和查询，还需要利用存储过程、函数、触发器等数据库对象更好地体现数据之间内在的关系以及复杂的操作需求。

本章主要学习目标如下：

- 掌握利用 PowerDesigner 设计并生成数据库；
- 掌握多表查询；
- 掌握利用存储过程实现数据操作；
- 掌握利用触发器实现数据的传递；
- 掌握数据库中函数的使用；
- 掌握使用 SQL Server Profiler 进行数据跟踪和调试。

4.1 数据库建模——PowerDesigner

数据库设计内容包括结构特性设计和行为特性设计。结构特性设计是指数据库总体概念的设计，数据库应该是具有最小数据冗余、能反映不同用户数据需求的、能实现数据共享的系统。行为特性设计是指实现数据库用户业务活动的应用程序的设计，用户通过应用程序来访问和操作数据库。

按照规范设计的方法，考虑数据库及其应用系统开发的全过程，将数据库设计分为以下 6 个阶段：

- 需求模型分析阶段。
- 概念模型设计阶段。
- 逻辑模型设计阶段。
- 物理模型设计阶段。
- 数据库实施阶段。
- 数据库运行和维护阶段。

在进行数据库设计时，常使用 PowerDesigner 进行辅助设计，它可以很好地对数据库设计的前 5 个阶段进行管理。PowerDesigner 是 Sybase 的公司的 CASE（Computer-Aided System Engineering，计算机辅助系统工程）工具集，提供完善的企业建模和设计解决方案，采用模型驱动方法，将业务与 IT 结合起来，可帮助部署有效的企业体系架构，并为研发生命周期管理提供强大的分析与设计技术。PowerDesigner 独具匠心地将多种标准数据建模技术(如 UML、业务流程建模以及市场领先的数据建模)集成一体，并与 .NET、PowerBuilder、Java、Eclipse 等主流开发平台集成起来，从而为传统的软件开发周期管理提供业务分析和规范的数据库设计解决方案。使用 PowerDesigner 可以方便地对管理信息系统进行分析设计，它几乎包括了数据库模型设计全过程所需要的工具，是一款开发人员常用的数据库建模工具。在进行数据库设计时通常按照需求模型→业务流程模型→概念数据模型→逻辑数据模型→物理数据模型顺序构建这几个模型。

PowerDesigner 支持 10 种模型，分别是企业架构模型（Enterprise Architecture Model，EAM）、需求模型（Requirements Model，RQM）、数据移动模型（Data Movement Model，DMM）、业务流程模型（Business Process Model，BPM）、概念数据模型（Conceptual Data Model，CDM）、逻辑数据模型（Logical Data Model，LDM）、物理数据模型（Physical Data Model，PDM）、面向对象模型（Object-Oriented Model，OOM）、XML 模型（XML Model，XSM）、自由模型（Free Model，FEM）。PowerDesigner 模型组成如图 4-1 所示。

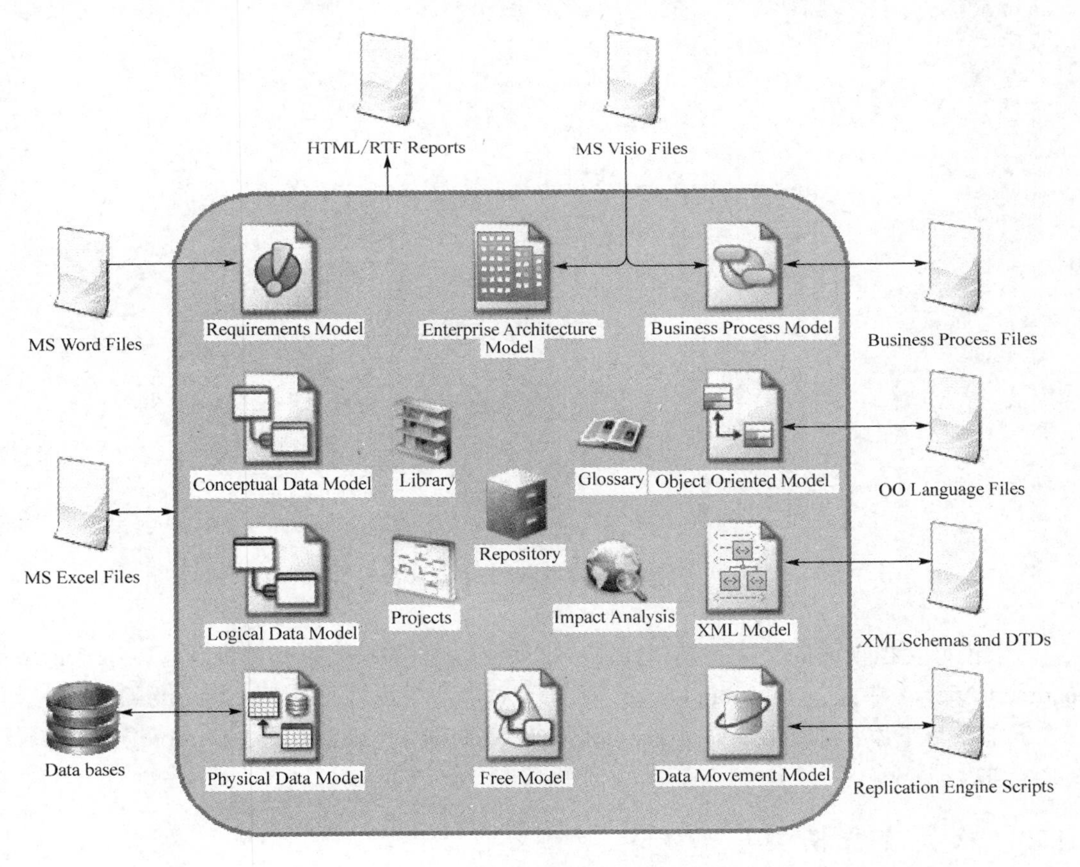

图 4-1　PowerDesigner 16 的模型组成图

4.1.1　需求模型

需求模型（RQM）是一种文档式模型，通过恰当准确地描述开发过程中需要实现的功能行为来描述待开发的项目。建立需求模型的目的是定义系统边界，使开发人员能够更清楚地了解系统需求，为估算开发系统所需成本和时间提供基础。需求模型主要通过需求文档视图、追踪矩阵视图和用户分配矩阵视图来描述系统需求。需求模型是后续设计的基础，也是任务分配以及评判设计结果是否符合用户需求的重要依据。

在 PowerDesigner 中，创建数据需求模型首先单击 File 菜单选择 New Model 菜单项，后续操作依次为：

（1）在 New Model 对话框中选择 Model types。

（2）在 Model type 列表中选择 Requirements Model；

（3）在 Diagram 中选择 Requirements Document View；

（4）在 Model name 中输入模型的名字。

操作如图 4-2 所示。

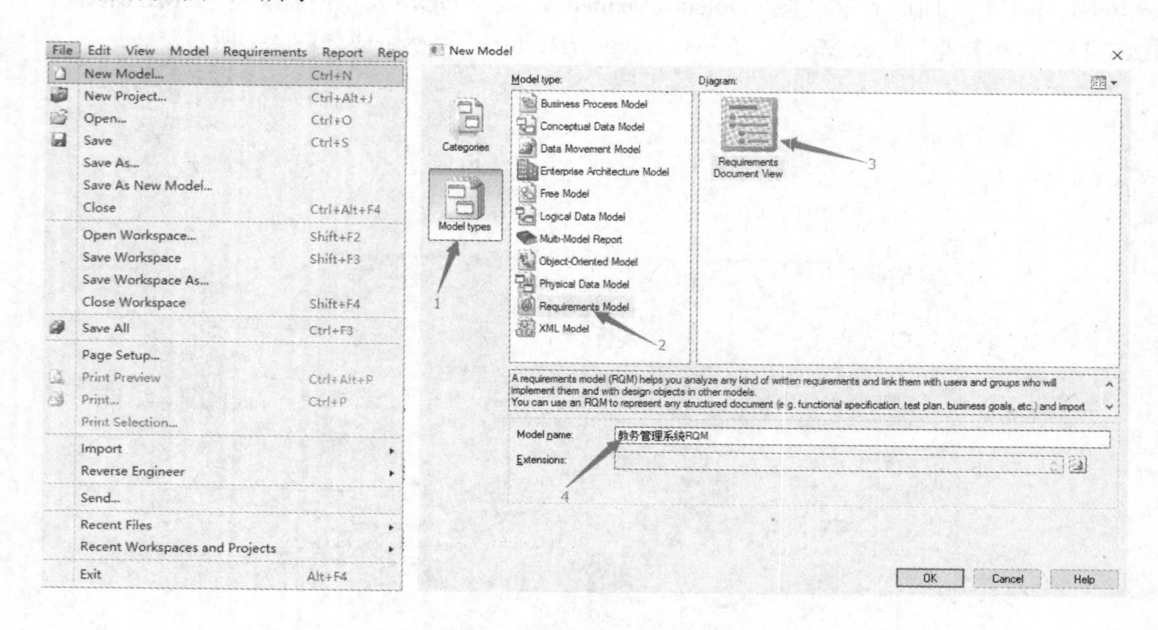

图 4-2 创建需求模型

需求模型文档视图的快捷工具栏如图 4-3 所示。在需求模型文档视图（Requirements Document View）中通过 Insert an Object 按钮添加新条目，通过 Insert a Sub-Object 按钮在当前条目下添加子条目，通过 Promote 按钮提升条目级别，通过 Demote 按钮降低条目级别。

4.1.2 业务流程模型

业务流程模型（BPM）主要用来描述实现业务功能的流程定义，是从用户角度对业务逻辑和业务规则进行描述的一种模型。业务流程模型使用图形符号表示处理、流、消息、协作以及它们之间的相互关系，它具有一个或多个起点和终点。

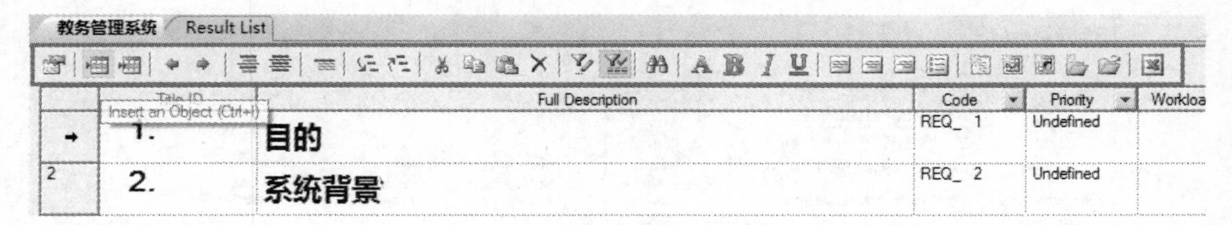

图 4-3　需求模型文档视图的快捷工具栏及一个需求模型示例

创建业务流程模型首先单击 File 菜单选择 New Model 菜单项，后续操作依次为：

（1）在 Model type 列表中选择 Business Process Model；

（2）在 Diagram 中选择 Business Process Diagram；

（3）在 Model name 中输入模型的名字。

操作如图 4-4 所示。

业务流程图中常用图形标识如图 4-5 所示。

图标从左至右依次为：—Package（包），—Process（处理环节），→—Flow/ResourceFlow（控制流/资源流），●—Start（开始），⊙—End（结束），◇—Decision（分支），—Synchronization（合并），—Resource（资源），—OrganizationUnitSwimlane（组织单元泳道），—OrganizationUnit（组织单元），—RoleAssociation（角色关联），—Variable（变量），—File（文件）。

图 4-6 中的业务处理模型示例描述了订单业务处理流程，某公司根据订单是否为大客户订单使用不同流程对订单进行处理。

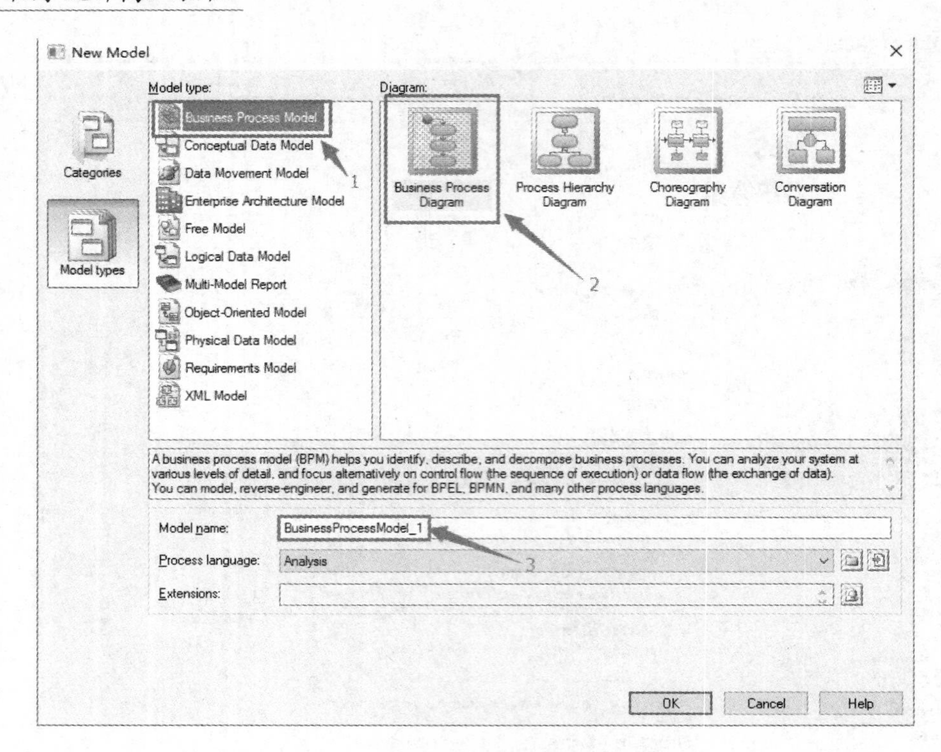

图 4-4　创建业务流程模型

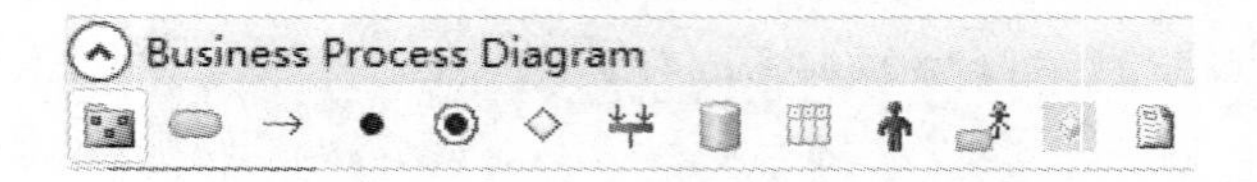

图 4-5　业务流程图中常用图形标识

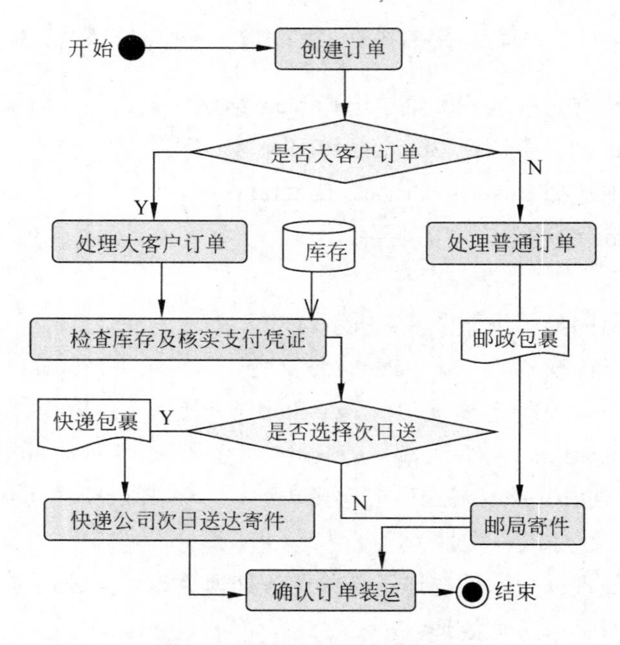

图 4-6　订单处理业务流程模型

4.1.3 概念数据模型

概念数据模型(CDM)主要用来描述现实世界的概念化结构，是对需求进行综合、归纳和抽象之后形成的一个独立于具体数据库管理系统的模型。概念数据模型的设计以实体-联系(E-R)模型为基础，按用户的观点对系统所需数据建模。它能够让数据库设计人员在设计的初始阶段摆脱计算机系统及 DBMS 的具体技术问题，集中精力分析数据及其相互关系等。其目标是统一业务概念，作为业务人员和技术人员之间沟通的桥梁。

创建概念数据模型首先单击 File 菜单选择 New Model 菜单项，后续操作依次为：

（1）在 New Model 对话框中选择 Model types；

（2）在 Model type 列表中选择 Conceptual Data Model；

（3）在 Diagram 中选择 Conceptual Diagram；

（4）在 Model name 中输入模型的名字。

操作如图 4-7 所示。

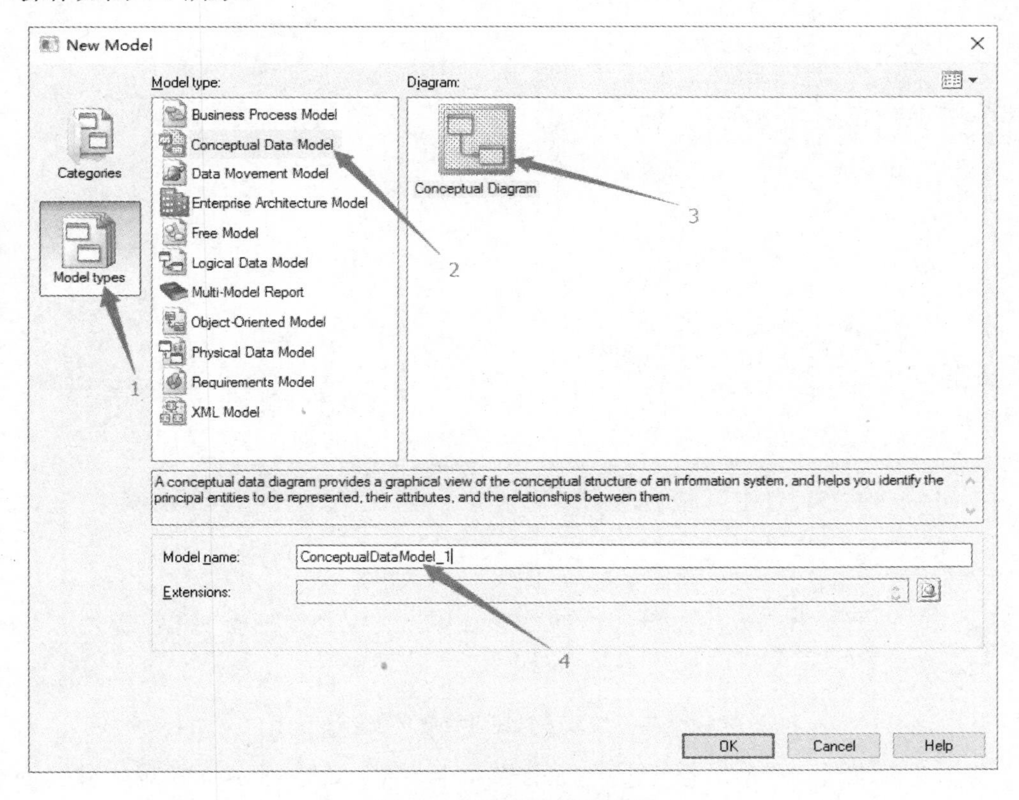

图 4-7　创建概念数据模型

概念模型 E-R 图中常用图形标识如图 4-8 所示。

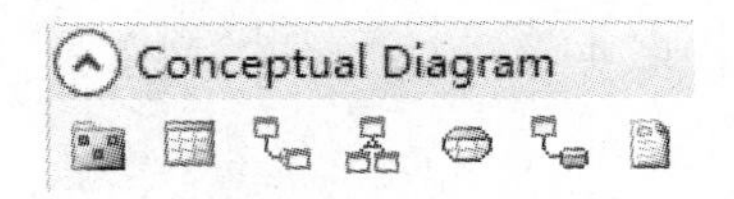

图 4-8　E-R 图中常用图形标识

图标从左至右依次为：—Package（包），—Entity（实体），—Relationship（联系），—Inheritance（继承），—Association（关联），—Association Link（关联链接），—File（文件）。

例 4-1　一个简单的教务管理系统设计概念数据模型（E-R 图）。数据需求描述：某高校的教学单位分为学院—系—专业三级进行管理，教师、学生和课程属于且只能属于某一个专业；教师和学生都具有姓名、性别和生日属性，但又具有其他几个不相同的属性；一名教师可以讲授多门课程，一门课程可以被多名教师讲授；一名学生可以学习多门课程，一门课程会被多名学生学习，学生修读课程参加考核会获得成绩。本例中的实体属性具体设置参见图 4-9。

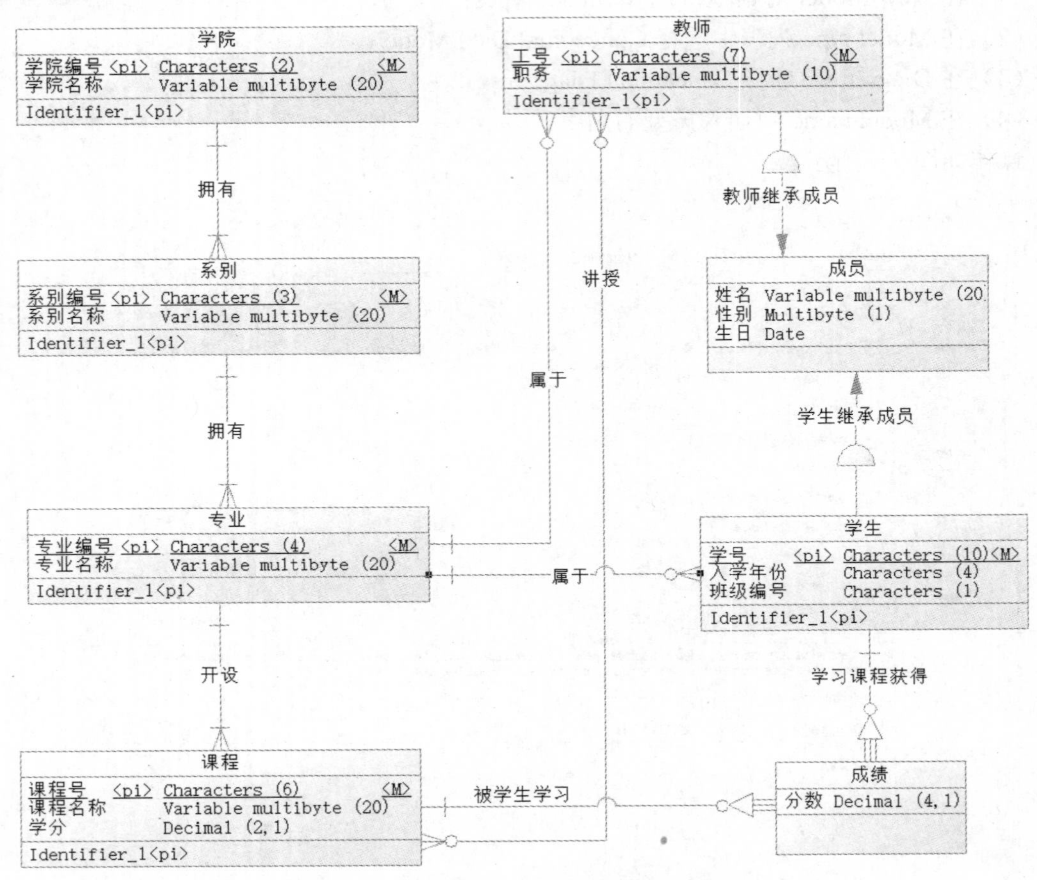

图 4-9　某高校教务管理系统概念数据模型

新建一个概念数据模型，然后选择 Tools 菜单中的 Model Options 菜单项，将 Notation 修改为“E/R+Merise”，操作如图 4-10 所示。

绘制 E-R 图的基本操作如下：

（1）添加图标。单击 ToolBox 中的图标，光标形状由指针变为选定的图标，然后在 Diagram 中适当位置单击即可在图中该处添加该类型图标，如不需继续绘制该图标，则右击。

（2）设置图标属性。双击图标即可打开该图标的 Properties 对话框，然后可对该图标对象的属性进行修改。

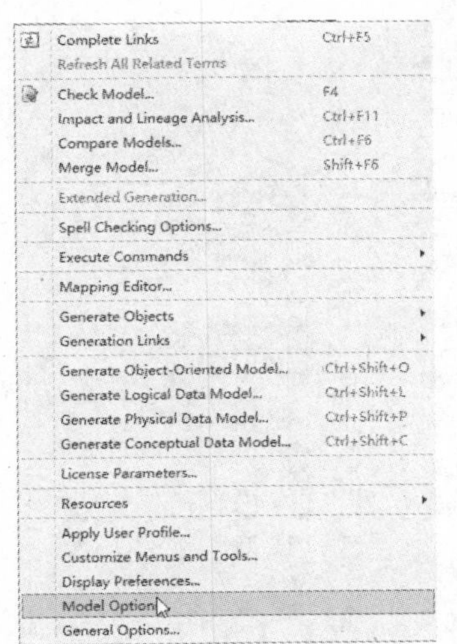

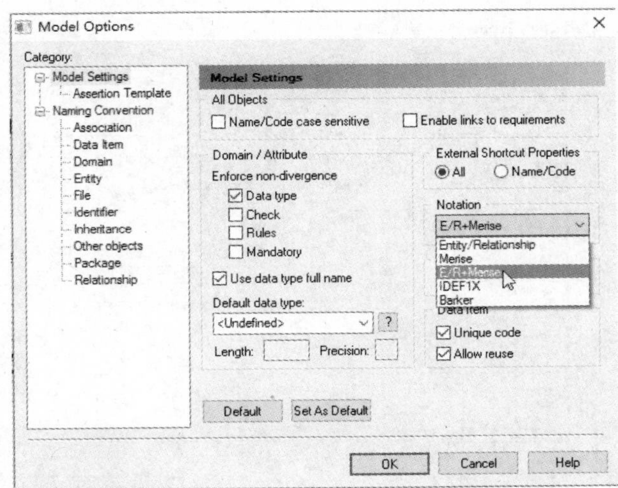

图 4-10　修改概念数据模型选项中的 Notation

在 E-R 图中添加实体的操作步骤如下：

（1）在 Toolbox 中选择 Entity 图标，如图 4-11 所示。

（2）在 Diagram 中适当位置单击添加一个新实体，如需添加多个实体，只需在不同位置单击即可。如图 4-12 所示。

图 4-11　在 Toolbox 中选择 Entity 图标

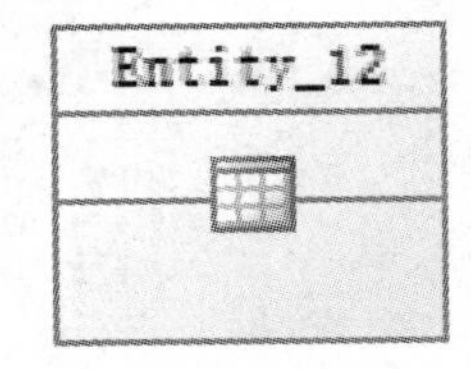

图 4-12　通过单击在 Diagram 中添加一个新实体

（3）双击 Entity 图标后在 Entity Properties 对话框中可以修改实体的名称和属性。如图 4-13 和图 4-14 所示。

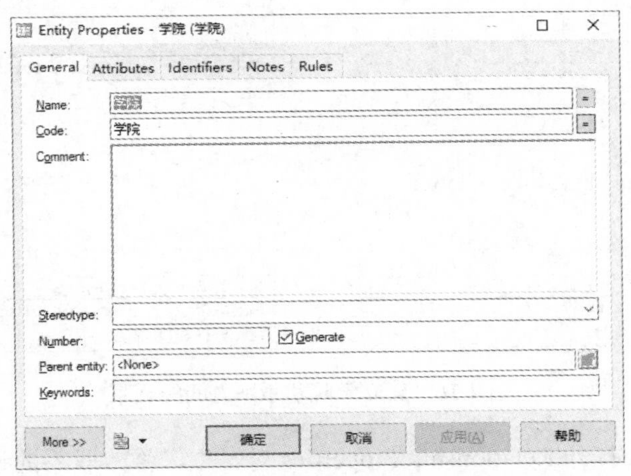

图 4-13　在 Entity Properties 对话框的 General 选项卡中设置实体名称

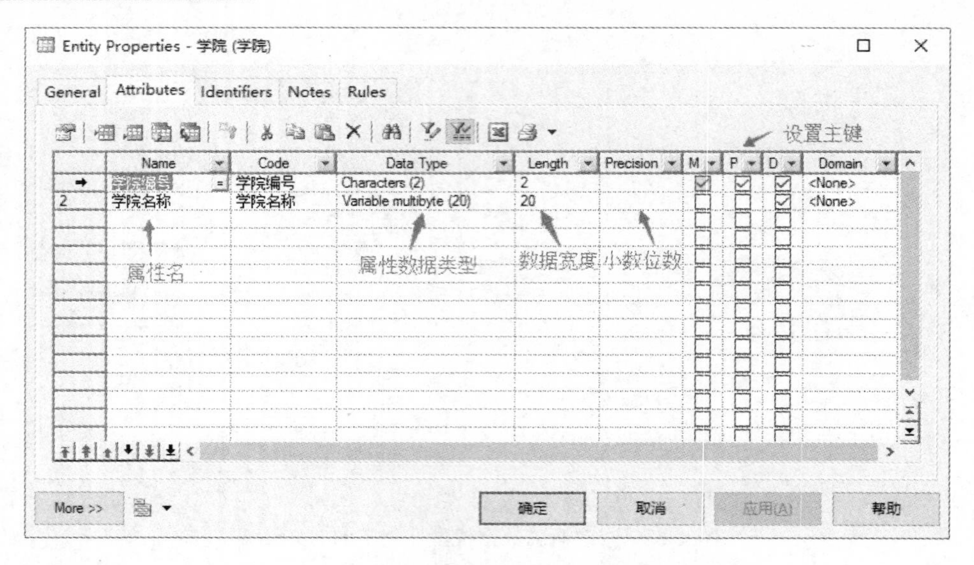

图 4-14　在 Attributes 选项卡中添加实体的属性

绘制实体间的联系操作步骤：

（1）在 Toolbox 中选择 Relationship 图标，如图 4-15 所示。

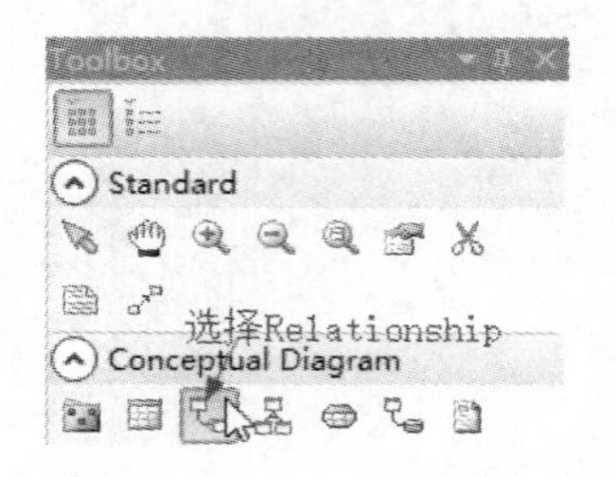

图 4-15　选择 Relationship 图标

（2）在需建立联系的一方实体上按下鼠标左键，将光标拖动到多方实体上，在多方实体上释放鼠标左键完成联系的绘制，如图 4-16 所示。

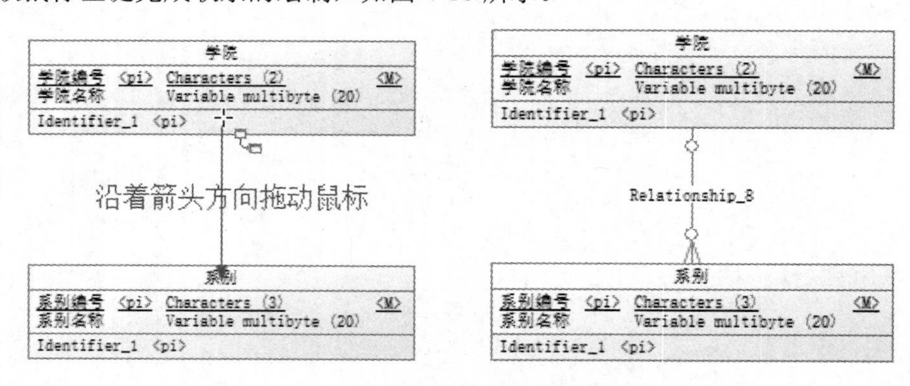

图 4-16　建立学院和系别之间的联系

（3）双击联系，打开 Relationship Properties 对话框，修改联系的设置，如图 4-17 和图 4-18 所示。

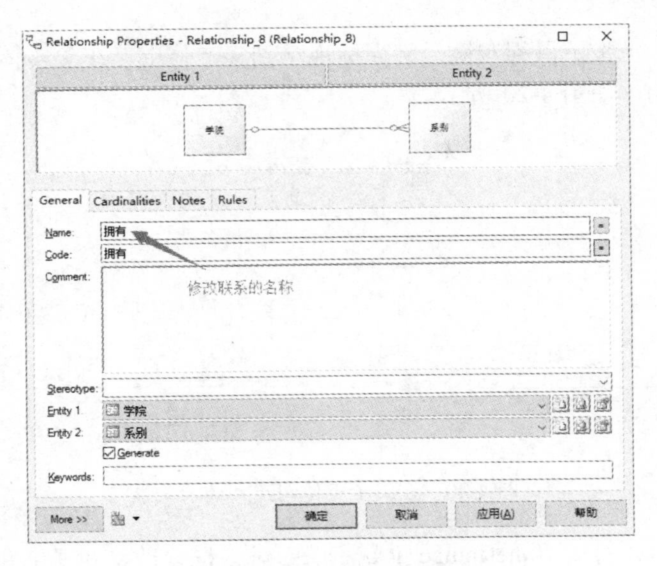

图 4-17　修改联系的名称

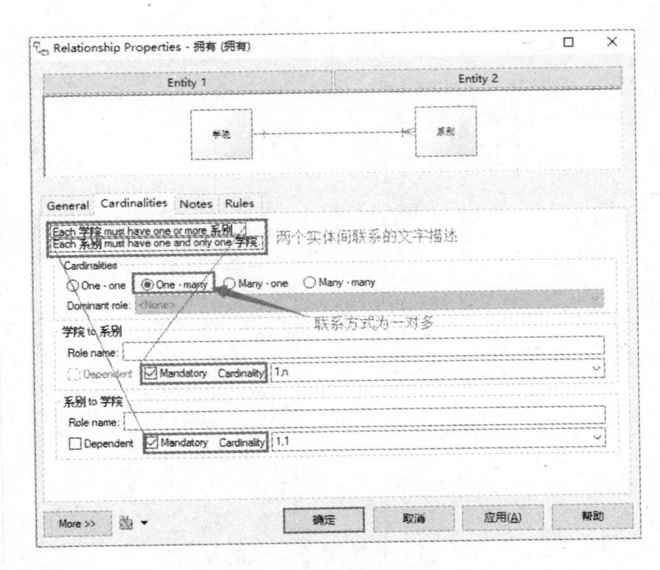

图 4-18　设置联系的方式

添加继承关系的操作步骤：

（1）在 Toolbox 中选择 Inheritance 图标，如图 4-19 所示。

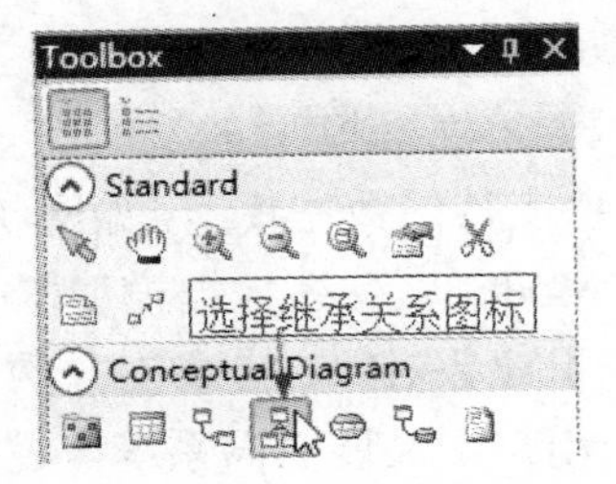

图 4-19　在 Toolbox 中选择 Inheritance 图标

（2）在子实体上按下鼠标左键，将光标拖动到父实体上，在父实体上释放鼠标左键完成继承关系的绘制，如图 4-20 所示。

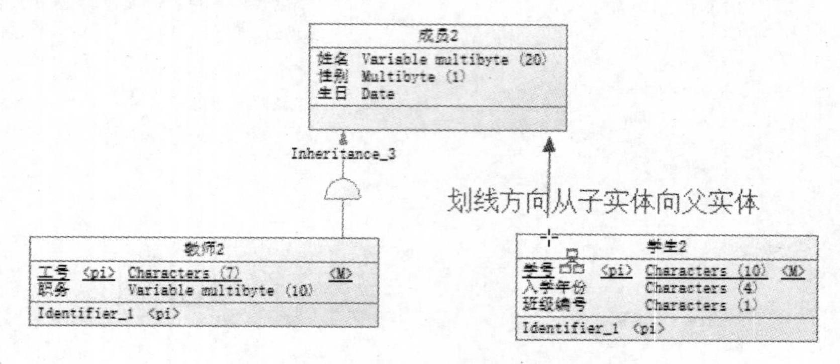

图 4-20　在父子实体间建立继承关系

（3）双击继承，打开 Inheritance Properties 对话框修改继承关系的设置，如图 4-21 所示。

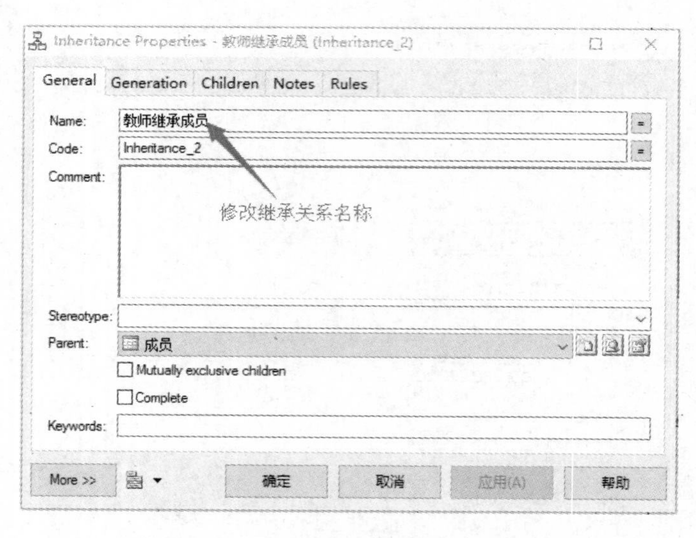

图 4-21　修改继承关系的设置

其他实体和联系按照同样方法操作，最后得到教务管理系统的概念模型，如图 4-9 所示。

4.1.4　逻辑数据模型

逻辑数据模型(LDM)是对概念数据模型的进一步分解和细化，是具体的 DBMS（DataBase Management System）所支持的数据模型，如网状数据模型(Network Data Model)、层次数据模型(Hierarchical Data Model)、关系数据模型(Relation Data Model)等等。逻辑数据模型是根据业务规则确定的关于业务对象、业务对象数据项以及业务对象之间关系的基本蓝图。逻辑数据模型既要面向用户，又要面向系统。逻辑数据模型的目标是尽可能详细地描述数据，但并不考虑数据在物理上如何实现。逻辑数据模型的设计不仅影响数据库设计的方向，还间接影响最终数据库的性能。

在 PowerDesigner 中逻辑数据模型可由概念数据模型生成。在 Tools 菜单中选择 Generate Logical Data Model 菜单项即可由前节设计的概念数据模型生成相应逻辑数据模型，菜单选择见图 4-22。

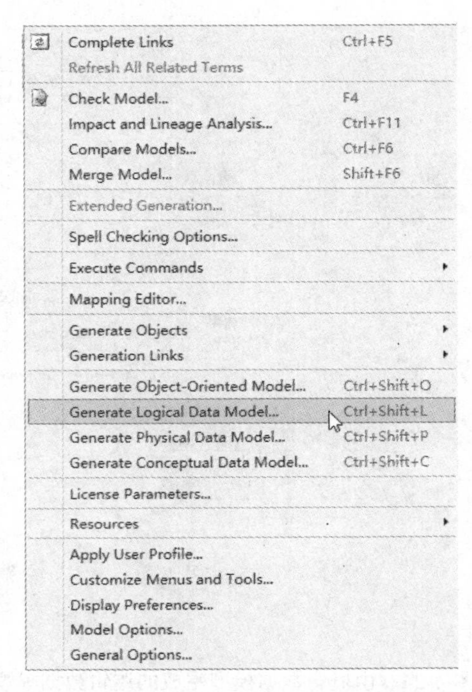

图 4-22　用于生成逻辑数据模型的菜单项

设置逻辑数据模型的生成选项，如图 4-23 所示。

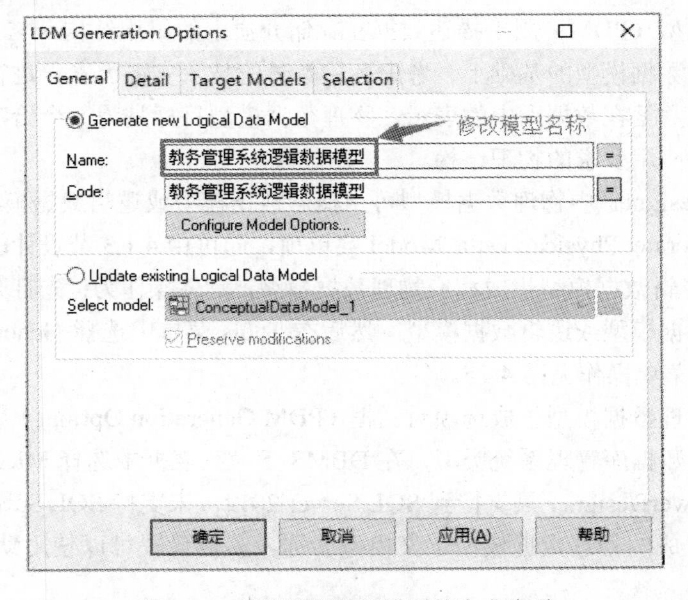

图 4-23　设置逻辑数据模型的生成选项

自动生成的逻辑数据模型见图 4-24。

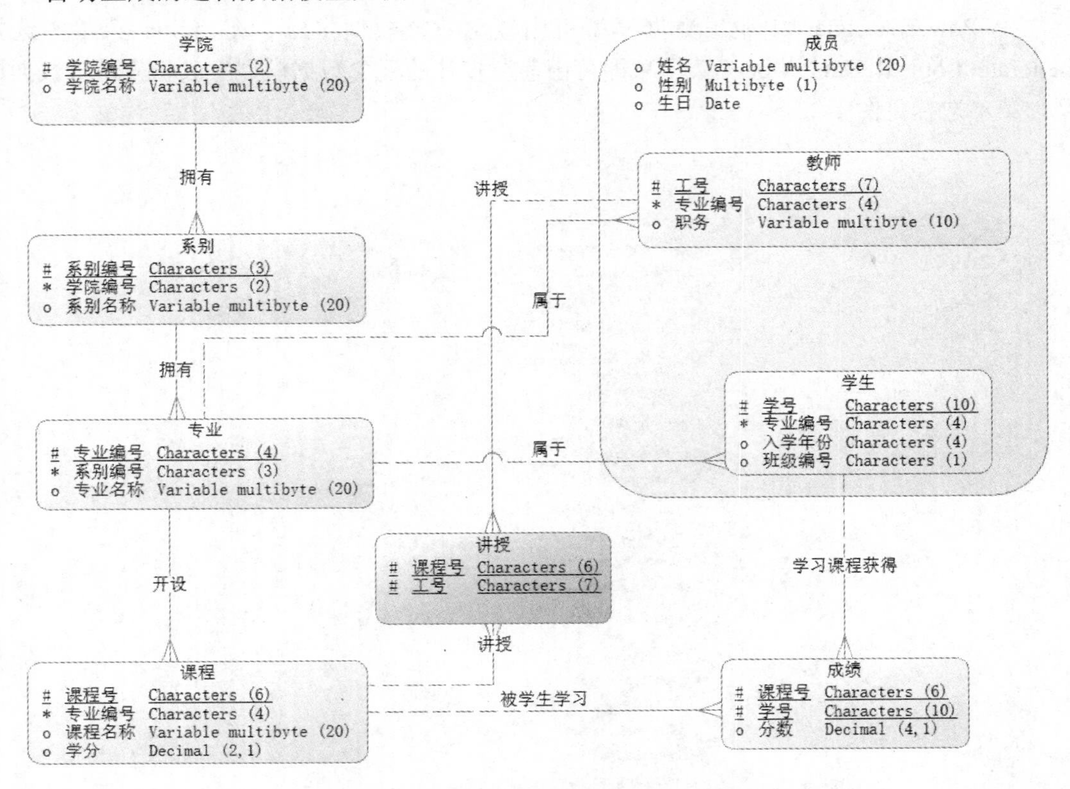

图 4-24 由概念数据模型生成的逻辑数据模型

4.1.5 物理数据模型

物理数据模型（PDM）用于描述数据在存储介质上的组织结构，与具体的 DBMS 相关。它是在逻辑数据模型的基础上，考虑各种具体的技术实现因素，进行数据库体系结构设计，真正实现数据在数据库中的表示。物理数据模型目标是为一个给定的逻辑数据模型选取一个最适合应用要求的物理结构。

在 PowerDesigner 中物理数据模型可由概念数据模型或逻辑数据模型生成。在 Tools 菜单中选择 Generate Physical Data Model 菜单项，即可由 4.1.3 节设计的概念数据模型或 4.1.4 节设计的逻辑数据模型生成相应物理数据模型。具体操作为：先打开预备生成物理数据模型的概念数据模型或逻辑数据模型，然后在 Tools 菜单中选择 Generate Physical Data Model 菜单项，菜单操作见图 4-25。

在打开的物理数据模型生成选项对话框（PDM Generation Options）中需要选择物理数据模型所使用的数据库管理系统类型，在 DBMS 下拉列表框中选择 Microsoft SQL Server 2008，（当前 PowerDesigner 只支持到 SQL Server 2012，未支持 SQL Sever 2014）在 Name 输入框中为新生成的物理数据模型定义模型名称，其他设置可以使用默认值，如图 4-26 所示。

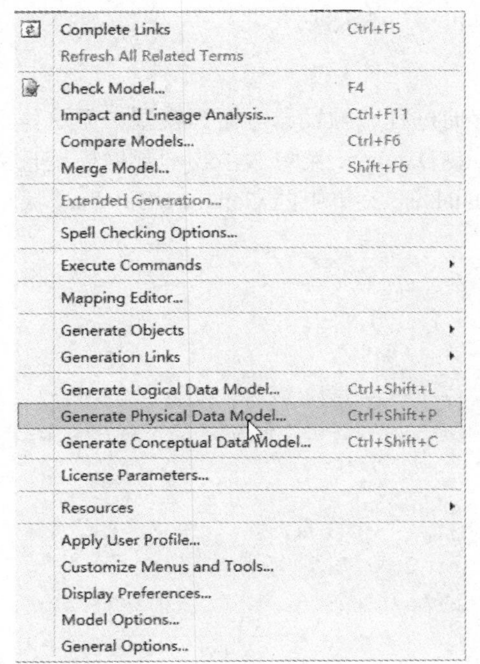

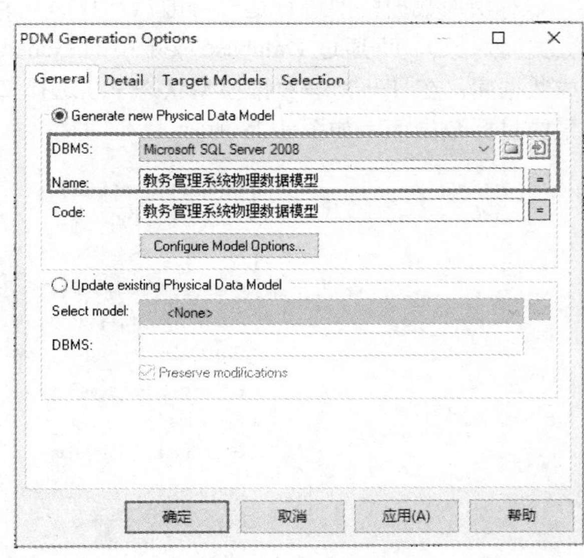

图 4-25　Tools 菜单中用于生成物理数据模型的菜单项　　　图 4-26　物理数据模型生成选项设置

生成的物理数据模型如图 4-27 所示。

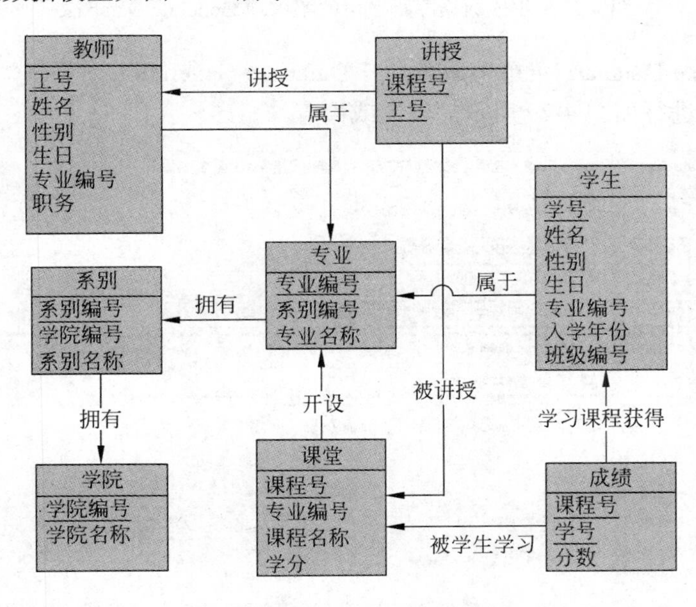

图 4-27　由逻辑数据模型生成的物理数据模型

由于在概念数据模型和逻辑数据模型中只描述了数据的属性或数据的逻辑结构，没有对视图、存储过程、触发器等数据库对象的描述，所以在生成数据库之前需要根据需要对物理数据模型进行适当修改，添加需要的存储过程、视图以及触发器等数据库对象的定义。

4.1.6 由物理数据模型生成数据库

对物理数据模型进行适当修改后（如添加存储过程、触发器等概念模型中无法体现的数据库对象），可通过 Database 菜单中的 Generate Database 菜单项由物理数据模型直接生成数据库。在打开物理数据模型状态下，选择 Database 菜单中的 Generate Database 菜单项生成目标数据库，如图 4-28 所示。

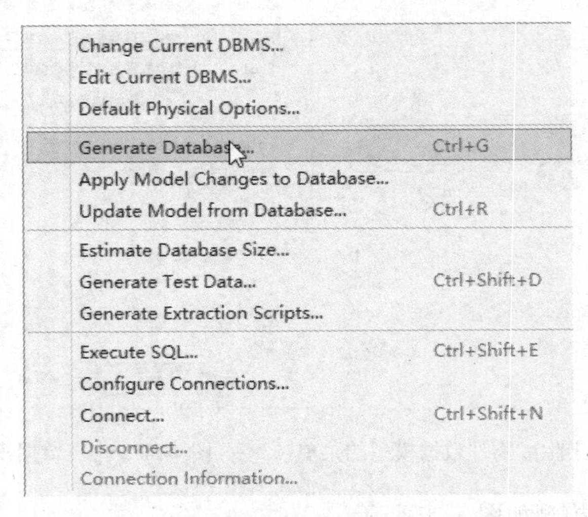

图 4-28 生成数据库所使用的菜单项 Generate Database

单击 Generate Database 菜单项后会打开 Database Generation 对话框，在数据库生成对话框中至少需要进行如图 4-29 所示的设置或检查。

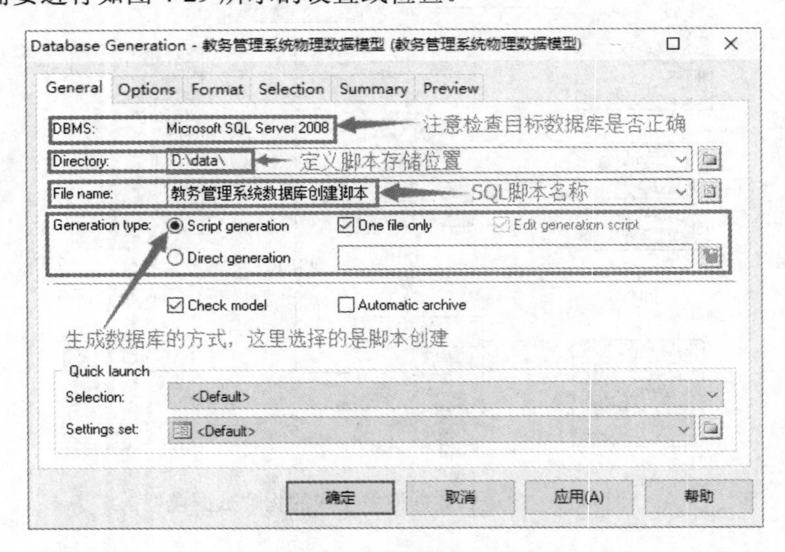

图 4-29 Database Generation 对话框

设置完成后，单击 Database Generation 对话框的“确定”按钮，生成教务管理系统数据库的创建脚本，可以单击 Edit 按钮查看生成的脚本并进行编辑。如图 4-30 所示。

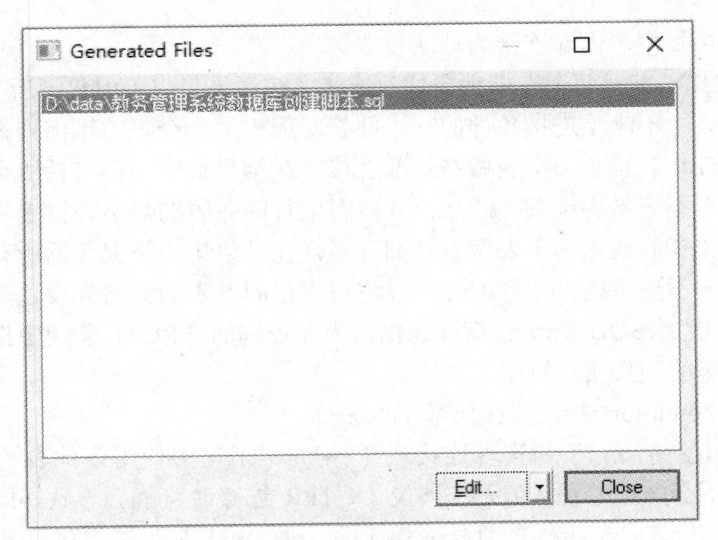

图 4-30 生成数据库脚本

4.2 复 杂 查 询

在进行复杂数据查询时经常使用到多个数据源中的数据，或者使用比较复杂的条件表达式，或者使用子查询。本节通过几个示例介绍 select 语句中 from 子句、where 子句的一些较为复杂的应用。

Transact-SQL 中 select 命令语法格式如下：

```
SELECT select_list [ INTO new_table ]
[ FROM table_source ] [ WHERE search_condition ]
[ GROUP BY group_by_expression]
[ HAVING search_condition]
[ ORDER BY order_expression [ ASC | DESC ] ]
```

From 子句用来指定检索的数据来源，在 from 子句中如果使用了多个数据源，必须对数据源进行连接。数据源的连接可以在 from 子句中使用 join 子句实现，也可以在 where 子句中通过连接条件表达式实现，建议在 from 子句中完成数据源的连接。数据源的连接分为内部连接和外部连接两大类：内部连接又可分为等值连接和非等值连接两类，外部连接又可分为左连接、右连接和全部连接三类。在进行数据检索时最常使用的是内部等值连接。

Transact-SQL 中 join 子句的语法如下：

```
<table_source> <join_type> <table_source> ON <search_condition>
<join_type> ::= [ { INNER | { { LEFT | RIGHT | FULL } [ OUTER ] } } [ <join_hint> ] ]
JOIN
```

语法中的用语说明如下：

<join_type> 指定连接操作的类型。

INNER 表示两个表做内部连接，返回所有匹配的行对。放弃两个表中不匹配的行。如

果未指定任何连接类型，内部连接为默认设置。

FULL [OUTER]表示两个表做完全外部连接，在结果集中不但包括所有匹配的行对，还包括左表或右表中不满足连接条件的行，并将对应于另一个表的输出列设为 NULL。

LEFT [OUTER] 表示两个表做左外部连接，在结果集中不但包括所有匹配的行对，还包括左表中所有不满足连接条件的行，并将对应行的右表的输出列设置为 NULL。

RIGHT [OUTER] 表示两个表做右外部连接，在结果集中不但包括所有匹配的行对，还包括右表中所有不满足连接条件的行，并将对应行的左表的输出列设置为 NULL。

<join_hint> 指定 SQL Server 查询优化器为在查询的 FROM 子句中指定的每个连接使用一个用户指定的连接实现算法。

ON <search_condition>指定连接所基于的条件。

在 join 子句使用 on 子句实现连接或在 where 子句中使用条件表达式实现连接对于 INNER 连接不会产生差别，但是在涉及 OUTER 连接时可能会导致不同的结果。这是因为 ON 子句中的谓词在连接之前先应用于表，而 WHERE 子句在语义上应用于连接结果。

在教务管理系统数据库中有学生、课程和成绩三个表，具体定义见三个表的创建脚本：

```
use master
go
create database 教务管理系统
go
use 教务管理系统
go
create table 学生(
   学号 char(10)  not null,
   姓名 nvarchar(20)  null,
   性别 nchar(1)  null,
   生日 datetime  null,
   专业编号 char(4)  not null,
   入学年份 char(4)  null,
   班级编号 char(1)  null,
   constraint PK_学生表 primary key nonclustered (学号)
)
go
insert 学生 values('1508114101','李明','1','1998-09-08','1001','2016','1')
insert 学生 values('1508114102','霍达','1','1999-02-18','1001','2016','1')
insert 学生 values('1508114103','王世龙','1','1999-07-28','1001','2016','1')
insert 学生 values('1508114104','于天宇','1','1998-02-14','1001','2016','1')
go
create table 课程 (
   课程号  char(6)  not null,
   专业编号  char(4)  not null,
```

```
   课程名称 nvarchar(20)  null,
   学分 decimal(2,1) null,
   constraint PK_课程 primary key nonclustered (课程号)
)
go
insert 课程 values('100010','1001','计算机文化基础',2)
insert 课程 values('100011','1001','数据库应用',3)
go
create table 成绩 (
   课程号 char(6)  not null,
   学号  char(10)  not null,
   分数  decimal(4,1) null,
   constraint PK_成绩 primary key nonclustered (课程号, 学号)
)
go
insert 成绩 values('100010','1508114101',82)
insert 成绩 values('100010','1508114102',73)
insert 成绩 values('100010','1508114104',34)
insert 成绩 values('100011','1508114104',52)
go
```

例 4-2 检索选修了“数据库应用”课程的学生的学号和姓名。学生的姓名保存在学生表中，课程名称的信息保存在课程表中，学生选修了哪些课程的信息需要从成绩表中获取，所以本例中的检索需要用到学生、课程和成绩三个表，并对这三个表进行内部连接。

命令脚本如下：

```
use 教务管理系统
go
select 学生.学号,姓名
    from 学生 join 成绩
        on 学生.学号=成绩.学号
        join 课程
        on 课程.课程号=成绩.课程号
where 课程名称='数据库应用'
go
```

例 4-3 检索所有未选修课程的学生的学号和姓名。因为学生选修课程的信息记录在成绩表中，所以未选修课程的学生就是学生表中有信息但是成绩表中没有信息的学生。下面的脚本分别用 from 子句的左连接和 where 子句中的子查询实现本例中要求的信息检索。

用 from 子句实现的命令脚本如下：

```
select 学生.学号,姓名
    from 学生 left join 成绩
        on 学生.学号=成绩.学号
    where 分数 is null
```

用 where 子句实现的命令脚本如下：

```
select 学号,姓名
   from 学生
   where 学号 not in
      (select distinct 学号 from 成绩)
```

例 4-4 检索至少有两门课程未通过的学生的学号和姓名。在本例中需要先知道有课程考核未通过的学生信息，然后再找出至少两门未通过的学生，所以本例在 from 子句中使用了子查询作为数据源。

命令脚本如下：

```
select 学号,姓名,不及格课程数
   from (
      select 学生.学号,姓名,count(分数) 不及格课程数
         from 学生 join 成绩
            on 学生.学号=成绩.学号 and 分数<60
         group by 学生.学号,姓名)  不及格学生信息
   where 不及格课程数>=2
```

例 4-5 检索选修人数最多的课程的编号和课程名称。本例演示了嵌套的子查询。

命令脚本如下：

```
select a.课程号,a.课程名称
from 课程 a
where 课程号 in (select 课程号 from
   (select top  1 课程号,count(课程号) 选修人数
      from 成绩
      group by 课程号
      order by 选修人数 desc) b)
```

4.3 存 储 过 程

存储过程是已保存的 Transact-SQL 语句集合，或对 Microsoft .NET Framework 公共语言运行时 (CLR) 方法的引用，可接收并返回用户提供的参数。可以创建存储过程供永久使用，或在一个会话（局部临时过程）中临时使用，或在所有会话（全局临时过程）中临时使用。存储过程的应用是实现数据库应用程序多层架构的基础。

创建存储过程的语法如下：

```
CREATE { PROC | PROCEDURE } [schema_name.] procedure_name [ ; number ]
   [ { @parameter [ type_schema_name. ] data_type }
      [ VARYING ] [ = default ] [ OUT | OUTPUT ] [READONLY]
   ] [ ,...n ]
[ WITH <procedure_option> [ ,...n ] ]
[ FOR REPLICATION ]
```

```
AS { <sql_statement> [;][ ...n ] | <method_specifier> }
[;]
<procedure_option> ::=
    [ ENCRYPTION ]
    [ RECOMPILE ]
    [ EXECUTE AS Clause ]

<sql_statement> ::=
{ [ BEGIN ] statements [ END ] }

<method_specifier> ::=
EXTERNAL NAME assembly_name.class_name.method_name
```

参数含义如下：

schema_name 过程所属架构的名称。

procedure_name 新存储过程的名称。过程名称必须遵循有关标识符的命名规则，并且在架构中必须唯一。在过程名称中不要使用前缀 sp_，sp_前缀通常用于系统存储过程。可在 procedure_name 前面使用一个数字符号 (#) (#procedure_name) 来创建局部临时过程，使用两个数字符号 (##procedure_name) 来创建全局临时过程。对于 CLR 存储过程，不能指定临时名称。存储过程或全局临时存储过程的完整名称（包括 ##）不能超过 128 个字符。局部临时存储过程的完整名称（包括 #）不能超过 116 个字符。

@ parameter 过程中的参数。在 CREATE PROCEDURE 语句中可以声明一个或多个参数。除非定义了参数的默认值或者将参数设置为等于另一个参数，否则用户必须在调用过程时为每个声明的参数提供值。存储过程最多可以有 2100 个参数。如果过程包含表值参数，并且该参数在调用中缺失，则传入空表默认值。

通过将 at 符号 (@) 用作第一个字符来指定参数名称。参数名称必须符合有关标识符的规则。每个过程的参数仅用于该过程本身；其他过程中可以使用相同的参数名称。默认情况下，参数只能代替常量表达式，而不能用于代替表名、列名或其他数据库对象的名称。如果指定了 FOR REPLICATION，则无法声明参数。

```
[ type_schema_name. ] data_type
```

参数以及所属架构的数据类型。所有数据类型都可以用作 Transact-SQL 存储过程的参数。可以使用用户定义表类型来声明表值参数作为 Transact-SQL 存储过程的参数。只能将表值参数指定为输入参数，这些参数必须带有 READONLY 关键字。cursor 数据类型只能用于 OUTPUT 参数。如果指定了 cursor 数据类型，则还必须指定 VARYING 和 OUTPUT 关键字。可以为 cursor 数据类型指定多个输出参数。

对于 CLR 存储过程，不能指定 char、varchar、text、ntext、image、cursor、用户定义表类型和 table 作为参数。如果参数的数据类型为 CLR 用户定义类型，则必须对此类型有 EXECUTE 权限。

如果未指定 type_schema_name，则 SQL Server 数据库引擎将按以下顺序引用 type_name：

- SQL Server 系统数据类型。
- 当前数据库中当前用户的默认架构。
- 当前数据库中的 dbo 架构。

对于带编号的存储过程，数据类型不能为 xml 或 CLR 用户定义类型。

VARYING 指定作为输出参数支持的结果集。该参数由存储过程动态构造，其内容可能发生改变。仅适用于 cursor 参数。

default 参数的默认值。如果定义了 default 值，则无须指定此参数的值即可执行过程。默认值必须是常量或 NULL。如果过程使用带 LIKE 关键字的参数，则可包含下列通配符：%、_、[] 和 [^]。

OUTPUT 指示参数是输出参数。此选项的值可以返回给调用 EXECUTE 的语句。使用 OUTPUT 参数将值返回给过程的调用方。除非是 CLR 过程，否则 text、ntext 和 image 类型的参数不能用作 OUTPUT 参数。使用 OUTPUT 关键字的输出参数可以为游标占位符，CLR 过程除外。不能将用户定义表类型指定为存储过程的 OUTPUT 参数。

READONLY 指示不能在过程的主体中更新或修改参数。如果参数类型为用户定义的表类型，则必须指定 READONLY。

RECOMPILE 指示数据库引擎不缓存该过程的计划，该过程在运行时编译。如果指定了 FOR REPLICATION，则不能使用此选项。对于 CLR 存储过程，不能指定 RECOMPILE。

ENCRYPTION 指示 SQL Server 将 CREATE PROCEDURE 语句的原始文本转换为加密格式。加密代码的输出在 SQL Server 的任何目录视图中都不能直接显示。对系统表或数据库文件没有访问权限的用户不能检索加密文本。但是，可以通过 DAC 端口访问系统表的特权用户或直接访问数据文件的特权用户可以使用此文本。此外，能够向服务器进程附加调试器的用户可在运行时从内存中检索已解密的过程。该选项对于 CLR 存储过程无效。使用此选项创建的过程不能在 SQL Server 复制过程中发布。

EXECUTE AS 指定在其中执行存储过程的安全上下文。

FOR REPLICATION 指定不能在订阅服务器上执行为复制创建的存储过程。使用 FOR REPLICATION 选项创建的存储过程可用作存储过程筛选器，且只能在复制过程中执行。如果指定了 FOR REPLICATION，则无法声明参数。对于 CLR 存储过程，不能指定 FOR REPLICATION。对于使用 FOR REPLICATION 创建的过程，忽略 RECOMPILE 选项。

FOR REPLICATION 过程将在 sys.objects 和 sys.procedures 中包含 RF 对象类型。

<sql_statement> 要包含在过程中的一个或多个 Transact-SQL 语句。

EXTERNAL NAME assembly_name.class_name.method_name 指定 .NET Framework 程序集的方法，以便 CLR 存储过程引用。class_name 必须为有效的 SQL Server 标识符，并且该类必须存在于程序集中。如果类包含一个使用句点（.）分隔开命名空间各部分的命名空间名称，则必须使用方括号（[ ]）或引号（" "）将类名称分隔开。指定的方法必须为该类的静态方法。

例 4-6 创建一个存储过程计算 1 累加到 N，并使用输出参数输出结果。

存储过程脚本如下：

```
create  procedure  proc_Sum_1ToN
    @n int=100 , @s int output  --参数@s 用于输出数据
as
    declare  @i int
    select  @i=1,@s=0
    while  @i<=@n
    begin
        set  @s=@s+@i
        set  @i=@i+1
    end
go
```

在 Management Studio 中测试存储过程的脚本如下：

```
declare  @y int
--调用 proc_Sum_1ToN 时形参@n 用默认值 100，和输出参数@s 对应的实参必须为变量并用
output 修饰
execute  proc_Sum_1ToN  @s=@y output,@n=default
print  '1+2+…+100='+ltrim(str(@y))
```

例 4-7　教务管理数据库中有三个表：学生、课程和成绩，分别保存学生信息、课程信息和学生所选修课程的成绩信息（具体定义见 4.2 节中三个表的定义脚本）。要求创建一个存储过程 cj_proc 实现按照输入的课程名称打印此门课程的成绩报表(如不给定课程名称则打印“数据库应用”课程的成绩)，输出结果按照分数降序排列。

要求当执行命令：execute cj_proc 时，打印结果如下所示：

```
                《数据库应用》成绩表
****************************************************
名次            学号            姓名            成绩
1         1508114104       于天宇            52
****************************************************
```

操作步骤如下：

（1）打开 SQL Server 2014，单击工具栏上的“新建查询”命令按钮，在打开的查询窗口中输入如下脚本，单击“执行”命令按钮，如图 4-31 所示。

```
Use 教务管理系统
Go
if exists(select * from sysobjects where name='cj_proc' and xtype='p')
    drop proc cj_proc
GO
create proc cj_proc @KCM nvarchar(40)='数据库应用'
as
SET NOCOUNT ON
DECLARE @XH char(10),@XM nvarchar(10),@kch nvarchar(6),
@CJ numeric(4,1),@message nvarchar(80),@mc int
```

```
if not exists(select 课程.课程号 from 课程 inner join 成绩 on 课程.课程号=成绩.
课程号 and 课程.课程名称=@kcm)
    print '无此课程成绩'
else
    begin
    select @kch=课程.课程号 from 课程 where 课程.课程名称=@kcm
    print '                《'+@kcm+'》成绩表'
    print REPLICATE('*',48)
    print '名次          学号          姓名          成绩'
    declare xhcj_cursor cursor scroll
    for select 学生.学号,姓名,分数 from 学生,成绩
    where 成绩.学号=学生.学号 and 课程号=@kch
    order by 分数 desc
    open xhcj_cursor
    fetch next from xhcj_cursor into @xh,@xm,@cj
    set @mc=1
    while @@fetch_status=0
    begin
       set @message=ltrim(str(@mc))+space(10)+@xh+space(7)+@xm+space(12)
      +ltrim(str(@CJ))
      PRINT @message
      fetch next from xhcj_cursor into @xh,@xm,@CJ
      set @mc=@mc+1
    end
    print REPLICATE('*',48)
    CLOSE xhcj_cursor
    DEALLOCATE xhcj_cursor
    end
go
```

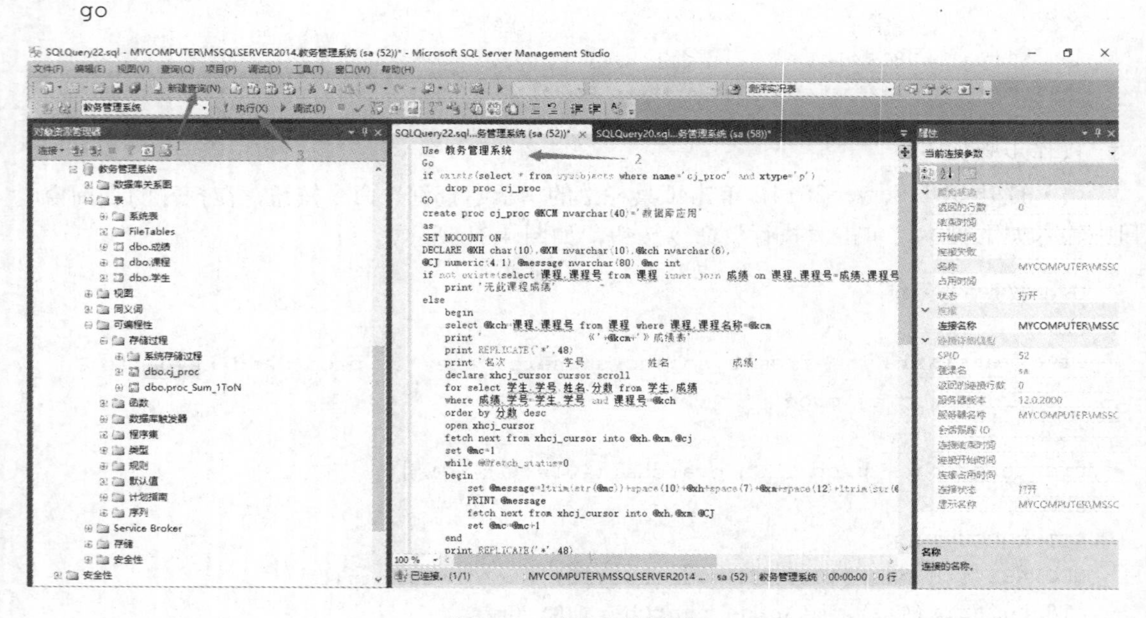

图 4-31　建立存储过程

（2）打开“对象资源管理器”中的“教务管理系统”→“可编程性”→“存储过程”，选择 cj_proc 存储过程，右击，选择“执行存储过程”命令，如图 4-32 所示。

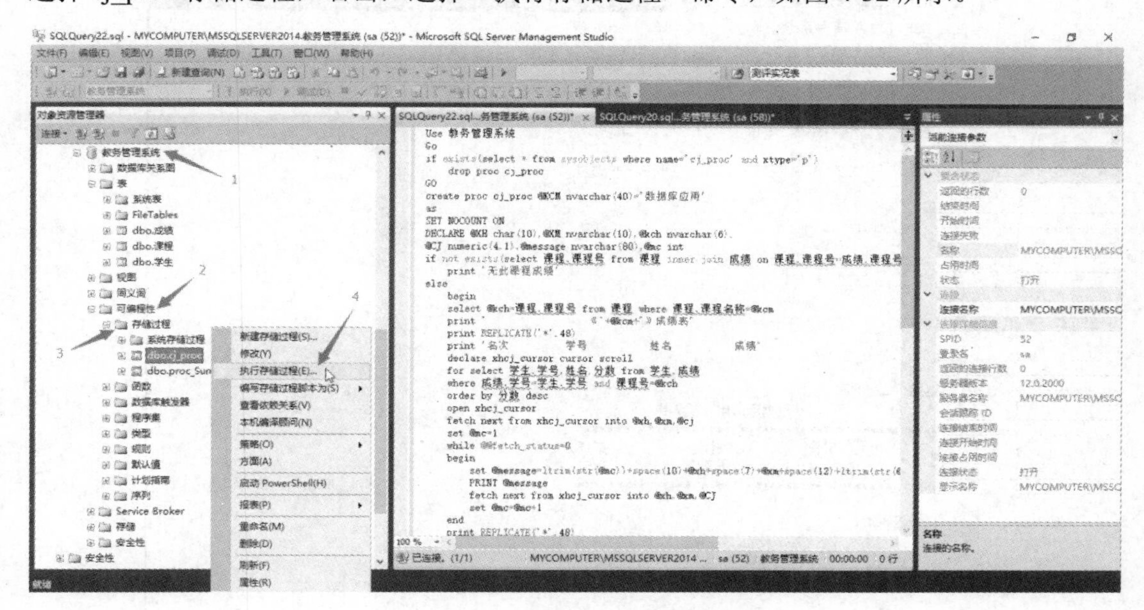

图 4-32　选择“执行存储过程”命令

（3）打开执行存储过程对话框后，直接单击“确定”按钮，如图 4-33 所示。

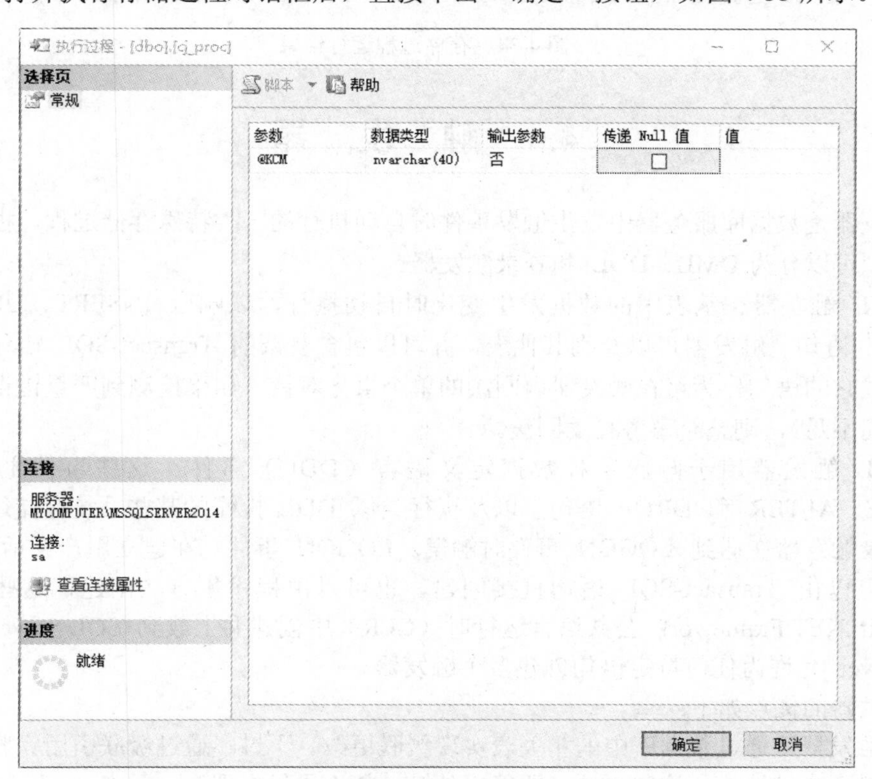

图 4-33　打开执行存储过程对话框

（4）存储过程运行结果如图 4-34 所示。

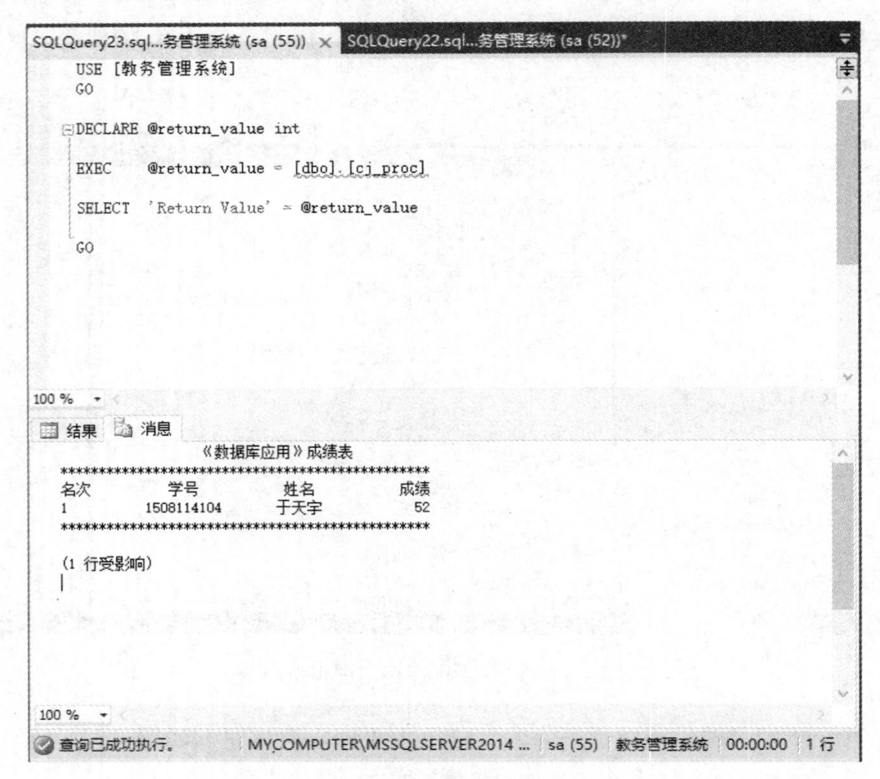

图 4-34　存储过程运行结果

4.4 触　发　器

触发器是数据库服务器中发生触发事件时自动执行的一类特殊存储过程。根据响应的事件类型可以分为 DML、DDL 和登录触发器。

DML 触发器在基表中的数据发生变化时自动执行，以响应 INSERT、UPDATE 或 DELETE 语句。触发器可以查询其他表，并可以包含复杂的 Transact-SQL 语句。将触发器和触发它的语句作为可在触发器内回滚的单个事务对待。如果检测到严重错误（例如，磁盘空间不足），则整个事务自动回滚。

DDL 触发器用于响应各种数据定义语言（DDL）事件。这些事件主要对应于 CREATE、ALTER 和 DROP 语句，以及执行类似 DDL 操作的某些系统存储过程。

登录触发器在遇到 LOGON 事件时触发。LOGON 事件是在建立用户会话时引发的。触发器可以由 Transact-SQL 语句直接创建，也可以由程序集方法创建，这些方法是在 Microsoft .NET Framework 公共语言运行时（CLR）中创建并上载到 SQL Server 实例的。SQL Server 允许为任何特定语句创建多个触发器。

触发器的优点如下：

- 触发器可通过数据库中的相关表实现级联更改。不过，通过级联引用完整性约束可以更有效地执行这些更改（即能用外键，就不用触发器）。

- 触发器可以强制使用比 CHECK 约束定义的约束更为复杂的约束。

与 CHECK 约束不同，触发器可以引用其他表中的数据。例如，触发器可以使用其他表中的数据对当前表中的数据插入或更新操作进行完整性约束。以及执行其他操作，如修改数据或显示用户定义错误信息。

- 触发器也可以评估数据修改前后的表状态，并根据其差异采取对策。
- 一个表中的多个同类触发器（INSERT、UPDATE 或 DELETE）允许采取多个不同的对策，以响应同一个修改语句。

创建 DML 触发器语法如下：

```
CREATE TRIGGER [ schema_name . ]trigger_name
ON { table | view }
[ WITH <dml_trigger_option> [ ,...n ] ]
{ FOR | AFTER | INSTEAD OF }
{ [ INSERT ] [ , ] [ UPDATE ] [ , ] [ DELETE ] }
[ WITH APPEND ]
[ NOT FOR REPLICATION ]
AS { sql_statement  [ ; ] [ ,...n ] | EXTERNAL NAME <method specifier [ ; ] > }

<dml_trigger_option> ::=
    [ ENCRYPTION ]
    [ EXECUTE AS Clause ]

<method_specifier> ::=
    assembly_name.class_name.method_name
```

DDL 触发器在用户执行了 CREATE、ALTER、DROP、GRANT、DENY、REVOKE 或 UPDATE STATISTICS 等命令时触发。创建 DDL 触发器语法如下：

```
CREATE TRIGGER trigger_name
ON { ALL SERVER | DATABASE }
[ WITH <ddl_trigger_option> [ ,...n ] ]
{ FOR | AFTER } { event_type | event_group } [ ,...n ]
AS { sql_statement  [ ; ] [ ,...n ] | EXTERNAL NAME < method specifier >  [ ; ] }

<ddl_trigger_option> ::=
    [ ENCRYPTION ]
    [ EXECUTE AS Clause ]

<method_specifier> ::=
    assembly_name.class_name.method_name
```

Logon 触发器在用户登录服务器时被触发。创建登录触发器语法如下：

```
CREATE TRIGGER trigger_name
ON ALL SERVER
```

```
[ WITH <logon_trigger_option> [ ,...n ] ]
{ FOR | AFTER } LOGON
AS { sql_statement  [ ; ] [ ,...n ] | EXTERNAL NAME < method specifier >  [ ; ] }

<logon_trigger_option> ::=
    [ ENCRYPTION ]
    [ EXECUTE AS Clause ]

<method_specifier> ::=
   assembly_name.class_name.method_name
```

命令中所使用参数说明如下：

schema_name——DML 触发器所属架构的名称。DML 触发器的作用域是为其创建该触发器的表或视图的架构。对于 DDL 或登录触发器，无法指定 schema_name。

trigger_name——触发器的名称。trigger_name 必须遵循标识符的命名规则，但 trigger_name 不能以 # 或 ## 开头。

table | view——对其执行 DML 触发器的表或视图，有时称为触发器表或触发器视图。可以根据需要指定表或视图的完全限定名称。视图只能被 INSTEAD OF 触发器引用。不能对局部或全局临时表定义 DML 触发器。

DATABASE——将 DDL 触发器的作用域应用于当前数据库。如果指定了此参数，则只要当前数据库中出现 event_type 或 event_group，就会激发该触发器。

ALL SERVER——将 DDL 或登录触发器的作用域应用于当前服务器。如果指定了此参数，则只要当前服务器中的任何位置上出现 event_type 或 event_group，就会激发该触发器。

WITH ENCRYPTION——对 CREATE TRIGGER 语句的文本进行加密处理。使用 WITH ENCRYPTION 可以防止将触发器作为 SQL Server 复制的一部分进行发布。不能为 CLR 触发器指定 WITH ENCRYPTION。

EXECUTE AS——指定用于执行该触发器的安全上下文。允许控制 SQL Server 实例用于验证被触发器引用的任意数据库对象的权限的用户账户。

FOR | AFTER——AFTER 指定 DML 触发器仅在触发 SQL 语句中指定的所有操作都已成功执行时才被触发。所有的引用级联操作和约束检查也必须在激发此触发器之前成功完成。如果仅指定 FOR 关键字，则 AFTER 为默认值。不能对视图定义 AFTER 触发器。

INSTEAD OF——指定执行 DML 触发器而不是触发 SQL 语句，因此，其优先级高于触发语句的操作。不能为 DDL 或登录触发器指定 INSTEAD OF。对于表或视图，每个 INSERT、UPDATE 或 DELETE 语句最多可定义一个 INSTEAD OF 触发器。但是，可以为具有自己的 INSTEAD OF 触发器的多个视图定义视图。

{ [DELETE] [,] [INSERT] [,] [UPDATE] }——指定 DML 触发器响应哪些 DML 操作。必须至少指定一个选项，在触发器定义中，允许使用上述选项的任意顺序组合。

event_type——执行之后将导致激发 DDL 触发器的 Transact-SQL 语言事件的名称。

DDL 事件中列出了 DDL 触发器的有效事件。

event_group——预定义的 Transact-SQL 事件分组的名称。执行任何属于 event_ group 的 Transact-SQL 事件之后，都将激发 DDL 触发器。DDL 事件组中列出了 DDL 触发器的有效事件组。

NOT FOR REPLICATION——指示当复制代理修改涉及到触发器的表时，不应执行触发器。

sql_statement——触发条件和操作。触发器条件指定其他标准，用于确定尝试的 DML、DDL 或 logon 事件是否导致执行触发器操作。

触发器的用途是根据数据修改或定义语句来检查或更改数据；它不应向用户返回数据。触发器中的 Transact-SQL 语句常常包含控制流语言。

DML 触发器使用 deleted 和 inserted 两个内存表存储数据操纵命令操作的记录，它们在结构上和基表相同。delete 命令删除的记录会保存在 deleted 表中，insert 命令添加的记录会保存在 inserted 表中，update 命令更新的行的旧值会保存在 deleted 表中、新值保存在 inserted 表中。例如，若要检索 deleted 表中的所有值，则使用命令：

```
SELECT * FROM deleted
```

DML 触发器通常用来实现无法利用外键实现的级联数据操作和复杂的表间数据约束。

例 4-8 人事管理系统中有两个表：员工和工资，分别保存员工的基本信息和工资信息。利用 DML 触发器实现：在员工表中添加、删除或更新一条员工的记录时自动在工资表中添加、删除或更新此员工的工资信息。应发工资计算公式为：应发工资=工龄*50+岗位级别*200+2000。

员工表和工资表的定义脚本如下：

```
create table 员工(工号 int primary key,姓名 nvarchar(20),工龄 int,岗位级别 int);
go
create table 工资(工号 int,应发工资 int);
go
```

当员工表中添加了新员工的记录，在工资表中添加此员工记录的触发器脚本如下：

```
create trigger tri_ins_员工_工资
on 员工
after insert
as
insert 工资 select 工号, 工龄*50+岗位级别*200+2000 from inserted
go
```

当员工表中删除了员工的记录，在工资表中删除此员工记录的触发器脚本如下：

```
create trigger tri_del_员工_工资
on 员工
after delete
as
```

```
delete 工资 from deleted  where 工资.工号=deleted.工号
go
```


当员工表中更新了员工的岗位级别，在工资表中更新此员工应发工资的触发器脚本如下：

```
create trigger tri_upd_员工_工资
on 员工
after update
as
if  update(岗位级别)  or  update(工龄)
update 工资 set 应发工资=inserted.工龄*50+inserted.岗位级别*200+2000
   from  inserted  join  deleted  on  inserted.工号=deleted.工号
go
```

例 4-9　当修改工资表中某员工的应发工资时，要求修改后的应发工资必须满足条件：应发工资在区间 [应发工资计算公式−500，应发工资计算公式+500] 内。

利用替代类型触发器实现表间的数据校验约束（假设工资表中每次只更新一条记录）。

```
create  trigger  tri_upd_工资
on 工资
instead of update
as
if UPDATE(应发工资)
begin
    declare @新应发工资 int;  --更新后应发工资
    declare @旧应发工资 int;  --更新前应发工资
    declare @工号 int;   --工号
    declare @岗位级别 int;
    declare @工龄 int;
    select top(1) @工号=inserted.工号,
            @新应发工资=inserted.应发工资,
            @旧应发工资=deleted.应发工资
        from inserted join deleted
            on inserted.工号=deleted.工号
    select @工龄=工龄,@岗位级别=岗位级别
        from 员工
        where 工号=@工号
    if @新应发工资 between @工龄*50+@岗位级别*200+1500
            and @工龄*50+@岗位级别*200+2500
        update 工资 set 应发工资=@新应发工资
            where 工号=@工号
end
go
```

4.5 函　数

函数是一个已保存 Transact-SQL 或公共语言运行时（CLR）的例程，该例程可返回一个值。用户定义函数可分为标量值函数和表值函数。如果 RETURNS 子句指定了一种标量数据类型，则函数为标量值函数。可以使用多条 Transact-SQL 语句定义标量值函数。如果 RETURNS 子句指定 TABLE，则函数为表值函数。根据函数主体的定义方式，表值函数可分为内联函数或多语句函数。

创建标量函数（Scalar Functions）的语法：

```
CREATE FUNCTION [ schema_name. ] function_name
( [ { @parameter_name [ AS ][ type_schema_name. ] parameter_data_type
    [ = default ] [ READONLY ] }
    [ ,...n ]
  ]
)
RETURNS return_data_type
    [ WITH <function_option> [ ,...n ] ]
    [ AS ]
    BEGIN
                function_body
        RETURN scalar_expression
    END
[ ; ]
```

创建内联表值函数（Inline Table-Valued Functions）的语法：

```
CREATE FUNCTION [ schema_name. ] function_name
( [ { @parameter_name [ AS ] [ type_schema_name. ] parameter_data_type
    [ = default ] [ READONLY ] }
    [ ,...n ]
  ]
)
RETURNS TABLE
    [ WITH <function_option> [ ,...n ] ]
    [ AS ]
    RETURN [ ( ] select_stmt [ ) ]
[ ; ]
```

创建多行表值函数（Multistatement Table-valued Functions）的语法：

```
CREATE FUNCTION [ schema_name. ] function_name
( [ { @parameter_name [ AS ] [ type_schema_name. ] parameter_data_type
    [ = default ] [READONLY] }
    [ ,...n ]
  ]
)
```

```
RETURNS @return_variable TABLE <table_type_definition>
    [ WITH <function_option> [ ,…n ] ]
    [ AS ]
    BEGIN
            function_body
      RETURN
    END
[ ; ]
```

语句中所使用标识符说明：

```
Function Options
<function_option>::=
{
    [ ENCRYPTION ]
  | [ SCHEMABINDING ]
  | [ RETURNS NULL ON NULL INPUT | CALLED ON NULL INPUT ]
  | [ EXECUTE_AS_Clause ]
}

Table Type Definitions
<table_type_definition>:: =
( { <column_definition> <column_constraint>
  | <computed_column_definition> }
      [ <table_constraint> ] [ ,…n ]
)
```

参数说明：

schema_name 用户定义函数所属的架构的名称。

function_name 用户定义函数的名称。函数名称必须符合有关标识符的命名规则，并且在数据库中以及对其架构来说是唯一的。注意：即使未指定参数，函数名称后也需要加上一对圆括号。

@parameter_name 用户定义函数中的参数名称。可声明一个或多个参数。一个函数最多可以有 2 100 个参数。执行函数时，如果未定义参数的默认值，则用户必须提供每个已声明参数的值。通过将 at 符号（@）用作第一个字符来指定参数名称。参数名称必须符合标识符命名规则。参数是对应于函数的局部参数，其他函数中可使用相同的参数名称。参数只能代替常量，而不能用于代替表名、列名或其他数据库对象的名称。

[type_schema_name.] parameter_data_type 参数的数据类型及其所属的架构，架构名称为可选项。对于 Transact-SQL 函数，允许使用除 timestamp 数据类型之外的所有数据类型(包括 CLR 用户定义类型和用户定义表类型)。对于 CLR 函数，允许使用除 text、ntext、image、用户定义表类型和 timestamp 数据类型之外的所有数据类型（包括 CLR 用户定义类型)。不能将非标量类型 cursor 和 table 指定为 Transact-SQL 函数或 CLR 函数中的参数数据类型。

[= default] 参数的默认值。如果定义了 default 值，则无须指定此参数的值即可执行函数。

READONLY 指示不能在函数定义中更新或修改参数。如果参数类型为用户定义的表类型，则应指定 READONLY。

return_data_type 用户定义的标量函数的返回值类型。对于 Transact-SQL 函数，可以使用除 timestamp 数据类型之外的所有数据类型（包括 CLR 用户定义类型）。对于 CLR 函数，允许使用除 text、ntext、image 和 timestamp 数据类型之外的所有数据类型（包括 CLR 用户定义类型）。不能将非标量类型 cursor 和 table 指定为 Transact-SQL 函数或 CLR 函数中的返回数据类型。

function_body 指定一系列定义函数值的 Transact-SQL 语句，这些语句在一起使用不会产生负面影响（例如修改表）。function_body 仅用于标量函数和多语句表值函数。在标量函数中，function_body 是一系列 Transact-SQL 语句，这些语句一起使用的计算结果为标量值。在多语句表值函数中，function_body 是一系列 Transact-SQL 语句，这些语句将填充 TABLE 返回变量。

scalar_expression 指定标量函数返回的标量值。

TABLE 指定表值函数的返回值为表。只有常量和 @local_variables 可以传递到表值函数。

在内联表值函数中，TABLE 返回值是通过单个 SELECT 语句定义的。内联函数没有关联的返回变量。在多语句表值函数中，@return_variable 是 TABLE 变量，用于存储和累积应作为函数值返回的行。只能将 @return_variable 指定用于 Transact-SQL 函数，而不能用于 CLR 函数。

select_stmt 定义内联表值函数返回值的单个 SELECT 语句。

ORDER（<order_clause>）指定从表值函数中返回结果的顺序。

EXTERNAL NAME <method_specifier> assembly_name.class_name.method_name 指定将程序集与函数绑定的方法。assembly_name 必须与 SQL Server 中当前数据库内具有可见性的现有程序集匹配。class_name 必须是有效的 SQL Server 标识符，并且必须作为类存在于程序集中。如果类包含一个使用句点（.）分隔命名空间各部分的限定命名空间的名称，则必须使用中括号（[ ]）或者引号（" "）将类名称分隔开。method_name 必须是有效的 SQL Server 标识符，并且必须作为静态方法存在于指定类中。

ENCRYPTION 指示数据库引擎会将 CREATE FUNCTION 语句的原始文本转换为加密格式。加密代码的输出在任何目录视图中都不能直接显示。对系统表或数据库文件没有访问权限的用户不能检索加密文本。但是，可以通过 DAC 端口访问系统表的特权用户或直接访问数据文件的特权用户可以使用此文本。此外，能够向服务器进程附加调试器的用户可在运行时从内存中检索原始过程。

使用此选项可防止将函数作为 SQL Server 复制的一部分发布。不能为 CLR 函数指定此选项。

SCHEMABINDING 指定将函数绑定到其引用的数据库对象。如果指定了 SCHEMABINDING，则不允许对被绑定对象进行任何会影响到函数定义的修改。必须首先修改或删除函数定义本身，才能删除将要修改的对象的依赖关系。

只有发生下列操作之一时，才会删除函数与其引用对象的绑定：

- 删除函数。
- 在未指定 SCHEMABINDING 选项的情况下，使用 ALTER 语句修改函数。

只有满足以下条件时，函数才能绑定到架构：

- 函数是一个 Transact-SQL 函数。
- 该函数引用的用户定义函数和视图也绑定到架构。
- 该函数引用的对象是用由两部分组成的名称引用的。
- 该函数及其引用的对象属于同一数据库。
- 执行 CREATE FUNCTION 语句的用户对该函数引用的数据库对象具有 REFERENCES 权限。

不能为 CLR 函数或引用别名数据类型的函数指定 SCHEMABINDING。

RETURNS NULL ON NULL INPUT | CALLED ON NULL INPUT 指定标量值函数的 OnNULLCall 属性。如果未指定，则默认为 CALLED ON NULL INPUT。这意味着即使传递的参数为 NULL，也将执行函数体。

如果在 CLR 函数中指定了 RETURNS NULL ON NULL INPUT，它指示当 SQL Server 接收到的任何一个参数为 NULL 时，可以返回 NULL，而无须实际调用函数体。如果 <method_specifier> 中指定的 CLR 函数的方法已具有指示 RETURNS NULL ON NULL INPUT 的自定义属性，但 CREATE FUNCTION 语句指示 CALLED ON NULL INPUT，则优先采用 CREATE FUNCTION 语句指示的属性。不能为 CLR 表值函数指定 OnNULLCall 属性。

EXECUTE AS 子句指定用于执行用户定义函数的安全上下文，可以控制 SQL Server 使用哪一个用户账户来验证针对该函数引用的任何数据库对象的权限。不能为内联用户定义函数指定 EXECUTE AS。

在定义多行表值函数时，返回表的类型定义和 create table 语句中创建表的语法相同。

下列语句在函数内有效：

- 赋值语句。
- TRY...CATCH 语句以外的流程控制语句。
- 定义局部数据变量和局部游标的 DECLARE 语句。
- SELECT 语句，其中的选择列表包含为局部变量分配值的表达式。
- 游标操作，该操作引用在函数中声明、打开、关闭和释放的局部游标。只允许使用以 INTO 子句向局部变量赋值的 FETCH 语句；不允许使用将数据返回到客户端的 FETCH 语句。
- 修改本地表变量的 INSERT、UPDATE 和 DELETE 语句。
- 调用扩展存储过程的 EXECUTE 语句。

例 4-10 有一高校为新生编排学号的规则是将年级（2 位）、学院编号（2 位）、系别编号（1 位）、专业编号（1 位）、学生类别（1 位）、班级编号（1 位）、序号（2 位）连接在一起的 10 位字符串作为学号，如“1608231101”表示 16 级 08 学院 2 系 3 专业本科生 1 班 01 号学生，每个自然班的学生人数不能超过 30 人，且序号按照学生表中记录的录入顺序自动定义。已知学生的年级、学院编号、系别编号、专业编号、类别编号，创建一个标量函数 newSno 能够根据年级、学院编号、系别编号、专业编号、类别编号等信息生成新录入学生的学号。函数 newSno 的创建脚本如下：

```
--@Sno7为“年级+学院编号+系别编号+专业编号+类别编号”构成的7位长度字符串
USE [教务管理系统]
GO
create function [dbo].[newSno](@Sno7 char(7))
returns char(10)          --返回10位长度的学号字符串
begin
--@ MaxSno保存某年级某专业的最大学号
declare @MaxSno char(10),@Sno char(10);
if not exists(select * from 学生 where left(学号,7)=@Sno7)--判断给定年级专业
是否已有学生记录，如果是没有，则将新录入学生的学号编为该年级专业的1班1号。
    set @Sno=@Sno7+'201';
else
    begin
    --找@Sno7对应年级专业的最大学号
    select @MaxSno=MAX(学号) from 学生
        where left(学号,7)=@Sno7
    --如果最大学号后2位是30，则需新增班级，例如已有最大学号后3位为“130”，则新录入
学生的学号的后3位应为“201”
    if RIGHT(@MaxSno,2)='30'
        set @Sno=ltrim(STR(@MaxSno+71))
    --如果最大学号后2位不是30，则新录入的学生的学号直接用已有最大学号加1即可。
    else
        set @Sno=ltrim(STR(@MaxSno+1))
    end
    return @Sno
end
```

可以使用如下脚本测试 newSno 函数：

```
declare @i int
set @i=1
while @i<=119
begin
    insert 学生(学号,姓名,专业编号) values(dbo.newSno('1608114'),'学生
'+ltrim(str(@i)),'1001')
    set @i=@i+1
end;
select 学号,姓名 from 学生;
go
```

例 4-11 定义一个内联表值函数用于返回给定学号的学生的各门课程的成绩，结果集中包括课程号、课程名称、分数。

```
USE [教务管理系统]
GO
create function stuScore
    (@sno char(10))
returns table
return select 课程.课程号,课程名称,
     分数 from 课程 join 成绩
         on 课程.课程号=成绩.课程号
         where 学号=@sno
go
```

可以使用如下脚本对函数 stuScore 进行测试：

```
select * from dbo.stuScore('1508114101')
```

4.6 数据库级的错误跟踪与调试

在进行系统开发时，可以使用 SQL Server Profiler 对 SQL Server 上的数据操作进行跟踪以判断操作失败或数据异常产生的原因。SQL Server Profiler 是用于从服务器捕获 SQL Server 事件的工具。事件保存在一个跟踪文件中，可在以后对该文件进行分析，也可以在试图诊断某个问题时，用它来重播某一系列的步骤。SQL Server Profiler 用于下列活动中：

- 逐步分析有问题的查询以找到问题产生的原因。
- 查找并诊断运行慢的查询。
- 捕获导致某个问题的一系列 Transact-SQL 语句，然后用所保存的跟踪在某台测试服务器上复制此问题，接着在该测试服务器上诊断问题。
- 监视 SQL Server 的性能以优化工作负荷。
- 使性能计数器与诊断问题关联。

SQL Server Profiler 是一个功能丰富的界面，用于创建和管理跟踪，并分析和重播跟踪结果。使用 SQL Server Profiler 可以：

- 监视 SQL Server 数据库引擎、分析服务器或 Integration Services 的实例（在它们发生后）的性能。
- 调试 Transact-SQL 语句和存储过程。
- 通过标识低速执行的查询来分析性能。
- 通过重播跟踪来执行负载测试和质量保证。
- 重播一个或多个用户的跟踪。
- 通过保存显示计划的结果来执行查询分析。
- 在项目开发阶段，通过单步执行语句来测试 Transact-SQL 语句和存储过程，以确保代码按预期方式运行。
- 通过捕获生产系统中的事件并在测试系统中重播这些事件来解决 SQL Server 中的问题。这对测试和调试很有用，并使得用户可以不受干扰地继续使用生产系统。
- 审核和检查在 SQL Server 实例中发生的活动。这使得安全管理员可以检查任何审核事件，包括登录尝试的成功与失败，以及访问语句和对象的权限的成功与失败。

- 将跟踪结果保存在 XML 中，以提供一个标准化的层次结构来跟踪结果。这样，可以修改现有跟踪或手动创建跟踪，然后对其进行重播。
- 聚合跟踪结果以允许对相似事件类进行分组和分析。这些结果基于单个列分组提供计数。
- 允许非管理员用户创建跟踪。
- 将性能计数器与跟踪关联以诊断性能问题。
- 配置可用于跟踪的模板。

可以通过 Management Studio 的“工具”菜单中的 SQL Server Profiler 菜单项打开 SQL Server Profiler，如图 4-35 所示。

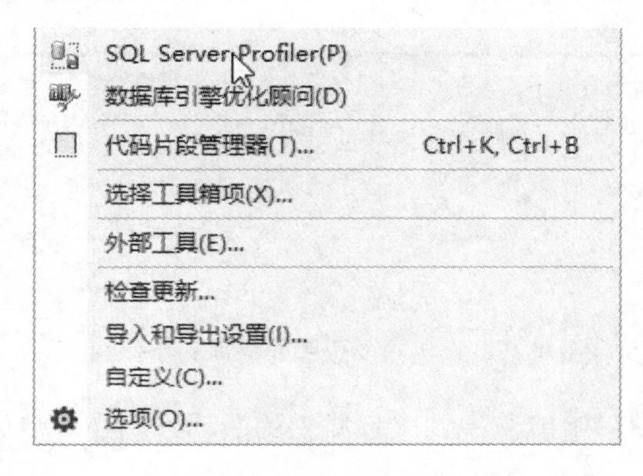

图 4-35 打开 SQL Server Profiler

设置新创建跟踪的选项，如图 4-36 和图 4-37 所示。

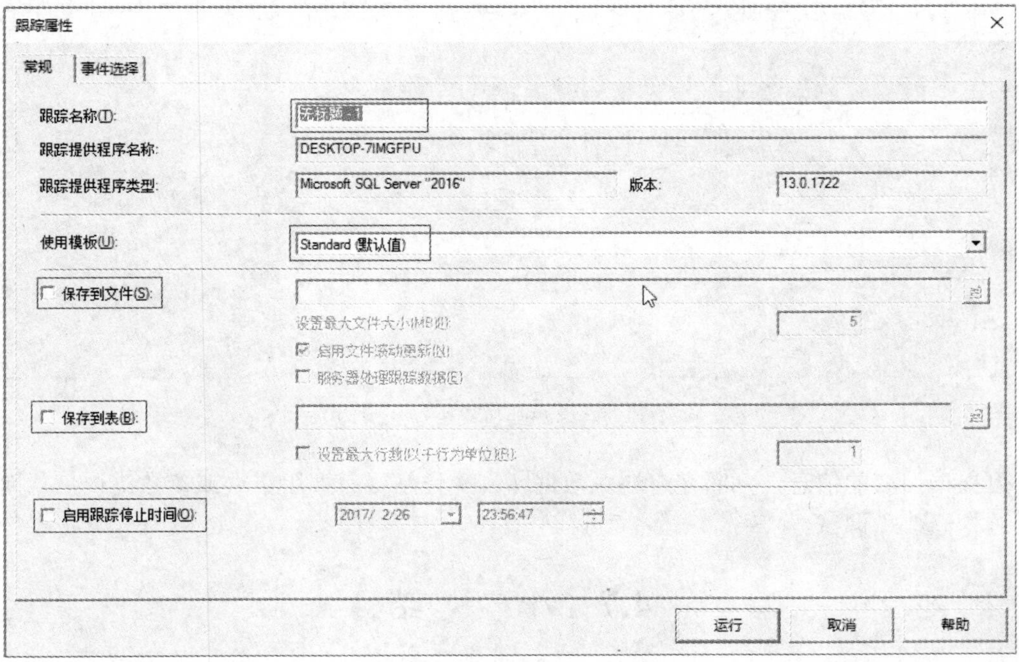

图 4-36 新建跟踪的常规选项设置

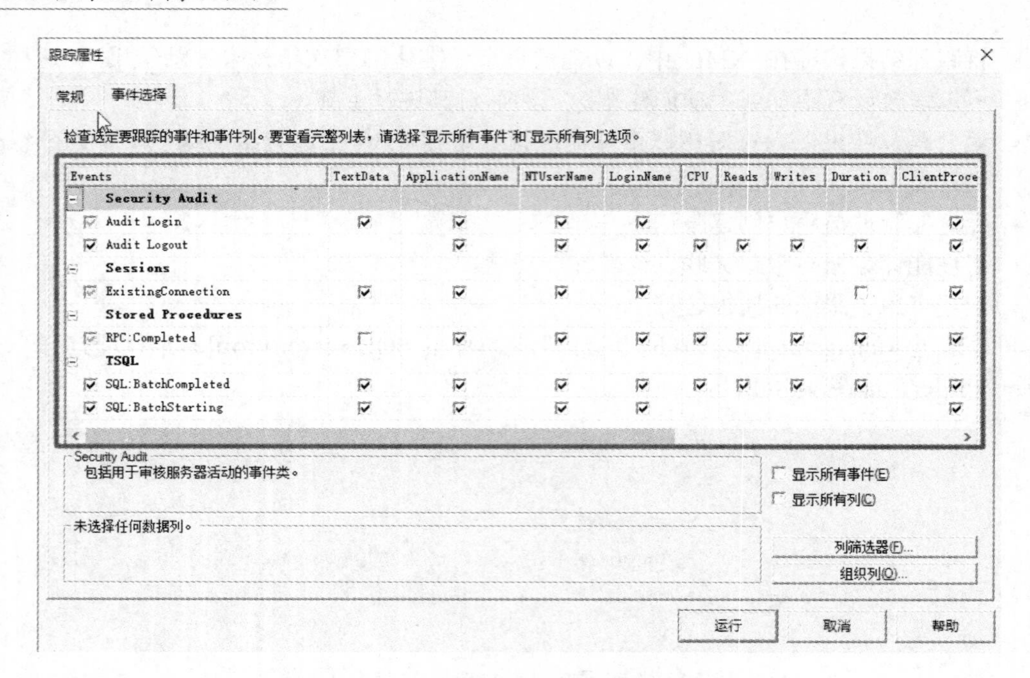

图 4-37　设定需要跟踪的事件和事件列

开始跟踪后在监视窗口中能监视到服务器上的活动，当在客户端执行了语句：

```
execute cj_proc '数据结构'
```

监控窗口中的运行情况如图 4-38 所示。

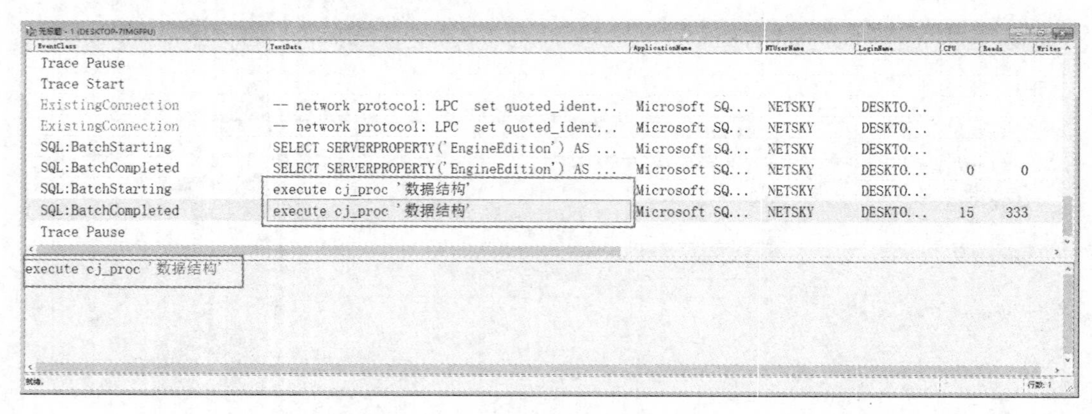

图 4-38　对客户端执行命令的监控

可根据捕获的信息，判断客户端对数据库的操作是否有调用错误或参数错误，从而对系统进行修改、调试。

4.7　小　　结

本章介绍了数据库系统开发中的一些高级应用，包括 PowerDesigner 中几种数据模型的使用，Microsoft SQL Server 中如何进行复杂查询，在数据库中使用存储过程、触发器、函数更好地完成对数据的操作、体现数据之间的内在联系。

4.8 习　　题

1．使用 PowerDesigner 完成 4.1.3 节中的教务管理系统的需求模型和概念模型的创建。

2．根据 4.2 节中的学生、课程、成绩三个表，定义一个存储过程打印选修了某门课程的学生的学号、姓名、分数、绩点（绩点=分数/10−5）。

3．定义一个函数返回指定学期被学业警告的学生信息，返回的表中包括学号、姓名、不及格课程数、不及格学分数。

4.9 上 机 实 践

设计学生信息录入页面（如图 4-39 所示），输入学生的姓名、性别、专业、入学年份，利用 4.5 节的 newSno 函数生成学号，将信息保存到学生表中。单击“确定”按钮后，重定向到详情页面（如图 4-40 所示）。

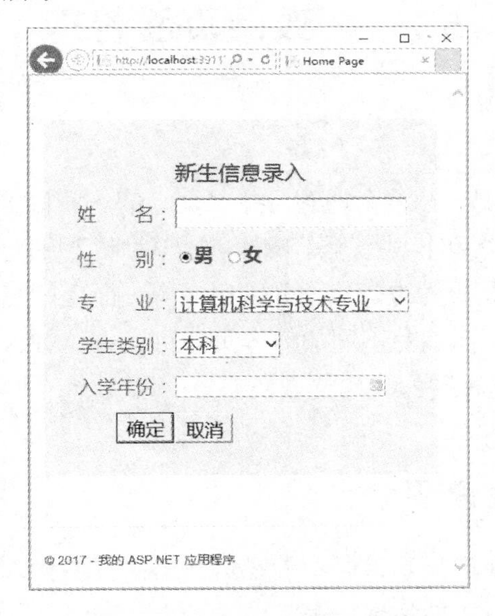

图 4-39　学生信息录入页面

学号	姓名	性别	入学年份	专业	学生类别
1608211101	李四	男	2016	信息管理与信息系统专业	本科
1708111101	张三	男	2017	计算机科学与技术专业	本科
1708111102	aaa	男	2017	计算机科学与技术专业	本科

图 4-40　学生信息详情页面

第5章 一致性处理

本章主要讲述用于批量处理具有共同特征或功能的模板，这些模板包括母版页和一些控件或公共函数，这些控件或公共函数具有多变性，需要根据不同的功能或需求进行实践才能很好地掌握。本章将结合实例讲述涉及一致性处理的母版、控件和公共函数的开发与运用。

本章主要学习目标如下：

- 一致的页面管理；
- 菜单操作；
- 一致的数据处理。

5.1 一致的页面管理

5.1.1 母版页概述

在开发 Web 页面程序时，经常会遇到一些页面之间有相同的风格和样式的情况，如果每个页面都去编写这些风格和样式代码，那将是一件非常烦琐和枯燥的工作。因此，自 ASP.NET 2.0 开始提出了母版页的概念，可以把多个页面之间相同的风格和样式部分放到母版页中，只需要为每个页面编写不同的内容页即可。在 ASP.NET 中母版页有两种作用：一是提高代码的复用率（把相同的代码提取出来）；二是使整个网站或网站的一部分保持一致的风格和样式。

5.1.2 创建母版与内容页

母版页无法单独在页面中显示，即不能在浏览器中直接输入母版页的 URL 地址进行访问，必须通过相关内容页才能呈现出来。

Visual Studio 2015 中新建一个母版页的步骤如下：

（1）打开一个网站后，单击“文件”→“新建”→“文件”或在网站项目上右击，在出现的快捷菜单中选择“添加”→“添加新项”命令，打开如图 5-1 所示的“添加新项”窗口。

（2）确认正确的母版页名称，确定没有选中“选择母版页”选项，然后单击“添加”按钮，这样就添加了一个母版页。新建母版页的源代码如下：

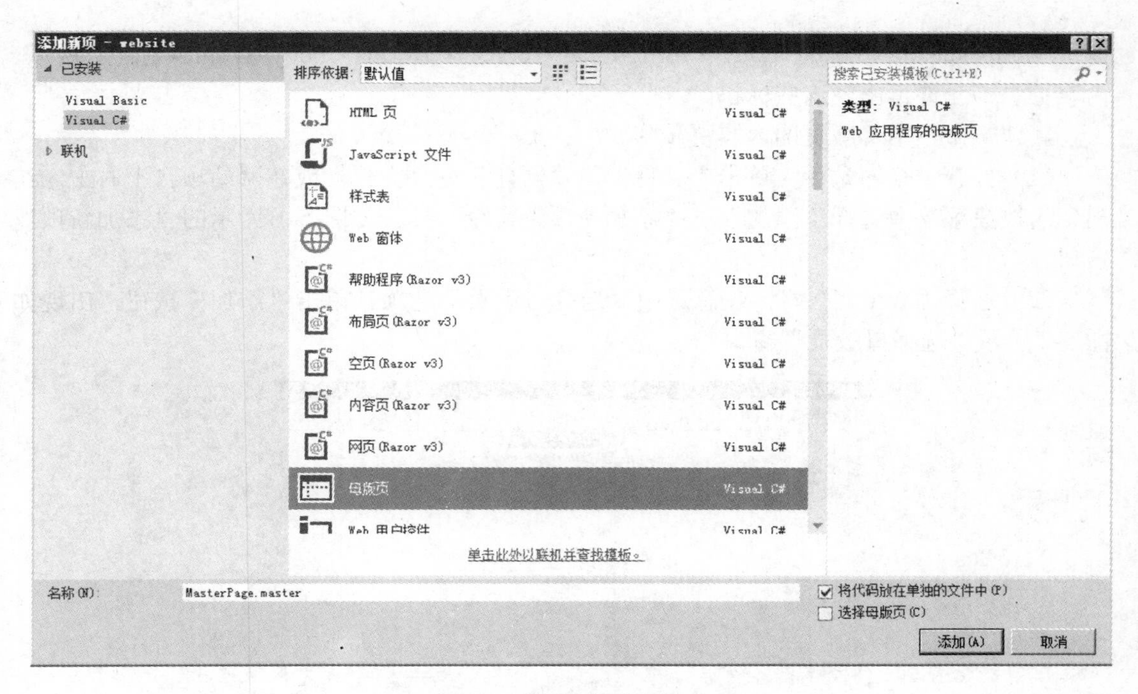

图 5-1 “添加新项”窗口

```
<%@ Master Language="C#" AutoEventWireup="true" CodeFile="MasterPage.
master.cs" Inherits="MasterPage" %>
<!DOCTYPE html>
<html xmlns="http://www.w3.org/1999/xhtml">
<head runat="server">
<meta http-equiv="Content-Type" content="text/html; charset=utf-8"/>
    <title></title>
    <asp:ContentPlaceHolder id="head" runat="server">
    </asp:ContentPlaceHolder>
</head>
<body>
    <form id="form1" runat="server">
    <div>
        <asp:ContentPlaceHolder id="ContentPlaceHolder1" runat="server">
        </asp:ContentPlaceHolder>
    </div>
    </form>
</body>
</html>
```

在母版页中自动生成了两个 ContentPlaceHolder 控件：一个在 head 区，用于在内容页中定义引入外部 JavaScript 文件或者 CSS 文件，ID 为 head；另一个在 body 区，位于<div></div>之间，相当于一个占位控件，以后使用该母版页的内容页中的内容将在这个控件中显示，默认 ID 为 ContentPlaceHolder1，可以根据需要自己命名。因为母版页中已经创建了<html><head></head><body><form runat="server"></form></body></html>标记，所以，内容页中不允许再出现这些标记。

新建一个使用母版页的内容页步骤如下：

（1）打开一个网站后，单击“文件”→“新建”→“文件”或在网站项目上右击，在出现的快捷菜单中选择“添加”→“添加新项”命令，打开如图 5-1 所示的“添加新项”窗口。

（2）选择“Web 窗体”，注意选中“选择母版页”选项，单击“添加”按钮，出现如图 5-2 所示“选择母版页”窗口。

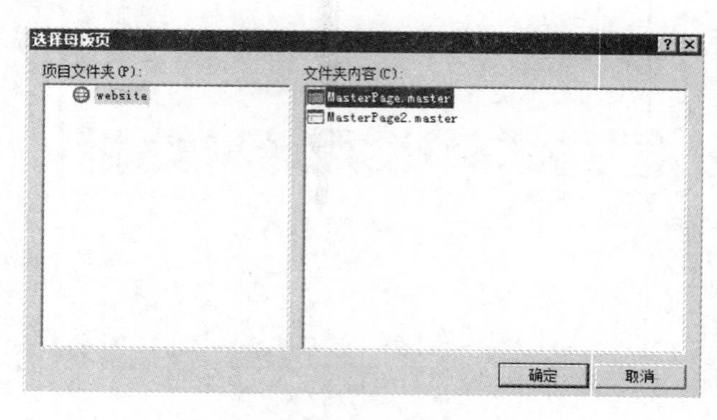

图 5-2 “选择母版页”窗口

（3）选择需要的母版页，然后单击“确定”按钮，完成关联母版页的内容页。内容页代码如下：

```
<%@ Page Title="" Language="C#" MasterPageFile="~/MasterPage.master" Auto
EventWireup="true" CodeFile="Default.aspx.cs" Inherits="Default" %>
<asp:Content ID="Content1" ContentPlaceHolderID="head" Runat="Server">
</asp:Content>
<asp:Content  ID="Content2"  ContentPlaceHolderID="ContentPlaceHolder1"
Runat="Server">
</asp:Content>
```

在新建的内容页中，同样有两个控件，这是两个 Content 控件（内容区域），在这两个控件之间可以写具体的代码。

Content 控件有一个属性 ContentPlaceHolderID，每个 Content 控件就是通过这个属性和母版页中的 ContentPlaceHolder 控件进行关联的，这两个控件一个和母版页 head 区的 ContentPlaceHolder 控件关联，一个和 body 区的关联。内容页的显示内容代码只有放在 ContentPlaceHolderID 为 ContentPlaceHolder1 的 Content 控件里，才会在运行时显示。

5.1.3 母版页的嵌套与动态访问

母版页可以嵌套另一个母版页，让一个母版页引用另外的页作为其母版页，通常被引用的母版页称为主母版页，引用的母版页称为子母版页，一个主母版页可以被多个子母版页引用。用嵌套的母版页可以创建组件化的母版页。例如，一个大型网站可能包含一个用于定义站点外观的总体母版页。然后，不同的网站栏目又可以自行定义各自的子母版页，这些子母版页引用网站母版页，并相应定义各自的外观。

与任何母版页一样，子母版页也包含文件扩展名 .master。子母版页通常会包含一些内容控件，这些控件将映射到父母版页上的内容占位符。就这方面而言，子母版页的布局方式与所有内容页类似。但是，子母版页还有自己的内容占位符，可用于显示其子页提供的内容。

主母版页、子母版页和内容页的关系如下：

（1）主母版页包含的内容主要是页面的公共部分，主母版页嵌套子母版页，内容页绑定子母版页。

（2）主母版页的构建方法与普通的母版页的方法一致。子母版页也是以.master 为扩展名，其代码包括两个部分，即代码头声明和 Content 控件。子母版页与普通母版页相比，子母版页中不含有<html>、<body>等 Web 元素，并且在子母版页的代码头添加了一个 MasterPageFile 属性，以设置嵌套子母版页的主母版页路径，通过设置这个属性，实现主母版页与子母版页之间的嵌套。

（3）子母版页的 Content 控件中声明的 ContentPlaceHolder 控件用于为内容页实现占位。内容页的构建方法与普通内容页的构建方法一致，它的代码包括两部分，即代码头声明和 Content 控件。由于内容页绑定子母版页，所以代码头中的 MasterPageFile 属性必须设置为子母版页的路径。

例 5-1 下面通过实例说明母版页的嵌套。MasterPage.master 是一个主母版页。MasterPageResearch.master 和 MasterPageResources.master 是两个子母版页，Research.aspx 和 Resources.aspx 是内容页。其中，Research.aspx 内容页绑定 MasterPageResearch.master 子母版页，MasterPageResearch.master 子母版页嵌套 MasterPage.master 主母版页；Resources.aspx 内容页绑定 MasterPageResources.master 子母版页，MasterPageResearch.master 子母版页嵌套 MasterPage.master 主母版页。程序代码如下：

（1）建立 MasterPage.master 主母版页，在“源”视图模式下输入如下代码：

```
<%@ Master Language="C#" AutoEventWireup="true" CodeFile="MasterPage.
master.cs" Inherits="MasterPage"%>
<!DOCTYPE html PUBLIC "-//W3C//DTD XHTML 1.0 Transitional//EN"
"http://www.w3.org/TR/xhtml1/DTD/xhtml1-transitional.dtd">
<html xmlns="http://www.w3.org/1999/xhtml">
<head runat="server">
    <style type="text/css">
        html
        {
            background-color:#8dd8fe;
            font:14px 宋体;
        }
        .content
        {
            width:600px;
```

```
            margin:auto;
            border-style:solid;
            background-color:white;
            padding:2px;
        }
        .menu
        {
            padding-top:8px;
            padding-left:5px;
            border-top:solid 1px black;
            border-bottom:solid 1px black;
            height:25px;
            vertical-align:middle;
        }
        .menu a
        {
            font:14px 宋体;
            color:#0000ff;
            text-decoration:none;
        }
        .leftcolumn
        {
            float:left;
            padding:5px;
            border-right:solid 1px black;
        }
        .rightColumn
        {
            float:left;
            padding:5px;
        }
        .clear
        {
            clear:both;
        }
    </style>
    <title>ASP.NET 母版页嵌套</title>
</head>
<body>
    <form id="form1" runat="server">
    <div class="content">
        <asp:Image
            id="imgLogo"
            ImageUrl="~/Images/logo.jpg"
            AlternateText="网站 Logo"
```

```
        Runat="server" />
    <div class="menu">
         <asp:HyperLink
        id="HyperLink1"
        Text="网站首页"
        NavigateUrl="~/default.aspx"
        Runat="server">
    </asp:HyperLink>
     
    <asp:HyperLink
        id="lnkProducts"
        Text="研发部门"
        NavigateUrl="~/Research.aspx"
        Runat="server">
    </asp:HyperLink>
     
    <asp:HyperLink
        id="lnkServices"
        Text="人力资源"
        NavigateUrl="~/Resources.aspx"
        Runat="server">
    </asp:HyperLink>
    </div>
    <asp:ContentPlaceHolder id="ContentPlaceHolder1" runat="server">
    </asp:ContentPlaceHolder>
    <br class="clear" /> <br />
    copyright &copy; 2016 by 天津农学院计算机学院
  </div>
  </form>
</body>
</html>
```

（2）建立 MasterPageResearch.master 子母版页，在“源”视图模式下输入如下代码：

```
<%@ Master Language="C#" MasterPageFile="~/MasterPage.master" AutoEvent
Wireup="true"  CodeFile="MasterPageResearch.master.cs"  Inherits="Master
PageResearch" %>
<asp:Content
    id="Content2"
    ContentPlaceHolderID="ContentPlaceHolder1"
    Runat="server">
    <div class="leftcolumn">
        <asp:ContentPlaceHolder
            id="ContentPlaceHolder1"
            Runat="server">
        </asp:ContentPlaceHolder>
```

```
    </div>
    <div class="leftcolumn">
        <asp:ContentPlaceHolder
            id="ContentPlaceHolder2"
            Runat="server">
        </asp:ContentPlaceHolder>
    </div>
    <div class="rightColumn">
        <asp:ContentPlaceHolder
            id="ContentPlaceHolder3"
            Runat="server">
        </asp:ContentPlaceHolder>
    </div>
</asp:Content>
```

（3）建立 Research.aspx 内容页面，在“源”视图模式下输入如下代码：

```
<%@ Page Title="" Language="C#" MasterPageFile="~/MasterPageResearch.master"
AutoEventWireup="true" CodeFile="Research.aspx.cs" Inherits="Research" %>
<asp:Content
    ID="Content1"
    ContentPlaceHolderID="ContentPlaceHolder1"
    Runat="Server">
    工作职责
<br /><br />1.协助主管对人员的招聘。
<br /><br />2.新进人员和离职人员手续办理。
<br /><br />3.协助主管对新进人员的教育训练。
<br /><br />4.全厂人员档案的建立与管制。
<br /><br />5.对试用人员之试工与考核调查。
<br /><br />6.负责全厂人事异动工作。
</asp:Content>
<asp:Content
    ID="Content2"
    ContentPlaceHolderID="ContentPlaceHolder2"
    Runat="Server">
    产品推荐
    <br /><br />RFID 运动计时器
    <br /><br />安卓智能终端 APP 应用软件
    <br /><br />垃圾箱及车辆管理系统
    <br /><br />物联网传感器系统
    <br /><br />体育计时器芯片采集系统
    <br /><br />学生宿舍管理系统
</asp:Content>
<asp:Content
    ID="Content3"
    ContentPlaceHolderID="ContentPlaceHolder3"
```

```
    Runat="Server">
    联系我们
    <br /><br />联系电话：
    <br /><br />E-mail:
    <br /><br />联系地址：
</asp:Content>
```

（4）建立 MasterPageResources.master 子母版页，在“源”视图模式下输入如下代码：

```
<%@ Master Language="C#" MasterPageFile="~/MasterPage.master" AutoEvent
Wireup="true" CodeFile="MasterPageResources.master.cs" Inherits="Master
PageResources" %>
<asp:Content
    id="Content2"
    ContentPlaceHolderID="ContentPlaceHolder1"
    Runat="server">
    <div class="leftcolumn">
        <asp:ContentPlaceHolder
            id="ContentPlaceHolder1"
            Runat="server">
        </asp:ContentPlaceHolder>
    </div>
    <div class="rightColumn">
        <asp:ContentPlaceHolder
            id="ContentPlaceHolder2"
            Runat="server">
        </asp:ContentPlaceHolder>
    </div>
</asp:Content>
```

（5）建立 Resources.aspx 内容页，在“源”视图模式下输入如下代码：

```
<%@ Page Title="" Language="C#" MasterPageFile="~/MasterPageResources.master"
AutoEventWireup="true" CodeFile="Resources.aspx.cs" Inherits="Resources" %>
<asp:Content
    ID="Content1"
    ContentPlaceHolderID="ContentPlaceHolder1"
    Runat="Server">
    行业新闻
     <br /><br />中国人力资源服务业市场潜力巨大
    <br /><br />播撒火种 指引脱贫方向
    <br /><br />培训跟上 打工不慌
    <br /><br />人社部、国务院扶贫办召开粤湘鄂劳务
    <br /><br />就业如何又稳又好？总理这样说
    <br /><br />2016 年中国技能大赛暨第 44 届世界
</asp:Content>
```

```
<asp:Content
    ID="Content2"
    ContentPlaceHolderID="ContentPlaceHolder2"
    Runat="Server">
   <b> 工作动态</b>
     <br /><br />河南加快推进调解仲裁工作规范化建设
     <br /><br />陕西西安拟 3 年免费培训 9 万人促就业扶贫
     <br /><br />河北建立约谈制度规范社保基金监管
     <br /><br />四川与云南开通跨省异地就医即时联网结算
     <br /><br />北京最低工资线提高 1160 元
     <br /><br />贵州“七项措施”推进军转安置
</asp:Content>
```

（6）分别运行 Research.aspx 和 Resources.aspx 页面，显示结果如图 5-3 和图 5-4 所示。

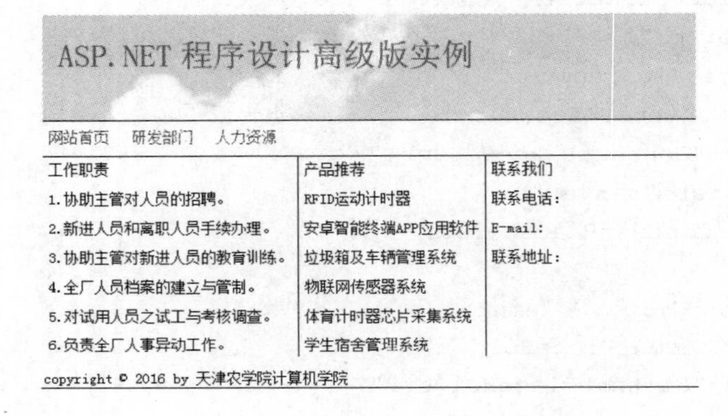

图 5-3　Research.aspx 页面截图

ASP.NET 程序设计高级版实例

网站首页　研发部门　人力资源

行业新闻	**工作动态**
中国人力资源服务业市场潜力巨大	河南加快推进调解仲裁工作规范化建设
播撒火种 指引脱贫方向	陕西西安拟3年免费培训9万人促就业扶贫
培训跟上 打工不慌	河北建立约谈制度规范社保基金监管
人社部、国务院扶贫办召开粤湘鄂劳务	四川与云南开通跨省异地就医即时联网结算
就业如何又稳又好？总理这样说	北京最低工资线提高1160元
2016年中国技能大赛暨第44届世界	贵州“七项措施”推进军转安置

copyright © 2016 by 天津农学院计算机学院

图 5-4　Resources.aspx 页面截图

5.1.4　母版页的应用范围与缓存

1．母版页的应用范围

编写.NET 程序时通常都是在内容页中绑定母版页，其实在 VS 中，母版页应用不局限于内容页，其应用范围可概括为三种：页面级、应用程序级和文件夹级。

1）页面级

页面级母版页应用是最为常见的。内容页可以是应用程序中任意的 aspx 页面，应用时只需在内容页中正确绑定母版页即可。示例代码如下：

```
<%@ Page Title="" Language="C#" MasterPageFile="~/MasterPage.master" Auto
EventWireup="true" CodeFile="****.aspx.cs" Inherits="****" %>
```

2）应用程序级

有些特殊情况下，应用程序中多数页面都需要绑定同一个母版页。这时，如果仍然使用页面级母版页的处理方法，会显得非常烦琐，且效率不高，而使用应用程序级母版页的处理方法会变得高效便捷。应用程序级母版页配置方法是在应用程序配置文件 Web.Config 中添加一个配置节<pages>，并设置其中的 masterPageFile 属性值为母版页 URL 地址。示例代码如下：

```
<system.web>
  <pages masterPageFile="~/MasterPage.master" />
</system.web>
```

如果经过配置的 Web.Config 文件存储于应用程序根目录下，那么以上的配置内容将对整个应用程序产生作用。默认情况下，位于根目录下（包括子文件夹中）的所有 aspx 文件将会成为自动绑定 MasterPage.master 的内容页。在使用这些内容页时，不必如同在页面级的情况那样，为每个页面都设置 MasterPageFile 属性。代码头只需包含如下代码：

```
<%@ Page Title="" Language="C#" AutoEventWireup="true" CodeFile="****
.aspx.cs" Inherits="****" %>
```

以上代码头中，没有包括对属性 MasterPageFile 的设置，这是由于系统将自动绑定 Web.Config 文件中所设置的 MasterPage.master 为母版页。对于站点内有些 aspx 文件可能不需要自动绑定默认设置的母版页，而需要绑定其他的母版页的情况，可以使用如下设置方法，覆盖 Web.Config 中的设置：

```
<%@ Page Title="" Language="C#" MasterPageFile="~/OtherPage.master" Auto
EventWireup="true" CodeFile="****.aspx.cs" Inherits="****" %>
```

对于不需要绑定任何母版页的 aspx 文件，可以使用如下设置：

```
<%@ Page Title="" Language="C#" MasterPageFile="" AutoEventWireup="true"
CodeFile="****.aspx.cs" Inherits="****" %>
```

3）文件夹级

如果需要将某些文件夹中包含的 aspx 页面成为自动绑定母版页的内容页，只要将类似的 Web.Config 文件放置在该文件夹中即可。

2．母版页的缓存

.NET 中缓存技术是一项非常重要的技术。当某个页面被频繁访问时，如果不使用缓存技术，那么，每访问一次就要和服务器进行一次交互，这样会对服务器造成很大的负担。在被频繁访问的页面中设置缓存，可以减少用户和服务器的会话次数，降低服务器的资源消耗。缓存技术不仅可以用在普通页面，还可以在母版页中设置缓存，从而提高网站性能。应注意的是，不应该把高速缓存直接用到母版页，即不能把 OutputCache 指令放到母版页上。如果这样，在页面第二次检索时就会出错。所以，为了能让母版页输出高速缓存，应该把 OutputCache 指令放到内容页上，这会高速缓存内容页面的内容和母版页的内容。通过 OutputCache 指令在内容页中实现缓存的关键代码如下：

```
<%@ OutputCache Duration="10" VaryByParam="none" %>
```

有时缓存整个页面是不现实的，因为页的某些部分可能在每次请求时都发生变化。在这些情况下，只能缓存页面的一部分。顾名思义，页面部分缓存是将页面部分内容保存在内存中以便响应用户请求，而页面其他部分内容则为动态内容。页面部分缓存的实现包括两种方式：控件缓存和替换后缓存。

在控件缓存（也称片段缓存）中，可以通过创建用户控件来包含缓存的内容，然后将用户控件标记为可缓存来缓存部分页输出。该选项允许缓存页中的特定内容，而在每次都重新创建整个页。例如，如果创建的页面除了含有大量动态内容（如价格信息），也有部分静态内容（如通知公告），则可以在用户控件中创建这些静态部分并将用户控件配置为缓存。

缓存后替换与控件缓存正好相反。它对页面进行缓存，但是页中的某些模块是动态的，因此不会缓存这些模块。例如，如果创建的页在设定的时间段内完全是静态的（例如新闻报道页），可以设置为缓存整个页。如果为缓存的页添加旋转广告横幅，则在页请求时，广告横幅不缓存。

5.2 菜 单 操 作

微软为 ASP.NET 提供的菜单控件采用 Table 和 JavaScript，导致生成大量的 html 代码，而且在很多浏览器中都无法显示出子菜单，只能在 IE 中能显示出来。影响了用户交互操作的流畅性。

目前，许多菜单控件采用 CSS 和 UL List 来显示菜单，生成的 html 代码少，很多不需要 JavaScript 支持，而且支持大部分的浏览器，增强了网站的界面效果，提高了用户交互的可操作性。下面介绍两种流行的菜单控件：下拉式菜单和左边栏菜单。

例 5-2　下拉式菜单的建立。

下拉式菜单通常放在网站 Logo 下方，一般包括主菜单和子菜单，子菜单又可以分出三级菜单等。此控件主要用到 CSS、JavaScript 和 UL List。

（1）新建一个网站，在网站中建立 MasterPage2.Master 母版文件，其“源”视图代码如下：

```
<%@ Master Language="C#" AutoEventWireup="true" CodeFile="MasterPage2.
master.cs" Inherits="MasterPage2" %>
<!DOCTYPE html PUBLIC "-//W3C//DTD XHTML 1.0 Transitional//EN" "http://
```

```
www.w3.org/TR/xhtml1/DTD/xhtml1-transitional.dtd">
<html xmlns="http://www.w3.org/1999/xhtml">
<head runat="server">
<meta http-equiv="X-UA-Compatible" content="IE=8">
    <script type="text/javascript">
        window.onresize = function () {
            document.getElementById('menu').contentWindow.modefHeight();
        }
</script>
    <asp:ContentPlaceHolder id="head" runat="server">
    </asp:ContentPlaceHolder>
    <link href="css/StyleSheet.css" rel="stylesheet" type="text/css" />
    <style type="text/css">
        html
        {
            background-color:#8dd8fe;
            font:14px 宋体;
        }
        .content
        {
            width:600px;
            margin:auto;
            border-style:solid;
            background-color:white;
            padding:2px;
        }
        .clear
        {
            clear:both;
        }
    </style>
    <title>ASP.NET 下拉菜单</title>
</head>
<body>
    <form id="form1" runat="server">
    <div class="content">
        <asp:Image
            id="imgLogo"
            ImageUrl="~/Images/logo.jpg"
            AlternateText="网站 Logo"
            Runat="server" />
                    <div class="nav">
            <div class="menu_main">
                <ul id="menu">
                    <li>
```

```
                <dl>
                    <dt><a href="Default.aspx" class="w">网站首页</a></dt>
                </dl>
            </li>
            <li>
                <dl>
                    <dt><a href="">公司概况</a></dt>
                    <dd><a href="">公司简介</a></dd>
                     <dd class="last"><a href="">公司领导</a></dd>
                </dl>
            </li>
            <li>
                <dl>
                    <dt><a href="">公司产品</a></dt>
                    <dd><a href="">产品推荐</a></dd>
                    <dd><a href="" target="_blank">新品研发</a></dd>
                    <dd class="last"><a href="">产品销售</a></dd>
                </dl>
            </li>
            <li>
                <dl>
                    <dt><a href="追溯码查询.aspx">公司要闻</a></dt>
                </dl>
            </li>
             <li>
                <dl>
                    <dt><a href="">技术服务</a></dt>
                    <dd><a href="">售前服务</a></dd>
                    <dd class="last"><a href="">售后服务</a></dd>
                </dl>
            </li>
             <li>
                <dl>
                    <dt><a href="">联系我们</a></dt>
                </dl>
            </li>
        </ul>
</div>
 </div>
     <asp:ContentPlaceHolder id="ContentPlaceHolder1" runat="server">
     </asp:ContentPlaceHolder>
     <br class="clear" /> <br />
     copyright &copy; 2016 by 天津***科技有限公司
   </div>
   </form>
```

```
</body>
</html>
```

（2）添加 Style.css 样式表文件，代码如下：

```
/*===================menu========================*/
.nav {
   background-color: #005e7d;
   background-repeat: repeat-x;
   height: 48px;
   max-width: 600px;
   padding-top:2px;
}
.menu_main {
   width: 600px;
   margin: 0 auto;
   display: block;
   padding-top: 9px;
   z-index: 10;
}
#menu {
   margin: 0;
   padding: 0;
   display: block;
   height: 25px;
   z-index: 10;
}
   #menu li {
      float: left;
      padding: 0;
      width: 100px;
      height: 25px;
      list-style-type: none;
   }
/* 设置菜单项*/
      #menu li dl {
         margin-top: 3px;
         padding: 0;
         height: 25px;
         z-index: 10;
      }
#menu li dt a,#menu li dd a{ display:block;}
/* 设置菜单项的 dt */
      #menu li dt {
         margin: 0;
         padding: 5px;
```

```
            text-align: center;
        }
        #menu li dt {
            height: 25px;
        }
            #menu li dt a, #menu li dt a:visited {
                display: block;
                color: #ef0213;
                text-decoration: none;
                height: 25px;
                font-family: 宋体, Arial, Helvetica, sans-serif;
                font-weight: 900;
                font-size: large;
                width: 100px;
            }
                #menu li dt a.w, #menu li dt a:hover {
                    display: block;
                    color: #FFFFFF;
                    text-decoration: none;
                    height: 24px;
                    font-family: 宋体, Arial, Helvetica, sans-serif;
                    font-weight: 900;
                    font-size: large;
                }
/* 设置菜单项的 dd */
        #menu li dd {
            margin: 0;
            padding: 0;
            color: #fff;
            background: #005e7d;
            height: 25px;
            z-index: 1;
            position: relative;
            width: 100px;
        }
            #menu li dd.last {
                border-bottom: 2px solid #89ad19;
            }
            #menu li dd a, #menu li dd a:visited {
                display: block;
                color: #ef0213;
                text-decoration: none;
                padding: 4px 5px 4px 20px;
                height: 1em;
                font-weight: bolder;
```

```
            }
/*关闭子菜单*/
#menu li dd { display:none;}
/* 设置鼠标响应 */
#menu li:hover dd , #menu li a:hover dd { display:block;}
#menu li:hover, #menu li a:hover { border:0;}/*ie6*/
        #menu li dd a:hover {
            background: #005e7d;
            color: #fff;
            font-weight: bolder;
        }
```

（3）添加 Default.aspx 文件，其“源”视图代码如下：

```
<%@ Page Title="" Language="C#" MasterPageFile="~/MasterPage2.master" Auto
EventWireup="true" CodeFile="Default.aspx.cs" Inherits="_Default" %>
<asp:Content ID="Content1" ContentPlaceHolderID="head" Runat="Server">
</asp:Content>
<asp:Content  ID="Content2"  ContentPlaceHolderID="ContentPlaceHolder1"
Runat="Server">
      <div style="width:600px; height:200px; text-align:center; vertical-
      align:middle;">
          <br /><br /><br />
    公司首页内容!
    </div>
</asp:Content>
```

（4）运行 Default.aspx 文件，显示结果如图 5-5 所示。

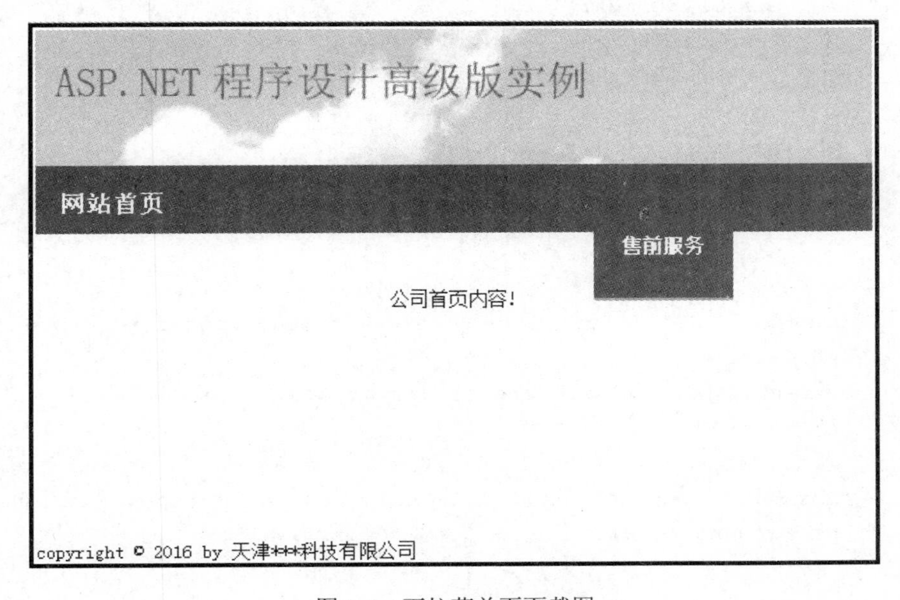

图 5-5　下拉菜单页面截图

例 5-3 左边栏菜单的建立。

左边栏上下滑动菜单是应用较广泛的一种菜单，它主要应用到 CSS、JavaScript 和 UL List。

（1）打开一个网站，新建 css 文件夹，在 css 文件夹中添加 StyleSheet.css 文件，该文件代码如下：

```
/*===================menu========================*/
        .content
        {
           width:600px;
           margin:auto;
           border-style:solid;
           background-color:white;
           padding:2px;
        }
        *{ margin: 0; padding: 0; }
         img{border:0;}
        ul,li{list-style-type:none;}
         a {color:#00007F;text-decoration:none;}
         a:hover {color:#bd0a01;text-decoration:underline;}
         .treebox{ width: 200px; margin: 0 auto; background-color:#c36a0a;
         float:left; }
        .menu{ overflow: hidden; border-color: #dd8200; border-style: solid;
         border-width: 0 1px 1px ; }
         /*第一层*/
         .menu li.level1>a{
             display:block;
             height: 45px;
             line-height: 45px;
             color: #ffffff;
             padding-left: 50px;
             border-bottom: 1px solid #000;
             font-size: 16px;
             position: relative;
          }
          .menu li.level1 a:hover{ text-decoration: none;background-color:
         #d5792e;   }
          .menu li.level1 a.current{ background: #a96206; }
         /*============修饰图标*/
         .ico{ width: 20px; height: 20px; display:block;   position:
         absolute; left: 20px; top: 10px; background-repeat: no-repeat;
         background-image: url(images/ico1.png); }
          /*============小箭头*/
          .level1 i{ width: 20px; height: 10px; background-image: url(images/
        arrow.png); background-repeat: no-repeat; display: block; position:
```

```
        absolute; right: 20px; top: 20px; }.level1 i.down{background- position:
        0 -10px; }
        .ico1{ background-position: 0 0; }
        .ico2{ background-position: 0 -20px; }
        .ico3{ background-position: 0 -40px; }
        .ico4{ background-position: 0 -60px; }
              .ico5{ background-position: 0 -80px; }
        /*第二层*/
        .menu li ul{ overflow: hidden; }
        .menu li ul.level2{ display: none;background: #c33605;  }
        .menu li ul.level2 li a{
           display: block;
           height: 45px;
           line-height: 45px;
           color: #fff;
           text-indent: 60px;
           font-size: 14px;
        }
    div.top_center
    {
       width: 600px;
       padding-bottom: 2px;
       margin-left: auto;
       margin-right: auto;
       height:400px;
}
```

（2）新建 MasterPage.Master 母版页文件，该文件“源”视图代码如下：

```
<%@ Master Language="C#" AutoEventWireup="true" CodeFile="MasterPage.master.cs"
Inherits="MasterPage" %>
<!DOCTYPE html PUBLIC "-//W3C//DTD XHTML 1.0 Transitional//EN" "http://www.
w3.org/TR/xhtml1/DTD/xhtml1-transitional.dtd">
<html xmlns="http://www.w3.org/1999/xhtml">
<head runat="server">
<meta http-equiv="X-UA-Compatible" content="IE=8">
    <asp:ContentPlaceHolder id="head" runat="server">
    </asp:ContentPlaceHolder>
    <link href="css/StyleSheet.css" rel="stylesheet" type="text/css" />
    <style type="text/css">
       html
       {
          background-color:#8dd8fe;
          font:14px 宋体;
       }
    </style>
```

```
    <script src="scripts/jquery1.8.3.min.js" type="text/javascript"></script>
<script src="scripts/easing.js"></script>
<script>
//等待 dom 元素加载
     $(function(){
         $(".treebox .level1>a").click(function(){
             $(this).addClass('current')
             .find('i').addClass('down')
             .parent().next().slideDown('slow','easeOutQuad')
             .parent().siblings().children('a').removeClass('current')
.find('i').removeClass('down').parent().next().slideUp('slow','easeOutQuad');
//隐藏
             return false;
         });
     })
</script>
    <title>ASP.NET 下拉菜单</title>
</head>
<body>
    <form id="form1" runat="server">
    <div class="content">
        <asp:Image
            id="imgLogo"
            ImageUrl="~/Images/logo.jpg"
            AlternateText="网站 Logo"
            Runat="server" />

        <asp:ContentPlaceHolder id="ContentPlaceHolder1" runat="server">
        </asp:ContentPlaceHolder>
        <br /> <br />
        copyright &copy; 2016 by 天津***科技有限公司
    </div>
    </form>
</body>
</html>
```

注意在上述代码中引入了 jquery1.8.3.min.js 文件。

（3）新建 Default.aspx 内容页文件，该文件“源”视图代码如下：

```
<%@ Page Title="" Language="C#" MasterPageFile="~/MasterPage.master" Auto
EventWireup="true" CodeFile="Default.aspx.cs" Inherits="_Default" %>
<asp:Content ID="Content1" ContentPlaceHolderID="head" Runat="Server">
</asp:Content>
<asp:Content  ID="Content2"  ContentPlaceHolderID="ContentPlaceHolder1"
Runat="Server">
     <div style="width:600px; text-align:left; vertical-align:middle;">
```

```
        <div class="top_center">
        <div class="treebox">
<ul class="menu">
            <li class="level1">
                <a href="#none"><em class="ico ico1"></em>系统设置<i class=
                "down"></i></a>
                <ul class="level2">
                    <li><a href="javascript:;">系统状态</a></li>
                    <li><a href="javascript:;">数据初始化</a></li>
                    <li><a href="javascript:;">首页设置</a></li>
                    <li><a href="javascript:;">系统日志</a></li>
                </ul>
            </li>
            <li class="level1">
                <a href="#none"><em class="ico ico2"></em>新闻管理<i></i></a>
                <ul class="level2">
                    <li><a href="javascript:;">类别添加</a></li>
                    <li><a href="javascript:;">类别管理</a></li>
                    <li><a href="javascript:;">新闻添加</a></li>
                    <li><a href="javascript:;">新闻管理</a></li>
                </ul>
            </li>
            <li class="level1">
                <a href="#none"><em class="ico ico3"></em>图片管理<i></i></a>
                <ul class="level2">
                    <li><a href="javascript:;">图片添加</a></li>
                    <li><a href="javascript:;">图片管理</a></li>
                </ul>
            </li>
            <li class="level1">
                <a href="#none"><em class="ico ico4"></em>产品管理<i></i></a>
                <ul class="level2">
                    <li><a href="javascript:;">产品添加</a></li>
                    <li><a href="javascript:;">产品管理</a></li>
                </ul>
            </li>
                    <li class="level1">
                <a href="#none"><em class="ico ico5"></em>数据管理<i></i></a>
                <ul class="level2">
                    <li><a href="javascript:;">数据备份</a></li>
                    <li><a href="javascript:;">数据恢复</a></li>
                </ul>
            </li>
        </ul>
    </div>
```

```
            <div style="float: right;text-align:center; vertical-align:middle;
            width: 400px;height:400px;">
               <br /><br /><br /> 系统状态!
                </div>
            </div>
        </div>
    </asp:Content>
```

（4）运行 Default.aspx 内容页文件，显示结果如图 5-6 所示。

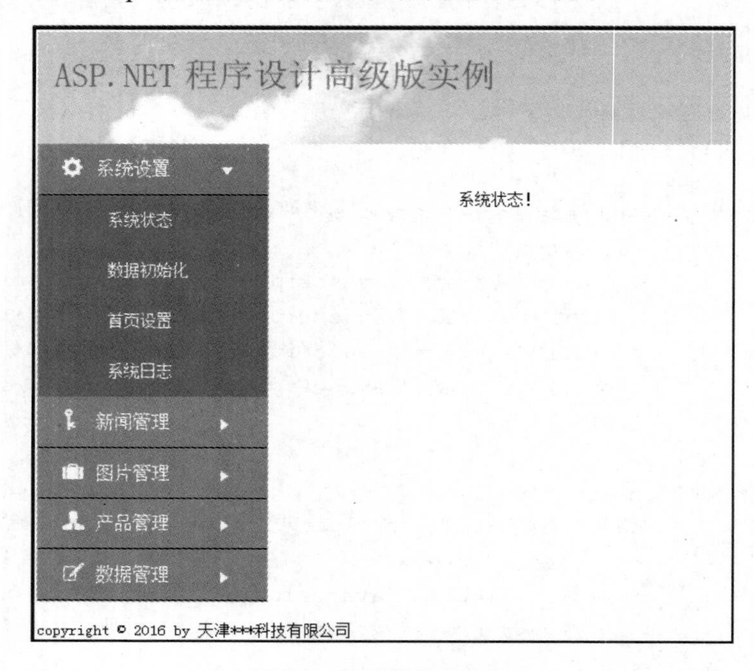

图 5-6　左边栏菜单截图

除了以上两种菜单控件以外，还有许多个性化的菜单控件，如 SolpartMenu 控件、淘宝式菜单控件和树形菜单控件等，限于篇幅，在此不一一列举。

5.3　一致的数据处理

用.NET 编写程序时，通常会遇到在不同的页面都要实现同一个功能，如果对这些功能在每个页面都编写类似的代码，代码冗余多且容易出现错误。所以很多时候把一些函数放在统一的公共类里面，当需要实现该功能时，只需调用公共类里面的函数即可，这样提高了代码的复用率，并且减少了一些不必要的错误。这样的处理方式，称为一致的数据处理。本文对 CRUD 操作、分页、查询和导出 Excel 等功能进行实例分析。

5.3.1　CRUD 操作

CRUD 是指在做计算处理时的增加(Create)、读取查询(Retrieve)、更新(Update)和删除

(Delete)几个单词的首字母简写。在.NET 中主要是对数据库的增加、查询、更新和删除操作。下面通过实例分别说明如何实现 CRUD 操作的一致性处理。

例 5-4 数据的一致性处理。

（1）增加操作。

增加操作的实例是为新闻表 NewsTable 添加数据，处理方法是在数据库中先写好存储过程 insert_NewsTable，然后在添加数据的.cs 文件中通过公共类函数 RunProcedure 调用该存储过程。insert_NewsTable 存储过程、公共类函数 RunProcedure 和添加按钮的代码分别如下。

存储过程代码如下：

```
CREATE PROCEDURE [dbo].[insert_NewsTable]
@Title nvarchar(200),
@Content nvarchar(MAX),
@Keywords nvarchar(200),
@AddTime smalldatetime,
@Author nvarchar(50),
@AuthorIP nvarchar(50)
AS
INSERT INTO NewsTable
VALUES
(
@title,
@Content,
@Keywords,
@AddTime,
@Author,
@AuthorIP
);
GO
```

RunProcedure 函数代码如下：

```
    /// <summary>
    /// 执行存储过程
    /// </summary>
    /// <param name="storedProcName">存储过程名</param>
    /// <param name="parameters">存储过程参数</param>
    /// <returns>SqlDataReader</returns>
    public static SqlDataReader RunProcedure(string storedProcName, IData
    Parameter[] parameters)
    {
        SqlConnection connection = new SqlConnection(connectionString);
        SqlDataReader returnReader;
        connection.Open();
        SqlCommand command = BuildQueryCommand(connection, storedProcName,
```

```
            parameters);
        command.CommandType = CommandType.StoredProcedure;
        returnReader = command.ExecuteReader();
        return returnReader;
}
```

添加按钮代码如下：

```
protected void btnok_Click(object sender, EventArgs e)
    {
        if (TextBox1.Text.Trim() == "")  //判断新闻标签不能为空
        {
            ScriptManager.RegisterStartupScript(UpdatePanel1,   this.GetType(),
            "alert", "alert('新闻名称不能为空!')", true);
            return;
        }
        else
        {
            try
            {
                SqlParameter[] parameters = new SqlParameter[1];
                parameters[0] = new SqlParameter("@新闻名称", TextBox1.Text.
                Trim());
                DataSet ds = SqlHelper.Query("select * from NewsTable where
                Title=@新闻名称", parameters);  //查询新闻标题是否重复
                if (ds.Tables[0].Rows.Count < 1)
                {
                    parameters = new SqlParameter[6];
                    parameters[0] = new SqlParameter("@Title", TextBox1.Text.
                    Trim());
                    parameters[1] = new SqlParameter("@Content", TextBox2.Text.
                    Trim());
                    parameters[2] = new SqlParameter("@Keywords", TextBox3.Text.
                    Trim());
                    parameters[3] = new SqlParameter("@AddTime", DateTime.Now.
                    ToString());
                    parameters[4] = new SqlParameter("@Author", TextBox4.Text.
                    Trim());
                    parameters[5] = new SqlParameter("@AuthorIP", ClientIP());
                    SqlHelper.RunProcedure("insert_NewsTable", parameters);
                    //调用存储过程
                    ScriptManager.RegisterStartupScript(UpdatePanel1, this.
                    GetType(), "alert", "alert('添加成功!');location.replace
                    ('Newsmanage.aspx')", true);
                }
```

```
            else
            {
                ScriptManager.RegisterStartupScript(UpdatePanel1, this.
                GetType(),"alert","alert('新闻名称重复,添加失败!')", true);
            }
        }
        catch (Exception)
        {
            ScriptManager.RegisterStartupScript(UpdatePanel1,this.GetType(),
            "alert", "alert('添加失败!')", true);
        }
    }
}
```

通过代码可以看到，RunProcedure 函数对执行的存储过程没有要求，以后需要执行存储过程的页面都可以调用此函数。

（2）查询操作。

查询操作是程序开发中重要的一环，查询方法的优劣会影响用户体验是否满意，对系统资源的使用也有很大影响。下面以一个复合查询为例说明查询操作的一致性处理。

实例是一个新闻管理页面，页面中包括三个 TextBox 控件、一个查询按钮和一个 GridView 控件。页面后台主要包括 GridView 绑定函数、数据获取函数、公共类函数 Query 和查询按钮单击函数，代码分别如下。

GridView 绑定函数代码：

```
private void GridView_Bind()
    {
        DataTable dt = shuju();
        DataView dv = new DataView(dt);
        dv.RowFilter = Session["新闻表"].ToString();
        Session["新闻表fc"] = dv.ToTable();
        com1.FenYe1(dv.ToTable(), Label1, Label2, Label3, GridView1, LinkButton1,
        LinkButton2, LinkButton3, LinkButton4, Convert.ToInt32(Session
        ["pageSize"]));
}
```

数据获取函数如下：

```
private DataTable shuju()
    {
        string str = "select * from NewsTable order by [NewsID] desc";
        return SqlHelper.Query(str).Tables[0];
}
```

Query 函数代码：

```
/// <summary>
    /// 执行查询语句，返回 DataSet
    /// </summary>
    /// <param name="SQLString">查询语句</param>
    /// <returns>DataSet</returns>
    public static DataSet Query(string SQLString)
    {
        using (SqlConnection connection = new SqlConnection(connectionString))
        {
            DataSet ds = new DataSet();
            try
            {
                connection.Open();
                SqlDataAdapter command=new SqlDataAdapter(SQLString, connection);
                command.Fill(ds, "ds");
            }
            catch (System.Data.SqlClient.SqlException ex)
            {
                throw new Exception(ex.Message);
            }
            return ds;
        }
    }
```

查询按钮代码如下：

```
    protected void btnqdxx_Click(object sender, EventArgs e)
    {
        if (txtoldtime.Text == "" && txtnewtime.Text == "")
        {
            Session["新闻表"] = "Title like '%" + gwid.Text.ToString().Replace
            ("'", "") + "%'";
        }
        else
        {
            Session["新闻表"] = "Title like '%" + gwid.Text.ToString().Replace
            ("'", "") + "%' and (AddTime>='" + txtoldtime.Text + "' and
             AddTime<='" + txtnewtime.Text + "') ";
        }
        GridView_Bind();
}
```

执行结果如图 5-7 所示。

图 5-7　查询操作执行结果

（3）编辑操作。

编辑操作的执行过程与添加操作类似，只是在编辑操作开始阶段需要查询获取数据库数据，此处也用到了 Query 函数。Query 函数应用代码、编辑存储过程和编辑按钮的执行代码如下。

Query 函数应用代码：

```
DataSet ds = SqlHelper.Query("select * from NewsTable where NewsID=@新闻编号", new SqlParameter[] { new SqlParameter("@新闻编号", Request["NewsID"]) });
            TextBox1.Text = ds.Tables[0].Rows[0][1].ToString();
            TextBox2.Text = ds.Tables[0].Rows[0][2].ToString();
            TextBox3.Text = ds.Tables[0].Rows[0][3].ToString();
            TextBox4.Text = ds.Tables[0].Rows[0][5].ToString();
```

编辑存储过程：

```
CREATE PROCEDURE [dbo].[update_NewsTable]
@NewsID int,
@Title nvarchar(200),
@Content nvarchar(MAX),
@Keywords nvarchar(200),
@AddTime smalldatetime,
@Author nvarchar(50),
@AuthorIP nvarchar(50)
AS
UPDATE  NewsTable
set
Title=@Title,
Content=@Content,
Keywords=@Keywords,
AddTime=@AddTime,
Author=@Author,
AuthoriP=@AuthorIP
```

```
where NewsID=@NewsID
GO
```


编辑按钮代码如下：

```
protected void Button1_Click(object sender, EventArgs e)
    {
        try
        {
            if (TextBox1.Text.Trim() == "")
            {
                ScriptManager.RegisterStartupScript(UpdatePanel1, this.GetType(),
                "alert", "alert('新闻名称不能为空!')", true);
                return;
            }
            else
            {
                SqlParameter[] parameters;
                parameters = new SqlParameter[1];
                parameters[0] = new SqlParameter("@新闻名称", TextBox1.Text.
               Trim());
                DataSet ds = SqlHelper.Query("select * from NewsTable where
                Title=@新闻名称 and NewsID!='" + Request["NewsID"].ToString()
                + "'", parameters);
                if (ds.Tables[0].Rows.Count >= 1)
                {
                    ScriptManager.RegisterStartupScript(UpdatePanel1, this.
                    GetType(),"alert", "alert('新闻名称重复，修改失败!')", true);
                    return;
                }
                else
                {
                    parameters = new SqlParameter[7];
                    parameters[0] = new SqlParameter("@NewsID", Request
                    ["NewsID"]. Trim());
                    parameters[1] = new SqlParameter("@Title", TextBox1.Text.
                    Trim());
                    parameters[2] = new SqlParameter("@Content", TextBox2.Text.
                    Trim());
                    parameters[3] = new SqlParameter("@Keywords", TextBox3.Text.
                    Trim());
                    parameters[4] = new SqlParameter("@AddTime", DateTime.Now.
                    ToString());
                    parameters[5] = new SqlParameter("@Author", TextBox4.Text.
                    Trim());
                    parameters[6] = new SqlParameter("@AuthorIP", ClientIP());
```

```
                SqlHelper.RunProcedure("update_NewsTable", parameters);
                ScriptManager.RegisterStartupScript(UpdatePanel1, this.
                GetType(), "alert", "alert('修改成功');location.replace
               ('Newsmanage.aspx')", true);
            }
        }
    }
    catch (Exception)
    {
        ScriptManager.RegisterStartupScript(UpdatePanel1,  this.GetType(),
        "alert", "alert('修改失败')", true);
    }
}
```

（4）删除操作。

删除操作主要用到了公共类函数 ExecSQL，ExecSQL 函数和删除按钮代码如下。

ExecSQL 函数代码：

```
/// <summary>
    /// 说明：ExecSQL 用来执行 SQL 语句
    ///  返回值：操作是否成功(True\False)
    ///  参数：sqlStr SQL 字符串
    /// </summary>
    public Boolean ExecSQL(string sqlStr)
    {
        SqlConnection myConn = GetConnection();
        myConn.Open();
        SqlCommand myCmd = new SqlCommand(sqlStr, myConn);
        try
        {
            myCmd.ExecuteNonQuery();
            myConn.Close();
        }
        catch
        {
            myConn.Close();
            return false;
        }
        return true;
}
```

删除按钮代码如下：

```
protected  void  GridView1_RowCommand(object  sender,  GridViewCommand
EventArgs e)
    {
```

```
        if (e.CommandName == "删除")
        {
            com1.ExecSQL("delete from NewsTable where NewsID='" + this.GridView1.
            DataKeys[Convert.ToInt32(e.CommandArgument)].Value.ToString()+"'");

            GridView_Bind();
        }
    }
```


5.3.2 分页

实例中分页操作分为前台和后台部分，前台主要是定义相关控件，后台初始化部分是初始化 GridView 显示数据条数，然后绑定 GridView 部分调用分页公共类函数，最后是对前台分页 DropListDown 控件和按钮控件进行单击定义，代码分别如下。

前台分页代码：

```
显示数量:<asp:DropDownList ID="DropDownList_分页数量" runat="server" AutoPostBack=
"True" OnSelectedIndexChanged="DropDownList_分页数量_SelectedIndexChanged">
        <asp:ListItem>10</asp:ListItem>
        <asp:ListItem>20</asp:ListItem>
        <asp:ListItem>50</asp:ListItem>
        <asp:ListItem>100</asp:ListItem>
        <asp:ListItem>200</asp:ListItem>
    </asp:DropDownList>        
      当前页码为[<asp:Label ID="Label1" runat="server" Text="1"></asp:Label>
      ]页 | 总页码[<asp:Label ID="Label2" runat="server" Text="1"></asp:Label>
      ] | 共[<asp:Label ID="Label3" runat="server" Text="Label"></asp:Label>
      ]条记录 |
       <asp:LinkButton ID="LinkButton1" runat="server" OnClick="LinkButton1_
       Click">首页</asp:LinkButton>
        |
        <asp:LinkButton ID="LinkButton2" runat="server" OnClick="LinkButton2_
        Click">上一页</asp:LinkButton>
        |
     <asp:LinkButton ID="LinkButton3" runat="server" OnClick="LinkButton3_
     Click">下一页</asp:LinkButton>
        |
      <asp:LinkButton ID="LinkButton4" runat="server" OnClick="LinkButton4_
      Click">末页</asp:LinkButton>
```

后台分页代码：

```
protected void Page_Load(object sender, EventArgs e)
 {
    this.gwid.Attributes.Add("onkeydown", "SubmitKeyClick();");
```

```
        PostBackTrigger trigger = new PostBackTrigger();
        trigger.ControlID="btndcexc";((UpdatePanel)Page.Controls[0].FindControl
        ("ContentPlaceHolder1").FindControl("UpdatePanel1")).Triggers.
        Add(trigger);
        if (!IsPostBack)
        {
            txtnewtime.Attributes["contentEditable"] = "false";
            txtnewtime.Attributes.Add("onfocus", "return new Calendar(). show
            (this);");
            txtoldtime.Attributes["contentEditable"] = "false";
            txtoldtime.Attributes.Add("onfocus", "return new Calendar().show
            (this);");
            if (Session["pageSize"] == null)
                Session["pageSize"] = "10";
            DropDownList_分页数量.SelectedValue=Session["pageSize"].ToString();
            Session["新闻表"] = "";
            GridView_Bind();
        }
}
/// GridView 绑定函数
    private void GridView_Bind()
    {
        DataTable dt = shuju();
        DataView dv = new DataView(dt);
        dv.RowFilter = Session["新闻表"].ToString();
        Session["新闻表 fc"] = dv.ToTable();
        com1.FenYe1(dv.ToTable(), Label1, Label2, Label3, GridView1, LinkButton1,
        LinkButton2, LinkButton3, LinkButton4, Convert.ToInt32 (Session
        ["pageSize"]));
}
```

分页公共类函数代码：

```
    /// <summary>
    /// 说明：分页函数，对 GridView 进行分页
    /// 参数： DataSource 数据源
    /// Label1 当前页
    /// Label2 总页码
    /// Label3 总记录数
    /// GridView1GridView 名称
    /// LinkButton1 首页按钮
    /// LinkButton2 上一页按钮
    /// LinkButton3 下一页按钮
    /// LinkButton4 末页按钮
    /// </summary>
    public void FenYe(DataTable DataSource, Label Label1, Label Label2, Label
```

```
Label3, GridView GridView1, LinkButton LinkButton1, LinkButton LinkButton2,
LinkButton LinkButton3, LinkButton LinkButton4)
 {
     LinkButton1.Enabled = true;
     LinkButton2.Enabled = true;
     LinkButton3.Enabled = true;
     LinkButton4.Enabled = true;
     int CurrentPage = Convert.ToInt32(Label1.Text);
     PagedDataSource ps = new PagedDataSource();
     ps.DataSource = DataSource.DefaultView;
     ps.AllowPaging = true;
     ps.PageSize = 10;
     if (Convert.ToInt32(Label2.Text) < ps.PageCount)
     {
        Label1.Text = "1";
     }
     Label2.Text = ps.PageCount.ToString();
     if (Convert.ToInt32(Label1.Text) > Convert.ToInt32(Label2.Text))
     {
        Label1.Text = "1";
        CurrentPage = 1;
     }
     ps.CurrentPageIndex = CurrentPage - 1;
     Label3.Text = DataSource.Rows.Count.ToString();
     if (CurrentPage == 1)
     {
        LinkButton1.Enabled = false;
        LinkButton2.Enabled = false;
     }
     if (CurrentPage == ps.PageCount)
     {
        LinkButton3.Enabled = false;
        LinkButton4.Enabled = false;
     }
     GridView1.DataSource = ps;
     GridView1.DataBind();
 }
/// DropDownList 更改函数
protected void DropDownList_分页数量_SelectedIndexChanged(object sender,
EventArgs e)
 {
     Page.ClientScript.RegisterStartupScript(Page.GetType(), "", "<script
     language='javascript'defer>location='Newsmanage.aspx?page=1';</script>");
     Session["pageSize"] = DropDownList_分页数量.SelectedValue;
     GridView_Bind();
```

```
}
///首页按钮单击函数
    protected void LinkButton1_Click(object sender, EventArgs e)
    {
        Label1.Text = "1";
        GridView_Bind();
}
///上一页按钮单击函数
    protected void LinkButton2_Click(object sender, EventArgs e)
    {
        Label1.Text = (Convert.ToInt32(Label1.Text) - 1).ToString();
        GridView_Bind();
}
///下页按钮单击函数
    protected void LinkButton3_Click(object sender, EventArgs e)
    {
        Label1.Text = (Convert.ToInt32(Label1.Text) + 1).ToString();
        GridView_Bind();
}
///末页按钮单击函数
    protected void LinkButton4_Click(object sender, EventArgs e)
    {
        Label1.Text = Label2.Text;
        GridView_Bind();
}
```

运行结果如图 5-8 所示。

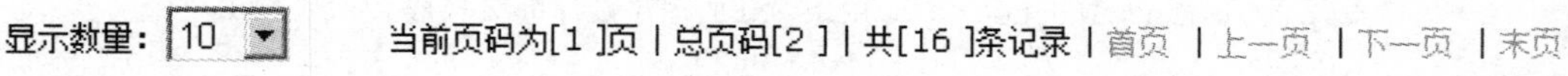

显示数量：10　　当前页码为[1]页 | 总页码[2] | 共[16]条记录 | 首页 | 上一页 | 下一页 | 末页

图 5-8　分页控件运行结果界面

5.3.3　联想查询

ASP.NET 还可以实现联想查询功能，即在查询文本框输入关键字的过程中实时筛选数据库相关记录，并将符合条件的内容以下拉框的形式显示出来，用户根据列出的选项选择需要的信息。联想查询功能可以节约用户查询时间，提高查询效率，该功能目前在各大搜索网站（如 Google 和百度）都已应用。下面以实例的形式说明联想功能的实现方法。

该实例主要实现用户登录时，首先选择所属企业，当企业较多时，如果使用下拉框直接选择企业，则效率较低下。如果使用联想查询功能，则可直接在文本框中输入企业名称或企业编号，在输入的过程中逐步地筛选企业，很快就会找到需要的企业。本节实例包括模糊查询和下拉直接选择两种功能。实例主要包括：一个 login 页面、一个 ssqy.asmx 文件和一个 ssqy.cs 公共类；数据库主要包括：一个企业表和一个视图。实现时需要用到 AJAX 控件，AJAX 控件中的 ServicePath 设置为 ssqy.asmx，ssqy.asmx 中 Class 设置为 ssqy 用于调用公共类 ssqy.cs。login 页面前后台代码、ssqy.asmx 代码和 ssqy.cs 代码分别如下。

login 页面前台代码：

```
<%@ Page Language="C#" AutoEventWireup="true"  CodeFile="login.aspx.cs"
Inherits="login" %>
<%@ Register Assembly="AjaxControlToolkit" Namespace="AjaxControlToolkit"
TagPrefix="asp" %>
<!DOCTYPE html PUBLIC "-//W3C//DTD XHTML 1.0 Transitional//EN" "http://www.
w3.org/TR/xhtml1/DTD/xhtml1-transitional.dtd">
<html xmlns="http://www.w3.org/1999/xhtml">
<head runat="server">
<title>登录窗口</title>
<link href="CSS/autoTextbox.css" rel="stylesheet" type="text/css" />
</head>
<body style=" background-image:url(images/logobg2.gif); background-repeat:
no-repeat;">
<div align="center" style=" vertical-align:top;">
<br/><br/><br/><br/><br/><br/><br/><br/><br/>

    <table cellpadding="0" cellspacing="0"  border="0" style="background-
    image:url(images/loginbg1.gif); background-repeat:no-repeat; width:
    450px;height:300px;vertical-align:middle">
          <tr>
               <td style="text-align:center;">
<table cellpadding="0" border="0" width="100%" cellspacing="0">
     <tr>
         <td  style="width:450px; height:50px; text-align:center; font-size:
          14pt; color:White;"><b>ASP.NET 程序设计高级教程</b></td>
</tr>
</table>
</td></tr>
<tr><td  style="width:400px;border:0;height:200px;">
<table cellpadding="0" cellspacing="0">
<tr>
     <td style="text-align:center; width:150px;"></td>
         <td style="text-align:center; width:300px;">
          <form id="LoginForm"  runat="server">
                <asp:ScriptManager ID="ScriptManager1" runat="server" Enable
                ScriptGlobalization="true" EnableScriptLocalization="true">
    </asp:ScriptManager>
<table cellpadding="0" cellspacing="0" style="height:230px" width="100%">
<tr><td align="center">
          <table cellpadding="0" cellspacing="0" width="100%">
                 <tr>
               <td style="text-align:right; width:120px; height:40px; color:
```

```
White;">所属企业：</td>
<td style="vertical-align:middle; text-align:left;">
<span style="position:absolute;border:1pt solid #c1c1c1;overflow:
hidden;width:168px;height:19px;clip:rect(-1px 170px 170px 150px);">
    <asp:DropDownList ID="userClassDrop" runat="server" DataSourceID=
    "SqlDataSource1" AutoPostBack="True" ontextchanged= "user
    ClassDrop_TextChanged" width="170" DataTextField="企业名称"
    DataValueField="企业编号" ></asp:DropDownList>
<asp:SqlDataSource ID="SqlDataSource1" runat="server" ConnectionString=
"<%$ ConnectionStrings:connectstring %>" SelectCommand="SELECT [企业编号],
[企业名称] FROM [企业表] where 认证状态=3"></asp:SqlDataSource>
                </span>
        <span style="position:absolute;border-top:1pt solid #c1c1c1;
        border-left:1pt solid #c1c1c1;border-bottom:1pt solid
        #c1c1c1;width:150px;height:19px;">

    <asp:AutoCompleteExtender ID="AutoCompleteExtender1" runat=
    "server" TargetControlID="ssqy"
        CompletionInterval="50" ServicePath="ssqy.asmx" Completion
        SetCount="10" MinimumPrefixLength="1"
        CompletionListCssClass="autocomplete_completionList Element"
        CompletionListItemCssClass="autocomplete_listItem"
CompletionListHighlightedItemCssClass="autocomplete_highlighted
ListItem" ServiceMethod="GetCompleteDepart">
        </asp:AutoCompleteExtender>
    <asp:TextBox ID="ssqy" runat="server" AutoCompleteType= "Disabled"
    onfocus="if(this.value=='请选择或输入企业名称') {this.value='';
    this.style.color='Black'}" onblur="this.value=this.value==''?'
    请选择或输入企业名称':this.value;this.style.color=this.value== '
    请选择或输入企业名称'?'Grey':'Black'"
        AutoPostBack="True" ontextchanged="ssqy_TextChanged"
        Width="150px"></asp:TextBox>
                </span> </td>
</tr>
<tr>
    <td style="text-align:right;height:50px; color:White;" >
    用户名：</td>
    <td style="vertical-align:middle; text-align:left"> <asp:
    TextBox ID="AdminNameTxt" runat="server"  Columns="19">
    </asp:TextBox>
        <asp:RequiredFieldValidator ID="AdminNameValR" runat=
        "server" ErrorMessage="*" ControlToValidate= "AdminName
        Txt"> </asp:RequiredFieldValidator>
    </td>
</tr>
```

```
                <tr>
                    <td style="text-align:right; height:50px; color:White;">
                    密  码: </td>
                    <td style="vertical-align:middle; text-align:left"><asp:
                    TextBox ID="AdminPwdTxt" runat="server" Columns="20"
                    TextMode="Password"></asp:TextBox>
                  <asp:RequiredFieldValidator ID="AdminPwdValR" runat="server"
                  ErrorMessage="*" ControlToValidate="AdminPwdTxt"></asp:Required
                  FieldValidator>
                         </td>
                </tr>
                <tr>
                    <td style=" height:50px; text-align:right;">
                    <asp:ImageButton ID="LoginBtn" runat="server" ImageUrl=
                    "images/denglu.gif"OnClick="LoginBtn_Click"Width="80"Height
                    ="43"/>
                  </td>
                  <td style="text-align:left;">
                    <asp:ImageButton ID="CancelBtn" runat="server"
                 ImageUrl="images/cancel.gif" OnClick="CancelBtn_Click" Width=
                 "80" Height="43" />
                 </td>
                 </tr>
                 </table>
</td>
</tr>
                    </table>
                </form>
          </td>
          <td  style="width: 1px"></td>
     </tr>
     </table>
                </td>
          </tr>
</table></div>
</body>
</html>
```

login 页面后台代码如下：

```
using System;
using System.Collections;
using System.Configuration;
using System.Web;
using System.Web.Security;
using System.Web.UI;
using System.Web.UI.HtmlControls;
```

```
using System.Web.UI.WebControls;
using System.Web.UI.WebControls.WebParts;
using System.Web.Configuration;

public partial class login : System.Web.UI.Page
{
CommonClass cocl = new CommonClass();
protected void Page_Load(object sender, EventArgs e)
{
        if (!Page.IsPostBack)
        {
            DataLoad();
            if (Request.Cookies["ssqy"] == null)
            {
                this.ssqy.Text = "请选择或输入企业名称";
            }
            else
            {
                this.ssqy.Text = Server.UrlDecode(Request.Cookies["ssqy"]. Value);
            }
        }
}
#region 加载页面初始化数据
private void DataLoad()
{
        #region WebControls Config
        AdminNameTxt.EnableViewState = true;
        AdminPwdTxt.EnableViewState = false;
        #endregion
    }
    #endregion
    #region 处理客户端回发数据
    protected void LoginBtn_Click(object sender, EventArgs e)
    {
    }
#endregion
        protected void CancelBtn_Click(object sender, EventArgs e)
        {
            AdminNameTxt.Text = "";
            AdminPwdTxt.Text = "";
        }
        protected void ssqy_TextChanged(object sender, EventArgs e)
        {
            try
            {
```

```
            string qyma = ssqy.Text.Remove(0, ssqy.Text.Length - 10);
        }
        catch (Exception)
        {
        Response.Write("<script language=javascript>alert('请选择或输入
       所属企业!。');</script>");
    }
    }
    protected void userClassDrop_TextChanged(object sender, EventArgs e)
    {
        try
        {
            ssqy.Text = userClassDrop.SelectedItem.Text + userClassDrop.
            SelectedValue;
            string qyma = ssqy.Text.Remove(0, ssqy.Text.Length - 10);
        }
        catch (Exception)
    {
        Response.Write("<script language=javascript>alert('请选择或输入
       所属企业!。');</script>");
    }
    }
}
```

ssqy.asmx 的代码如下：

```
<%@ WebService Language="C#" CodeBehind="~/App_Code/ssqy.cs" Class="ssqy" %>
```

ssqy.cs 的代码如下：

```
using System;
using System.Collections.Generic;
using System.Linq;
using System.Web;
using System.Web.Services;
using System.Data.SqlClient;
using System.Data;
using System.Collections;
/// <summary>
///gangwei 的摘要说明
/// </summary>
[WebService(Namespace = "http://tempuri.org/")]
[WebServiceBinding(ConformsTo = WsiProfiles.BasicProfile1_1)]
//若要允许使用 ASP.NET AJAX 从脚本中调用此 Web 服务，请取消注释
[System.Web.Script.Services.ScriptService]
public class ssqy : System.Web.Services.WebService {
    private string[] autoCompleteWordList;
    [WebMethod]
```

```
    public String[] GetCompleteDepart(string prefixText, int count)
    {
        if (string.IsNullOrEmpty(prefixText) || count <= 0)
        {
            return null;
        }
        if (autoCompleteWordList == null)
        {
            string str = "select * from 企业名称编号 where 企业名称编号 like '%"
            + prefixText + "%'";
            DataTable dt = Selectss(str);
            string[] temp = new string[dt.Rows.Count];
            int i = 0;
            foreach (DataRow dr in dt.Rows)
            {
                temp[i] = dr["企业名称编号"].ToString();
                i++;
            }
            Array.Sort(temp, new CaseInsensitiveComparer());
            autoCompleteWordList = temp;
        }
        return autoCompleteWordList;
    }
    private string getConnectionString()//获取链接字符串
    {
        string conn;
        conn = "Data Source=.;Initial Catalog=examplechp5;Integrated Security=
       True;";
        return conn;
    }
    public DataTable Selectss(string sql)
    {
        using (SqlConnection conn = new SqlConnection(getConnectionString()))
        {
            conn.Open();
            SqlCommand comm = new SqlCommand(sql, conn);
            DataTable dt = new DataTable();
            SqlDataAdapter ad = new SqlDataAdapter(comm);
            ad.Fill(dt);
            return dt;
        }
    }
}
```

运行结果如图 5-9 和图 5-10 所示，其中图 5-9 是联想查询，图 5-10 是直接下拉列表框选择。

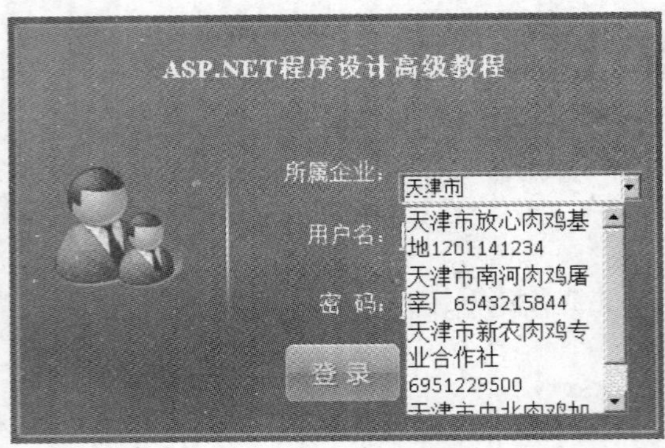

图 5-9 联想查询

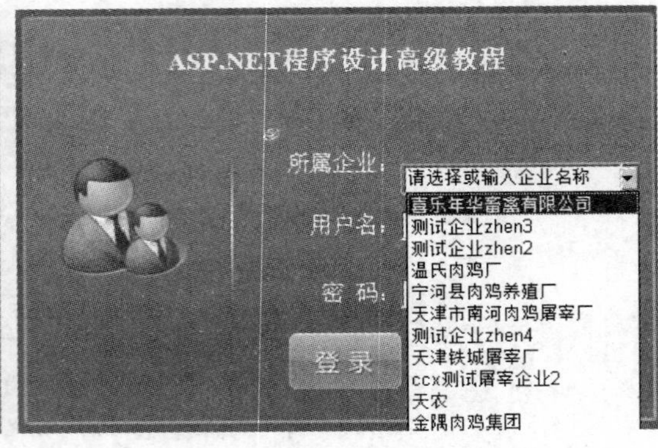

图 5-10 直接下拉列表框选择

5.3.4 导出 Excel

导出 Excel 操作是把按条件查询出的信息导出到 Excel 表中，以备后期处理和应用。该功能主要包括导出按钮单击函数和公共类函数 CreateExcel，代码分别如下。

公共类函数 CreateExcel 代码：

```
/// <summary>
/// 连接数据库由 DataSet 导出数据库
/// </summary>
/// <param name="req">HttpRequest 对象，主要用来判断是否是火狐浏览器</param>
///<param name="resp">HttpResponse 对象(调用时使用 Page.Response 即可)</param>
/// <param name="sqlStr">SQL 语句</param>
/// <param name="FileName">保存的文件名，不带扩展名</param>
public void CreateExcel(HttpRequest req, HttpResponse resp, DataTable
dt, string FileName)
{
    resp.ContentEncoding = System.Text.Encoding.GetEncoding("UTF-8");
    if (req.UserAgent.ToLower().IndexOf("firefox") != -1)
    {//如果是火狐浏览器
        resp.AppendHeader("Content-Disposition", "attachment;filename=
        "+"\""+FileName+".xls\"");
    }
    else
    {
        resp.AppendHeader("Content-Disposition","attachment;filename=
        "+HttpContext.Current.Server.UrlPathEncode(FileName+".xls"));
    }
    string sOut = "<table cellSpacing='10' cellPadding='10' border='1'>";
    string ot = "";
    string head = "";
    for (int j = 0; j < dt.Columns.Count; j++)
```

```
        {
            if (j == 0)
            {
                head=head+"<tr><td>"+dt.Columns[j].Caption.ToString()+"</td>";
            }
            else if (j == dt.Columns.Count - 1)
            {
                head=head+"<td>"+dt.Columns[j].Caption.ToString()+"</td></tr>";
            }
            else
            {
                head=head + "<td>" + dt.Columns[j].Caption.ToString() + "</td>";
            }
        }
        foreach (DataRow row in dt.Rows)
        {
            //在当前行中，逐列获得数据，数据之间以\t 分隔，结束时加回车符\n
            for (int j = 0; j < row.Table.Columns.Count; j++)
            {
                if (j == 0)
                {
                    ot = ot + "<tr><td>" + row[j].ToString() + "</td>";
                }
                else if (j == row.Table.Columns.Count - 1)
                {
                    ot = ot + "<td>" + row[j].ToString() + "</td></tr>";
                }
                else
                {
                    ot = ot + "<td>" + row[j].ToString() + "</td>";
                }
            }
        }
        sOut = sOut + head + ot + "</table>";
        HttpContext.Current.Response.Write(@"<style>.text { mso-number-
        format:\@; }td{font-size:12px;mso-number-format:\@;} </style>");
        resp.Write(sOut);
        resp.End();
}
```

导出按钮代码：

```
    protected void btndcexc_Click(object sender, EventArgs e)
    {
```

```
        string time = DateTime.Now.ToString("MM-dd");//time 为获取系统时间
        string str = "新闻表" + time;//str 为导出的默认名字
        DataView dv = new DataView((DataTable)Session["新闻表 fc"]);
        daochu.CreateExcel(Page.Request, Page.Response, dv.ToTable(), str);
    }
```

单击“导出 Excel”按钮后，弹出图 5-11 所示的“文件下载”对话框，用户可以选择直接打开或保存或取消操作。

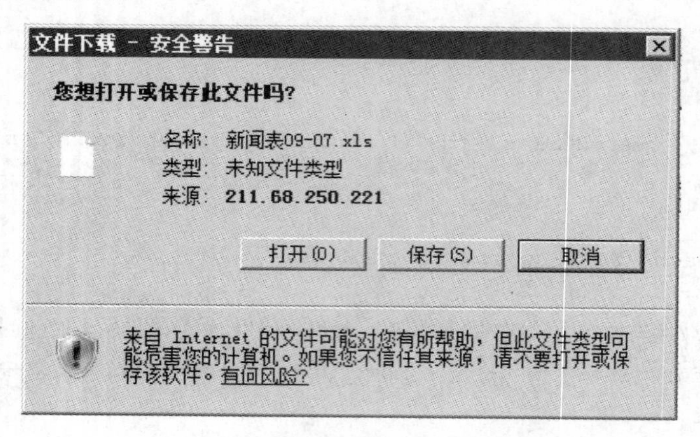

图 5-11 “文件下载”对话框

5.4 小　结

本章讲解了 ASP.NET 编程中遇到的一些一致性处理方面的问题，包括母版页及其嵌套、菜单操作、CRUD 操作、分页、联想查询和导出 Excel。这些功能有些是 ASP.NET 自带的，如母版页；有些是经过二次开发实现的，如联想查询和导出 Excel 等。不管这些控件如何实现，它们都有一个共同点，那就是在一定程度上为程序设计人员提供了方便，提高了程序开发效率和用户友好交互性能。

5.5 习　题

5.5.1 作业题

1．新建一个企业网站，要求用到 MasterPage 母版页，且至少含有两个母版页：前台母版页和后台母版页。网站前台的菜单使用下拉式菜单，一级菜单包括“首页”“集团概况”“经营发展”“新闻中心”“社会责任”“集团文化”“集团产品”和“联系我们”。其中，“集团概况”下的二级菜单有“集团简介”“集团领导”“组织机构”和“资质荣誉”等，“经营发展”下的二级菜单有“经营业务”“生产经营”和“财务报告”，“新闻中心”下的二级菜单有“集团要闻”“特别关注”和“综合新闻”，“集团产品”下的二级菜单有“产品展示”“产品推荐”和“销售渠道”。如图 5-12 和图 5-13 所示。

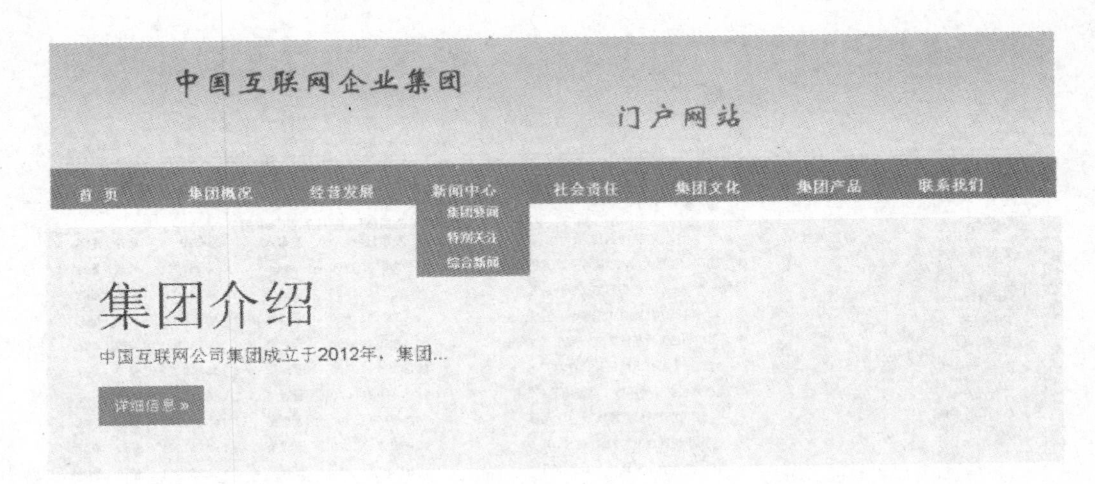

图 5-12　母版页和下拉菜单应用

图 5-13　母版页和网站后台

2．在第 1 题的基础上，对网站后台添加新闻管理页面 newsmanage.aspx，创建新闻管理数据库，要求自己编写新闻管理页面分页代码，查询时实现联想查询功能，如图 5-14 所示。

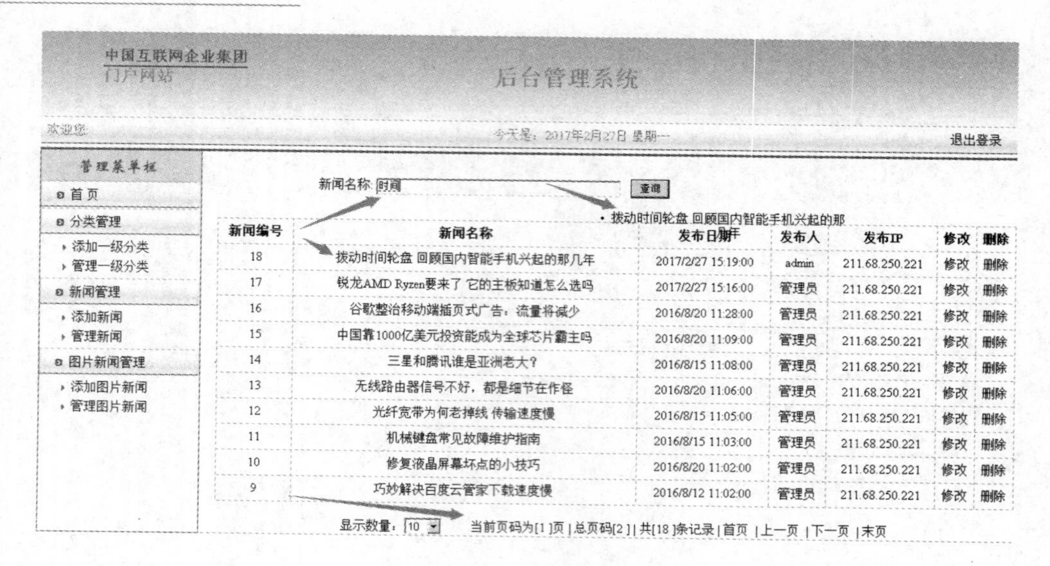

图 5-14　分页和联想查询

3．在第 2 题的基础上，新闻管理页面添加“导出”按钮，实现导出 Excel 功能，导出文件名按日期命名，如图 5-15 所示。

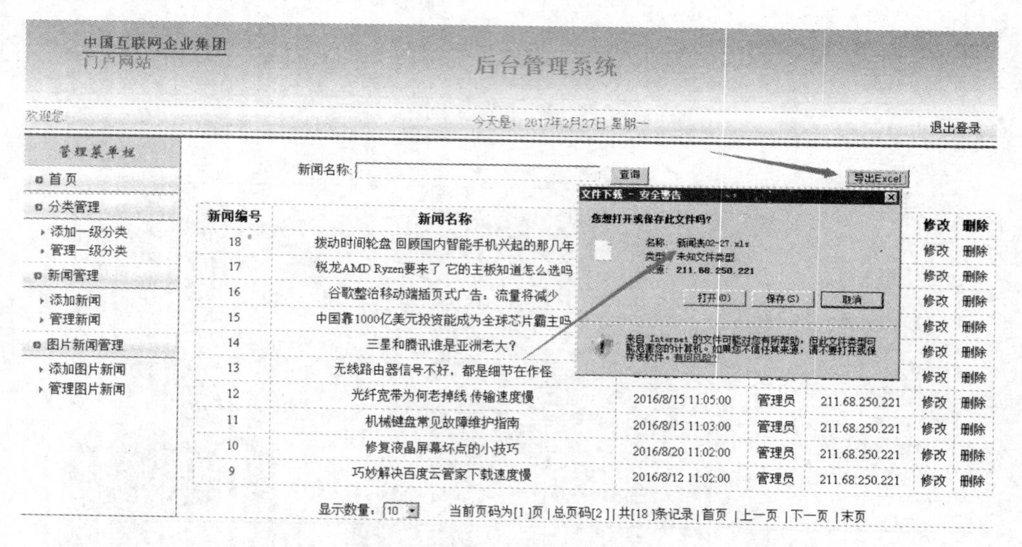

图 5-15　导出到 Excel 功能

5.5.2　思考题

如何高效正确地运用母版页的缓存技术？

5.6　上 机 实 践

参考 5.1.2 节和 5.1.3 节，练习母版页的应用、嵌套和动态访问。

第6章　分布式应用开发

分布式应用开发是指将用户界面、控制台服务、数据库管理三个层次部署在不同的位置上。其中用户界面是客户端实现的功能，控制台服务是一个专门的服务器，数据管理是在一个专门的数据库服务器上实现的。分布式应用开发能将分布在不同计算机中的应用程序通过网络连接起来，以完成某个特定任务。分布式应用开发的本质是数据共享。本章将通过实例阐述分布式应用开发中 Web Service 的基本概念和应用，同时也对微软的新技术 WCF（Windows Communication Foundation）进行了介绍。

本章主要学习目标如下：

- 了解分布式应用开发的概念；
- 掌握 Web Service 的工作原理及建立和调用过程；
- 掌握 WCF 的建立和调用过程。

6.1　分布式简介

分布式系统早在 20 世纪 70 年代末期就已经是计算机科学的一个分支领域了，到目前为止，该技术仍然方兴未艾，并衍生出很多技术领域，如分布式存储系统、分布式计算系统和分布式管理系统等。分布式系统要做的事情就是通过网络将多台计算机连接起来，共同完成一件任务，这个任务可以是数据计算，也可以是数据存储。

分布式计算是分布式系统的研究领域之一，它能够实现在两个或多个应用程序之间进行数据交换，这些应用程序可以在一台计算机上，也可以分布在多台计算机上，计算机之间通过网络进行通信连接。随着人们对分布式计算不断的深入研究，出现了如中间件技术、移动 Agent 技术、P2P 技术、Web 服务和云计算等技术，这些技术都在不同的领域发挥着各自的作用。进行分布式计算需要软件硬件共同配合，在软件部分首先要进行分布式应用开发。本章将重点介绍微软的 Web Service 和 WCF 技术。

以前，分布式应用程序逻辑需要使用分布式的对象模型，如 DCOM、CORBA、RMI、Jini 等中间件结构模型。但这些对象模型有一个共同的缺陷——无法扩展到互联网上，它们要求服务的客户端与系统提供的服务本身之间必须进行紧密耦合，即要求一个同类的基本结构，导致系统较为脆弱，如果有一端执行机制发生变化，另一端就可能会崩溃。例如，如果服务器应用程序的接口更改，那么客户端便会崩溃。为了能扩展到互联网运用，需要一种松散耦合的结构来解决些问题。在此情况下，Web Service 应运而生。Web Service 技术是一种基于标准的 Web 协议的可编程组件。可以把 Web Service 看作 Web 上的组件，Web 服务提供者开放了一系列的 API，开发人员通过调用这些 API 来集成 Web 服务，构建自己的应用程序。

6.2 Web Service

Web Service 主要是为了使原来各孤立的站点之间能够相互通信、共享资源而推出的一种接口。Web Service 所使用的是 Internet 上统一、开放的标准，如 HTTP、XML、SOAP、WSDL 等，故 Web Service 可以在任何支持这些标准的环境（Windows、Linux）中使用。

6.2.1 Web Service 介绍

Web Service 即 Web 服务，其有两个特点。一是可以进行远程调用。例如，对于一个天气预报系统来说，如果它提供了对外服务的接口，那么任何系统都可以访问这个接口，从而将天气预报信息添加到自己的系统中来。二是它可以在不同编程语言或不同操作系统平台之间进行数据通信。不论应用程序是用何种语言开发，也不论该程序部署在哪一个操作系统上面，Web Service 都能够在它们之间实现数据共享。

实际上 Web Service 就是一个对外提供服务的接口，可以用标准化的 XML 消息来调用它，从而得到该接口提供的服务。一个 Web Service 系统分为服务器端和客户端两个部分，服务器端对外提供接口服务，客户端则负责调用这个接口。

Web Service 服务的工作原理如图 6-1 所示。

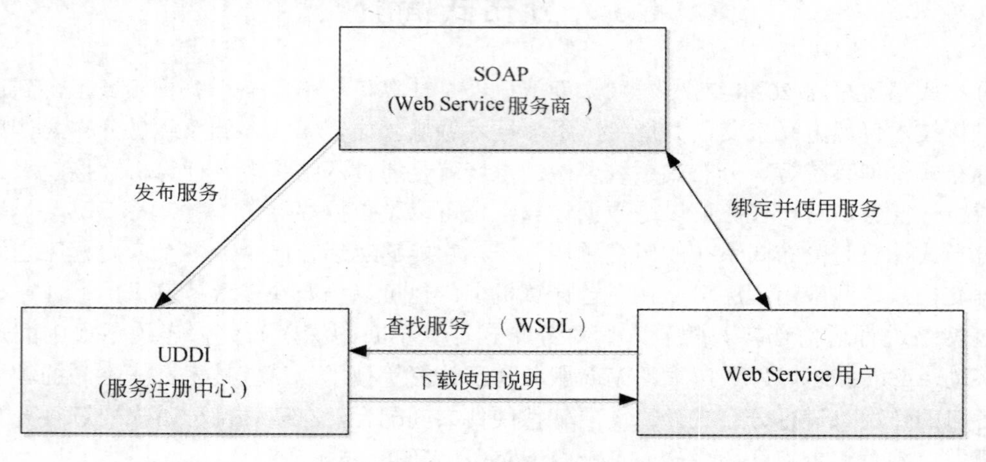

图 6-1 Web Service 服务的工作原理

Web Service 服务的工作原理如下：

（1）Web Service 服务开发者完成了服务的开发测试工作，然后通过 UDDI 服务中心对外注册发布。

（2）Web Service 用户通过 UDDI 查询所需要的服务，如果找到该服务，UDDI 注册中心则向用户返回用 WSDL 提供的描述信息。

（3）Web Service 用户获取到 Web Service 服务信息后，利用 SOAP 向服务器发送调用申请。

（4）Web Service 服务提供者接到用户通过 SOAP 发来的消息，执行相应的 Web 服务，并将结果返回给 Web Service 用户。

通过 Web Service 原理，我们知道 Web Service 会用到一些如 WSDL、SOAP 等标准协议接口。

UDDI（Universal Description，Discovery and Integration）：是 Web 服务的黄页，是一套基于 Web 的、分布式的为 Web Service 提供信息注册中心的实现标准。其对外提供服务的注册中心，可以让用户通过 UDDI 搜索到本服务。

SOAP（Simple Object Access Protocol）：用于在分布式环境中进行信息交换的简单协议，它可以完成在不同程序之间的通信。

WSDL（Web Services Description Language）：其主要功能是向别人介绍你的 Web Service 有什么功能。它是一个基于 XML 的文档，用于说明该服务中提供的接口名称、参数及返回值。

6.2.2 Web Service 服务器端开发

下面通过一个实例介绍 Web Service 服务器端开发过程。

例 6-1 建立 Web Service 服务器端应用程序，通过输入学生学号，输出英语课程的成绩。创建数据库，名为 student，新建数据表（score 表），结构如表 6-1 所示。

表 6-1 score 表

字段名称	数据类型	字段长度	说明
studentid	varchar	10	主键
name	varchar	20	非空
english	Float		非空

具体过程如下：

（1）打开 Visual Studio 2015 应用程序，单击“文件”菜单选项，依次选择“新建”→“项目”命令，如图 6-2 所示。

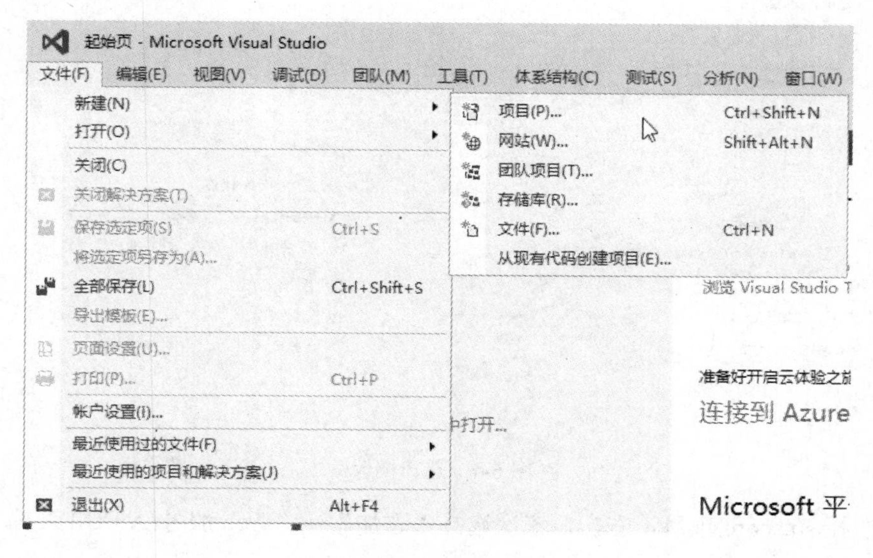

图 6-2 新建项目

（2）在打开的“新建项目”窗口中，选择“已安装”→“模板”→Visual C#→Web 选项，在右侧窗口中选择“ASP.NET Web 应用程序”，输入项目名称 stuscore，单击“确定”按钮，如图 6-3 所示。

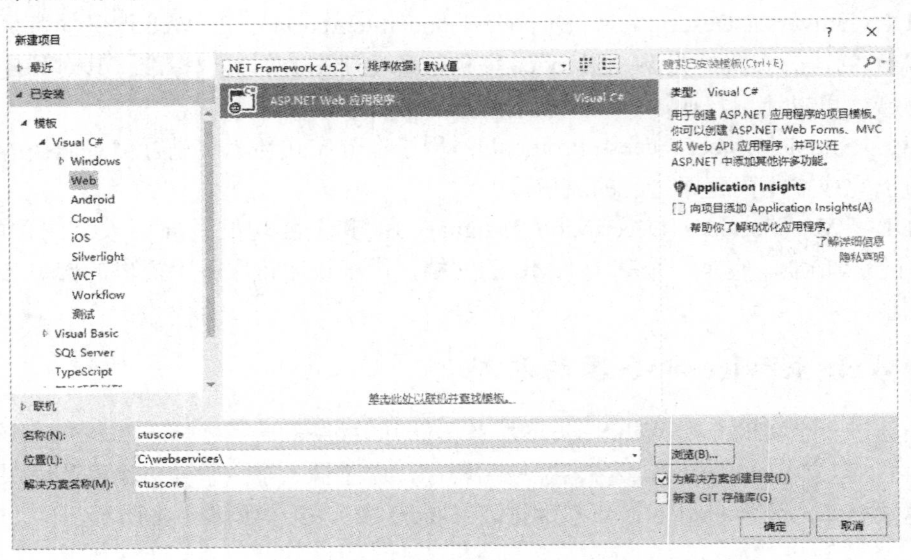

图 6-3　新建 stuscore 项目

（3）出现“选择模板”窗口，选择 Empty 模板，单击“确定”按钮，如图 6-4 所示。

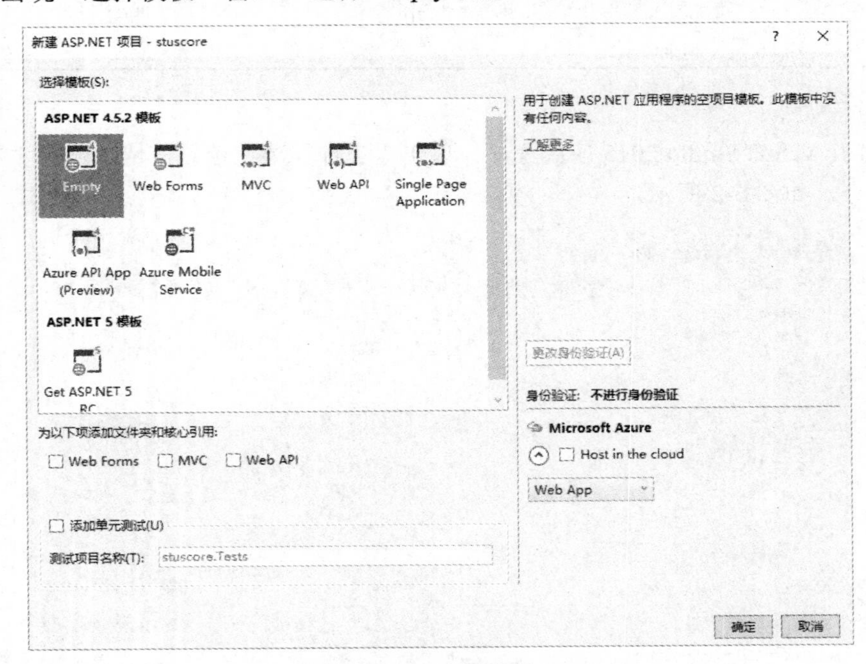

图 6-4　选择模板

（4）选择 stuscore 项目，右击，依次选择“添加”→“Web 服务(ASXM)”命令，如图 6-5 所示。

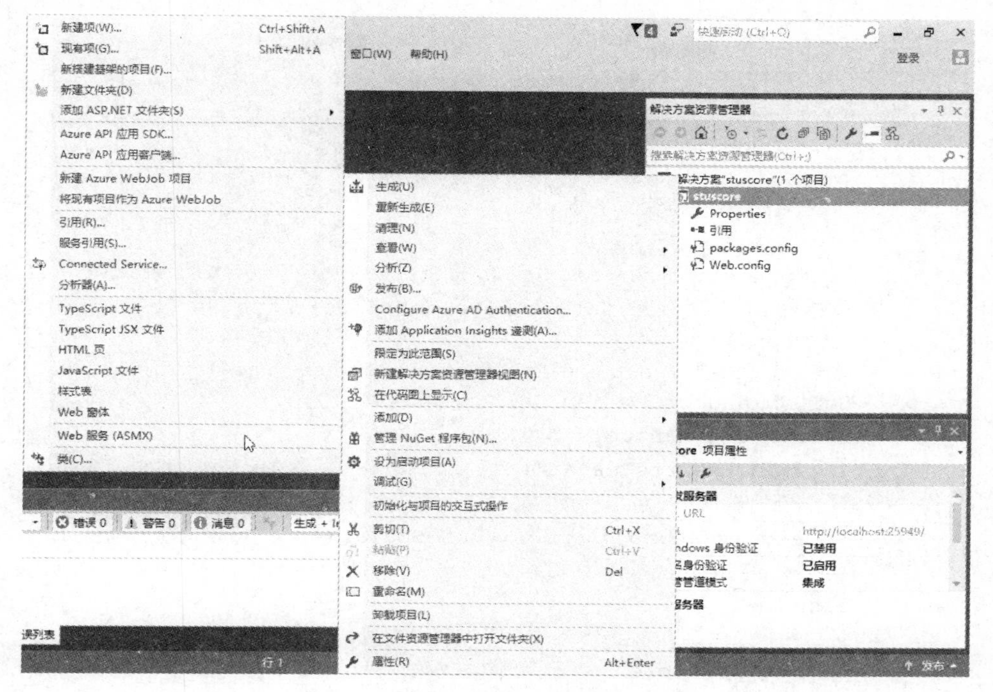

图 6-5　添加 Web 服务

注意：如果上述操作中没有出现“Web 服务（ASMX）”快捷菜单项，也可选择“添加”→“新建项”命令，在弹出的窗口中选择“Web 服务（ASMX）”选项。

（5）指定服务名称为 WebService1，单击“确定”按钮，如图 6-6 所示。

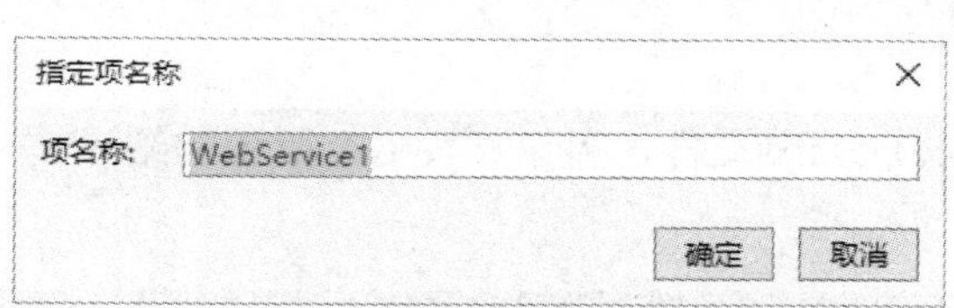

图 6-6　添加 Web 服务名称

（6）之后会自动打开 WebService1.asmx.cs 代码页，输入如下代码：

```
using System.Web.Services;
using System.Data.SqlClient;
namespace stuscore
{
    /// <summary>
    /// WebService1 的摘要说明
    /// </summary>
    [WebService(Namespace = "http://tempuri.org/")]
    [WebServiceBinding(ConformsTo = WsiProfiles.BasicProfile1_1)]
    [System.ComponentModel.ToolboxItem(false)]
    // 若要允许使用 ASP.NET AJAX 从脚本中调用此 Web 服务，请取消注释以下行
    // [System.Web.Script.Services.ScriptService]
    public class WebService1 : System.Web.Services.WebService
    {
```

```
        [WebMethod]
        public string scoreinfo(string stuid)
        {
            if (string.IsNullOrEmpty(stuid))
            {
                return "请输入学号！";
            }
            SqlConnection sc = new SqlConnection("Server=MYCOMPUTER\\MSSQLSE
          RVER2014;Initial Catalog=student;Integrated Security=true;");
            sc.Open();
            string str="select english from score where studentid='"+stuid+"' ";
            SqlCommand cmd = new SqlCommand(str, sc);
            string englishscore;
            if (cmd.ExecuteScalar() != null)
            {
                englishscore = cmd.ExecuteScalar().ToString();
            }
            else
            {
                englishscore = "未查到相关成绩！";
            }
            cmd.Dispose();
            sc.Dispose();
            return englishscore;
        }
    }
}
```

（7）运行 WebService1.asmx 文件，显示如图 6-7 所示的结果。

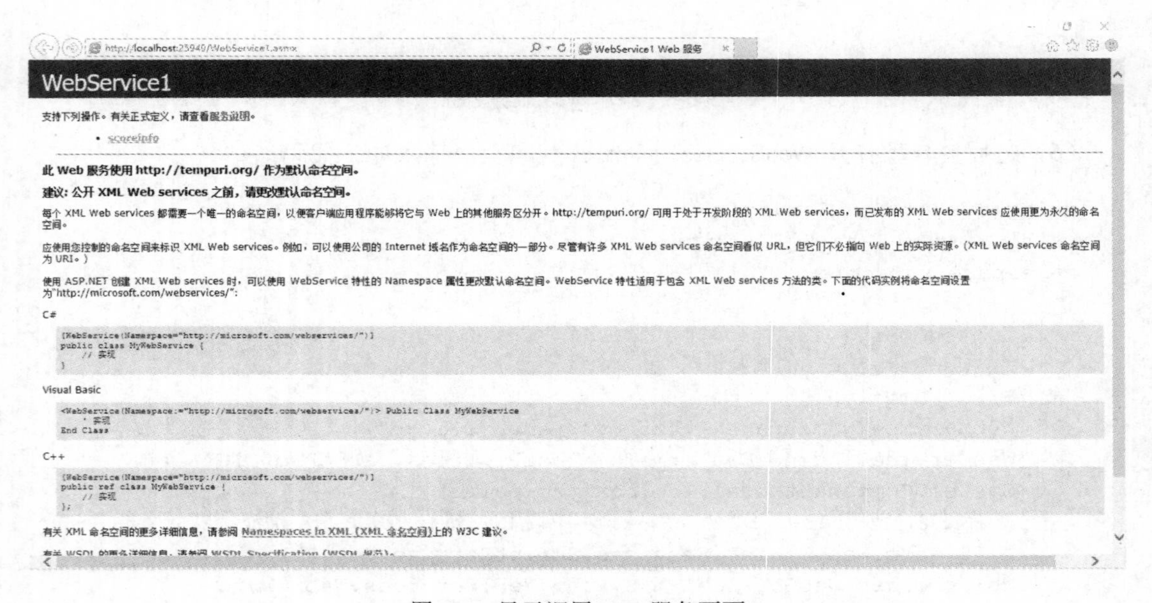

图 6-7　显示调用 Web 服务页面

（8）单击 scoreinfo 链接，在文本框中输入学号，如 2006100101。读者在操作时可参考数据库里面的记录进行输入，如图 6-8 所示。

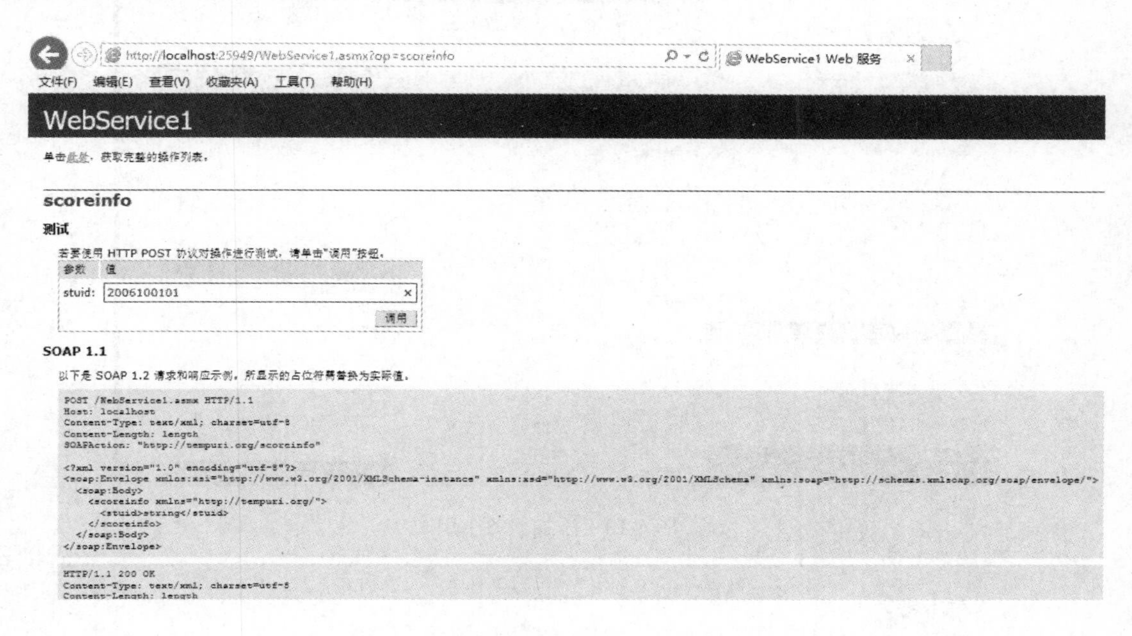

图 6-8　调用 scoreinfo 方法

（9）单击“调用”按钮，可以查看结果，如图 6-9 所示。

图 6-9　查看调用结果

（10）发布系统。该操作详见本书 13.2 节的介绍，本节略去此内容。

6.2.3　Web Service 的部署

Web Service 的部署过程详见本书 13.2 节内容的介绍，其中网站的名称配置为 studentscore，默认文档的名称为 WebService1.asmx。

6.2.4　Web Service 客户端开发

下面建立一个 Web Service 客户端程序，用于调用上节发布的 Web 服务。

例 6-2　Web Service 客户端程序的建立。

（1）新建 ASP.NET Web 应用程序 studentscore，添加 Web Service 服务引用，如图 6-10 所示。

（2）在“添加服务引用”窗口中，单击“高级”按钮，如图 6-11 所示。

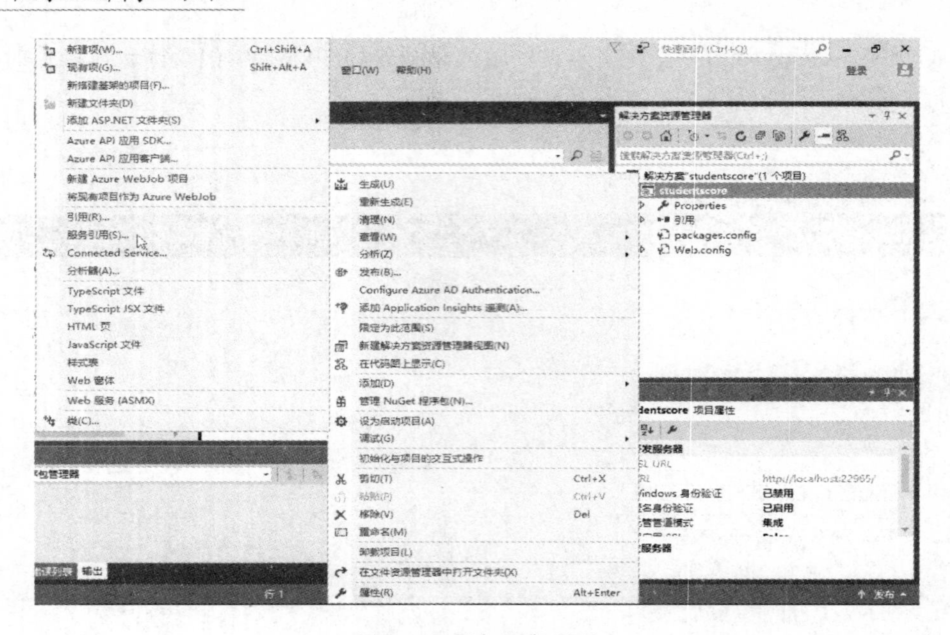

图 6-10　添加服务引用

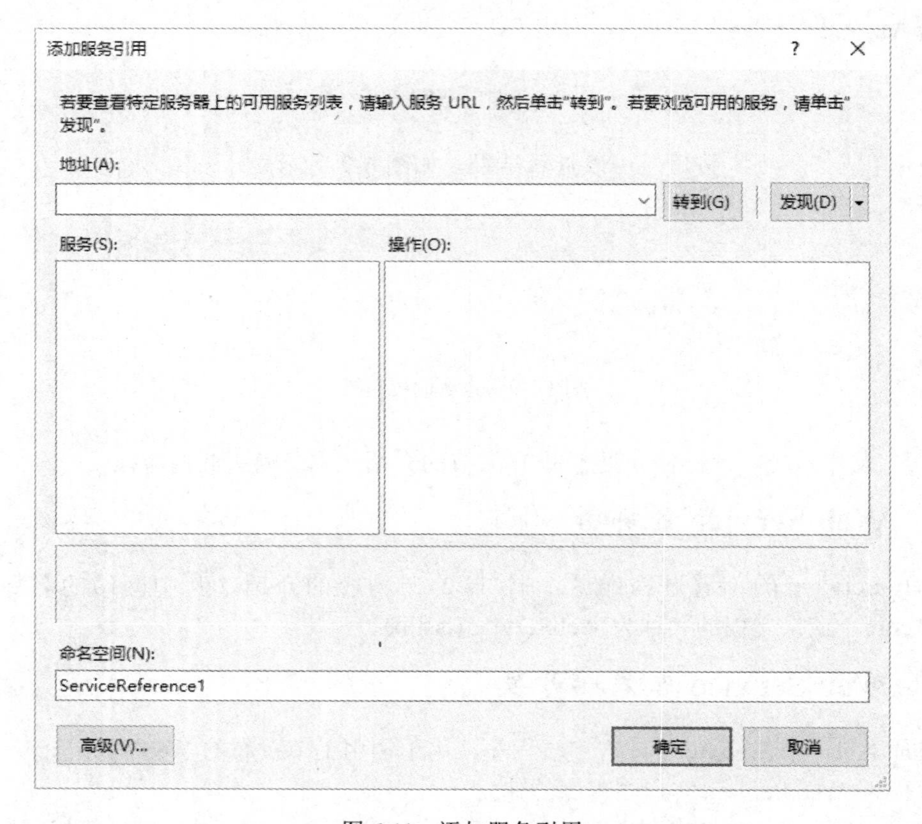

图 6-11　添加服务引用

（3）在弹出的“服务引用设置”窗口中单击“添加 Web 引用”按钮，如图 6-12 所示。

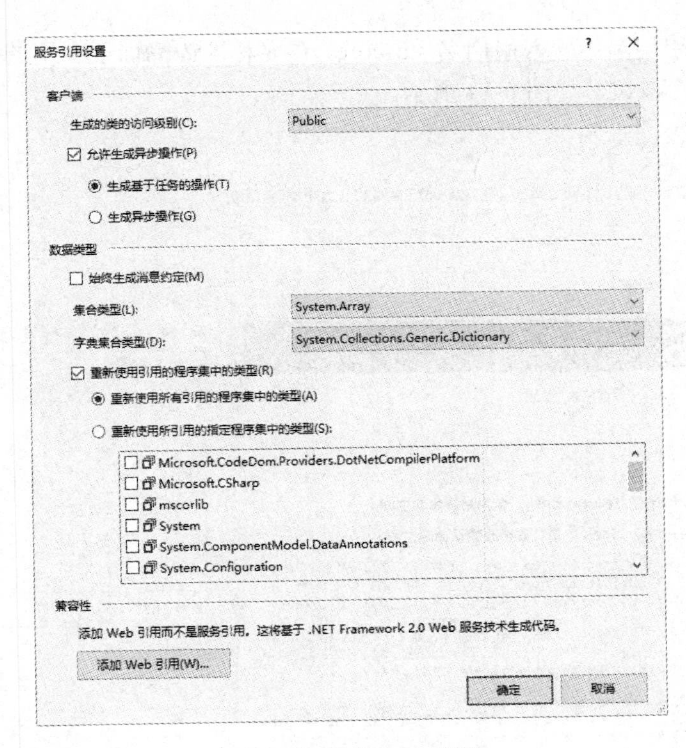

图 6-12　添加 Web 引用

（4）在 URL 文本框中输入前面 IIS 建立的 Web 地址，如“http://localhost:8081”，单击“转到”链接，如图 6-13 所示。

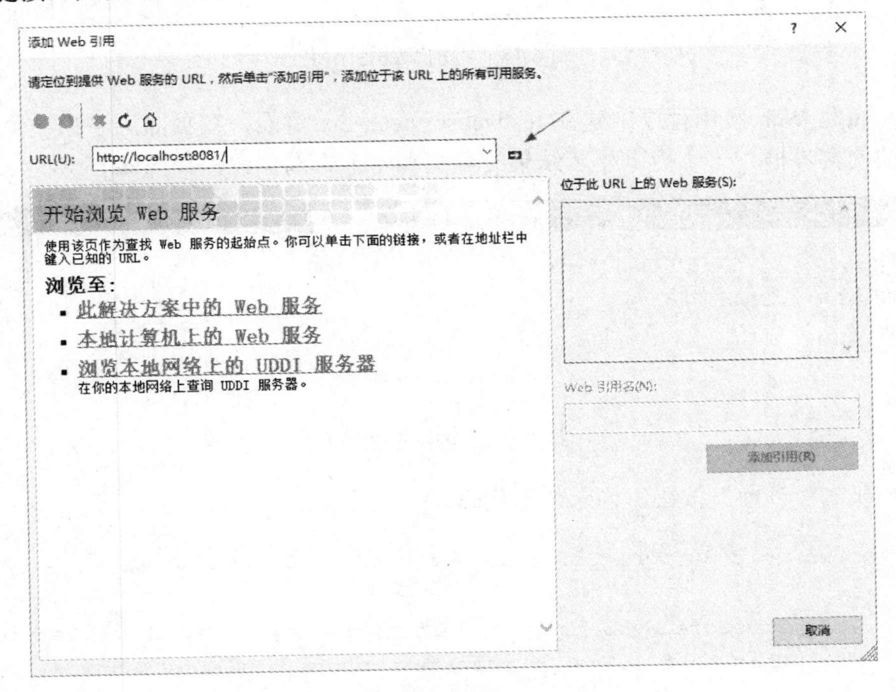

图 6-13　输入 URL 网址

（5）在 Web 引用名中输入引用名 stuscore，该名称即为后面要引用的引用空间的名称，单击“添加引用”按钮，如图 6-14 所示。

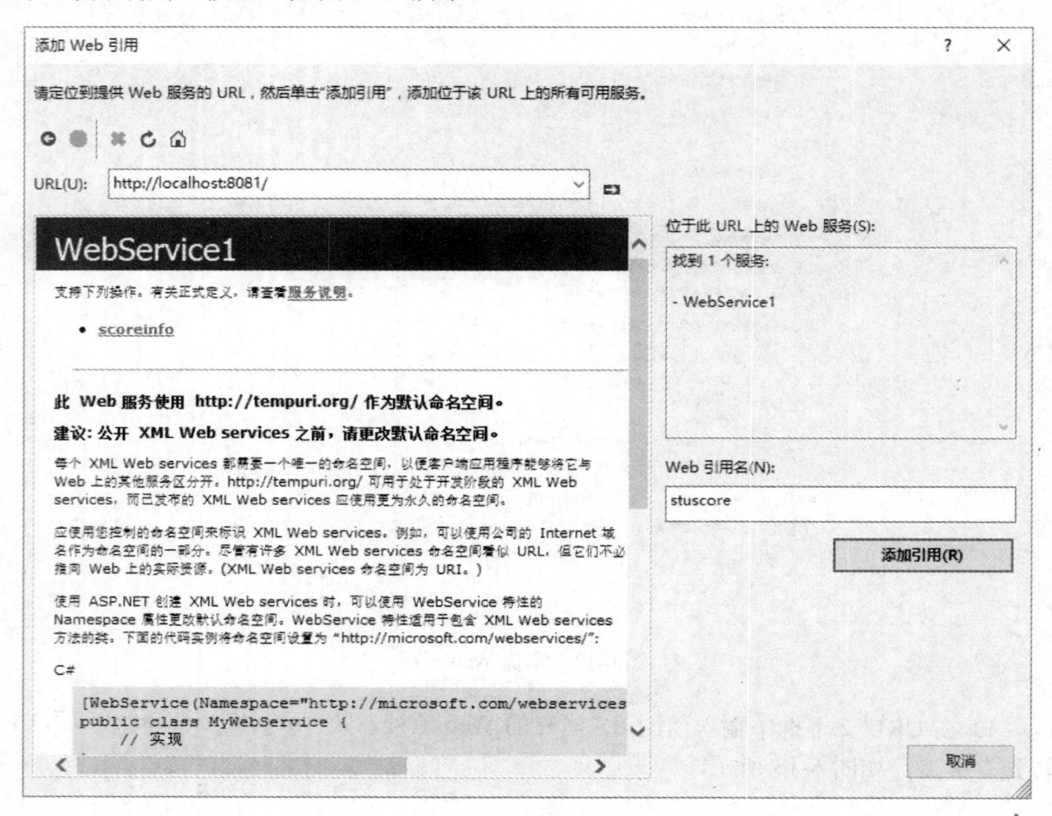

图 6-14　添加 Web 引用名

（6）在此 Web 应用程序中建立 testwebservice.aspx 页面，在页面上添加一个用于输入学生成绩的文本框、一个用于显示结果的标签和一个查询按钮，如图 6-15 所示。

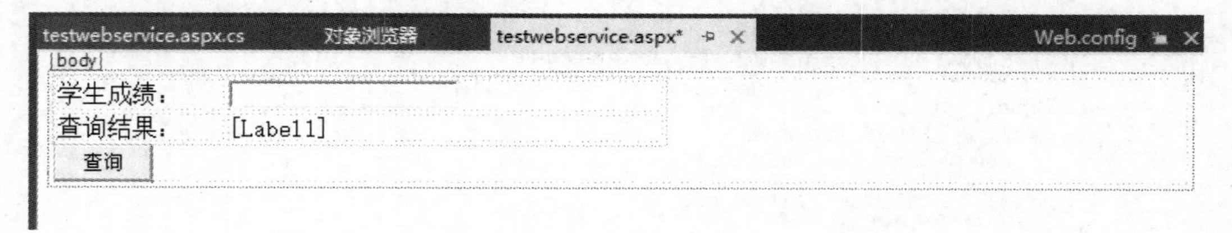

图 6-15　添加 Web 页面

（7）双击“查询”按钮，输入如下代码：

```
protected void Button1_Click(object sender, EventArgs e)
    {
        stuscore.WebService1 scoretest = new stuscore.WebService1();
        this.Label1.Text = scoretest.scoreinfo(this.TextBox1.Text);
    }
```

（8）调试运行该程序，在页面中输入要查询的学生学号 2006100101，单击“查询”按钮，显示结果如图 6-16 所示。

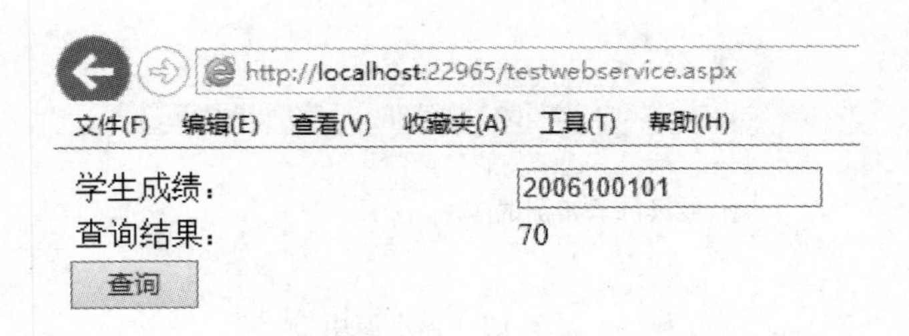

图 6-16　通过 Web Service 查询结果

6.2.5　异步调用 Web Service

一般情况下，当 Web 客户端向 Web 服务器发出一个调用请求后，客户端需一直等待，直到服务器端返回处理结果。如果某些 Web 方法的处理时间较长，客户端在此期间也不能做其他工作，这将会大大降低程序的效率。为了解决客户端等待问题，可将程序改成异步调用的方式，也就是将让调用者线程和执行被调用过程的线程同时运行，这样在客户端发出请求之后就不需要等待了，而且这个操作与服务器端没有关系，只需在客户端修改。

继续在例 6-2 的基础上操作如下：

（1）新建与 testwebservice.aspx 页面源码内容相同的页面 async.aspx。

（2）在 async.aspx 源码页面中输入允许异步调用的指令 Async="true"。

```
<%@ Page Language="C#" AutoEventWireup="true" CodeBehind= "async.aspx.
cs"  Inherits="studentscore.async" Async="true" %>
```

（3）双击 async.aspx 页面的“查询”按钮，输入如下代码：

```
protected void Button1_Click(object sender, EventArgs e)
{
        stuscore.WebService1 scoretest = new stuscore.WebService1();
        //原同步调用代码
        //this.Label1.Text = scoretest.scoreinfo(this.TextBox1.Text);
        //异步调用代码
        scoretest.scoreinfoCompleted += Scoretest_scoreinfoCompleted;//
注册回调事件
        scoretest.scoreinfoAsync(this.TextBox1.Text);//调用异步方法
        this.Label1.Text += " 异步测试 ";
  }
     private void Scoretest_scoreinfoCompleted(object sender, stuscore.
     scoreinfoCompletedEventArgs e)
{
        this.Label1.Text += e.Result; //回调事件触发，返回结果
}
```

（4）运行程序，在页面中输入要查询的学生学号，如 2006100101，单击“查询”按钮调用 Web 服务进行查询，如图 6-17 所示。

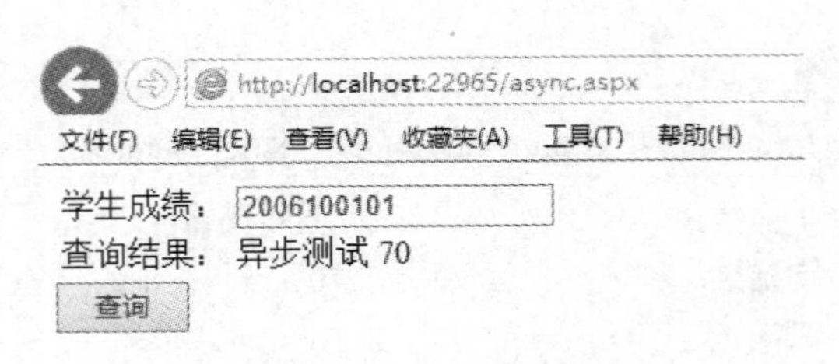

图 6-17 异步调用

从显示结果可以看出，系统运行时是先调用“this.Label1.Text += "异步测试"”语句，然后再调用“this.Label1.Text += e.Result”，实现了异步调用的过程。具体源码见例 6-3。

6.3 WCF 开发

WCF 的全称是 Windows Communication Foundation，是 Microsoft 发布的一套新的分布式通信技术，它允许开发者在此框架内进行软件的开发和服务的部署，实现了.NET 平台下 ASMX、Remoting、Enterprise Service、WSE 和 MSMQ 等技术的集成。

WCF 的优势体现在以下几个方面：

（1）WCF 在开发时使用的是托管代码，这与开发其他.NET 程序是一致的。

（2）WCF 使用 SOAP 进行数据传输，保证了 WCF 在不同进程、不同语言、不同平台下进行通信。

（3）在 WCF 中由于加入了 WS-Security、WS-Trust 和 WS-SecureConversation 等安全认证方式，使得用 WCF 进行通信时更加安全可靠。

（4）WCF 能够支持如请求-应答、单工和双工等传统的信息交换模式。

6.3.1 WCF 服务契约

WCF 契约指的是 WCF 制定的一套数据交换规则，这个规则用于在分布式系统中进行消息的传输，同时系统中通信的双方也都要理解遵从这个规则。

WCF 中的契约包括服务契约、数据契约、消息契约和异常契约等。服务契约（Service Contract）用于定义 WSDL 服务的对外接口；数据契约（Data Contract）用于定义从服务中接收和返回的数据；消息契约（Message Contract）能自定义指定放在 SOAP 中的消息格式；错误契约（Fault Contract）自定义异常消息的格式。

下面通过实例介绍如何定义 WCF 服务契约，仍以上节介绍的通过学生学号查找学生成绩为例。

例 6-3 定义 WCF 服务契约。

（1）打开 Visual Studio 2015，依次选择菜单“文件”→“新建项目”命令，在“新建项目”窗口中选择“已安装”→“模板”→Visual C#选项，在中间窗口选择“WCF 服务应用程序”，保持默认项目名称 WcfService1 单击“确定”按钮，如图 6-18 所示。

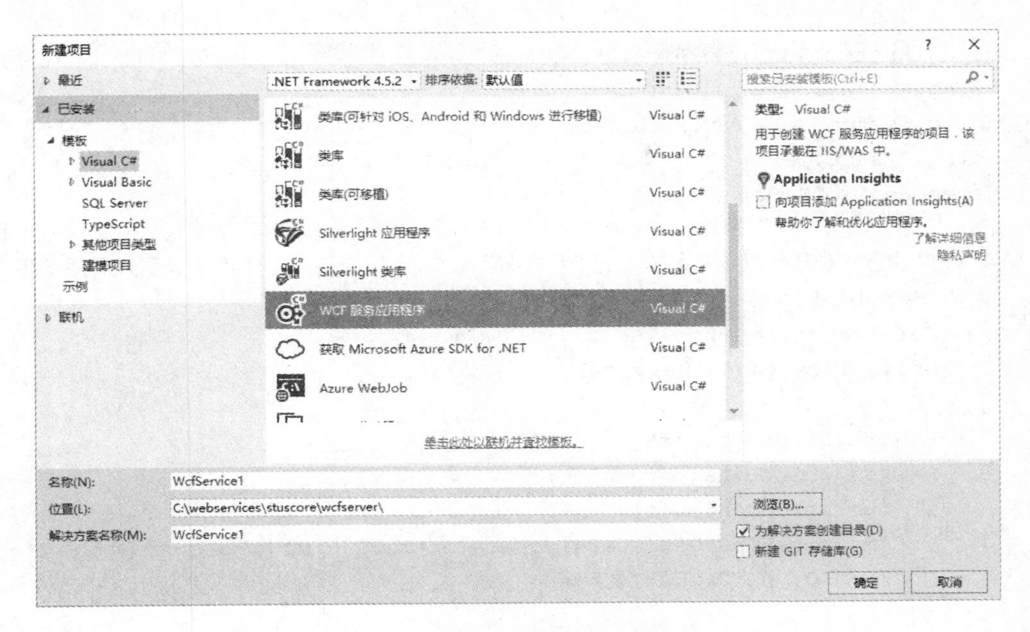

图 6-18 新建 WCF 服务应用程序

（2）单击“确定”按钮后，系统将创建 WCF 服务应用程序，并且已创建了一段示例代码。如图 6-19 所示。

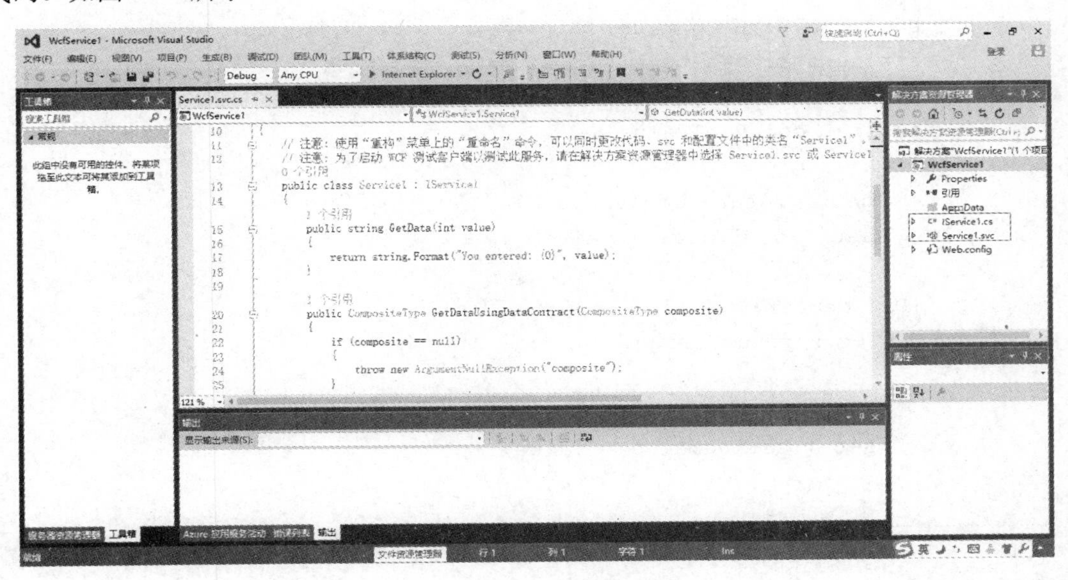

图 6-19 打开 WCF 服务应用程序

从图中可以看出，在建立好的解决方案中有默认的两个文件 service1.svc 和 Iservice1.cs 文件，其中 IService1.cs 示例源码如下：

```
using System;
using System.Collections.Generic;
using System.Linq;
```

```
using System.Runtime.Serialization;
using System.ServiceModel;
using System.ServiceModel.Web;
using System.Text;
namespace WcfService1
{
    // 注意：使用“重构”菜单上的“重命名”命令，可以同时更改代码和配置文件中的接口名
    “IService1”
    [ServiceContract]
    public interface IService1
    {
        [OperationContract]
        string GetData(int value);
        [OperationContract]
        CompositeType GetDataUsingDataContract(CompositeType composite);
        // TODO：在此添加您的服务操作
    }
    // 使用下面示例中说明的数据约定将复合类型添加到服务操作
    [DataContract]
    public class CompositeType
    {
        bool boolValue = true;
        string stringValue = "Hello ";
        [DataMember]
        public bool BoolValue
        {
            get { return boolValue; }
            set { boolValue = value; }
        }
        [DataMember]
        public string StringValue
        {
            get { return stringValue; }
            set { stringValue = value; }
        }
    }
}
```

其中，[ServiceContract]是 WCF 中的服务契约，也是 WCF 服务中的公开接口。[OperationContract]是公开成员，隶属于 WCF 服务公开接口。[DataContract]和[DataMember]是对 WCF 中数据契约的定义。由示例可以知道，Iservice1.cs 文件对相关接口和成员进行了定义，而 service1.svc 则是对定义的实现。

根据实例要求，对 Iservice1.cs 和 service1.svc 两个文件进行改写。

Iservice1.cs 代码：

```
using System.ServiceModel;
namespace WcfService1
{
    [ServiceContract]
    public interface IService1
    {
        [OperationContract]
        string GetStuScore(string stuid);
        // TODO: 在此添加您的服务操作
    }
}
```

service1.svc 代码：

```
using System.Data.SqlClient;
namespace WcfService1
{
    public class Service1 : IService1
    {
        public string GetStuScore(string stuid)
        {
            if (string.IsNullOrEmpty(stuid))
            {
                return "请输入学号！";
            }
            SqlConnection sc = new SqlConnection("Server=MYCOMPUTER\\MSSQLSERVER
            2014;Initial Catalog=school;Integrated Security=true;");
            sc.Open();
            string str="select english from score where studentid='"+stuid +"'";
            SqlCommand cmd = new SqlCommand(str, sc);
            string englishscore;
            if (cmd.ExecuteScalar() != null)
            {
                englishscore = cmd.ExecuteScalar().ToString();
            }
            else
            {
                englishscore = "未查到相关成绩！";
            }
            cmd.Dispose();
            sc.Dispose();
            return englishscore;
        }
    }
}
```

6.3.2 发布和运行 WCF 服务

例 6-4 发布 WCF 服务。

与 Web Service 一样，WCF 建立完成后也需要发布后才能使用。其发布过程详见 13.2 节内容。其中，发布时配置文件的名称为 wcfwebservice，部署时网站名称为 wcfservice，添加默认文档 Service1.svc。查看运行结果如图 6-20 所示。

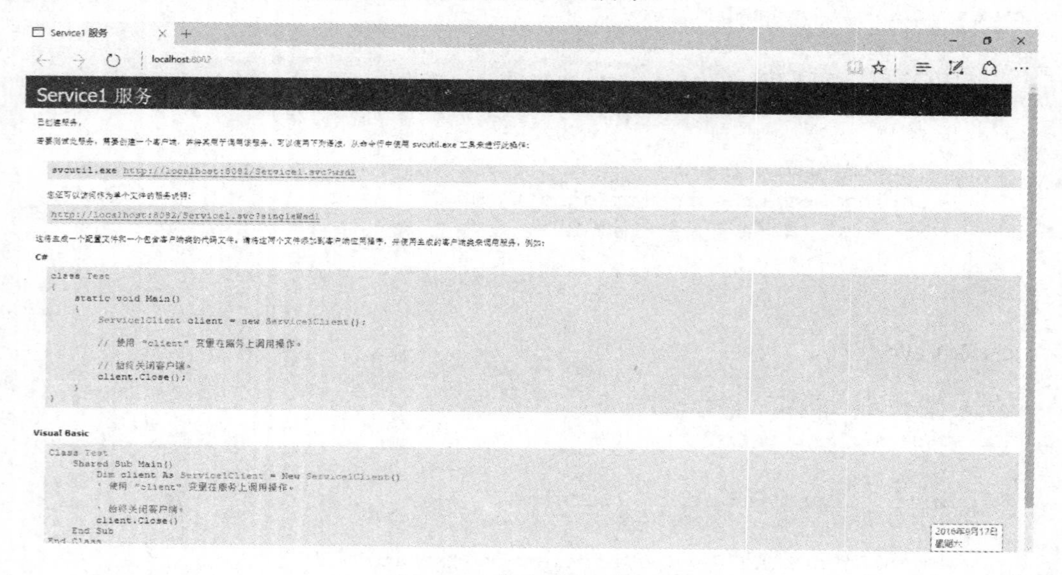

图 6-20　发布 WCF 程序

6.3.3　建立客户端访问 WCF 程序

下面通过建立一个 WCF 的客户端访问程序来对 WCF 服务程序进行访问。

例 6-5　建立 WCF 客户端程序。

（1）新建项目文件 Wcfclient，如图 6-21 所示。

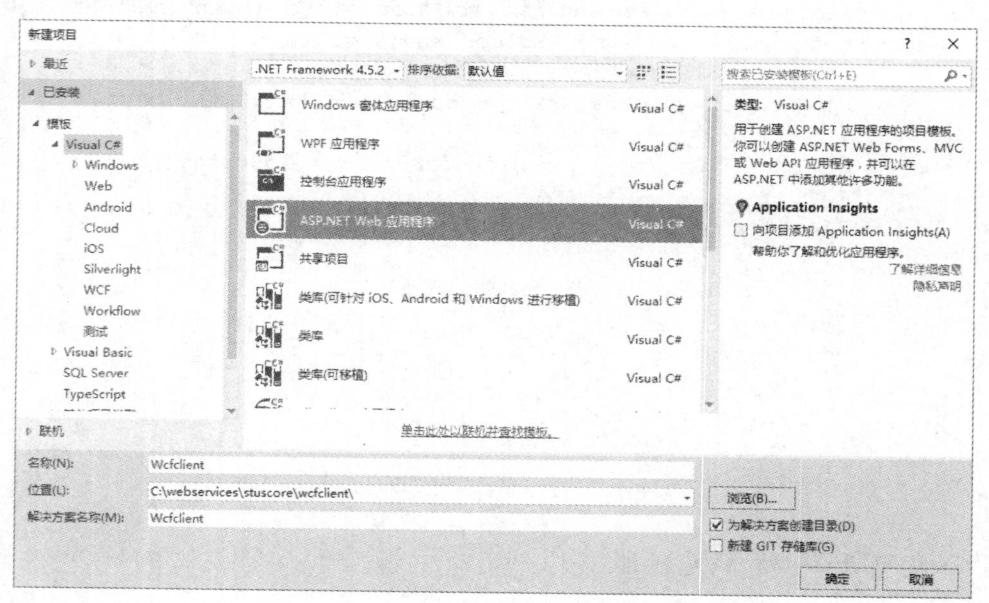

图 6-21　新建项目

（2）在项目名称上右击，选择“添加”→“服务引用”命令，如图 6-22 所示。

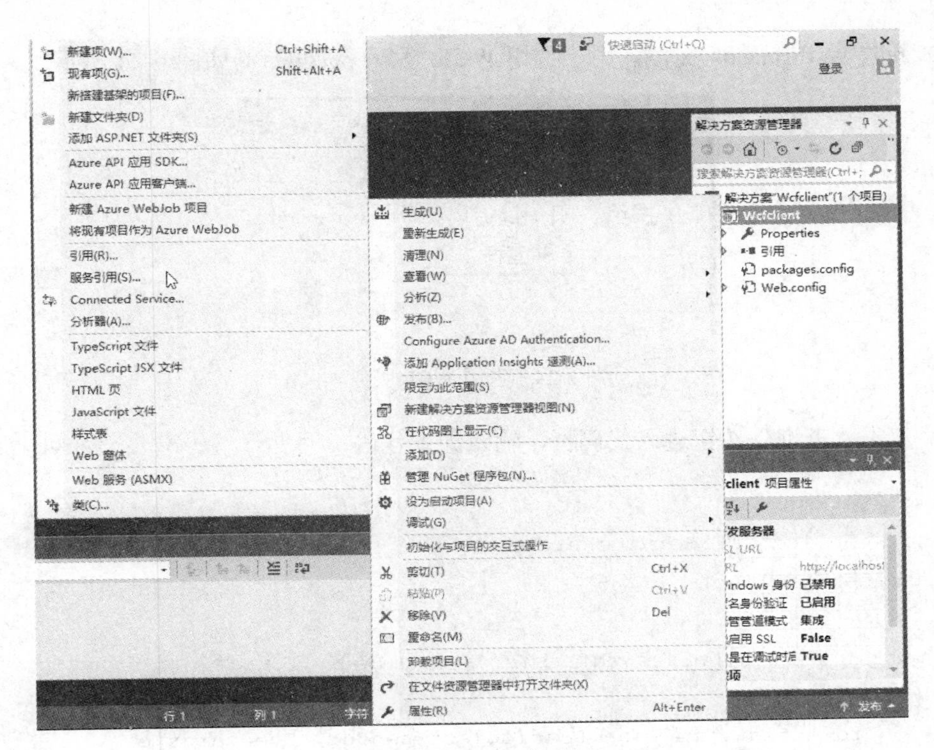

图 6-22　添加服务引用

（3）在“添加引用”窗口中输入地址信息，该地址为图 6-20 中显示的 http://localhost:8082/Service1.svc?wsdl 引用。单击“转到”按钮，系统会显示 WCF 程序提供的服务，输入命名空间 WCFServiceReference1 后单击“确定”按钮，如图 6-23 所示。

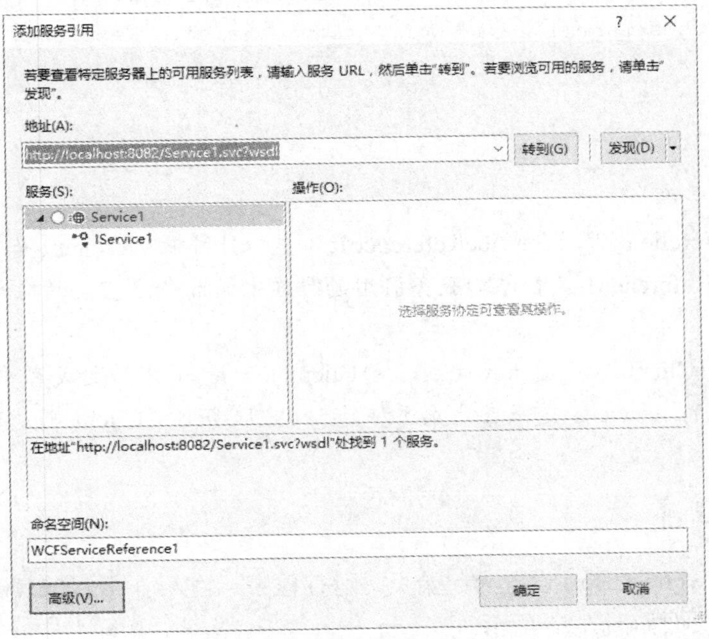

添加服务引用

若要查看特定服务器上的可用服务列表，请输入服务 URL，然后单击“转到”。若要浏览可用的服务，请单击“发现”。

地址(A):

http://localhost:8082/Service1.svc?wsdl　转到(G)　发现(D)

服务(S):　操作(O):

Service1

IService1

选择服务协定可查看其操作。

在地址“http://localhost:8082/Service1.svc?wsdl”处找到 1 个服务。

命名空间(N):

WCFServiceReference1

高级(V)...　确定　取消

图 6-23　输入地址

（4）新建 wcftest.aspx 文件，用于调用 WCF 服务，页面布局如图 6-24 所示。

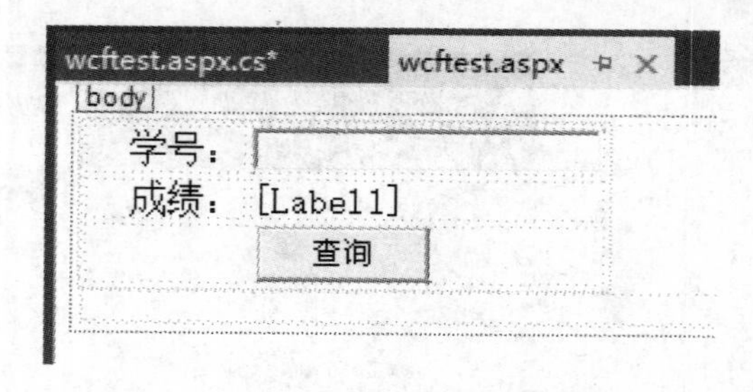

图 6-24　调用 WCF 服务

（5）双击“查询”按钮进入代码页，输入如下代码：

```
using System;
using Wcfclient.WCFServiceReference1;
namespace Wcfclient
{
    public partial class wcftest : System.Web.UI.Page
    {
        protected void Page_Load(object sender, EventArgs e)
        {
        }
        protected void Button1_Click(object sender, EventArgs e)
        {
            Service1Client wcf = new Service1Client();
            this.Label1.Text =wcf.GetStuScore(this.TextBox1.Text);
        }
    }
}
```

说明：

① “using Wcfclient.WCFServiceReference1;” 这个引用中 Wcfclient 是客户端的命名空间，WCFServiceReference1 是在添加服务引用的时候定义的命名空间的名称，见图 6-23 中的命名空间一项。

② “Service1Client wcf = new Service1Client();” 语句用于生成客户端的代理类，Service1Client 中的 Service1 是服务器端添加的 WCF 服务名，Client 则是客户端代理类的名称的后缀。

6.3.4 运行程序

在客户端将 wcftest.aspx 设置为起始页，运行程序，输入学号 2006100102，单击“查询”按钮，显示页面如图 6-25 所示。

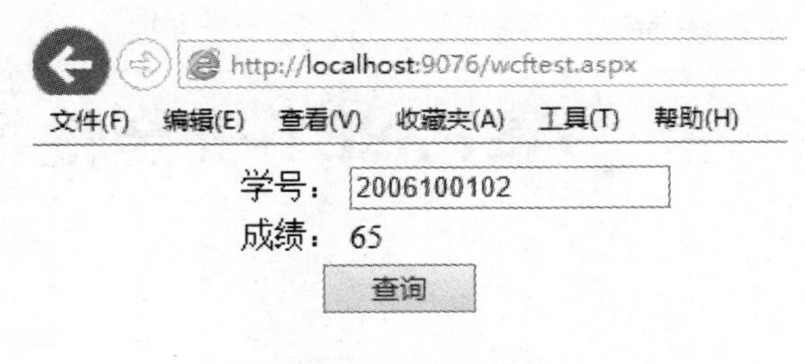

图 6-25　运行程序

6.4　小　结

分布式应用开发能够整合网络中的资源，使信息得到共享。本章讨论了分布式开发的基本原理，重点介绍了分布式计算中 Web Service 的应用，同时又对微软的 WCF 技术进行了阐述。

6.5　习　题

6.5.1　作业题

1. 什么是分布式计算？分布式计算都有哪些应用？
2. 简述 Web Service 服务的工作原理。
3. WCF 中的契约都有哪些？

6.5.2　思考题

Web Services 与 WCF 各有何特点？

6.6　上 机 实 践

使用 Web Service 和 WCF 两种方法建立服务接口，客户端调用时输入一个整数，服务器端判断该数是否是一个素数，并将结果返回给客户端。

第 7 章 ASP.NET 安全性编程

根据墨菲定律（Murphy's Law）："凡是可能出错的事都会出错"（Anything that can go wrong will go wrong）。在软件安全领域，可以引申为"凡是可能会被错误地使用的代码，一定会被错误地使用"。即便是极少会发生的情况，只要有发生的可能性，迟早是会发生的。如果项目或系统的安全性不高，被黑客和不法分子利用的话，会造成不可估量的损失。美国杜克大学教授 Henry Petroski 曾经说过"要构建一套健壮的系统，就必须明白这个系统可能会怎样失效"。本章将讲述在 ASP.NET 项目开发过程中可能会遇到的漏洞以及如何通过安全性的编程方法来避免这些漏洞。

本章主要学习目标如下：

- 掌握 SQL 注入漏洞的防范；
- 掌握 XSS 漏洞的防范；
- 掌握 Cookie 窃取漏洞的防范。

7.1 SQL 注入漏洞

SQL 注入（SQL Injection）是指将 SQL 命令恶意插入到页面请求的查询字符串中，从而达到欺骗服务器执行该 SQL 命令的目的。下面通过一个实例，来认识一下 SQL 注入漏洞并了解其危害。

7.1.1 SQL 注入漏洞示例

例 7-1 带有 SQL 注入漏洞的登录功能示例。

（1）在 SQL Server 中新建一个数据库 test，然后通过以下脚本新建数据表 users：

```
create table users
(
    LoginId varchar(50) primary key,
    LoginPw varchar(50) not null
)
insert into users values('ms','microsoft')
```

（2）新建一个 ASP.NET 空网站，名称为 ch7-1，添加 Web 窗体 Default.aspx。

（3）在网站的 Web.config 中添加<connectionStrings>节点，代码如下：

```
  <connectionStrings>
    <add name="mssqlserver" connectionString="Data Source=.;Initial Catalog=
```

```
test;Integrated Security=True"/>
</connectionStrings>
```

（4）在 Default.aspx 中新建 2 个 Label 控件、2 个 TextBox 控件（ID 分别为 txtId 和 txtPw）和 1 个 Button 控件，如图 7-1 所示。

账号:

密码:

登录

图 7-1　带有 SQL 注入漏洞的登录功能页面设计视图

（5）切换到源视图，编写前台<body>标签源代码如下：

```
<body>
    <form id="form1" runat="server">
        <div>
            <asp:Label ID="user" runat="server" Text="账号:"></asp:Label>
           <asp:TextBox ID="txtId" runat="server"></asp:TextBox>
           <br />
           <br />
           <asp:Label ID="pass" runat="server" Text="密码:"></asp:Label>
           <asp:TextBox ID="txtPw" runat="server"></asp:TextBox>
           <br />
           <br />    
           <asp:Button ID="Button1" runat="server" Text="登录" OnClick=
           "Button1_Click"/>
        </div>
    </form>
</body>
```

（6）切换到“设计”视图，双击“登录”按钮，编写其单击事件代码如下：

```
string sqlCommand = "select * from users where LoginId='" + txtId.Text +
"'and LoginPw='" + txtPw.Text + "'";
        using (SqlConnection conn = new SqlConnection(ConfigurationManager.
        ConnectionStrings["mssqlserver"].ConnectionString))
        {
            using (SqlCommand cmd = new SqlCommand(sqlCommand, conn))
            {
                conn.Open();
                using (SqlDataReader reader = cmd.ExecuteReader())
                {
                    if (reader.Read())
                        ClientScript.RegisterStartupScript(typeof(string),
```

```
                    "print", "<script>alert('登录成功')</script>");
                else
                    ClientScript.RegisterStartupScript(typeof(string),
                    "print", "<script>alert('登录失败')</script>");
            }
        }
    }
```

注意：需要引入以下命名空间：

```
using System.Configuration;
using System.Data.SqlClient;
```

（7）运行，账号和密码分别输入 ms 和 microsoft，提示登录成功，如图 7-2 所示，否则登录失败，如图 7-3 所示。

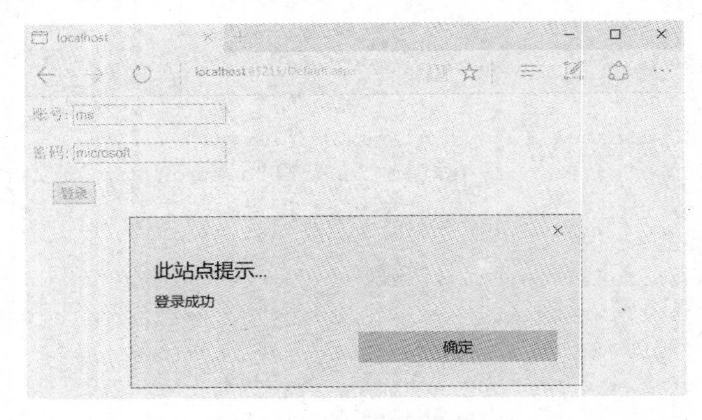

图 7-2　正常登录成功

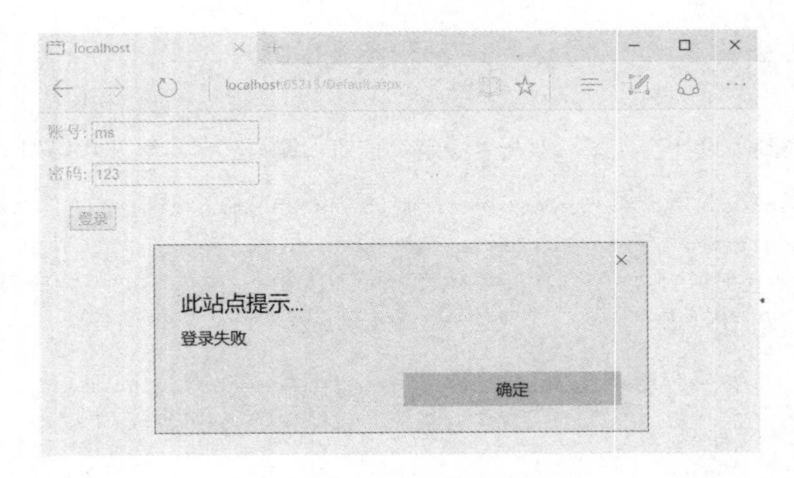

图 7-3　正常登录失败

（8）那么现在问题来了，在“账号”处输入“'or 1=1--”，“密码”处保持空白，如图 7-4 所示，居然登录成功了，这是怎么回事呢？其实，这就是臭名昭著的“SQL 注入攻击”。

图 7-4　SQL 注入攻击登录成功

7.1.2　SQL 注入漏洞原理

无疑，上例含有 SQL 注入漏洞的代码是不安全的。那么例子中错误的输入是如何导致系统登录成功的？其原理是怎样的呢？我们注意到本例的 SQL 命令的代码是由字符串拼接来实现的：

string sqlCommand = "select * from users where LoginId='" + txtId.Text + "'and LoginPw='" + txtPw.Text + "'";当用户输入 ms 和 microsoft 登录时，经过字符串拼接后的 SQL 命令如下所示：

```
select * from users where LoginId='ms' and LoginPw='microsoft'
```

在 SQL 攻击时，输入“'or 1=1--”，SQL 命令变成了：

```
select * from users where LoginId=''or 1=1-- and LoginPw=''
```

--是 SQL 语法中的注释，它后面的所有字符将被忽略。此时 SQL 命令在执行时相当于：

```
select * from users where LoginId='' or 1=1
```

因为 1=1 始终为 true，所以看起来貌似乱码的账号“'or 1=1--”就诡异地通过了密码验证。更有甚者，如果攻击者知道管理员的账户名是 ms，那么账号处输入“ms'--”后，就能以管理员身份登录，如图 7-5 所示。

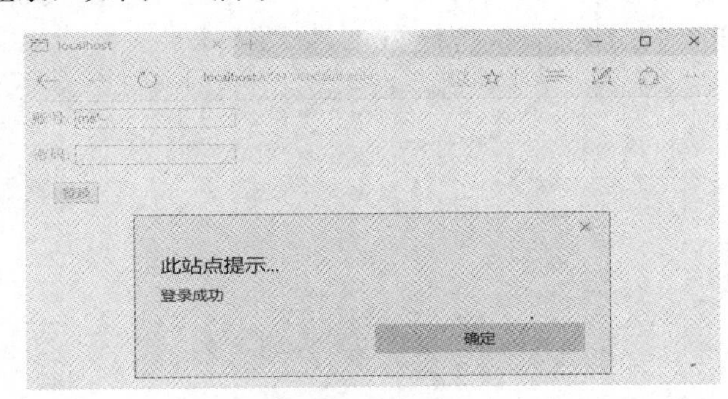

图 7-5　已知账号名情况下的 SQL 注入攻击登录成功

因为此时 SQL 命令为：

```
select * from users where LoginId='ms'--' and LoginPw=''
```

这简直是太可怕了！所以说 SQL 命令的字符串拼接就是 SQL 注入漏洞的罪魁祸首。

7.1.3 SQL 注入漏洞的防范

因为不安全的字符串拼接会导致 SQL 注入漏洞，所以要防范 SQL 注入攻击，一定要避免字符串拼接。常见的两种有效的防范策略是参数化查询和存储过程。下面分别通过两个例题来学习这两种防范措施。

例 7-2 参数化查询防范 SQL 注入攻击。

（1）在例 7-1 的基础上改写“登录”按钮的单击事件代码如下：

```
string sqlCommand = "select * from users where LoginId=@id and LoginPw=@pw";
        using (SqlConnection conn = new SqlConnection(Configuration Manager.
        ConnectionStrings["mssqlserver"].ConnectionString))
        {
            using (SqlCommand cmd = new SqlCommand(sqlCommand, conn))
            {
                cmd.Parameters.Add(new SqlParameter("id", txtId.Text));
                cmd.Parameters.Add(new SqlParameter("pw", txtPw.Text));
                conn.Open();
                using (SqlDataReader reader = cmd.ExecuteReader())
                {
                    if (reader.Read())
                        ClientScript.RegisterStartupScript(typeof(string),
                        "print","<script>alert('登录成功')</script>");
                    else
                        ClientScript.RegisterStartupScript(typeof(string),
                        "print", "<script>alert('登录失败')</script>");
                }
            }
        }
```

因为需要使用 SqlParameter 类，所以需要引入命名空间：

```
using System.Data.SqlClient;
```

（2）再次运行，输入恶意代码“'or 1=1--”，终于显示登录失败了，如图 7-6 所示。这表明，参数化查询的方法能够有效防范 SQL 注入漏洞。

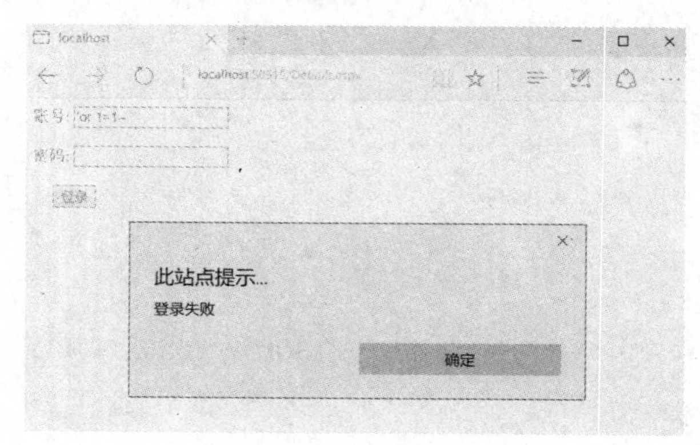

图 7-6 参数化查询防范 SQL 注入攻击

例 7-3 存储过程防范 SQL 注入攻击。

（1）在 test 数据库中新建查询，代码如下：

```
CREATE PROCEDURE GetLogin
(
    @username varchar(25),
    @password varchar(25)
)
AS
SELECT * FROM users WHERE
    LoginId=@username AND
    LoginPw=@password
```

（2）单击 SQL 编辑器上的“执行”按钮，此时就成功创建了一个名为 GetLogin 的存储过程，如图 7-7 所示。

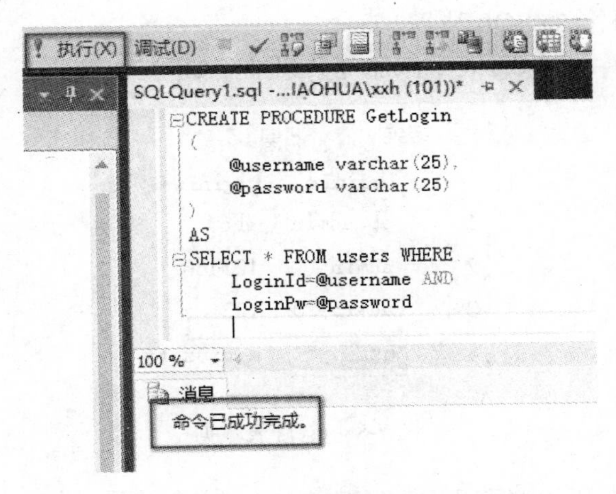

图 7-7 创建存储过程

（3）改写“登录”按钮的单击事件代码如下：

```
using  (SqlConnection  conn  =  new  SqlConnection(ConfigurationManager.
ConnectionStrings["mssqlserver"].ConnectionString))
        {
            using (SqlCommand cmd = new SqlCommand("GetLogin", conn))
            {
                cmd.CommandType = CommandType.StoredProcedure;
                cmd.Parameters.Add(new SqlParameter("username", txtId.Text));
                cmd.Parameters.Add(new SqlParameter("password", txtPw.Text));
                conn.Open();
                using (SqlDataReader reader = cmd.ExecuteReader())
                {
                  if (reader.Read())
                      ClientScript.RegisterStartupScript(typeof(string),
                      "print", "<script> alert('登录成功') </script>");
```

```
                else
                    ClientScript.RegisterStartupScript(typeof(string),
                    "print", "<script> alert('登录失败') </script>");
            }
        }
    }
```

因为用到了 CommandType，所以需要引入命名空间：

```
using System.Data;
```

（4）运行结果同图 7-6，这证明了存储过程同样能够有效地防范 SQL 注入漏洞。

7.1.4　含有通配符的 SQL 注入攻击

含有通配符的 SQL 语句如果被注入，危害往往更大，下面来看一个例子。

例 7-4　含有通配符的 SQL 注入。

（1）在 test 数据库的 users 表中添加几条记录，如图 7-8 所示。

结果　消息

	LoginId	LoginPw
1	abcadmin	abc
2	admin	123456
3	admin123	123
4	ms	microsoft

图 7-8　users 表数据

（2）在例 7-3 的基础上修改 Visual Studio 中的前台效果（包含一个 Gridview 控件），如图 7-9 所示。

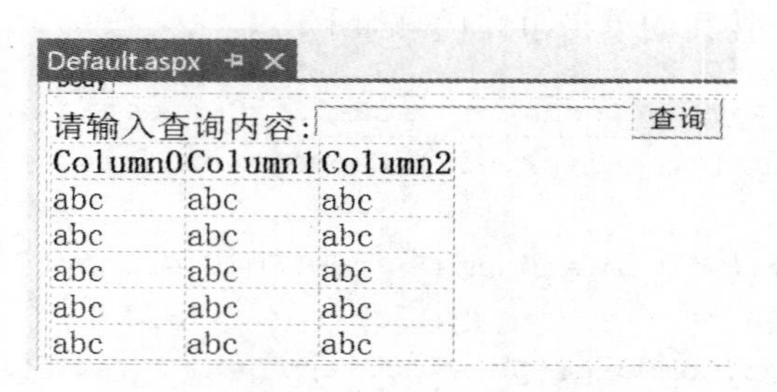

图 7-9　含有通配符的 SQL 注入前台页面设计视图

（3）前台源视图<body>标签代码如下：

```
<body>
    <form id="form1" runat="server">
        <div>
            <asp:Label ID="user" runat="server" Text="请输入查询内容:"></asp:
```

```
            Label>
            <asp:TextBox ID="txtId" runat="server"></asp:TextBox>
            <asp:Button ID="Button1" runat="server" Text="查询" OnClick=
            "Button1_Click"/>
        </div>
        <asp:GridView ID="GridView1" runat="server">
        </asp:GridView>
    </form>
</body>
```

（4）后台代码修改如下：

```
if (!String.IsNullOrEmpty(txtId.Text))
        {
            using (SqlConnection conn = new SqlConnection(Configuration
            Manager.ConnectionStrings["mssqlserver"].ConnectionString))
            {
                using (SqlCommand cmd = new SqlCommand("select * from users where
                LoginId like '%" + txtId.Text + "%'", conn))
                {
                    conn.Open();
                    using (SqlDataReader reader = cmd.ExecuteReader())
                    {
                        GridView1.DataSource = reader;
                        GridView1.DataBind();
                    }
                }
            }
        }
        else
        {
            Response.Write("<script>alert('查询内容不能为空')</script>");
        }
```

（5）运行，正常查询时，输入 admin，查询结果如图 7-10 所示。

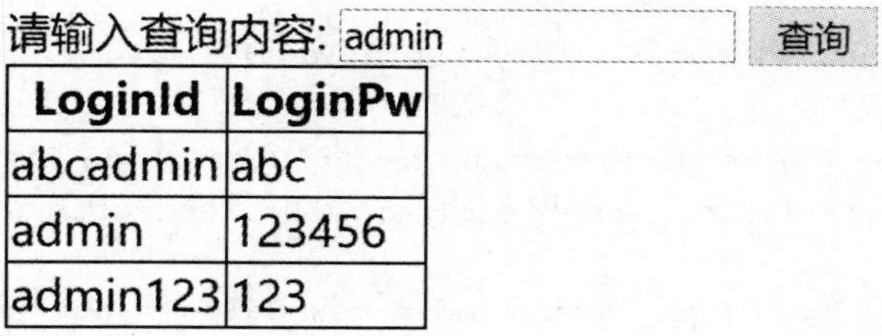

请输入查询内容: admin 查询

LoginId	LoginPw
abcadmin	abc
admin	123456
admin123	123

图 7-10　正常情况下查询 admin 相关数据

（6）下面开始 SQL 注入攻击，输入“'--”后单击“查询”按钮，居然把表中所有记录都查询出来了，如图 7-11 所示。

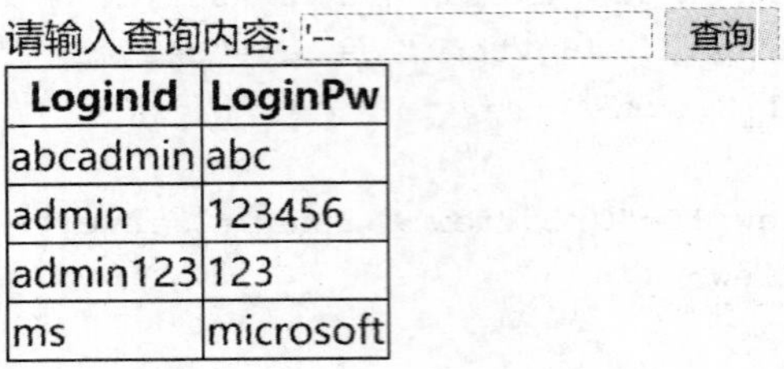

请输入查询内容: '-- 查询

LoginId	LoginPw
abcadmin	abc
admin	123456
admin123	123
ms	microsoft

图 7-11　含有通配符的 SQL 语句被注入攻击

当输入 admin 时，SQL 语句为：

```
select * from Login where username like '%admin%'
```

如果输入“'--”，SQL 命令变成了：

```
select * from Login where username like '%'--%'
```

相当于：

```
select * from 表名
```

更有甚者，如果猜到了数据库的表名是 users，输入“';DELETE FROM users--”，此时 SQL 命令变成了：

```
select * from users where username like '%';DELETE FROM users--%'
```

相当于两条语句：

```
select * from users where username like '%';
DELETE FROM users
```

这样第 2 条语句将删除表中所有的记录。

下面采用参数化查询的方法修复 SQL 注入漏洞。

例 7-5　参数化查询修复含有通配符的 SQL 注入漏洞。

(1) 修改后台代码如下：

```
if (!String.IsNullOrEmpty(txtId.Text))
{
    using (SqlConnection conn = new SqlConnection(ConfigurationManager.
    ConnectionStrings["mssqlserver"].ConnectionString))
    {
        using (SqlCommand cmd = new SqlCommand("select * from users
        where LoginId like @username", conn))
        {
            cmd.Parameters.Add(new SqlParameter("@username", "%" +
        txtId.Text + "%"));
```

```
                conn.Open();
                using (SqlDataReader reader = cmd.ExecuteReader())
                {
                    GridView1.DataSource = reader;
                    GridView1.DataBind();
                }
            }
        }
    }
    else
    {
        Response.Write("<script>alert('查询内容不能为空')</script>");
    }
```

（2）运行，再次输入“'--”，单击“查询”按钮后将不会显示任何结果，如图 7-12 所示。

图 7-12　采用存储过程后含有通配符的 SQL 注入攻击无效

下面采用存储过程的方法修复 SQL 注入漏洞。

例 7-6　使用存储过程修复含有通配符的 SQL 注入漏洞。

（1）新建一个存储过程，代码如下所示：

```
CREATE PROCEDURE dbo.Query
(
    @username varchar(25)
)
AS
select * from users where LoginId like @username
```

（2）修改后台代码如下：

```
if (!String.IsNullOrEmpty(txtId.Text))
    {
        using (SqlConnection conn = new SqlConnection(ConfigurationManager.
        ConnectionStrings["mssqlserver"].ConnectionString))
        {
            using (SqlCommand cmd = new SqlCommand("Query", conn))
            {
                cmd.CommandType = CommandType.StoredProcedure;
                cmd.Parameters.Add(new SqlParameter("username", "%" +
                txtId.Text + "%"));
```

```
                        conn.Open();
                        using (SqlDataReader reader = cmd.ExecuteReader())
                        {
                            GridView1.DataSource = reader;
                            GridView1.DataBind();
                        }
                    }
                }
            }
            else
            {
                Response.Write("<script>alert('查询内容不能为空')</script>");
            }
```

(3) 运行结果同图 7-12。

7.1.5 非查询语句的 SQL 注入

不仅查询语句 select 会被注入，非查询语句，比如 update、insert、delete 都会被注入，下面来看一个 insert 语句的例子。

例 7-7 insert 语句的 SQL 注入漏洞。

我们来设计一个简易的注册功能，注册时填写账号、密码、真实姓名，然后单击注册后，系统自动把该用户的初始积分设置为 0。

(1) 在 test 数据库中新建一个表 member，表结构如图 7-13 所示。

列名	数据类型	允许 Null 值
username	nvarchar(50)	☑
password	nvarchar(50)	☑
truename	nvarchar(50)	☑
credit	int	☑

图 7-13 member 表结构图

(2) Visual Studio 中新建一个网站，其前台设计视图如图 7-14 所示。

账号:
密码:
姓名:
提交

图 7-14 insert 语句的 SQL 注入前台设计视图

(3) 源视图<body>标签代码如下：

```
<body>
    <form id="form1" runat="server">
        <div>
            <asp:Label ID="username" runat="server" Text="账号:"></asp:Label>
```

```
            <asp:TextBox ID="txtId" runat="server"></asp:TextBox><br>
            <asp:Label ID="password" runat="server" Text="密码:"></asp:Label>
            <asp:TextBox ID="txtPw" runat="server"></asp:TextBox><br>
            <asp:Label ID="truename" runat="server" Text="姓名:"></asp:Label>
            <asp:TextBox ID="txtName" runat="server"></asp:TextBox><br>
                 
             <asp:Button ID="Button1" runat="server" Text="提交" OnClick=
            "Button1_Click"/>
        </div>
    </form>
</body>
```

(4) 后台提交按钮的单击事件代码如下：

```
using (SqlConnection conn = new SqlConnection(ConfigurationManager.
ConnectionStrings["mssqlserver"].ConnectionString))
        {
            conn.Open();
            using (SqlCommand cmd = new SqlCommand("insert into member Values
            ('" + txtId.Text + "','"+ txtPw.Text + "','" + txtName.Text + "',
             '0')", conn))
            {
                cmd.ExecuteNonQuery();
            }
        }
```

(5) 正常注册时，如图 7-15 所示。

查看一下数据库，确实注册成功了，张三的初始积分是 0 分，如图 7-16 所示。

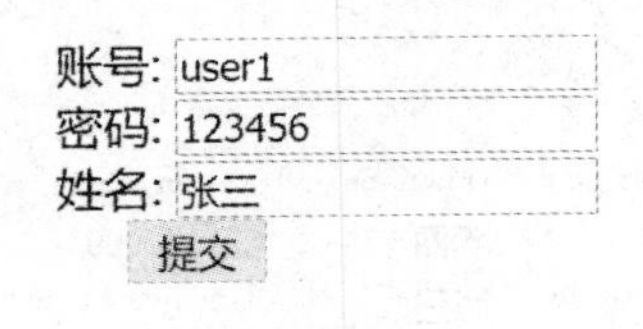

图 7-15　正常注册情况

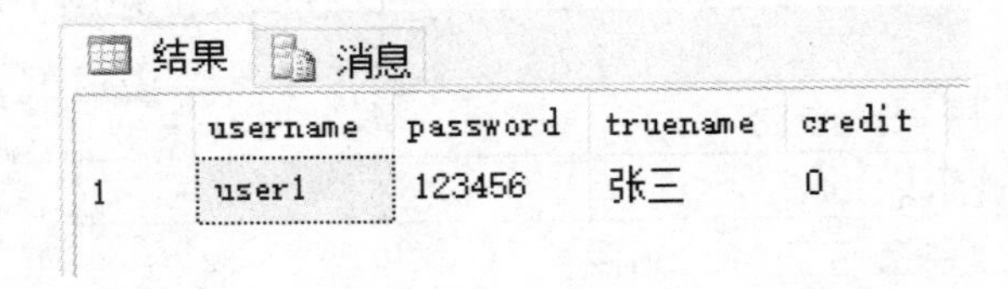

	username	password	truename	credit
1	user1	123456	张三	0

图 7-16　正常注册成功后数据库内容

(6) 下面开始 SQL 注入，在姓名处输入“李四',10000)--”，如图 7-17 所示。

(7) 单击“提交”按钮之后，可以发现李四的积分已经变成了 10000 分，如图 7-18 所示。

账号: user2
密码: abcd
姓名: 李四',10000)--
提交

图 7-17　insert 语句的 SQL 注入

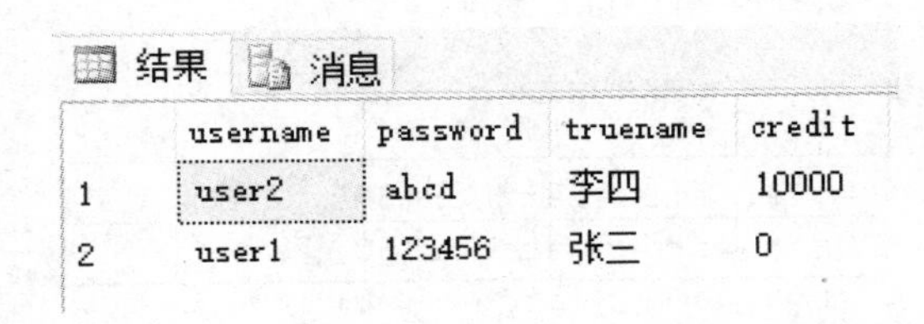

	username	password	truename	credit
1	user2	abcd	李四	10000
2	user1	123456	张三	0

图 7-18　insert 语句的 SQL 注入后数据库内容

在对张三进行正常注册时，SQL 语句为：

```
insert into member Values('user1','123456','张三',0)
```

进行 SQL 注入攻击，输入“李四',10000)--”，SQL 命令变成了：

```
insert into member Values('user2','abcd','李四',10000)--',0)
```

就这样神不知鬼不觉地将自己的初始积分刷成了 10000 分。

下面同样用参数化查询和存储过程两种方式对该漏洞进行防范。

例 7-8 参数化查询防范 insert 语句的 SQL 注入漏洞。

（1）修改后台代码如下：

```
using (SqlConnection conn = new SqlConnection(ConfigurationManager.
ConnectionStrings["mssqlserver"].ConnectionString))
    {
        conn.Open();
        using (SqlCommand cmd = new SqlCommand("insert into member Values
        (@username,@password,@truename,'0')", conn))
        {
            cmd.Parameters.Add(new SqlParameter("username", txtId.Text));
            cmd.Parameters.Add(new SqlParameter("password", txtPw.Text));
            cmd.Parameters.Add(new SqlParameter("truename", txtName.Text));
            cmd.ExecuteNonQuery();
        }
    }
```

（2）提交注册页面，如图 7-19 所示。

（3）查看数据库，发现注入并没有成功，如图 7-20 所示。

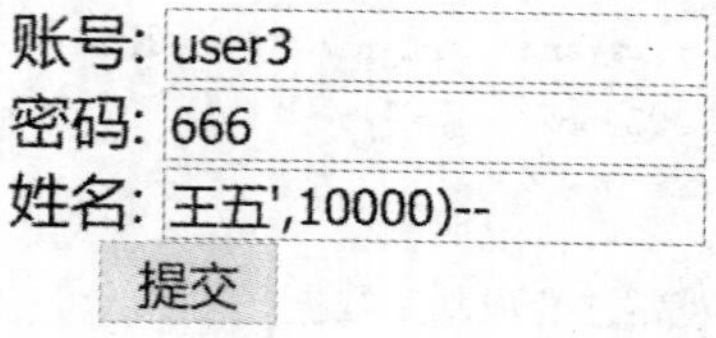

账号: user3
密码: 666
姓名: 王五',10000)--
提交

图 7-19 参数化查询修复漏洞后的提交页面

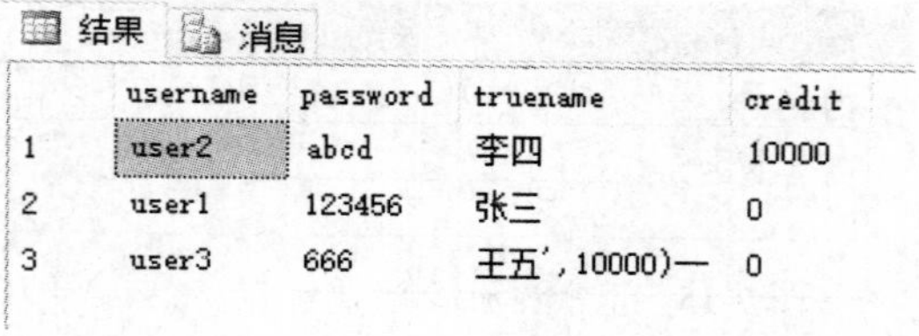

结果 消息

	username	password	truename	credit
1	user2	abcd	李四	10000
2	user1	123456	张三	0
3	user3	666	王五',10000)—	0

图 7-20 参数化查询修复漏洞后数据库内容

例 7-9 存储过程防范 insert 语句的 SQL 注入漏洞。

（1）新建存储过程，代码如下：

```
CREATE PROCEDURE Register
(
    @username nvarchar(50),
    @password nvarchar(50),
    @truename nvarchar(50)
)
AS
```

```
insert into member(username,password,truename)
Values(@username,@password,@truename)
```

（2）后台代码修改如下：

```
using (SqlConnection conn = new SqlConnection(ConfigurationManager.
ConnectionStrings["mssqlserver"].ConnectionString))
    {
        conn.Open();
        using (SqlCommand cmd = new SqlCommand("Register", conn))
        {
            cmd.CommandType = CommandType.StoredProcedure;
            cmd.Parameters.Add(new SqlParameter("username",this.txtId.Text));
            cmd.Parameters.Add(new SqlParameter("password",this.txtPw.
            Text));
            cmd.Parameters.Add(new SqlParameter("truename",this.txtName.
            Text));
            cmd.ExecuteNonQuery();
        }
    }
```

（3）运行效果同例 7-8。

7.2　XSS 漏洞

XSS 即跨站脚本攻击（Cross Site Scripting），之所以不叫 CSS，是因为 CSS 已经用来表示层叠样式表（Cascading Style Sheet）了。

XSS 是指恶意攻击者向 Web 页面中插入恶意 html 代码，当用户浏览该页面时，嵌入其中的恶意代码会被执行，从而攻击用户。

7.2.1　XSS 攻击示例

XSS 漏洞是 Web 应用程序中最常见的漏洞之一，下面通过一个例题来学习 XSS 漏洞的防范。

例 7-10　XSS 攻击简单示例。

（1）新建一个 ASP.NET 空网站，添加 Web 窗体 Default.aspx。

（2）Default.aspx 前台添加 Label、TextBox、Button 控件各一个，其设计视图如图 7-21 所示。

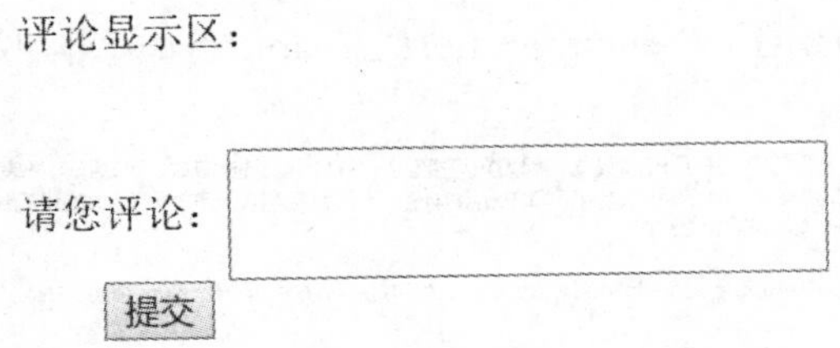

评论显示区：

请您评论：[　　　　]

[提交]

图 7-21　XSS 攻击简单示例前台设计视图

（3）Default.aspx 前台源视图<body>标签代码如下：

```
<body>
    <form id="form1" runat="server">
    <div>
        <asp:Label ID="commentOut" Text ="评论显示区：" runat="server">
        </asp:Label>
        <br/>
        <br/>
        <br/>
        请您评论：<asp:TextBox ID="commentIn" runat="server" Height="46px"
         Width="226px"></asp:TextBox>
        <br/>
               
        <asp:Button ID="submit" runat="server" onclick="submit_Click" Text=
      "提交"/>
    </div>
    </form>
</body>
```

（4）在后台，“提交”按钮的单击事件代码仅一行：

```
commentOut.Text = Request["commentIn"];
```

（5）运行后，输入评论内容“太棒了!”，提交，结果如图 7-22 所示。

图 7-22　正常提交评论内容并显示

（6）下面开始模拟 XSS 攻击，如果输入一段脚本“<script>alert('Hello, world!')</script>”提交，出现错误提示，如图 7-23 所示。

"/"应用程序中的服务器错误。

从客户端(commentIn="<script>alert('Hello...")中检测到有潜在危险的 Request.Form 值。

说明: ASP.NET 在请求中检测到包含潜在危险的数据，因为它可能包括 HTML 标记或脚本。该数据可能表示存在危及应用程序安全的尝试，如跨站点脚本攻击。如果此类型的输入适用于您的应用程序，则可包括明确允许的网页中的代码。有关详细信息，请参阅 http://go.microsoft.com/fwlink/?LinkID=212874。

异常详细信息: System.Web.HttpRequestValidationException: 从客户端(commentIn="<script>alert('Hello...")中检测到有潜在危险的 Request.Form 值。

图 7-23　XSS 攻击错误提示

为什么出现该错误呢？默认情况下，ASP.NET 具有基本的预防 XSS 攻击的手段。当用户试图输入尖括号<>等危险字符时，ASP.NET 的引擎会触发一个异常（HttpRequestValidationException）。

那么如果确实需要输入尖括号之类的字符，怎么办呢？这时可以修改 Web.config，来禁用请求验证。具体做法是，在<system.web>节中，添加<pages validateRequest="false"/>。同时，还需要将 requestValidationMode 设置为 2.0。（这个 requestValidationMode 有 2 个值：4.0 和 2.0，默认值是 4.0，表示强制启用请求验证，所以将其设为 2.0 才能真正关闭请求验证。）

修改后的 Web.config 代码如下所示：

```
<configuration>
   <system.web>
     <compilation debug="true" targetFramework="4.5.2" />
     <httpRuntime targetFramework="4.5.2" requestValidationMode="2.0" />
     <pages validateRequest="false"/>
   </system.web>
</configuration>
```

（7）再次运行，输入<script>alert('Hello, world!')</script>，提交后会弹出对话框。如图 7-24 所示。

图 7-24　XSS 攻击弹出对话框

这个例子就是 XSS 攻击的雏形，可见，如果输入的是恶意脚本代码，运行后将造成严重的后果。

注意：有些浏览器自带 XSS 过滤功能，比如 Chrome 浏览器，所以弹出对话框不一定能成功。请用 Microsoft Edge、火狐等浏览器。

关于禁用请求验证，从安全的角度，不推荐禁用请求验证，如果必须禁用，最好是应用到某一个页面上，而不是面向整个站点。具体做法如下：

- 删掉 web.config 中的<pages validateRequest="false"/>。
- 然后在某个页面的源视图，做如下修改：

```
<%@ Page Language="C#" AutoEventWireup="true" CodeFile="Default.aspx.cs"
Inherits="_Default" ValidateRequest="false"%>
```

7.2.2 XSS 攻击的防范

ASP.NET 自带的请求验证能够完全防范 XSS 攻击吗？

答案当然是否定的！请求验证应该被当作是附加的预防措施，不能完全依赖它。有效的防范 XSS 攻击的方法应从输入和输出这两个方面同时入手：

- 对输入进行检查和限制（不管输入来自用户、数据库，还是其他子系统运行的结果等）。
- 对输出进行编码。

编码输出就是用字符的转义序列（Escape Sequence）来对 HTML 中显示的字符重新编码。

在 HTML 中，定义特殊字符的转义序列有以下两个原因：

- 第一，“<”和“>”这类符号在 HTML 语法中有特殊用处，因此不能直接当作文本中的符号来使用。为了在 HTML 文档中使用这些符号，就需要定义它的转义序列。当解释程序遇到转义序列时会把它解释为真实的字符。
- 第二，有些字符在 ASCII 字符集中没有定义，因此需要使用转义序列来表示。比如版权符号©。

一个字符的转义序列分成三部分：第一部分是一个&符号，第二部分是该符号的名字，第三部分是一个分号。

比如，左右尖括号<和>的编码分别为“<”和“>”。

因为左尖括号也是小于号，其英文为 less than，简写为 lt，所以它的转义序列为“<”。同理可知，大于号的转义序列为“>”。其他字符的转义序列详见附录。

例 7-11 HTML 特殊字符编码示例。

（1）新建一个文本文件 a.txt，将以下 HTML 代码保存到该文件中。

```
<body>
        HTML 共定义了 6 个级别的标题标签
        <br>
        <h1> 比如&lt;h1&gt;&lt;/h1&gt;表示标题 1 </h1>
        <br>
        这是一个版权符号：&copy;
</body>
```

（2）将 a.txt 文件修改一下扩展名，更名为 a.html。然后用浏览器打开它。结果如图 7-25 所示。

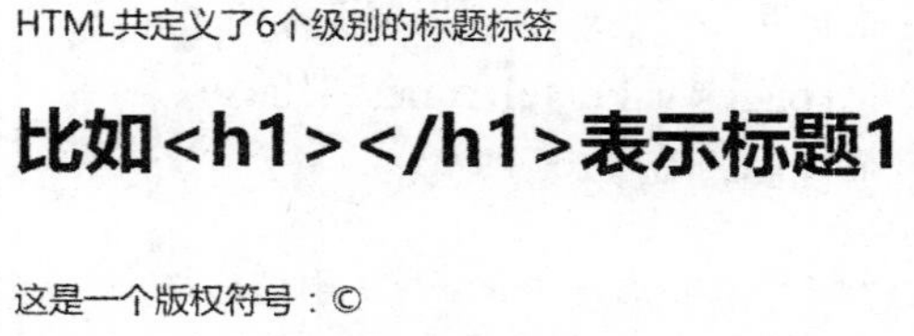

HTML共定义了6个级别的标题标签

比如<h1></h1>表示标题1

这是一个版权符号：©

图 7-25 HTML 特殊字符编码

再回顾一下例 7-10，如果希望的评论内容为“<script>alert（'Hello, world!'）</script>”而不弹出对话框时，可以按如下内容评论：

```
&lt;script&gt;alert（'Hello, world!'）&lt;/script&gt;
```

评论后的结果如图 7-26 所示。

<script>alert('Hello, world!')</script>

请您评论：<script>alert('Hello, world!')</sc

提交

图 7-26　HTML 特殊字符编码后再提交

7.3　Cookie 窃取漏洞

7.3.1　Cookie 名字的由来

Cookie 这个名字来源于 fortune cookie，是种餐后甜点，掰开后里面有一张写着祝福语或箴言的小纸条，如图 7-27 所示。

图 7-27　fortune cookie

计算机里的 Cookie 其实就是一种文本文件，里面保存了用户登录某网站的用户名和密码等状态信息，和 fortune cookie 一样，都表示存有一些隐藏信息，由此得名。

7.3.2　Cookie 窃取漏洞实例

XSS 漏洞经常被用作窃取 Cookie，下面通过一个实例来演示 Cookie 的窃取以及如何使用 HtmlEncode 函数来进行 XSS 漏洞的防范。

例 7-12　XSS 漏洞盗取 Cookie。

（1）在例 7-10 后台代码中创建 1 个 Cookie，里面存有用户名和密码，如下所示：

```
commentOut.Text = Request["commentIn"];
Response.Cookies["username"].Value = "Jack";
Response.Cookies["password"].Value = "123456";
```

（2）运行，输入“<script>alert（document.cookie）;</script>”后提交，可以看到 Cookie 中存的用户名和密码信息被盗取了，如图 7-28 所示。

图 7-28　XSS 漏洞盗取 Cookie

可以看到 XSS 漏洞轻易就盗取了 Cookie，试想如果某游戏论坛含有 XSS 漏洞，攻击者提交一篇含 Cookie 窃取漏洞代码的攻略，用户登录后浏览攻略，这样 Cookie 里存的账号和密码就莫名其妙被盗了。

7.3.3　编码输出函数

我们采取编码输出的方式对上例进行漏洞修补。如果程序员每次都要查表对特殊字符进行编码，开发效率未免也太低了一些。为了解决这一问题，.NET Framework 在 System.Web 下提供了 HttpUtility.HtmlEncode 和 HttpUtility.UrlEncode 两个函数为我们提供了编码功能。

- HtmlEncode：　编码页面中含有 HTML 元素的输出。
- UrlEncode：避开 Url 的一些不安全输出值，例如，href 特性。

下面使用 HtmlEncode 函数来进行编码。

例 7-13　HtmlEncode 函数防范 Cookie 窃取漏洞。

（1）在例 7-12 的基础上，将代码“commentOut.Text=Request["commentIn"];”修改为：

```
commentOut.Text = HttpUtility.HtmlEncode（Request["commentIn"]）;
```

（2）运行后，同样输入“<script>alert（document.cookie）;</script>”后提交，如图 7-29 所示，可看到该页面终于变安全了。

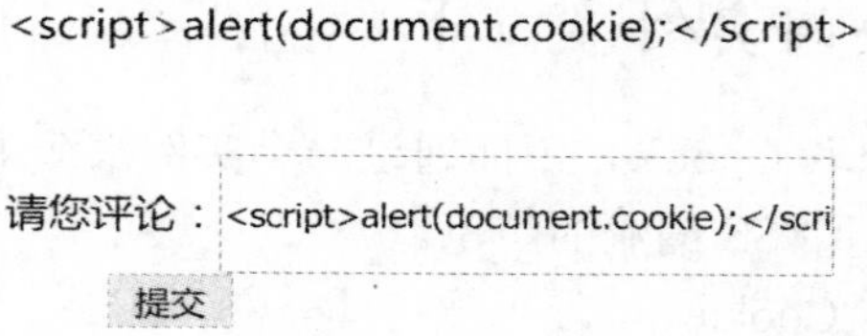

<script>alert(document.cookie);</script>

请您评论：<script>alert(document.cookie);</scri

提交

图 7-29　HtmlEncode 函数防范 Cookie 窃取漏洞

有的时候，我们想接收一小部分 HTML 元素，而将其他大部分的 HTML 元素编码，比如，希望将文本编辑的标签保留功能。那就需要首先用 HtmlEncode 函数对输入进行编码，然后使用 StringBuilder 类的 Replace 方法将允许的 HTML 标签的编码替换成对应的标签。这就是“默认禁止，显式允许”的原则。

例 7-14 编码过滤的“默认禁止，显式允许”。

假如允许接受<b>和<i>标签，而将其他所有标签编码。

（1）添加命名空间

```
using System.Text;
```

（2）改写后台代码如下所示。

```
StringBuilder htmlBuilder = new StringBuilder(HttpUtility.HtmlEncode
(commentIn.Text));
        htmlBuilder.Replace("&lt;b&gt;", "<b>");//将&lt;b&gt;替换成<b>
        htmlBuilder.Replace("&lt;/b&gt;", "</b>");
        htmlBuilder.Replace("&lt;i&gt;", "<i>");
        htmlBuilder.Replace("&lt;/i&gt;", "</i>");
        commentOut.Text = htmlBuilder.ToString();
```

（3）运行，输入如下内容：

```
<b>能加粗</b><i>能倾斜</i><u>不能下画</u>
```

（4）运行结果如图 7-30 所示。

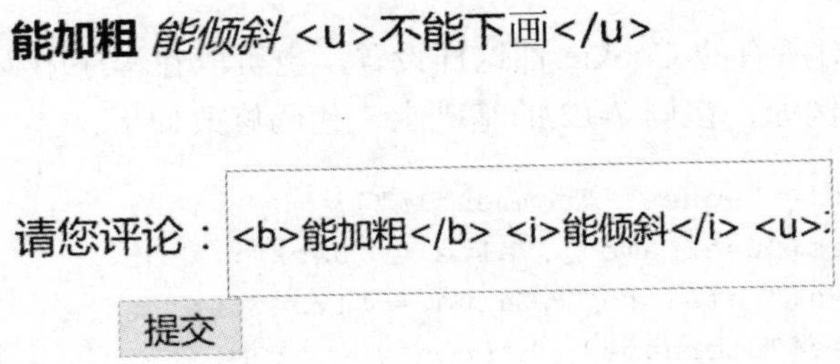

能加粗 *能倾斜* <u>不能下画</u>

请您评论：<b>能加粗</b> <i>能倾斜</i> <u>

提交

图 7-30 编码过滤的“默认禁止，显式允许”

7.3.4 HttpOnly

为了保护 Cookie 的安全，2002 年，随着 IE6 SP1 的发布，Microsoft 引入了 HttpOnly 的概念。

该功能就是将重要的 Cookie 标记为 httpOnly，这样浏览器将禁止页面的 JavaScript 访问带有 HttpOnly 属性的 Cookie。如果客户端试图通过 document.cookie 读取 Cookie，将返回一个空字符串或 null，这样 Cookie 就不会被 XSS 攻击所窃取。

HttpOnly 虽然由微软提出，但至今已经成为一个标准。目前主流浏览器都支持。

例 7-15 httpOnlyCookies 防范 Cookie 盗取漏洞。

（1）在例 7-12 的基础上，在 web.config 中，设置 httpOnlyCookies 的属性值为 true，这样做对所有的 Cookie 都生效，代码如下所示。

```
<configuration>
    <system.web>
        <compilation debug="true" targetFramework="4.0" />
        <httpRuntime requestValidationMode="2.0" />
        <pages validateRequest="false"/>
        <httpCookies httpOnlyCookies="true"/>
    </system.web>
</configuration>
```

（2）运行，输入

```
<script>alert(document.cookie);</script>
```

（3）运行结果如图 7-31 所示。

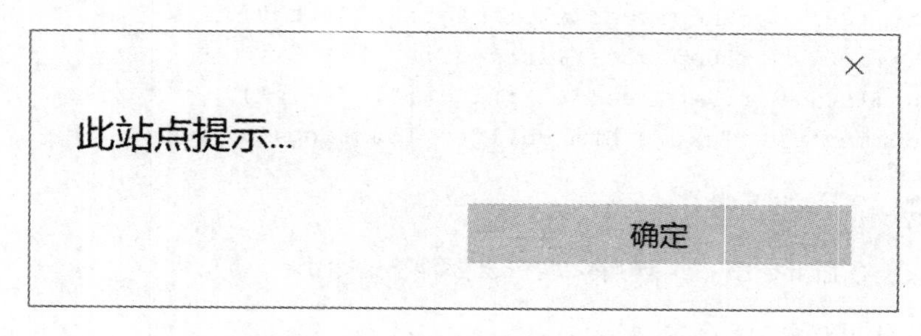

图 7-31　httpOnlyCookies 防范 Cookie 盗取漏洞

（4）如果不希望对所有的 Cookie 都这样设置，也可以在程序中为每个 Cookie 值单独设置 HttpOnly 状态。例如，在例 7-12 的基础上，代码修改如下：

```
commentOut.Text = Request["commentIn"];
Response.Cookies["username"].Value = "Jack";
Response.Cookies["password"].Value = "123456";
Response.Cookies["username"].HttpOnly = true;
Response.Cookies["password"].HttpOnly = true;
```

7.4　小　　结

本章讲解了 SQL 注入漏洞、XSS 漏洞、盗取 Cookie 漏洞的攻击和防御措施，软件开发过程中，为了提高安全性无疑会损失一部分性能，但是“编写可以正确运行、只是速度有些慢的代码，要远远好过大多数时间都正常运行但是有时候会崩溃的代码”。

7.5　习　　题

7.5.1　作业题

举例说明，采用字符串拼接方式的 Update 语句可能在什么情况下被 SQL 注入攻击。

试分别采用参数化查询和存储过程的方式修复该漏洞，开发安全的“修改密码”功能。

7.5.2 思考题

上网查阅资料，思考除了 SQL 注入漏洞和 XSS 漏洞外，Web 上还有哪些常见的安全漏洞，这些漏洞有什么危害，在编程时应该如何防范？

7.6 上 机 实 践

为 test 数据库 users 表设计删除功能，如果要删除登录名 admin，密码 123456 的用户，用户需要首先输入正确的登录名和登录密码，SQL 命令如下所示：delete from users where LoginId= 'admin ' And LoginPw='123456'，这时才可以正常删除。但是若采用字符串拼接的方式会导致 SQL 注入漏洞，如果恶意攻击者知道对方的登录名，只需要输入“admin ';--”，就可以在不知道对方密码的情况下删除对方账户了。试分别采用参数化查询和存储过程的方式修复该漏洞，开发安全的删除功能。

第8章 ASP.NET中的三层架构

在软件架构设计过程中，为了实现“高内聚，低耦合”的思想，最常见的是分层式架构。微软推荐的分层架构主要分为三层，三层架构一般用于企业级大型项目开发，将业务分离以实现分工合作，使开发人员单一职责明确以提高开发效率，并且降低后续运行维护和再次开发的时间和成本。本章将讲述在ASP.NET开发中如何应用三层架构。

本章主要学习目标如下：

- 学会编写SqlHelper类；
- 理解三层架构的思想；
- 学会使用三层架构进行项目开发。

8.1 SqlHelper

SqlHelper是一个基于.NET Framework的数据库操作组件，该组件将增、删、改、查等数据库操作进行封装，只需要向方法中传入一些参数即可操作数据库，十分简单和方便，并且提高了代码的可重用性。常见的SqlHelper有两个版本：一个是微软公司在Enterprise Library中提供的，另一个是开源组织DBHelper提供的。开发人员可以直接使用这两个版本或者编写适合自己需求的SqlHelper。

8.1.1 SqlHelper类的实现

对SQL Server数据库的操作，最常见的有如下4种：

- 非连接式查询，获取DataTable。
- 连接式查询，获取DataReader。
- 查询结果只有1行1列，获取单一数据。
- 增、删、改操作，返回受影响的行数。

针对以上操作，我们自己编写一个简单的SQL Server数据库操作通用类，类中4个方法分别对应以上的4种数据库操作，代码如下：

```
public class SqlHelper
{
        //连接字符串
        private static readonly string connStr = ConfigurationManager.
        ConnectionStrings["mssqlserver"].ConnectionString;
       //1.非连接式查询，获取DataTable
        public static DataTable ExecuteDataTable(string sql, CommandType
```

```
cmdType, params SqlParameter[] pms)
    {
        DataTable dt = new DataTable();
        using (SqlDataAdapter adapter = new SqlDataAdapter(sql, connStr))
        {
            adapter.SelectCommand.CommandType = cmdType;
            if (pms != null)
            {
                adapter.SelectCommand.Parameters.AddRange(pms);
            }
            adapter.Fill(dt);
            return dt;
        }
    }
    //2.连接式查询，获取 DataReader
    public static SqlDataReader ExecuteReader(string sql, CommandType
    cmdType, params SqlParameter[] pms)
    {
        SqlConnection con = new SqlConnection(connStr);
        using (SqlCommand cmd = new SqlCommand(sql, con))
        {
            cmd.CommandType = cmdType;
            if (pms != null)
            {
                cmd.Parameters.AddRange(pms);
            }
            try
            {
                con.Open();
                return cmd.ExecuteReader(CommandBehavior.CloseConnection);
            }
            catch
            {
                con.Close();
                con.Dispose();
                throw;
            }
        }
    }
    //3.查询结果只有 1 行 1 列，获取单一数据
    public static object ExecuteScalar(string sql, CommandType cmdType,
    params SqlParameter[] pms)
```

```
        {
            using (SqlConnection con = new SqlConnection(connStr))
            {
                using (SqlCommand cmd = new SqlCommand(sql, con))
                {
                    //设置当前执行的是存储过程还是带参数的 Sql 语句
                    cmd.CommandType = cmdType;
                    if (pms != null)
                    {
                        cmd.Parameters.AddRange(pms);
                    }
                    con.Open();
                    return cmd.ExecuteScalar();
                }
            }
        }
        //4.增、删、改操作，进行数据编辑
        public static int ExecuteNonQuery(string sql, CommandType cmdType,
        params SqlParameter[] pms)
        {
            using (SqlConnection con = new SqlConnection(connStr))
            {
                using (SqlCommand cmd = new SqlCommand(sql, con))
                {
                    //设置当前执行的是存储过程还是带参数的 Sql 语句
                    cmd.CommandType = cmdType;
                    if (pms != null)
                    {
                        cmd.Parameters.AddRange(pms);
                    }
                    con.Open();
                    return cmd.ExecuteNonQuery();
                }
            }
        }
    }
```

8.1.2 SqlHelper 类的使用

下面通过改写第 7 章例 7-2 的登录功能，来学习 SqlHelper 类的使用。

例 8-1 SqlHelper 实现登录功能。

（1）在例 7-2 的基础上，右击网站名称，选择“添加”→“类”命令，如图 8-1 所示。

在上述操作中，若在“添加”快捷菜单中没有“类”一项时，可选择“添加新项”，在“添加新项”窗口中再选择“类”。

（2）为该类起名 SqlHelper，如图 8-2 所示。

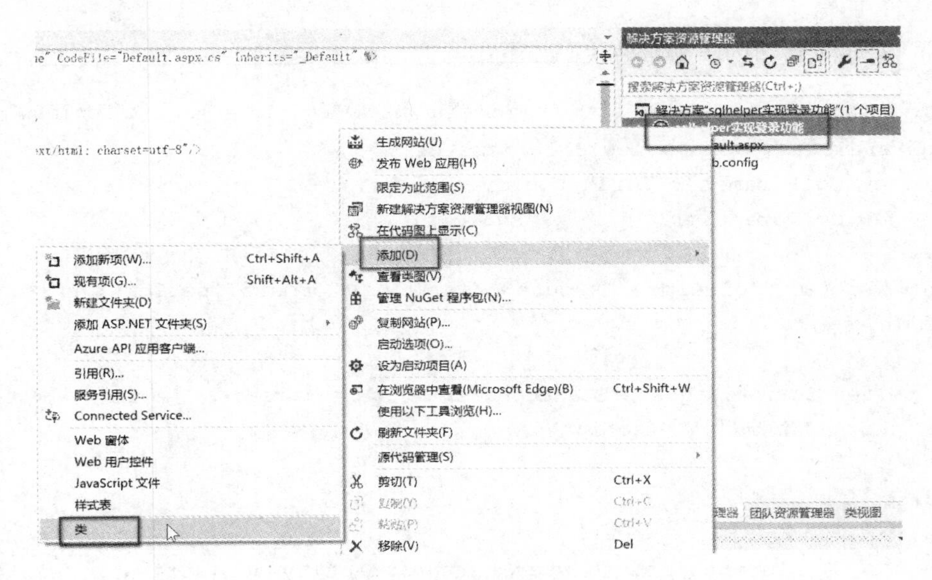

图 8-1 添加类

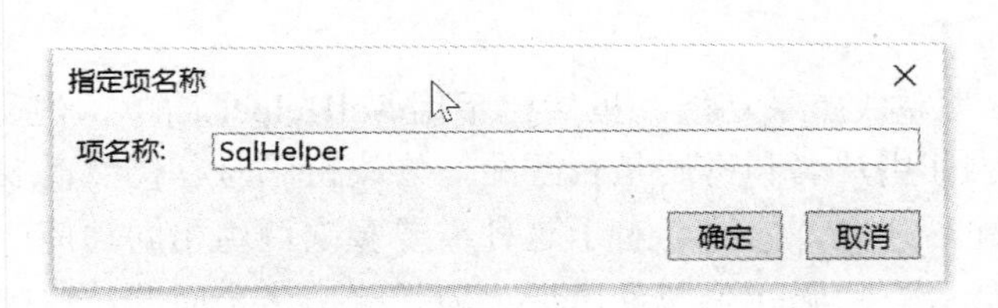

图 8-2 指定类名

（3）确定之后，提示是否放入 App_Code 文件夹中，单击“是”按钮，如图 8-3 所示。

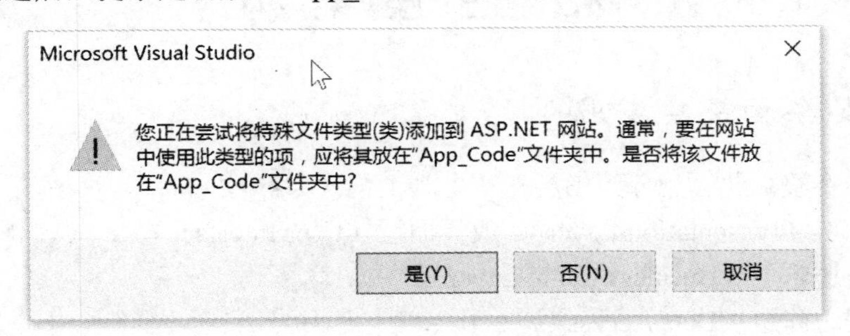

图 8-3 提示将类放在 App_Code 文件夹中

（4）之后将上一小节实现的 SqlHelper 类的代码写入 SqlHelper.cs，若出现红色波浪线，则需要引入以下 3 个命名空间。

因为用到了 ConfigurationManager、CommandType、SqlConnection 与 SqlCommand，所以需要添加

```
using System.Configuration;
using System.Data;
using System.Data.SqlClient;
```

（5）“登录”按钮的单击事件代码如下：

```
string sql = "select COUNT(*) from users where LoginId = @id and LoginPw = @pw";
SqlParameter[] pms = new SqlParameter[]{
    new SqlParameter("@id",txtId.Text),
    new SqlParameter("@pw",txtPw.Text)
};
int n = (int)SqlHelper.ExecuteScalar(sql, CommandType.Text, pms);
if (n > 0)
{
    ClientScript.RegisterStartupScript(typeof(string), "print", "<script>
    alert('登录成功')</script>");
}
else
{
        ClientScript.RegisterStartupScript(typeof(string), "print",
        "<script>alert('登录失败')</script>");
    }
```

使用 SqlHelper 类完成登录功能，虽然比不用 SqlHelper 简单，但是依然有其局限性。比如，登录时需要验证用户名和密码是否匹配，修改密码时，仍然需要首先验证用户名和密码是否匹配，匹配后才允许修改。对于这种需要多次调用相同功能的代码的情况，单纯使用 SqlHelper 依然会有代码冗余现象出现，为了解决这个问题，进一步提高代码的可重用性，就需要学习三层架构了。

8.2 三 层 架 构

8.2.1 三层架构及其应用

三层架构将整个业务划分为三层，从上到下依次为：

（1）表示层（Presentation Layer），或界面层（User Interface）。

（2）业务逻辑层（Business Logic Layer）。

（3）数据访问层（Data Access Layer）。

各层的作用和实现方式如下：

- 表示层（PL 或 UI）。

提供与用户交互的界面，用于采集用户操作数据，将其传递给 BLL 层处理，并向用户呈现 BLL 层传递回来的数据。用 ASP.NET 页面或 WinForm 实现。

- 业务逻辑层（BLL）。

PL 层与 DAL 层之间的枢纽，实现应用程序的核心功能。BLL 层按业务需求调用 DAL 层的方法。以类库的形式实现。

- 数据访问层（DAL）。

对数据库（或二进制文件、文本文件、XML 文档）中的数据进行增、删、改、查操作。

以类库的形式实现。

三层之间的引用方式为：PL 引用 BLL，BLL 引用 DAL。

三层之间的数据传递过程：首先，用户借助 PL 层将业务需求传递到 BLL 层，然后，BLL 层将该业务需要的数据传递到 DAL 层，DAL 据此对数据库进行操作后，将数据反馈给 BLL 层，BLL 层拿到数据后进行核心业务逻辑的处理，之后将处理结果通过 PL 层反馈给用户，如图 8-4 所示。

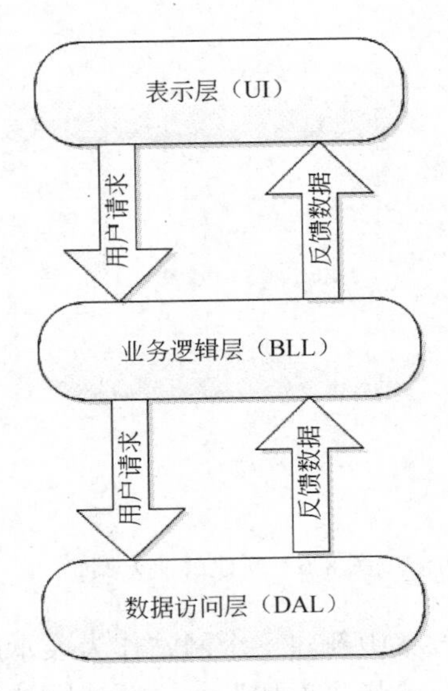

图 8-4　三层架构数据传递方式

下面将例 8-1 改进一下，用三层架构来实现登录功能。

在 Visual Studio 中，一个解决方案可包含多个网站或项目，可以在解决方案中创建一个网站来做表示层，再创建两个类库分别做业务逻辑层和数据访问层。

例 8-2　三层架构实现登录。

（1）新建一个解决方案。在 Visual Studio 2015 的“文件”菜单下选择“新建”→“项目”命令，或者按 Ctrl+Shift+N 快捷键，如图 8-5 所示。

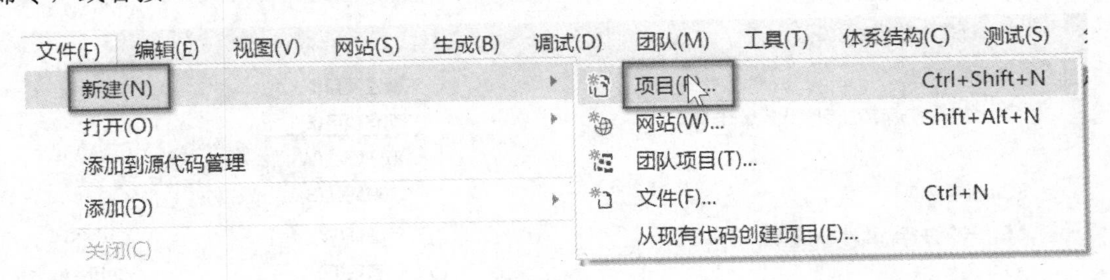

图 8-5　新建项目

（2）在打开的“新建项目”对话框中，左侧部分依次选“已安装”→“模板”→“其他项目类型”→“Visual Studio 解决方案”选项，取名为 ThreeTierLogin，单击“确定”按钮，如图 8-6 所示。

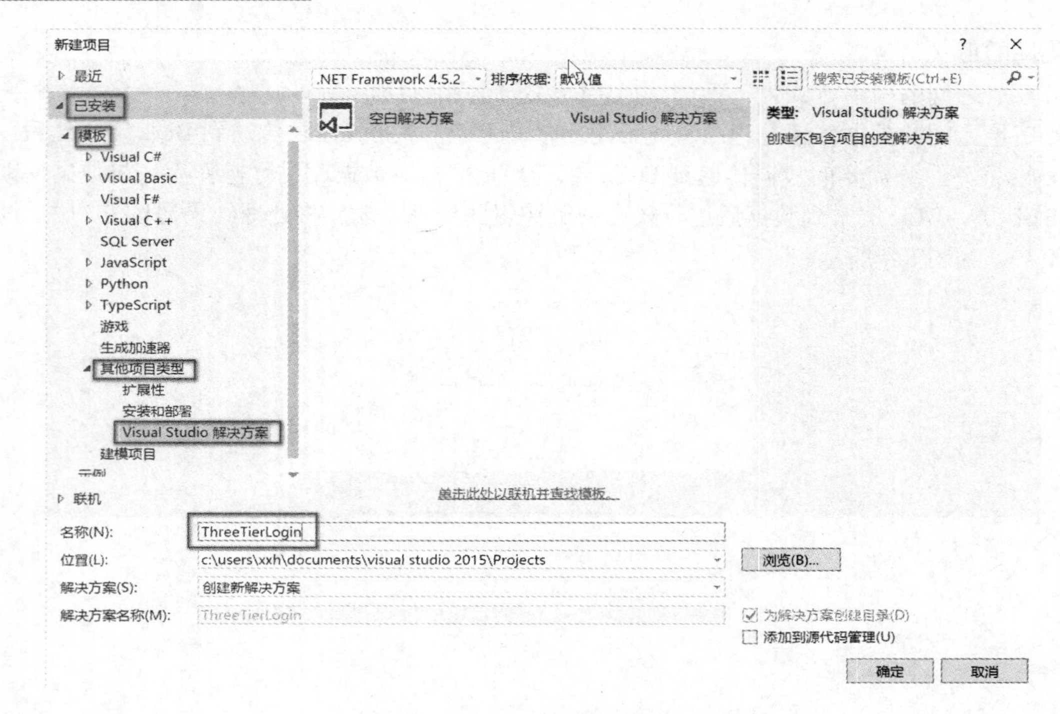

图 8-6　新建解决方案

（3）然后在刚创建的解决方案中新建一个网站作为表示层。在右侧的“解决方案资源管理器”中右击当前解决方案，选择“添加”→“新建网站”命令，如图 8-7 所示。

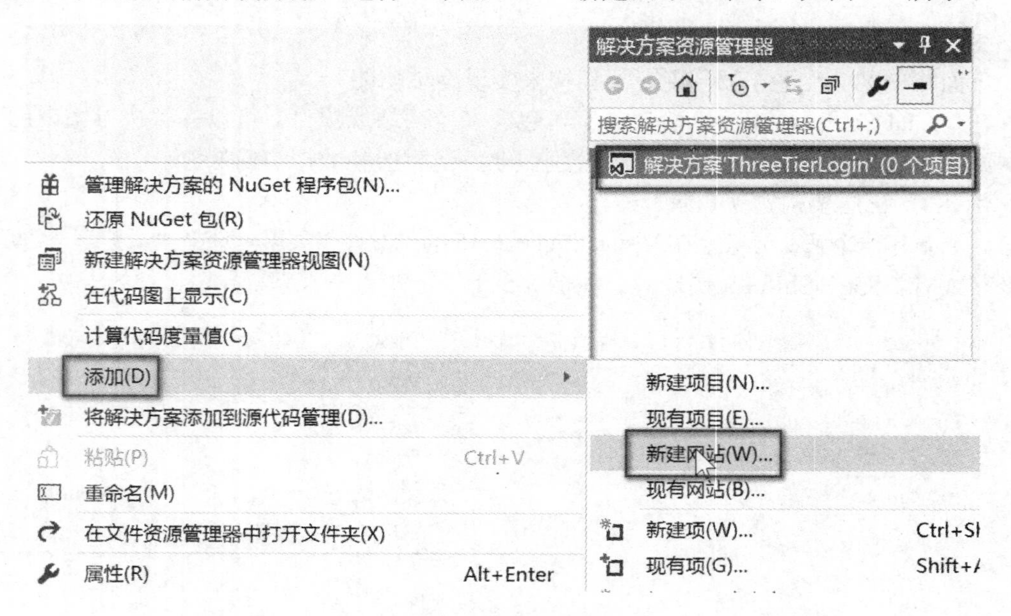

图 8-7　新建网站

（4）在随后打开的“添加新网站”窗口中，选择“ASP.NET 空网站”，起名为 Web，如图 8-8 所示。

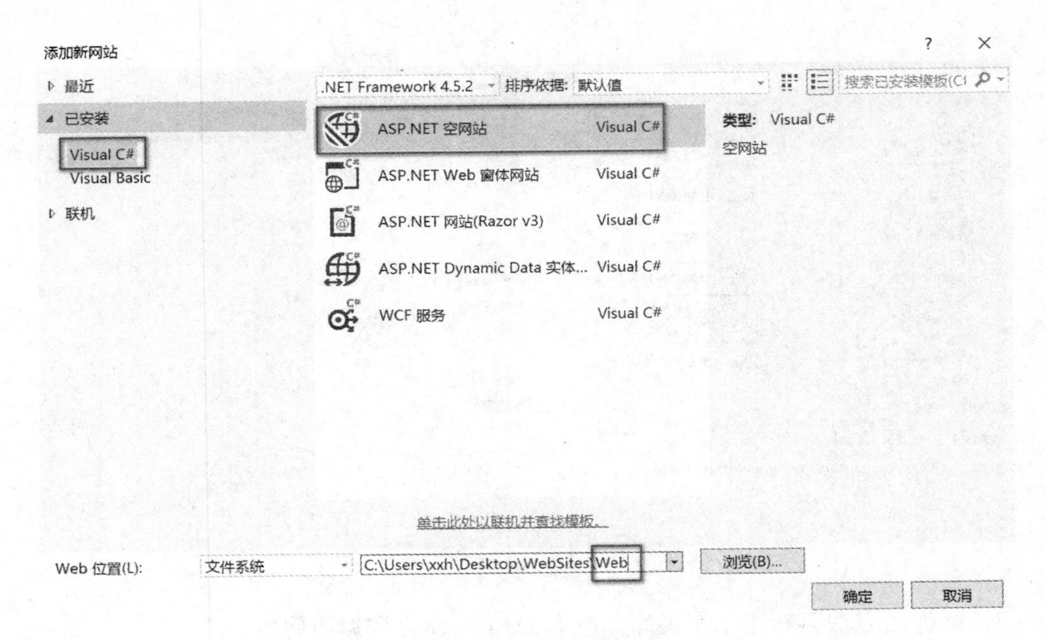

图 8-8　添加空网站

（5）再在解决方案中创建 1 个类库项目作为业务逻辑层。右击当前解决方案，选择“添加”→“新建项目”命令，如图 8-9 所示。

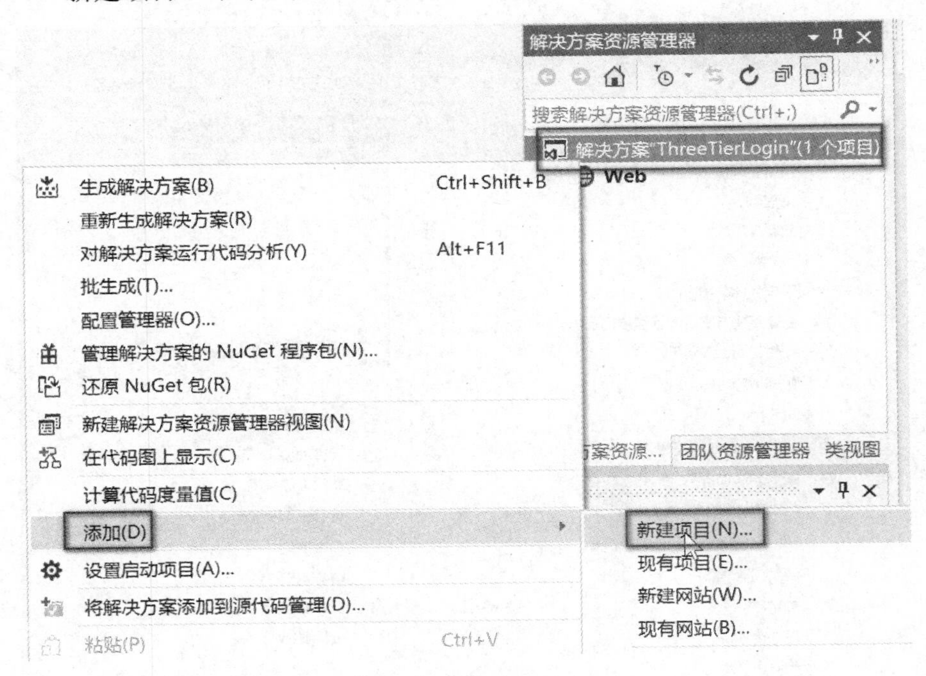

图 8-9　新建项目

（6）在打开的“添加新项目”对话框中，依次选择“已安装”→Visual C#→Windows→“类库”，取名为 BLL，如图 8-10 所示。

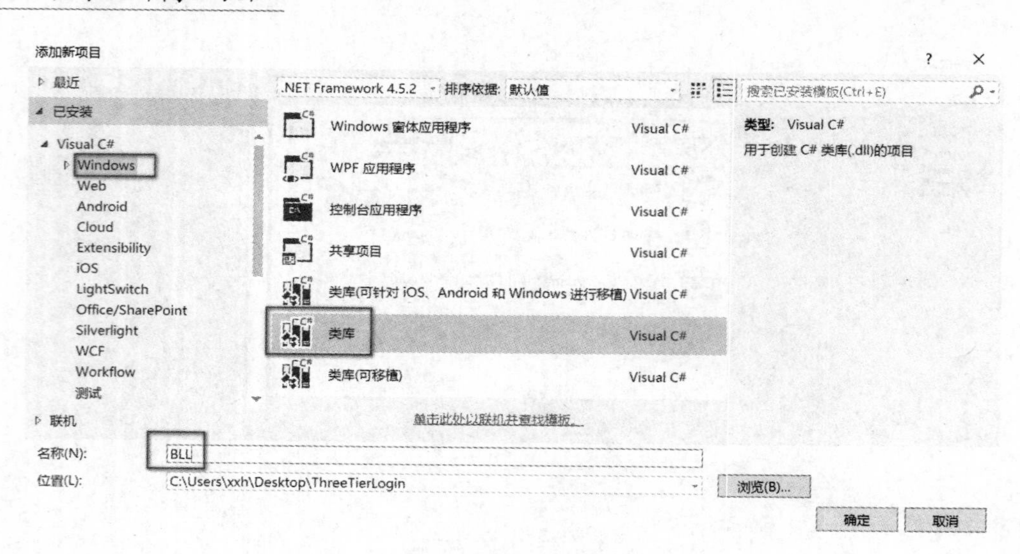

图 8-10　添加类库

（7）同样的方法再新建 1 个类库，取名 DAL，作为数据访问层。

（8）SqlHelper 作为操作数据库的组件，应放置在数据访问层。右击 DAL 类库，选择“添加”→“类”命令，如图 8-11 所示。

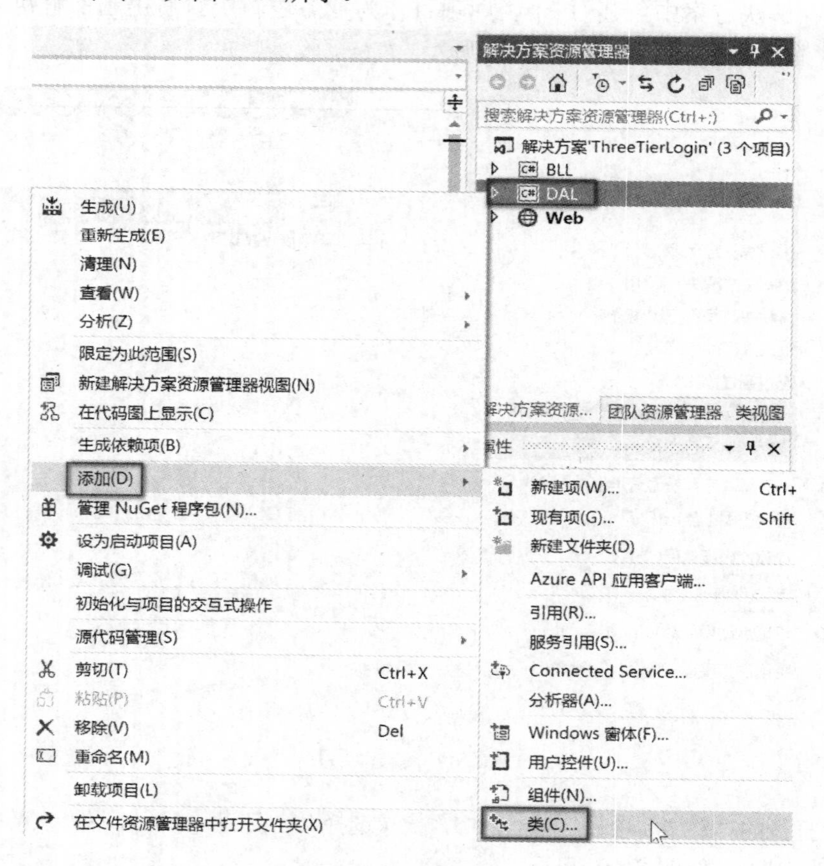

图 8-11　添加类

（9）将类命名为 SqlHelper.cs，并将之前 SqlHelper 的代码复制过来。

（10）右击 DAL 类库下的默认类 Class1.cs，重命名为 LoginDAL.cs。

（11）编写 LoginDAL.cs 中 LoginDAL 类的代码如下：

```
public class LoginDAL
{
    public int Login(string loginId, string password)
    {
        string sql = "select COUNT(*) from users where LoginId=@id and
        LoginPw=@pw";
        SqlParameter[] pms = new SqlParameter[] {
        new SqlParameter("@id",loginId),
        new SqlParameter("@pw",password)
        };
        return (int)SqlHelper.ExecuteScalar(sql, CommandType.Text, pms);
    }
}
```

注意，需要引入以下两个命名空间：

```
using System.Data;
using System.Data.SqlClient;
```

（12）将 BLL 类库下的默认类 Class1.cs 重命名为 LoginBLL.cs，编写 LoginBLL 类的代码如下：

```
public class LoginBLL
{
    LoginDAL dal = new LoginDAL();
    public bool Login(string loginId, string password)
    {
        return dal.Login(loginId, password) > 0;
    }
}
```

注意：因为用到了 LoginDAL 类，所以需要在 LoginBLL.cs 代码中添加代码“using DAL;”。

（13）右击 Web 网站，添加一个 Web 窗体，起名为 Default.aspx，在该窗体中新建 2 个 Label 控件、2 个 TextBox 控件（ID 分别为 txtLoginId、txtLoginPwd）和 1 个 Button 控件，如图 8-12 所示。

账号:

密码:

登录

图 8-12　视图层页面设计视图

其前台源代码如第 7 章例 7-2 所示。

（14）双击“登录”按钮，编写其单击事件代码如下：

```
//1.采集数据
string uid = txtId.Text;
string pwd = txtPw.Text;
//2.调用业务逻辑层实现登录校验
LoginBLL bll = new LoginBLL();
bool isOk = bll.Login(uid, pwd);
//3.根据登录校验结果，在表现层提示用户登录是否成功
if (isOk)
{
    Response.Write("<script>alert('登录成功')</script>");
}
else
{
    Response.Write("<script>alert ('登录失败')</script>");
}
```

注意：因为用到了 LoginBLL 类，所以在 Default.aspx.cs 最上方添加代码“using BLL;”。

（15）在网站的 Web.config 中添加<connectionStrings>节点，代码如下：

```
  <connectionStrings>
    <add name="mssqlserver" connectionString="Data Source=.;Initial Catalog=
    test;Integrated Security=True"/>
</connectionStrings>
```

（16）右击 Web 网站，选择“添加”→“引用”命令，如图 8-13 所示。

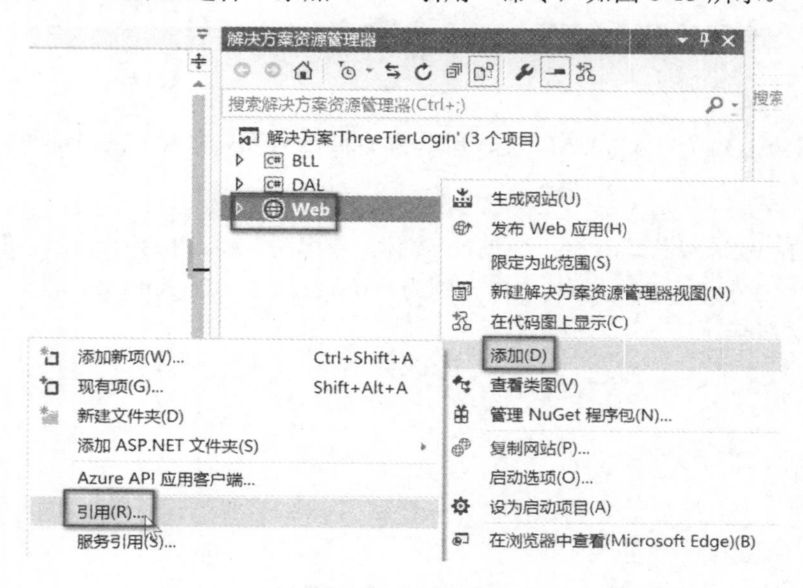

图 8-13　添加引用

（17）在打开的“引用管理器”对话框中选择“项目”→“解决方案”选项，然后选中 BLL，如图 8-14 所示。

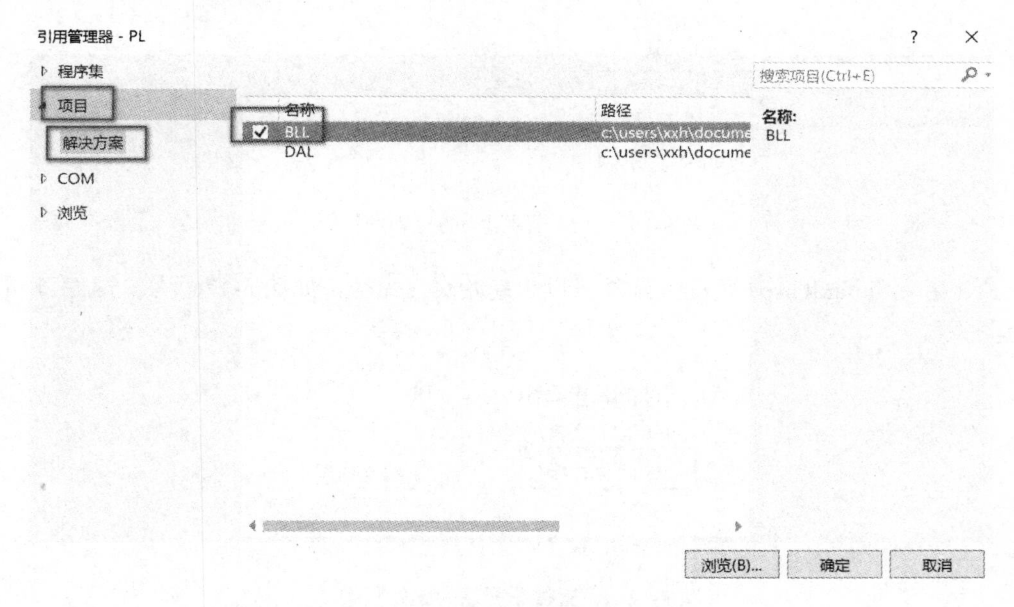

图 8-14　在引用管理器中选择引用

（18）按同样的方法，在 BLL 项目中添加对 DAL 的引用。

（19）因为 DAL 类库中的 LoginDAL.cs 使用了 SqlHelper.cs，而 SqlHelper.cs 中使用了 System.Configuration.ConfigurationManager 类，所以需要在 DAL 类库中添加对 System.Configuration 的引用。右击 DAL 类库名称，选择“添加”→“引用”后，在引用管理器左侧选择“程序集”，在右上角输入 config 进行搜索，选中搜索结果中出现的 System.Configuration，如图 8-15 所示。

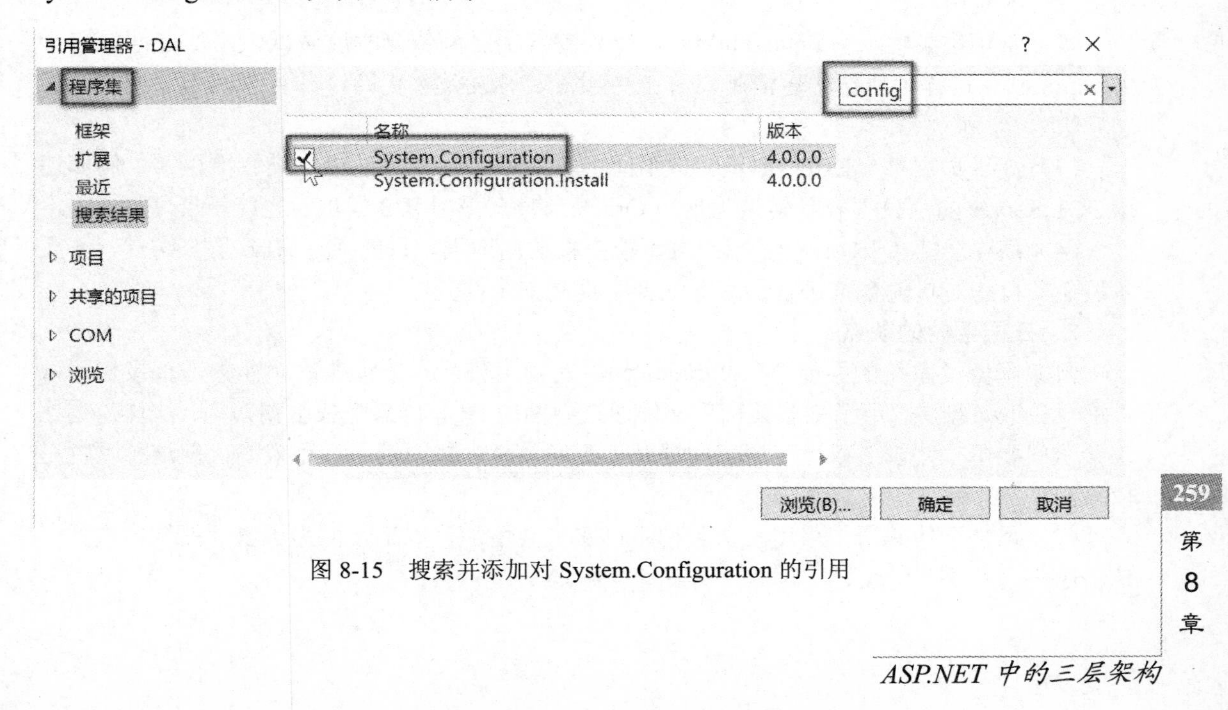

图 8-15　搜索并添加对 System.Configuration 的引用

（20）右击 Web 网站，选择“设为启动项目”命令，如图 8-16 所示。

图 8-16 设置三层架构的启动项目

（21）右击 default.aspx 页面，选择“设为起始页”命令，如图 8-17 所示。之后就可以启动运行了。

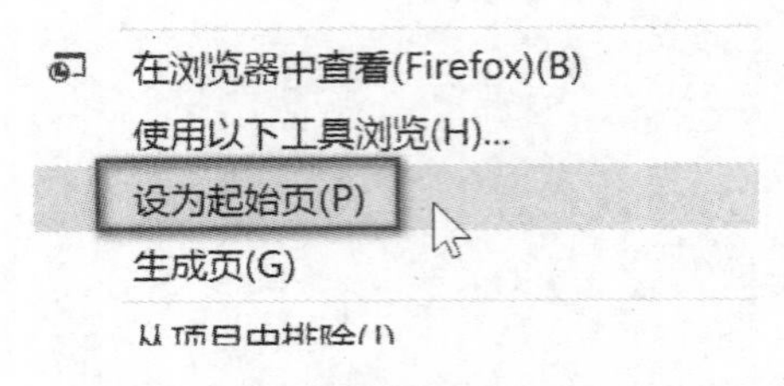

图 8-17 设置视图网站的起始页面

至此，一个支持三层架构模式的登录功能就实现了。

8.2.2 三层架构的优缺点

1．三层架构的优点

（1）高可重用性（Reusability）。分层使整个系统模块化，模块内部高内聚（Cohesion），体现了面向对象法则中的单一职责原则（Single-Responsibility Principle，SRP），这样做有利于各层的复用。

（2）高可维护性（Maintainability）。分层使各层之间依赖程度降低，模块之间低耦合（Coupling）。这样项目结构更清晰，分工更明确，开发效率更高，并且有利于后期的维护和升级。

（3）高可扩展性（Extensibility）。不同层负责不同层面的逻辑，类似堆积木，例如使用 SQL Server 的项目很容易转换为使用 Oracle，甚至采用 B/S 的项目也能扩展使用 C/S。

（4）高安全性（Security）。用户端不能直接访问数据，只能通过 BLL 层来访问，并且各层之间可以对传输数据进行加密，这样可提高安全性。

2．三层架构的缺点

（1）降低了系统的性能（Performance）。在使用分层式结构之前，业务是直接访问数据库以获取数据的，用了三层架构后必须通过中间的 BLL 层来完成数据访问，这样肯定比直接访问要慢一些。所以，三层架构提升了开发效率，却降低了运行效率，但这种牺牲是值得的。

（2）增加了代码量。采用三层架构不可避免会增加代码量，但为了以后的维护方便，这个小小劣势不值一提。

8.3　三层架构中的其他成员

在三层架构中，除了表示层、业务逻辑层和数据访问层之外，还有其他一些成员，比如业务实体、通用类库、DBUtility 等。

8.3.1　业务实体

项目运行中经常需要在各个层之间传递数据，而要传递的数据往往不是单一数据，而是数据表的多个字段，比如学生的学号、姓名、性别、生源地等，多个字段如果要传递多个参数的话会比较麻烦，此时，通常将这些字段封装成一个实体类，以实现数据对象和方法的分离，从而进一步解耦。

业务实体也是以类库形式实现的，通常命名为 Model 或 Entity，其中封装的每个类都对应一个实体，一般为数据库中的一个表，类中的每个属性对应表中相应的字段。

Model 类实现了面向对象程序设计的三大特性中的封装性（Encapsulation）。

下面的例题在例 8-2 的基础上，增加业务实体。

例 8-3　业务实体的使用。

（1）在例 8-2 的基础上，添加一个类库，命名为 Model。

（2）右击 Model 类库下的默认类 Class1.cs，重命名为 UserInfo.cs，其代码如下：

```
public class UserInfo
{
    public string uid { get; set; }
    public string pwd { get; set; }
}
```

（3）在 Web 网站中，将“登录”按钮的单击事件代码更改如下：

```
//1.采集数据
UserInfo info = new UserInfo();
info.uid =  txtId.Text;
info.pwd = txtPw.Text;
//2.调用业务逻辑层实现登录校验
LoginBLL bll = new LoginBLL();
bool isOk = bll.Login(info);
//3.根据登录校验结果，在表现层提示用户登录是否成功
if (isOk)
{
    Response.Write("<script>alert('登录成功')</script>");
}
else
{
    Response.Write("<script>alert('登录失败')</script>");
}
```

添加 Web 网站对 Model 类库的引用，并且添加代码“using Model;”。

（4）在 BLL 类库中，将 LoginBLL 的代码更改如下：

```
public class LoginBLL
    {
        LoginDAL dal = new LoginDAL();
        public bool Login(UserInfo info)
        {
           return dal.Login(info) > 0;
        }
    }
```

添加 BLL 类库对 Model 类库的引用，并且添加代码“using Model;”。

（5）在 DAL 类库中，将 LoginDAL 的代码更改如下：

```
public class LoginDAL
{
    public int Login(UserInfo info)
    {
        string sql = "select COUNT(*) from users where LoginId = @id and
        LoginPw= @pw";
        SqlParameter[] pms = new SqlParameter[] {
        new SqlParameter("@id",info.uid),
        new SqlParameter("@pw",info.pwd)
        };
        return (int)SqlHelper.ExecuteScalar(sql, System.Data.CommandType.
       Text, pms);
    }
}
```

添加 DAL 类库对 Model 类库的引用，并且添加代码“using Model;”。

之后调试运行，功能与运行结果与例 8-2 是一样的。可见，在各层之间传递实体，比传递多个参数要简洁和方便得多。

8.3.2 通用类库（Common）

通用类库，一般起名为 Common，用于将一些常用的功能封装成工具类，为其他层服务，比如数据校验类、加密解密类等。

下面通过 MD5 算法对登录密码进行加密，以提高登录功能的安全性。

例 8-4 MD5 算法对登录密码进行加密。

（1）在例 8-3 的基础上，新建类库 Common，将默认类 Class1.cs 重命名为 MD5Hash.cs，其代码如下：

```
using System.Security.Cryptography;
public class MD5Hash
{
        public static string MD5String(string str)
        {
           MD5 md5 = MD5.Create();
```

```
            byte[] md5Bytes = md5.ComputeHash(Encoding.UTF8.GetBytes(str));
            StringBuilder sb = new StringBuilder();
            foreach (byte b in md5Bytes)
            {
                sb.Append(b.ToString("x2"));
            }
            return sb.ToString();
        }
    }
```

（2）在 BLL 类库中添加对 Common 的引用，并且添加代码“using Common;”。

（3）将 LoginBLL.cs 类中 Login 函数的代码修改如下：

```
public bool Login(UserInfo info)
{
    info.pwd = MD5Hash.MD5String(info.pwd);
    return dal.Login(info) > 0;
}
```

（4）将 users 表中 ms 账号对应的密码从 microsoft 改为其对应的 md5 加密后的 32 位小写字母：5f532a3fc4f1ea403f37070f59a7a53a。

注意： *虽然用户输入的密码是在表示层进行采集的，但是对密码进行加密，应该放到业务逻辑层，而不是表示层。*

8.3.3 DBUtility

DBUtility 包含的是访问数据库的通用代码。一般将 SqlHelper 类放在 DBUtility 中，由 DAL 中的数据访问类来调用。DBUtility 只是约定俗成的一个分类法，不是必需的。

8.4 基于抽象工厂模式的三层架构

什么是工厂模式？顾名思义，工厂是生产制造产品的地方，工厂模式就是以工厂制造产品的模式来进行软件的开发工作。

假设在一个三层架构的系统中仅存在一个 DAL 对象时，BLL 层可以直接调用它完成相关工作。但当系统中存在多个 DAL 对象，如既有 MS SQL 数据库对象，又有 Oracle 对象时， BLL 层就要进行区分到底该调用哪一个，而且在 BLL 层中的每个方法都要进行判断后才能调用相应的 DAL 对象，这就增加了 BLL 层的管理负担，也使得模块间的耦合度增加，不利于系统的变动和扩展。引入工厂模式后，BLL 在需要调用某一个 DAL 时，只需要向工厂发出请求，工厂会根据需要返回某个 DAL 对象，BLL 无须关心其具体实现细节。在如图 8-18 所示的框架中，DALFactory 工厂起到的作用就是生产各种 DAL 产品。它就是一个接口，把相对变化的部分封装起来，调用时动态决定该创建哪个 DAL 对象的实例，以达到最大程度上的复用。

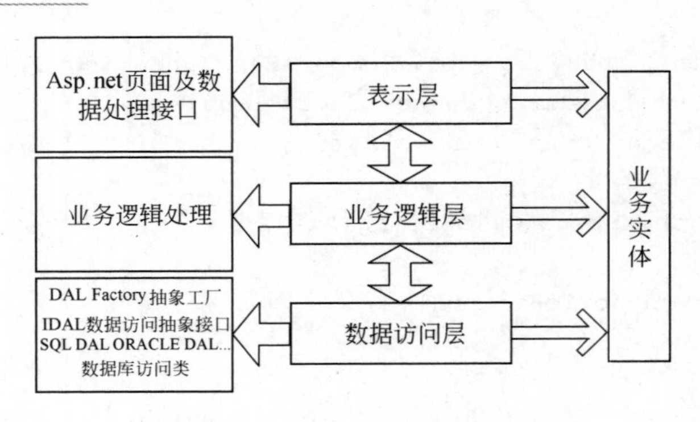

图 8-18　工厂模式三层架构

例 8-5　下面仍以例 8-3 为例介绍工厂模式的开发。

（1）打开例 8-3 之后删除 DAL 和 BLL 类。然后建立如表 8-1 所示的项目类及添加项目之间的引用关系。

表 8-1　类库及引用关系

添加序号	项目名称	说明	引用
1	Model	实体类库	无
2	DBUtility	通用类库	无
3	IDAL	数据访问层抽象接口类库	Model 类库
4	DALFactory	抽象工厂类库	IDAL 类库
5	SQLServerDAL	SQL Server 数据访问类库	Model、IDAL 和 DBUtility 类库
6	BLL	业务逻辑类库	Model、IDAL 和 DALFactory 类库
7	web	表示层应用程序	Model、SQLServerDAL 和 BLL 类库

（2）右击 IDAL 类库文件夹，选择“添加”→“新建项”命令，在弹出的窗口中选择“接口”类型，名称为 IClass，如图 8-19 所示。

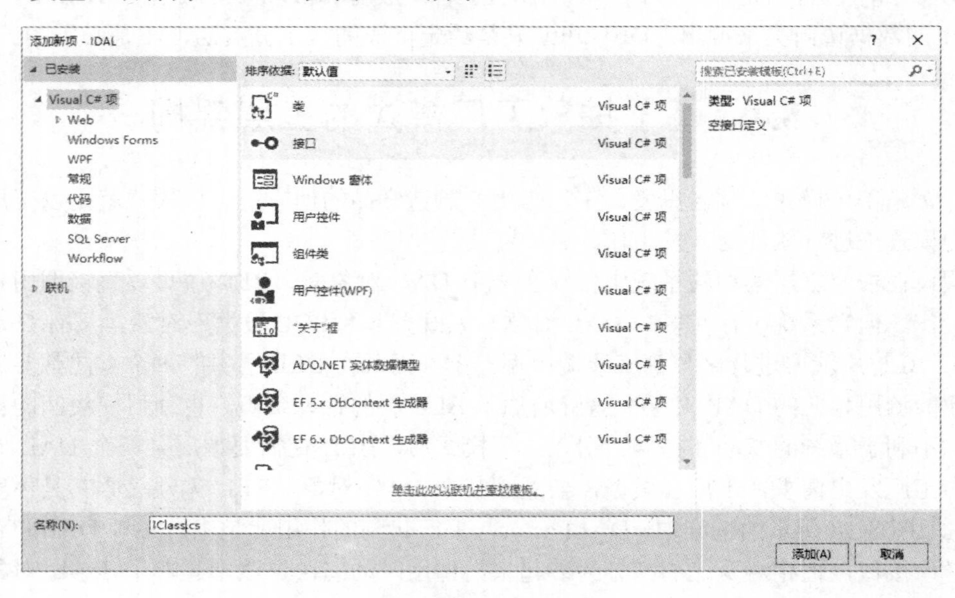

图 8-19　添加接口

（3）打开 IClass.cs 接口文件，输入如下代码：

```
using  Model;
namespace  IDAL
{
   public  interface  IClass
    {
         Int  Login(UserInfo  info);
    }
}
```

（4）右击 SQLServerDAL 类库文件夹，选择“添加”→“新建项”命令，在弹出的窗口中选择“类”类型，名称为 sqlclass 类文件，该类继承 IClass 接口类，代码如下：

```
using Model;
using System.Data.SqlClient;
using DBUtility;
namespace SQLServerDAL
{
  public  class sqlclass:IDAL.IClass
    {
        public int Login(UserInfo info)
        {
            string sql = "select COUNT(*) from users where LoginId = @id and
            LoginPw= @pw";
            SqlParameter[] pms = new SqlParameter[] {
            new SqlParameter("@id",info.uid),
            new SqlParameter("@pw",info.pwd)
            };
            return (int)SqlHelper.ExecuteScalar(sql, System.Data.CommandType.
            Text,pms);
        }
    }
}
```

（5）在 web 应用程序项的 web.config 文件中添加如下代码：

```
<appSettings>
  <add key="DAL" value="SQLServerDAL" />
</appSettings>
```

（6）右击 DALFactory 文件夹，新建工厂类文件 DataAccess.cs，并添加如下代码：

```
using System.Configuration;
using System.Reflection;
using System.Web;
namespace  DALFactory
```

```
{
    public  sealed  class  DataAccess
    {
        private static readonly string AssemblyPath = ConfigurationManager.
        AppSettings["DAL"];
        /// <summary>
        /// 创建对象或从缓存获取
        /// </summary>
        public static object CreateObject(string AssemblyPath, string
        ClassNamespace)
        {
            object objType=DataCache.GetCache(ClassNamespace);//从缓存读取
            if (objType == null)
            {
                try
                {
                    objType = Assembly.Load(AssemblyPath).CreateInstance
                   (ClassNamespace);//反射创建
                    DataCache.SetCache(ClassNamespace, objType);// 写入缓存
                }
                catch
                { }
            }
            return objType;
        }
        /// <summary>
        /// 创建 Class 数据层接口
        /// </summary>
        public static IDAL.IClass CreateClass()
        {
            string ClassNamespace = AssemblyPath + ".sqlclass";
            object objType = CreateObject(AssemblyPath, ClassNamespace);
            return (IDAL.IClass)objType;
        }
        public class DataCache
        {
            /// <summary>
            /// 获取当前应用程序指定 CacheKey 的 Cache 值
            /// </summary>
            /// <param name="CacheKey"></param>
            /// <returns></returns>
            public static object GetCache(string CacheKey)
            {
                System.Web.Caching.Cache objCache = HttpRuntime.Cache;
                return objCache[CacheKey];
```

```
        }
        /// <summary>
        /// 设置当前应用程序指定 CacheKey 的 Cache 值
        /// </summary>
        /// <param name="CacheKey"></param>
        /// <param name="objObject"></param>
        public static void SetCache(string CacheKey, object objObject)
        {
            System.Web.Caching.Cache objCache = HttpRuntime.Cache;
            objCache.Insert(CacheKey, objObject);
        }
    }
  }
}
```

（7）右击 BLL 项目类文件，添加 LoginBLL.cs 类文件，此类文件将调用 DALFactory 工厂类，从而得到程序集中指定类的实例并完成对数据的操作，具体代码如下：

```
using Model;
namespace BLL
{
    public class LoginBLL
    {
        IDAL.IClass dal = DALFactory.DataAccess.CreateClass();
        public bool Login(UserInfo info)
        {
            return dal.Login(info) > 0;
        }
    }
}
```

至此，完成了整个基于工厂模式的三层架构的建立，系统运行的结果同例 8-3。工厂模式的使用会进一步降低各层之间的耦合性，更有利于系统的扩展。

8.5 三层架构的扩充

前面讲过，通常意义上的三层架构就是将整个业务应用划分为：表现层（以 Web 实现）、业务逻辑层（BLL）、数据访问层（DAL）。划分层次的目的即是为了实现层与层之间的“高内聚，低耦合”。

表示层是应用的最高层，它负责数据的获取与显示；业务逻辑层通过执行细节处理来控制应用的功能；数据层用于对信息进行存储和检索。三层架构中表示层不会和数据层直接通信，所有通信都必须经过业务逻辑层。

随着人们对软件工程领域认识的不断深入，一些人也对三层架构进行了一些改进，希望在三层基础上可扩展成多层架构，即所谓的多层应用开发范式，其中有一种为五层的解决方案，该方案结构图如图 8-20 所示。

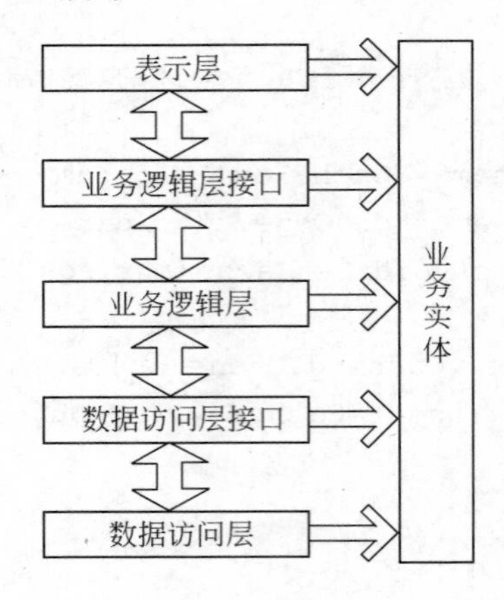

图 8-20 五层架构

如图 8-20 所示，该方案在原三层架构基础上多了业务逻辑层接口和数据访问层接口。用户通过表示层向业务逻辑层接口发出请求，业务逻辑层接口根据发送请求调用某业务逻辑，之后业务逻辑层再调用数据访问层接口，由数据访问层接口选择某数据访问层进行数据的查询和更新。可以看出，新加入的这两层主要为上层提供多种选择，使得系统的扩展性得到增强。

除了五层架构以外，还有一种七层架构。七层架构把系统划分为实体层、数据访问层接口、数据访问层、业务逻辑层接口、业务逻辑层、面向接口编程和抽象工厂设计模式。总之，多层架构的基本思想就是将应用分解成多个逻辑层，在每一层都为用户的操作提供多个选择。各个层既可以部署在同一台计算机上，也可以部署在不同的机器上。但一定注意架构的分层一定是在逻辑上进行划分的，与是不是部署在同一台计算机或多台计算机上没有任何关系。划分的层数越多，系统的扩展性就越强，每一层的任务就越具体，极大地提高了系统的可读性和可复用性。

8.6 小　结

本章讲述了三层架构的原理和优缺点及其在 ASP.NET 中的应用，三层架构除了可以用于.NET，还可以广泛应用于 Java、C++等项目中。三层架构使得开发人员只关注某一层，每人只负责一层的代码，便于开发和维护。用或不用三层架构，取决于业务需求，简单的项目没有必要为了三层架构而三层架构，但是如果业务流程比较复杂，而且要考虑到扩展性和可维护性，那么最好考虑三层架构。

8.7 习　题

8.7.1 作业题

1. 什么是三层架构？它具有哪些特点？

2. 三层架构中各层之间的引用关系？
3. 三层架构中实体类的主要作用？

8.7.2 思考题

1. 三层架构的开发流程是怎样的？
2. 抽象工厂模式的三层架构有何作用？

8.8 上机实践

建立 class 表，使用三层架构实现对 class 表的增加、查询、修改和删除操作。class 表结构如表 8-2 所示。

表 8-2 class 表

字段名称	数据类型	字段长度	说明
classid	char	8	主键
classname	varchar	20	非空
profession	varchar	30	非空
Entrancedate	char	4	非空
monitor	varchar	10	非空

第9章 ASP.NET MVC 框架

1979 年挪威奥斯陆大学教授 Trygve Reenskaug 在他的一篇名为“Smalltalk-80 应用程序开发：如何使用模型-视图-控制器结构”的论文中第一次提出了 MVC 的概念。时至今日，MVC 已广泛应用于很多编程语言中，例如 Java 中的 Struts、Spring MVC 等框架。ASP.NET MVC 是一个基于 MVC 模式的开源的 ASP.NET Web 应用程序框架。它提供了除 ASP.NET Web Forms 模式以外的构建应用程序的另一种解决方案。

本章主要学习目标如下：

- 了解 Web Forms 和 MVC 模式的优缺点；
- 理解并掌握 MVC 模式 Model、View 和 Controller 三个组成部分；
- 掌握路由(Routing)的原理；
- 学会 Razor 视图引擎的用法；
- 掌握 HtmlHelper 类；
- 掌握强类型视图的编写方法。

9.1 Web Forms 模式

传统的 ASP.NET 应用程序开发模式是 Web Forms，它通过 code-Behind（代码后置）技术，将网页分成*.aspx 和*.cs 两个文件，分别进行 UI 设计和逻辑处理。

进行 UI 设计时，在*.aspx 文件中，从工具箱拖曳服务器控件到设计面板，服务器在响应客户请求时，会自动生成这些服务器控件相关的 HTML 代码，比如 Label 控件会生成<span>标签，Panel 控件生成<div>标签。

进行逻辑处理时，双击 UI 设计阶段生成的控件，可在*.cs 文件中生成该控件的事件响应代码，并且可以在*.cs 文件中应用.NET 的所有特性，比如 session、委托等。这种方式带来的缺点是显而易见的：

在 Web Forms 模式下，虽然拖控件的方式会提高开发效率，但是服务器响应客户端请求并且根据控件生成标签需要耗费时间，因此运行效率较低。所以 Web Forms 仅适合需要快速开发并且性能要求不高的 Web 应用。

尽管页面表现和逻辑处理被分离到不同的文件中，但是*.aspx 和.cs 文件却紧密地联系在一起，这使得系统的耦合度很高。如图 9-1 所示。

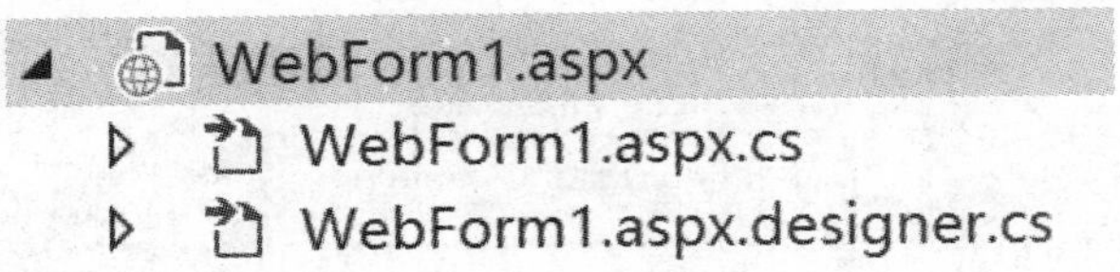

WebForm1.aspx
WebForm1.aspx.cs
WebForm1.aspx.designer.cs

图 9-1　Web Forms 的文件模式

为了解决 Web Forms 模式的这些问题，微软公司于 2009 年推出了基于 MVC 模式的应用程序框架。该模式在 UI 设计时，不使用服务器控件，直接在 View（视图）层编写 HTML 代码，相比 Web Forms 可有效提升性能。并且将逻辑处理的代码从*.cs 文件转移到 Controller（控制器）类中，以实现解耦。

9.2　MVC 模式

MVC（Model-View-Controller）是一种开发模式。它将软件系统分为三部分：模型（Model）、视图（View）和控制器（Controller）。

M：Model 是存储或处理数据的组件，借以实现相应数据库操作，如 CRUD（Create/Read/Update/Delete）等。

V：View 代表用户交互界面，用来将 Model 中的数据展示给用户。

C：Controller 处理用户请求并响应，其职责是从 Model 中获取数据进行处理并将处理好的数据交给指定的 View 进行呈现。

下面新建一个最简单的 MVC 项目，来直观地感受一下 ASP.NET MVC 框架。

例 9-1　最简单的 MVC 项目。

（1）新建一个解决方案。在 Visual Studio 2015 的“文件”菜单下单击“新建”→“项目”命令，或者按 Ctrl+Shift+N 快捷键，如图 9-2 所示。

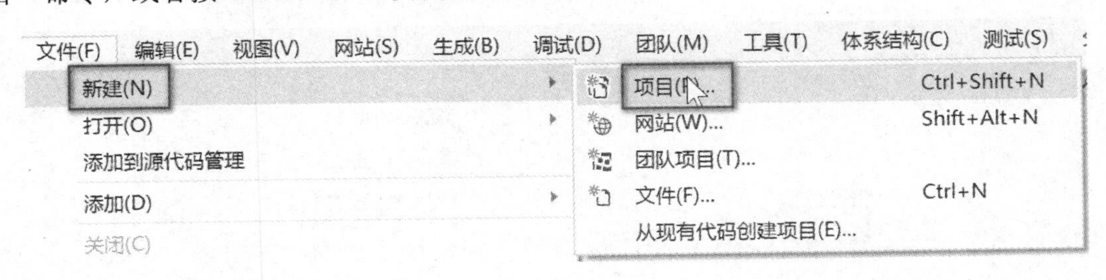

图 9-2　新建项目

（2）在打开的“新建项目”对话框中，左侧部分依次选“已安装”→“模板”→Visual C#→Web，可看到 Web 项目下只有一种项目：ASP.NET Web 应用程序，选中它，将其命名为 MVCHelloWorld，单击“确定”按钮，如图 9-3 所示。

（3）接下来打开“新建 ASP.NET 项目”对话框在“选择模板”处选择 MVC，在下方的“为以下项添加文件夹和核心引用”保持默认的 MVC 被选中，右边取消选中 Host in the cloud，然后单击“更改身份验证”按钮，如图 9-4 所示。

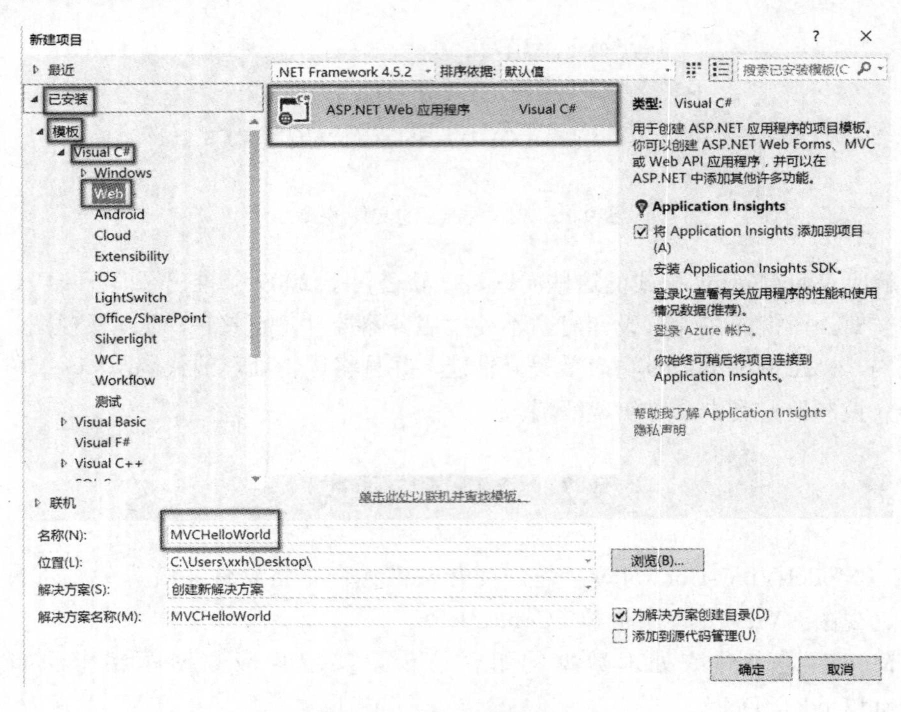

图 9-3　新建 ASP.NET Web 应用程序

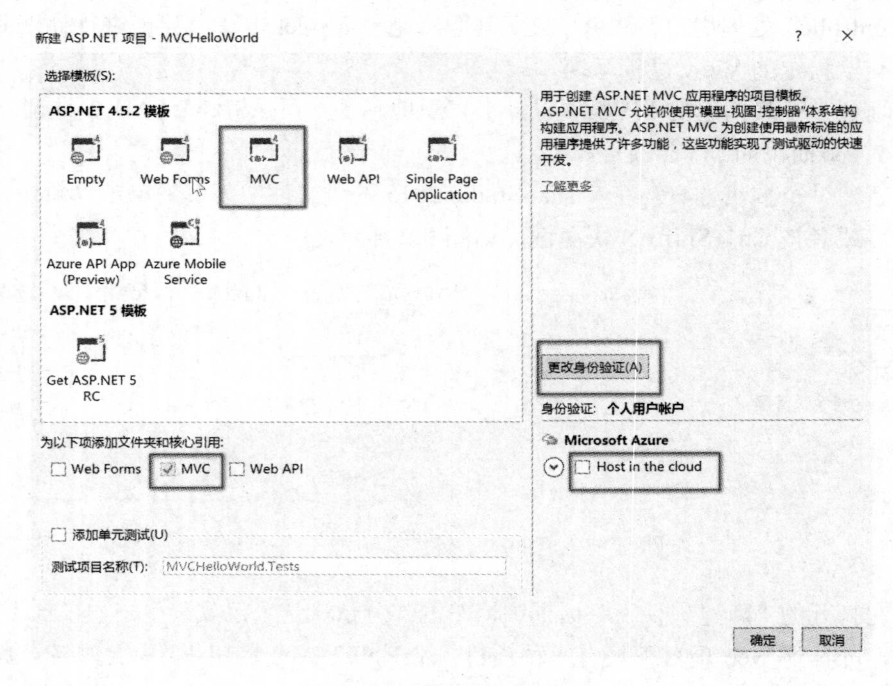

图 9-4　新建 MVC 项目

（4）在打开的“更改身份验证”对话框中，选择“不进行身份验证”，如图 9-5 所示，然后单击“确定”按钮。

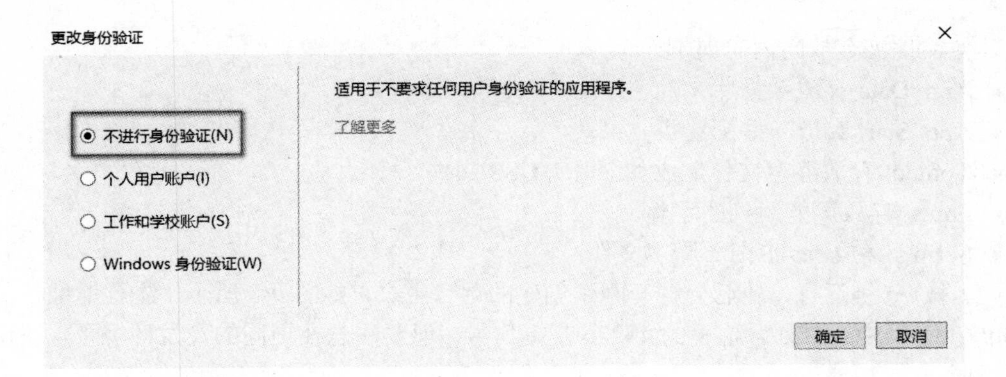

图 9-5　更改身份验证

（5）返回上级之后再次单击“确定”按钮，然后会提示正在创建项目，如图 9-6 所示，稍等片刻即可。

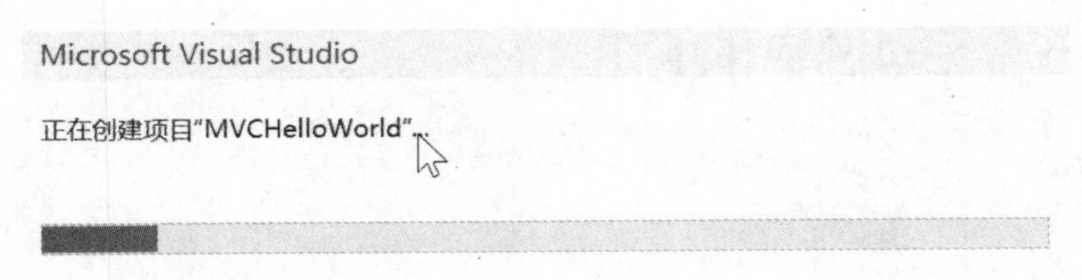

图 9-6　正在创建项目提示框

（6）查看“解决方案资源管理器”，这里就是上一步创建的项目文件和文件夹，可以看出，MVC 中的模型、视图、控制器三个部分分别位于 Models、Views、Controllers 文件夹下，如图 9-7 所示。

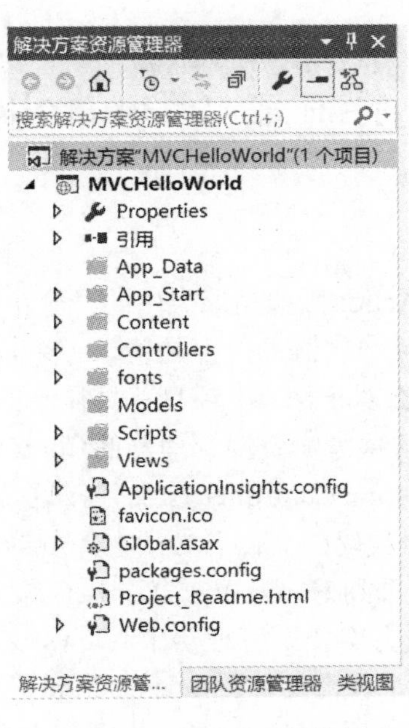

图 9-7　MVC 项目结构图

其他文件夹存放的内容如下：

- App_Data 存放数据库文件、XML 文件等。
- App_Start 存放一些配置类。
- Content 存放静态文件，比如图片、CSS 文件。
- Fonts 存放可能用到的字体文件。
- Scripts 存放 JavaScript 脚本文件。

（7）按 F5 键运行，随后会打开刚刚创建的项目主页，如图 9-8 所示。注意地址栏显示为 http://localhost:49226/，这里的 49226 是端口号，但要注意在不同的开发环境下，端口号可能不同。

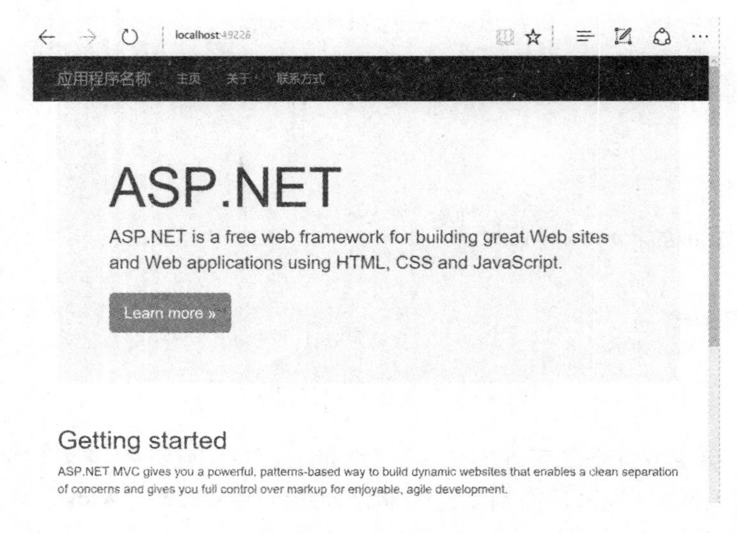

图 9-8　MVC 项目首页

9.3　控制器（Controller）

9.3.1　动作

控制器是一个类，动作（Action）就是该类中的一个个方法。与传统的 Web Forms 不同，MVC 客户端对服务器的每一次请求，都是请求一个控制器(Controller)中的一个动作(Action)的一个视图(View)。那么对于例 9-1 项目首页显示的视图来说，这是哪个控制器中哪个动作的哪个视图呢？展开解决方案资源管理器的Controllers和Views文件夹来看一下。

Controllers 文件夹下有个 HomeController.cs 文件，这个就是 Home 控制器的代码，控制器的名字叫 Home，而控制器代码的文件名必须在控制器名字后面加上 Controller 后缀，双击此文件，查看其源代码，可看到 Home 控制器中共有 3 个动作（Action），分别是 Index、About、Contact。继续查看解决方案资源管理器中 Views 文件夹下的 Home 子文件夹，这里就存放了 Home 控制器的 3 个视图文件：Index.cshtml、About.cshtml、Contact.cshtml，分别对应“主页”“关于”和“联系方式”页面，如图 9-9 所示。

```
public class HomeController : Controller
{
    0 个引用
    public ActionResult Index()
    {
        return View();
    }

    0 个引用
    public ActionResult About()
    {
        ViewBag.Message = "Your application description page.";

        return View();
    }

    0 个引用
    public ActionResult Contact()
    {
        ViewBag.Message = "Your contact page.";

        return View();
    }
```

搜索解决方案资源管理器(Ctrl+;)
App_Start
Content
Controllers
AccountController.cs
HomeController.cs
ManageController.cs
fonts
Models
Scripts
Views
Account
Home
About.cshtml
Contact.cshtml
Index.cshtml
Manage
Shared
_ViewStart.cshtml

图 9-9　查看控制器与动作

再来看一下 Index 这个方法，它的返回类型是 ActionResult，返回的是 View()，这里的小括号里面什么也没有，意味着返回的是与方法名同名的视图名，也就是 Index.cshtml 这个视图。如果想指定返回其他视图怎么办？只需要在 View()的小括号里写上视图名的字符串即可，我们来看下面的例子。

例 9-2　在例 9-1 的基础上，修改 Home 控制器中的 Index 方法的代码如下：

```
public ActionResult Index()
{
     return View("Contact");
}
```

也就是说，让 Index 动作对应的视图为 Contact，即联系方式视图。再次运行后，默认主页变成了联系方式页面。如图 9-10 所示。

图 9-10　联系方式页面

9.3.2 动作的返回值

一个 Action 的返回值，不仅可以返回一个视图，还可以返回一个整数或一个字符串等。下面看一个 Action 返回字符串的例子。

例 9-3 MVC 中的“Hello, world!”。

在例 9-1 的基础上，修改 Index 的返回值类型为 string，返回语句为

```
return "Hello,world!";
```

修改后代码如下：

```
public string Index()
{
    return "Hello,world!";
}
```

运行后，主页上就可以看到“Hello, world!”了，如图 9-11 所示。

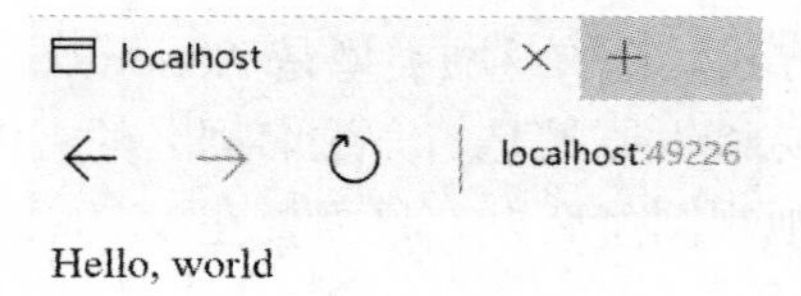

图 9-11 MVC 中的“Hello, world!”运行结果

9.3.3 新建控制器和动作

通过前面的例子，我们看到了 MVC 项目为用户提前定义好的控制器和动作。在下面的例子中，我们将学会自己新建控制器和动作。

例 9-4 新建控制器和动作。

（1）在例 9-1 的基础上，右击 Controllers 文件夹，依次选择“添加”→“控制器”命令，如图 9-12 所示。

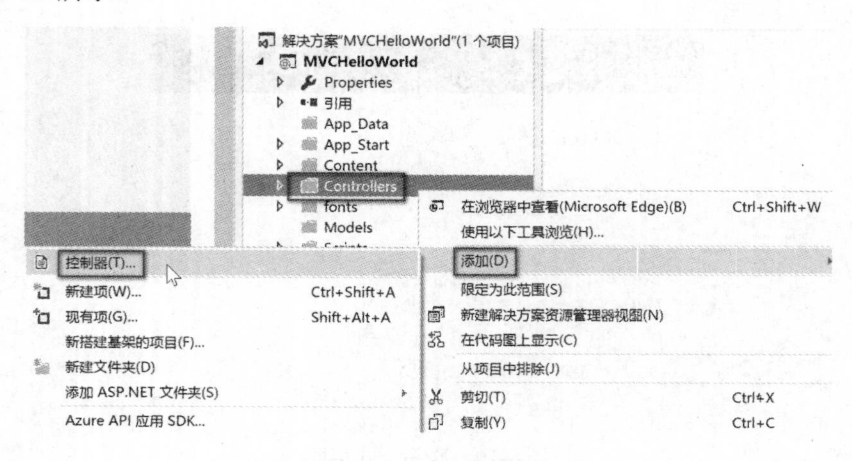

图 9-12 添加控制器

（2）在打开的“添加基架”对话框中，选择“MVC 5 控制器-空”，单击“添加”按钮，如图 9-13 所示。

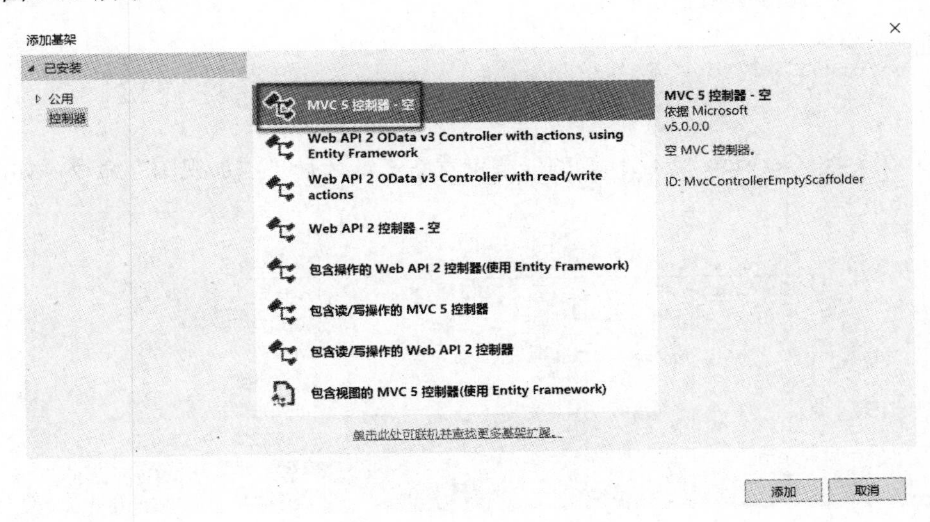

图 9-13　添加 MVC5 控制器

（3）在打开的“添加控制器”对话框中，输入控制器名称，特别注意名称后缀一定要是 Controller，这里输入 TestController，单击“添加”按钮，如图 9-14 所示。

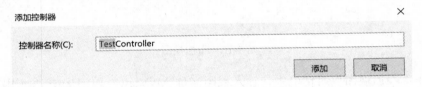

图 9-14　输入控制器名称

（4）系统会自动打开在 Controllers 文件夹下创建的 TestController.cs 文件，其代码如图 9-15 所示。

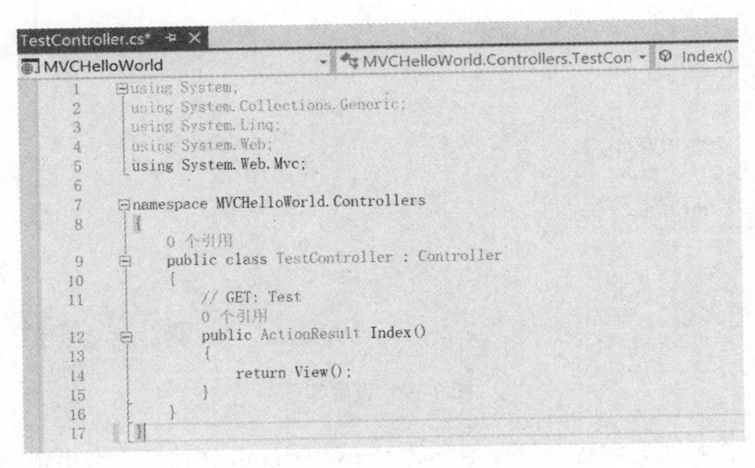

图 9-15　控制器代码页面

（5）在 Test 控制器中添加一个新的 Action，名为 GetView，代码如下：

```
public ActionResult GetView()
{
    return View("MyView");
}
```

（6）在上述 GetView 方法代码的任意位置右击，选择“添加视图”命令，如图 9-16 所示。

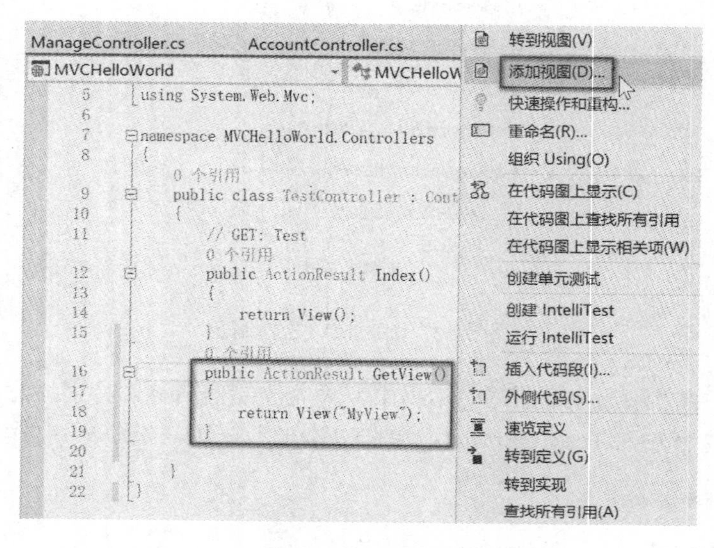

图 9-16　添加视图

（7）在“添加视图”对话框中，输入视图名称 MyView，取消选中“使用布局页”，单击“添加”按钮，如图 9-17 所示。

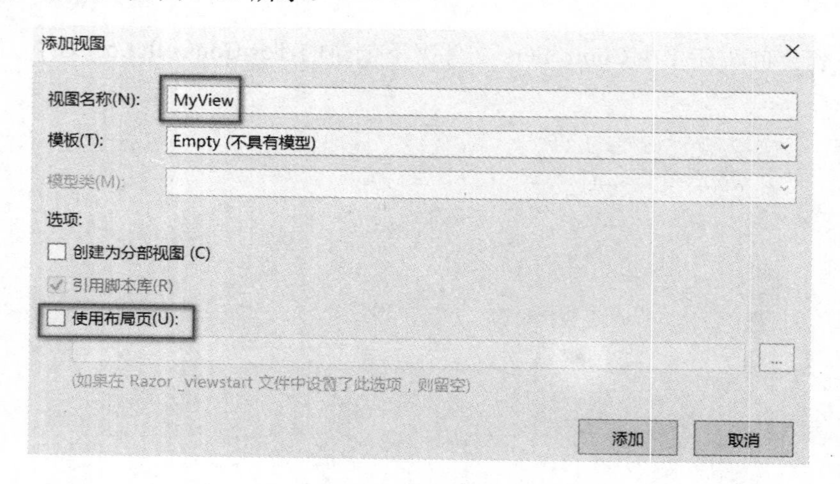

图 9-17　设置视图

（8）此时，在解决方案资源管理器下的 Views/Default 文件夹下会出现一个新的视图文件 MyView.cshtml，并为你自动打开，如图 9-18 所示。

图 9-18　新视图创建成功

（9）在打开的 MyView.cshtml 文件中，<div></div>标签内添加文字“这是我的第一个视图”，如图 9-19 所示。

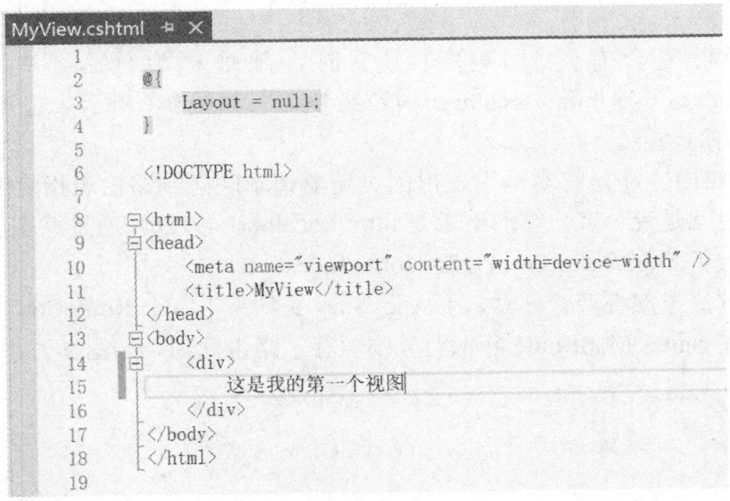

```
MyView.cshtml
1
2   @{
3       Layout = null;
4   }
5
6   <!DOCTYPE html>
7
8   <html>
9   <head>
10      <meta name="viewport" content="width=device-width" />
11      <title>MyView</title>
12  </head>
13  <body>
14      <div>
15          这是我的第一个视图
16      </div>
17  </body>
18  </html>
19
```

图 9-19　编写视图页面代码

（10）运行结果如图 9-20 所示，注意地址栏结尾处是 Action 的名字 GetView 而不是 View 的名字 MyView。

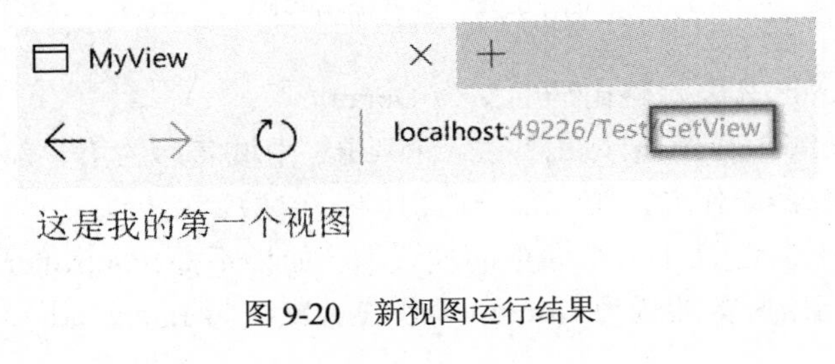

图 9-20　新视图运行结果

9.4　路由（Routing）

继续看刚才的例题，打开主页，单击“关于”链接，之后会跳转到 About 这个视图页面。注意浏览器地址栏为 http://localhost:49226/Home/About，其中 Home 是控制器的名字，About 是动作的名字。如图 9-21 所示。

图 9-21　关于页面

有的读者可能会有疑问，打开主页时，地址栏为什么不是 http://localhost:49226/Home/Index，而是 http://localhost: 49226 呢？（如图 9-1 所示）这就牵扯到了 MVC 中一个叫做路由的功能。

ASP.NET 路由功能是将客户端发出的浏览器请求映射到路由表指定的控制器下相应的动作中去。也就是说，客户端的请求是 http://localhost:49226，通过路由表的映射后，客户端的请求变成了 http://localhost:49226/Home/Index。

查看一下解决方案资源管理器，在 App_Start 文件夹下有个 RouteConfig.cs 文件，打开查看其代码。在 routes.MapRoute 静态对象中保存了路由规则。如图 9-22 所示。

```
public static void RegisterRoutes(RouteCollection routes)
{
    routes.IgnoreRoute("{resource}.axd/{*pathInfo}");

    routes.MapRoute(
        name: "Default",
        url: "{controller}/{action}/{id}",
        defaults: new { controller = "Home", action = "Index", id = UrlParameter.Optional }
    );
}
```

图 9-22　查看路由规则

name——"Default"其表示路由的名字为 Default。

url——"{controller}/{action}/{id}",表示将 URL 中域名后的第一部分映射到控制器名，第二部分映射到控制器动作名，第三部分映射到 id 参数。

defaults——这一行定义了三个参数的默认值。如果不提{controller}、{action}或{id}这三个参数，那么控制器参数默认为 Home，动作参数默认为 Index，id 参数默认为空字符串。

如果客户在浏览器的地址栏输入了如下 URL:

```
URL //Home/Index/3
```

那么默认的路由会将这个 URL 映射为下面的参数:

```
Controller = Home
Action = Index
id = 3
```

所以，当你请求 URL /Home/Index/3 时，将会执行下面的代码:

```
HomeController.Index(3)
```

9.5 Razor 视图引擎

从 MVC 3 开始，ASP.NET 引入了一种新的名为 Razor 的视图引擎，它的语法简洁明晰，Visual Studio 针对 Razor 还提供了智能感知（IntelliSense）和语法着色（Syntax Hightlighting）功能，大大方便了程序书写。

@字符是 Razor 中的一个重要符号，是 Razor 服务器代码块的开始符号，其主要用法如下:

- @{code}用来定义一段代码块。
- @(code)用来输出一个变量或表达式的结果。
- @*code*@是 Razor 语法的注释。
- @using 用来引入命名空间。
- @model 用来指定传到视图的强类型数据 Model 的类型。

例如，如果希望在网页中输出当前日期，可以使用如下代码:

```
<span>@DateTime.Now.ToString("yyyy-MM-hh")</span>
```

当输出变量和表达式的值时，输出放在代码块内部和外部都可以，例如:

```
@{
    int a = 6;
    int b = 4;
    int c = a + b;
    @c
    @(a + b)
}
```

其中@c 和@(a + b)都可以用来输出结果，也可以放在大括号“}”之外。

Razor 语句可以和 HTML 语句进行混合编写，可以在 Razor 代码块中插入 HTML 代码，也可以在 HTML 中插入 Razor 语句，并且混编时，依然不会影响智能感知。例如:

```
@{
    string str = "你好，世界！";
    string color = "Red";
    <font color="@color">@str</font>
}
```

关于注释，在 Razor 代码块中，可以使用 C#的注释方式，分别是//（单行注释）和/**/（多行注释）。

另外，Razor 还提供了一种新的注释方式，@*code*@，既可以注释 C#代码，也可以注释 HTML 代码，这种注释方式不受代码块的限制，在 Razor 代码中的任何位置都可以。例如，如下代码，可将刚才显示红色字符串的代码注释：

```
@*<font color="@color">@str</font>*@
```

再来看一下 Razor 语法下的分支和循环语句怎么写，分别以 if 分支和 for 循环为例，代码如下：

```
@{
    int x = 6;
    int y = 4;
}
@if (x >y)
{
    @("x>y")
}
else
{
    @("x<=y")
}
<br />
@for (int i = 0; i < 10; i++)
{
    @i<br />
}
```

将本节的 Razor 视图引擎代码写到同一个视图文件里，运行后，其运行结果如图 9-23 所示。

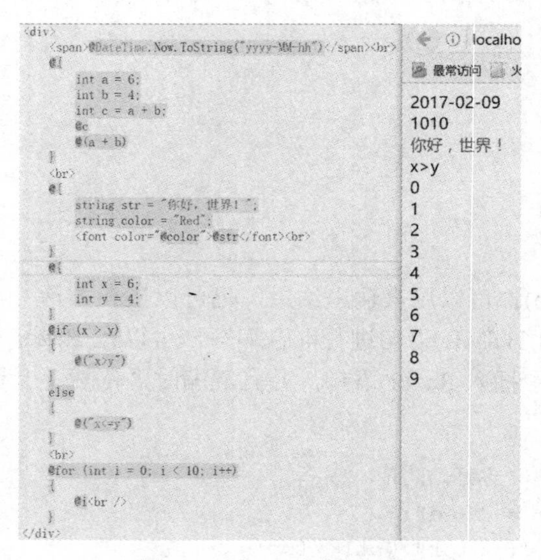

图 9-23　Razor 视图示例

9.6 模　　型

模型（Model）是 MVC 中表示业务数据的层，视图（View）将通过控制器（Controller）获得模型中的数据。

在例 9-4 中已经学习了如何创建静态 View。然而，View 常用于显示动态数据。我们将通过下一个例题学习如何在 View 中动态显示数据。

例 9-5　在 Controller 中向 View 传递 Model 数据。

（1）新建一个 MVC 项目 ModelTest，右击 Models 文件夹，选择“添加”→“类”命令，如图 9-24 所示。

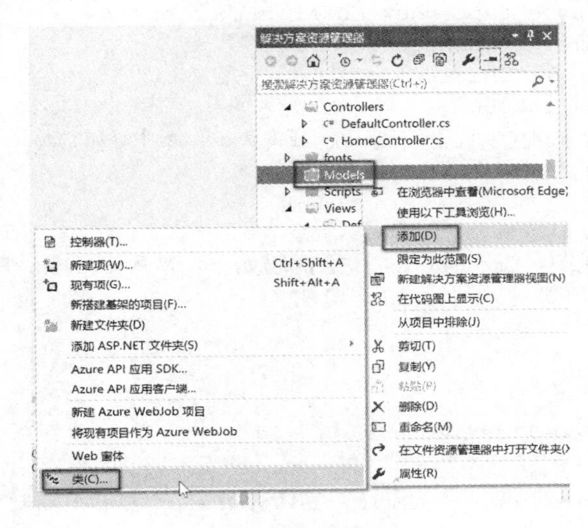

图 9-24　添加类

（2）在打开的“添加新项”对话框中，将类起名为 Employee.cs，如图 9-25 所示。

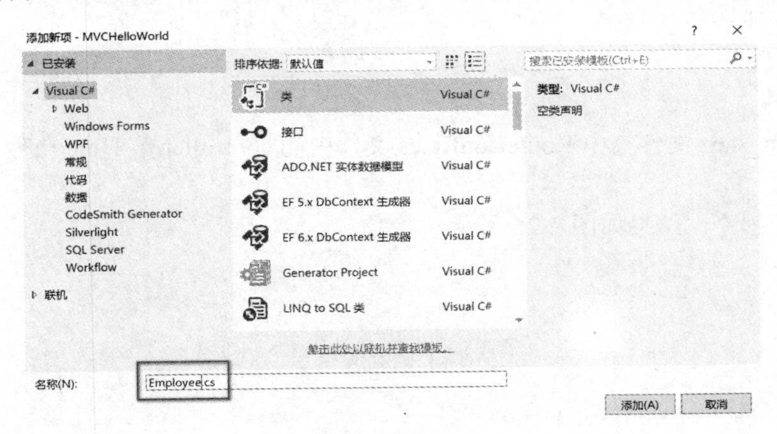

图 9-25　设置类名

（3）编写 Employee 类的代码如下：

```
    public class Employee
    {
        public string FirstName { get; set; }
        public string LastName { get; set; }
        public int Salary { get; set; }
    }
```

（4）添加一个 Default 控制器，在其 Index 方法中创建模型类 Employee 的对象，并将对象存到 ViewData 中。

```
public ActionResult Index()
{
    Models.Employee emp = new Models.Employee();
    emp.FirstName = " Anders";
    emp.LastName = " Hejlsberg";
    emp.Salary = 100000;
    ViewData["Employee"] = emp;// 在 ViewData 中存储 Employee 对象
    return View("");
}
```

（5）添加 Index 视图，编写<body>标签代码如下，从 ViewData 中获取 Employee 数据并显示。

```
<body>
    <div>
        @using ModelTest.Models
        @{
            Employee emp = (Employee)ViewData["Employee"];
        }
        <b>Employee Details:</b><br />
        Employee Name : @emp.FirstName @emp.LastName <br />
        Employee Salary: @emp.Salary.ToString("C")
    </div>
</body>
```

（6）将 app_start 文件夹中 RouteConfig.cs 文件中的 controller = "Home"改为 controller = "Default"。

（7）运行程序，结果如图 9-26 所示。

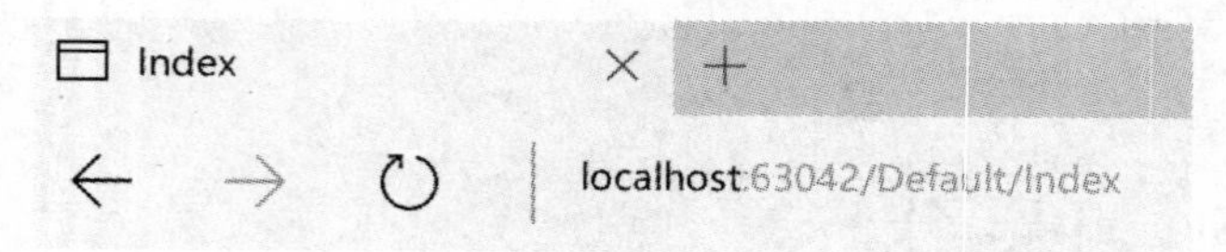

Employee Details:
Employee Name : Anders Hejlsberg
Employee Salary: ¥100,000.00

图 9-26　模型数据显示

9.7 Controller 与 View 的数据传递

控制器是处理请求与响应的，请求与响应过程中需要控制器与视图的交互，交互的过程中最重要的事情就是数据传递。其中，视图传递数据至控制器主要通过<form>窗体，而控制器传递数据至视图有多种方法，其中最主要的两种方式为 ViewData 和 ViewBag 属性。ViewData 和 ViewBag 的主要区别如下：

- ViewData 随着 Asp.net MVC 1 诞生，而 ViewBag 从 ASP.NET MVC 3 才开始出现。
- ViewData 是 Key/Value 对的字典集合，而 ViewBag 是 dynamic 类型的对象，是 ViewData 的动态封装器，即在 ViewData 的基础上进行了封装处理。因此 ViewBag 比 ViewData 要慢一些。
- ViewData 查询数据时需要进行类型转换，而 ViewBag 不需要类型转换，因此可读性更好。

9.7.1 ViewBag

例 9-5 中采用了 ViewData 的方式进行传值。即在 Controller 中向 ViewData 添加新 Model 数据，在 View 中从 ViewData 读取 Model 数据。下面的例子采用 ViewBag 对例 9-5 进行改写。

例 9-6 用 ViewBag 改写 ViewData。

（1）在 Default 控制器的 Index 动作中，将“ViewData["Employee"] = emp;”修改为“ViewBag.Employee = emp;”，完整的 Index 方法代码如下：

```
public ActionResult Index()
        {
            Models.Employee emp = new Models.Employee();
            emp.FirstName = " Anders";
            emp.LastName = " Hejlsberg";
            emp.Salary = 100000;
            ViewBag.Employee = emp;
            return View("");
        }
```

（2）在 Index 视图中，将代码“Employee emp = (Employee)ViewData["Employee"];”修改为“Employee emp = ViewBag.Employee;<body>”，代码如下：

```
<body>
    <div>
        @using ModelTest.Models
        @{
            Employee emp = ViewBag.Employee;
        }
        <b>Employee Details: </b><br />
        Employee Name : @emp.FirstName @emp.LastName <br />
        Employee Salary: @emp.Salary.ToString("C")
    </div>
</body>
```

（3）运行后发现，结果与图 9-5 是一样的。

由此可见，ViewBag 的代码比 ViewData 要简洁许多，推荐使用 ViewBag。

9.7.2 强类型视图

ViewData 和 ViewBag 都属于弱类型（weakly-typed）视图，弱类型视图的缺点：没有智能感知功能（IntelliSense）、语法错误无法在编译期（Compile-Time）得知、只有在运行时才（Run-Time）才能被发现、没有类型检查、运行时才能得知类型信息。为了解决这些存在的问题，就需要尽可能采用强类型（strongly-typed）视图。

从 Controller 传递至 View 的数据统称为 model（注意这里是小写 model，而不是 Models 目录下的 Model）。

在强类型视图中，使用 Razor 视图引擎的@model 表达式，告诉 MVC 视图要使用的是哪种类型的数据。下面用强类型视图来改写刚才的例题。

例 9-7 用强类型视图改写 ViewBag。

（1）在 Default 控制器中，修改 Index 动作的代码如下：

```
public ActionResult Index()
    {
        Models.Employee emp = new Models.Employee();
        emp.FirstName = " Anders";
        emp.LastName = " Hejlsberg";
        emp.Salary = 100000;
        return View(emp);//将 emp 数据传递到 Index 视图
    }
```

（2）在 Index 视图中，修改 <body>标签代码如下：

```
<body>
    <div>
        @model ModelTest.Models.Employee
        <b>Employee Details:</b><br />
        Employee Name : @Model.FirstName @Model.LastName <br />
        Employee Salary: @Model.Salary.ToString("C")
    </div>
</body>
```

（3）运行结果与图 9-5 也是一样的。

9.8 数据库查找和添加实例

下面通过两个实例来学习 MVC 对数据库记录的查找和添加操作。继续沿用第 7 章和第 8 章用到的 test 数据库的 users 表，操作之前，表中数据如图 9-27 所示，只有 1 条记录。

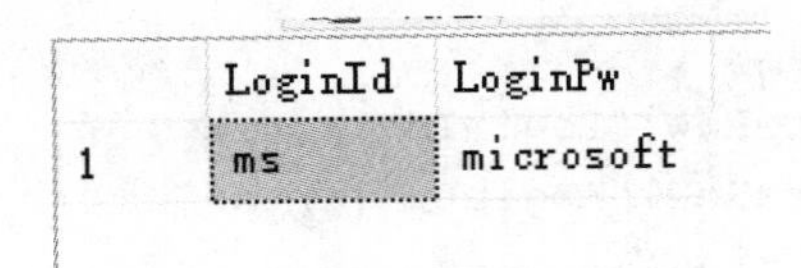

图 9-27　users 表数据

首先将该数据库中的信息查询并显示出来。

例 9-8　用户列表。

（1）新建一个 MVC 项目，取名为 UserManagement。右击项目名称，添加一个类 SqlHelper.cs，然后将 8.1.1 节编写的 SqlHelper.cs 代码添加进来。并且要添加对 System.Configuration、System.Data 和 System.Data.SqlClient 这三个命名空间的引用。

（2）打开 Web.config 文件，添加一个<connectionStrings>节，节中添加一个连接字符串，名为 mssqlserver，代码如下所示：

```
<connectionStrings>
    <add name="mssqlserver" connectionString="Data Source=.;Initial Catalog=
    test;Integrated Security=True"/>
</connectionStrings>
```

（3）添加一个控制器 UserInfo，其 Index 动作代码如下：

```
public ActionResult Index()
{
            //获取数据库中 UserInfo 表中的数据
            DataTable dt = SqlHelper.ExecuteDataTable("Select * from users",
            CommandType.Text);
            //传到前台页面进行展示
            ViewBag.dt = dt;
            return View();
 }
```

因为用到了 DataTable 所以需要加入命名空间“using System.Data;”。

（4）为 Index 动作添加同名视图，编写其<body>标签代码如下：

```
<body>
    @using System.Data;
    @{
        DataTable dt = ViewBag.dt;
    }
    <table>
        <tr>
            <th> 账号 </th>
            <th> 密码 </th>
        </tr>
        @foreach (DataRow dataRow in dt.Rows)
        {
```

```
            <tr>
                <td>@dataRow["LoginId"]</td>
                <td>@dataRow["LoginPw"]</td>
            </tr>
        }
    </table>
</body>
```

（5）运行结果如图 9-28 所示。

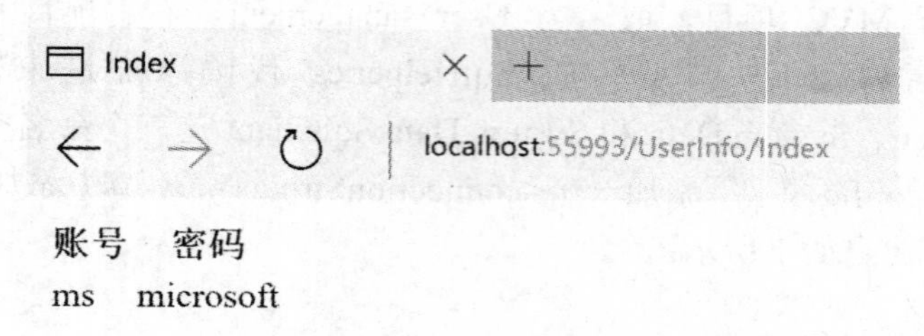

图 9-28　查询显示数据库信息

接下来，在例 9-7 的基础之上增加用户注册功能。

例 9-9　用户注册。

（1）在 UserInfo 控制器中，添加一个动作，名为 SignUp。代码如下：

```
#region 用户注册
        public ActionResult SignUp()
        {
            return View();
        }
    #endregion
```

（2）为 SignUp 动作添加一个视图，名称保持默认。其<body>标签代码如下：

```
<body>
    <form method="post" action="/UserInfo/ProcessSignUp">
        <div>
            账号:<input type="text" name="UserName"/>
            <br/>
            密码:<input type="text" name="PassWord"/>
            <br/>
            <input type="submit" value="注册"/>
        </div>
    </form>
</body>
```

其中，代码 action="/UserInfo/ProcessSignUp"表示单击“注册”按钮之后会提交到 UserInfo 控制器下的 ProcessSignUp 动作中。

（3）在 UserInfo 控制器中添加 ProcessSignUp 方法，代码如下所示。

```
public ActionResult ProcessSignUp()
{
    //获取 SignUp 视图传来的数据
    string userName = Request["UserName"];
    int passWord = int.Parse(Request["PassWord"]);
    //将数据写入数据库
    string insertSql = "insert users values(@LoginId,@LoginPw)";
    SqlHelper.ExecuteNonQuery(insertSql,CommandType.Text,new
   SqlParameter("@LoginId",userName),new SqlParameter("@LoginPw",
  passWord));
    return RedirectToAction("Index");
}
```

因为用到了 SqlParameter，所以需要引入命名空间

```
using System.Data.SqlClient;
```

（4）在浏览器地址栏输入 http://localhost:端口号/UserInfo/SignUp，回车。

（5）输入账号和密码后，单击“注册”按钮，如图 9-29 所示。

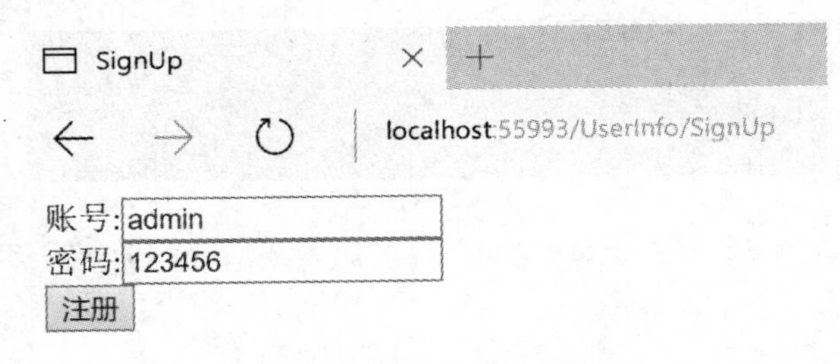

图 9-29　用户注册功能

（6）随后会打开用户列表页面，结果如图 9-30 所示。

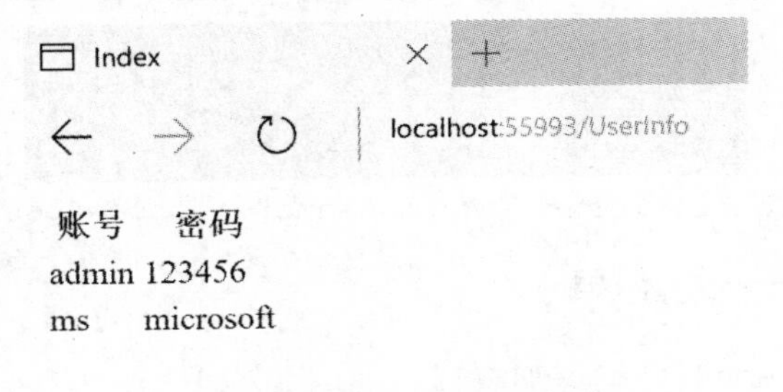

图 9-30　显示用户注册结果

9.9　HtmlHelper

MVC 中不再有服务器控件，抛弃了事件响应模型，回归到了传统的请求和处理响应。但是，前端页面若采用 HTML 标签的方式，缺点是效率较低、可重用性也不高。为此，微

软提供了 HtmlHelper 类，用来在视图中呈现 HTML 控件，以帮助我们快速开发前端页面。使用 HtmlHelper 的另一个优点是可以有效缓解跨站脚本攻击（XSS）。

这里只介绍最常用的超链接、form 标签和文本框。

9.9.1 ActionLink——超链接

```
@Html.ActionLink("这是一个超链接", "ActionName", "ControllerName")
```

带有 QueryString 的写法：

```
@Html.ActionLink("这是一个带有 QueryString 的超链接", "ActionName", "ControllerName", new { page = 1 }, null)
```

运行之后，右击选择“查看源”命令，可看到生成结果为：

```
<a href="/ControllerName/ActionName">这是一个超链接</a>
```

带有 QueryString 的写法为：

```
<a href="/ControllerName/ActionName?page=1">这是一个带有 QueryString 的超链接</a>
```

9.9.2 BeginForm——<form>窗体

Html.BeginForm 有两种写法。

第一种使用 using 语句：

```
@using (Html.BeginForm("ActionName", "ControllerName", FormMethod.Post))
{
}
```

第二种如下所示：

```
@{Html.BeginForm("ActionName", "ControllerName", FormMethod.Post);}
@{Html.EndForm();}
```

生成结果都是：

```
<form action="/ControllerName/ActionName" method="post"></form>
```

9.9.3 TextBox——文本框

```
@Html.TextBox("Name","Value")
```

生成结果为：

```
<input id="Name" name="Name" type="text" value="Value" />
```

9.10 数据库删除和修改实例

下面的例题将完善功能，对数据库的 users 表进行用户删除和修改。

例 9-10 用户删除。

（1）修改 UserInfo 控制器下的 Index 视图，为其添加删除和修改链接，代码如下：

```
<body>
    @using System.Data;
    @{
        DataTable dt = ViewBag.dt;
    }
    <table>
        <tr>
            <th> 账号 </th>
            <th> 密码 </th>
        </tr>
        @foreach (DataRow dataRow in dt.Rows)
        {
            <tr>
                <td>@dataRow["LoginId"]</td>
                <td>@dataRow["LoginPw"]</td>
                <td>
                    @Html.ActionLink("删除", "Delete", "UserInfo", new { LoginId
                    = dataRow["LoginId"] }, new { })
                </td>
                <td>
                    @Html.ActionLink("修改", "Edit", "UserInfo", new { LoginId
                    = dataRow["LoginId"] }, new { })
                </td>
            </tr>
        }
    </table>
    </body>
```

（2）下面给 UserInfo 控制器加一个 Action，名为 Delete，代码如下：

```
#region 用户删除
        public ActionResult Delete(string LoginId)
        {
            //根据 Id 删除用户的数据
            string sql = "delete from users where LoginId = @LoginId";
            SqlHelper.ExecuteNonQuery(sql,  CommandType.Text,new  SqlParameter
            ("@LoginId", LoginId));
            //页面跳转到删除后的首页
            return RedirectToAction("Index");//跳转到动作
        }
        #endregion
```

注意： Action 在执行之前，MVC 框架会自动将请求中的数据装配给 Action 参数。

当然，也可以用 Request.QueryString["LoginId"]的方式来获取数据。

（3）在浏览器地址栏输入 http://localhost:端口号/UserInfo/Index，回车，如图 9-31 所示。

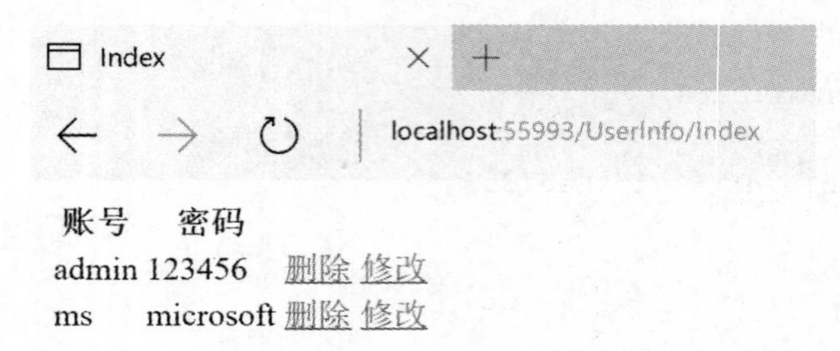

图 9-31　删除功能

（4）单击 admin 账号右侧的“删除”链接，就可以成功删除了，如图 9-32 所示。

图 9-32　删除成功后

（5）为了保证数据的安全，防止误删除操作，我们希望给“删除”功能增加删除前的确认，询问是否真正删除。在 Index 视图的<head></head>标签内写入如下代码：

```
<script src="~/Scripts/jquery-1.10.2.js"></script>
<script type="text/javascript">
    $(function () {
        $("a:contains('删除')").click(function () {
            return confirm("您真的要删除此数据吗?");
        });
    });
</script>
```

其中这行代码

```
<script src="~/Scripts/jquery-1.10.2.js"></script>
```

可通过将 Scripts 文件夹下的 jquery-1.10.2.js 文件拖动到<head></head>标签内来实现自动添加。

（6）再次在浏览器地址栏输入 http://localhost:端口号/UserInfo/Index，回车，又出现如图 9-32 所示的页面。单击“删除”链接，会弹出对话框提示用户是否真的删除，如图 9-33 所示。

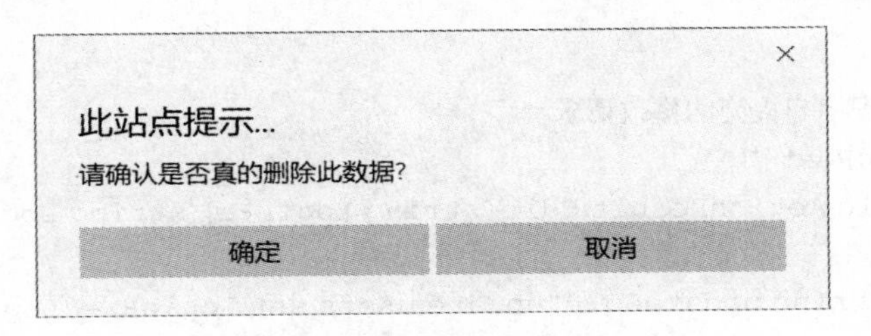

图 9-33　询问是否真的删除

此时单击“确定”按钮，数据才真正删除，如图 9-34 所示。

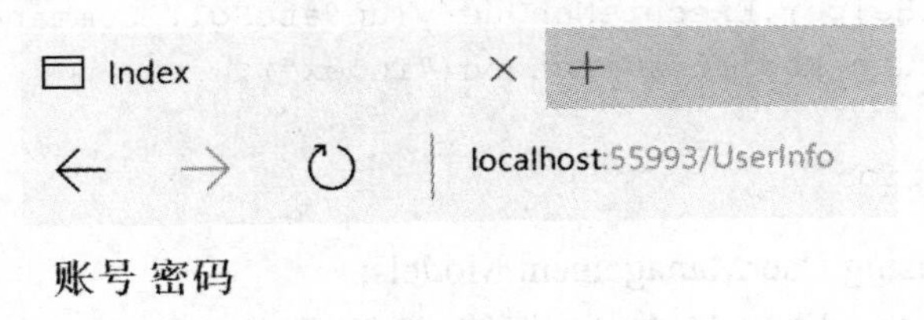

图 9-34　确认后删除

下面的例题继续完善用户修改功能。

例 9-11　用户修改。

（1）通过 Models 文件夹的右键快捷菜单，创建一个类 UserInfo，其代码如下：

```
public class UserInfo
{
    public string LoginId { get; set; }
    public string LoginPw { get; set; }
}
```

（2）在 UserInfo 控制器中，添加两个 Edit 动作：第一个 Edit 用于显示用户修改的页面，第二个 Edit 处理用户提交的修改请求。代码如下：

```
#region 用户修改
        //显示用户修改页面
        [HttpGet]
        public ActionResult Edit(string LoginId)
        {
            string sql = "select * from users where LoginId = @LoginId";
            DataTable dt = SqlHelper.ExecuteDataTable(sql, CommandType.Text,
            new SqlParameter("@LoginId", LoginId));
            //把 dt 转成 UserInfo 对象
            UserInfo ui = new UserInfo();
            ui.LoginId = Convert.ToString(dt.Rows[0]["LoginId"]);
            ui.LoginPw = Convert.ToString(dt.Rows[0]["LoginPw"]);
            ViewData.Model = ui;
            return View();
```

```
        }
        //处理用户提交的修改请求
        [HttpPost]
        public ActionResult Edit(string LoginId, string LoginPw, UserInfo ui)
        {
            string updateSql="update users set LoginPw=@LoginPw where LoginId
            =@LoginId";
            SqlParameter Id = new SqlParameter("@LoginId", ui.LoginId);
            SqlParameter Pw = new SqlParameter("@LoginPw", ui.LoginPw);
            SqlHelper.ExecuteNonQuery(updateSql, CommandType.Text,Id, Pw);
            return RedirectToAction("Index");
        }
        #endregion
```

注意需要使用 using UserManagement.Models;

（3）添加一个 edit 视图，其<body>标签代码如下：

```
<body>
    @model  UserManagement.Models.UserInfo
    @using (Html.BeginForm("Edit", "UserInfo", FormMethod.Post))
    {
        <div>
            <table>
                <tr>
                    <td>账号：</td>
                    <td>@Html.TextBox("LoginId", Model.LoginId)</td>
                </tr>
                <tr>
                    <td>密码：</td>
                    <td>
                        @Html.TextBox("LoginPw", Model.LoginPw)
                    </td>
                </tr>
                <tr>
                    <td colspan="2">
                        <input type="submit" value="修改" />
                    </td>
                </tr>
            </table>
        </div>
    }
</body>
```

（4）在浏览器地址栏输入 http://localhost:端口号/UserInfo/Index，回车，会打开如图 9-31 所示的用户列表页面，目前还是有 ms 和 admin 两条用户记录。单击 admin 记录右侧的“修改”链接，会打开如图 9-35 所示页面。将密码修改为 666666 后，单击“修改”按钮，结果如图 9-36 所示。

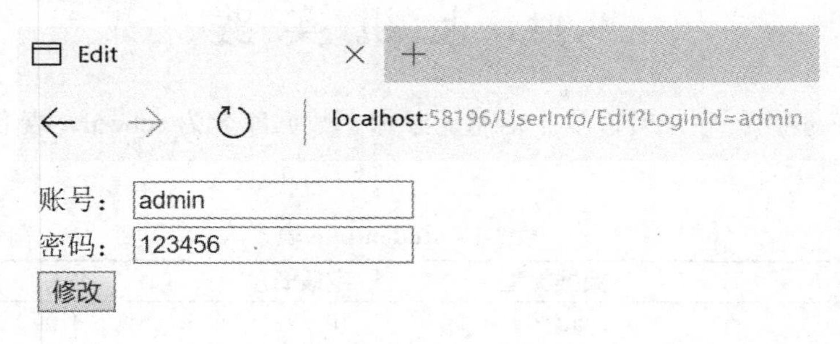

图 9-35　修改密码页面

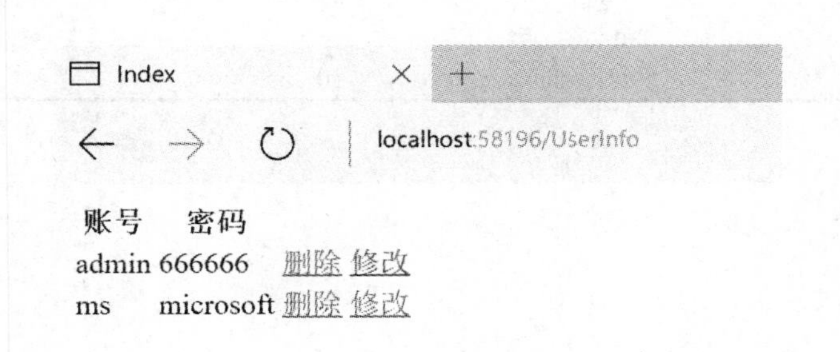

图 9-36　密码修改成功

到目前为止，我们已经学会了 ASP.NET MVC 框架下对数据库记录的增、删、改、查操作了。期待大家能开发出更多基于 MVC 的作品。

9.11　小　　结

本章讲述了 MVC 模式各层的作用及其在 ASP.NET 中的应用，ASP.NET MVC 并非 ASP.NET Web Forms 的替代品，而是继 Web Forms 之后的另一种开发方式。MVC 模式可以实现前后台的彻底分离，使得复杂项目更加容易维护，减少项目之间的耦合。ASP.NET MVC 的官网地址为 http://www.asp.net/mvc，截止到 2017 年 1 月，ASP.NET MVC 的最新版本是 5.2，从 1.0 版开始，ASP.NET MVC 就已经开放源代码，源代码地址为：http://aspnetwebstack.codeplex.com/。

9.12　习　　题

9.12.1　作业题

编写并运行本章 Razor 视图引擎部分的代码。

9.12.2　思考题

三层架构和 MVC 架构有什么区别？

9.13　上 机 实 践

建立 MVC 应用程序，实现学生信息的添加。数据库名为 school，表名为 studentinfo，结构如表 9-1 所示。

表 9-1　studentinfo 表

字段名称	数据类型	字段长度	说明
studentid	char	10	主键
studentname	nvarchar	20	
sex	char	2	
birthday	date		
department	nvarchar	50	

第 10 章　GDI+

GDI+是 Graphics Device Interface Plus 的缩写，中文名为图形设备接口加。在.NET 框架中， GDI+用于处理二维（2D）的图形和图像。GDI+是 GDI 的进一步扩展，GDI+在功能上比 GDI 强大，代码也更易于编写。本章学习 GDI+常用的图形图像程序开发功能。

本章主要学习目标如下：

- 掌握 GDI+的常用绘图函数；
- 学会在图片中添加文字；
- 掌握验证码技术；
- 掌握 Chart 控件绘制常用图表的方法。

10.1　GDI+绘图

GDI+绘图的主要步骤如下：

（1）使用 Bitmap 类新建一个位图；

（2）使用 Graphics 类新建一张画布；

（3）设置画布的背景；

（4）使用 Pen 类创建一支画笔；

（5）调用 Graphics 类的各种方法绘制相应的图形；

（6）将图形输出。

10.1.1　DrawLine 绘制直线

Graphics 类的 DrawLine 方法用于绘制直线，下面给出一个实例，根据 GDI+绘图的步骤分别绘制三根直线，使之组成一个等腰三角形。

例 10-1　绘制三根直线组成的等腰三角形。

（1）新建一个网站 GDITest，添加一个 Web 窗体 Default.aspx，在窗体的 Page_Load 函数中编写如下代码：

```
using (Bitmap bitmap = new Bitmap(200, 200)) //1.新建位图对象，长宽分别为 200
和 180，单位像素
        {
            using (Graphics g = Graphics.FromImage(bitmap))//2.新建一张画布，
            与 bitmap 相关联
            {
                g.Clear(Color.White);//3.设置画布的背景为白色，若不设置默认背景为黑色
```

```
            Pen pen = new Pen(Color.Blue, 2);//4.创建一只画笔，颜色为蓝色，画线粗度为 2 个像素
            g.DrawLine(pen, 50, 100, 150, 100);//5.绘制等腰三角形的底边，底边的 2 个顶点坐标分别为(50, 100)和(150, 100)
            g.DrawLine(pen, 100, 50, 50, 100);//绘制等腰三角形的左边
            g.DrawLine(pen, 100, 50, 150, 100);//绘制等腰三角形的右边
            Response.ContentType = "image/Gif";//设置输出类型为 Gif 格式图像
            bitmap.Save(Response.OutputStream, ImageFormat.Gif); //6.将图像输出到 HTTP 响应流，以便显示在页面中
        }
    }
```

注意：

- Bitmap、Graphics、Pen 类都需要导入命名空间：

```
System.Drawing;
```

- ImageFormat 需要导入命名空间：

```
System.Drawing.Imaging;
```

（2）运行，显示出 GDI+绘制的图形如图 10-1 所示。

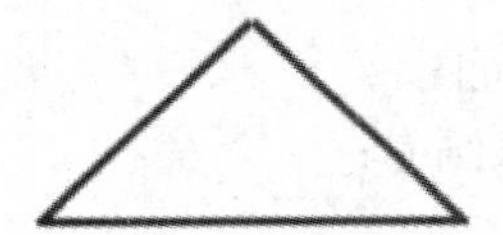

图 10-1　绘制三根直线组成的等腰三角形

10.1.2　DrawPolygon

例 10-1 绘制用 3 条直线组成的等腰三角形，其实 GDI+自带一个绘制多边形的函数 DrawPolygon。只需要定义 Point 类数组，在数组中为多边形的多个顶点的坐标赋值后，就可以调用 DrawPolygon 函数绘制多边形了。下面的例子采用这种方法重新绘制等腰三角形。

例 10-2　DrawPolygon 函数绘制等腰三角形。

（1）修改 Page_Load 函数代码如下：

```
using (Bitmap bitmap = new Bitmap(200, 200))
    {
        using (Graphics g = Graphics.FromImage(bitmap))
        {
            g.Clear(Color.White);
            Pen pen = new Pen(Color.Blue, 2);
            Point[] p = new Point[3];
            p[0].X = 100; p[0].Y = 50;
            p[1].X = 50; p[1].Y = 100;
```

```
            p[2].X = 150; p[2].Y = 100;
            g.DrawPolygon(pen, p);
            Response.ContentType = "image/Gif";
            bitmap.Save(Response.OutputStream, ImageFormat.Gif);
        }
    }
```

（2）运行结果如图 10-2 所示，可发现，用 DrawPolygon 函数绘制的三角形密闭性更好一些。

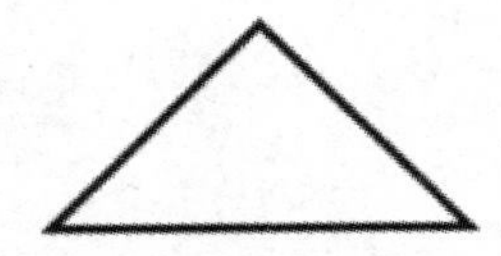

图 10-2　DrawPolygon 函数绘制等腰三角形

除此之外，Graphics 类还定义了很多其他的绘图函数，比如 DrawEllipse 绘制椭圆和圆形、DrawPie 绘制扇形、DrawRectangle 绘制矩形等等。使用方法大同小异，通过前两个例题的抛砖引玉，相信大家都已明白如何使用。

10.1.3　DrawString

DrawString 方法是在指定的起始位置，用定义好的画笔和字体绘制指定的文本字符串。方法原型如下：

```
public void DrawString(string s,Font font,Brush brush,float x,float y)
```

- 第一个参数指定要绘制的文本字符串。
- 第二个参数定义绘制所用的字体、字号和修饰方法。
- 第三个参数定义画刷的颜色。
- 第四个参数指定绘制的起始坐标。

下面的例题将采用 DrawString 绘制出“Hello, world!”。

例 10-3　DrawString 绘制文本字符串。

（1）修改 Page_Load 函数代码如下：

```
//DrawString 的第一个参数：要绘制的文本字符串
    string s = "Hello, world!";
    //DrawString 的第二个参数：字体、字号和样式
    Font font = new Font("宋体", 24, FontStyle.Bold);
    //DrawString 的第三个参数：画刷的颜色
    Brush brush = Brushes.Green;
    //DrawString 的第四个参数：绘图起始坐标
    PointF point = new PointF(0, 0);
    using (Bitmap bitmap = new Bitmap(240, 40))
    {
```

```
    using (Graphics g = Graphics.FromImage(bitmap))
    {
        g.Clear(Color.White);
        g.DrawString(s, font, brush, point);
        Response.ContentType = "image/Jpeg";
        bitmap.Save(Response.OutputStream, ImageFormat.Jpeg);
        }
```

（2）运行结果如图 10-3 所示。

Hello, world!

图 10-3　DrawString 绘制文本字符串

10.1.4　在图片中添加文字

很多情况下都需要在图片中添加文字，比如 2013 年火起来的“泰囧表情”，如图 10-4 所示，很多网友在图片中添加文字之后就成了一幅独一无二的表情图，如图 10-5 所示。

图 10-4　“泰囧表情”原图

图 10-5“泰囧表情”生成图

下面就来学习根据已有的图片（见图 10-4），如何通过 GDI+技术在图片上添加自定义文字，使之变成图 10-5 的带文字的表情。

例 10-4　表情生成器。

（1）新建一个网站，首先将如图 10-4 所示的表情原图（文件名 wbq.jpg），放到网站根目录下。

（2）添加一个 web 窗体，向窗体中添加一个 Image 控件用于显示图片。

（3）下面为 Image 控件设置初始显示的图片，选中该 Image 控件，在属性窗口中，单击 ImageUrl 属性右侧的小按钮，如图 10-6 所示。

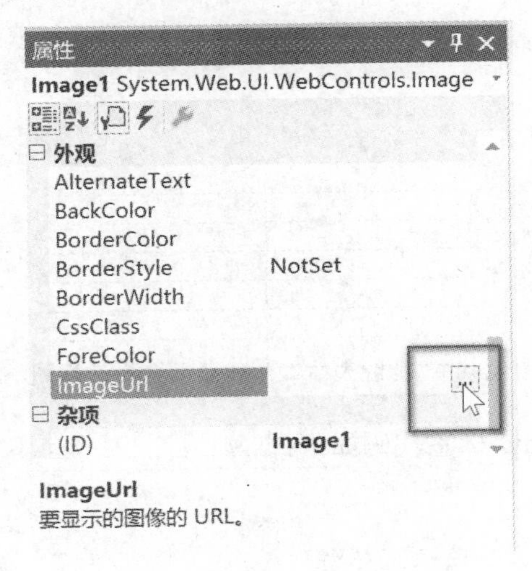

图 10-6　设置 ImageUrl 属性

在打开的“选择图像”窗口右侧，“文件夹内容”处，选中 wbq.jpg 图片，单击“确定”按钮，如图 10-7 所示。或者在窗体的 Page_Load 函数中编写代码“Image1.ImageUrl = "wbq.jpg";”也可以。

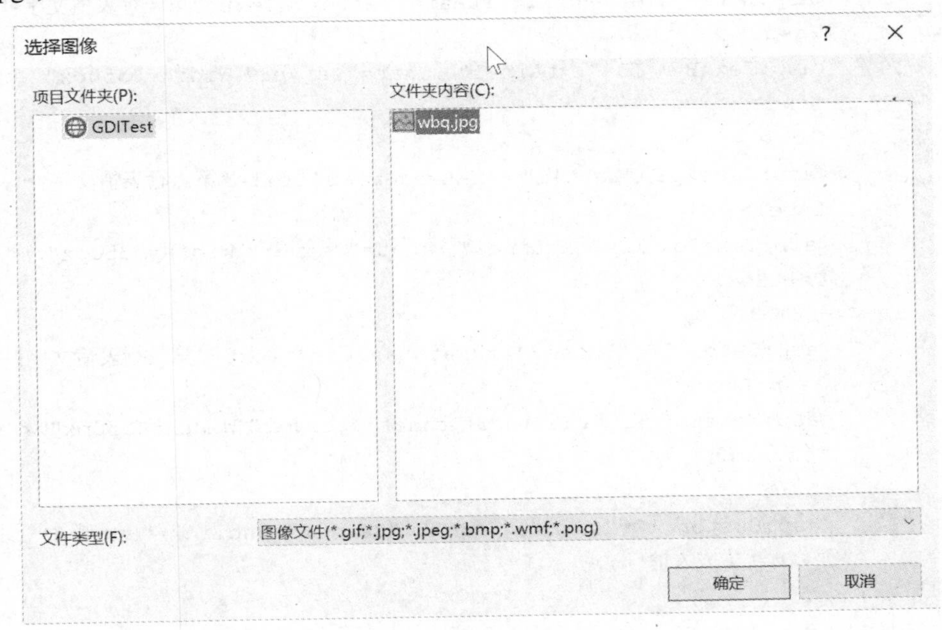

图 10-7　“选择图像”窗口

（4）在窗体中添加三个 Lable 控件、三个 TextBox 控件和一个 Button 控件。前台设计视图如图 10-8 所示。

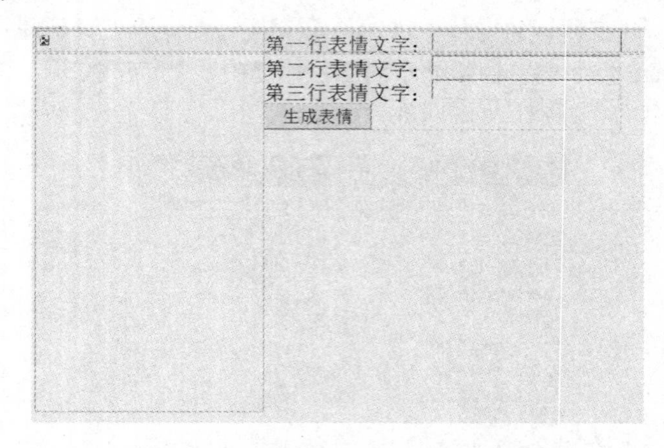

图 10-8 “泰囧表情”生成器前台设计视图

（5）前台源视图，<body>标签代码如下：

```
<body>
    <form id="form1" runat="server">
    <div>
        <div style="float:left">
            <asp:Image ID="Image1" runat="server" Height="600px" Width="350px" />
        </div>
        <div style="float:left">
            <asp:Label ID="Label1" runat="server" Text="第一行表情文字：">
           </asp:Label>
            <asp:TextBox ID="txtLine1" runat="server" Width="350px"> </asp:
            TextBox>
            <br/>
            <asp:Label ID="Label2" runat="server" Text="第二行表情文字："></asp:
            Label>
            <asp:TextBox ID="txtLine2" runat="server" Width="350px"> </asp:
            TextBox>
            <br/>
            <asp:Label ID="Label3" runat="server" Text="第三行表情文字：">
           </asp:Label>
            <asp:TextBox ID="txtLine3" runat="server" Width="350px">< /asp:
            TextBox>
            <br/>
            <asp:Button ID="submit" runat="server" onclick="Button1_Click"
            Text="生成表情" />
        </div>
    </div>
    </form>
      </body>
```

（6）双击“生成表情”按钮，编写其单击事件代码如下：

```
using (Image image = Image.FromFile(Server.MapPath("wbq.jpg")))
    {
        using (Bitmap bitmap = new Bitmap(image))
        {
            using (Graphics g = Graphics.FromImage(bitmap))
            {
                Font font = new Font("黑体", 24);
                SolidBrush brush = new SolidBrush(Color.White);
                PointF point1 = new PointF(100, 230);
                g.DrawString(txtLine1.Text, font, brush, point1);
                PointF point2 = new PointF(100, 508);
                g.DrawString(txtLine2.Text, font, brush, point2);
                PointF point3 = new PointF(100, 785);
                g.DrawString(txtLine3.Text, font, brush, point3);
                bitmap.Save(Server.MapPath("emoticon.jpg"), ImageFormat.
                Jpeg);
                Image1.ImageUrl = "emoticon.jpg";
            }
        }
    }
```

（7）运行后，分别输入三行表情文字，单击“生成表情”按钮，结果如图 10-9 所示，此时生成的表情图片已经保存到网站根目录了，文件名是 emoticon.jpg，也可以通过右击图片，将图片保存到指定的位置。

图 10-9 “表情生成器”运行页面

10.2 验证码技术

10.2.1 什么是验证码

“验证码”的英文表示为 CAPTCHA（Completely Automated Public Turing test to tell Computers and Humans Apart），即“全自动区分计算机和人类的图灵测试”，顾名思义，它是用来区分机器和人类的。

网站的注册、登录或者在论坛发表评论等功能，有可能遭遇机器人注册、暴力破解、批量灌水发广告等不安全行为。为了提高网站的安全性，很多网站采用动态生成的验证码技术来进行验证。

验证码进行验证的步骤就是在服务器端生成一个随机码（可能包括数字、字母或汉字等），并采用 GDI+技术将随机码写入到图片中，然后将该图片发送给浏览器显示给网站用户，用户在浏览器端输入正确的验证码后才可以继续进行下一步操作。

10.2.2 简易验证码

下面学习一下验证码是如何创建的，首先来看一个只包含 4 位阿拉伯数字的简易验证码。

例 10-5 简易验证码。

（1）新建一个网站，然后新建一个“一般处理程序”，取名为“验证码.ashx”，如图 10-10 所示。

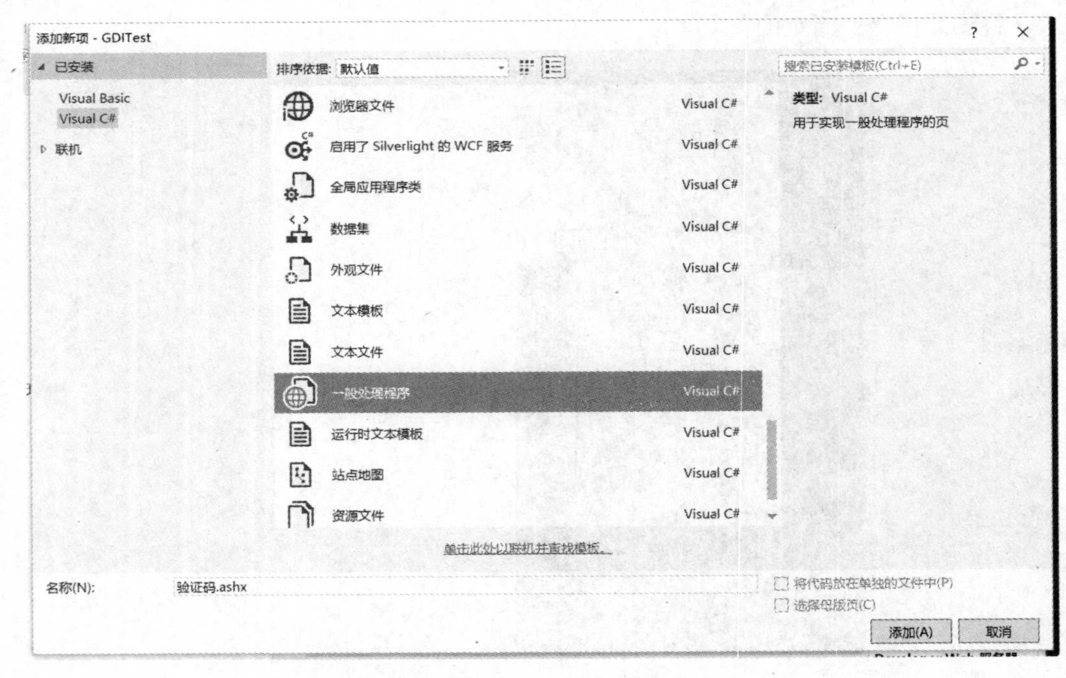

图 10-10 新建“一般处理程序”

（2）在“验证码.ashx”文件中，用 Random 类随机生成 4 位数字，然后用 DrawString 将 4 位数字写入图片，该文件完整代码如下：

```
<%@ WebHandler Language="C#" Class="验证码" %>
using System;
using System.Web;
using System.Drawing;
using System.Drawing.Imaging;
 //在一般处理程序中操作 Session,必须实现 IRequiresSessionState 接口
public  class  验 证 码  :  IHttpHandler,System.Web.SessionState.IRequires
SessionState {
    public void ProcessRequest(HttpContext context)
        {
            context.Response.ContentType = "image/JPEG";
            Random rand = new Random();
            int code = rand.Next(1000, 9999);//随机生成四位验证码
            string s = code.ToString();
            Font font = new Font("宋体", 24, FontStyle.Bold);
            Brush brush = Brushes.Green;
            PointF point=new PointF(0, 0);
            using(Bitmap bitmap = new Bitmap(80, 40))
            {
                using (Graphics g = Graphics.FromImage(bitmap))
                {
                    g.DrawString(s,font,brush,point);
                    bitmap.Save(context.Response.OutputStream,ImageFormat.Jpeg);
                }
            }
            //将验证码保存到 Session 中
            HttpContext.Current.Session["Code"] = s;
        }
    public bool IsReusable {
        get {
            return false;
        }
    }
}
```

（3）新建一个 Web 窗体 Default.aspx，在设计视图添加一个 TextBox 文本框用于输入验证码字符串，添加一个 Button 控件用于提交验证码，同时添加一个<img>标签，用于实现验证码的无刷新单击变换。设计视图如图 10-11 所示。

提交

图 10-11　验证码程序前台页面设计视图

（4）源视图<form>窗体代码如下：

```
<form id="form1" runat="server">
<div>
    <img alt="" src="验证码.ashx" onclick="this.src='验证码.ashx?a=
    '+Math.random()*10000"/>
</div>
<asp:TextBox ID="TextBox1" runat="server"></asp:TextBox>
<br />
<asp:Button ID="Button1" runat="server" onclick="Button1_Click" Text="
提交"/>
</form>
```

“提交”按钮的单击事件代码如下：

```
string rightCode = Convert.ToString(Session["Code"]);
if (rightCode == TextBox1.Text)
    ClientScript.RegisterStartupScript(typeof(string), "print", "<script>
    alert ('验证码正确')</script>");
else
    ClientScript.RegisterStartupScript(typeof(string), "print", "<script>
    alert('验证码错误')</script>");
```

运行结果如图 10-12 所示，提交正确的验证码后，会弹出对话框提示输入正确。

图 10-12　提交正确的验证码

10.2.3　汉字验证码

在上一小节，我们已经学会了如何创建简易验证码，下面对验证码程序进行改进，生成 4 个随机颜色随机汉字的验证码。

为了随机生成汉字，首先需要了解一下汉字的编码规则。

GB 2312 汉字国家标准规定，每个汉字由区号和位号组成（范围都是 1～94），区号和位号各占一个字节，共同构成了该汉字的“区位码”。区码和位码分别加上 0xA0 就得到该汉字的机内码。其中 16～55 区为一级汉字(3755 个最常用的汉字)。所以为了随机生成一个常用汉字，我们需要随机生成一个 16～55 之间的随机整数作为区号，再随机生成一个 1～94 之间的随机整数作为位号。

例 10-6　汉字验证码。

（1）在例 10-5 的基础上，打开“验证码.ashx”文件中，修改代码如下：

```
<%@ WebHandler Language="C#" Class="验证码" %>
using System;
```

```
using System.Web;
using System.Drawing;
using System.Drawing.Imaging;
using System.Text;
public class 验证码 : IHttpHandler,System.Web.SessionState.IRequires
SessionState {
    public void ProcessRequest(HttpContext context)
        {
            context.Response.ContentType = "image/JPEG";
            Font font = new Font("宋体", 24, FontStyle.Bold);
            Random rand = new Random();
            string verificationCode = string.Empty;
            using (Bitmap bitmap = new Bitmap(140, 40))
            {
                using (Graphics g = Graphics.FromImage(bitmap))
                {
                    g.Clear(Color.White);//白色背景
                    for (int i = 0; i < 4; i++)
                    {
                        int q = 16 + rand.Next(DateTime.Now.Millisecond) % 40;
                        //生成16~55范围的随机整数，作为区码
                        int w =  1 + rand.Next(DateTime.Now.Millisecond) % 94;
                        //生成1~94范围的随机整数，作为位码
                        q += 0xA0;//加上0xA0转换成机内码
                        w += 0xA0;
                        string qString = q.ToString("X2");//每个字节转换成 2 位
                        十六进制字符串
                        string wString = w.ToString("X2");
                        byte[] bytes = new byte[2];
                        bytes[0] = Convert.ToByte(qString, 16);
                        bytes[1] = Convert.ToByte(wString, 16);
                        Encoding GB = Encoding.GetEncoding("GB2312");
                        string chineseCharacter = GB.GetString(bytes);
                        verificationCode += chineseCharacter;
                        Color color = Color.FromArgb(rand.Next(255), rand.Next
                        (255), rand.Next(255));//生成随机颜色
                        Brush brush = new SolidBrush(color);
                        g.DrawString(chineseCharacter, font, brush, i * 30 , 0);
                    }
                    bitmap.Save(context.Response.OutputStream, ImageFormat.
                    Jpeg);
                }
            }
            HttpContext.Current.Session["Code"] = verificationCode;
```

```
        }
    public bool IsReusable {
        get {
            return false;
        }
    }
}
```

注意：因为用到了 Encoding 类，所以需要引入 System.Text 命名空间。

（2）运行结果如图 10-13 所示，生成了 4 个随机颜色的常用的一级汉字的验证码。

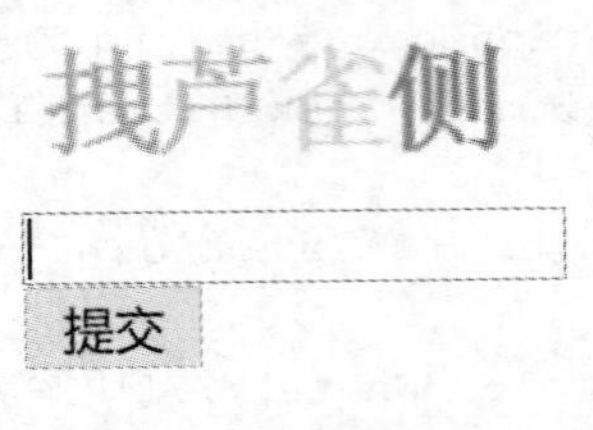

图 10-13　汉字验证码

为了防止验证码被 OCR 技术识别，还需要在图片里加上一些干扰因素对验证码进行污染或扭曲，这样能保证只有人类才能用肉眼识别其中的验证码信息，请读者在例题的基础上进一步改进。

10.3　Chart 控件

实际的编程需求中，经常需要绘制各种统计图表，比如柱状图、折线图和饼形图等等。为了方便快捷地绘制这些图形，从.NET Framework 3.5 开始，微软提供了 Chart 控件。

Chart 控件包含的主要集合成员如下：

（1）ChartAreas，图表区域集合，一个 Chart 可以有多个 ChartArea。

（2）Series，图表序列集合，即图表数据对象集合，一个 ChartArea 可以有多个 Series。

（3）Titles，图表的标题集合。

（4）Legends，图例集合。

10.3.1　Chart 控件简单示例

下面用一个最简单的示例，来看一下柱状图的画法。

例 **10-7**　Chart 控件绘制柱状图（Column）。

（1）新建一个网站，添加一个 Web 窗体 Default.aspx，从工具箱中向窗体添加一个 Chart 控件。

（2）在窗体的 Page_Load 函数中编写如下代码：

```
int[] yData = { 30, 60, 40, 20, 90, 50, 80 };
Chart1.Series[0].Points.DataBindY(yData);
```

（3）运行，结果如图 10-14 所示。

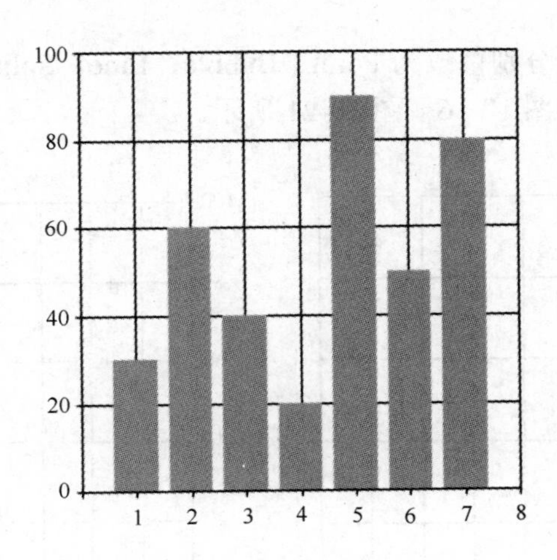

图 10-14　Chart 控件绘制柱状图

注意：在本例中，并没有设置图表的类型，采用的默认类型是 Column，即柱状图。除了 Column 之外，其他常见的图表类型有 Bar（条形图）、Point（点形图）、Bubble（气泡图）、Line（折线图）、Spline（样条曲线图）、Area（区域填充图）、SplineArea（曲线区域填充图）等。下面通过一个例题来分别看一下这些图的区别。

例 10-8　Chart 控件绘制其他常用图形。

（1）首先绘制一个条形图，在例 10-7 的基础上，修改窗体的 Page_Load 函数的代码如下：

```
Chart1.Series[0].ChartType = SeriesChartType.Bar;
int[] yData = { 30, 60, 40, 20, 90, 50, 80 };
Chart1.Series[0].Points.DataBindY(yData);
```

注意：需要引入 System.Web.UI.DataVisualization.Charting 命名空间。

（2）运行结果如图 10-15 所示。

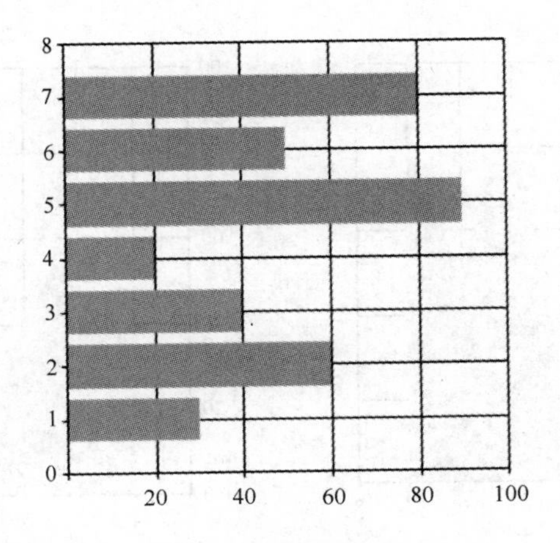

图 10-15　Chart 控件绘制条形图

（3）然后将图表类型分别修改为 Point、Bubble、Line、Spline、Area、SplineArea。

（4）运行结果分别如图 10-16～图 10-21 所示。

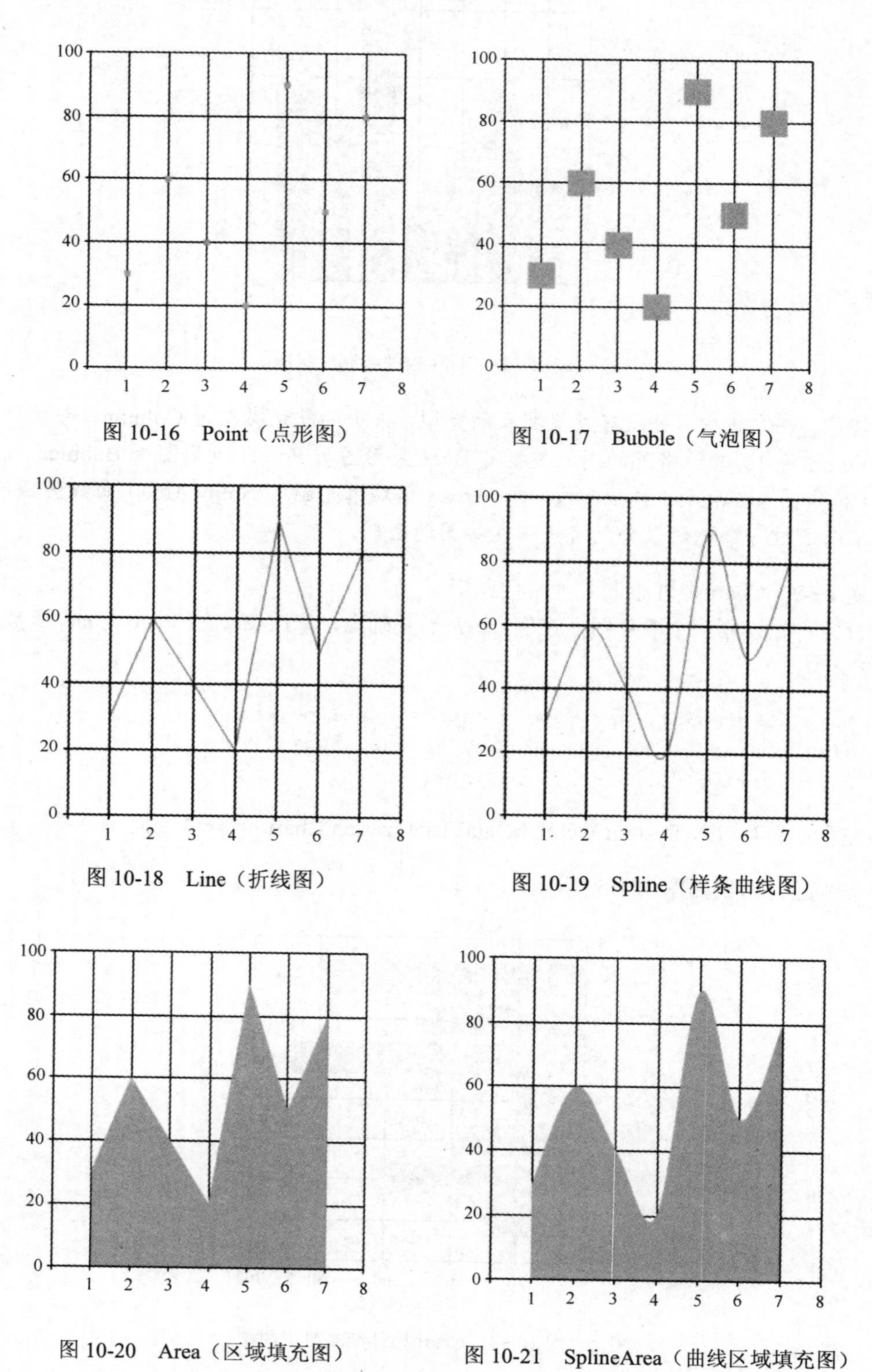

图 10-16　Point（点形图）

图 10-17　Bubble（气泡图）

图 10-18　Line（折线图）

图 10-19　Spline（样条曲线图）

图 10-20　Area（区域填充图）

图 10-21　SplineArea（曲线区域填充图）

10.3.2　数据库与 Chart 控件的绑定

经常需要将数据库中的数据绘制成图表显示，方法很简单，只要将 DataTable 对象赋值给 Chart 控件的 DataSource 属性即可。

下面例题将从数据库中获取数据，绘制 1977—2015 历年的高考人数和录取人数的曲线图。

例 10-9　从数据库获取数据并绘图。

（1）在 test 数据库中新建一张“高考统计表”，表结构如图 10-22 所示。

列名	数据类型
年份	nchar(10)
高考人数	int
录取人数	int

图 10-22 “高考统计表”结构

（2）在表中输入“全国历年参加高考人数和录取人数”数据。

（3）新建一个网站，在 default.aspx 窗体中添加一个 Chart 控件，控件高度设为 500px，宽度设为 800px。页面源视图<body>标签代码如下：

```
<body>
    <form id="form1" runat="server">
        <asp:Chart ID="Chart1" runat="server" Height="500px" Width="800px">
            <series>
                <asp:Series Name="Series1">
                </asp:Series>
            </series>
            <chartareas>
                <asp:ChartArea Name="ChartArea1">
                </asp:ChartArea>
            </chartareas>
        </asp:Chart>
    </form>
</body>
```

（4）将第 8 章中的 SqlHelper 类添加到网站 App_Code 文件夹中。

（5）在网站的 Web.config 中添加<connectionStrings>节点，代码如下：

```
  <connectionStrings>
    <add name="mssqlserver" connectionString="Data Source=.;Initial Catalog=
    test;Integrated Security=True"/>
</connectionStrings>
```

（6）在窗体的 Page_Load 函数中编写如下代码：

```
DataTable dt = SqlHelper.ExecuteDataTable("Select * from 高考统计表",
CommandType.Text);
Chart1.DataSource = dt;//绑定 dt 数据到 Chart1 图表
Chart1.Titles.Add("历年高考人数与录取人数（1977~2015）");
//第一个 ChartArea
Chart1.ChartAreas[0].AxisX.Title = "年份";//X 轴标题
Chart1.ChartAreas[0].AxisY.Title = "高考人数（万人）";//Y 轴标题
Chart1.ChartAreas[0].AxisX.Interval = 1;//X 轴数据的间距
Chart1.ChartAreas[0].AxisX.MajorGrid.Enabled = false;//不显示竖着的
分割线
Chart1.ChartAreas[0].AxisX.LabelStyle.IsStaggered = true;   //X 轴
数据标签交错显示（数据多的时候分两行显示）
Chart1.ChartAreas[0].AxisX.TitleAlignment = StringAlignment.Far;
//设置 X 轴标题的对齐方式
Chart1.ChartAreas[0].AxisY.TitleAlignment = StringAlignment.Far;
//设置 Y 轴标题的对齐方式
//第一个 Series，显示高考人数曲线图
Chart1.Series[0].Name = "历年高考人数";//设置 Series 的名字，此名字会出现
在 Legend 中
Chart1.Series[0].ChartType = SeriesChartType.Spline;//设置图表类型
Chart1.Series[0].XValueMember = "年份";//X 轴数据成员
Chart1.Series[0].YValueMembers = "高考人数";//Y 轴数据成员
Chart1.Series[0].IsValueShownAsLabel = true;//显示坐标值
Chart1.Series[0].Color = Color.Blue;//设置绘图颜色
Chart1.Series[0].BorderWidth = 3;//曲线的宽度
Chart1.Series[0].ShadowOffset = 2;//阴影偏移量
//第二个 ChartArea
Chart1.ChartAreas.Add("myArea");//在 ChartAreas 集合中添加一个 ChartArea,
名为"myArea"
Chart1.ChartAreas[1].AxisX.Title = "年份";//新添加的"myArea"在集合中
的索引号为 1
Chart1.ChartAreas[1].AxisY.Title = "录取人数（万人）";
Chart1.ChartAreas[1].AxisX.Interval = 1;
Chart1.ChartAreas[1].AxisX.MajorGrid.Enabled = false;
Chart1.ChartAreas[1].AxisX.LabelStyle.IsStaggered = true;
Chart1.ChartAreas[1].AxisX.TitleAlignment = StringAlignment.Far;
Chart1.ChartAreas[1].AxisY.TitleAlignment = StringAlignment.Far;
//新建一个 Series，即第二个 Series，显示录取人数曲线图
Chart1.Series.Add(new Series("历年录取人数")
{
    BorderWidth = 3,
    ShadowOffset = 2,
    Color = Color.PaleVioletRed,
    ChartArea = "myArea",//该 Series 显示在 myArea 这个 ChartArea 上
    ChartType = SeriesChartType.Spline,
```

```
        XValueMember = "年份",
        YValueMembers = "录取人数",
        IsValueShownAsLabel = true,
    });
```

（7）运行结果如图 10-23 所示。

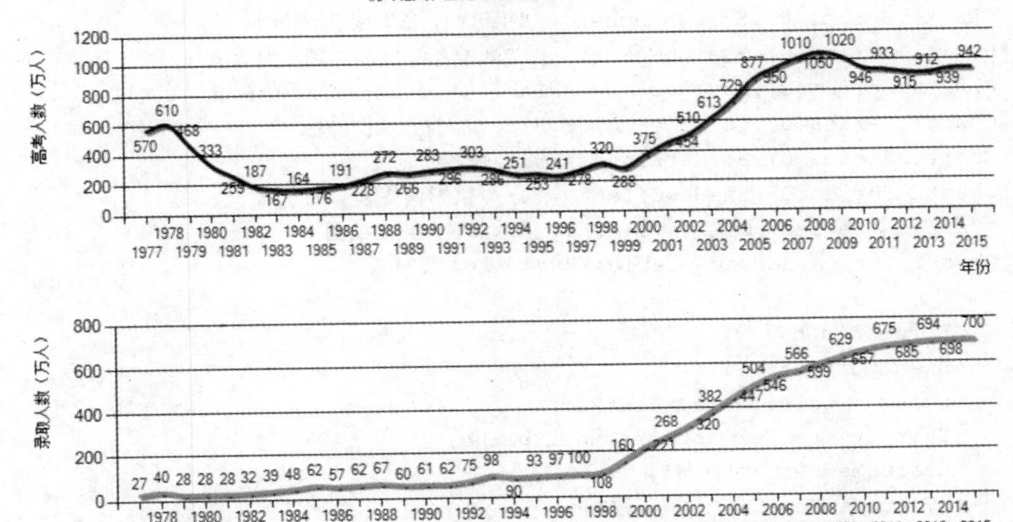

图 10-23　历年高考人数与录取人数统计样条曲线图

在本例中，有一个 Chart、两个 ChartArea 和两个 Series，其中，每个 Series 都分别绘制在一个 ChartArea 上，所以看到的就是两个图表：第一个图表显示高考人数，第二个图表显示录取人数。

那么，问题来了，两个 Series 能否显示在一个 ChartArea 中呢？也就是说，上面的两个曲线图，能否显示在一起呢？答案当然是肯定的。

例 10-10　两个 Series 显示在一个 ChartArea 中。

（1）将后台代码修改如下：

```
DataTable dt = SqlHelper.ExecuteDataTable("Select * from 高考统计表",
CommandType.Text);
Chart1.DataSource = dt;//绑定 dt 数据到 Chart1 图表
Chart1.Titles.Add("历年高考人数与录取人数（1977—2015）");
//第一个 ChartArea
Chart1.ChartAreas[0].AxisX.Title = "年份";//X 轴标题
Chart1.ChartAreas[0].AxisY.Title = "高考人数（万人）";//Y 轴标题
Chart1.ChartAreas[0].AxisX.Interval = 1;//X 轴数据的间距
Chart1.ChartAreas[0].AxisX.MajorGrid.Enabled = false;//不显示竖着的分割线
Chart1.ChartAreas[0].AxisX.LabelStyle.IsStaggered = true;    //X 轴数据标
签交错显示（数据多的时候分两行显示）
```

```
Chart1.ChartAreas[0].AxisX.TitleAlignment = StringAlignment.Far;// 设置 X 轴标题的对齐方式
Chart1.ChartAreas[0].AxisY.TitleAlignment = StringAlignment.Far;// 设置 Y 轴标题的对齐方式
//第一个 Series，显示高考人数曲线图
Chart1.Series[0].Name ="历年高考人数";//设置 Series 的名字，此名字会出现在 Legend 中
Chart1.Series[0].ChartType = SeriesChartType.Spline;//设置图表类型
Chart1.Series[0].XValueMember = "年份";//X 轴数据成员
Chart1.Series[0].YValueMembers = "高考人数";//Y 轴数据成员
Chart1.Series[0].IsValueShownAsLabel = true;//显示坐标值
Chart1.Series[0].Color = Color.Blue;//设置绘图颜色
Chart1.Series[0].BorderWidth = 3;//曲线的宽度
Chart1.Series[0].ShadowOffset = 2;//阴影偏移量
//新建一个 Series，即第二个 Series，显示录取人数曲线图
Chart1.Series.Add(new Series("历年录取人数")
{
    BorderWidth = 3,
    ShadowOffset = 2,
    Color = Color.PaleVioletRed,
    ChartType = SeriesChartType.Spline,
    XValueMember = "年份",
    YValueMembers = "录取人数",
    IsValueShownAsLabel = true,
});
```

（2）运行结果如图 10-24 所示。

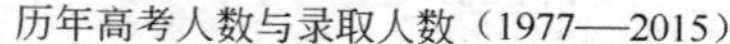

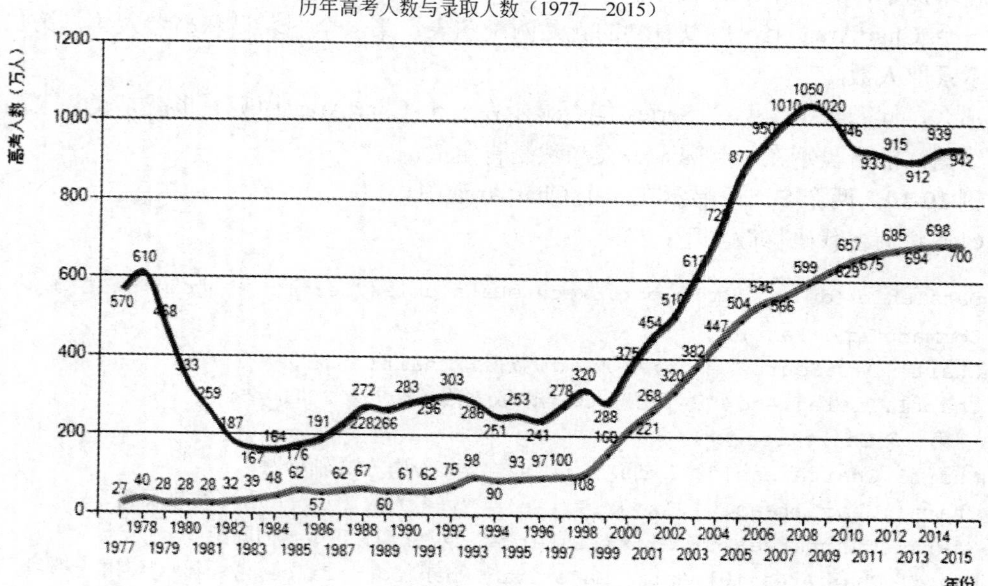

图 10-24　两个 Series 显示在一个 ChartArea 中

10.3.3 饼形图的绘制

再来看一下很常见的饼形图，从几年前开始，网络上流传着一些有趣的呆萌饼形图，如图 10-25 所示，下面就来学习如何用 GDI+来绘制这样的饼形图。

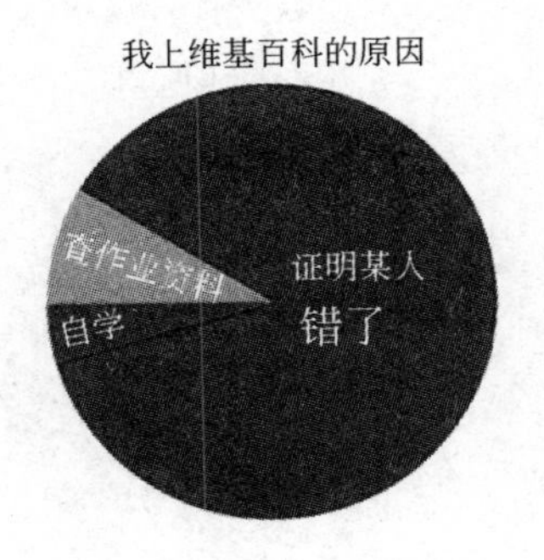

图 10-25　有趣的呆萌饼形图

例 10-11　绘制饼形图。

（1）在例 10-8 的基础上，修改窗体的 Page_Load 函数的代码如下：

```
Chart1.Width = 500;
Chart1.Height = 300;
Chart1.Series[0].ChartType = SeriesChartType.Pie;
Chart1.Titles.Add("你穿秋裤的原因");//添加图表的标题
Chart1.Titles[0].Font  =  new  System.Drawing.Font("Trebuchet  MS",  14F,
FontStyle.Bold);//设置标题的字体、字号和样式
string[] xData = { "你冷", "你妈觉得你冷" };
int[] yData = { 5, 100 };
Chart1.Series[0].Points.DataBindXY(xData, yData);
```

注意：因为用到了 FontStyle，所以需要使用：

```
using System.Drawing;
```

（2）运行结果如图 10-26 所示。

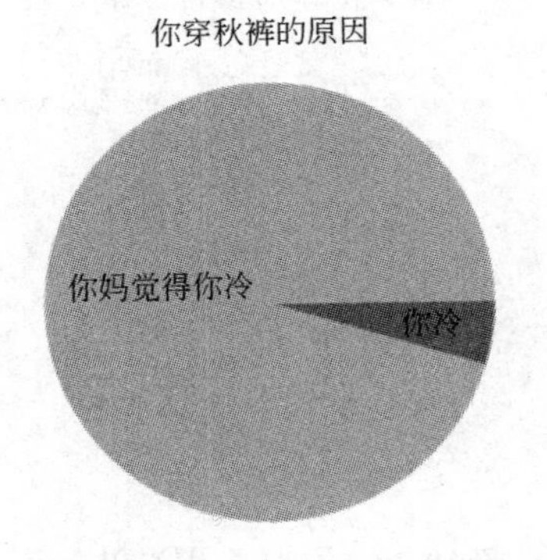

图 10-26　Chart 控件绘制饼形图

（3）如果希望把文字移到图表的外侧，可以添加以下代码：

```
Chart1.Series[0]["PieLabelStyle"] = "Outside";//将文字移到外侧
Chart1.Series[0]["PieLineColor"] = "Black";//绘制黑色的连线
```

运行结果如图 10-27 所示。

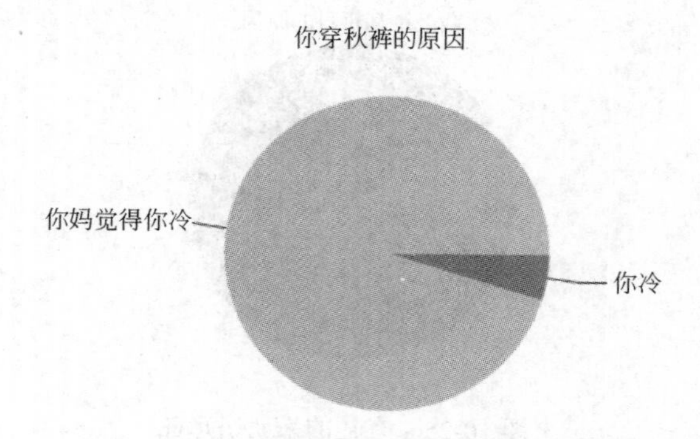

图 10-27　文字在图表外侧的饼形图

（4）如果希望在图中添加图例，并且在图上不显示文字，可将代码修改如下：

```
Chart1.Width = 500;
Chart1.Height = 300;
Chart1.Series[0].ChartType = SeriesChartType.Pie;
Chart1.Titles.Add("你穿秋裤的原因");//添加图表的标题
Chart1.Titles[0].Font = new System.Drawing.Font("Trebuchet MS", 14F,
FontStyle.Bold);//设置标题的字体、字号和样式
string[] xData = { "你冷", "你妈觉得你冷" };
int[] yData = { 5, 100 };
Chart1.Series[0].Points.DataBindXY(xData, yData);
Chart1.Legends.Add("myLengend"); //添加一个图例到 Legends 集合
Chart1.Legends["myLengend"].DockedToChartArea = "ChartArea1"; //图例实现
在图表区域内
Chart1.Series[0]["PieLabelStyle"] = "Disabled";//图上不显示文字
```

（5）运行结果如图 10-28 所示。

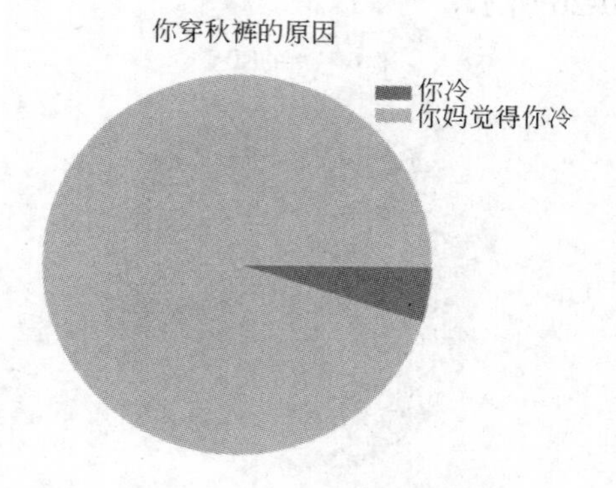

图 10-28　添加了图例的饼形图

10.4 小　　结

本章讲述了 GDI+技术在 ASP.NET 中的应用，.NET Framework 提供了一组 API 接口，实现了对 GDI+技术的良好封装，这组 API 接口使得计算机能够输出和显示各种图形图像，展现丰富多彩的视觉效果，使得我们在不需要了解接口底层实现细节的情况下，就能够绘制出需要的图形效果。

10.5 习　　题

10.5.1 作业题

1. 采用 GDI+技术绘制类似如图 10-29 所示的饼形图。
2. 采用 GDI+技术生成阿拉伯数字和英文大写字母组成的 4 位颜色随机的验证码。

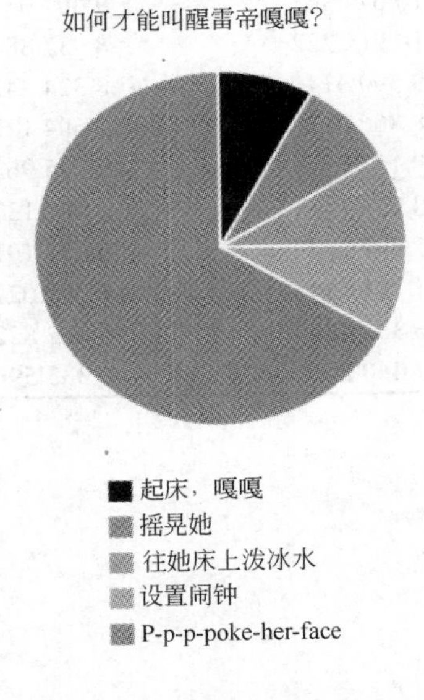

图 10-29　作业题 1 所用饼图

10.5.2 思考题

查看国内外知名网站所采用的各种验证码，分析这些验证码的形式、种类，思考它们的优缺点。

10.6 上 机 实 践

根据如表 10-1 所示的“1976—2000 年中国新出生婴儿人口统计表”，采用 GDI+技术，绘制出这 25 年间男婴、女婴和男女差的折线图。要求将三个折线绘制在同一个绘图区域上。

表 10-1　1976—2000 年中国新出生婴儿人口统计表

年份	总人口数	男	女	男女差
1976	20 491 797	10 435 196	10 056 601	378 595
1977	17 931 155	9 119 685	8 811 470	308 215
1978	18 831 591	9 519 345	9 312 246	207 099
1979	18 924 822	9 548 059	9 376 763	171 296
1980	18 393 809	9 315 481	9 078 328	237 153
1981	19 122 938	9 752 137	9 370 801	381 336
1982	23 100 427	11 783 695	11 316 732	466 963
1983	20 065 048	10 275 677	9 789 371	486 306
1984	20 313 426	10 468 201	9 845 225	622 976
1985	20 429 326	10 598 460	9 830 866	767 594
1986	23 190 076	12 023 710	11 166 366	857 344
1987	25 282 644	13 619 530	12 663 114	956 416
1988	24 576 191	12 779 621	11 796 570	983 051
1989	25 137 678	13 110 848	12 026 830	1 084 018
1990	26 210 044	13 811 030	12 399 014	1 412 016
1991	20 082 026	10 674 963	9 407 063	1 267 900
1992	18 752 106	10 014 222	8 737 884	1 276 338
1993	17 914 756	9 590 414	8 324 342	1 266 072
1994	16 470 140	8 866 012	7 604 128	1 261 884
1995	16 933 559	9 157 597	7 775 962	1 381 635
1996	15 224 282	8 257 145	6 967 137	1 290 008
1997	14 454 335	7 897 234	6 557 101	1 340 133
1998	14 010 711	7 701 684	6 309 027	1 392 657
1999	11 495 247	6 332 425	5 162 822	1 169 603
2000	13 793 799	7 460 206	6 333 593	1 126 613

第 11 章　水晶报表 Crystal Reports for VS

11.1　水晶报表简介

11.1.1　水晶报表的下载与安装

1．Crystal Reports 与 Crystal Reports for Visual Studio

水晶报表（Crystal Reports）是跨大型数据库的专业格式报表的世界标准，最新版本是 Crystal Report 2016。Crystal Reports 历史较为悠久，最早由加拿大 Crystal Decisions 公司创建，2008 年至今由 SAP 公司运营。它的设计用途是使用数据库来帮助用户分析和解释重要的信息，包括各种复杂烦琐的运算。它率先把报表功能的强大性和报表设计的灵活性结合起来，可以方便地创建简单报表、交叉报表、专用报表和分析图表。Crystal Reports 最大的优势在于实现了与绝大多数流行开发工具的集成和接口，包括 Crystal Reports for Eclipse、Crystal Reports for Visual Studio 等。本章将要介绍的是 Crystal Reports for Visual Studio 的详细用法。

2．Crystal Reports for Visual Studio 的下载

Crystal Reports for Visual Studio（以下简称 CRforVS），可以在 SAP 公司官网免费下载，网址：http://scn.sap.com/docs/DOC-7824。CRforVS 的最新版本是 CRforVS_13_0_19，读者只要下载 CRforVS_13_0_15 以上版本，都可以正常安装在 VS 2015 下，而更低版则分别适用于 VS 2012、VS 2010 等，请注意甄别。如果是在开发调试环境下使用，则下载安装文件 CRforVS_13_0_17.exe；如果要在发布环境下使用，则下载安装文件 CRforVS_redist_install_64bit_13_0_17.exe。

3．Crystal Reports for Visual Studio 的安装

CRforVS 的安装过程很简单，无须配置。安装完毕后，再次进入 VS 2015，将会发现如下几点变化：

- 执行“文件”→“新建”→“网站”命令，打开“新建网站”对话框后，网站类型列表中多出一种类型“ASP.NET Crystal Reports Web 站点”。
- 新建“Crystal Reports Web 站点”后，在“解决方案资源管理器”右击项目名称，执行“添加”→“添加新项”命令，在弹出的“添加新项”列表中，会多出一种类别 Crystal Reports，即水晶报表文件。
- 在“工具箱”中会多出一个“报表设计”选项卡，里面有三个控件：CrystalReportViewer、CrystalReportSource 和 CrystalReportPartsViewer。

11.1.2 实现一个带有水晶报表的 Web 页面

水晶报表安装成功后，我们尝试创建一个 Crystal Reports Web 站点，将数据表中的数据以报表方式呈现。

例 11-1 创建 Crystal Reports Web 站点，以向导方式创建水晶报表，实现对“销售表”中“销售数量”按“产品名称”分类统计汇总。

（1）准备数据库。在新建数据库 exp_cr 中创建表“销售表”，其创建表的 SQL 语句如下：

```
CREATE TABLE [dbo].[销售表](
    [销售 ID] [int] IDENTITY(1,1) NOT NULL,
    [客户名称] [nvarchar](50) NULL,
    [产品名称] [nvarchar](50) NULL,
    [销售时间] [datetime] NULL,
    [产品数量] [numeric](8, 2) NULL
)
```

在其中准备若干条数据，如图 11-1 所示。

销售ID	客户名称	产品名称	销售时间	产品数量
1	家乐福	白条鸡	2016-07-08 00:...	60.00
2	华润万家	分割鸡	2016-06-09 00:...	60.00
3	家乐福	分割鸡	2016-08-09 00:...	150.00
4	华润万家	分割鸡	2016-06-10 00:...	150.00
5	华润万家	分割鸡	2016-07-09 00:...	320.00

图 11-1　销售表数据

（2）创建 Crystal Reports Web 站点。启动 VS 2015，执行“文件”→“新建”→“网站”命令，打开“新建网站”对话框，新建一个“ASP.NET Crystal Reports Web 站点”，命名为 CrystalReportsWebSite1，如图 11-2 所示。单击“确定”按钮，会继续弹出“Crystal Reports 库”对话框，如图 11-3 所示，选择“作为空白报表”项，单击“确定”按钮，则创建了一个带有空白报表文件的“Crystal Reports Web 站点”。“解决方案资源管理器”下查看该网站目录结构，如图 11-4 所示。这个空白报表文件 CrystalReport1.rpt 在本例中不再使用，可以删除。

请读者注意：如果建好的网站没有 aspnet_client 目录，请从“系统盘：\inetpub\wwwroot”下复制到该网站根目录下，否则运行时会找不到相关脚本对象。

（3）新建数据连接。打开“服务器资源管理器”面板，单击面板中的“连接到数据库”按钮，弹出“添加连接”对话框，如图 11-5 所示填写各项内容，单击“测试连接”按钮，会弹出“测试连接成功”提示框，说明成功连接数据库。单击“确定”按钮，即创建了一个数据连接，“服务器资源管理器”面板如图 11-6 所示。此时 Web.Config 文件中多出了连接字符串的配置标签，代码如下：

```
<connectionStrings>
   <add name="exp_crConnectionString" connectionString="Data Source=.;
```

```
    Initial Catalog=exp_cr;Persist Security Info=True;User ID=sa;Password=
    123456"
        providerName="System.Data.SqlClient" />
</connectionStrings>
```

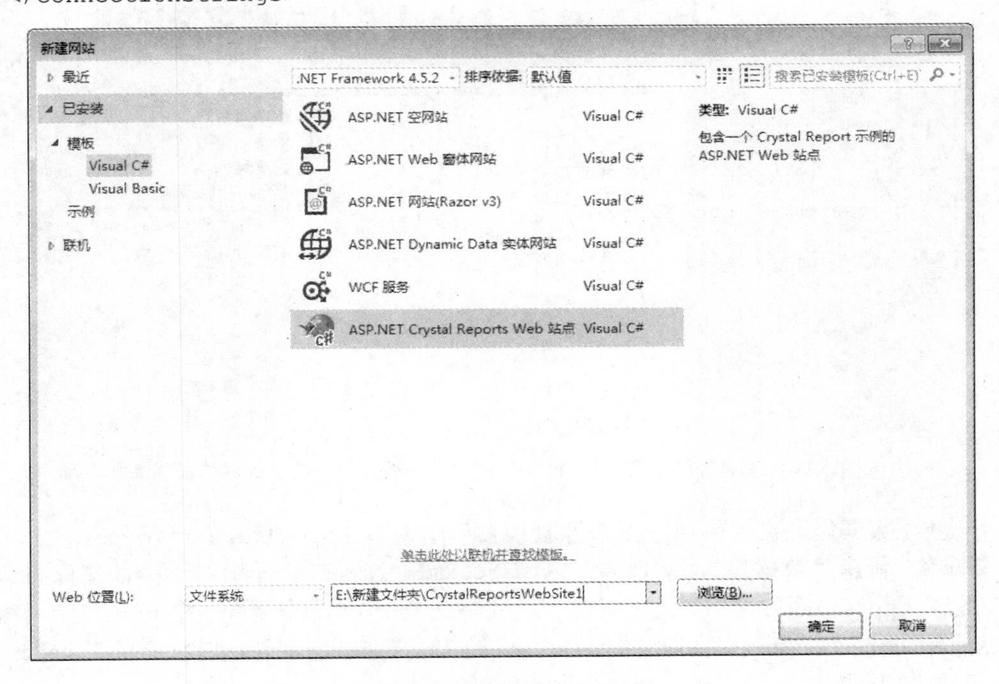

图 11-2 “新建网站”对话框

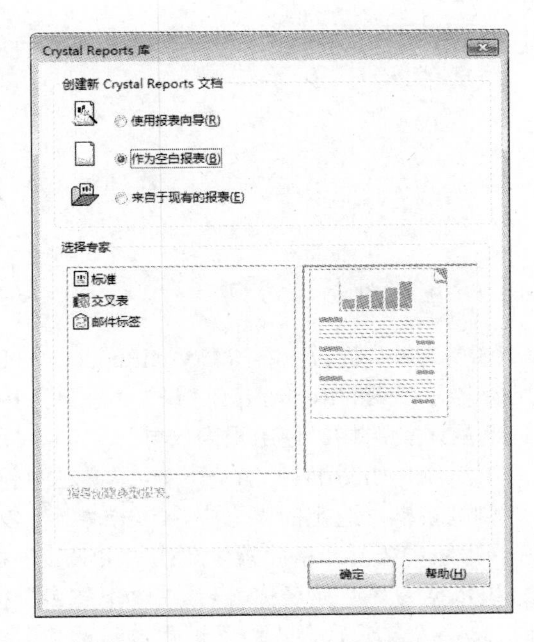

图 11-3 “Crystal Reports 库”对话框

图 11-4 解决方案资源管理器

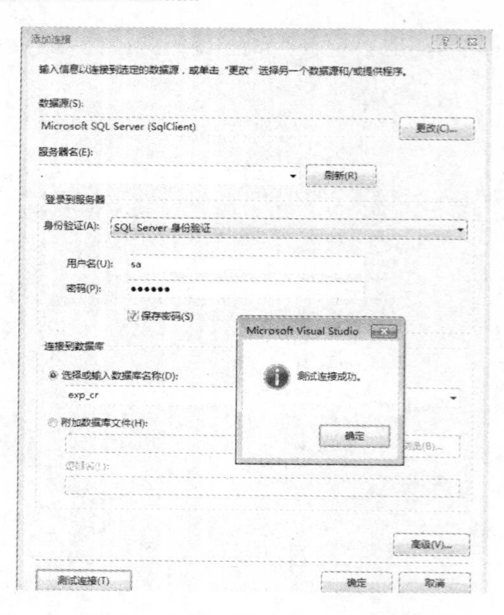

图 11-5 “添加连接”对话框

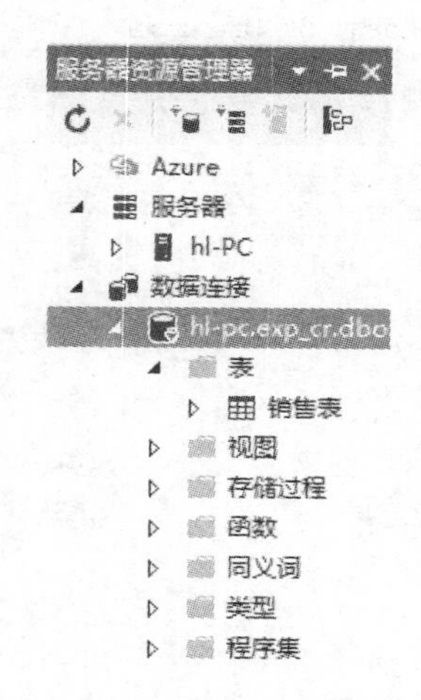

图 11-6 “服务器资源管理器”面板

（4）创建数据集。在“解决方案资源管理器”中，右击 CrystalReportsWebSite1，选择“添加新项”，新建“数据集”，文件名为 DataSet.xsd，过程中会弹出对话框，建议将数据集文件放在 App_Code 目录下，遵从建议。在步骤（3）的“服务器资源管理器”中，将新连接 exp_crConnectionString 展开，将其中的表“销售表”拖曳进刚创建时打开的 DataSet.xsd 文件中，如图 11-7 所示。

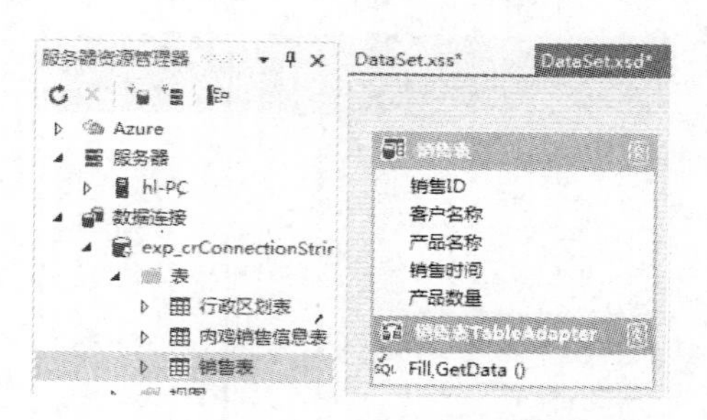

图 11-7 DataSet 中拖入销售表

（5）新建水晶报表文件。在“解决方案资源管理器”面板上右击 CrystalReportsWebSite1，选择添加新项，新建 Crystal Reports 文件，命名为 CrystalReport.rpt，单击“添加”按钮，打开“Crystal Reports 库”对话框，如图 11-8 所示。选择“使用报表向导”项和“标准”项，单击“确定”按钮。打开“报表向导”第一步（如图 11-9（a）所示）：将左侧列表框中的数据集 DataSet 中的“销售表”，置入右侧列表框“选定的表”中，单击“下一步”按钮。向导第二步（如图 11-9（b）所示）：选择报表中要显示的字段，单击“下一步”按钮。向导第三步（如图 11-9（c）所示）：选择分组依据为“产品名称”，单击“下一步”按钮。向导第四步（如图 11-9（d）所示）：选择汇总字段及汇总方式为“销售数量求和”，单击“下一步”按钮。向导第五步：对各汇总组排序，因本例只有按“产品名称”一项分组，所以不涉及排序，单击“下一步”按钮。向导第六步：图表，本章不涉及，单击“下一步”

按钮。向导第七步：过滤字段，即设置字段值符合条件的才显示，本例暂不涉及，单击“下一步”按钮。向导第八步：报表套用样式，选择“标准”，最后单击“完成”按钮。完成了报表的制作，报表结构如图 11-10 所示，其中包含如下区域：

- 报表头——放置报表的标题文字；
- 页眉——报表的标题行；
- 组头——放置分组字段的值，即组名；
- 详细资料——放置数据表的详细记录；
- 组尾——放置组的汇总数据；
- 页脚——放置整个报表汇总数据；
- 报表尾——放置整个报表的打印日期、制表人等信息。

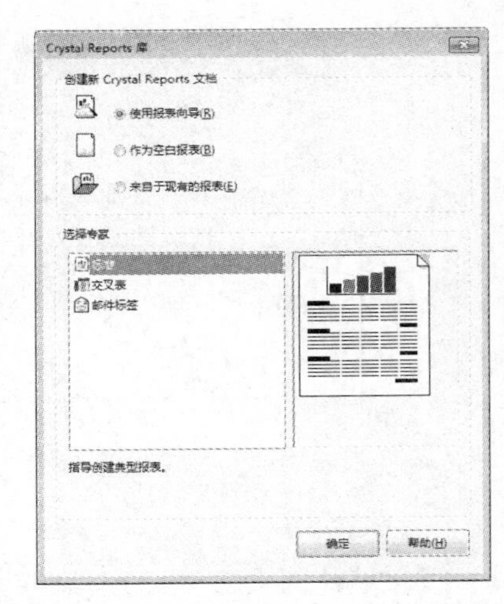

图 11-8 “Crystal Reports 库”对话框

这里，如果按多个字段分组，则有多个组头和组尾；如果是空白报表，则没有组头和组尾。理解报表的组成，有利于读者不依赖向导，从空白报表开始，自己创建报表。

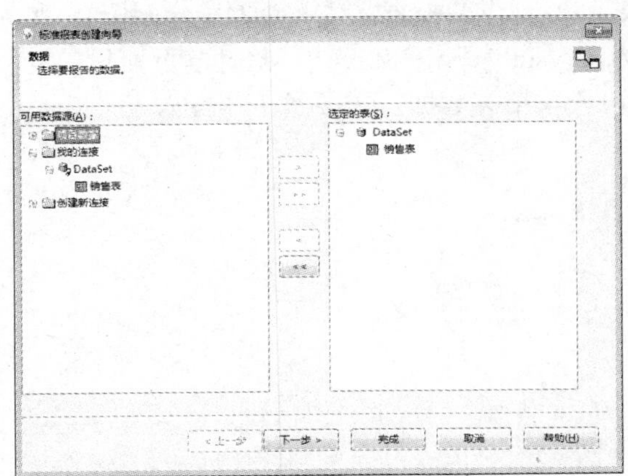

（a）报表向导“第一步”

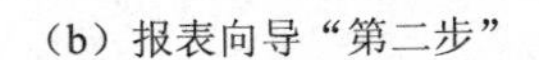

（b）报表向导“第二步”

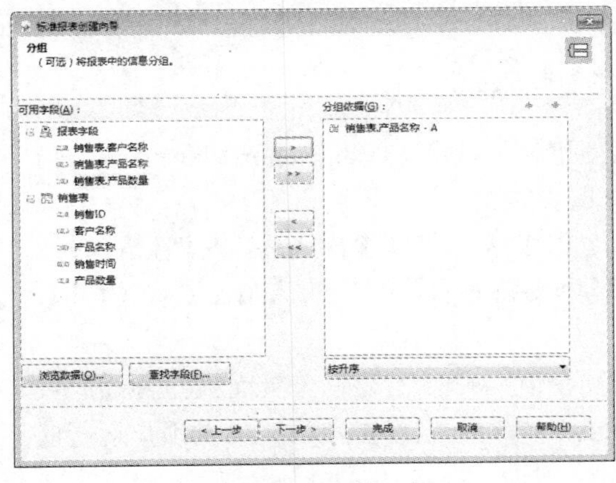

（c）报表向导“第三步”

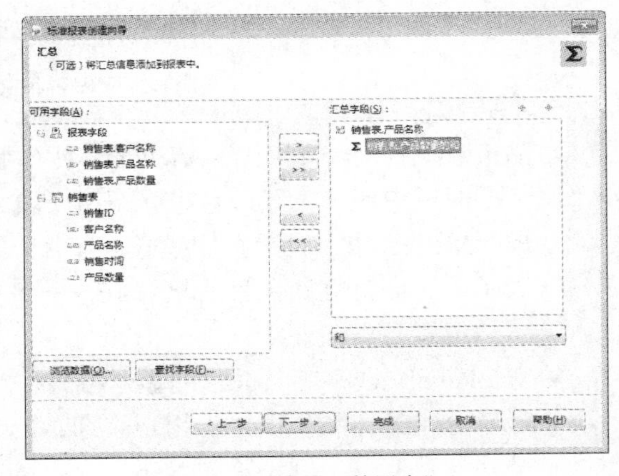

（d）报表向导“第四步”

图 11-9 报表向导

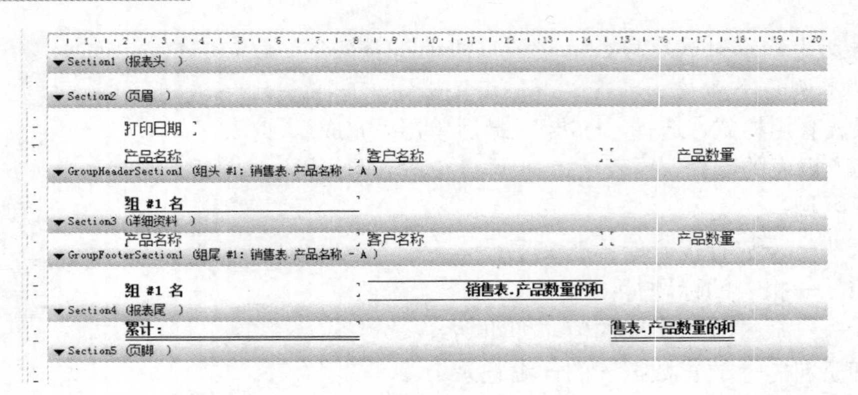

图 11-10　报表结构

（6）设计网页文件。在“解决方案资源管理器”面板上右击工程名，选择“添加新项”，新建“Web 窗体”，文件名为 Default.aspx，从工具箱的“报表设计”选项卡中，向页面的设计视图拖曳一个 CrystalReportSource 控件和一个 CrystalReportViewer 控件，设计视图如图 11-11 所示。单击 CrystalReportSource1 控件右上角的“任务菜单”，选择“配置报表源”，弹出“配置报表源”对话框，选择步骤（5）制作的报表文件 CrystalReport.rpt。另外，为 CrystalReportViewer1 控件选择报表源为 CrystalReportSource1。此时，页面设计视图已经显示了报表的示范，但内容暂不是“销售表”相关数据，需要进一步配置。

图 11-11　配置报表源和报表视图

水晶报表控件 CrystalReportViewer，具有很多属性，选中 CrystalReportViewer，控件，到“属性”面板中即可设置，这里介绍两个较为重要的。

- PrintMode：用于设置打印模式，有两个值。PDF 表示打印输出为 pdf 文档，ActiveX 表示由打印机打印，目前只有 IE 内核浏览器支持对水晶报表的 ActiveX 方式打印。本例设置为 ActiveX。
- ToolPanelView：工具面板的显示方式，有三个值：None 不显示工具面板；GroupTree 显示分组的树状视图，供用户点选；ParameterPanel 显示参数面板，供用户运行时填写参数值。本例设置为 None。

（7）编写 CS 代码。为了让报表能读取到 DataSet 中数据，必须编写代码访问数据库，具体代码如下：

```
using System.Web.Configuration;      //本例新增，用于读取 Web.Config
using System.Data.SqlClient;         //本例新增，用于操作数据库
protected void Page_Load(object sender, EventArgs e)
{
      String conStr = WebConfigurationManager.ConnectionStrings ["exp_
      crConnectionString"].ConnectionString;
      using (SqlConnection sqlcon = new SqlConnection(conStr))
      {
         string sql = "select * from 销售表";
         DataSet ds = new DataSet();
         sqlcon.Open();
         SqlCommand sqlCmd = new SqlCommand(sql, sqlcon);
         SqlDataAdapter sqlAd = new SqlDataAdapter();
         sqlAd.SelectCommand = sqlCmd;
         sqlAd.Fill(ds, "sql");
        CrystalReportSource1.ReportDocument.SetDataSource(ds.Tables
        ["sql"]);                              //将记录集数据映射到报表源上
         sqlcon.Close();
      }
   }
```

代码运行效果如图 11-12 所示。本例展示了一个最基础水晶报表的制作过程，后面将会讲到报表的编辑、格式化等操作，使报表具有更完善的数据展示效果和更美观的界面。

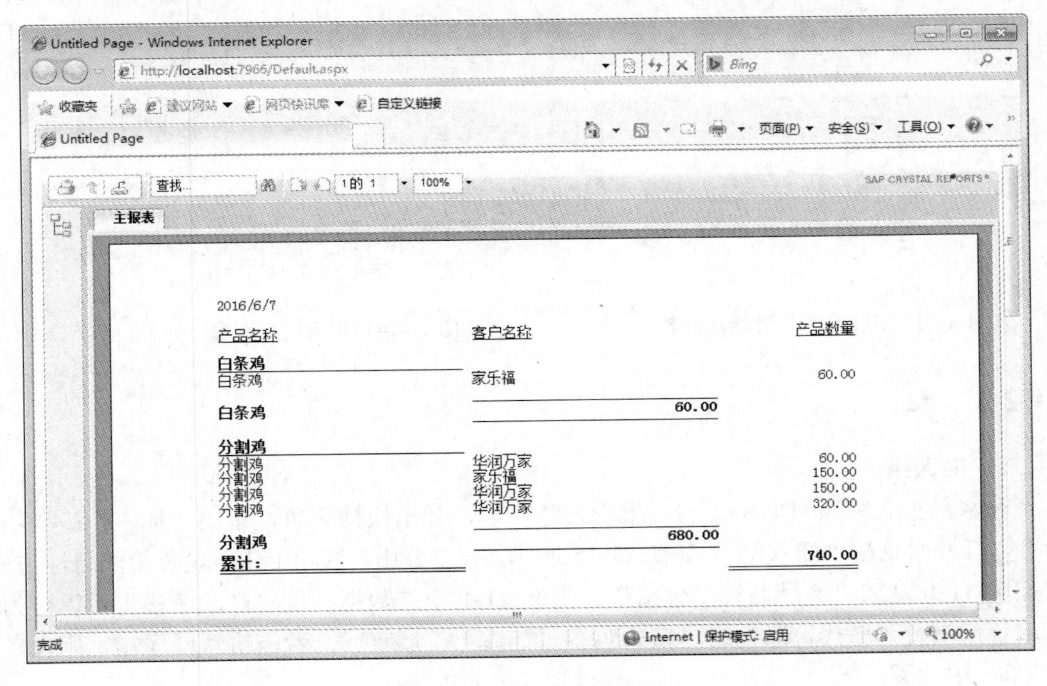

图 11-12　页面浏览效果

11.2 编辑报表

11.2.1 字段

字段即各种类型的数据。新建报表后，出现了“字段资源管理器”面板（如图 11-13 所示），管理报表所需的各种字段。可以直接将某个字段拖曳到水晶报表的合适位置。

11.2.2 文本对象、线条对象、框对象

文本对象、线条对象和框对象，是三个非常简单的对象。

1．文本对象

在编辑“水晶报表文件”时，从“工具箱”中拖曳一个“文本对象”到水晶报表中适当的位置，比如在“报表头”需要显示文本“各类产品销售数量统计表”，如图 11-14 所示。

2．线条对象

线条对象，没什么实际作用，只是修饰报表，但在专业水晶报表中经常见到，不可缺少，比如，在上述标题文本下方加上一条线修饰，则把线条对象拖曳到标题文本下面即可。

3．框对象

框对象的作用同线条对象，也是为了修饰报表，使用方法也同线条对象一样。

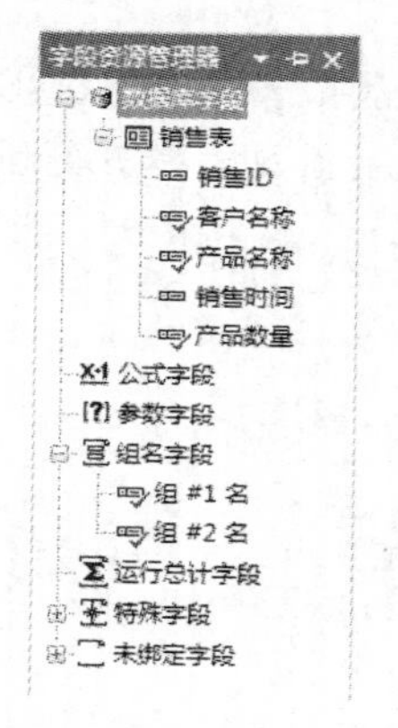

图 11-13 “字段资源管理器”面板

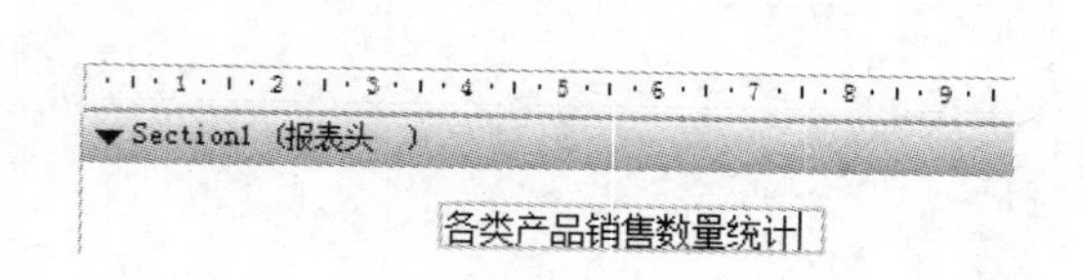

图 11-14 编辑文本对象

11.2.3 组

1．插入组

在水晶报表编辑界面中，右击报表任意部位，弹出快捷菜单，单击“插入”→“组”命令，打开对话框“插入组”，如图 11-15 所示。在“公用”选项卡中，设置组的排序方式，比如例 11-1 是按“产品名称”分组的。在例 11-1 中的数据，按“产品名称”可以分为两组：若按拼音升序排，第一组“白条鸡”，第二组“分装鸡”；若按拼音降序排，则反之。

2．组专家

在报表编辑环境下，右击“字段资源管理器”中的“组名字段”，选择“组专家”命

令，弹出“组专家”窗口，如图 11-16 所示。该对话框中可以通过“>”和“<”按钮方便地将多个数据表字段设置为分组依据，这些组名具有嵌套关系，通过↑和↓按钮，可以调整其上下级别。单击“选项”按钮，则打开了“更改组选项”对话框，内容与“插入组”对话框完全相同。

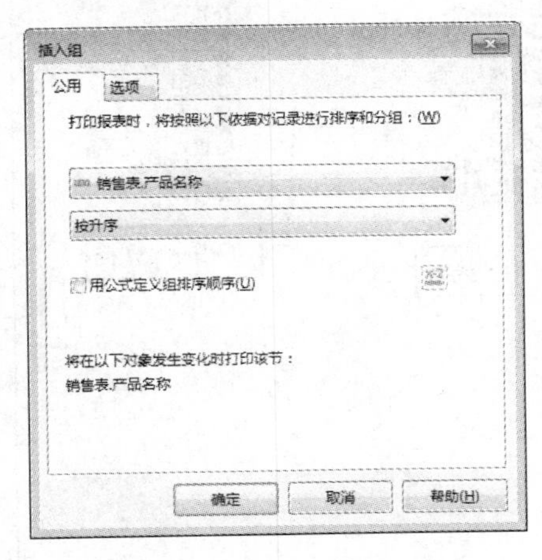

图 11-15 “插入组”对话框

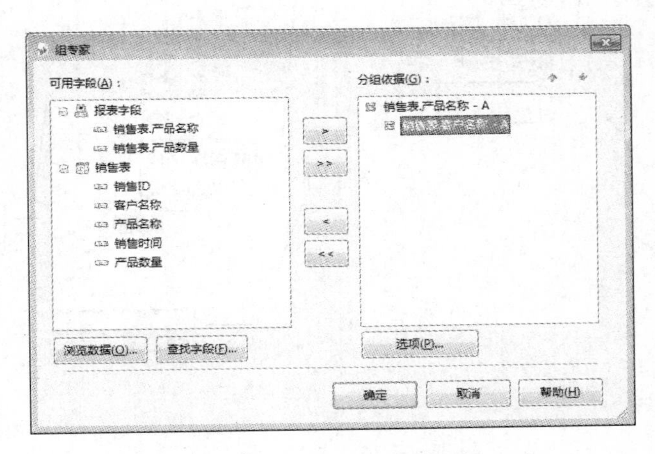

图 11-16 “组专家”对话框

11.2.4 公式

大多数情况下，报表所需的数据已存在于数据库表字段中。但是，有时在报表中放置的数据要经过简单或复杂的变换，才能满足要求，这就要用到公式。Crystal Reports 中的公式简单的可以由一个运算或函数计算而得，复杂的可以相当于一段程序。本节主要从两方面介绍公式的用法：一是如何编辑公式，二是如何使用公式。

1. 公式工作室

在“水晶报表”编辑界面中，单击“字段资源管理器”，右击面板上的“公式字段”，执行“新建”命令，要求填写新建公式的名称，比如 gs1，单击“确定”按钮，即弹出“公式工作室”对话框，如图 11-17 所示。

2. 公式的语法

Crystal Reports 公式支持 Crystal 语法和 Basic 语法，前者类似 Pascl 语言，后者类似 Basic 语言。本书例题以 Crystal 语法举例，两者的语法差别并不大，编辑公式完成后，可以单击×2按钮，进行语法检查。Crystal Reports 公式不区分大小写。

公式中的构成项包括数据库字段、数字、文本、运算符、函数、参数、已存在的公式、控制结构。

- 数据库字段：列于“字段树”列表的 DataSet 中。定界符是一对{ }，如{销售表.产品数量}。
- 文本：用一对“”括起，如“数量的和为：”。
- 运算符：列于“运算符树”列表中。
- 函数：列于“函数树”列表中。
- 参数：列于“字段树”列表的“报表字段”中。要以？开头，以{}做定界符。

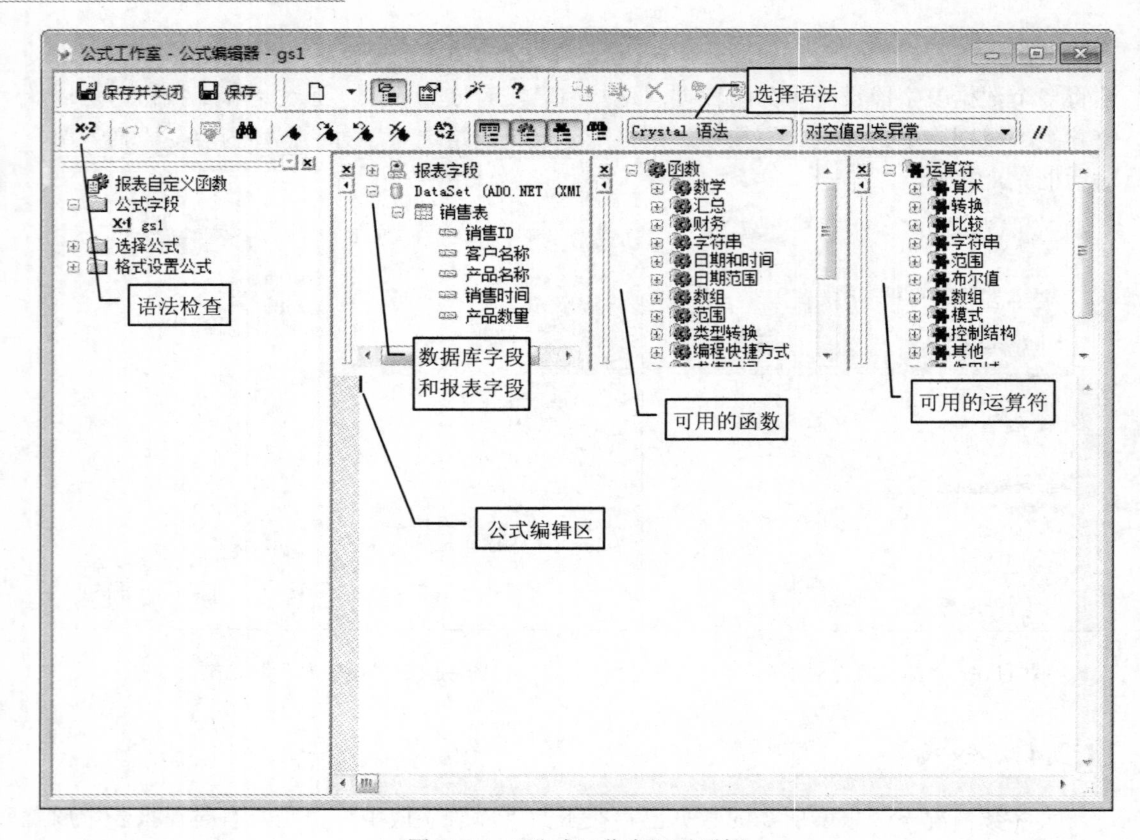

图 11-17 “公式工作室”对话框

- 已存在的公式：列于“字段树”列表的“报表字段”中。要以@开头，以{ }做定界符。
- 控制结构：包括选择结构 if …else…、switch…case…、循环结构 while、for、do…Loop 等。

例 11-2 运用选择结构、函数、数据库字段编写一个 Crystal Reports 公式，实现按“销售时间”字段判断季节。

新建公式，公式编写如下：

```
select Month({销售表.销售时间})
  case 3,4,5:
"春季"
case 6,7,8:
"夏季"
case 9,10,11:
"秋季"
case 12,1,2:
"冬季"
```

提示：

（1）Crystal Reports 中函数和运算符非常丰富，分类存放，读者要用到哪个函数（运算符)，直接从列表中双击，不必自己输入。

(2) 公式编辑完成，单击 ✗·2 按钮，检查语法错误，会帮助编程者定位错误及错误原因，非常方便。

(3) 最后单击“保存”按钮，保存公式。

3. 公式的用途

创建了公式，在哪里引用公式呢？一般用作组名或者格式设置。关于格式应用公式将在格式化报表中讲解。

例 11-3 将例 11-2 编辑的公式应用为一个组名。

(1) 在网站根目录下新建一个 rpt 文件，名称为 CrystalReport2.rpt。在打开的“Crystal Reports 库”对话框中选择“作为空白报表”一项，单击“确定”按钮，产生空白报表。

(2) 设置数据库。右击空白报表任意位置，在弹出的快捷菜单中执行“数据库”→“数据库专家”命令，弹出“数据库专家”对话框，将“销售表”从“可用数据源”列表，添到右侧“选定的表”列表中，单击“确定”按钮，如图 11-18 所示。

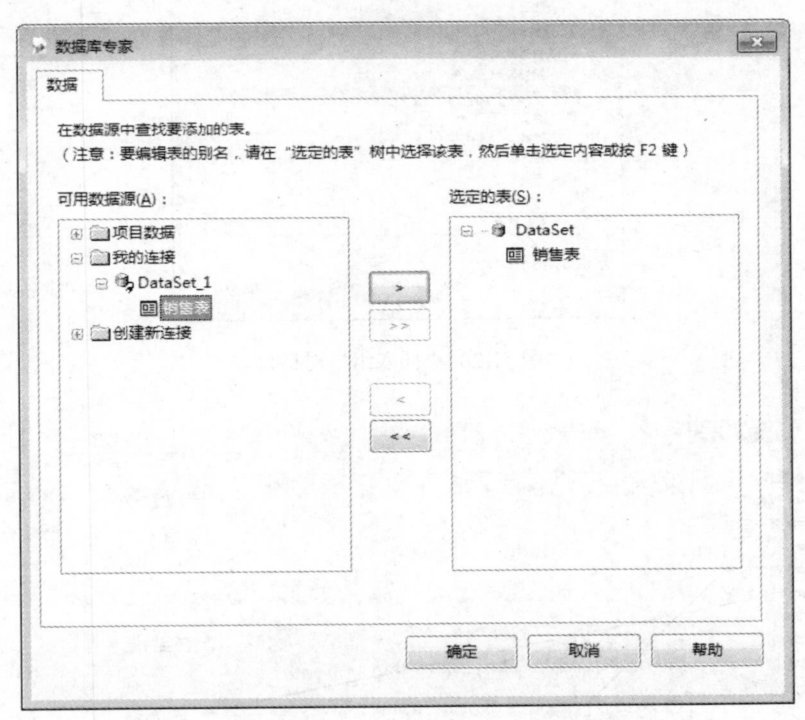

图 11-18 “数据库专家”对话框

(3) 插入“组”。右击空白报表任意位置，在弹出的快捷菜单中执行“插入”→“组”命令（如图 11-19 所示），打开“插入组”对话框，从中选择公式 gs1 作为分组依据，如图 11-20 所示。

(4) 拖曳要显示的数据项。从“字段资源管理器”面板的“数据库字段”中将“产品名称”和“产品数量”拖曳到“详细资料”节中，如图 11-21 所示。

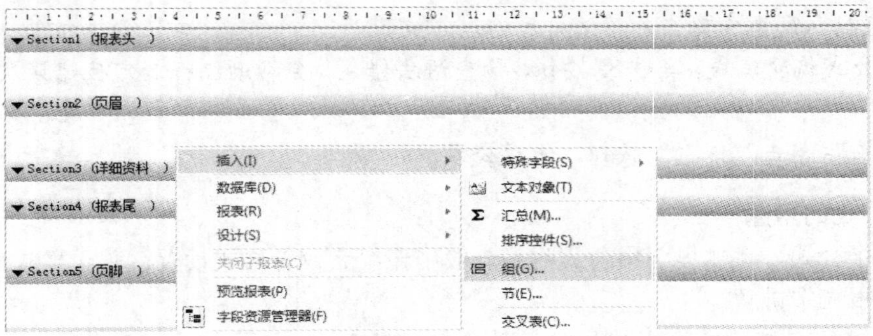

图 11-19　空白报表执行“插入”→“组”命令

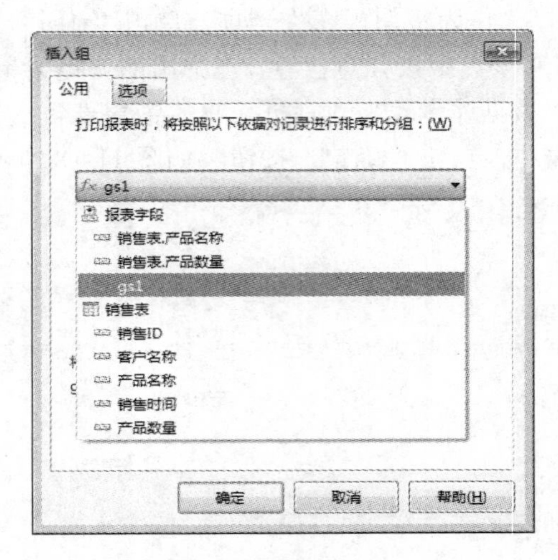

图 11-20　“插入组”对话框

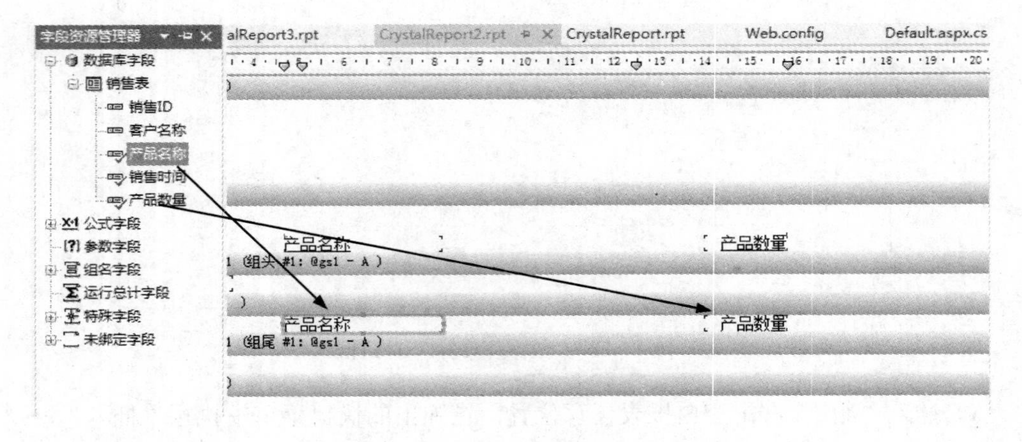

图 11-21　拖曳字段

（5）新建页面 Default2.aspx，向其中拖入 CrystalReportSource 控件及 CrystalReportViewer 控件，其配置的方法同例 11-1，编写 CS 代码如例 11-1。运行效果如图 11-22 所示。

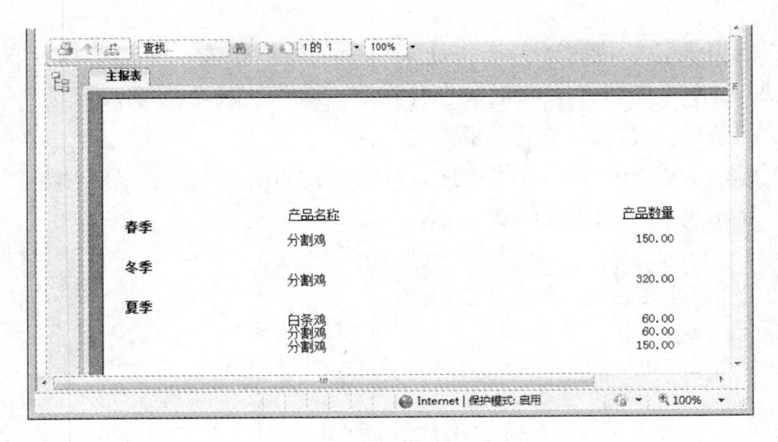

图 11-22　页面浏览效果

提示：此例题既演示了用公式做组名称，又演示了不用向导，从空白报表开始制作水晶报表的关键步骤。

11.2.5　参数

利用参数，是为了让一张报表适应不同用户需求，参数的值是由用户运行报表时给出的，只有当参数具有了具体值，报表才能处理、显示。用户给参数赋值有两种途径：一是水晶报表自带的参数提示框，二是与网页控件结合，从控件的值获取。

1. 自带参数提示框方式

在“字段资源管理器”面板上，右击“参数字段”，在弹出的快捷菜单中执行“新建”命令，打开“创建新参数”对话框，如图 11-23 所示。填写参数名称 cs1，类型选择“字符串”，值列表选择“静态”值字段选择“客户名称”，值选项列表中，“提示文本”为“请输入客户名称:”，单击“确定”按钮，即添加了一个参数 cs1。

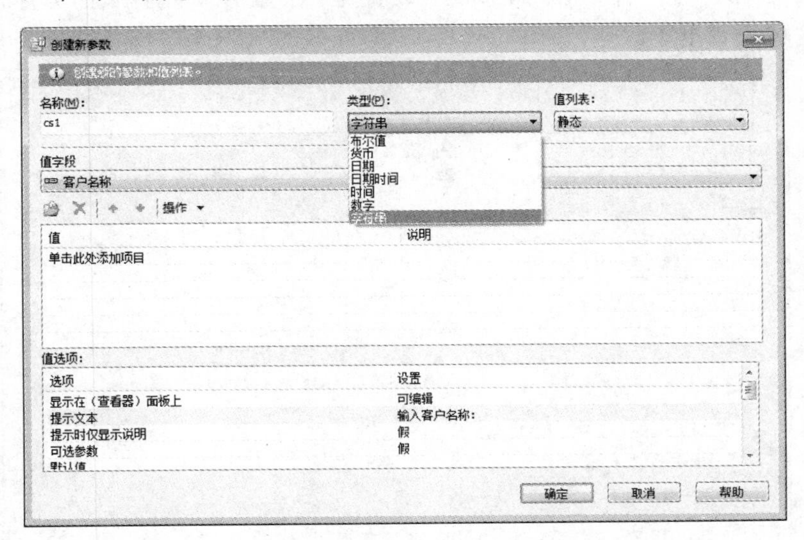

图 11-23　“创建新参数”对话框

添加参数后，必须应用参数作为“过滤条件”，才能使报表筛选出符合条件的数据。

具体操作：右击报表任意位置，弹出快捷菜单中执行“报表”→“选择专家”→“记录”，弹出如图 11-24 所示“选择专家—记录”对话框，设置“销售表.客户名称”等于“{?cs1}”，作为筛选记录的条件，单击“确定”按钮。

运行网页时，会弹出“输入值”的提示框，等待用户输入客户名称，然后筛选出符合条件的记录，显示报表，如图 11-25 所示。

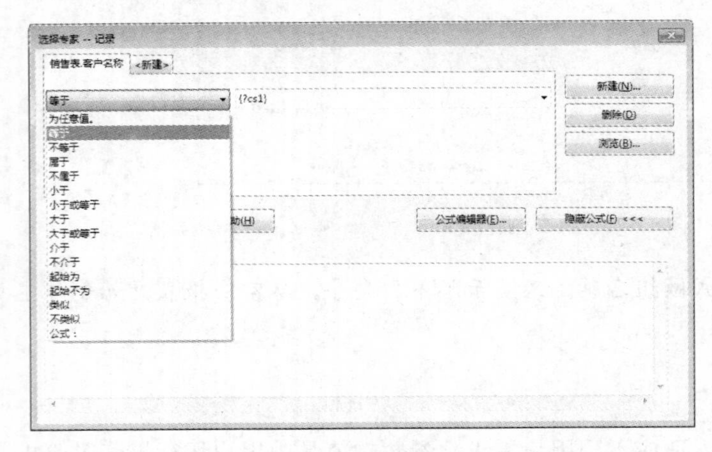

图 11-24 “选择专家—记录”对话框

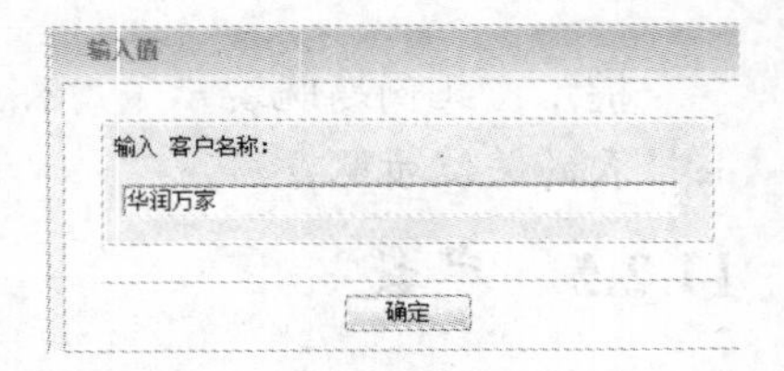

图 11-25 浏览器中提示用户输入参数值

2. 用 Web 控件实现参数值的获取

前述消息框提示效果与经典网页提示效果不太一致，人们用起来不习惯，下面通过编写 CS 代码，从服务器控件传递参数值，改良上述功能。比如，用户通过下拉列表框选择“客户名称”，向报表传递参数。

设置参数对话框如图 11-26 所示，参数名称为 cs2，类型为“字符串”“静态参数”，值选项列表中的“显示在（查看器）面板上”设置为“不显示”，这样页面运行时就不会弹出“输入参数”的对话框了。

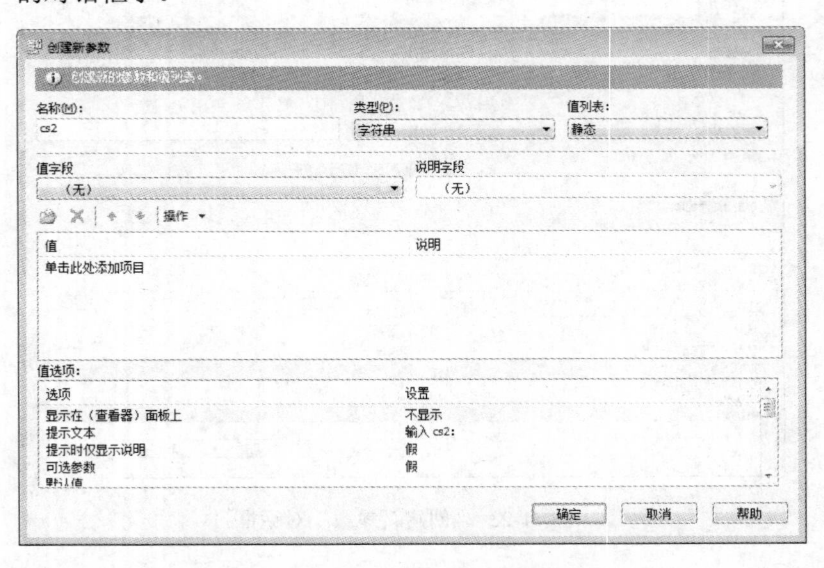

图 11-26 “创建新参数”对话框

参数设置完成后，必须将参数 cs2 拖曳到水晶报表编辑界面的某个节中，比如打算将 cs2 当作报表标题文字，则将其拖曳到“报表头”节中，如图 11-27 所示。

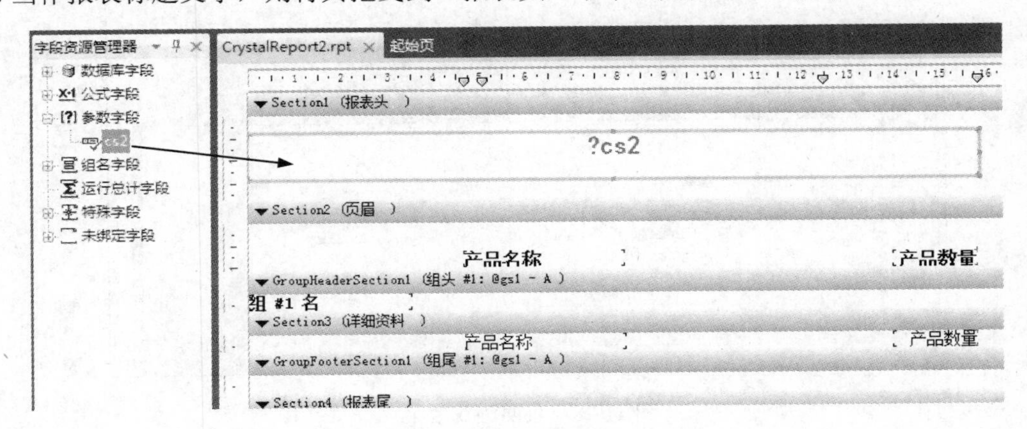

图 11-27　参数的使用

Default2.aspx 页面中拖曳一个 DropDownList 控件，ID 为 DropDownList1，AutoPostBack 设置为 true。并将原来的 CrystalReportViewer1 控件的 Visible 属性设为 false。即初始不显示报表，待用户提交了选择后，在 CS 代码中，将其 Visible 属性改为可见。具体 CS 文件代码如下：

```
protected void DropDownList1_SelectedIndexChanged(object sender, EventArgs e)
{
        String conStr = WebConfigurationManager.ConnectionStrings["exp_
        crConnectionString"].ConnectionString;
        using (SqlConnection sqlcon = new SqlConnection(conStr))
        {
            string sql = "select * from 销售表 where 客户名称='"+DropDownList1.
            SelectedValue+"'";
            DataSet ds = new DataSet();
            sqlcon.Open();
            SqlCommand sqlCmd = new SqlCommand(sql, sqlcon);
            SqlDataAdapter sqlAd = new SqlDataAdapter();
            sqlAd.SelectCommand = sqlCmd;
            sqlAd.Fill(ds, "sql");
            CrystalReportSource1.ReportDocument.SetDataSource(ds.Tables
            ["sql"]);
            CrystalReportSource1.ReportDocument.ParameterFields["cs2"].
            CurrentValues.AddValue(DropDownList1.SelectedValue+"肉鸡产品销
            售表");                          //设置参数 cs2 的值为下拉列表框的选取值
            CrystalReportViewer1.Visible = true;
            sqlcon.Close();
        }
}
```

程序运行效果如图 11-28 所示，注意报表的标题，是参数控制的。

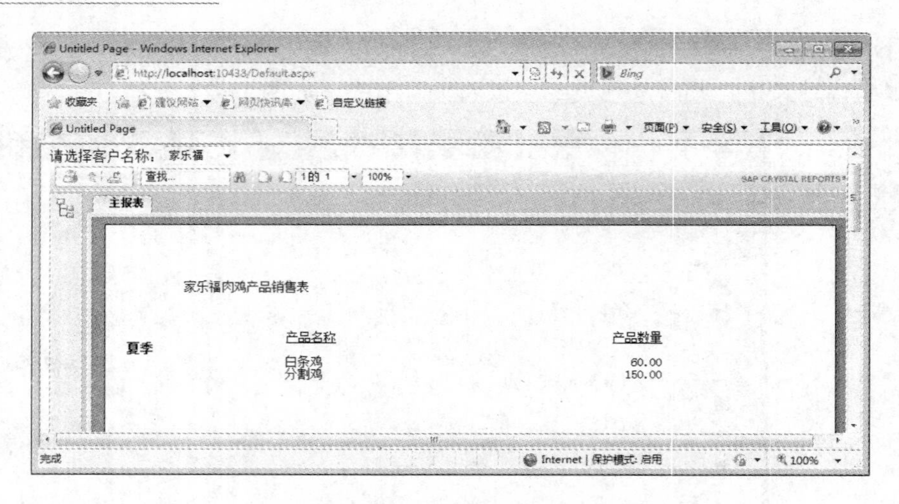

图 11-28 页面浏览效果

11.2.6 排序和汇总

排序意味着以某种利于查找及计算的数据的顺序来放置数据。不进行排序时，数据的排列顺序是数据表中数据录入的顺序。

1．记录排序专家

在例 11-2 中，如果希望在每个组内按产品数量排序，则在报表编辑界面任意位置右击，弹出快捷菜单，执行“报表”→“记录排序专家”命令，打开“记录排序专家”对话框，如图 11-29 所示。然后，将“销售表.产品数量”从左侧列表框移入右侧列表框“排序字段”中，接着选择“升序”/“降序”排列，单击“确定”按钮即可。页面显示效果如图 11-30 所示。

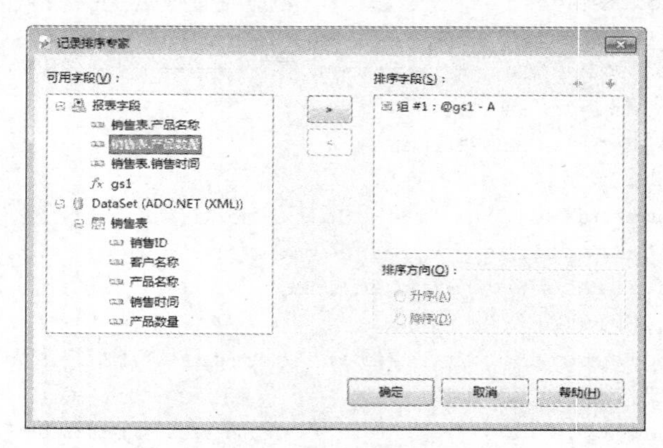

图 11-29 “记录排序专家”对话框

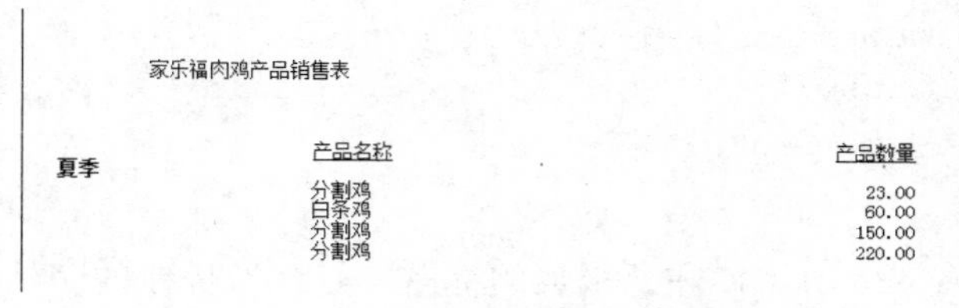

图 11-30 报表浏览效果

2. 排序控件

排序控件用来和组名绑定，对组名排序。比如例 11-1 中的报表，在报表编辑界面“页眉”节中，右击“产品名称”，执行快捷菜单中的“绑定排序控件”命令，如图 11-31 所示，弹出“排序控件”对话框，选择“销售表.产品名称-A”，单击“确定”按钮即可，页面浏览效果如图 11-32 所示，“产品名称”组名后多出了升/降序的箭头，当前为“升序”。

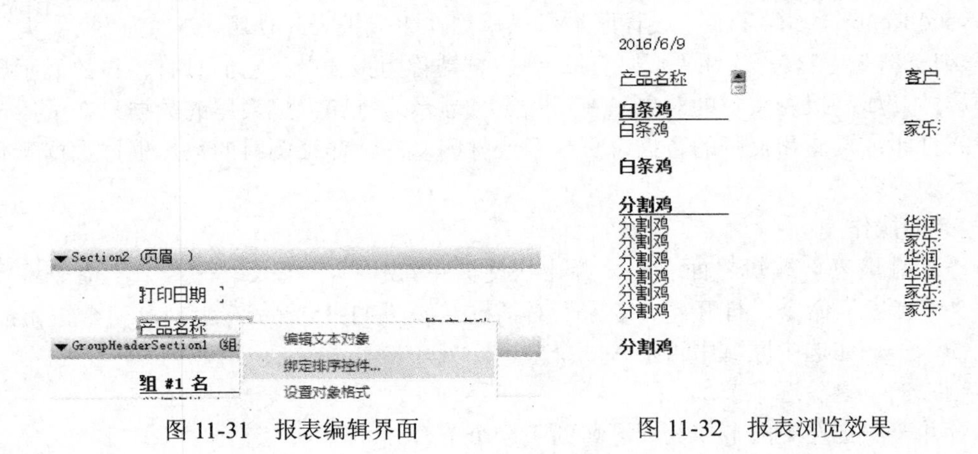

图 11-31　报表编辑界面　　　　图 11-32　报表浏览效果

3. 汇总

通常，要对每组数据进行求和（求平均值或计数）等汇总操作，最后还要对全体数据进行汇总。比如例 11-1 中，要对“产品数量”进行分组求和与全体求和操作。在报表编辑界面的任意位置右击，弹出快捷菜单，执行“插入”→“汇总”命令，打开“插入汇总”对话框，如图 11-33 所示，选择“产品数量”作为要汇总的字段，汇总方式选择“和”，汇总位置选择“累计（报表尾)”，并选中“添加到所有组别”，单击“确定”按钮。页面预览效果如图 11-34 所示。

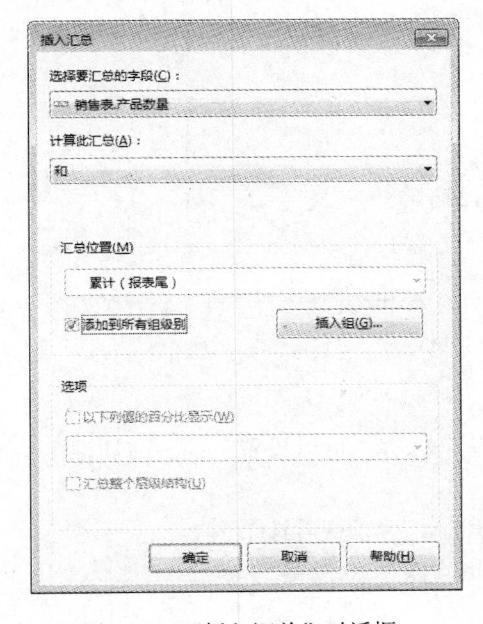

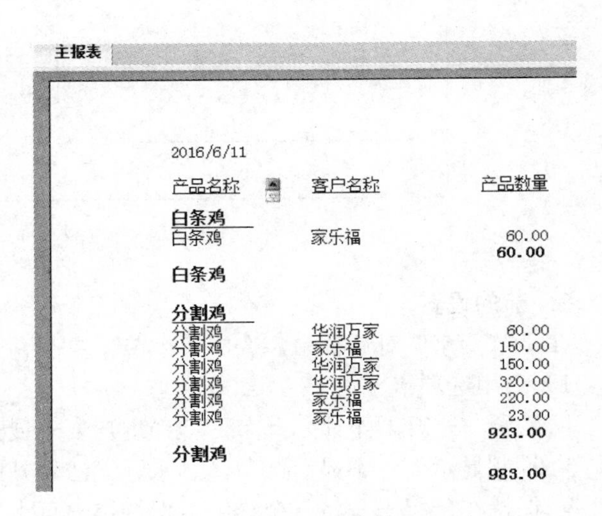

图 11-33　“插入汇总”对话框　　　　图 11-34　页面浏览效果

11.3 格式化报表

11.3.1 报表节

Crystal Reports 提供了五个设计区域以供用户在生成报表时使用，分别为“报表头”“页眉”“详细资料”“报表尾”和“页脚”，这些区域被称为报表节。它们具有各自的显示属性或打印属性，如：报表头中的对象只在第一页被显示或打印；报表尾的数据只在最后一页被显示或打印；页眉和页脚的数据每页显示或打印一次，详细资料的数据根据数据表有多少条显示多少条。

1．节的操作

在“水晶报表”编辑界面右击，弹出快捷菜单，执行“插入”→“节”命令或“报表”→“节专家”命令，打开“节专家”对话框，如图 11-35 所示。上部有三个按钮：

- 插入——在选中区域中再插入一个节。
- 删除——删除选中节。
- 合并——把选中的节与其同区域的下一个节合并。

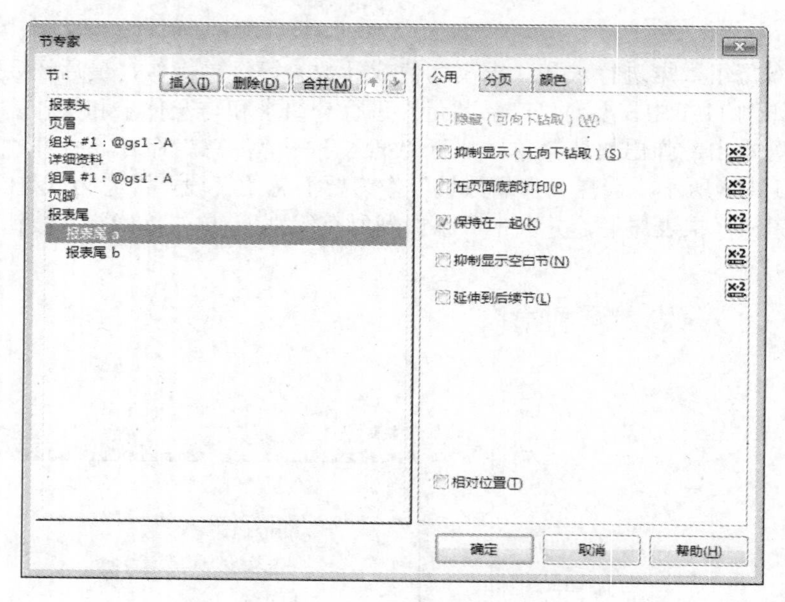

图 11-35 “节专家”对话框

2．节的设置

在“节专家”对话框中，选中某个节，右侧有三个标签，可以设置节的一些属性。

1）公用选项卡

- 隐藏——开始不显示此节，但当用户要求展开时，可以查看该节内容。
- 抑制显示——不显示此节，且永远无法看到此节。
- 保持在一起——将一个详细节保持在一页上。

2）分页选项卡

- 之前新建页——可用于设置组头、组尾、详细资料，选择此项表示在该节前分页。
- 之后新建页——只用于设置组头、组尾、详细资料，选择此项表示在该节后分页。
- 之后重置页码——打印该节后，页码被重置为 1。

3）颜色选项卡

设置节的背景颜色，支持使用公式。

11.3.2 页面设置

在“水晶报表”的设计界面中，右击任何位置，单击“设计”→“页面设置”命令，打开“页面设置”对话框，如图 11-36 所示。在该对话框中主要设置页面边距和页面大小。可以使用公式有条件地控制页边距大小。比如：单击左边距后面的X-2按钮，弹出“公式工作室”对话框，输入公式：

```
if Remainder(pagenumber,2)=0 then 150 else 350
```

则偶数页的左边距为 150，奇数页的左边距为 350。

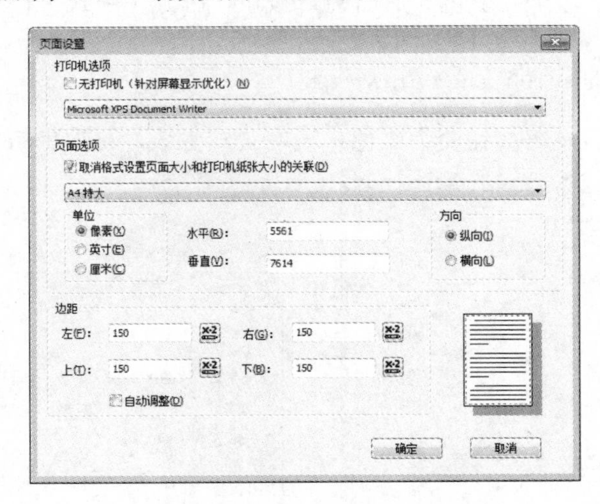

图 11-36 “页面设置”对话框

11.3.3 格式编辑器

报表是由各种对象组成的，右击要设置格式的对象，在弹出的快捷菜单中，执行“设置对象格式”命令，打开“格式编辑器”对话框。该对话框根据对象类型不同，具有的标签和可设置的内容不尽相同。常用的选项卡有“公用”“边框”“字体”“段落”“超链接”；如果是数值型对象，还会多出一个“数字”选项卡；如果对象是日期时间类型的，还会出现“日期和时间”选项卡；如果是线对象，会出现“线”选项卡等。每个选项卡下的设置项目都比较容易理解，不再详述。可以发现，几乎每个设置后面，都有一个X-2按钮，表示可以用公式控制该项设置，让其有条件地生效。

例 11-4 利用“格式编辑器”，为例 11-2 设置格式。

（1）设置报表头文本格式。

在报表头里插入文本对象“肉鸡销售数量统计表”，右击文本对象，执行快捷菜单中的“设置对象格式”命令，设置该标题文本的字号为 16px，黑体，粗体，青色、字符间距 30 磅，如图 11-37 所示。

（2）设置页眉格式。

在页眉中拖曳一条线对象，长度贯穿整个报表，设置其格式：红色、单线、粗细 2 磅，如图 11-38 所示。

然后选中“页眉”节中的两处文本，设置其格式宋体、加粗、12pt、黑色，带下画线，如图 11-39 所示。

（3）设置组头格式。

右击“组头#1”节中的“组#1 名”，设置其格式，单线边框、带下落阴影、阴影颜色为灰色，如图 11-40 所示。

（4）设置详细资料格式。

右击“详细资料”节中的所有文本对象，一起设置多项格式，设置其字体颜色受公式控制，单击“字体”选项卡“颜色”后面的按钮，打开“公式工作室”面板，输入公式如下：

```
if{销售表.产品数量}<100 then  cryellow
```

单击“确定”按钮，按钮变为红色，说明公式生效，再次单击“确定”按钮。

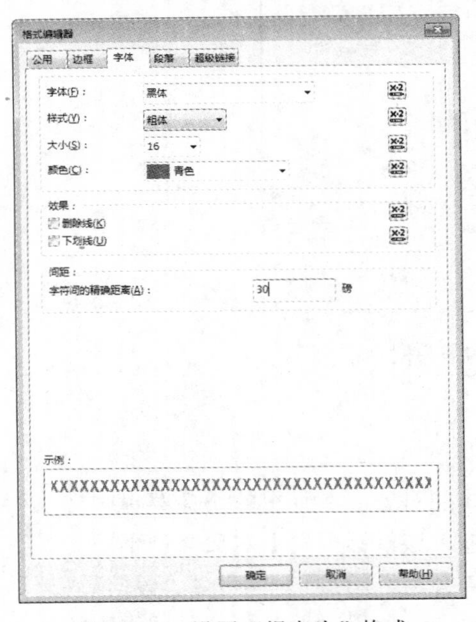

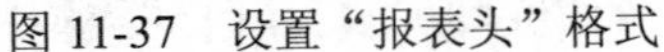
图 11-37　设置“报表头”格式

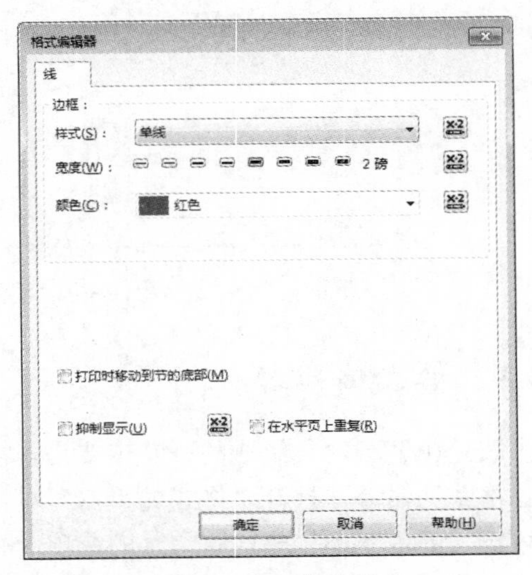

图 11-38　设置直线格式

（5）设置页脚格式。

从“字段资源管理器”面板的“特殊字段”中，拖曳“第 N 页，共 M 页”项，放到报表页脚的中间。继续拖曳“打印时间”到页脚的右端。将页眉的红色线对象复制一个给页脚。格式化后，页面预览效果如图 11-41 所示。

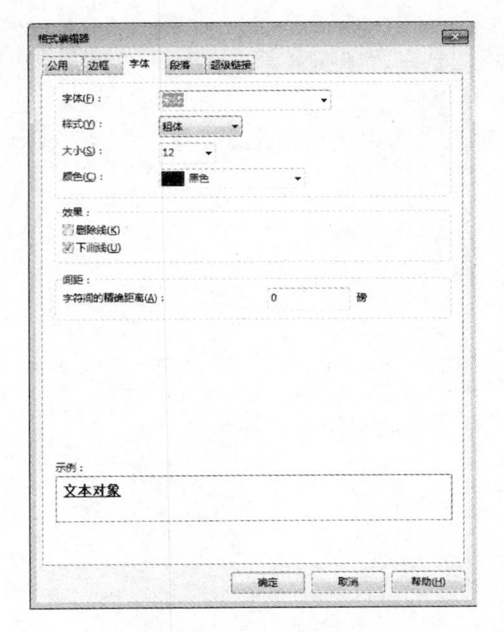

图 11-39　设置页眉格式

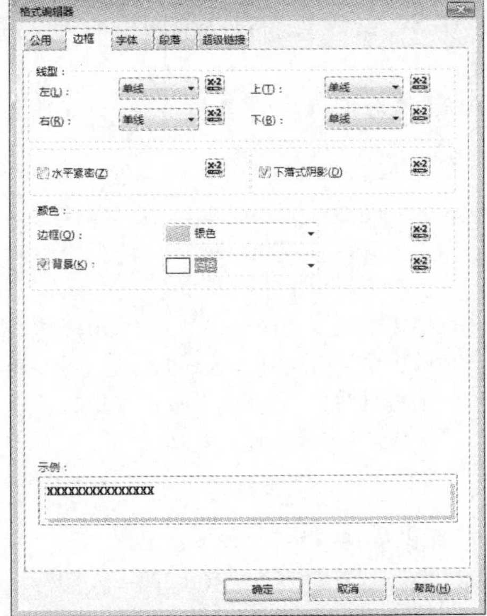

图 11-40　设置组头格式

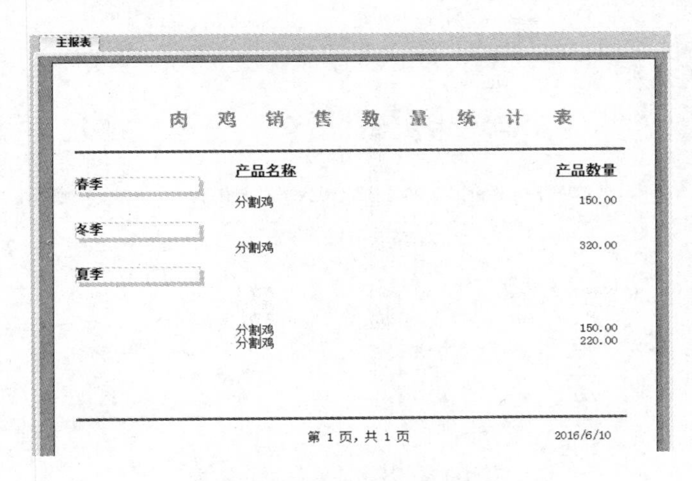

图 11-41　页面浏览效果

11.4　交 叉 报 表

交叉表是一种高度格式化而且密集填充的报表，可以从纵向和横向汇总数据，现实中经常应用。比如，某产品销往全国各地，希望按时间汇总和地域汇总销售量的和。

11.4.1　创建交叉报表

创建交叉表，与普通报表一样可以采用向导方式也可以自己从头创建，推荐使用向导创建，之后利用“交叉表专家”修改到符合要求为止。下面通过实例详细讲解创建和修改交叉表的过程。

例 11-5 创建交叉表，横向按时间（年），纵向按地域（省）统计肉鸡产品的销售量之和。

（1）准备数据库。在数据库 exp_cr 中创建表“肉鸡销售信息表”和 “行政区划表”，SQL 语句如下：

```
CREATE TABLE [dbo].[肉鸡销售信息表](
    [id] [int] IDENTITY(1,1) NOT NULL,
    [肉鸡编号] [char](25) NULL,
    [销售单位] [nvarchar](100) NULL,
    [销售单位所属行政区划编号] [varchar](9) NULL,
    [销售日期] [datetime] NULL,
    [销售数量] [int] NULL
    )
```

表中数据如图 11-42 所示。

创建“行政区划表”，SQL 语句如下：

```
CREATE TABLE [dbo].[行政区划表](
    [行政区划编号] [varchar](9) NULL,
    [行政区划名称] [nvarchar](20) NULL,
    [行政区划级别] [int] NULL,
    [所属行政区划编号] [varchar](9) NULL
)
```

	id	肉鸡编号	销售单位	销售单位所属行政区划编号	销售日期	销售数量
▶	1	NULL	aaa	120114107	2016-06-19 00:00:00.000	25
	2	NULL	bbb	120114107	2016-05-06 00:00:00.000	56
	3	NULL	ccc	120114116	2015-06-06 00:00:00.000	78
	4	NULL	aaa	120114107	2016-06-25 00:00:00.000	100
	8	NULL	fff	141032100	2015-06-06 00:00:00.000	99
	5	NULL	bbb	141032100	2016-05-18 00:00:00.000	78
	6	NULL	ccc	120114107	2016-03-06 00:00:00.000	28
	7	NULL	ccc	120114116	2016-09-06 00:00:00.000	55
*	NULL	NULL	NULL	NULL	NULL	NULL

图 11-42 肉鸡销售信息表数据

表中数据见例 2-9。

为了统计不同的时间周期和不同区域范围的肉鸡销量，创建视图 View_tj，SQL 语句如下：

```
CREATE VIEW [dbo].[View_tj]
AS
SELECT
    LTRIM(RTRIM(STR(YEAR(dbo.肉鸡销售信息表.销售日期))) + '年') AS 年份,
    LTRIM(RTRIM(STR(1 + (CONVERT(int, MONTH(dbo.肉鸡销售信息表.销售日期)) - 1)
    / 3)) + '季') AS 季度,
    RIGHT(CAST(MONTH(dbo.肉鸡销售信息表.销售日期) + 100 AS varchar), 2) +
    '月' AS 月份,
```

```
        RIGHT(CAST(DATENAME(week, dbo.肉鸡销售信息表.销售日期) + 100 AS varchar),
        2) + '周' AS 周,
        dbo.肉鸡销售信息表.销售日期 AS 日期,
        SUM(dbo.肉鸡销售信息表.销售数量) AS 肉鸡销量,
        省区划.行政区划名称 AS 省,
        市区划.行政区划名称 AS 市,
        区县区划.行政区划名称 AS 区县,
        乡镇区划.行政区划名称 AS 乡镇,
        dbo.肉鸡销售信息表.销售单位 AS 企业名称
FROM
        dbo.肉鸡销售信息表
INNER JOIN
        dbo.行政区划表 AS 省区划 ON LEFT(dbo.肉鸡销售信息表.销售单位所属行政区划编号,
        2) = 省区划.行政区划编号
INNER JOIN
        dbo.行政区划表 AS 市区划 ON LEFT(dbo.肉鸡销售信息表.销售单位所属行政区划编号,
        4) = 市区划.行政区划编号
INNER JOIN
      dbo.行政区划表 AS 区县区划 ON LEFT(dbo.肉鸡销售信息表.销售单位所属行政区划编号,
        6) = 区县区划.行政区划编号
INNER JOIN
        dbo.行政区划表 AS 乡镇区划 ON dbo.肉鸡销售信息表.销售单位所属行政区划编号 = 乡
        镇区划.行政区划编号
GROUP BY
        dbo.肉鸡销售信息表.销售日期, 省区划.行政区划名称, 市区划.行政区划名称, 区县区
        划.行政区划名称, 乡镇区划.行政区划名称, dbo.肉鸡销售信息表.销售单位
ORDER BY 日期
```

视图结构及数据如图 11-43 所示。

HL-PC.exp_cr - dbo.View_tj* | HL-PC.exp_cr - dbo.肉鸡销售信息表 | SQLQuery13.sql - HL-PC.exp

	年份	季度	月份	周	日期	省	市	区县	乡镇	企业...
▶	2015年	2季	06月	23周	2015-06-06 00:00:00.000	天津市	市辖区	武清区	河北屯镇	ccc
	2016年	1季	03月	11周	2016-03-06 00:00:00.000	天津市	市辖区	武清区	大孟庄镇	ccc
	2016年	2季	05月	19周	2016-05-06 00:00:00.000	天津市	市辖区	武清区	大孟庄镇	bbb
	2016年	2季	05月	21周	2016-05-18 00:00:00.000	天津市	市辖区	武清区	河北屯镇	bbb
	2016年	2季	06月	26周	2016-06-19 00:00:00.000	天津市	市辖区	武清区	大孟庄镇	aaa
	2016年	2季	06月	26周	2016-06-25 00:00:00.000	天津市	市辖区	武清区	大孟庄镇	aaa
	2016年	3季	09月	37周	2016-09-06 00:00:00.000	天津市	市辖区	武清区	河北屯镇	ccc
*	NULL	NULL	NULL	NULL	NULL	NULL	NULL	NULL	NULL	NULL

图 11-43 View_tj 视图结构及数据

（2）创建 ASP.Net Crystal Reports Web 站点 exp11_4。启动 VS 2015，执行“文件”→“新建”→“网站”命令，在弹出的“新建网站”对话框中选择“ASP.Net Crystal Reports Web 站点”，单击“确定”按钮。紧接着进入创建 Crystal Reports 文件的向导，单击“取消”按钮，暂不创建。

（3）创建数据连接和数据集。在“服务器资源管理器”面板中，右击“数据连接”，

在快捷菜单中执行“添加连接”命令，打开“添加连接”对话框，具体设置内容在例 11-1 中已述。

在“解决方案资源管理器”面板中，右击网站根目录，执行快捷菜单命令“添加”→“添加新项”，打开“添加新项”对话框，选择“数据集”，创建数据集文件 DataSet.xsd。然后将“服务器资源管理器”中“数据连接”下的 View_tj 拖曳到数据集文件中，具体设置同例 11-1 相同。

（4）利用向导创建水晶报表文件。在网站根目录添加文件名为 CrystalReport.rpt 的水晶报表文件，进入“Crystal Reports 库”对话框，选择“交叉表”，单击“确定”按钮，进入水晶报表向导。第一步：将图 11-44（a）中所示的“我的连接”中的 View_tj 移到右侧列表框，单击“下一步”按钮。第二步：确定交叉表的“行”用哪个字段，“列”要用哪个字段，汇总计算哪个字段，以及汇总方式（如图 11-45（b）所示）选择“年份”作为行，“省”作为列，“销售数量”作为汇总字段，汇总方式为“和”。单击“下一步”按钮，进入图表制作，本书不介绍图表功能。继续单击“下一步”按钮，进入过滤字段设置，设置某字段符合某条件才进行汇总，在此也先不过滤。继续单击“下一步”按钮，选择报表的自动套用格式，这里选择“原始”，单击“完成”按钮，即创建了一个最简单的交叉表，其设计界面如图 11-45 所示。

（5）完成网页的设计视图。向页面文件 Default.aspx 中拖曳一个 CrystalReportSource 控件和一个 CrystalReportViewer 控件。配置 CrystalReportSource 控件的报表源为 CrystalReport.rpt 文件；选择 CrystalReportViewer 控件的报表源为 CrystalReportSource1，选择其“工具面板视图”值为 None，取消选中“启用数据库登录提示”和“启用报表参数提示”复选框，如图 11-46 所示。

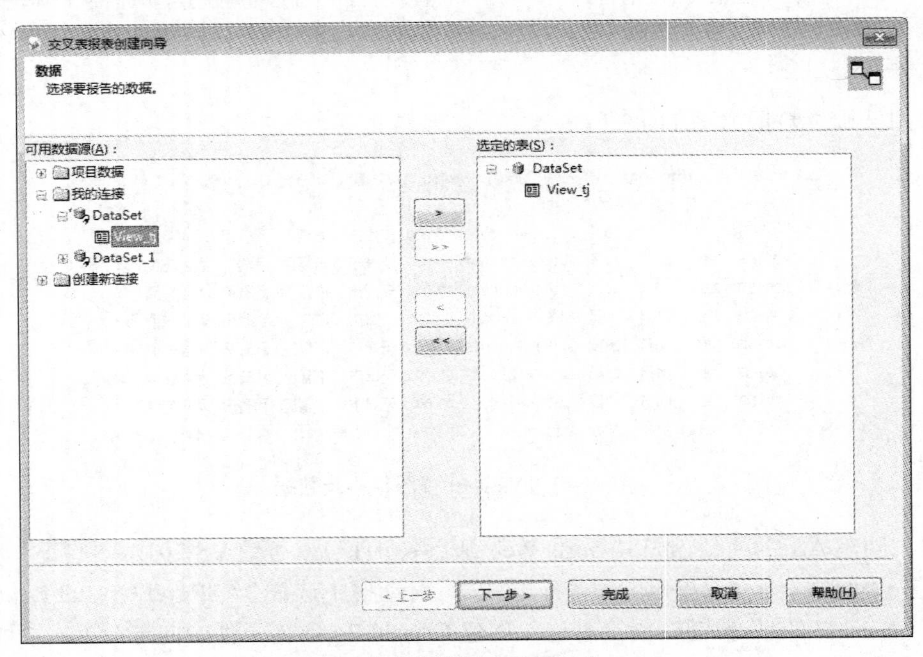

（a）“水晶报表向导”第一步

图 11-44　水晶报表向导

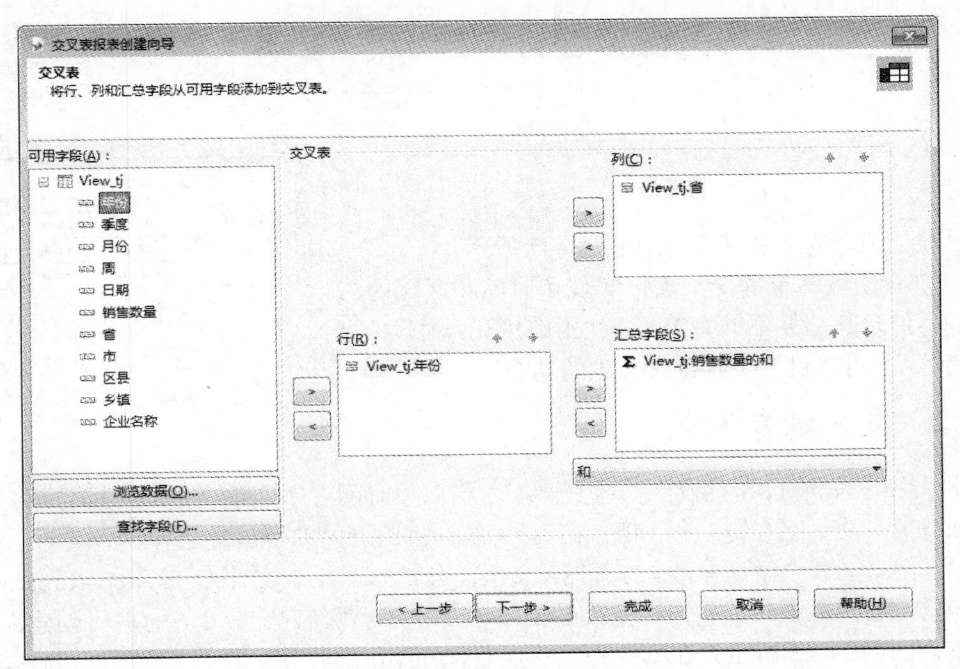

（b）“水晶报表向导”第二步

图 11-44（续）

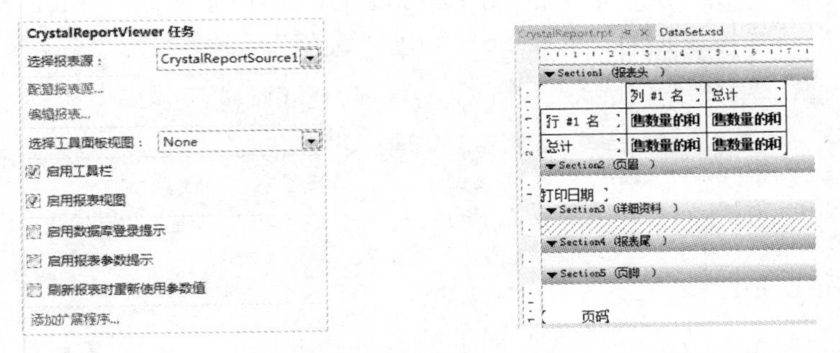

图 11-45　CrystalReportView 控件的任务面板　　　图 11-46　水晶报表设计界面

（6）编写 CS 代码。

```
//using 略，同例 11-1
string conStr = WebConfigurationManager.ConnectionStrings ["exp_
crConnectionString"]. ConnectionString;
        using (SqlConnection sqlcon = new SqlConnection(conStr))
        {
            string sql = "select * from View_tj";
            DataSet ds = new DataSet();
            sqlcon.Open();
            SqlCommand sqlCmd = new SqlCommand(sql, sqlcon);
            SqlDataAdapter sqlAd = new SqlDataAdapter();
            sqlAd.SelectCommand = sqlCmd;
```

```
            sqlAd.Fill(ds, "sql");
            CrystalReportSource1.ReportDocument.SetDataSource(ds.Tables
            ["sql"]);
            sqlcon.Close();
        }
```

在浏览器里浏览报表效果如图 11-47 所示。

可以看出该简单的交叉表，实现了时间和区域的二维汇总，但是其功能不够完善，样式不够美观，通过“交叉表专家”，可以进一步丰富交叉表的功能。

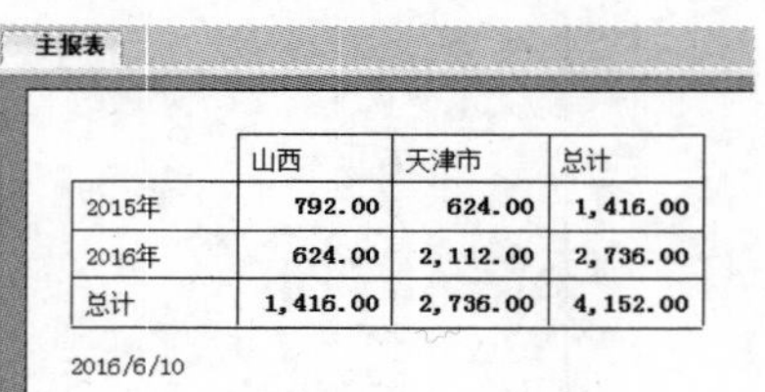

主报表

	山西	天津市	总计
2015年	792.00	624.00	1,416.00
2016年	624.00	2,112.00	2,736.00
总计	1,416.00	2,736.00	4,152.00

2016/6/10

图 11-47　报表浏览效果

11.4.2　交叉报表专家

例 11-6　在例 11-4 基础上修改交叉表，横向按时间（年、季、月），纵向按用户选择的地域（省、市、区(县)、乡（镇，街道））统计肉鸡产品的销售量之和。

（1）在交叉表中添加参数。打开网站 exp11_4 的水晶报表文件 Crystalreport.rpt，在“字段资源管理器”面板中，右击“参数字段”字段，执行“新建”命令，打开“创建新参数”对话框，如图 11-48 所示。在其中输入参数名称 quyu，“类型”为“字符串”，静态参数，在“值选项”列表中，把“显示在（查看器）面板上”设置为“不显示”。其他不需设置。用同样的方法设置另一参数 titile。将 title 参数从“字段资源管理器”面板上拖曳到“报表头”节，当前报表上方，作为整个报表的大标题。右击刚拖曳来的 title，执行“设置对象格式”命令，将其字体设置为：大小 16，颜色“青色”，字符间距“5 磅”，字体“宋体”。

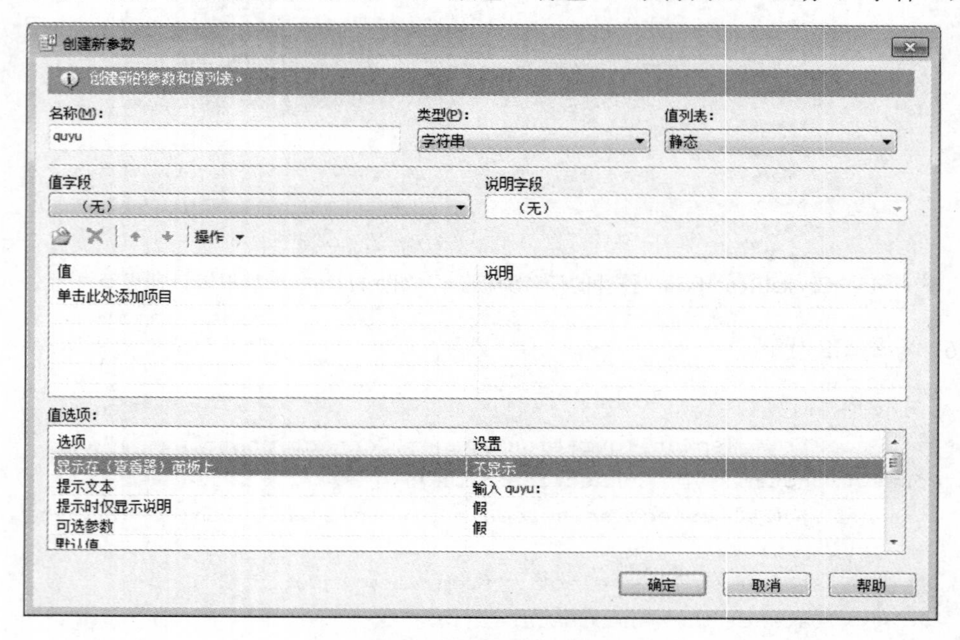

图 11-48　“创建新参数”对话框

（2）在交叉表中添加公式。在“字段资源管理器”面板中，右击“公式字段”字段，执行“新建”命令，输入公式名称为 quyu，接着弹出“公式工作室”对话框，如图 11-49

所示。编辑公式代码如下：

```
if {?quyu}="sheng" then   //这里引用了刚刚设置的参数 quyu
{View_tj.省}
else
if {?quyu}="shi" then
{View_tj.市}
else
if {?quyu}="quxian" then
{View_tj.区县}
else
if {?quyu}="xiangzhen" then
{View_tj.乡镇}
```

先单击 ×2 按钮，进行语法检查，正确无误后，再单击“保存并关闭”按钮将公式保存。

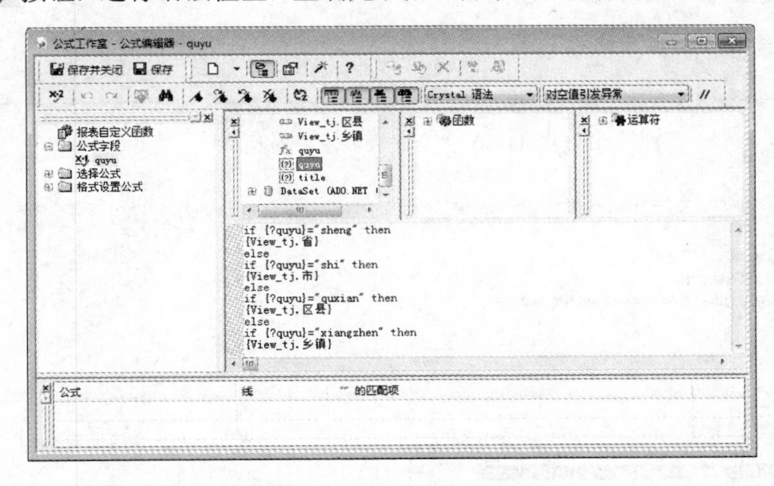

图 11-49 “公式工作室”对话框

（3）在“交叉表专家”面板中重置“行”和“列”的字段。右击交叉表任意位置，执行“交叉表专家”命令，打开“交叉表专家”对话框，如图 11-50 所示。原有的“列”是“省”，单击“<”按钮，将其取消。将上步骤新建的公式 quyu 移动到“列”中。原有的“行”是“年份”，现继续将“View_tj.季度”和“View_tj.月份”移动到“行”中。

（4）在“交叉表专家”面板中设置报表格式。在“交叉表专家”对话框的“格式”选项卡中，可以给交叉表选择一个自动套用格式，本例不采用。在该对话框的“自定义格式”选项卡中，可以随意设置报表格式，如图 11-51 所示。本例中，将“行累计”的背景颜色设为“青色”。选择“View_tj.季度”，选中“抑制显示小计”，则不显示季度的累计和，以避免报表过于凌乱。

继续单击右下角的“设置网格线格式”按钮，进入“设置网格线格式”对话框，通过设置样式、颜色、粗细，将交叉表的网格线设置为如图 11-52 所示。单击“确定”按钮，返回“交叉表专家”对话框，单击“确定”按钮。

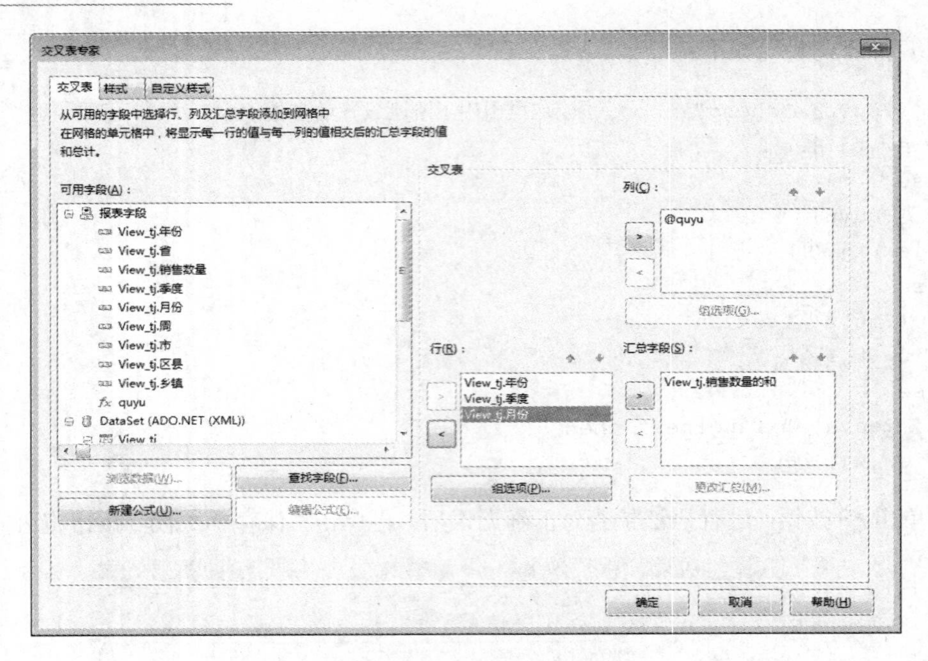

图 11-50 “交叉表专家”对话框

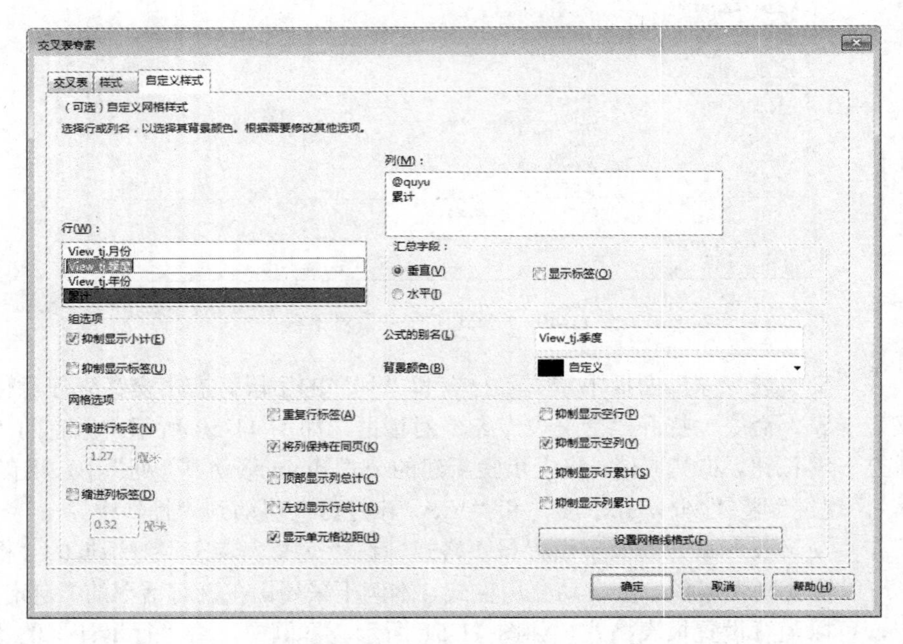

图 11-51 “交叉表专家”对话框

（5）设置报表中数字的格式。选中交叉表上的全部数值项，右击，执行快捷菜单中的“设置对象格式”，弹出“格式编辑器”对话框，选择“数字”选项卡，单击下面的“自定义”按钮，打开“自定义样式”对话框，设置数值显示格式为“若为零则抑制显示”，并且小数位数不显示，单击“确定”按钮，如图 11-53 所示。

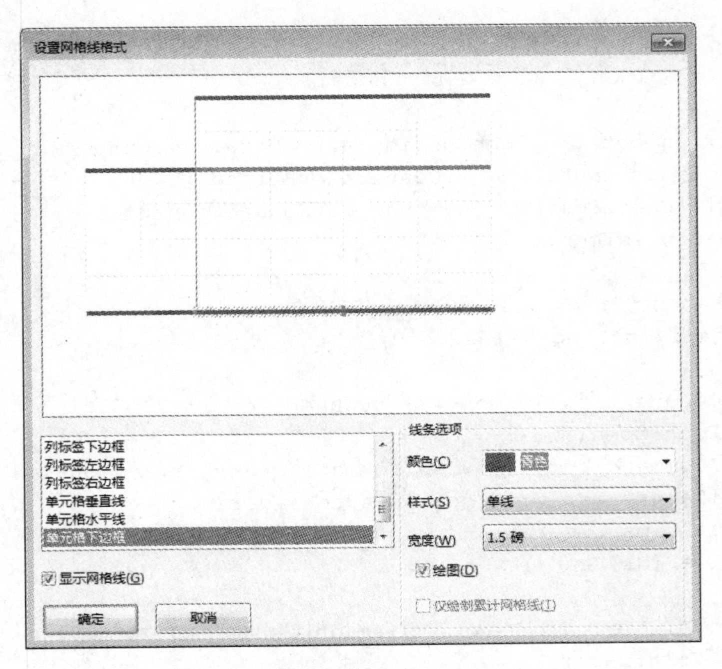

图 11-52 “设置网格线格式”对话框

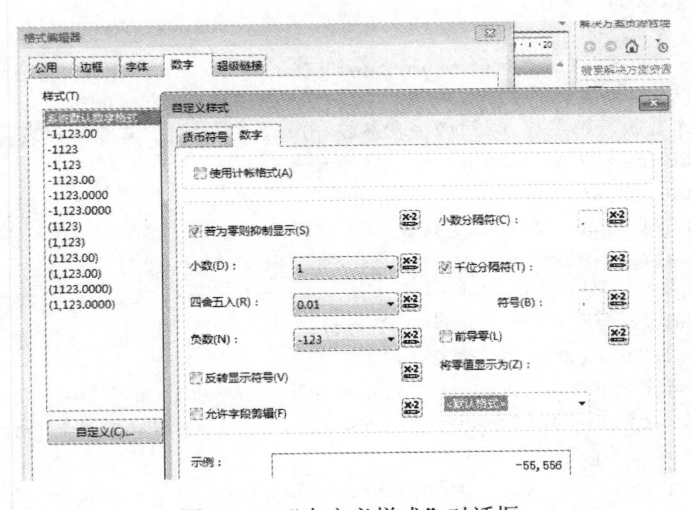

图 11-53 “自定义样式”对话框

（6）在网页中添加选择“省”“市”“区”的下拉列表框。在网页 Default.aspx 中插入一个 Label 控件，ID 设为 Labeljibie，三个 DropDownList 控件，ID 依次为 DropDownListsheng、DropDownListshi 和 DropDownListquxian，并将 AutoPostBack 属性设为 true。

（7）编写 CS 代码。打开 Default.aspx.cs 文件编写代码，以实现按照用户的选择，统计不同区域级别的肉鸡销售数量。

```
//using 省略，同例 11-1
public partial class _Default : System.Web.UI.Page
{
```

```
string title_sheng, title_shi, title_quxian;    //全局变量
private SqlConnection GetConnection()           //获取连接字符串
{
    string conStr = WebConfigurationManager.ConnectionStrings["exp_
    crConnectionString"].ConnectionString;
    SqlConnection sqlcon = new SqlConnection(conStr); ;
    return sqlcon;
}
private void DropDownList_Bind(DropDownList ddl, string queryStr, string
textField, string valueField)
{
    SqlConnection myConn = GetConnection();
    myConn.Open();
    SqlCommand com = new SqlCommand(queryStr, myConn);
    SqlDataReader dr = com.ExecuteReader();
    ddl.Items.Clear();
    while (dr.Read())
    {
        ddl.Items.Add(new ListItem(dr[textField].ToString(), dr[valueField].
        ToString()));
    }
    myConn.Close();
}
private void crBind(string queryStr, CrystalReportSource crSource,
string qy, string title)
{//绑定水晶报表，参数 qy 对应报表参数 quyu，参数 title 对应报表参数 title
    SqlConnection myConn = GetConnection();
    myConn.Open();
    DataSet ds = new DataSet();
    SqlDataAdapter sqlAd = new SqlDataAdapter();
    SqlCommand sqlCmd = new SqlCommand(queryStr, myConn);
    sqlAd.SelectCommand = sqlCmd;
    sqlAd.Fill(ds, "queryStr");
    crSource.ReportDocument.SetDataSource(ds.Tables["queryStr"]);
    crSource.ReportDocument.ParameterFields["quyu"].CurrentValues.
    AddValue(qy);
    crSource.ReportDocument.ParameterFields["title"].CurrentValues.
    AddValue(title);
    myConn.Close();
}
protected void Page_Load(object sender, EventArgs e)
{
    if (!IsPostBack)
    {
        DropDownList_Bind(DropDownListsheng, "select distinct 省 from
        View_tj", "省", "省");
        DropDownListsheng.Items.Insert(0, "请选择省");
        DropDownList_Bind(DropDownListshi, "select distinct 市 from
        View_tj where 省='" + DropDownListsheng.SelectedValue + "'", "
```

```
        市", "市");
        DropDownListshi.Items.Insert(0, "请选择市");
        DropDownList_Bind(DropDownListquxian, "select distinct 区县 from
        View_tj where 省='" + DropDownListsheng.SelectedValue + "'and 市
        ='" + DropDownListshi.SelectedValue + "'", "区县", "区县");
        DropDownListquxian.Items.Insert(0, "请选择区（县）");
    }
    //获取标题区域
    title_sheng = DropDownListsheng.SelectedValue;
    title_shi = DropDownListshi.SelectedValue;
    title_quxian = DropDownListquxian.SelectedValue;
    //1 全国，2 省，3 市，4 区县
    string sql1, sql2, sql3, sql4;
    sql1 = "SELECT * FROM dbo.View_tj";
    sql2 = "SELECT * FROM dbo.View_tj where 省='" + title_sheng + "'";
    sql3 = "SELECT * FROM dbo.View_tj where 省='" + title_sheng + "'and
    市='" + title_shi + "'";
    sql4 = "SELECT * FROM dbo.View_tj where 省='" + title_sheng + "'and
    市='" + title_shi + "' and 区县='" + title_quxian + "'";
    if (title_sheng == "请选择省")
    {//全国
        Labeljibie.Text = "全国";
        crBind(sql1, CrystalReportSource1, "sheng", "全国各省（直辖市）肉
        鸡放雏量按统计报表");
    }
    else if (title_shi == "请选择市")
    {//省
        Labeljibie.Text = title_sheng;
        crBind(sql2, CrystalReportSource1, "shi", title_sheng + "肉鸡销
        售量按统计报表");
    }
    else if (title_quxian == "请选择区（县）")
    {//市级（各区县）
        Labeljibie.Text = title_sheng + title_shi;
        crBind(sql3, CrystalReportSource1, "quxian", title_sheng +
        title_shi + "肉鸡销售量按统计报表");
    }
    else
    {//区县级（各乡镇）
        Labeljibie.Text = title_sheng + title_shi + title_quxian;
        crBind(sql4, CrystalReportSource1, "xiangzhen", title_sheng +
        title_shi + title_quxian + "肉鸡销售量按统计报表");
    }
}
protected void DropDownListsheng_SelectedIndexChanged(object sender,
EventArgs e)
{
    DropDownList_Bind(DropDownListshi, "select distinct 市 from View_tj
    where 省='" + DropDownListsheng.SelectedValue + "'", "市", "市");
```

```
        DropDownListshi.Items.Insert(0, "请选择市");
        DropDownList_Bind(DropDownListquxian, "select distinct 区县 from
        View_tj where 省='" + DropDownListsheng.SelectedValue + "' and 市='"
        + DropDownListshi.SelectedValue + "'", "区县", "区县");
        DropDownListquxian.Items.Insert(0, "请选择区（县）");
        string sql1, sql2;
        sql1 = "SELECT * FROM dbo.View_tj";
        sql2 = "SELECT * FROM dbo.View_tj where 省='" + title_sheng + "'";
        if (title_sheng == "请选择省")
        {//全国
            Labeljibie.Text = "全国";
            crBind(sql1, CrystalReportSource1, "sheng", "全国各省（直辖市）肉
            鸡放雏量按统计报表");
        }
        else
        {//省
            Labeljibie.Text = title_sheng;
            crBind(sql2, CrystalReportSource1, "shi", title_sheng + "肉鸡销
            售量按统计报表");
        }
    }
    protected void DropDownListshi_SelectedIndexChanged(object sender,
    EventArgs e)
    {
        DropDownList_Bind(DropDownListquxian, "select distinct 区县 from
        View_tj where 省='" + DropDownListsheng.SelectedValue + "' and 市='"
        + DropDownListshi.SelectedValue + "'", "区县", "区县");
        DropDownListquxian.Items.Insert(0, "请选择区（县）");
        string sql3, sql2;
        sql2 = "SELECT * FROM dbo.View_tj where 省='" + title_sheng + "'";
        sql3 = "SELECT * FROM dbo.View_tj where 省='" + title_sheng + "'and
        市='" + title_shi + "'";
        if (title_shi == "请选择市")
        {//省
            Labeljibie.Text = title_sheng;
            crBind(sql2, CrystalReportSource1, "shi", title_sheng + "肉鸡销
            售量按统计报表");
        }
        else
        {//市级（各区县）
            Labeljibie.Text = title_sheng + title_shi;
            crBind(sql3, CrystalReportSource1, "quxian", title_sheng +
            title_shi + "肉鸡销售量按统计报表");
        }
    }
}
```

页面浏览效果如图 11-54 所示。

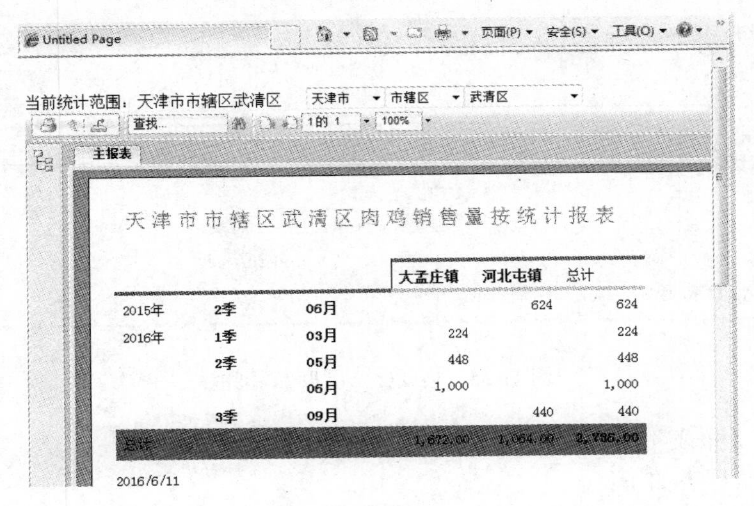

图 11-54　页面浏览效果

11.5　小　　结

水晶报表是一项和数据库紧密关联的技术，而 Crystal Reports for Visual Studio 又为我们提供了在应用程序，特别是 Web 页面上展现水晶报表的渠道。因此本章内容重点讲述 ASP.NET 下如何使用水晶报表，全部应用都是在 Web 页面中实现的。本章从讲述水晶报表软件的下载安装开始，带领读者在网页中实现了水晶报表从简单到复杂的应用，包括认识报表的结构、编辑报表、格式化报表和报表的一种特殊形式“交叉表”。例题中充分讲解了如何用 CS 代码控制报表。

11.6　习　　题

11.6.1　作业题

1. 水晶报表是什么？
2. 在网页中显示水晶报表文件的关键代码是怎样的？

11.6.2　思考题

1. 普通报表与交叉报表区别是什么？
2. 报表中静态参数与动态参数有什么区别？

11.7　上 机 实 践

1. 利用“格式编辑器”完成一报表的格式化，如图 11-55 所示。

天津市各区（县）肉鸡屠宰厂统计表

区（县）	企业名称		
武清区			
	测试4肉鸡专业合作社		
	天津市区测试5肉制食品有限公司		
		小计：	2
合计数量：	2		

图 11-55　格式化水晶报表完成图

2. 用“交叉报表”实现按年统计各种养鸡饲料的用量。

饲料用量数据表如下：

```
CREATE TABLE [dbo].[肉鸡饲料用量表](
    [id] [int] IDENTITY(1,1) NOT NULL,
    [肉鸡编号] [char](25) NULL,
    [饲料编号] [char](25) NULL,
    [全程饲料用量] [int] NULL
    )
```

第 12 章　实现物联网关键技术

国际电信联盟（ITU）对物联网做了如下定义：通过二维码识读设备、射频识别(RFID)装置、红外感应器、全球定位系统和激光扫描器等信息传感设备，按约定的协议，将任何物品与互联网相连接，进行信息交换和通信，以实现智能化识别、定位、跟踪、监控和管理的一种网络。物联网是指通过各种信息传感设备，实时采集任何需要监控、连接、互动的物体或过程等各种需要的信息，与互联网结合形成的一个巨大网络。其目的是实现物与物、物与人，所有的物品与网络的连接，方便识别、管理和控制。二维码技术和 RFID 技术是物联网应用中实现信息的获取、传递和输出的关键技术。

本章主要学习目标如下：

- 掌握 RFID 标签的读写操作；
- 掌握条码的生成和显示；
- 掌握 Web 套打技术。

12.1　在 ASP.NET 页面中读写 RFID 标签

射频识别（Radio Frequency Identification，RFID）技术，又称无线射频识别，是一种通信技术，可通过无线电信号识别特定目标并读写相关数据，而无须识别系统与特定目标之间建立机械或光学接触。

RFID 系统使用专用的 RFID 读写器及专门的可附着于目标物的 RFID 标签，利用射频信号将信息在 RFID 标签和 RFID 读写器之间传递。RFID 电子标签的读写器通过天线与 RFID 电子标签进行无线通信，可以实现对标签识别码和内存数据的读出或写入操作。本节中的示例以比较常见的 Mifare S50 卡及 13.56MHz 读写器（普遍能够购买得到）实现读、写操作，所用设备如图 12-1 所示。

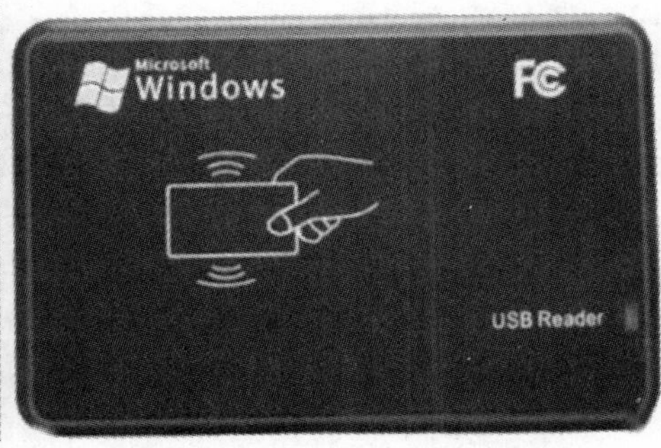

图 12-1　常见的 Mifare S50 卡及读写器

12.1.1 ASP.NET 页面实现读卡操作

RFID 读写设备作为计算机的外设需要使用适当的驱动程序进行驱动，从而实现正常读写工作。当用户打开需要使用读写器进行数据处理的页面时，页面需要知道本地机器是否已经正确安装了指定 RFID 读写器的驱动程序，如果本机未安装驱动程序，需要在页面上提示用户下载并安装相应驱动程序，否则页面无法正常工作。本节通过一个登录页面演示如何实现在页面中通过 RFID 读写器读取 RFID 卡中的用户信息，并在页面中检测本地主机是否安装了 RFID 读写器的驱动程序，程序根据检测结果在页面顶端动态提供驱动程序的下载链接，即如果未安装驱动程序显示下载链接，已安装则不显示下载链接。

例 12-1 ASP.NET 页面实现读卡操作。

首先，登录页面（login.aspx）设计如图 12-2 所示。

图 12-2 RFID 卡登录页面

在页面中使用 RFID 读写器进行数据读取需要调用本地资源，在页面实现时采用调用本地控件方式，需要设置浏览器选项，例如在 IE 浏览器中使用兼容模式，并且安全设置中要允许“加载 ActiveX”。

本例中使用的员工表的结构定义如图 12-3 所示。

	列名	数据类型	允许 Null 值
🔑	员工编号	char(5)	☐
	密码	varchar(32)	☑
	员工姓名	nvarchar(20)	☑

图 12-3 员工表结构

login.aspx 页面前台源码如下：

```
<%@ Page Language="C#" AutoEventWireup="true" CodeFile="login.aspx.cs"
Inherits="login" %>

<!DOCTYPE html>
```

```
<html xmlns="http://www.w3.org/1999/xhtml">
<head runat="server">
    <meta http-equiv="Content-Type" content="text/html; charset=utf-8" />
    <title>RFID 登录系统</title>
    <script type="text/javascript">
        function IDCardLogin() {//员工卡登录读卡
            try {
                var read1 = Read();
                Buzzeer(16, 1);
                if (read1 == "读卡失败!" || read1 == "读卡失败！") {
                    alert("读卡失败！请重试");
                    return;
                }
                if (rf.verify()) {
                    alert("检测到多张卡！");
                    return;
                }
                if (read1.length < 16) {
                    alert("检测到不合法的卡！");
                    return;
                }
                var Cardid = read1.substr(0, 5);
                var Cardpwd = read1.substr(5,32);
                var Cardname = read1.substr(37);
                document.getElementById("CardID").value = Cardid;
                document.getElementById("CardPWD").value = Cardpwd;
                document.getElementById("CardName").value = Cardname;
                document.getElementById("Button_RFIDLogin").click();
            }
            catch (e) {
                alert("RFID 控件未正确读写！");
            }
        }
    </script>
</head>
<body>
    <%-- 加载 RFID 控件 --%>
    <object id="rfid" style="display: none;" classid="clsid:BDBC1D15-4F00-
    41E8-A44A-E32FC5034037"></object>
    <%-- 如果系统不满足应用条件，则进行提示 --%>
    <div id="download" style="display: none;"><font color="red">未安装 RFID
    设备驱动程序，单击<input id="Button1" type="button" value="此处" onclick=
    "down()" />下载刷卡安装包</font></div>
    <div id="myFlag" style="display: none;"><font color="white">只有 IE 或
    带 IE 兼容模式的浏览器才支持读写卡</font></div>
```

```
<form id="form1" runat="server">
    <div style="text-align: center; vertical-align: top;">

    用户名：<asp:TextBox ID="AdminNameTxt" runat="server" Columns="19"
    Width="140px"></asp:TextBox>
        <asp:RequiredFieldValidator ID="AdminNameValR" runat="server"
        ErrorMessage="*" ControlToValidate="AdminNameTxt">
        </asp:RequiredFieldValidator>
        <br />
        密    码：<asp:TextBox ID="AdminPwdTxt"
        runat="server" Columns="20" TextMode="Password"></asp:TextBox>
        <asp:RequiredFieldValidator ID="AdminPwdValR" runat="server"
        ErrorMessage="*" ControlToValidate="AdminPwdTxt">
        </asp:RequiredFieldValidator>
        <br />
        <br />
        <asp:Button ID="LoginBtn" runat="server" Text="登录" OnClick=
        "LoginBtn_Click" Width="62px" Height="26px" />
           
    <asp:Button ID="CancelBtn" runat="server" Text="取消" OnClick=
    "CancelBtn_Click" Width="62px" Height="26px" />
        <br />
        <br />
              
    <input id="btn_CardLogin" class="controlBtn" onclick=
    "IDCardLogin()" type="button" value="刷卡登录" />
        <input id="CardID" runat="server" type="hidden" />
        <input id="CardName" runat="server" type="hidden" />
        <input id="CardPWD" runat="server" type="hidden" />
        <asp:Button ID="Button_RFIDLogin" runat="server" Style="display:
        none;" OnClick="RFIDLogin" CausesValidation="False" />
    </div>
</form>
<script type="text/javascript" src="JScript/rfidreader.js"></script>
<script type="text/jscript">
    var rf = document.getElementById("rfid");
    if ((navigator.userAgent.indexOf('MSIE') >= 0) && (navigator.
    userAgent.indexOf('Opera') < 0)) {//判断用户浏览器类型
        try {
            rf.flag();
        } catch (e) {
            document.getElementById("download").style.display = "block";
        }
    } else {
        document.getElementById("myFlag").style.display = "block";
```

```
        }
        function down() {//根据用户操作系统自动选择驱动程序安装包
            var ua = navigator.userAgent;
            if (ua.indexOf("Windows NT 5") != -1) {
                //Windows XP 系统
                location.href = "rfidsetup/Rfid3.5 安装包.zip";
            } else {
                location.href = "rfidsetup/Rfid4.0 安装包.zip";
            }
        }
    </script>
</body>
</html>
```

login.aspx 页面后台文件 login.aspx.cs 中源码如下：

```
using System;
using System.Data.SqlClient;
using System.Web.Security;
using System.Web.UI;

public partial class login : System.Web.UI.Page
{
    #region 必需的设计器变量
    private SqlConnection Connection;
    private SqlCommand Command;
    private string con1, pwd, userid,username;
    private SqlDataReader DataReader;
    #endregion
    protected void Page_Load(object sender, EventArgs e)
    {
        con1 = "Data Source=.;Initial Catalog=物联网应用样例数据库;Integrated
        Security=True;";
        if (!Page.IsPostBack)
        {
            DataLoad();
        }
    }
    #region 加载页面初始化数据
    private void DataLoad()
    {
        #region WebControls Config
        AdminNameTxt.EnableViewState = true;
        AdminPwdTxt.EnableViewState = false;
        #endregion
    }
```

```
#endregion
#region 处理客户端回发数据
protected void LoginBtn_Click(object sender, EventArgs e)
{
    pwd = FormsAuthentication.HashPasswordForStoringInConfigFile
    (AdminPwdTxt.Text.ToString(), "MD5");//pwd MD5 加密 32 位 小写
    userid = AdminNameTxt.Text;
    Connection = new SqlConnection(con1);
    Command = new SqlCommand();
    Command.Connection = Connection;
    Command.CommandText = "Select 员工编号,密码,员工姓名 from 员工表 Where
    员工编号='" + userid + "' And 密码='" + pwd + "'";
    try
    {
        Connection.Open();
        DataReader = Command.ExecuteReader();
        if (DataReader.Read())
        {
            username = DataReader.GetValue(2).ToString();
            DataReader.Close();
            Connection.Dispose();
            Command.Dispose();
            Response.Write("<script>alert('欢迎"+username+"登录系统。
            ')</script>");
        }
        else
        {
            Connection.Dispose();
            Command.Dispose();
            Response.Write("<script>alert('用户名或密码错误，请重新登录。
            ')</script>");
        }
    }
    catch (SqlException)
    {
        Response.Write("<script>alert('用户名或密码错误，请重新登录。')
        </script>");
    }
    finally
    {
        Connection.Close();
    }
}
#endregion
protected void CancelBtn_Click(object sender, EventArgs e)
```

```
{
    AdminNameTxt.Text = "";
    AdminPwdTxt.Text = "";
}

protected void RFIDLogin(object sender, EventArgs e)
{
    userid = CardID.Value;//存放员工编号
    username = CardName.Value;//存放员工姓名
    pwd = CardPWD.Value;//存放员工登录密码

    Connection = new SqlConnection(con1);
    Command = new SqlCommand();
    Command.Connection = Connection;
    Command.CommandText = "Select 员工编号,密码,员工姓名 from 员工表 Where
    员工编号='" + userid + "' And  员工姓名='" + username + "' And upper(密
    码)=upper('" + pwd + "')";
    try
    {
        Connection.Open();
        DataReader = Command.ExecuteReader();
        if (DataReader.Read())
        {
            username = DataReader.GetValue(2).ToString();
            DataReader.Close();
            Connection.Dispose();
            Command.Dispose();
            Response.Write("<script>alert('欢迎" + username + "登录系统。
            ')</script>");
        }
        else
        {
            Connection.Dispose();
            Command.Dispose();
            Response.Write("<script>alert('无法识别的卡片,或用户名、密码错误,
            请重新登录。')</script>");
        }
    }
    catch (SqlException)
    {
        Response.Write("<script>alert('无法识别的卡片，或用户名、密码错误，请
        重新登录。')</script>");
    }
    finally
    {
```

```
                Connection.Close();
            }
        }
    }
```


读写 RFID 卡的 JavaScript 脚本 rfidreader.js 存放在网站的 JScript 目录中。读卡器的驱动程序保存在网站的 rfidSetup 文件夹中。代码如下：

```
var startBlock = 1;                              //读写卡起始块,需保存
var rf = document.getElementById("rfid");   //rfid 读写器插件
function Read() {
    try {
        return rf.Read(startBlock);
    }
    catch (err) {
        alert('rfid 控件未加载');
    }
}
function Write(value) {//写入
    try{
        return rf.Write(value, startBlock);
    }
    catch (err) {
        alert('rfid 控件未加载');
    }
}
function Buzzeer(freq, duration) {//读卡器蜂鸣声
    try{
        rf.ControlBuzzeer(freq, duration);
    }
    catch (err) {
        alert('rfid 控件未加载');
    }
}
function Led(freq, duration) {//读卡器指示灯
    rf.ControlLED(freq, duration);
}
```

12.1.2 ASP.NET 页面实现写卡操作

例 12-2 页面写卡操作。

本节通过一个发放员工卡的示例讲解 RFID 卡的写入操作，页面中实现写卡操作仍然需要读写 RFID 卡的 JavaScript 脚本 rfidreader.js。页面设计如图 12-4 所示。

新建一个 ASP.NET Web 窗体网站，添加名为 issueIDCard.aspx 的 web 窗体，在此页面上添加一个 DataList 控件，设置页眉模板（HeaderTemplate）包含 4 列：“员工编号”“员工姓名”“员工密码”和空列；设置项模板包含 4 列：“lab_员工编号”（asp:label）、“lab_

员工姓名”（asp:label）、“lab_员工密码”（asp:label）和“发卡”（html:input(button)）。如图 12-5 所示。

body

员工编号	员工姓名	员工密码	
数据绑定	数据绑定	数据绑定	发卡
数据绑定	数据绑定	数据绑定	发卡
数据绑定	数据绑定	数据绑定	发卡
数据绑定	数据绑定	数据绑定	发卡
数据绑定	数据绑定	数据绑定	发卡

图 12-4　发卡页面

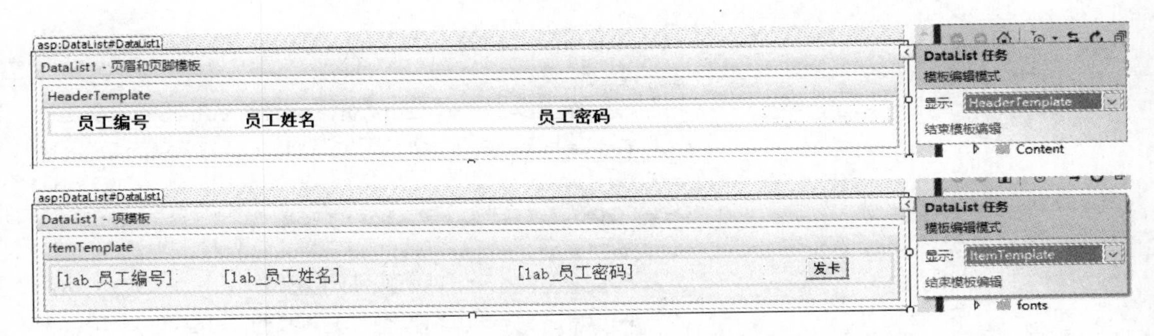

图 12-5　Datalist 控件的 HeaderTemplate 和 ItemTemplate 设置

HTML 代码如下：

```
<asp:DataList ID="DataList1" runat="server" CellPadding="4" ForeColor=
"#333333" Width="100%">
                <AlternatingItemStyle BackColor="white" />
                <FooterStyle BackColor="#ffffff" Font-Bold="True" ForeColor=
                "White" />
                <HeaderStyle BackColor="#ffffff" Font-Bold="True" ForeColor=
                "Black" />
                <HeaderTemplate>
                    <table class="tableheader" style=" width:100%; height:
                    25px">
                        <tr>
                            <td style="width:15%;" class="auto-style1">
                                员工编号</td>
                            <td style="width:25%;" class="auto-style1">
                                员工姓名</td>
```

```
                    <td style="width:45%;" class="auto-style1">
                        员工密码</td>
                    <td style="width:15%;" class="auto-style1">
                        </td>
                </tr>
            </table>
        </HeaderTemplate>
        <ItemStyle BackColor="#EFF3FB" />
        <ItemTemplate>
            <table class="tableitem" style=" width:100%; height:
            25px">
                <tr id="yg">
                    <td id="bh" style="width:15%;" class="auto-
                    style1">
                        <asp:Label ID="lab_员工编号" runat="server"
                        Text='<%# Eval("员工编号") %>'></asp:Label>
                    </td>
                    <td id="xm" style="width:25%;" class="auto-
                    style1">
                        <asp:Label ID="lab_员工姓名" runat="server"
                        Text='<%# Eval("员工姓名") %>'></asp:Label>
                    </td>
                    <td id="mm" style="width:45%;" class="auto-
                    style1">
                        <asp:Label ID="lab_员工密码" runat="server"
                        Text='<%# Eval("密码") %>'></asp:Label>
                    </td>
                    <td id="fk" style="width:15%;" class="auto-
                    style1">
                        <input id="btnWrite" type="button" value="
                        发卡" onclick="issueIDCard(this);" class=
                        "controlBtn" />
                    </td>
                </tr>
            </table>
        </ItemTemplate>
        <SelectedItemStyle BackColor="#D1DDF1" Font-Bold="True"
        ForeColor="#333333" />
    </asp:DataList>
```

添加检测 RFID 控件引用：

```
<object id="rfid" style="display: none;" classid="clsid:BDBC1D15-4F00-
41E8-A44A-
E32FC5034037"></object>
<div  id="download"  style="display:  none;"> 单 击 <input  id="Button1"
```

```
type="button" value="此处" onclick="down()" />下载刷卡安装包</div>
    <div id="myFlag" style="display: none;">只有 IE 或带 IE 兼容模式的浏览器才支
    持读写卡</div>
```

在页面中添加 RFID 读写相关脚本：

（1）写卡脚本。

```
<script type="text/javascript">
        function issueIDCard(obj) {
            var currentLine = obj.parentNode.parentNode;
            var ygbh = document.getElementById(currentLine.cells[0].
            childNodes[0].id).innerHTML;//当前行用户编号
            var ygxm = document.getElementById(currentLine.cells[1].
            childNodes[0].id).innerHTML;//当前行用户姓名
            var ygmm = document.getElementById(currentLine.cells[2].
            childNodes[0].id).innerHTML;//当前行用户密码
            var currentData = ygbh + ygmm + ygxm;
            if (Write('' + currentData + '') == '写卡成功!') {
                Buzzeer(16, 1);
                alert('发卡成功!');
            }
            else{
                alert('发卡失败，请检查读写器连接是否正常。');
            }
            return currentData;
        }
    </script>
```

（2）其他相关脚本。

```
<script type="text/jscript" src="JScript/rfidreader.js"></script>
<script type="text/javascript">
    window.onload = function fun() {

        if (document.getElementById("rfid").readyState==4)
        { document.getElementById("msgRfid").style.display = "none" }
        else document.getElementById("msgRfid").style.display = "block";
    }
</script>
<script type="text/jscript">
    var rf = document.getElementById("rfid");
    if ((navigator.userAgent.indexOf('MSIE') >= 0) && (navigator.userAgent.
    indexOf('Opera') < 0)) {
        try {
            rf.flag();
        } catch (e) {
```

```
            document.getElementById("download").style.display = "block";
        }
    } else {
        document.getElementById("myFlag").style.display = "block";
    }
    function down() {
        var ua = navigator.userAgent;
        if (ua.indexOf("Windows NT 5") != -1) {
            //Windows XP 系统
            location.href = "rfidsetup/Rfid3.5 安装包.zip";
        } else {
            location.href = "rfidsetup/Rfid4.0 安装包.zip";
        }
    }
</script>
```

后台代码如下：

```
using System;
using System.Collections.Generic;
using System.Linq;
using System.Web;
using System.Web.UI;
using System.Web.UI.WebControls;
using System.Data.SqlClient;
using System.Data;

public partial class issueIDCard : System.Web.UI.Page
{

    protected void Page_Load(object sender, EventArgs e)
    {
        if (!IsPostBack)
        {
            DataList1_Bind();
        }
    }
    private void DataList1_Bind()
    {
        string queryString = "SELECT 员工编号,员工姓名,密码 FROM 员工表";//设定
        查询字符串

        DataSet ds = new DataSet();
        string conn1 = "Data Source=.;Initial Catalog=物联网应用样例数据
        库;Integrated Security=True;";
        using (SqlConnection conn = new SqlConnection(conn1))
```

```
        {
            conn.Open();
            SqlCommand comm = new SqlCommand();
            comm.Connection = conn;
            comm.CommandType = CommandType.Text;
            comm.CommandTimeout = 15;
            comm.CommandText = queryString;
            SqlDataAdapter da = new SqlDataAdapter(comm);
            da.Fill(ds, "员工表");
            da.Dispose();
            comm.Dispose();
            conn.Close();
        }
        DataList1.DataSource = ds.Tables["员工表"].DefaultView;
        DataList1.DataKeyField = "员工编号";
        DataList1.DataBind();
        ds.Dispose();
    }
}
```

执行结果如图 12-6 所示。

图 12-6　员工卡发卡页面

12.2　在页面中使用条码

条形码(Barcode)是将宽度不等的多个黑条和空白，按照一定的编码规则排列，用于表达一组信息的图形标识符。常见的条形码是由反射率相差很大的黑条（简称条）和白条（简称空）排成的平行线图案。条形码可以识出物品的生产国、制造厂家、商品名称、生产日期、图书分类号、邮件起止地点、类别、日期等许多信息，因而在商品流通、图书管理、邮政管理、银行系统等许多领域都得到广泛的应用。

条形码是迄今为止最经济、实用的一种自动识别技术。条形码技术具有以下几个方面的优点：

（1）输入速度快。与键盘输入相比，条形码输入的速度是键盘输入的 5 倍，并且能实现“即时数据输入”。

（2）可靠性高。键盘输入数据出错率为三百分之一，利用光学字符识别技术出错率为万分之一，而采用条形码技术误码率低于百万分之一。

（3）采集信息量大。利用传统的一维条形码一次可采集几十位字符的信息，二维条形码更可以携带数千个字符的信息，并有一定的自动纠错能力。

（4）灵活实用。条形码标识既可以作为一种识别手段单独使用，也可以和有关识别设备组成一个系统实现自动化识别，还可以和其他控制设备联接起来实现自动化管理。

另外，条形码标签易于制作，对设备和材料没有特殊要求，识别设备操作容易，不需要特殊培训，且设备也相对便宜。

条码的编码规则如下：

（1）唯一性。同种规格同种产品对应同一个产品代码，同种产品不同规格对应不同的产品代码。根据产品的不同性质，如重量、包装、规格、气味、颜色、形状等等，赋予不同的商品代码。

（2）永久性。产品代码一经分配，就不再更改，并且是终身的。当此种产品不再生产时，其对应的产品代码只能搁置起来，不得重复起用再分配给其他的商品。

（3）无含义。为了保证代码有足够的容量以适应产品频繁的更新换代的需要，最好采用无含义的顺序码。

12.2.1　一维条码与二维条码基本理论

一维条形码只是在一个方向（一般是水平方向）表达信息，而在垂直方向则不表达任何信息，其一定的高度通常是为了便于阅读器的对准。

一维条形码的应用可以提高信息录入的速度，减少差错率，但是一维条形码也存在一些不足之处：

- 数据容量较小，只有 30 个字符左右。
- 只能包含字母和数字。
- 条形码尺寸相对较大（空间利用率较低）。
- 条形码遭到损坏后便不能阅读。

由于受信息容量的限制，一维条码仅仅是对“物品”的标识，而不是对“物品”的描述。故一维条码的使用，不得不依赖数据库的存在。在没有数据库和不便联网的地方，一维条码的使用受到了较大的限制，有时甚至变得毫无意义。

另外，要用一维条码表示汉字的场合，显得十分不方便，且效率很低。现代高新技术的发展，迫切要求用条码在有限的几何空间内表示更多的信息，从而满足千变万化的信息表示的需要。

二维条码正是为了解一维条码无法解决的问题而产生的。因为它具有高密度、高可靠性等特点，所以可以用它表示数据文件（包括汉字文件）、图像等。二维条码是大容量、高可靠性信息实现存储、携带并自动识读的最理想的方法。

二维条码（2-Dimensional Barcode） 是用某种特定的几何图形按一定规律在平面（二维方向上）分布的黑白相间的图形记录数据符号信息的；在代码编制上巧妙地利用构成计算机内部逻辑基础的 0、1 比特流的概念，使用若干个与二进制相对应的几何形体来表示文字数值信息，通过图像输入设备或光电扫描设备自动识读以实现信息自动处理：它具有条码技术的一些共性：每种码制有其特定的字符集；每个字符占有一定的宽度；具有一定的校验功能等。同时还具有对不同行的信息自动识别功能及处理图形旋转变化等特点。

二维条码能够在横向和纵向两个方位同时表达信息，因此能在很小的面积内表达大量的信息。

二维条码可以分为堆叠式/行排式二维条码和矩阵式二维条码。堆叠式/行排式二维条码形态上是由多行短截的一维条码堆叠而成；矩阵式二维条码以矩阵的形式组成，在矩阵相应元素位置上用“点”表示二进制1，用“空”表示二进制0，由“点”和“空”的排列组成代码。具体描述如下：

（1）堆叠式/行排式二维条码 （又称堆积式或层排式），其编码原理是建立在一维条码基础之上，按需要堆积成二行或多行。它在编码设计、校验原理、识读方式等方面继承了一维条码的一些特点，识读设备与条码印刷与一维条码技术兼容。但由于行数的增加，需要对行进行判定，其译码算法与软件也与一维条码不完全相同。有代表性的行排式二维条码有 Code 16K、Code 49、PDF417 等。

（2）矩阵式二维码 （又称棋盘式二维条码）它是在一个矩形空间通过黑、白像素在矩阵中的不同分布进行编码。在矩阵相应元素位置上，用点（方点、圆点或其他形状）的出现表示二进制1，点的不出现表示二进制的0，点的排列组合确定了矩阵式二维条码所代表的意义。矩阵式二维条码是建立在计算机图像处理技术、组合编码原理等基础上的一种新型图形符号自动识读处理码制。具有代表性的矩阵式二维条码有 Code One、Maxi Code、QR Code、Data Matrix 等。在目前几十种二维条码中，常用的码制有 PDF417 二维条码、Data Matrix 二维条码、Maxicode 二维条码、QR Code、Code 49、Code 16K、Code one 等，除了这些常见的二维条码之外，还有 Vericode 条码、CP 条码、Codablock F 条码、田字码、Ultracode 条码、Aztec 条码。

二维条码的特点：

（1）高密度编码，信息容量大：可容纳多达 1850 个大写字母或 2710 个数字或 1108 个字节，或 500 多个汉字，比普通条码信息容量高几十倍。

（2）编码范围广：该条码可以把图片、声音、文字、签字、指纹等可以数字化的信息进行编码，用条码表示出来；可以表示多种语言文字；可表示图像数据。

（3）容错能力强，具有纠错功能：这使得二维条码因穿孔、污损等引起局部损坏时，照样可以正确得到识读，损毁面积达 50%仍可恢复信息。

（4）译码可靠性高：它比一维条码译码的错误率百万分之一要低得多，误码率不超过千万分之一。

（5）可引入加密措施：保密性、防伪性好。

（6）成本低，易制作，持久耐用。

（7）条码符号形状、尺寸大小比例可变。

（8）二维条码可以使用激光或 CCD 阅读器识读。

二维条码自出现以来，发展十分迅速。它的使用，极大地提高了数据采集和信息处理的速度，提高了工作效率，并为管理的科学化和现代化做出了很大贡献。

12.2.2 常用一维条形码

下面介绍两种常用的一维条码 Code39 和 Code128。

1．39 码（Code39）

39 码可以包含数字及英文字母。除了超市、零售业的应用中使用 UPC/EAN 码外，几乎在其他应用环境中，都是使用 39 码。39 码是目前使用最广泛的条码规格，支持 39 码的软硬件设备也最齐全。Code39 能表示 44 个字符：A～Z、0～9、SPACE、–、.、$、/、+、%、*等。

各个字符由 9 条黑白相间，粗细不同的线条组成，其中 6 条为黑白细条 3 条黑白粗条，一串字符必须在头尾加上起始字符和结束字符“*”，Code39 条码示例如图 12-7 所示。

图 12-7　Code39 条码示例

2．128 码（Code128）

Code128 码是一种高密度条码，可表示从 ASCII 0 到 ASCII 127 共 128 个字符，故称 128 码。其中包含了数字、字母和符号字符。

Code128 码与 Code39 码有很多的相近性，都广泛运用在企业内部管理、生产流程、物流控制系统方面。不同的在于 Code128 比 Code39 能表现更多的字符，单位长度里的编码密度更高。当单位长度里容纳不下 Code39 编码或编码字符超出了 Code39 的限制时，就可选择 Code128 来编码。Code128 具有如下特点：

- 具有 A、B、C 三种不同的编码类型，可提供标准 ASCII 中 128 个字元的编码使用；
- 允许双向扫描；
- 可自行决定是否加上检验位；
- 条码长度可调，但包括开始位和结束位在内，不可超过 232 个字元；
- 同一个 128 码，可以由 A、B、C 三种不同编码规则互换，既可扩大字元选择的范围，又可缩短编码的长度。

Code128 各编码方式的编码范围：

- Code128A——标准数字和字母，控制符，特殊字符；
- Code128B——标准数字和字母，小写字母，特殊字符；
- Code128C/EAN128——[00]～[99]的数字对集合，共 100 个，即只能表示偶数位长度的数字。

Code128 编码规则：

```
开始位＋［FNC1(为 EAN128 码时加)］ ＋ 数据位 ＋ 检验位 ＋ 结束位
```

Code128 检验位计算：

```
(开始位对应的 ID 值＋每位数据在整个数据中的位置×每位数据对应的 ID 值) % 103
```

Code128 条码示例如图 12-8 所示。

图 12-8　Code128 条码示例

12.2.3　QR Code 二维码

QR Code 码是一种矩阵二维码符号，它具有信息容量大、可靠性高、可表示汉字及图像多种信息、保密防伪性强、超高速识读、全方位（360°）识读等特点。

在用二维条码识读设备识读 QR Code 码时，QR Code 码中的 3 处位置探测图形可以帮助 QR 码的识读不受背景样式的影响，实现快速稳定的读取。用 CCD 二维条码识读设备，每秒可识读 30 个含有 100 个字符的 QR Code 码符号，QR Code 码的超高速识读特性使它能够广泛应用于工业自动化生产线管理等领域。随着智能手机以及软件识读二维码技术的普及，使得二维码的应用领域从资产管理扩展到了日常生活中。

QR Code 码编码字符集包括：

（1）数字型数据（数字 0～9）；

（2）字母数字型数据（数字 0～9；大写字母 A～Z；9 个其他字符：space、$、%、*、+、-、.、/、：）；

（3）8 位字节型数据；

（4）汉字字符（GB 2312 对应的汉字和非汉字字符）。

QR 码符号共有 40 种规格，分别为版本 1、版本 2、……、版本 40。版本 1 的规格为 21 模块×21 模块，版本 2 为 25 模块×25 模块，以此类推，每一版本符号比前一版本每边增加 4 个模块，直到版本 40 的规格为 177 模块×177 模块。

QR Code 码的结构如图 12-9 和图 12-10 所示。

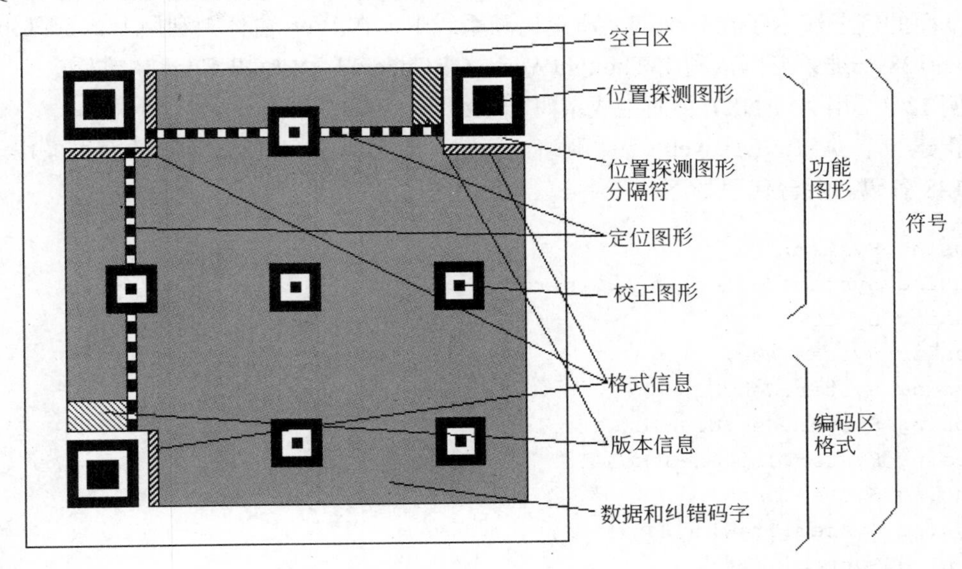

图 12-9　QR Code 码的结构

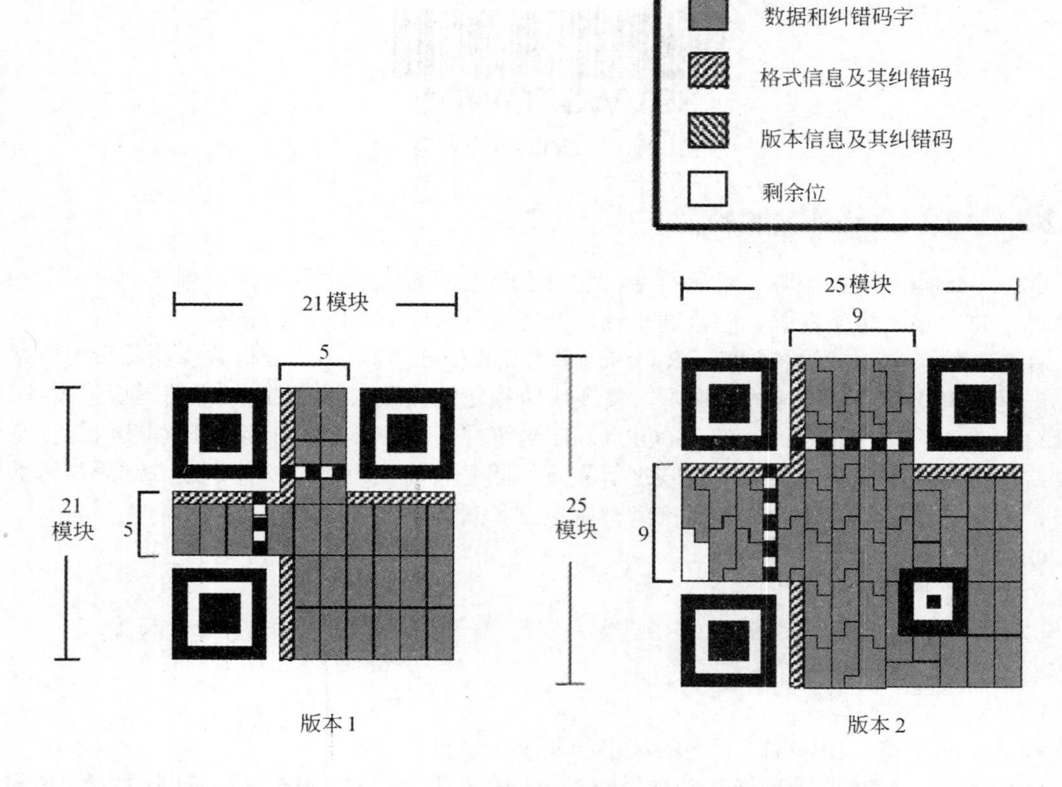

图 12-10 QR Code 码版本 1 和版本 2 的结构示意图

12.2.4 在 ASP.NET 页面中使用条码

下面的例子演示了在一个产品质量追溯系统中，在 Web 窗体中利用 BarcodeLib.dll 生成 Code128 一维条形码，利用 ThoughtWorks.QRCode.dll 生成 QR Code 二维码。

例 12-3 用 ASP.NET 页面生成条码和二维码。

新建一个 ASP.NET Web 窗体网站，新建一个名为 code128.aspx 的空页面用于生成 Code128 条码。后台代码如下：

```
using System;
using System.Collections.Generic;
using System.Linq;
using System.Web;
using System.Web.UI;
using System.Web.UI.WebControls;
using System.ComponentModel;
using System.Data;
using System.Drawing;
using System.Text;
using System.Drawing.Drawing2D;
```

```
public partial class code128 : System.Web.UI.Page
{
    BarcodeLib.Barcode b = new BarcodeLib.Barcode();  //一维条码
    protected void Page_Load(object sender, EventArgs e)
    {
        b.IncludeLabel = true;
        string num = Request["num"].ToString();
        System.IO.MemoryStream ms = new System.IO.MemoryStream();
        System.Drawing.Image myimg = b.Encode(BarcodeLib.TYPE.CODE128, num,
        340,96);//定义生成的一维码尺寸

        myimg.Save(ms, System.Drawing.Imaging.ImageFormat.Gif);
        Response.ClearContent();
        Response.ContentType = "image/Gif";
        Response.BinaryWrite(ms.ToArray());
        Response.End();
    }
}
```

新建一个名为 create2barcode.aspx 的空页面用于生成 QR Code 二维码。后台代码如下：

```
using System;
using System.Collections.Generic;
using System.Linq;
using System.Web;
using System.Web.UI;
using System.Web.UI.WebControls;
using System.ComponentModel;
using System.Data;
using System.Drawing;
using System.Text;
using ThoughtWorks.QRCode.Codec;
using ThoughtWorks.QRCode.Codec.Data;
using System.Drawing.Drawing2D;

public partial class create2barcode : System.Web.UI.Page
{
    protected void Page_Load(object sender, EventArgs e)
    {
        if (Request["TxtQRCode"] == null)
        {
            return;
        }

        QRCodeEncoder qrCodeEncoder = new QRCodeEncoder();
        String encoding = Request["DDLEncode"].ToString();
```

```
if (encoding == "Byte")
{
    qrCodeEncoder.QRCodeEncodeMode = QRCodeEncoder.ENCODE_MODE.BYTE;
}
else if (encoding == "AlphaNumeric")
{
    qrCodeEncoder.QRCodeEncodeMode = QRCodeEncoder.ENCODE_MODE.
    ALPHA_NUMERIC;
}
else if (encoding == "Numeric")
{
    qrCodeEncoder.QRCodeEncodeMode = QRCodeEncoder.ENCODE_MODE.
    NUMERIC;
}
try
{
    int scale = Convert.ToInt16(Request["Txtsize"].ToString());
    qrCodeEncoder.QRCodeScale = scale;
}
catch
{
    return;
}
try
{
    int version = Convert.ToInt16(Request["DDLVer"].ToString());
    qrCodeEncoder.QRCodeVersion = version;
}
catch
{
    return;
}

string errorCorrect = Request["DDLJC"].ToString();
if (errorCorrect == "L")
    qrCodeEncoder.QRCodeErrorCorrect = QRCodeEncoder.ERROR_
    CORRECTION.L;
else if (errorCorrect == "M")
    qrCodeEncoder.QRCodeErrorCorrect = QRCodeEncoder.ERROR_
    CORRECTION.M;
else if (errorCorrect == "Q")
    qrCodeEncoder.QRCodeErrorCorrect = QRCodeEncoder.ERROR_
    CORRECTION.Q;
else if (errorCorrect == "H")
    qrCodeEncoder.QRCodeErrorCorrect = QRCodeEncoder.ERROR_
    CORRECTION.H;
```

```
        String data = Request["TxtQRCode"].ToString();
        System.IO.MemoryStream ms = new System.IO.MemoryStream();

        System.Drawing.Image myimg = qrCodeEncoder.Encode(data, Encoding.
        GetEncoding("utf-8"));//支持中文字符集 GB2312，GB18030 或 Unicode 字符集
        UTF-8，UTF-16，UTF-32 等
        myimg.Save(ms, System.Drawing.Imaging.ImageFormat.Gif);
        Response.ClearContent();
        Response.ContentType = "image/Gif";
        Response.BinaryWrite(ms.ToArray());
        Response.End();
    }
}
```

新建一个名为 default.aspx 的页面用于浏览数据，界面设计如图 12-11 所示。

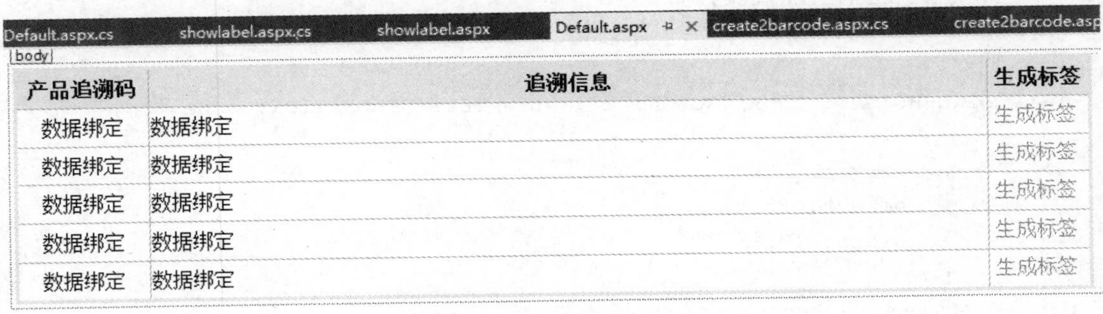

Default.aspx.cs　showlabel.aspx.cs　showlabel.aspx　Default.aspx　create2barcode.aspx.cs　create2barcode.asp

body

产品追溯码	追溯信息	生成标签
数据绑定	数据绑定	生成标签
数据绑定	数据绑定	生成标签
数据绑定	数据绑定	生成标签
数据绑定	数据绑定	生成标签
数据绑定	数据绑定	生成标签

图 12-11　default.aspx 界面设计

default.aspx 前台代码如下：

```
<%@ Page Language="C#" AutoEventWireup="true" CodeFile="Default.aspx.cs"
Inherits="Default" %>

<!DOCTYPE html>

<html xmlns="http://www.w3.org/1999/xhtml">
<head runat="server">
<meta http-equiv="Content-Type" content="text/html; charset=utf-8"/>
    <title></title>
    <style type="text/css">

TABLE {
    border: 3px solid #e2e7ed;
    BORDER-COLLAPSE: collapse; text-align: left;
 }
   .GVheaderstyle
   {
     height:30px;
```

```
       border:1px solid #9AC3FB;
       text-align:center;
          }
     TABLE TH {
       BORDER-BOTTOM: #e2e7ed 1px solid; TEXT-ALIGN: left; BORDER-LEFT: #e2e7ed
       1px solid; PADDING-BOTTOM: 2px; BACKGROUND-COLOR: #e2e7ed; PADDING-
       LEFT:5px; PADDING-RIGHT: 5px; WHITE-SPACE: nowrap; BORDER-TOP: #e2e7ed
       1px solid; BORDER-RIGHT: #e2e7ed 1px solid; PADDING-TOP: 2px
  }
          .hidden { display:none;}
        .GVItemSytle
      {
          height:30px;
         border:1px solid #9AC3FB;
         text-align:center;
         }
      A{
       LINE-HEIGHT: 25px; COLOR: #3399ff; TEXT-DECORATION: none
  }
          .auto-style1 {
              height: 25px;
              width: 100%;
          }
      </style>
  </head>
  <body>
      <form id="form1" runat="server">
      <asp:GridView ID="GridView1" runat="server" DataKeyNames="产品追溯码"
      AutoGenerateColumns="False" EmptyDataText="没有可显示的数据记录。"
       onselectedindexchanged="GridView1_SelectedIndexChanged"
       EnableModelValidation="True">
         <Columns>
             <asp:BoundField ItemStyle-Width="100px"  DataField="产品追溯码"
             HeaderText="产品追溯码"
                 SortExpression="产品追溯码"  >
                  <HeaderStyle CssClass="GVheaderstyle" />
                      <ItemStyle CssClass="GVItemSytle" />
                      </asp:BoundField>
             <asp:BoundField DataField="追溯信息" ItemStyle-HorizontalAlign=
            "Left" ItemStyle-Width="650px" HeaderText="追溯信息" SortExpression=
            "追溯信息" ReadOnly="True"  >
                  <HeaderStyle CssClass="GVheaderstyle" />
                      <ItemStyle BorderWidth="1px" BorderColor="#9AC3FB" />
                      </asp:BoundField>
             <asp:CommandField SelectText="生成标签" HeaderText="生成标签"
```

```
        ItemStyle-Width="70px" ShowSelectButton="True"  >
                <HeaderStyle CssClass="GVheaderstyle" />
                    <ItemStyle CssClass="GVItemSytle" />
                    </asp:CommandField>
        </Columns>
                <HeaderStyle CssClass="GVheaderstyle" />
    </asp:GridView>
    </form>
</body>
</html>
```

default.aspx 后台代码如下：

```
using System;
using System.Collections.Generic;
using System.Linq;
using System.Web;
using System.Web.UI;
using System.Web.UI.WebControls;
using System.Drawing;
using System.Drawing.Imaging;
using ThoughtWorks.QRCode.Codec;
using ThoughtWorks.QRCode.Codec.Data;
using System.Data;
using System.Data.SqlClient;
using System.Configuration;
using System.Collections;
using System.Web.Security;
using System.Web.UI.WebControls.WebParts;
using System.Web.UI.HtmlControls;

public partial class Default : System.Web.UI.Page
{
    protected void Page_Load(object sender, EventArgs e)
    {
        if (IsPostBack == false)            //判断是否是回发
        {
            GridView_Bind();
        }
    }

    private void GridView_Bind()
    {
        string constr = "Data Source=.;Initial Catalog=物联网应用样例数据
        库;Integrated Security=True;";
        string str = "select 产品追溯码, 追溯信息 from 追溯表";
```

```
        using (SqlConnection conn = new SqlConnection(constr))
        {
            conn.Open();
            SqlCommand comm = new SqlCommand(str, conn);
            SqlDataAdapter ad = new SqlDataAdapter(comm);
            DataTable dt = new DataTable();
            ad.Fill(dt);
            DataView dv = new DataView(dt);
            GridView1.DataSource = dv;
            GridView1.DataBind();
        }
    }
    protected void GridView1_SelectedIndexChanged(object sender, EventArgs e)
    {
        Session["zsm"] = GridView1.SelectedRow.Cells[0].Text;
                                                    //选中行的第一列的数据
        Session["zsxx"] = GridView1.SelectedRow.Cells[1].Text;
                                                    //选中行的第二列的数据
        Response.Write("<script>window.open('showlabel.aspx')</script>");
    }

}
```

新建一个名为 showlabel.aspx 的页面，页面上添加两个 Image 控件用于显示一维追溯码和追溯信息二维码，界面设计如图 12-12 所示。

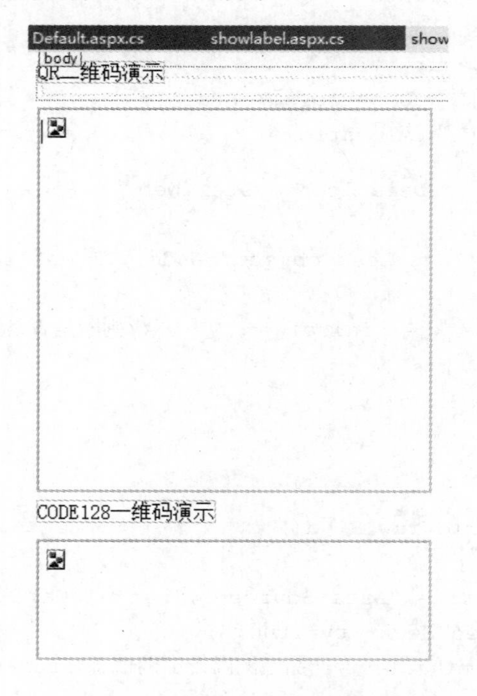

图 12-12　showlabel.aspx 界面设计

showlabel.aspx 前台代码如下：

```
<%@ Page Language="C#" AutoEventWireup="true" CodeFile="showlabel.aspx.cs"
Inherits="showlabel" %>

<!DOCTYPE html PUBLIC "-//W3C//DTD XHTML 1.0 Transitional//EN" "http://www.
w3.org/TR/xhtml1/DTD/xhtml1-transitional.dtd">

<html xmlns="http://www.w3.org/1999/xhtml">
<head id="Head1" runat="server">
    <title>显示条码</title>
    <style>
        .jp-page{position:relative}
    .jp-text,.jp-label,.jp-image,.jp-barcode{position:absolute;overflow:
    hidden}
    .jp-auto-stretch,.jp-barcode object,.jp-barcode embed{width:100%;
    height:100% }
        .jp-comp-qrcode{left: 2mm;
            top: 12mm; text-align:justify;
                        text-justify:distribute-all-lines;/*ie6-8*/
                         text-align-last:justify;/* ie9*/
                         -moz-text-align-last:justify;/*ff*/
                         -webkit-text-align-last:justify;/*chrome 20+*/

            width: 80mm;
            height: 80mm;
            font-size: 10pt;position: absolute; z-index: 111;
        }
        .jp-comp-barcode{left: 2mm;
            top: 102mm;
            text-align:justify;
                        text-justify:distribute-all-lines;/*ie6-8*/
                         text-align-last:justify;/* ie9*/
                         -moz-text-align-last:justify;/*ff*/
                         -webkit-text-align-last:justify;/*chrome 20+*/

             Height:25mm; Width:80mm;  font-size: 4pt; z-index: 111;

        }
        </style>
 </head>
 <body>

     <div style="top:2mm;left:2mm;position:absolute;"><p>QR 二维码演示</p>
     </div>
     <div style="top:94mm;left:2mm;position:absolute;"><p>CODE128 一维码演示
     </p></div>
 <form id="form1" runat="server">
     <div id="divqrcode" class="jp-image jp-comp-qrcode" runat="server">
```

```
        <asp:Image ID="qrcode" class="jp-image-view jp-auto-stretch" runat=
        "server" Height="100%" Width="100%"/>
    </div>
    <div id="divbarcode" class="jp-image jp-comp-barcode" runat="server">
        <asp:Image ID="barcode" class="jp-image-view jp-auto-stretch"
        runat="server" Height="100%" Width="100%"/>
    </div>
</form>
</body>
</html>
```

showlabel.aspx 后台代码如下：

```
using System;
using System.Collections.Generic;
using System.Linq;
using System.Web;
using System.Web.UI;
using System.Web.UI.WebControls;
using System.Configuration;

public partial class showlabel : System.Web.UI.Page
{
    protected void Page_Load(object sender, EventArgs e)
    {
        barcode.ImageUrl = "code128.aspx?num=" + Session["zsm"].ToString().
        Trim();
        qrcode.ImageUrl = "create2barcode.aspx?TxtQRCode=" + Session
        ["zsxx"].ToString().Trim() + "&Txtsize=4&DDLEncode=Byte&DDLJC=
        M&DDLVer=0";
    }
}
```

最后，添加 BIN 文件夹，将 BarcodeLib.dll 与 ThoughtWorks.QRCode.dll 两个文件复制过来，编译运行。

12.3 Web 套打

在各类信息管理系统中使用 Web 方式打印时经常要求按照特定页面格式打印报表、单据，例如一些证明、发票的打印，也就是套打。在 ASP.NET 中实现 Web 套打的设计主要经过以下 5 个步骤：

（1）扫描报表单据样张，保存成一个底图图片文件；

（2）将底图作成<img>；

（3）在<img>上放置打印项，试着打印到打印机，观察有无偏移；

（4）有偏移，则调整，再试打；

（5）无偏移，则将样张改造成相应语言的动态页面，如 jsp、aspx、php 等。

上述过程中，如果没有可视化的设计工具，步骤（3）、（4）是最麻烦的，往往要经过多次调整，特别是单据比较多的应用，工作量较大。

在系统实现时，如果应用环境的打印机不统一，可以选择一些 Web 打印控件实现 Web 套打。如果使用环境标准化，即后期应用不需要对页面打印内容的位置作调整，可以使用 DIV+CSS 进行打印内容定位，使用 WebBrowser 控件实现页面打印。

例 12-4 用 ASP.NET 页面实现 Web 套打。

本例以动物检疫合格证明的打印为例讲解实现 Web 套打的基本过程，示例中页面使用到的动物检疫合格证明表结构如图 12-13 所示。

DESKTOP-7I...物检疫合格证明产品B表

列名	数据类型	允许 Null 值
动物检疫合格证明产品B...	int	☐
动物检疫合格证明号	nvarchar(20)	☑
货主	nvarchar(50)	☑
产品名称	nvarchar(20)	☑
数量及单位	nvarchar(20)	☑
产地	nvarchar(200)	☑
生产单位名称地址	nvarchar(150)	☑
目的地	nvarchar(200)	☑
检疫标志号	nvarchar(20)	☑
官方兽医姓名	nvarchar(20)	☑
动物卫生监督检查站签...	nvarchar(50)	☑
签发日期	datetime	☑
备注	nvarchar(200)	☑

图 12-13　动物检疫合格证明表结构

新建一个网站，然后修改网站的 Web.config 文件，在<configuration>节点下添加如下代码：

```
<connectionStrings>
      <add name="物联网应用样例数据库 ConnectionString" connectionString=
      "Data Source=.;Initial Catalog=物联网应用样例数据库;Integrated
      Security=True"
          providerName="System.Data.SqlClient" />
   </connectionStrings>
```

新建 Web 窗体“动物检疫合格证明表.aspx”，界面设计如图 12-14 所示。页面中添加一个 GridView 控件用于显示动物检疫合格证明表中数据，并在 GridView 控件左侧添加打印链接实现选中行的打印。

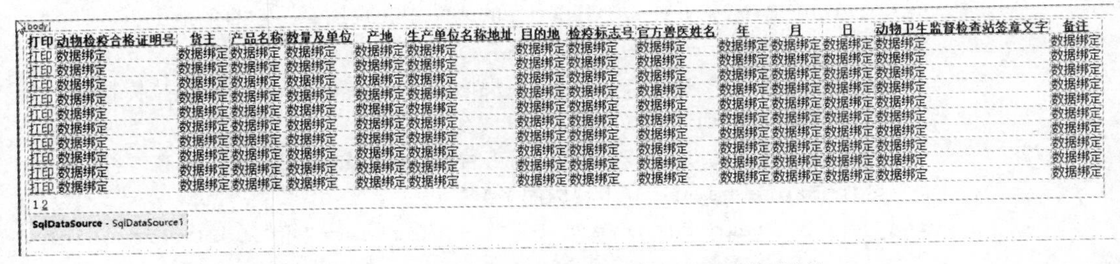

图 12-14　“动物检疫合格证明表.aspx”界面设计

（1）“动物检疫合格证明表.aspx”的前台代码如下：

```
<%@ Page Language="C#" AutoEventWireup="true" CodeFile="动物检疫合格证明表.aspx.cs" Inherits="动物检疫合格证明表" %>
<!DOCTYPE html PUBLIC "-//W3C//DTD XHTML 1.0 Transitional//EN" "http://www.w3.org/TR/xhtml1/DTD/xhtml1-transitional.dtd">
<html xmlns="http://www.w3.org/1999/xhtml">
<head id="Head1" runat="server">
<object id="WebBrowser" width="0" height="0" classid="CLSID:8856F961-340A-11D0-A96B-00C04FD705A2"></object>
    <title>WebBrowser打印检疫合格证</title>
<meta http-equiv="Content-Type" content="text/html; charset=UTF-8"/>
</head>
<body>
<form id="form1" runat="server">
    <asp:GridView ID="GridView1" runat="server" AllowPaging="True"
        AutoGenerateColumns="False"
        DataSourceID="SqlDataSource1"
        onselectedindexchanged="GridView1_SelectedIndexChanged"
        AllowSorting="True">
        <Columns>
            <asp:CommandField HeaderText="打印" SelectText="打印"
            ShowSelectButton="True" />
            <asp:BoundField DataField="动物检疫合格证明号" HeaderText="动物检疫合格证明号"
                SortExpression="动物检疫合格证明号" />
            <asp:BoundField DataField="货主" HeaderText="货主"
            SortExpression="货主" />
            <asp:BoundField DataField="产品名称" HeaderText="产品名称"
                SortExpression="产品名称" />
            <asp:BoundField DataField="数量及单位" HeaderText="数量及单位"
            SortExpression="数量及单位" />
            <asp:BoundField DataField="产地" HeaderText="产地"
            SortExpression="产地" />
            <asp:BoundField DataField="生产单位名称地址" HeaderText="生产单位名称地址"
                SortExpression="生产单位名称地址" />
            <asp:BoundField DataField="目的地" HeaderText="目的地"
                SortExpression="目的地" />
            <asp:BoundField DataField="检疫标志号" HeaderText="检疫标志号"
                SortExpression="检疫标志号" />
            <asp:BoundField DataField="官方兽医姓名" HeaderText="官方兽医姓名"
                SortExpression="官方兽医姓名" />
            <asp:BoundField DataField="年" HeaderText="年" SortExpression="年"/>
```

```
            <asp:BoundField DataField="月" HeaderText="月" SortExpression="月"/>
            <asp:BoundField DataField="日" HeaderText="日" SortExpression="日"/>
            <asp:BoundField DataField="动物卫生监督检查站签章文字" HeaderText="
            动物卫生监督检查站签章文字"
                SortExpression="动物卫生监督检查站签章文字" />
            <asp:BoundField DataField="备注" HeaderText="备注"
                SortExpression="备注" />
        </Columns>
    </asp:GridView>
    <asp:SqlDataSource ID="SqlDataSource1" runat="server"
        ConnectionString="<%$ ConnectionStrings:defaultConnectionString %>"
        SelectCommand="SELECT [动物检疫合格证明号], [货主], [产品名称], [数量及
        单位], [产地], [生产单位名称地址], [目的地], [检疫标志号], [官方兽医姓名],
        [动物卫生监督检查站签章文字], year([签发日期]) 年,month([签发日期])
        月,day([签发日期]) 日, [备注] FROM [动物检疫合格证明表]">
    </asp:SqlDataSource>
    <br />
</form>
</body>
</html>
```

（2）页面“动物检疫合格证明表.aspx”的后台代码中添加 GridView1_SelectedIndexChanged 方法，代码如下：

```
protected void GridView1_SelectedIndexChanged(object sender, EventArgs e)
{
    string sljdw = GridView1.SelectedRow.Cells[4].Text.Trim();
    string csljdw = NtoC.ConvertToChinese(double.Parse(sljdw.Substring
    (0, sljdw.Length - 1))).Trim() + sljdw.Substring(sljdw.Length - 1);
    string qfrqn = GridView1.SelectedRow.Cells[10].Text.Trim();
    string qfrqy = GridView1.SelectedRow.Cells[11].Text.Trim();
    string qfrqr = GridView1.SelectedRow.Cells[12].Text.Trim();
    Session["货主"] = GridView1.SelectedRow.Cells[2].Text.Trim();
    Session["产品名称"] = GridView1.SelectedRow.Cells[3].Text.Trim();
    Session["数量及单位"] = csljdw;
    Session["产地"] = GridView1.SelectedRow.Cells[5].Text.Trim();
    Session["生产单位名称地址"] = GridView1.SelectedRow.Cells[6].Text.
    Trim();
    Session["目的地"] = GridView1.SelectedRow.Cells[7].Text.Trim();
    Session["检疫标志号"] = GridView1.SelectedRow.Cells[8].Text.Trim();
    Session["官方兽医姓名"] = GridView1.SelectedRow.Cells[9].Text.Trim();
    Session["签发日期年"] = NtoC.ConvertYearToChinese(qfrqn).Trim();
    Session["签发日期月"] = NtoC.ConvertToChinese(double.Parse(qfrqy));
    Session["签发日期日"] = NtoC.ConvertToChinese(double.Parse(qfrqr));
    Session["动物卫生监督检查站签章"] = GridView1.SelectedRow.Cells[13].
    Text.Trim();
```

```
        Session["备注"] = GridView1.SelectedRow.Cells[14].Text.Trim();
        Response.Write("<script>window.open('动物检疫合格证明表打印页面.aspx')
        </script>");
    }
```


因为填表规范要求数量和日期要使用中文数字形式填写，所以在 APP_Code 目录中添加一个公共类 NtoC.cs，用于将数据表中的数字转换为打印页面中的中文数字。代码如下：

```
using System;
using System.Collections.Generic;
using System.Linq;
using System.Web;
using System.Text.RegularExpressions;

/// <summary>
///NtoC 将阿拉伯数字转换为中文数字
/// </summary>
public class NtoC
{
    public NtoC()
    {
    }

    public static string ConvertToChinese(double x)
    {
        string s = x.ToString("#L#E#D#C#K#E#D#C#J#E#D#C#I#E#D#C#H#E#D#C#G#
        E#D#C#F#E#D#C#.0B0A");
        string d = Regex.Replace(s, @"((?<=-|^)[^1-9]*)|((?'z'0)[0A-E]*((?=
        [1-9])|(?'-z'(?=[F-L\.]|$))))|((?'b'[F-L])(?'z'0)[0A-L]*((?=[1-9])
        |(?'-z'(?=[\.]|$))))", "${b}${z}");
        return Regex.Replace(d, ".", m => "负 空零壹贰叁肆伍陆柒捌玖空空空空空空
        空分角拾佰仟万亿兆京垓秭穰"[m.Value[0] - '-'].ToString());
    }
    public static char ToNum(char x)
    {
        string strChnNames="零壹贰叁肆伍陆柒捌玖";
        string strNumNames="0123456789";
        return strChnNames[strNumNames.IndexOf(x)];
    }
    public static string ConvertYearToChinese(string year)
    {
        char[] s=year.ToCharArray();
        for (int i=0; i < year.Length; i++)
            s[i]=ToNum(s[i]);
        return new string(s);
    }
```

```
}
```

（3）新建 Web 窗体“动物检疫合格证明表打印页面.aspx”用于实现合格证明打印，界面设计如图 12-15 所示。

实现要点：

① 在页面中添加对 WebBrowser 控件的引用。

```
<object id="WebBrowser" width="0" height="0" classid="CLSID:8856F961-340A-11D0-A96B-00C04FD705A2"></object>
```

② 因为页面中只有部分内容是需要打印到证明上的，所以在页面源码模式下<head></head>脚本中要添加打印时用于隐藏非打印部分的样式：

```
<!--media=print 这个属性可以在打印时有效-->
<style type="text/css" media="print">
    .Noprint{display:none;}/*用于设置底图在浏览时可见但打印时不可见*/
</style>
```

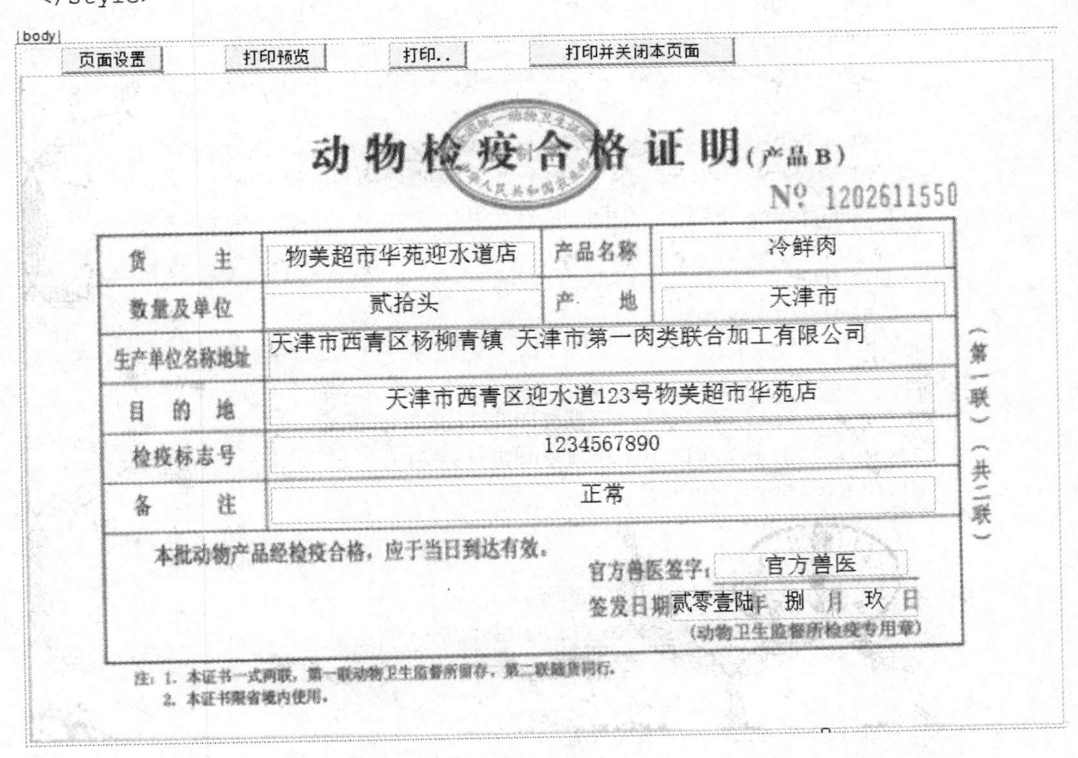

图 12-15 “动物检疫合格证明表打印页面.aspx”界面设计图

③ 在<head></head>中添加用于打印的 JavaScript 脚本如下：

```
<object id="WebBrowser" width="0" height="0" classid="CLSID:8856F961-340A-11D0-A96B-00C04FD705A2"></object>
<script type="text/javascript">
                                    //下面代码修改注册表设置 IE 打印页面的设置
```

```
    var HKEY_Root, HKEY_Path, HKEY_Key;
    HKEY_Root="HKEY_CURRENT_USER";
    HKEY_Path="\\Software\\Microsoft\\Internet Explorer\\PageSetup\\";

    PageSetup(0, 0, 0, 0);       //设置网页打印的页眉页脚为空，上下左右页边距为 0
    function PageSetup(margin_left, margin_right, margin_top, margin_
    bottom) {                                  //设置页边距及页眉、页脚
       try {
           var Wsh=new ActiveXObject("WScript.Shell");
           HKEY_Key="margin_bottom";      //下边距
           Wsh.RegWrite(HKEY_Root+HKEY_Path+HKEY_Key, margin_bottom);
           HKEY_Key="margin_left";      //左边距
           Wsh.RegWrite(HKEY_Root+HKEY_Path+HKEY_Key, margin_left);
           HKEY_Key = "margin_right";//右边距
           Wsh.RegWrite(HKEY_Root + HKEY_Path + HKEY_Key, margin_right);
           HKEY_Key = "margin_top";//上边距
           Wsh.RegWrite(HKEY_Root + HKEY_Path + HKEY_Key, margin_top);
           HKEY_Key = "header";//页眉
           Wsh.RegWrite(HKEY_Root + HKEY_Path + HKEY_Key, "");
           HKEY_Key = "footer";//页脚
           Wsh.RegWrite(HKEY_Root + HKEY_Path + HKEY_Key, "");
           HKEY_Key = "Shrink_To_Fit";//是否收缩到纸张大小
           Wsh.RegWrite(HKEY_Root + HKEY_Path + HKEY_Key, "no");
       }
       catch (e) {
           alert(e);
       }
    }
    function Printclose() {//直接打印并关闭打印页面
       document.all.WebBrowser.ExecWB(6, 2);
       window.opener = null;
       window.close();
    }
    function Printview() {//打印预览
       document.all.WebBrowser.ExecWB(7, 1)

    }
    function Pageset() {//页面设置
       document.all.WebBrowser.ExecWB(8, 1)
    }
    function Printconfirm() {//提示框确认打印
       if(confirm('确定打印吗？')) { document.all.WebBrowser.ExecWB(6, 1); }
    }
</script>
```

④ 添加一个 div 用于容纳打印按钮等非输出部分，代码如下：

```
<div class="Noprint">
      <input onclick="document.all.WebBrowser.ExecWB(8,1)" type=
    "button" value="页面设置" name="page_setup" />   
    <input onclick="document.all.WebBrowser.ExecWB(7,1)" type="button"
    value="打印预览" name="print_preview" />   
    <input onclick="document.all.WebBrowser.ExecWB(6,1)" type="button" value=
    "打印.." name="ie_print" />   
    <input onclick="javascript:doPrint()" type="button" value="打印并关闭本
    页面" name="print" />
    <br />
</div>
```

⑤ 添加一个 div 用于容纳需打印输出部分，要注意 div 的大小应和打印单据保持一致，代码如下：

```
<div class="jp-page" id="page1" style="width: 210mm; height: 140mm;">

</div>
```

⑥ 在 page1（div）中添加套打底图"动物检疫合格证明产品 B 第一联.jpg"，要注意设置 img 的大小应和打印单据保持一致，并将其格式设置为 Notprint，代码如下：

```
<img class="jp-paper-background screen-only Noprint"
      src="images/动物检疫合格证明产品 B 第一联小.jpg" height="14cm" width=
      "21cm">
```

⑦ 添加需在单据上打印的内容，每项输出内容定义成一个 div，div 中用标签控件显示文本内容，调整 div 的位置使其恰好位于单据上本项数据需打印的位置处，代码如下所示：

```
<div class="jp-text jp-comp-1">
    <asp:Label ID="Label1" runat="server" Text="物美超市华苑迎水道店">
    </asp:Label>
</div>
<div class="jp-text jp-comp-2">
    <asp:Label ID="Label2" runat="server" Text="冷鲜肉"></asp:Label>
</div>
<div class="jp-text jp-comp-3">
    <asp:Label ID="Label3" runat="server" Text="贰拾头"></asp:Label>
</div>
<div class="jp-text jp-comp-4">
    <asp:Label ID="Label4" runat="server" Text="天津市"></asp:Label>
</div>
<div class="jp-text jp-comp-5">
    <asp:Label ID="Label5" runat="server" Text="天津市西青区杨柳青镇 天津
```

```
    市第一肉类联合加工有限公司"></asp:Label>
</div>
<div class="jp-text jp-comp-6">
    <asp:Label ID="Label6" runat="server" Text="正常"></asp:Label>
</div>
<div class="jp-text jp-comp-7">
    <asp:Label ID="Label7" runat="server" Text="官方兽医"></asp:Label>
</div>
<div class="jp-text jp-comp-8">
    <asp:Label ID="Label8" runat="server" Text="贰零壹陆"></asp:Label>
</div>
<div class="jp-text jp-comp-9">
    <asp:Label ID="Label9" runat="server" Text="捌"></asp:Label>
</div>
<div class="jp-text jp-comp-10">
    <asp:Label ID="Label10" runat="server" Text="玖"></asp:Label>
</div>
<div class="jp-text jp-comp-11">
    <asp:Label ID="Label11" runat="server" Text="天津市西青区迎水道123号
    物美超市华苑店"></asp:Label>
</div>
<div class="jp-text jp-comp-12">
    <asp:Label ID="Label12" runat="server" Text="1234567890"></asp:
    Label>
</div>
```

设置好所有打印项的 div 后，得到的最终样式定义如下：

```
<style type="text/css">
    .jp-page{position:relative}
    .jp-text{position:absolute;overflow:hidden}
    .jp-paper-background{position:absolute;width:21cm;height:14cm;
       top: 0px;
       left: 0px;
    }
    .jp-comp-1{left: 189px; top: 140px;
width: 204px; height: 27px;
text-align: center; font-size: 18px; position: absolute; z-index: 101;
    }
    .jp-comp-2{left: 492px; top: 138px;
width: 216px;
height: 27px; text-align: center; font-size: 18px; position: absolute;
z-index: 103;
    }
    .jp-comp-3{left: 186px;
top: 178px;
```

```
width: 214px;
height: 27px;
text-align: center;
font-size: 18px; position: absolute; z-index: 104;
    }
    .jp-comp-4{left: 492px; top: 178px;
width: 216px;
height: 27px;
text-align: center; font-size: 18px; position: absolute; z-index: 105;
    }
    .jp-comp-5{left: 189px; top: 209px;
width: 509px; height: 38px;
text-align: left;
font-size: 18px; position: absolute; z-index: 106;
    }
    .jp-comp-6{left: 189px;
top: 332px;
width: 509px;
height: 27px;
text-align: center;
font-size: 18px; position: absolute; z-index: 109;
    }
    .jp-comp-7{left: 529px; top: 390px;
width: 147px; height: 18px;
text-align: center; font-size: 18px; position: absolute; z-index: 115;
    }
    .jp-comp-8{left: 495px;
top: 419px;
width: 64px;
height: 22px;
text-align: center; font-size: 16px; position: absolute; z-index: 116;
        right: 235px;
    }
    .jp-comp-9{left: 558px;
top: 419px;
width: 64px;
height: 22px;
text-align: center; font-size: 16px; position: absolute; z-index: 117;
    }
    .jp-comp-10{left: 619px;
top: 419px;
width: 64px;
height: 22px;
text-align: center; font-size: 16px; position: absolute; z-index: 118;
    }
```

```
    .jp-comp-11{left: 189px; top: 254px;
width: 509px;
height: 27px;
font-size: 18px; position: absolute; z-index: 124;
        text-align: center;
    }
    .jp-comp-12{left: 189px;
top: 292px;
width: 509px;
height: 27px;
font-size: 18px; position: absolute; z-index: 125;
        bottom: 210px;
        text-align: center;
    }
</style>
```

打印页面的后台代码如下：

```
using System;
using System.Collections.Generic;
using System.Linq;
using System.Web;
using System.Web.UI;
using System.Web.UI.WebControls;

public partial class _Default : System.Web.UI.Page
{
    protected void Page_Load(object sender, EventArgs e)
    {
        Label1.Text = Session["货主"].ToString();
        Label2.Text = Session["产品名称"].ToString();
        Label3.Text = Session["数量及单位"].ToString();
        Label4.Text = Session["产地"].ToString();
        Label5.Text = Session["生产单位名称地址"].ToString();
        Label6.Text = Session["备注"].ToString();
        Label7.Text = Session["官方兽医姓名"].ToString();
        Label8.Text = Session["签发日期年"].ToString();
        Label9.Text = Session["签发日期月"].ToString();
        Label10.Text = Session["签发日期日"].ToString();
        Label11.Text = Session["目的地"].ToString();
        Label12.Text = Session["检疫标志号"].ToString();
    }

}
```

打印页面的运行如图 12-16 和图 12-17 所示。

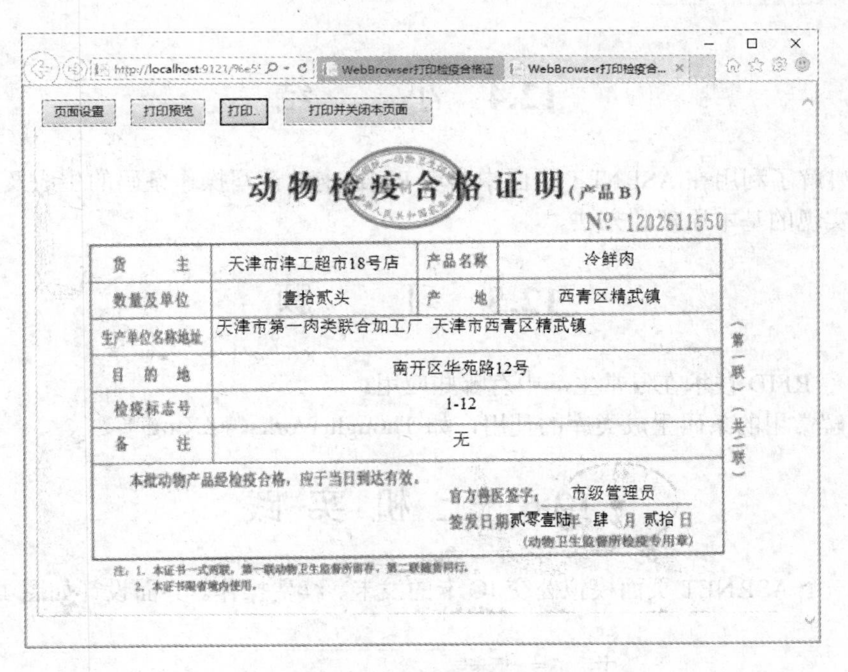

货　　主	天津市津工超市18号店	产品名称	冷鲜肉
数量及单位	壹拾贰头	产　　地	西青区精武镇
生产单位名称地址	天津市第一肉类联合加工厂 天津市西青区精武镇		
目 的 地	南开区华苑路12号		
检疫标志号	1-12		
备　　注	无		

本批动物产品经检疫合格，应于当日到达有效。

官方兽医签字：市级管理员

签发日期：贰零壹陆 年 肆 月 贰拾 日

（动物卫生监督所检疫专用章）

注：1. 本证书一式两联，第一联动物卫生监督所留存，第二联随货同行。
2. 本证书限省境内使用。

图 12-16　打印页面的运行图

打印

常规　选项

选择打印机

Fax
FX DocuPrint M218 fw-00000
FX DocuPrint M218 fw-00000FAX
Lenovo M7208W-00000
Microsoft Print to PDF
Microsoft XPS Document Writer
发送至 OneNote 16

状态：就绪
位置：
备注：
打印到文件(F)
首选项(R)
查找打印机(D)...

页面范围
全部(L)
选定范围(T)　当前页面(U)
页码(G): 1
输入页码或页面范围。如，5-12

份数(C): 1
自动分页(O)

打印(P)　取消　应用(A)

图 12-17　单击“打印”按钮后弹出“打印”对话框

12.4 小 结

本章讲解了利用在 ASP.NET 页面中实现 RFID 卡的读写操作条码的生成及显示，以及 Web 套打实现的基本原理和方法。

12.5 习 题

1. 观察 RFID 技术在日常生活中有哪些应用。
2. 了解常用的条码生成类库的使用，如 ThoughtWorks、ZXing 等。

12.6 上 机 实 践

设计一个 ASP.NET 页面模拟公交 IC 卡的发卡、续费操作。界面设计如图 12-18 所示。

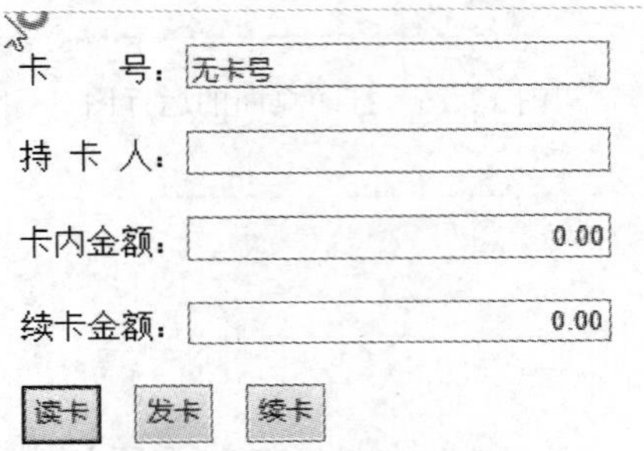

卡 号：无卡号
持 卡 人：
卡内金额：0.00
续卡金额：0.00
读卡 发卡 续卡

图 12-18 界面设计

本练习需用到两个数据表；公交卡信息表和公交卡续卡记录表，定义如图 12-19 和图 12-20 所示。为了数据处理方便，在公交卡信息表上创建触发器用于办卡时向公交卡续卡记录表中添加首次续费记录，在公交卡续卡记录上创建触发器用于续费时更新公交卡信息表中的卡内金额。

```
create trigger tri_ins_公交卡信息 on 公交卡信息
after insert
as
insert [dbo].[公交卡续卡记录] select 卡号,getdate(),卡内金额 from inserted
go
create trigger tri_ins_公交卡续卡记录 on 公交卡续卡记录
after insert
as
update [dbo].[公交卡信息] set [卡内金额]=[卡内金额]+[续卡金额]
    from [公交卡信息] a join inserted b on a.卡号=b.卡号
go
```

	列名	数据类型	允许 Null 值
🔑	卡号	char(20)	☐
	持卡人姓名	nvarchar(50)	☐
	卡内金额	money	☐

图 12-19　公交卡信息表定义

	列名	数据类型	允许 Null 值
🔑	流水号	int	☐
	卡号	varchar(20)	☐
	续卡时间	datetime	☐
	续卡金额	money	☐

图 12-20　公交卡续卡记录表定义

第13章 调试、发布与优化

在开发或发布 ASP.NET 应用程序时，难免会遇到错误警示或部署问题。本章首先介绍程序设计时的调试错误与跟踪处理方法，然后重点介绍网站发布相关问题，包括 IIS 8.0 服务管理器的安装与配置、网站发布与部署、应用程序和虚拟目录的异同以及 DNS 转换的配置，最后将介绍高效编码优化的一些方法。

本章主要学习目标如下：

- 掌握页面级和应用程序级的错误调试与跟踪处理基本技巧；
- 掌握 IIS 8.0 的安装与配置；
- 掌握 ASP.NET 网站的发布与部署；
- 掌握高效编码优化的一些方法。

13.1 调试错误与跟踪处理

在.NET 编程调试时，经常会出现一些错误，如未将对象引用设置到对象的实例错误、数据库操作错误、网页 404 错误等。在这些错误中，有些可以通过好的编程习惯进行预防，有些则只有当网页报错时才会意识到错误。错误的类型也分为页面级错误和应用程序级错误。

13.1.1 页面级

页面级处理错误的方法包括 Page_Error 事件和 ErrorPage 属性。Page_Error 事件可以只显示错误信息，也可以记录事件或执行某个其他操作。Page_Error 事件可以在浏览器中显示详细的错误信息，编程时需注意是否有必要向用户显示详细信息，通常的做法是当页面发生错误时，向用户显示一条发生错误的消息，同时将错误详细信息记录在日志文件。

ErrorPage 属性几乎可以在任何时候进行设置，从而确定页面发生错误的时候会重定向至哪个页面。

注意：要让 ErrorPage 属性能够发挥作用，<customErrors>配置项中的 mode 属性必须设为 On。

```
this.ErrorPage = "~/ErrorPage/PageError1.html";
```

如果在一个页面中 Page_Error 和 ErrorPage 都存在，当异常抛出时，页面会先执行 Page_Error 事件处理函数，如果 Page_Error()事件中调用清除异常信息函数，则程序不会跳转到 ErrorPage 属性指定页面；如果没有调用清除异常信息函数，异常信息会继续向上层抛，页面会跳转到 ErrorPage 指定页面。这就证明了 Page_Error 事件的执行优先级高于 ErrorPage 属性。

13.1.2 应用程序级

应用程序方面的问题在进行 IIS 部署时经常会遇到。这些问题，有些是 IIS 中应用程序池配置的问题，有些是数据库权限问题。Application_Error 事件和<customErrors>配置项捕获发生在应用程序中的错误。

Application_Error 事件通常是在 Global.asax 文件中重写其事件以达到记录或处理应用程序级别错误的目的。重写代码如下所示：

```
void Application_Error(object sender, EventArgs e)
{
Exception objErr = Server.GetLastError().GetBaseException();
string error = "发生异常页: " + Request.Url.ToString() + "<br>";
                                                    //出错页的页面 URL
error += "异常信息: " + objErr.Message + "<br>";    //出错的错误信息
Server.ClearError();
Application["error"] = error;
Response.Redirect("~/ErrorPage.aspx");        //定义出错时要跳转到的错误提示页
}
```

<customErrors>配置项可将重定向页指定为默认的错误页 defaultRedirect 或者根据引发的 HTTP 错误代码指定特定页。如果发生在应用程序以前的任一级别都未捕获到的错误，则显示这个自定义页。代码如下：

```
<customErrors mode="On"defaultRedirect="~/ErrorHandling/ApplicationError.
html"> <error statusCode="404" redirect="~/ErrorHandling/404.html" />
</customErrors>
```

同样，如果 Application_Error 和<customerErrors>同时存在于一个程序中，也存在执行顺序的问题。因为 Application_Error 事件优先级高于<customErrors>配置项，所以发生应用程序级错误时，优先执行 Application_Error 事件中的代码，如果 Application_Error 事件中调用了清理错误信息函数，<customerErrors>配置节中的 defaultRedirect 不起作用，因为异常已经被清除；如果 Application_Error 事件中没用调用清理错误信息函数，错误页会重新定位到 defaultRedirect 指定的 URL 页面，为用户显示友好的出错信息。

13.2 网站发布

标准服务器控件是 ASP.NET 最常用的服务器控件，它们位于 System.Web. UI.WebControl 命名空间下，一般可以在工具箱的“标准”中找到这些控件，主要包括文本类型控件、按钮类型控件、选择类型控件、图形显示类型控件、容器控件、上传控件和登录控件等。只要掌握好这些控件的属性、方法和事件的使用，就可开发出功能强大的网络应用程序。

13.2.1 IIS 8.0 管理器配置

Internet Information Services（IIS，互联网信息服务），是由微软公司提供的 World Wide Web Server。最初是 Windows NT 系统的可选包，随后内置在 Windows 2000、Windows XP Professional、Windows Server 2003 和 Windows Server 2008 等系统一起发行，经历了多个改进版本。目前应用最广泛的包括 IIS 6.0、IIS 7.0 和 IIS 8.0 三个版本，本节介绍 IIS 8.0 管理器的配置，IIS 8.0 在界面上与 IIS 7.0 类似，与 IIS 6.0 有显著不同。因 IIS 8.0 目前只能安装在 Windows Server 2012 系统中，本次测试服务器系统为 Windows Server 2012 Standard，系统类型为 64 位操作系统。IIS 8.0 的安装步骤如下：

（1）打开系统桌面左下角的“服务器管理器”，如图 13-1 所示为服务器管理器首页。

（2）单击图 13-1 中的“添加角色和功能”选项，出现如图 13-2 所示添加角色和功能向导。

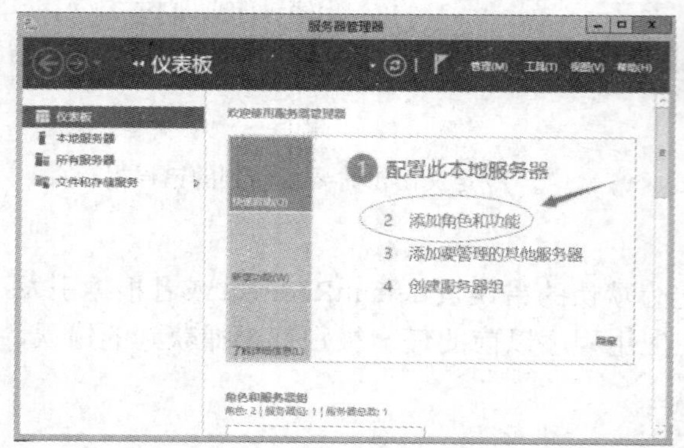

图 13-1　服务器管理器首页

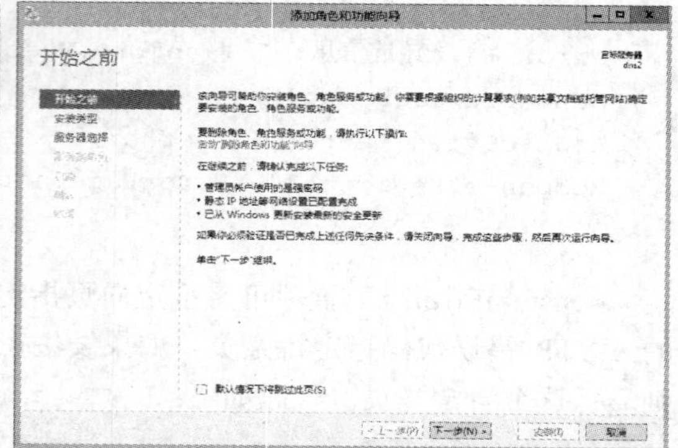

图 13-2　添加角色和功能向导

（3）单击图 13-2 中的“下一步”按钮，出现安装类型界面，如图 13-3 所示。

（4）在安装类型界面选择“基于角色或基于功能的安装”选择，单击“下一步”按钮，出现服务器选择界面，如图 13-4 所示。

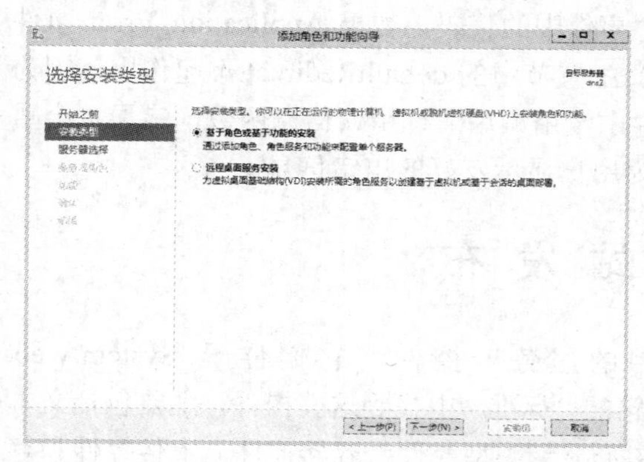

图 13-3　安装类型界面

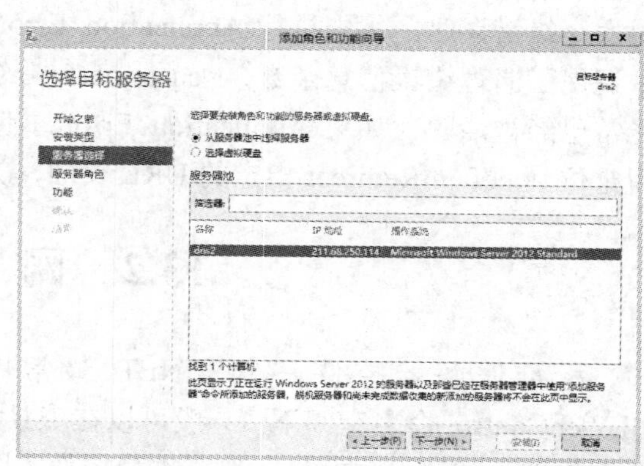

图 13-4　服务器选择界面

（5）在服务器选择界面选择“从服务器池中选择服务器”选项，选择好目标服务器后单击“下一步”按钮，出现选择服务器角色界面，如图 13-5 所示。

（6）在“选择服务器角色”界面中选中“Web 服务器（IIS）”，出现添加功能界面，如图 13-6 所示。

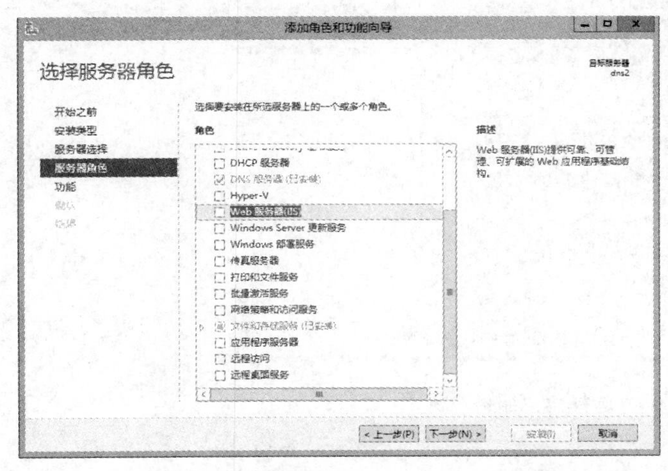

图 13-5　选择服务器角色界面

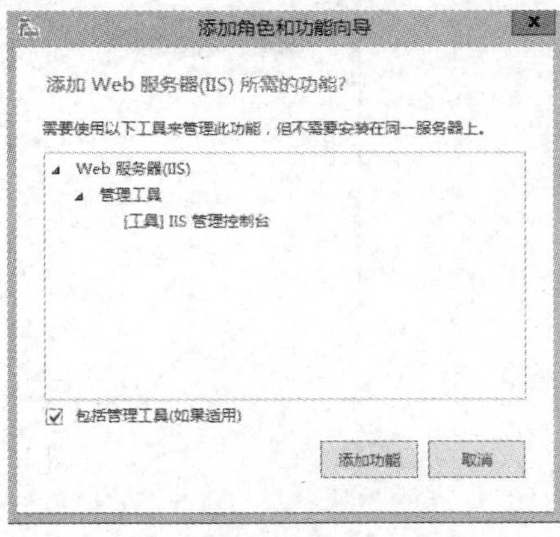

图 13-6　添加功能界面

（7）在选择服务器角色界面选择“应用程序服务器”选项，单击“下一步”按钮，出现如图 13-7 所示选择功能界面，在该界面选择“.NET Framework 3.5 功能”选项，单击“下一步”按钮，转到 Web 服务器角色（IIS）界面，如图 13-8 所示。

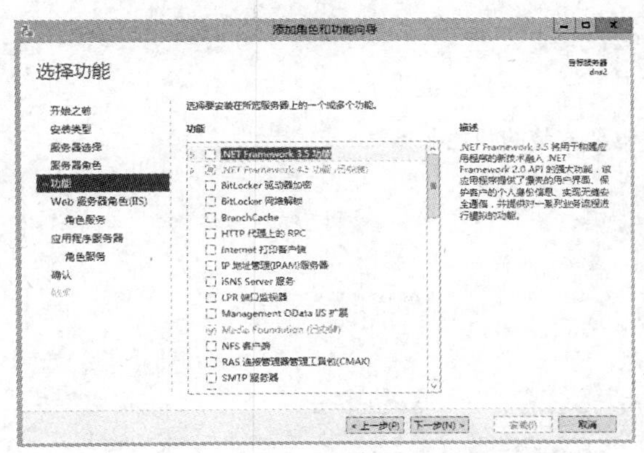

图 13-7　选择功能界面

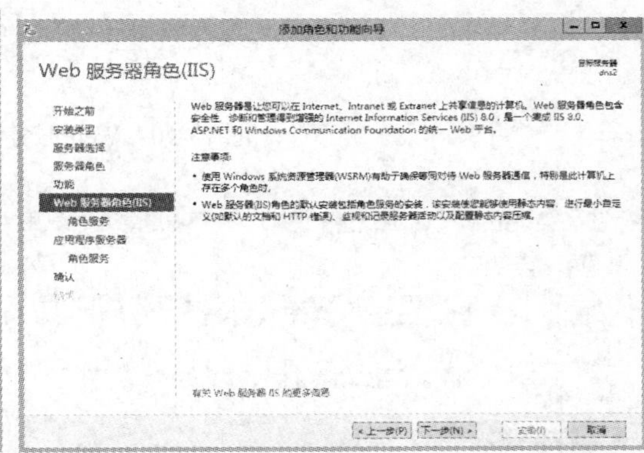

图 13-8　Web 服务器角色（IIS）界面

（8）单击图 13-8 界面中的“下一步”按钮，弹出“选择角色服务”界面，如图 13-9 所示。在如图 13-9 所示界面中，Web 服务器选项下的各子选项选择情况如图 13-10 所示。

（9）选择完需要安装的角色服务后，单击“下一步”按钮，出现如图 13-11 所示的“应用程序服务器”界面。单击“下一步”按钮，出现“选择角色服务”界面，如图 13-12 所示。

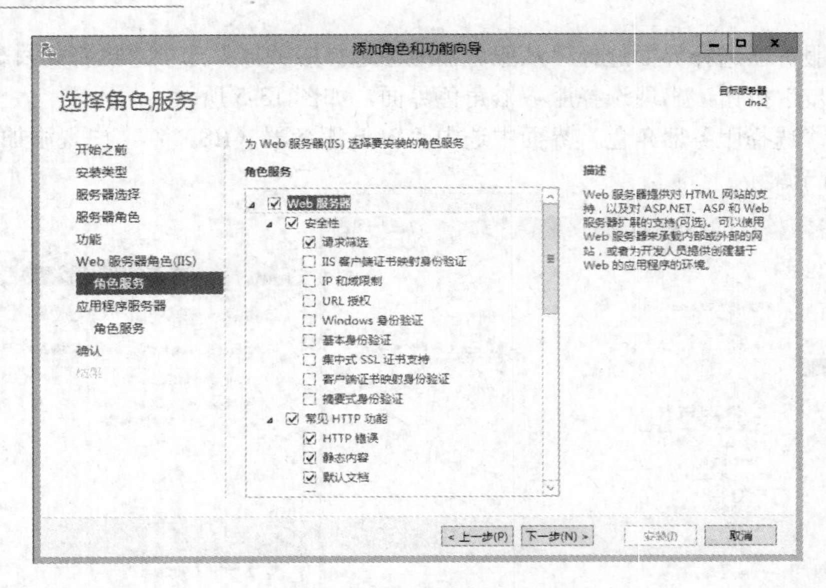

图 13-9 “选择角色服务”界面

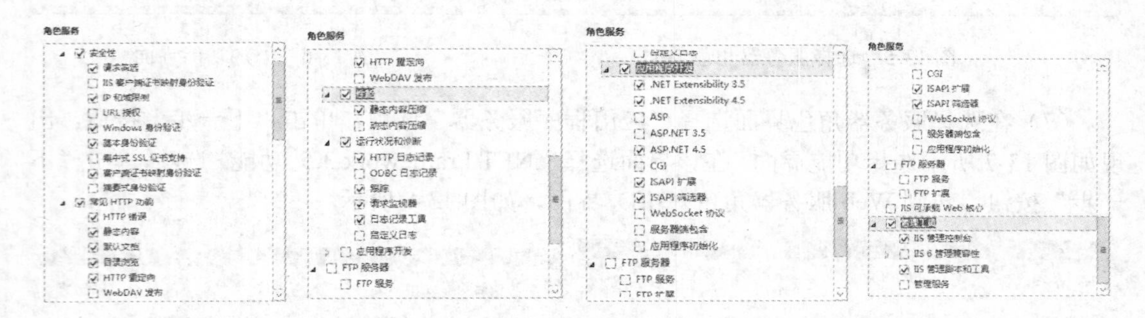

图 13-10 Web 服务器要安装的角色服务

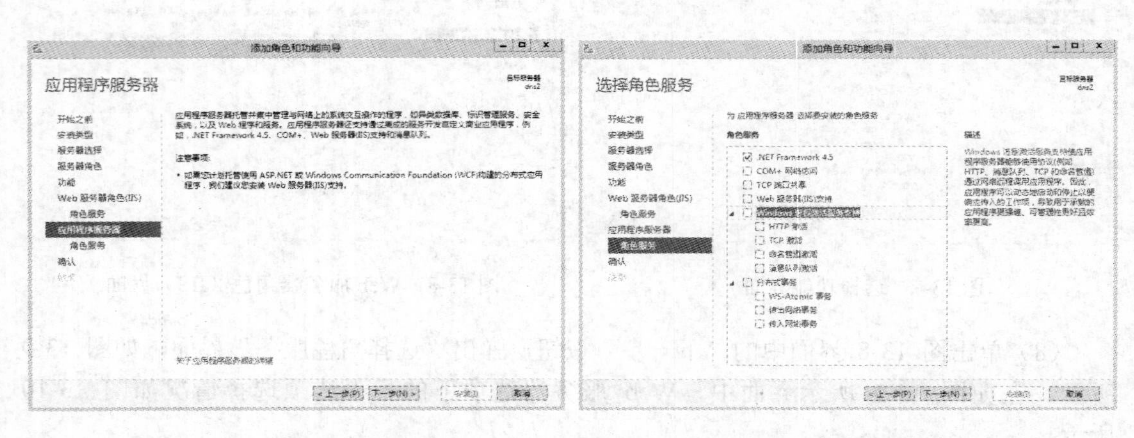

图 13-11 应用程序服务器界面　　　　图 13-12 应用程序服务器角色服务界面

（10）应用程序服务器角色服务界面不需修改，直接单击“下一步”按钮，出现如图 13-13 所示确认安装所选内容界面，核对无误后，单击“安装”按钮，出现安装进度界面，如图 13-14 所示。安装成功后，出现安装成功界面，如图 13-15 所示。单击“关闭”按钮，关闭安装界面，重新打开服务器管理器，出现安装成功后的服务器管理器，如图 13-16 所示。

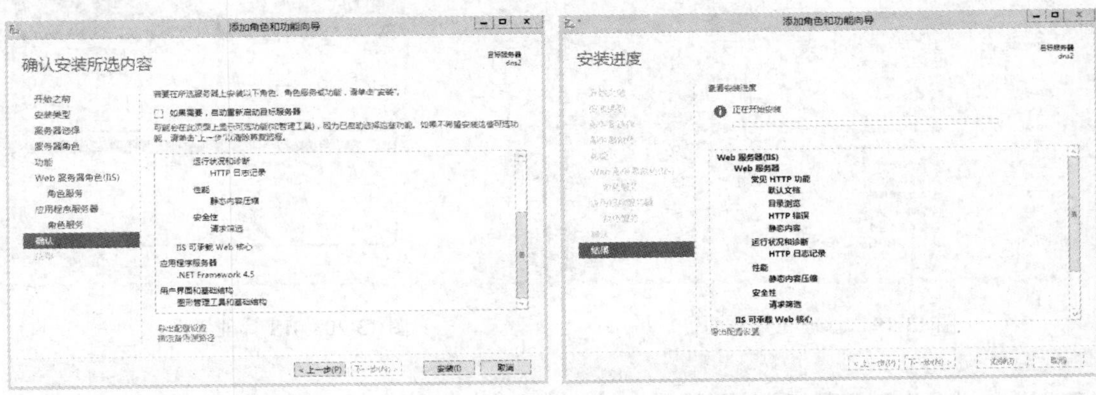

图 13-13　确认安装所选内容界面　　　　图 13-14　安装进度界面

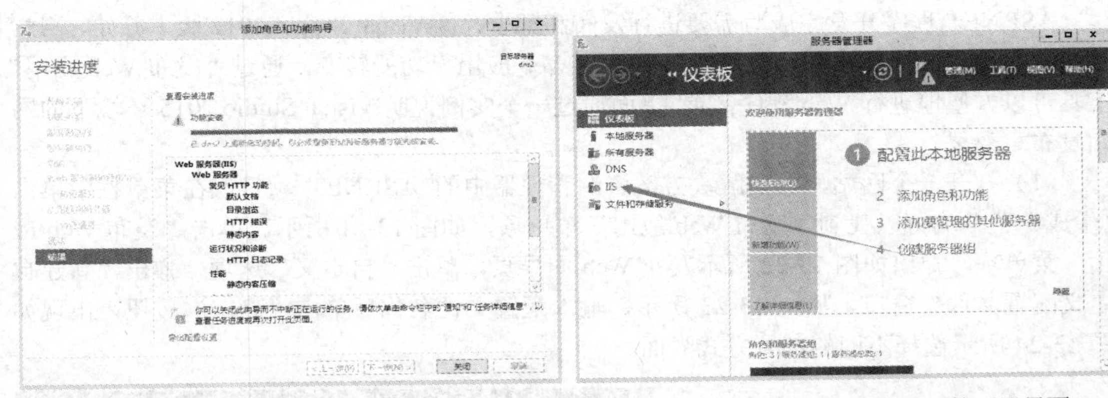

图 13-15　安装 IIS 成功界面　　　　图 13-16　安装成功后的服务器管理器界面

（11）安装好 IIS 后，打开控制面板界面，如图 13-17 所示，单击“系统和安全”，出现如图 13-18 所示系统和安全界面，单击“管理工具”，出现如图 13-19 所示“管理工具”界面，双击“Internet 信息服务（IIS）管理器”，出现图 13-20 所示 IIS 管理界面。至此，IIS 8.0 的安装全部完成。

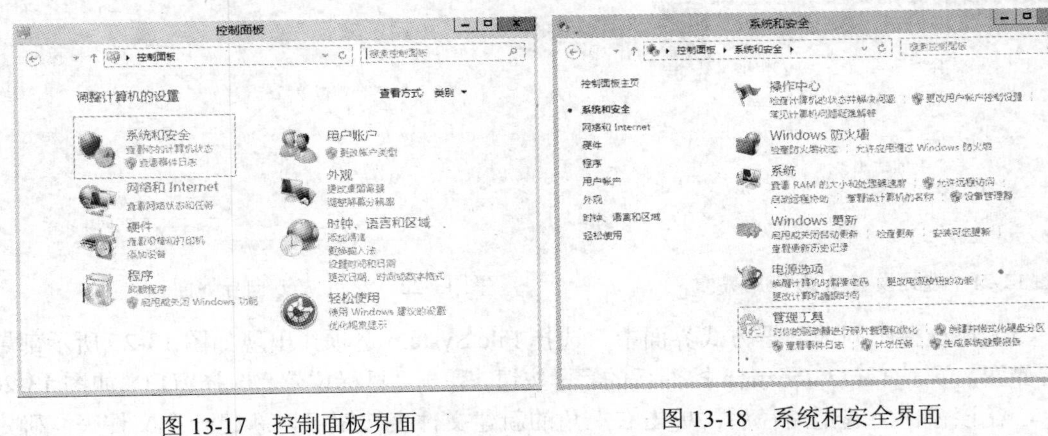

图 13-17　控制面板界面　　　　图 13-18　系统和安全界面

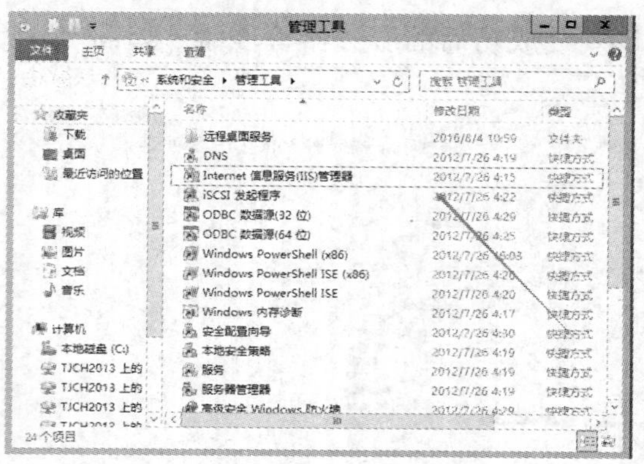

图 13-19　管理工具界面

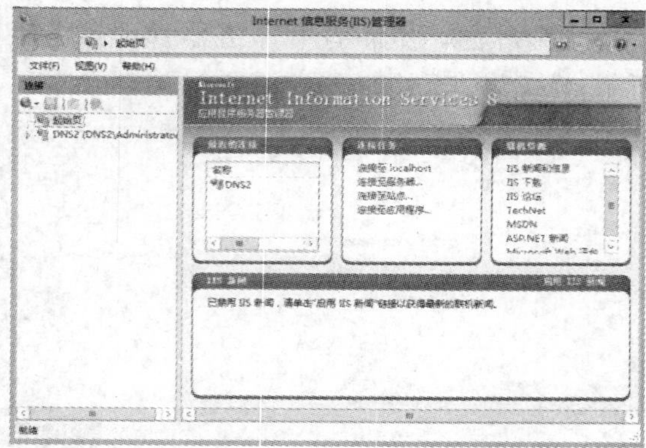

图 13-20　IIS 管理界面

13.2.2　ASP.NET 网站发布与部署

ASP.NET 程序开发完成后需要进行发布和部署，自 Visual Studio 2012 版本开始，网站的发布从简单的“发布网站”功能向“发布 Web 应用”功能转变，通过“发布 Web 应用”工具可以方便地进行 Web 程序部署。下面通过一个实例说明 Visual Studio 2015 环境下的网站发布与部署。

（1）打开一个网站，右击解决方案资源管理器中的 ASP.NET 项目或在菜单栏中单击“生成”菜单均可以找到“发布 Web 应用”菜单项，如图 13-21 所示。单击“发布 Web 应用”菜单项，弹出如图 13-22 所示发布 Web 向导页，单击“自定义”选项，弹出“新建自定义配置文件”窗口，如图 13-23 所示，输入配置文件名称后单击“确定”按钮，出现如图 13-24 所示选择不同的部署方式界面。

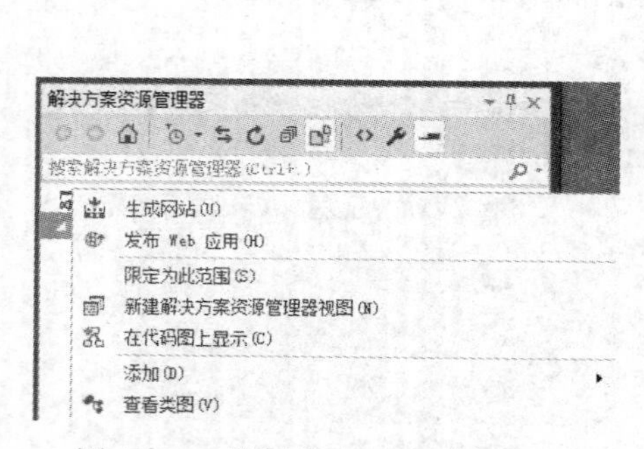

图 13-21　选择发布 Web 应用界面

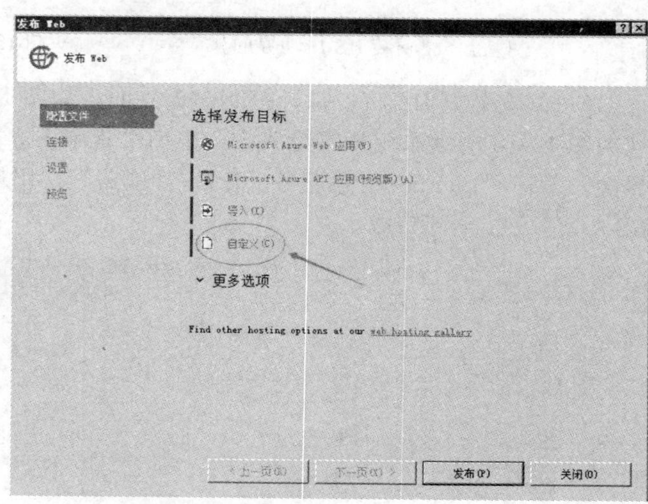

图 13-22　发布 Web 向导界面

（2）在选择不同的部署方式界面中，选择 File System 选项，出现如图 13-25 所示部署方式界面，单击 Target location 控件后的[...]按钮，弹出“目标位置”选择窗口，如图 13-26 所示，在该窗口中选定路径后，单击右上角的新建文件夹按钮可以新建一个文件夹，确定发布后文件存放的目标位置后，单击“打开”按钮返回部署方式界面，如图 13-27 所示，在该页面单击“下一页”按钮，转到部署配置页面，如图 13-28 所示。

图 13-23　新建自定义配置文件窗口

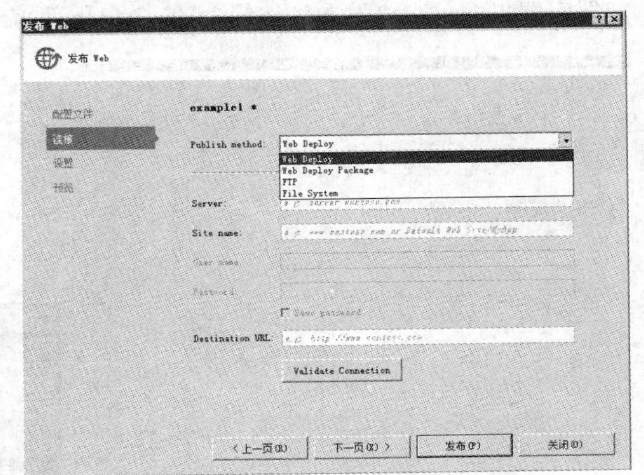

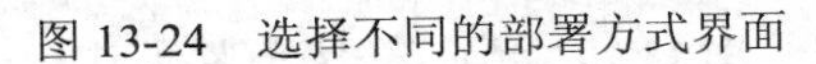

图 13-24　选择不同的部署方式界面

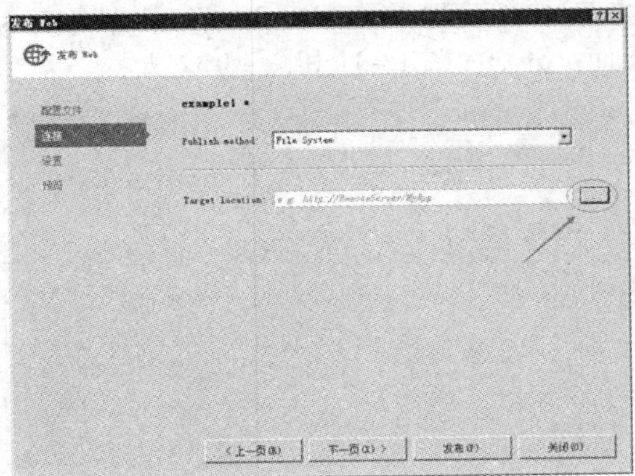

图 13-25　部署方式界面

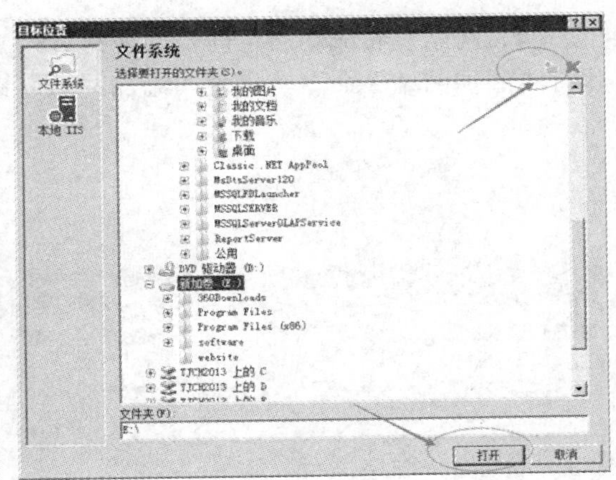

图 13-26　目标位置界面

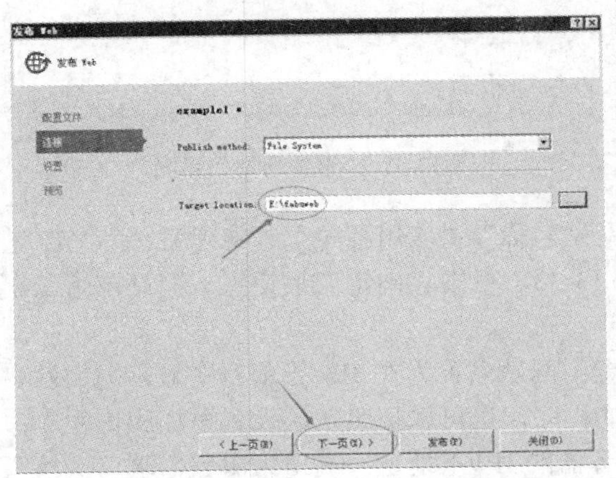

图 13-27　确定目标位置后的界面

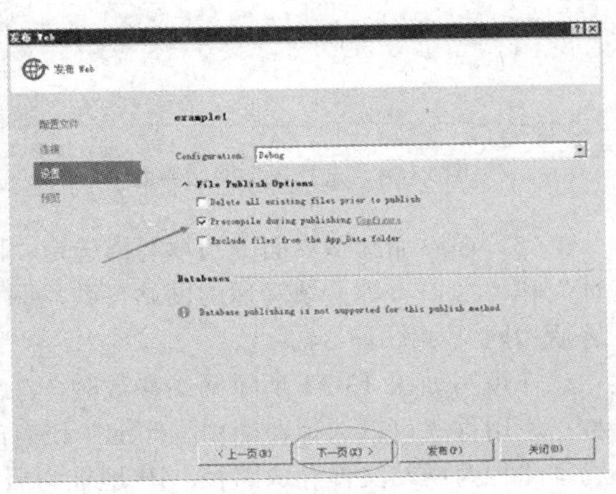

图 13-28　部署配置界面

（3）在部署配置页面，单击 File Publish Options 选项，选中 Precompile during publishing Configure 选项，单击“下一页”按钮，转到部署配置预览界面，如图 13-29 所示。在预览部署配置界面单击“发布”按钮，VS 中出现部署成功提示，如图 13-30 所示。

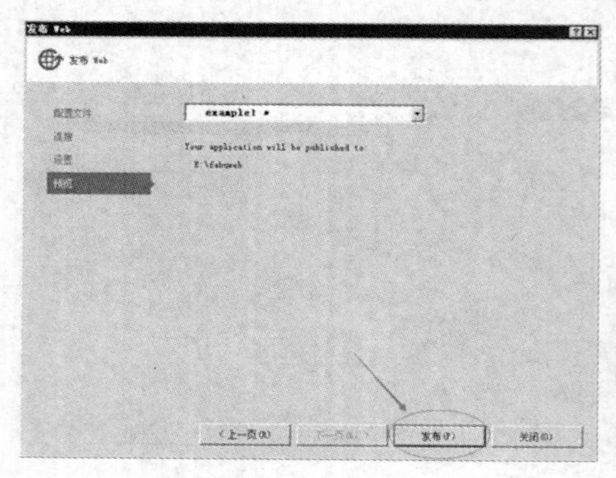

图 13-29　预览部署配置界面

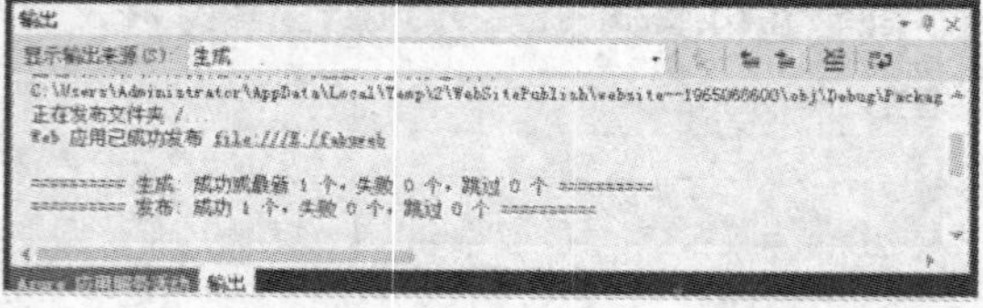

图 13-30　部署成功提示界面

（4）网站发布成功后，需要部署到 IIS，打开 IIS 管理器，见图 13-30，右击“网站”，执行“添加网站”命令，出现“添加网站”界面，分别如图 13-31 和图 13-32 所示。

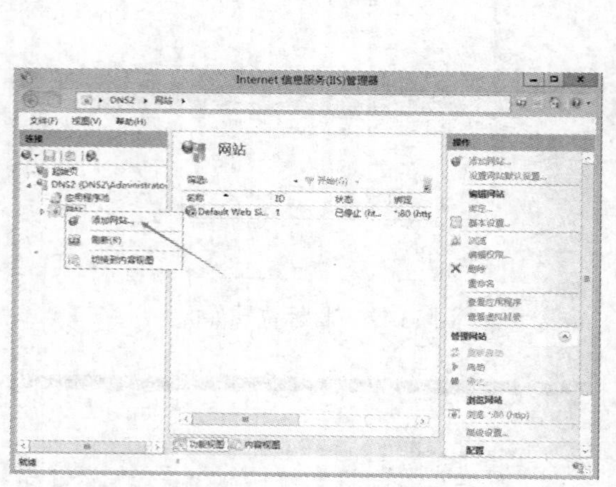

图 13-31　选择添加网站界面

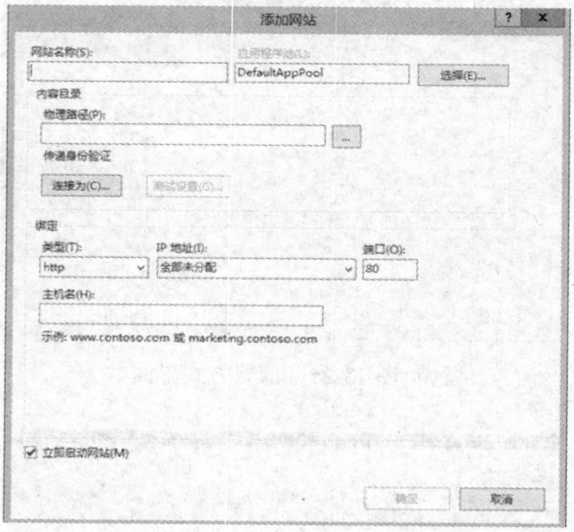

图 13-32　“添加网站”界面

（5）在添加网站界面分别填写或选定“网站名称”“应用程序”“物理路径”“IP 地址”和“端口”等。填写后的网站参数见图 13-33，单击“确定”按钮完成网站部署，部署后的网站如图 13-34 所示。

在填写如图 13-33 所示网站参数时，注意：网站名称为在 IIS 管理器中显示的网站名称；应用程序可以选择在应用程序池中已有的程序，也可以按照默认设置添加应用程序；物理路径为网站文件存放路径；IP 地址为服务器的 IPV4 地址；端口为服务器端口，填写端口时需确定该端口空闲且已开放。确定好 IP 地址和端口号以后就可以根据“http://IP 地址:端口号”访问该网站。

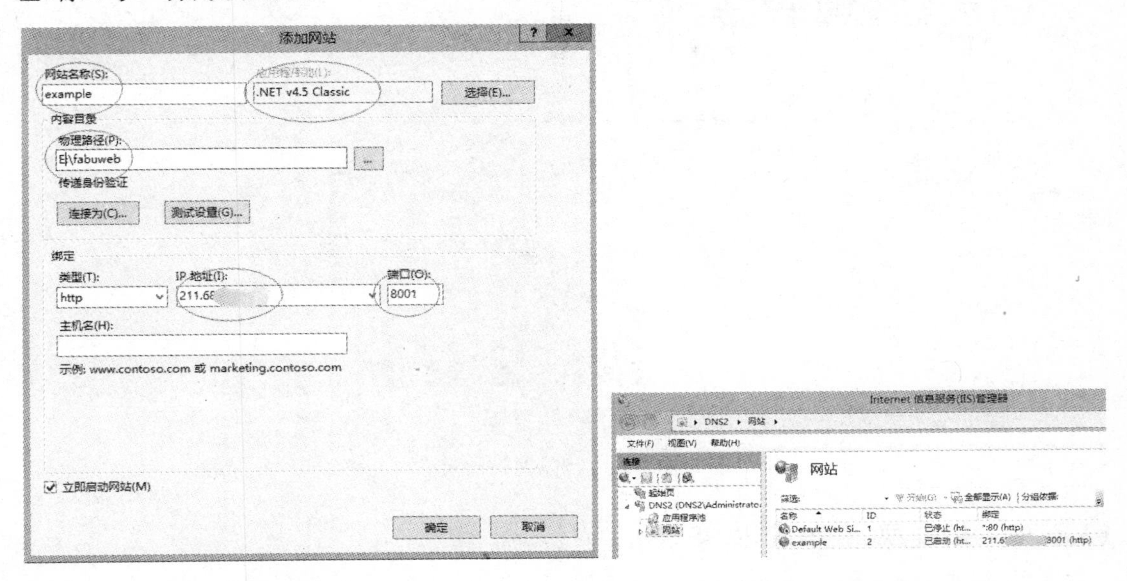

图 13-33　部署网站界面　　　　图 13-34　部署成功提示界面

（6）部署成功后右击网站名称，选择“管理网站”→“浏览”命令，出现网站首页浏览结果，分别如图 13-35 和图 13-36 所示。

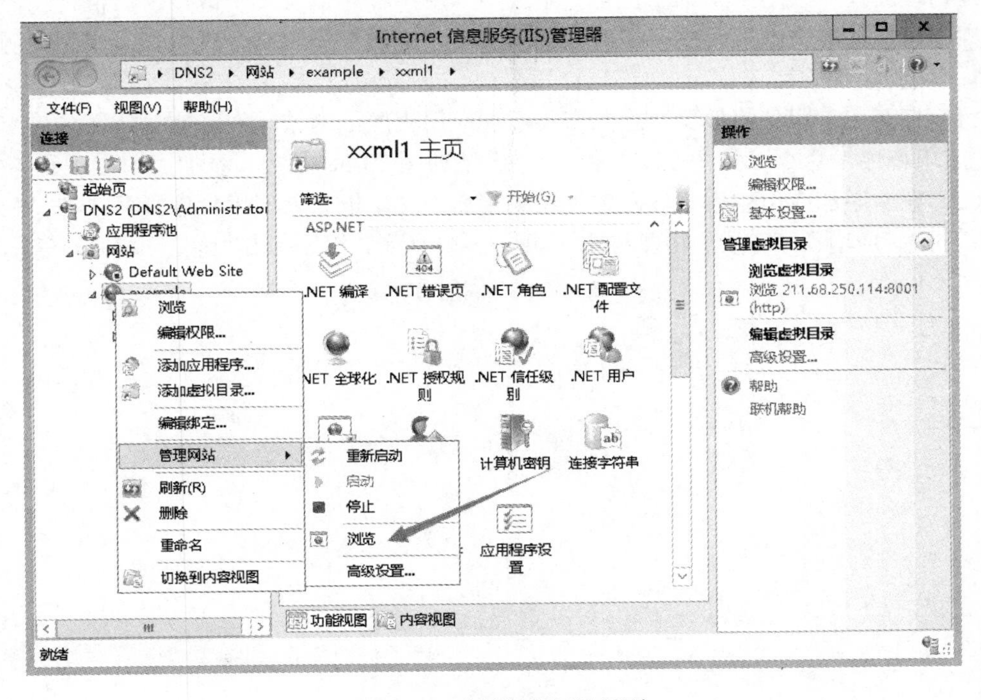

图 13-35　选择浏览网站界面

图 13-36　浏览网站结果

13.2.3　应用程序和虚拟目录

在 IIS 6 中，应用程序和虚拟目录的区别是比较模糊的，而在 IIS 7 以上，二者则被规范化，在 IIS 架构层面上明确了它们的层次关系。应用程序是一个逻辑边界，这个逻辑边界可以分隔网站及其组成部分。虚拟目录则是一个真实的指针，这个指针指向了一个本地或远程物理路径。一个网站可以包含一个或多个应用程序以及一个或多个虚拟目录，一个应用程序可包括多个虚拟目录。下面分别添加一个应用程序和一个虚拟目录作为实例。

1. 添加应用程序

（1）打开 IIS 服务管理器，找到需要添加应用程序的网站，右击网站，在菜单中单击“添加应用程序”命令（如图 13-37 所示），出现如图 13-38 所示“添加应用程序”界面。

（2）在“添加应用程序”界面中，在“别名”文本框输入应用程序别名，在“应用程序池”中选择应用程序存放的物理路径，如图 13-39 所示，然后单击“确定”按钮，完成添加。

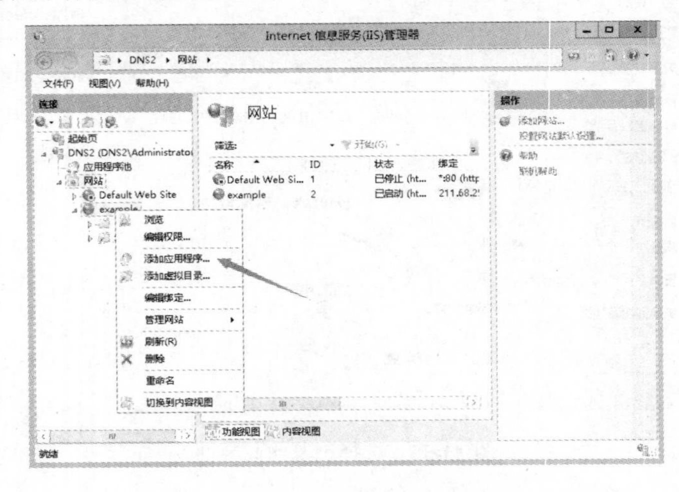

图 13-37　添加应用程序

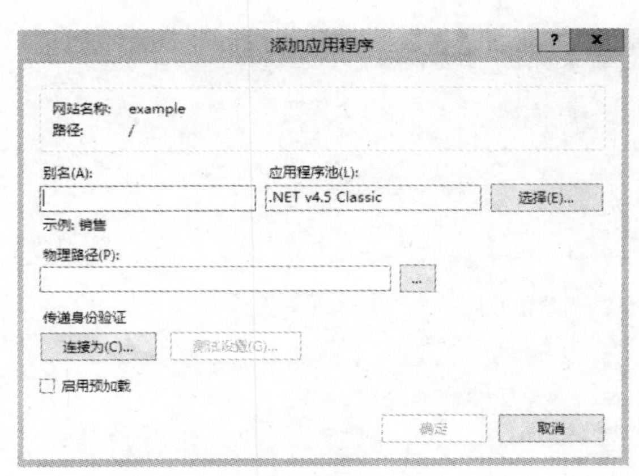

图 13-38　添加应用程序界面

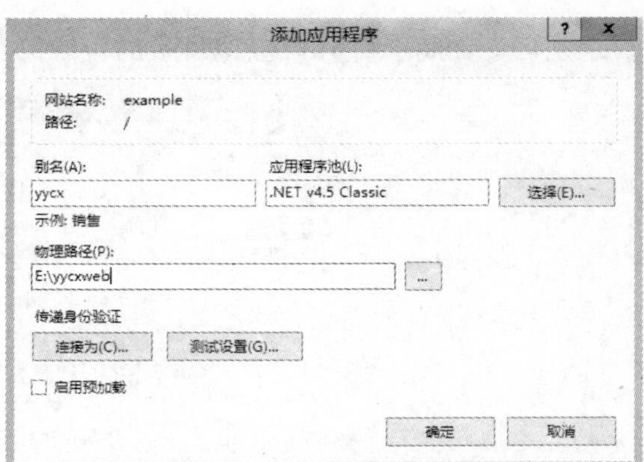

图 13-39　应用程序配置界面

（3）添加完应用程序后在 IIS 服务管理器相应网站下会显示出该应用程序，如图 13-40 所示。在浏览器中输入链接“http://网站 IP 地址:端口号/应用程序别名”，将会打开该应用程序，如图 13-41 所示。

图 13-40　应用程序添加结果

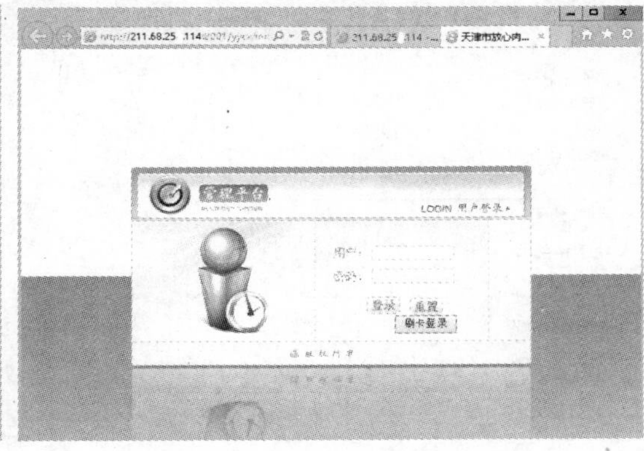

图 13-41　浏览应用程序结果

2. 添加虚拟目录

（1）打开 IIS 服务管理器，找到需要添加虚拟目录的网站，右击网站，在菜单中单击“添加虚拟目录”命令（如图 13-42 所示），出现如图 13-43 所示“添加虚拟目录”界面。

（2）在“添加虚拟目录界面”的“别名”文本框输入虚拟目录别名，选择虚拟目录存放的物理路径，如图 13-44 所示，然后单击“确定”按钮，完成添加。

注意：虚拟目录无法选择应用程序池，只能继承其上级网站或应用程序的应用程序池。

（3）添加完虚拟目录后在 IIS 服务管理器相应网站下会显示出该虚拟目录，如图 13-45 所示。在浏览器中输入链接“http://网站 IP 地址:端口号/虚拟目录别名”，将会打开该虚拟目录链接，结果与图 13-41 所示类似。在虚拟目录中还可以浏览目录文件夹，单击虚拟目录后找到“目录浏览”，如图 13-46 所示。双击“目录浏览”，出现如图 13-47 所示的启用目录浏览界面，单击右侧的“启用”按钮，目录浏览功能启用，如图 13-48 所示，单击“禁用”按钮可禁用目录浏览功能。在浏览器中输入链接“http://网站 IP 地址:端口号/虚拟目录别名”，将会打开该虚拟目录的目录浏览结果页面，见图 13-49。

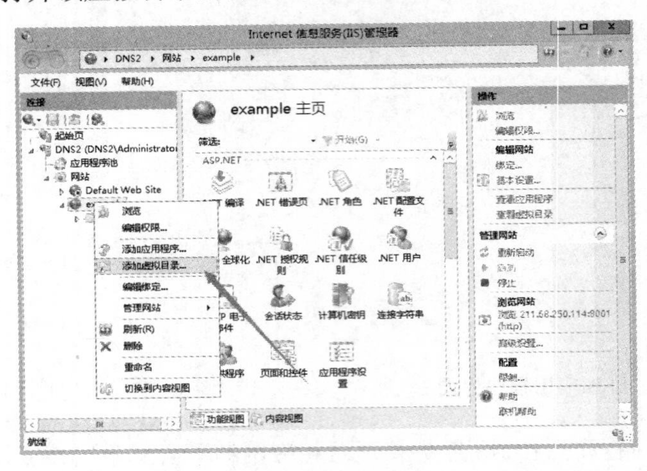

图 13-42　添加虚拟目录

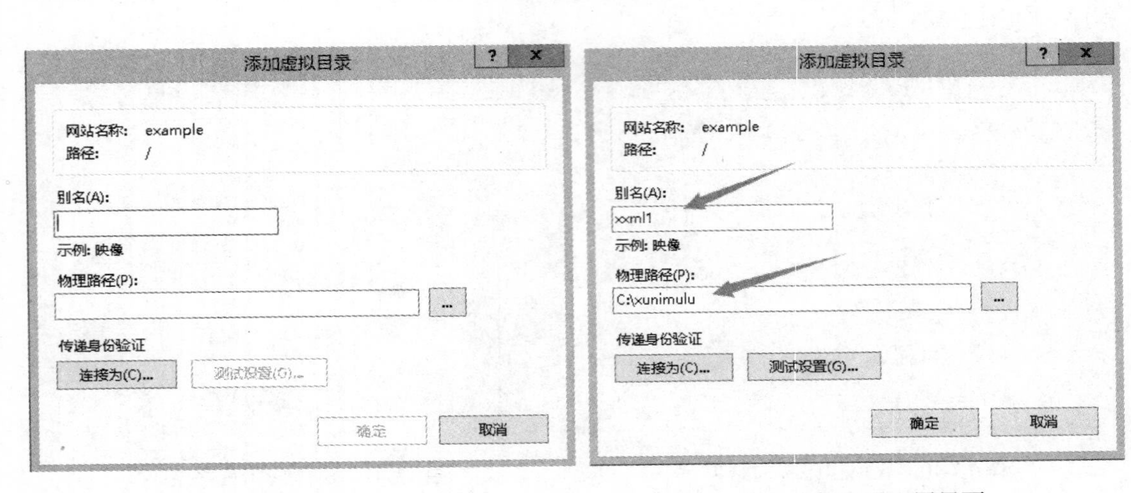

图 13-43　添加虚拟目录界面　　　　图 13-44　虚拟目录配置界面

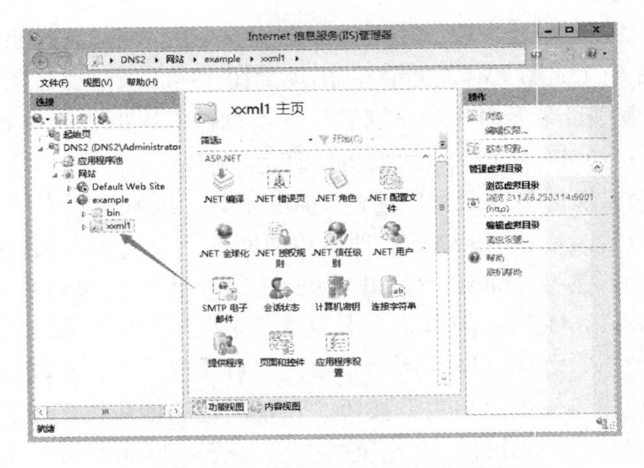

图 13-45　虚拟目录添加完成界面

图 13-46　目录浏览界面

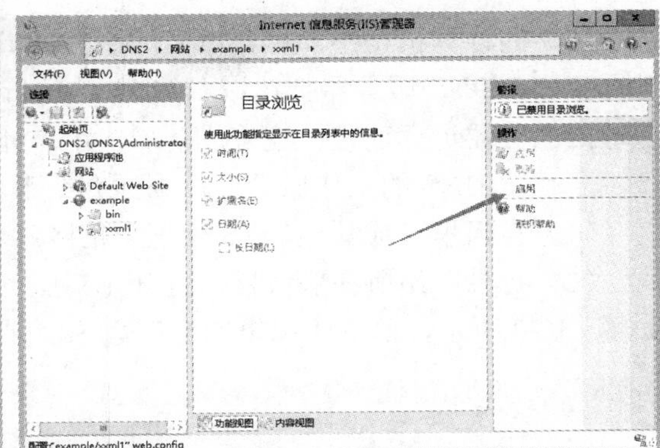

图 13-47　启用目录浏览界面

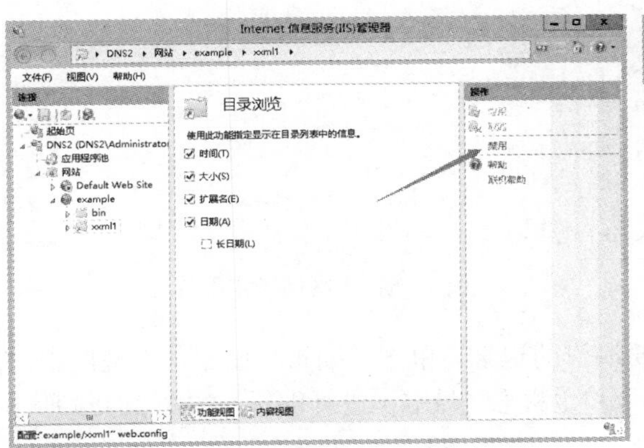

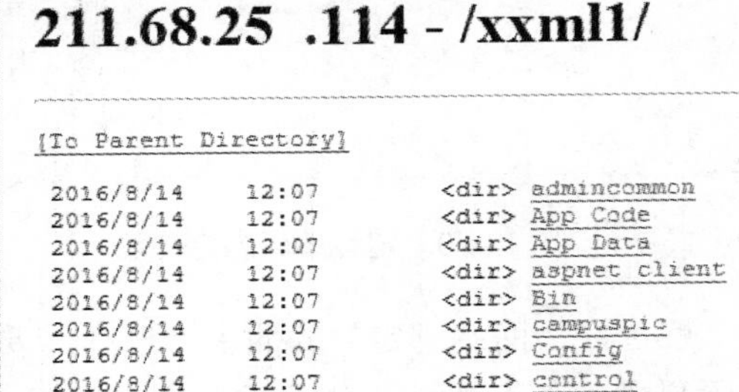

图 13-48　目录浏览启用后界面

图 13-49　目录浏览结果界面

综上所述，应用程序可以运行在 IIS 中任意一个应用程序池中，而不一定要运行在所属网站的应用程序池中，其一般用于网站部署。虚拟目录的应用程序池继承所属网站的应用程序池，不能修改。虚拟目录通常使用目录浏览功能，可以把一个目录，映射到网络上的任意共享目录，其功能在于后期的分布式文件存储。

13.2.4　DNS 转换

DNS 是 Domain Name System 的简写，即域名系统，它作为可以将域名和 IP 地址相互映射的一个分布式数据库，能够使人更方便地访问互联网，而不用去记住能够被机器直接读取的 IP 数串。

上述定义普通用户可能无法理解，这里我们来做下简单的分析， DNS 是用来干什么的。我们平时上网学习、下载资料和看电影时通常的做法就是直接输入网站地址，如 www.*****.com，这个地址就叫做域名。域名是为了方便记忆的，但是计算机并不是通过域名来通信，而是通过 IP 地址进行通信的。

如何让计算机通过域名来找到所需要的资源呢？需要用到 DNS，DNS 的作用就是把域名和 IP 对应起来，建立一个映射数据库。当用户在浏览器中输入 www.*****.com 的时候，用户的计算机是不知道该域名的服务器 IP 地址是多少的，这时它会先向 DNS 服务器进行查询，DNS 服务器把该域名的 IP 地址告诉用户的计算机，然后计算机就直接和该 IP 地址的服务器进行连接，连接成功后，用户计算机上的浏览器就显示相应页面。

了解了 DNS 的工作原理后，下面介绍下 DNS 网站的配置。步骤如下：

（1）在阿里云或其他 DNS 代理申请网站申请需要的域名；

（2）登录网站所在服务器，打开 IIS 服务管理器，找到对应网站，右击该网站名称，如图 13-50 所示，单击“编辑绑定”命令，弹出如图 13-51 所示网站绑定界面。

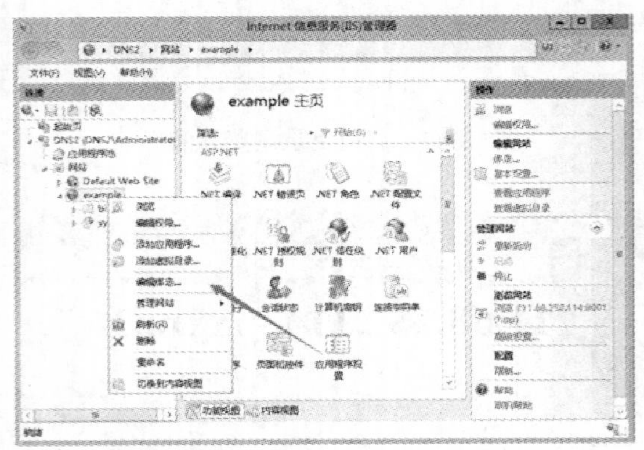

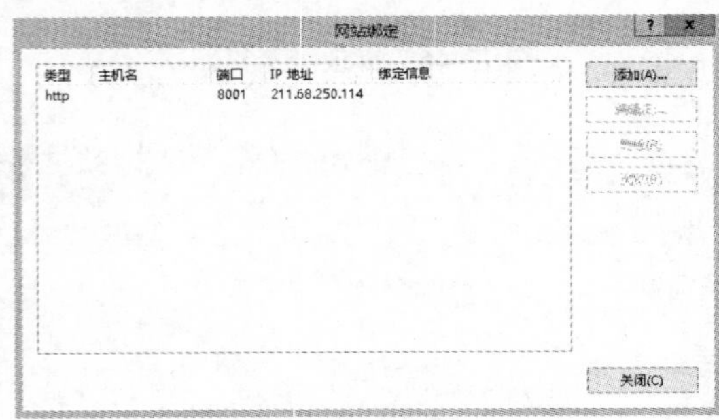

图 13-50　定位编辑绑定界面　　　　图 13-51　“网站绑定”界面

（3）在“网站绑定”界面中，选择需要编辑的记录，单击“编辑”按钮，出现图 13-52 所示界面，在该界面可以对 IP 地址、端口号和主机名（域名）进行编辑，如图 13-53 所示，编辑完成后单击“确定”按钮完成网站绑定。

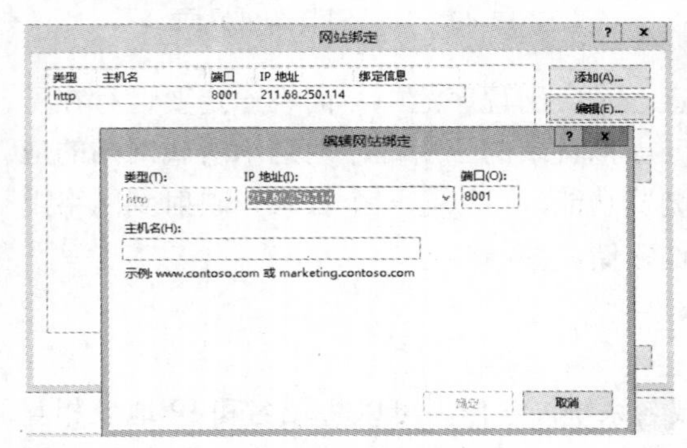

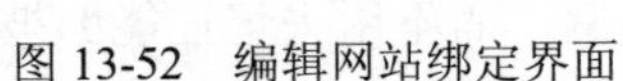
图 13-52　编辑网站绑定界面　　　　图 13-53　配置网站绑定界面

（4）网站绑定完成后，需要进行域名匹配，这里以阿里云管理控制台为例进行配置。用户在阿里云登录后单击右上方的“控制台”按钮，进入阿里云管理控制台，如图 13-54 所示，单击左侧菜单栏中的“域名”菜单，转到图 13-55 所示域名管理界面。单击域名后面的“解析”按钮，转到图 13-56 所示域名解析页面。单击设置网站下方的“立即设置”按钮，页面跳转到图 13-57 所示解析设置界面，在该页面输入服务器 IP 地址后单击“提交”按钮，完成域名指向设置，如图 13-58 和图 13-59 所示。

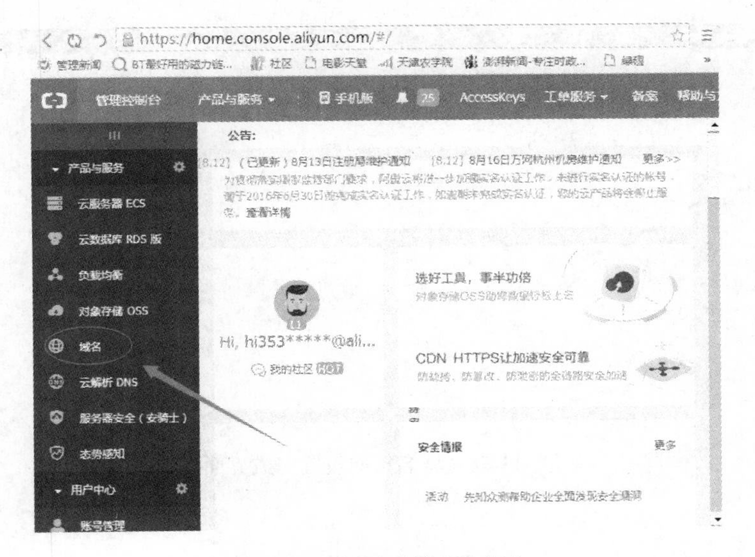

图 13-54　阿里云管理控制台

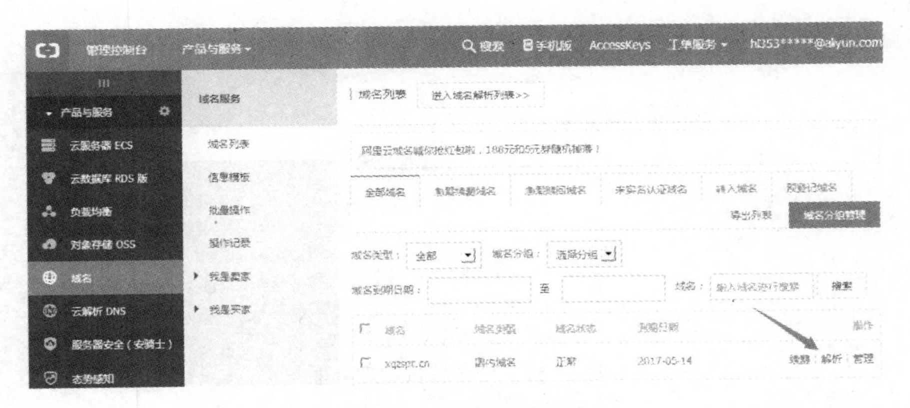

图 13-55　域名管理界面

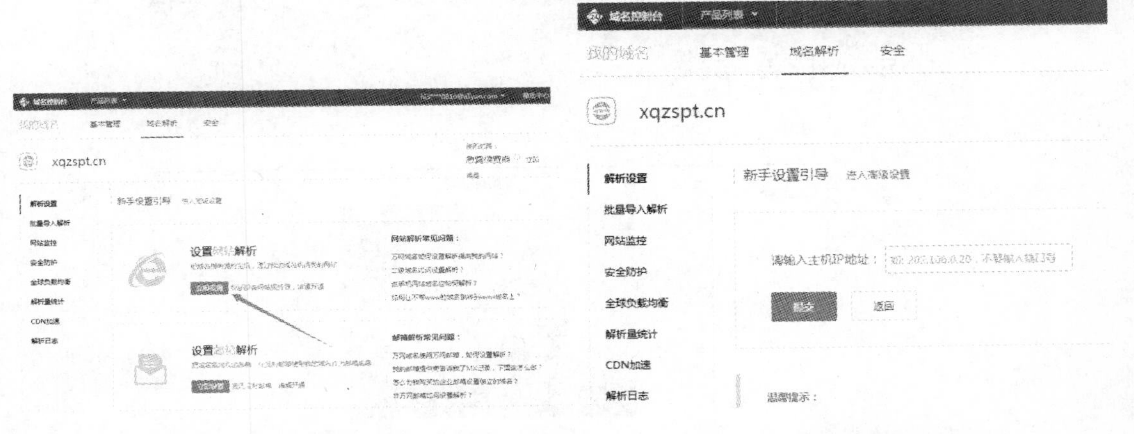

图 13-56　域名解析界面　　　　图 13-57　解析设置界面

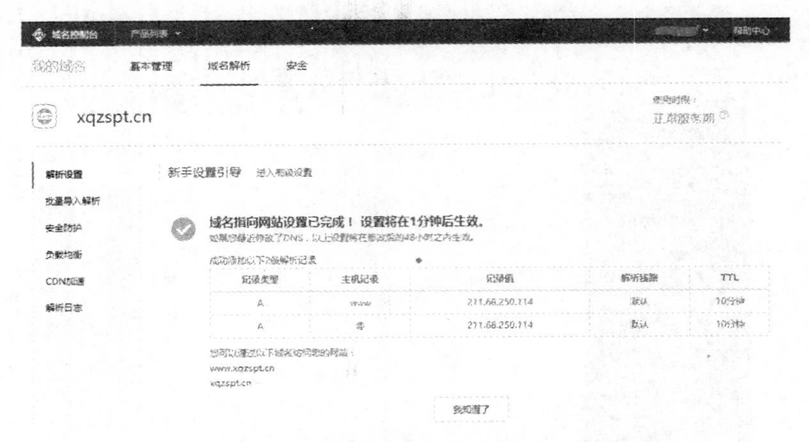

图 13-58 域名指向设置完成界面

图 13-59 域名解析管理界面

域名解析配置完成后，用户可以根据域名进行访问。结果如图 13-60 所示。

图 13-60 访问域名结果界面

13.3 高效编码优化

对于同一个需求或功能，有多种编码方式可以实现，如果在实现的基础上进行优化，则可以大大节约服务器资源，提高服务器工作效率。下面是一些高效编码优化的方法。

1. foreach 比 for 语句的执行效率更好

foreach 的平均花费时间只有 for 的 30%。通过测试结果在 for 和 foreach 都可以使用的情况下，我们推荐使用效率更高的 foreach 语句。另外，用 for 语句写入数据时间大约是读取数据时间的 10 倍左右。下面是一个 foreach 用法实例：

```
int ouNum = 0, jiNum = 0;
                          //定义并初始化一个一维数组
int[] arr = new int[] { 5, 8, 14, 23, 36, 40, 52, 61, 78, 95 };
foreach (int i in arr)  //提取数组中的整数
{
    if (i % 2 == 0)       //判断是否为偶数
        ouNum++;
    else
        jiNum++;
}
Console.WriteLine("偶数为：{0}个，奇数为：{1}个", ouNum, jiNum);
Console.ReadKey();
```

2. 避免使用 ArrayList

因为任何对象添加到 ArrayList 时都要封箱为 System.Object 类型，而从 ArrayList 取出数据时，要拆箱为实际类型，导致了 ArrayList 的性能低下。建议使用泛型集合以避免装箱和拆箱的发生，从而提高程序性能。

3. 存放少量数据时可以用 HashTable 字典集合

当存放少量数据时，建议使用 HashTable 取代像 StringDictionary、NameValueCollection、HybridCollection 这样的字典集合，可以优化编码效率。

4. 为字符串容器声明常量

为字符串容器声明常量时，不要直接把字符串封装在双引号("")中，可以避免字符串对象不断在内存中创建和释放，从而提高字符串对象的访问效率。例如：

```
//避免
MyObject obj1 = new MyObject();
obj1.Status = "Hello World!";
//推荐
const string a = "Hello World!";
MyObject obj1 = new MyObject();
obj1.Status = a;
```

5．使用 String.Compare()字符串比较

不要用 UpperCase、Lowercase 转换字符串函数进行比较，用 String.Compare 函数代替，它可以忽略大小写进行比较。例如：

```
String str1 = "Hello World! ";
if(String.Compare(str1, "Hello World!", true) == 0)
{
    Console.Write("Equal");
}
```

6．使用 StringBuilder 字符串拼接代替字符串的连接符“+”

String 对象是不可改变的（只读）。当一个 String 对象被修改、插入、连接、截断时，新的 String 对象就将被分配，这会直接影响到其性能。但在实际开发中经常碰到的情况是：一个 String 对象的最终生成需要经过一个组装的过程，而在这个组装过程中必将会产生很多临时的 String 对象，这些 String 对象将会在堆上分配，需要 GC（垃圾回收器）来回收，这些动作都会对程序性能产生巨大的影响。事实上，在 String 的组装过程中，其临时产生的 String 对象实例都不是最终需要的，因此可以说是没有必要分配的。

鉴于此，在.NET 中提供了 StringBuilder，其设计思想源于构造器（Builder）设计模式，致力于解决复杂对象的构造问题。对于 String 对象，正需要这样的构造器来进行组装。StringBuilder 类型在最终生成 String 对象之前，将不会产生任何 String 对象，这很好地解决了字符串操作的性能问题。

7．用 using 和 try/finally 做资源清理

使用非托管的资源类型，必须实现 IDisposable 的 Dispose()方法，以精确地释放资源。.NET 中释放资源的代码的责任是类型的使用者，不是类型或系统。

在使用有 Dispose()方法的类型时，就有责任调用 Dispose()方法去释放资源。用 using 或者 try/finally 是最好的。否则，直到析构函数在某个确切的时候才去释放资源。这样很可能造成系统资源被占得太多而影响速度。

```
SqlConnection conn = new SqlConnection(strConn);
conn.open();
SqlCommand cmd = conn.CreateCommand();
cmd.ExecuteNonQuery();
cmd.Dispose();
conn.Dispose();
------------------
using(SqlConnection conn = new SqlConnection(strConn))
{
using(SqlCommand cmd = new SqlCommand(strCmm, conn))
{
  conn.open();
  cmd.ExecuteNonQuery();
}
}
---------------------
```

如上代码，一个 using 会自动创建一个 try/finally，这样就形成了 try/finally 嵌套。

如果遇到或需要实现多个 IDisposable 接口时，用 try/finally 更好。

```
public void ExecuteCommand(string strCon, string strCmd)
{
    Sqlconneciotn conn = null;
    SqlCommand cmd = null;
    try
    {
        conn = new SqlConnection(strConn);
        cmd = conn.CreateCommand();
        cmd.CommandText = strCmd;
        cmd.ExecuteNonQuery();
    }
    finally
    {
        if (conn != null)
            conn.Dispose();
        if (cmd != null)
            cmd.Dispose();
    }
}
```

这里判断是否为 null 很重要，有时释放是隐式的，如果再释放会报错，引起空指针异常。

并不是所有的对象都可以放入 using，必须是实现了 IDispose 接口的对象才可以。

有些对象同时支持 Dispose 和 Close 两个方法，SqlConnection 就是其中之一。可以直接使用“sqlConnection.Close();”关闭资源。

Dispose 会释放更多的资源，它会告诉 GC 这个对象不需要再使用了。Dispose 会调用 GC.SuppressFinalize()，但 Close 不会。

所以 Close 连接时，对象也会到析构队列中排队等待释放。所以当你有选择时，Dispose 比 Close 要好。

当实现了 IDisposable 接口时，请确保被正确的释放。最好放入 using 或 try/finally 中。

8．捕获指定的异常，尽量不要使用通用的 System.Exception

捕获异常时，不要使用通用的 System.Exception，应使用具体的异常类进行捕获，并按照异常所捕获的范围按照由小到大的顺序进行定义。下面为一个捕获异常时的实例格式：

```
Private void Example(object obj)
{
    try
    {
        Console.Write(obj.ToString());
    }
    catch (ArgumentNullException ose)
```

```
      {
      //…
      }
     catch (ArgumentException oe)
      {
      //…
      }
     catch (SystemException se)
      {
      //…
      }
     catch (Exception e)
      {
      //…
      }
}
```

捕获异常对性能的损耗是众所周知的，因此最好能够避免异常的发生。不使用 Exception 控制流程可以在很大程度上避免发生异常。

13.4 小　结

本章首先从页面级和应用程序级两个角度介绍了在调试错误和跟踪处理时容易遇到的问题，然后介绍了网站发布相关技术，包括 IIS 8.0 管理器配置、ASP.NET 网站发布与部署、应用程序和虚拟目录和 DNS 转换等，并以实例为引线做了系统的演示，最后介绍了编程过程中的高效编码优化问题。

13.5 习　题

13.5.1 作业题

1. 简述页面级调试方法和应用程序级调试方法的工作原理。
2. 简述应用程序和虚拟目录的联系和区别。
3. 谈一谈 DNS 的工作原理。

13.5.2 思考题

在进行 C#编程时，如何提高编码的效率实现编码优化？

13.6 上机实践

新建一个网站，在操作系统中安装 IIS，然后使用 IIS 管理器发布该网站，发布网站时使用 8080 端口，尝试用浏览器输入地址“http://localhost:8080”，打开该网站。

第 14 章 开发综合实例

在前面的章节中，我们介绍了 XML、AJAX、数据库高级操作、三层架构和 MVC 等知识。本章将综合利用以上知识建立一个简单的生猪屠宰追溯系统。

本章主要学习目标如下：

- 掌握 MVC 三层架构的开发方法；
- 掌握基于 Entity Framework 的数据模型的使用方法。

14.1 开发背景

中国是世界上最大的猪肉生产国和消费国，生猪出栏数占全球生猪出栏总量的 50%，猪肉是广大群众餐桌上主要的肉类食品，占全部肉类食品的 70%。因此，猪肉质量安全与人们群众生活息息相关，不容忽视。抓住监管环节不放松，是保障猪肉安全的最有效手段，相关农业监管部门也为加强监管力度而不断努力。生猪屠宰是猪肉进入市场前的最后环节，把好这最后一道关，可以杜绝各种问题猪肉流入市场。当前政府对屠宰场的监管方式主要是人工监督、抽检的方式。监管手段单一，检测技术落后，信息化水平偏低，不能全面系统地监管各个屠宰场(点)。为了能够对市场上的猪肉产品实现有效监管，我们利用计算机及物联网技术，对涉及生猪所有链条中最容易产生监管效果的屠宰环节进行监管与追溯。该系统从生猪入场就开始进行信息标记，一直到生猪屠宰后售卖。该系统可以使政府部门对企业进行有效监管，防止各种猪肉安全问题的发生。生猪屠宰企业通过本系统规范了屠宰加工过程，为企业打造一流品牌创造了良好的条件。普通消费者则可通过本系统对所售猪肉产品进行追溯查询，使得普通消费者有更多的知情权。

由于受到篇幅及硬件设备的限制，本系统在原有系统上进行了简化处理，采用 Visual Studio 2015、jQuery、SQL Server 2014 和 MVC 技术等实现了一个纯软件的生猪屠宰追溯系统。

14.2 需求分析

生猪屠宰追溯系统至少应具备如下几类用户：屠宰企业进厂检验员、生猪屠宰加工人员、检疫检验人员、生猪产品销售人员及普通用户。这些用户对系统的需求如下：

进厂检验员——完成进厂时相关手续的验证及对生猪进行瘦肉精的抽检，合格后让这批生猪进厂。

生猪屠宰加工人员——给每头生猪添加 RFID 标签，在生猪入圈时称重，屠宰前称重和入库时称重以及处理生猪的异常情况。

检疫检验人员——在生猪生产加工过程中完成生猪的头蹄检验、内脏检疫、旋毛虫检疫和品质检疫。

生猪销售人员——完成生猪的售卖。

普通用户——随时查询所购买生猪产品的屠宰、检疫和售卖信息。

14.3 系统设计

14.3.1 功能设计

1. 登录功能

系统中的每类用户在使用本系统前都需要进行登录。登录功能能够对不同用户赋予不同的权限。在生猪屠宰追溯系统中，所涉及到的用户较多，用户的功能较单一。为了更好地表现系统流程，简化操作环节，在本系统中只划分了两类用户，即屠宰企业员工和普通用户。屠宰企业员工登录系统可以完成企业从生猪进厂到销售的所有环节；普通用户则取消账号和密码的登录，可以直接匿名进入系统进行相关信息的查询。界面设计如图 14-1 所示。

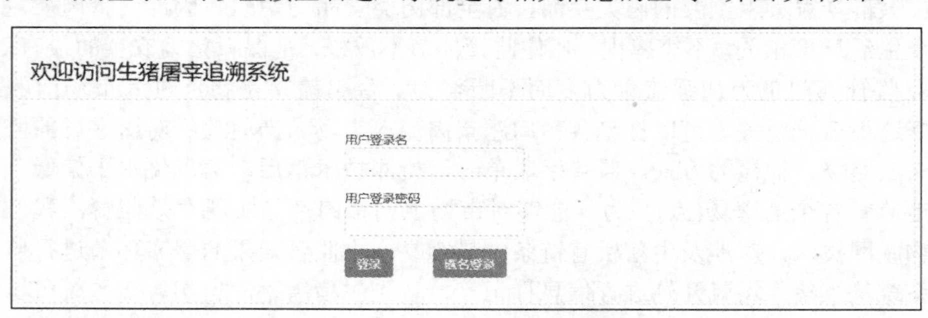

图 14-1　系统登录界面

2. 生猪进厂查验功能

企业员工登录后，可以单击左侧的“生猪进厂”菜单，选择“进厂查验”，在窗口右侧则会显示生猪进厂查验页面，如图 14-2 所示。

生猪屠宰追溯系统　　欢迎您：生猪屠宰企业员工　退出系统

管理菜单：生猪进厂（进厂查验、瘦肉精检测）、待宰静养、屠宰检疫、入库称重、异常处理、生猪售卖

进厂查验　　添加

编号	动物检疫合格证编号	承运人	检疫证明有效期	官方兽医	签发日期	操作
1	2016121102	王德刚	3	李洪	2016年12月01日	编辑 | 详细信息 | 删除
2	2016121103	李子明	3	王菲	2016年12月04日	编辑 | 详细信息 | 删除
5	2016121104	王晓明	3	王守义	2016年12月15日	编辑 | 详细信息 | 删除
6	2016121105	李玉龙	3	周先朋	2016年12月16日	编辑 | 详细信息 | 删除

首页 上一页 1 下一页 尾页

图 14-2　生猪进厂查验

3. 瘦肉精检测功能

“瘦肉精检测”功能也是在生猪进厂时进行的，单击“生猪进厂”菜单中的“瘦肉精检测”链接，可以在窗口右侧看到显示的页面，如图 14-3 所示。

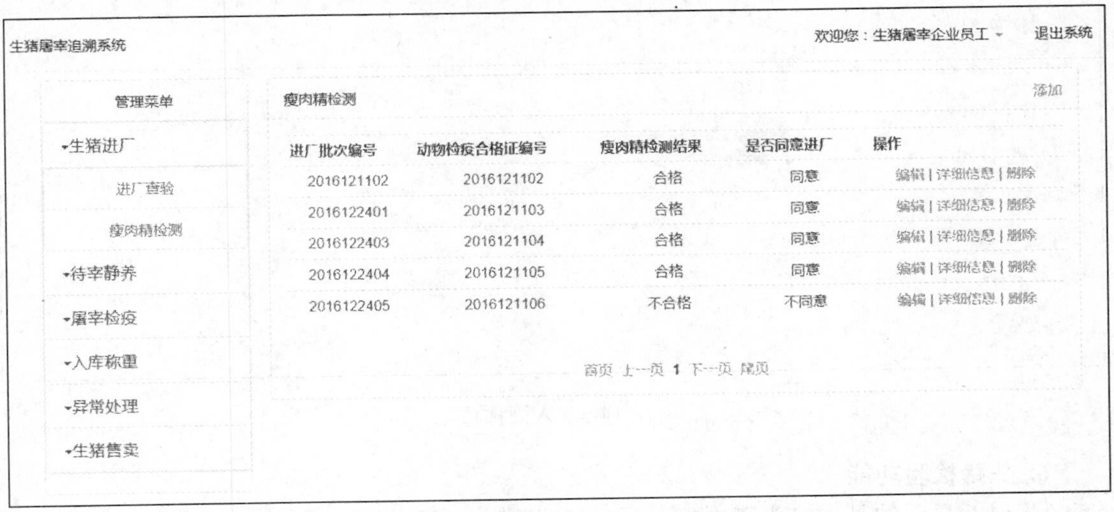

生猪屠宰追溯系统　　欢迎您：生猪屠宰企业员工　退出系统

管理菜单：▾生猪进厂（进厂查验、瘦肉精检测）、▾待宰静养、▾屠宰检疫、▾入库称重、▾异常处理、▾生猪售卖

瘦肉精检测　　添加

进厂批次编号	动物检疫合格证编号	瘦肉精检测结果	是否同意进厂	操作
2016121102	2016121102	合格	同意	编辑 | 详细信息 | 删除
2016122401	2016121103	合格	同意	编辑 | 详细信息 | 删除
2016122403	2016121104	合格	同意	编辑 | 详细信息 | 删除
2016122404	2016121105	合格	同意	编辑 | 详细信息 | 删除
2016122405	2016121106	不合格	不同意	编辑 | 详细信息 | 删除

首页 上一页 1 下一页 尾页

图 14-3　瘦肉精检测

4. 批量施加标签功能

生猪进厂后需静养 12 小时才能宰杀，在此期间完成的工作有施加 RFID 标签、入圈称重和宰前称重。图 14-4 显示的是生猪施加 RFID 标签功能页面。

生猪屠宰追溯系统　　欢迎您：生猪屠宰企业员工　退出系统

管理菜单：▾生猪进厂、▾待宰静养（批量施加标签、入圈称重、宰前称重）、▾屠宰检疫、▾入库称重、▾异常处理、▾生猪售卖

批量施加标签　　添加

猪体编号	进厂批次编号	动物检疫合格证编号	畜禽质量安全检测合格证明编号
2016121102001	2016121102	2016121102	2016123401
2016121102002	2016121102	2016121102	2016123401
2016121102003	2016121102	2016121102	2016123401
2016121102004	2016121102	2016121102	2016123401
2016121102005	2016121102	2016121102	2016123401

首页 上一页 1 下一页 尾页

图 14-4　批量施加标签

5. 入圈称重功能

生猪在施加 RFID 标签后进行首次称重，如图 14-5 所示，与此类似的功能还有宰前称重、入库称重，后面不再赘述。

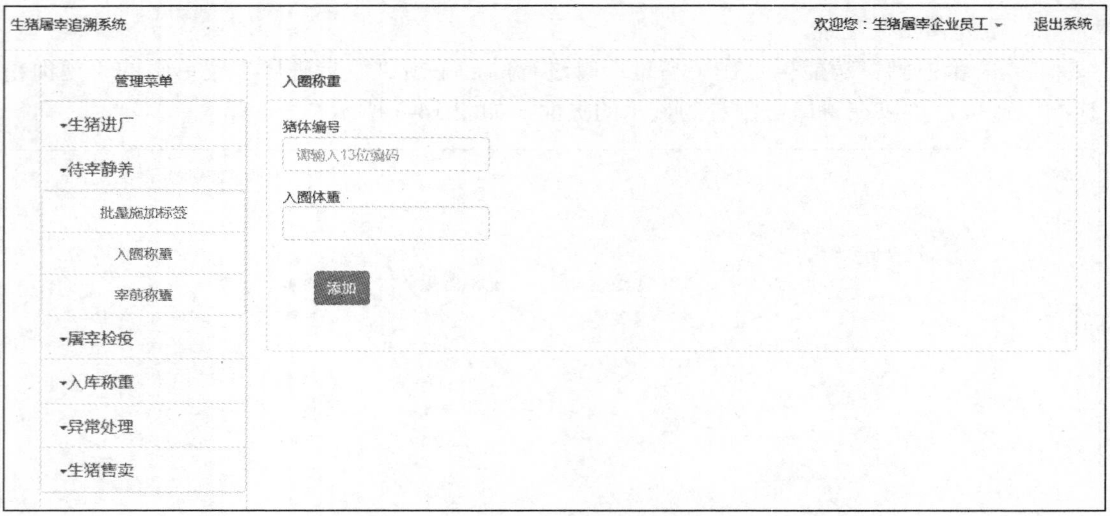

图 14-5　入圈称重

6. 头蹄检验功能

图 14-6 显示的是生猪头蹄检验页面。与此类似的功能还有内脏检疫、旋毛虫检疫和品质检疫，后面不再赘述。

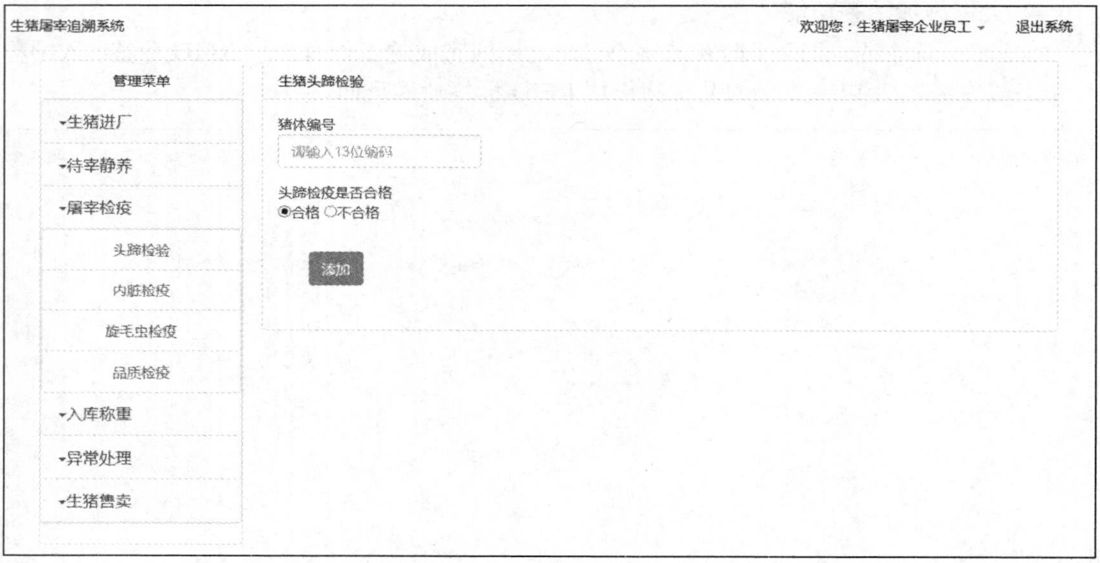

图 14-6　头蹄检验

7. 异常处理功能

在生猪屠宰过程中发现有异常的猪，要对其进行标识。在异常处理阶段对这些有异常的猪进行再加工，合格的可以继续售卖，不合格的按照相关政策进行处理。图 14-7 显示的是异常处理功能页面。

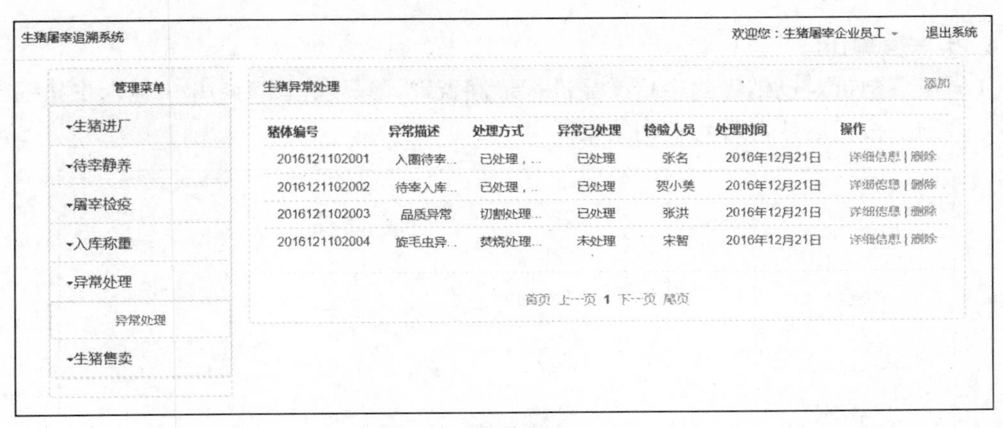

图 14-7　异常处理

8. 生猪售卖功能

生猪进行 24 小时排酸后就可以进行售卖了，图 14-8 显示的是生猪售卖列表页面，单击该页面中的“添加”按钮则进入生猪售卖功能页面，如图 14-9 所示。

图 14-8　生猪售卖列表

图 14-9　生猪售卖

9. 生猪追溯功能

任何用户都可对已销售的生猪产品进行追溯查询。只要在图 14-10 中输入生猪编号，单击“查询”按钮后就可看到查询结果。

生猪屠宰追溯系统 欢迎您：匿名用户 退出系统

请输入生猪编号：2016121102001 查询 返回

查询结果如下

动物检疫合格证编号	待宰入库体重正常
2016121102	合格
畜禽质量安全检测合格证明编号	旋毛虫检疫是否合格
2016123401	合格
入圈待宰体重正常	客户名称
同意	物美超市
内脏检疫是否合格	负责人
合格	李斌
品质检疫是否合格	联系方式
合格	13822222222
头蹄检疫是否合格	销售时间
合格	2016年12月15日

图 14-10 生猪追溯

14.3.2 系统结构设计

本系统主要基于 ASP.NET MVC 框架、jQuery、bootstrap 和数据库 SQL Server 2014 等技术设计完成。系统结构采用三层架构，如图 14-11 所示。

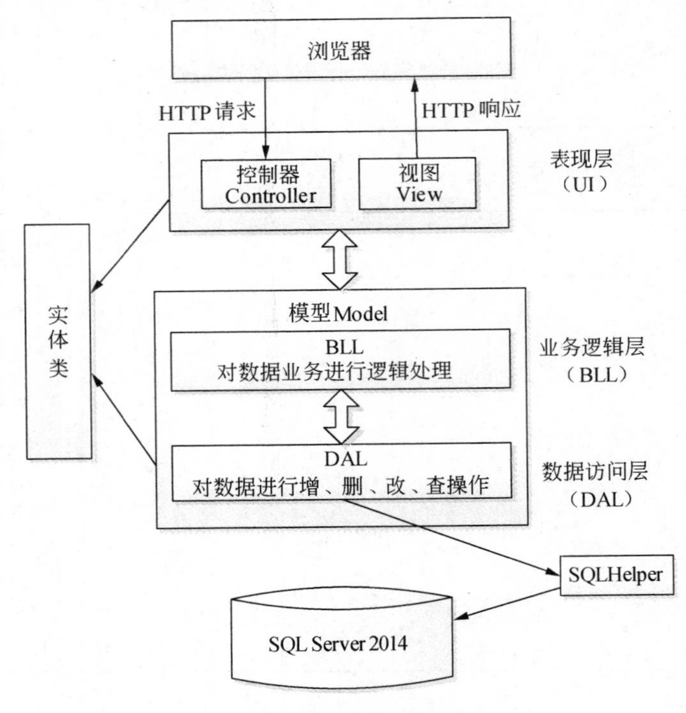

图 14-11 系统结构图

如图 14-11 所示，生猪屠宰追溯系统的业务应用被划分为三层，即表现层（UI）、业务逻辑层（BLL）和数据访问层（DAL）。其中三层架构中的表现层由 MVC 中的控制器（Controller）模块和视图（View）模块来实现，而 MVC 中的模型(Model)则包含了三层架构中的 BLL 和 DAL 两部分。实体类通常对应于数据库中的各种表，三层架构中的每一层都是通过实体类联系起来的。SQLHelper 是一个通用类库，该类库文件中包含对数据表进行的增、删、查、改操作的代码。

14.3.3 系统数据库的设计

生猪屠宰追溯系统中的数据库采用的是微软的 SQL Server 2014，主要的表有 6 个。

（1）动物检疫合格证明动物表（见表 14-1）。

表 14-1 动物检疫合格证明动物表

字段名称	数据类型	字段长度	说明
编号	int		主键
动物检疫合格证编号	nvarchar	10	非空
货主	nvarchar	13	非空
货主联系电话	nvarchar	15	非空
动物名称	nvarchar	18	非空
数量	smallint		非空
启运地点	nvarchar	100	非空
到达地点	nvarchar	100	非空
用途	nvarchar	10	非空
承运人	nvarchar	50	非空
运载方式	nvarchar	50	非空
检疫证明有效期	smallint		非空
官方兽医	nvarchar	50	非空
签发日期	datetime		非空
签发动物卫生监督检查站	nvarchar	50	非空
动物卫生监督所联系电话	nvarchar	50	非空

（2）区域用户信息表（见表 14-2）。

表 14-2 区域用户信息表

字段名称	数据类型	字段长度	说明
用户编码	nvarchar	13	主键
用户登录名	nvarchar	20	非空
用户登录密码	char	32	非空
用户姓名	nvarchar	20	非空
身份证号	nvarchar	18	非空
联系电话	nvarchar	13	非空
在职	bit		非空

（3）生猪进厂批次表（见表 14-3）。

表 14-3 生猪进厂批次表

字段名称	数据类型	字段长度	说明
进厂批次编号	varchar	10	主键
动物检疫合格证编号	nvarchar	10	非空
畜禽质量安全检测合格证明编号	nvarchar	10	非空
生猪贩运人	nvarchar	50	非空
生猪进厂时间	datetime		非空
生猪数量	smallint		非空
进厂操作人	nvarchar	50	非空
进厂检测人	nvarchar	50	非空
同意进厂	bit		非空
瘦肉精检测合格	bit		非空

（4）猪肉产品销售表（见表 14-4）。

表 14-4 猪肉产品销售表

字段名称	数据类型	字段长度	说明
猪体编号	char	13	主键
客户名称	nvarchar	20	非空
负责人	nvarchar	20	非空
联系方式	nvarchar	15	非空
产品检疫合格证编号	nvarchar	10	非空
销售时间	datetime		非空
销售操作人	nvarchar	20	非空
生猪重量	numeric	6,2	非空

（5）猪体信息表（见表 14-5）。

表 14-5 猪体信息表

字段名称	数据类型	字段长度	说明
猪体编号	char	13	主键
进厂批次编号	nvarchar	10	非空
动物检疫合格证编号	nvarchar	10	非空
畜禽质量安全检测合格证明编号	nvarchar	10	非空
入圈体重	numeric	5，2	非空
待宰体重	numeric	5，2	非空
入圈待宰体重正常	bit		非空
头蹄正常	bit		非空
内脏正常	bit		非空
旋毛虫正常	bit		非空
品质正常	bit		非空
入库体重	numeric	5，2	非空
待宰入库体重正常	bit		非空
产品销售	bit		非空

（6）猪体异常处理表（见表 14-6）。

表 14-6　猪体异常处理表

字段名称	数据类型	字段长度	说明
猪体编号	char	13	主键
异常描述	nvarchar	100	非空
处理方式	nvarchar	100	非空
异常已处理	bit		非空
检验人员	nvarchar	50	非空
处理时间	datetime		非空

14.4　系统实现

14.4.1　开发环境介绍

本系统的开发环境为微软的 Visual Studio 2015，选用的语言是 C#，数据库是微软的 SQL Server 2014，操作系统为 Microsoft Windows 10。

14.4.2　系统中使用的存储过程介绍

在本系统中运用了大量的存储过程，它可以加快程序执行的速度，减少网络传输的流量，提高系统的安全性能。以下是存储过程及说明。

（1）动物检疫合格证明动物表所涉及到的存储过程，见表 14-7。

表 14-7　动物检疫合格证明动物表存储过程说明

序号	名称	说明
1	动物检疫合格证明动物表_Add	添加动物检疫合格证明记录
2	动物检疫合格证明动物表_Change	更新动物动物检疫合格证明表
3	动物检疫合格证明动物表_Delete	删除动物检疫合格证明表中的记录
4	动物检疫合格证明动物表_SelectAll	得到动物检疫合格证明表中的全部记录
5	动物检疫合格证明动物表_SelectByWhere	查询动物检疫合格证明表中的符合条件的记录

（2）区域用户信息表所涉及的存储过程，见表 14-8。

表 14-8　区域用户信息表存储过程说明

序号	名称	说明
1	区域用户信息表_SelectByWhere	查询区域用户表中某用户的信息
2	区域用户信息表_Update	更新区域用户表中某用户的信息
3	区域用户信息表_Updatepwd	更新区域用户表中某用户的密码

（3）生猪进厂批次表所涉及的存储过程，见表 14-9。

表 14-9　生猪进厂批次表存储过程说明

序号	名称	说明
1	生猪进厂批次表_Add	添加生猪进厂批次表信息
2	生猪进厂批次表_Change	更新生猪进厂批次表中的数据

续表

序号	名称	说明
3	生猪进厂批次表_Delete	删除生猪进厂批次表中的数据
4	生猪进厂批次表_SelectAll	得到生猪进厂批次表中的全部数据
5	生猪进厂批次表_strcmd	得到生猪进厂批次表中符合条件的第一条数据
6	生猪进厂批次表_SelectByjcpc	得到生猪进厂批次表中进厂批次编号为某一值的数据
7	生猪进厂批次表_SelectByWhere	得到生猪进厂批次表中符合条件的全部数据

（4）猪肉产品销售表所涉及的存储过程，见表 14-10。

表 14-10　猪肉产品销售表存储过程说明

序号	名称	说明
1	猪肉产品销售表_Add	添加猪肉产品销售信息
2	猪肉产品销售表_AddReturnId	添加猪肉产品销售信息并返回添加记录的 ID 值
3	猪肉产品销售表_Change	更新猪肉产品销售表中的数据
4	猪肉产品销售表_Delete	删除猪肉产品销售表中的数据
5	猪肉产品销售表_SelectAll	得到猪肉产品销售表中的全部数据
6	猪肉产品销售表_SelectById	得到猪肉产品销售表中猪体编号为某一值的数据
7	猪肉产品销售表_SelectByWhere	得到猪肉产品销售表中符合条件的全部数据

（5）猪体异常处理表所涉及的存储过程，见表 14-11。

表 14-11　猪体异常处理表存储过程说明

序号	名称	说明
1	猪体异常处理表_Add	添加猪体异常处理信息
2	猪体异常处理表_AddReturnId	添加猪体异常处理信息并返回添加记录的 ID 值
3	猪体异常处理表_Change	更新猪体异常处理表中的数据
4	猪体异常处理表_Delete	删除猪体异常处理表中的数据
5	猪体异常处理表_SelectAll	得到猪体异常处理表中的全部数据
6	猪体异常处理表_SelectById	得到猪体异常处理表中猪体编号为某一值的数据
7	猪体异常处理表_SelectByWhere	得到猪体异常处理表中符合条件的全部数据

（6）猪体信息表所涉及的存储过程，见表 14-12。

表 14-12　猪体信息表存储过程说明

序号	名称	说明
1	猪体信息表_Add	添加猪体信息
2	猪体信息表_AddReturnId	添加猪体信息并返回添加记录的 ID 值
3	猪体信息表_Change	更新猪体信息表中的数据
4	猪体信息表_Delete	删除猪体信息表中的数据
5	猪体信息表_SelectAll	得到猪体信息表中的全部数据
6	猪体信息表_SelectById	得到猪体信息表中猪体编号为某一值的数据
7	猪体信息表_SelectByWhere	得到猪体信息表中符合条件的全部数据
8	猪体信息表_Changecpxs	更新猪体信息表中猪体编号为特定值的“产品销售”字段中的数据
9	猪体信息表_Changenzjy	更新猪体信息表中猪体编号为特定值的“内脏正常”字段中的数据

续表

序号	名称	说明
10	猪体信息表_Changepzjy	更新猪体信息表中猪体编号为特定值的“品质正常”字段中的数据
11	猪体信息表_Changerjcz	更新猪体信息表中猪体编号为特定值的“入圈体重”字段中的数据
12	猪体信息表_Changerkcz	更新猪体信息表中猪体编号为特定值的“入库体重”字段中的数据
13	猪体信息表_Changerkzt	更新猪体信息表中猪体编号为特定值的所有检疫检验字段的数据为合格
14	猪体信息表_Changettjy	更新猪体信息表中猪体编号为特定值的“头蹄正常”字段中的数据
15	猪体信息表_Changexmcjy	更新猪体信息表中猪体编号为特定值的“旋毛虫正常”字段中的数据
16	猪体信息表_Changezqcz	更新猪体信息表中猪体编号为特定值的“待宰体重”字段中的数据

14.4.3 Models 实体类的实现

在 ASP.NET 三层架构中，数据模型（Models）主要负责与数据相关的操作。无论是 DAL 层还是 BLL 层、UI 层在进行各种操作时都需要实体类的参与。

在创建 MVC 项目时，有两种模型可以选择：一种是基于 LINQ to SQL 的数据模型，另一种是基于 Entity Framework 的数据模型，后者是前者的升级版本。在生猪屠宰追溯系统中采用 Entity Framework 的数据模型来建立实体类。以下是建立步骤：

（1）打开 VS 2015 后，单击“文件”→“新建”→“项目”，在弹出的“添加新项目”窗口中，选择“ASP.NET Web 应用程序”，在名称中输入 pigregulatesystem，单击“确定”按钮，如图 14-12 所示。

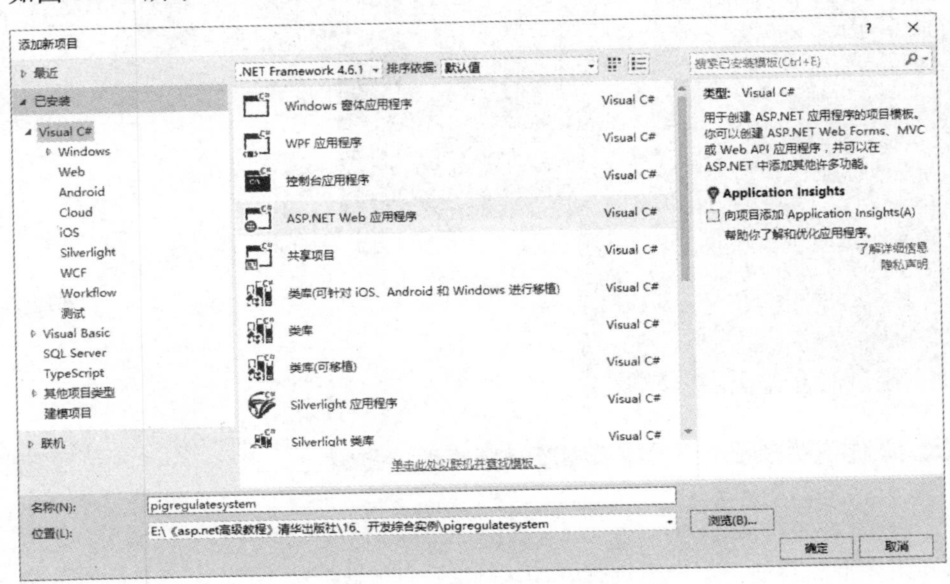

图 14-12　新建项目

（2）在“ASP.NET 4.6.1 模板”中选择 Empty，“为以下项添加文件夹和核心引用”中选择 MVC，然后单击“确定”按钮，如图 14-13 所示。

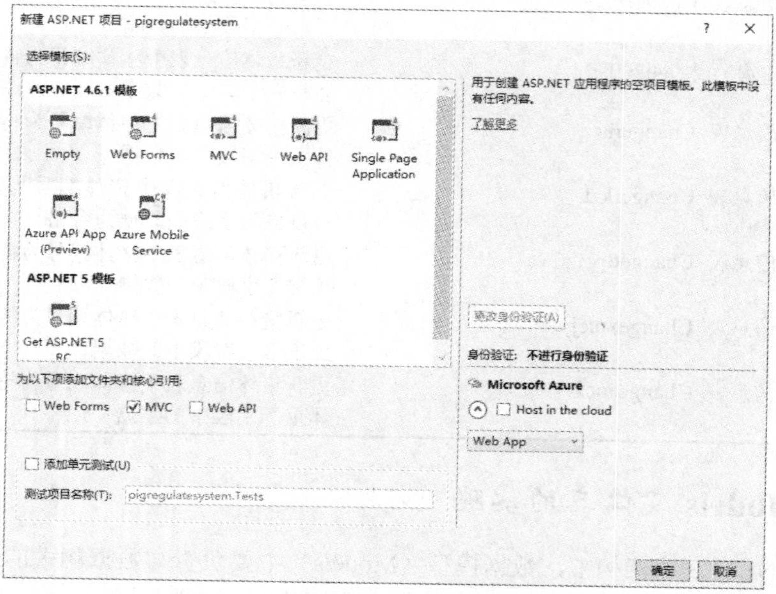

图 14-13　新建 MVC 空项目

（3）在“pigregulatesystem 解决方案资源管理器”窗口中建立 Models 文件夹，选择此文件夹并右击，在弹出的菜单中选择“添加”→“新建项”命令，如图 14-14 所示。

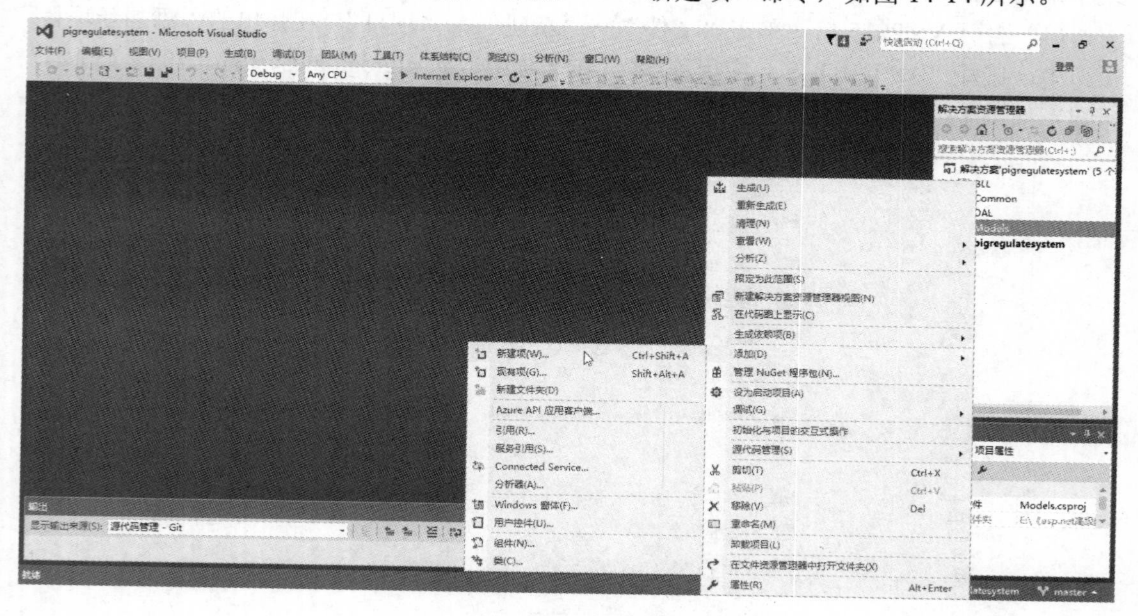

图 14-14　添加新建项

（4）在“添加新项”窗口中选择“ADO.NET 实体数据模型”，在“名称”中输入 Pig_Models，单击“添加”按钮，如图 14-15 所示。

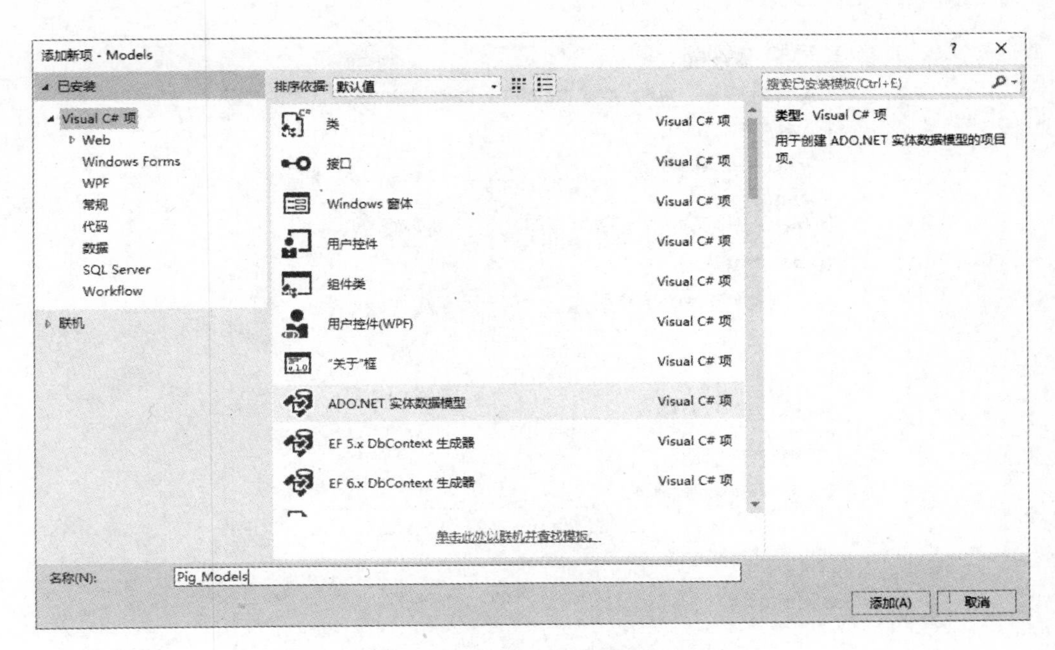

图 14-15　添加实体数据模型

（5）在“实体数据模型向导”中选择“来自数据库的 EF 设计器”，单击“下一步”按钮，如图 14-16 所示。

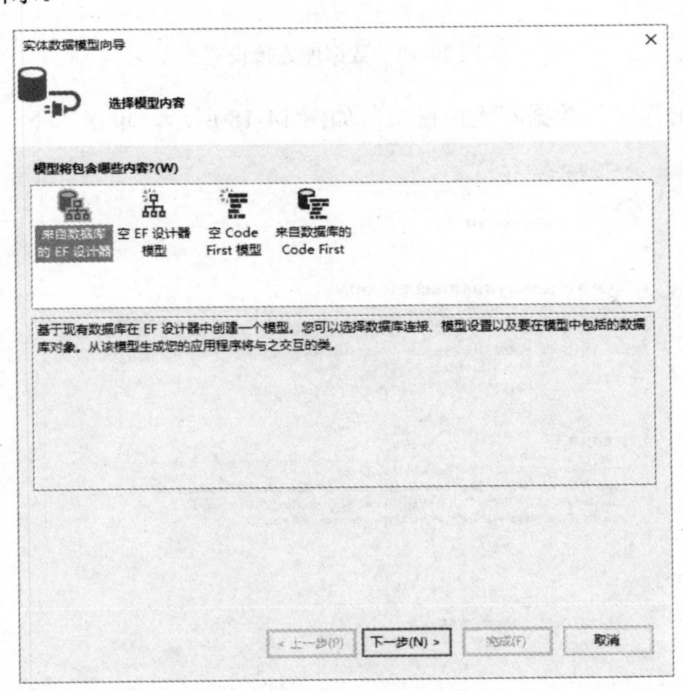

图 14-16　选择模型内容

（6）在应用程序与数据库连接窗口中，选择“新建连接”，出现“连接属性”窗口。选择服务器和数据库后单击“确定”按钮，如图 14-17 所示。

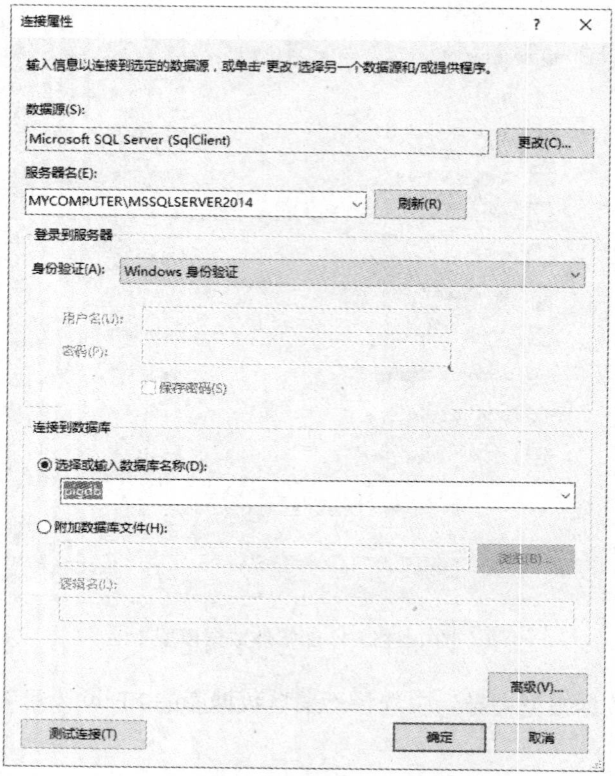

连接属性
输入信息以连接到选定的数据源，或单击"更改"选择另一个数据源和/或提供程序。
数据源(S):
Microsoft SQL Server (SqlClient)
更改(C)...
服务器名(E):
MYCOMPUTER\MSSQLSERVER2014
刷新(R)
登录到服务器
身份验证(A):
Windows 身份验证
用户名(U):
密码(P):
保存密码(S)
连接到数据库
选择或输入数据库名称(D):
pigdb
附加数据库文件(H):
浏览(B)...
逻辑名(L):
高级(V)...
测试连接(T)
确定
取消

图 14-17　数据库连接设置

（7）回到应用程序与数据库连接窗口，如图 14-18 所示，单击“下一步”按钮。

实体数据模型向导
选择您的数据连接
您的应用程序应使用哪个数据连接与数据库进行连接?(W)
mycomputer\mssqlserver2014.PIGDB.dbo
新建连接(C)...
连接字符串:
metadata=res://*/Model1.csdl|res://*/Model1.ssdl|
res://*/Model1.msl;provider=System.Data.SqlClient;provider connection string="data
source=MYCOMPUTER\MSSQLSERVER2014;initial catalog=pigdb;integrated
security=True;MultipleActiveResultSets=True;App=EntityFramework"
将 App.Config 中的连接设置另存为(S):
pigdbEntities
< 上一步(P)
下一步(N) >
完成(F)
取消

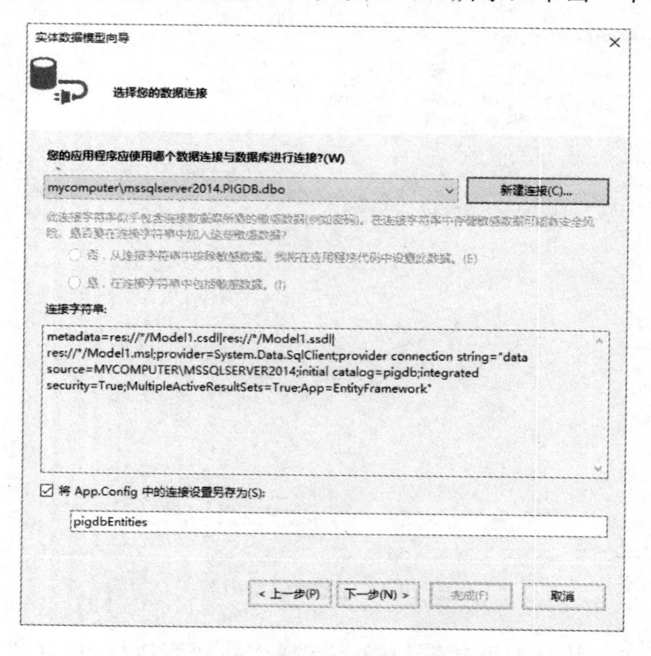

图 14-18　建立数据库连接

（8）在“选择您的数据库对象和设置”窗口中，选择要加入的表，单击“完成”按钮，如图 14-19 所示。

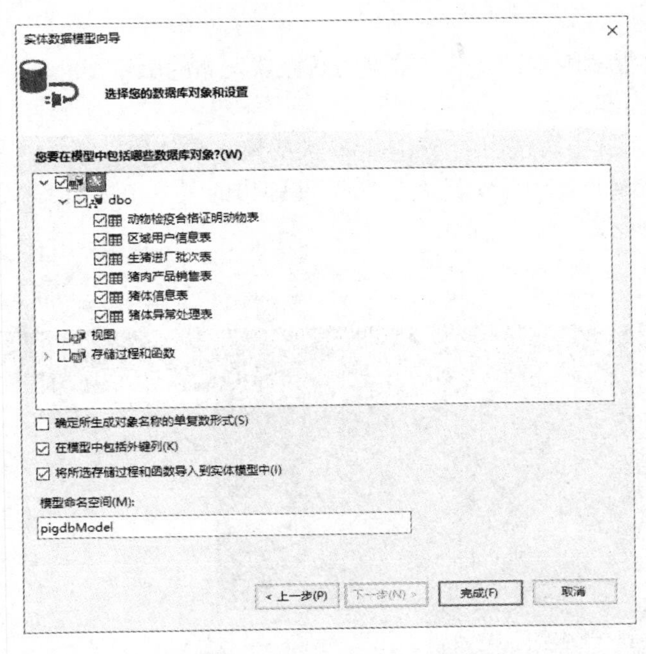

图 14-19　选择数据库对象和设置

（9）完成上述操作后系统会自动建立模型，后面就可以应用这个模型了，如图 14-20 所示。

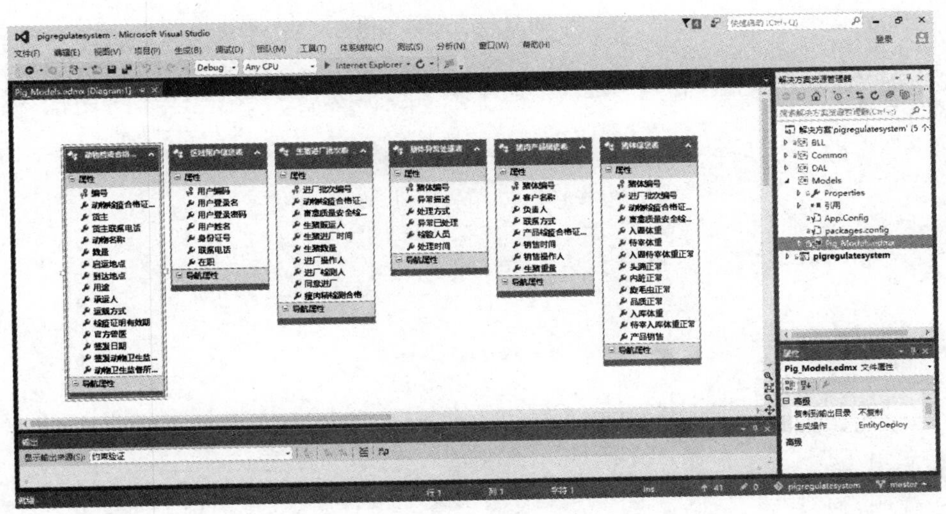

图 14-20　完成数据模型的建立

14.4.4　SqlHelper 类的实现

SqlHelper 类的实质是将对数据表的访问功能封装在一组静态方法里，其作用是简化重复的 ASP.NET 访问数据的命令，如 SqlConnection 数据连接命令、SqlCommand 数据进行增删改查命令等。在使用 SqlHelper 这个类时，只需要选择相应的方法，并给出方法所需的参数即可。

SqlHelper 类有很多版本，其中最常见的是微软发布的版本。也有一些开发人员根据需要对该类进行了扩充和改写。

下面介绍在本系统中所使用的 SqlHelper 类的建立与使用。

（1）右击“pigregulatesystem 解决方案”，在弹出的菜单中选择“添加”→“新建项目”命令，如图 14-21 所示。

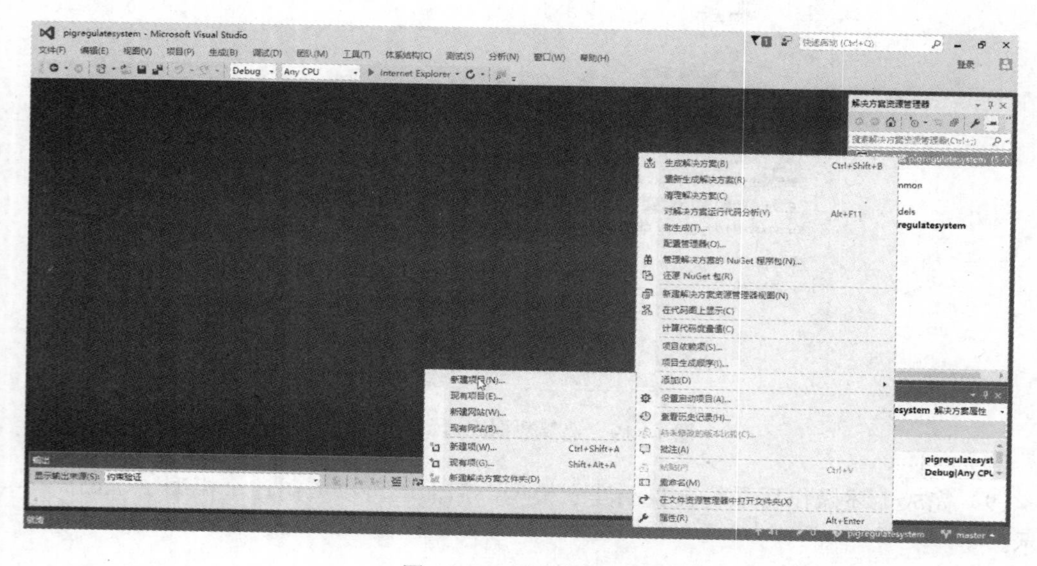

图 14-21　添加新建项

（2）在“添加新项目”窗口中选择“类库”，在“名称”中输入 DAL，如图 14-22 所示。

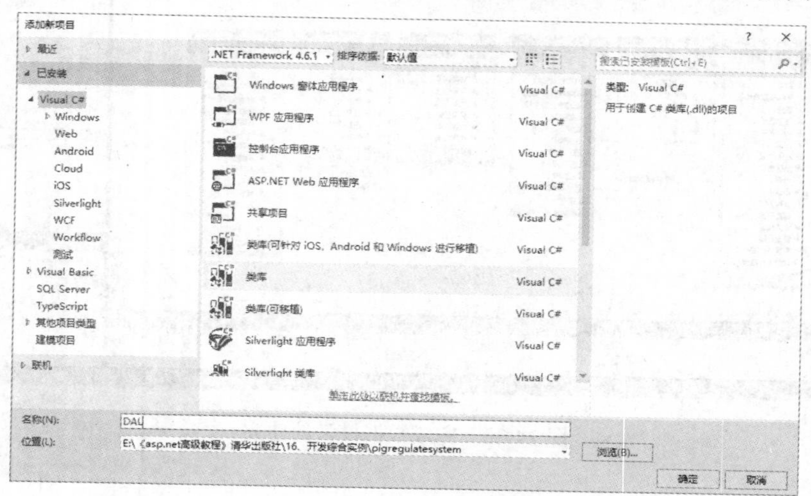

图 14-22　新建 DAL 类库

（3）选择 DAL，右击，在弹出的菜单中选择“添加”→“类”命令，然后在打开的窗口中选择“类”，在名称中输入 Helper.cs，如图 14-23 所示。

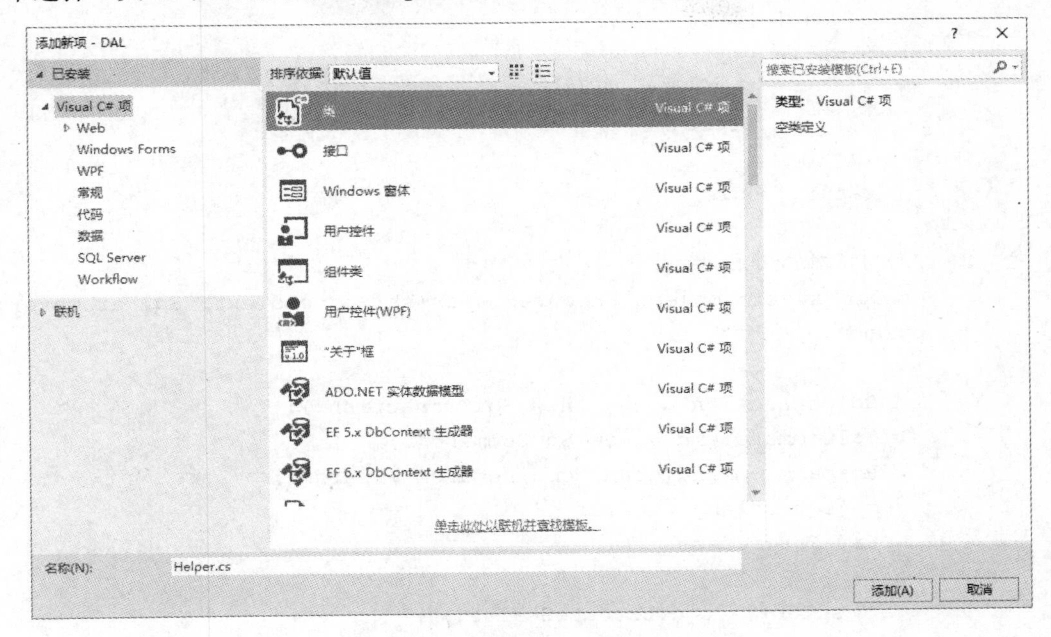

图 14-23　建立 Helper.cs 类

（4）打开刚才建立的 Helper.cs 文件，输入如下代码：

```
using System.Data;
using System.Data.SqlClient;
using System.Configuration;
namespace DBHelp
{
    public abstract class Helper
    {
        private static  readonly string connectString = ConfigurationManager.
        ConnectionStrings["ConnString"].ToString();
        /// 执行命令(未返回结果)
        public static bool ExecuteNonQuery(string cmdText, SqlParameter[]
        param)
        {
            SqlConnection conn = new SqlConnection();
            SqlCommand cmd = new SqlCommand();
            PrepareCommand(conn, cmd, cmdText, param);
            bool logic = false;
            try
            {
                cmd.ExecuteNonQuery();
                cmd.Parameters.Clear();
                logic = true;
```

```
        }
        catch { }
        finally
        {
            conn.Close();
        }
        return logic;
    }
    /// 执行命令并返回结果
    public static object ExecuteScalar(string cmdText, SqlParameter[]
    param)
    {
        SqlConnection conn = new SqlConnection();
        SqlCommand cmd = new SqlCommand();
        PrepareCommand(conn, cmd, cmdText, param);
        object sclobj = null;
        try Parameters
        {
            sclobj = cmd.ExecuteScalar();
            cmd.Clear();
        }
        catch { }
        finally
        {
            conn.Close();
        }
        return sclobj;
    }
    /// 返回数据集对象
    public static SqlDataReader ExecuteReader(string cmdText,
    SqlParameter[] param)
    {
        SqlConnection conn = new SqlConnection();
        SqlCommand cmd = new SqlCommand();
        PrepareCommand(conn, cmd, cmdText, param);
        SqlDataReader sqldr = null;
        try
        {
            sqldr = cmd.ExecuteReader(CommandBehavior.CloseConnection);
            cmd.Parameters.Clear();
        }
        catch { conn.Close(); }
        return sqldr;
    }
    /// 公共方法
```

```
        private static void PrepareCommand(SqlConnection conn, SqlCommand
        cmd, string cmdText, SqlParameter[]sqlpara)
        {
            conn.ConnectionString = connectString;
            if (conn.State == ConnectionState.Closed)
                conn.Open();
            cmd.Connection = conn;
            cmd.CommandText = cmdText;
            cmd.CommandType = CommandType.StoredProcedure;
            if(sqlpara !=null)
               cmd.Parameters.AddRange(sqlpara);
        }
    }
}
```

14.4.5 DAL 数据访问层的实现

数据访问层的主要任务就是对数据库中的表进行读取和存储的操作，即实现数据的增加、删除、修改和查询。下面以“动物检疫合格证明动物表”为例介绍其实现过程。

（1）打开“pigregulatesystem 解决方案”，右击 DAL 类库，在弹出的菜单中选择“添加”→“类”命令，在“名称”中输入 DAL_dwjyb.cs，此类对应“动物检疫合格证明动物表”。如图 14-24 所示。

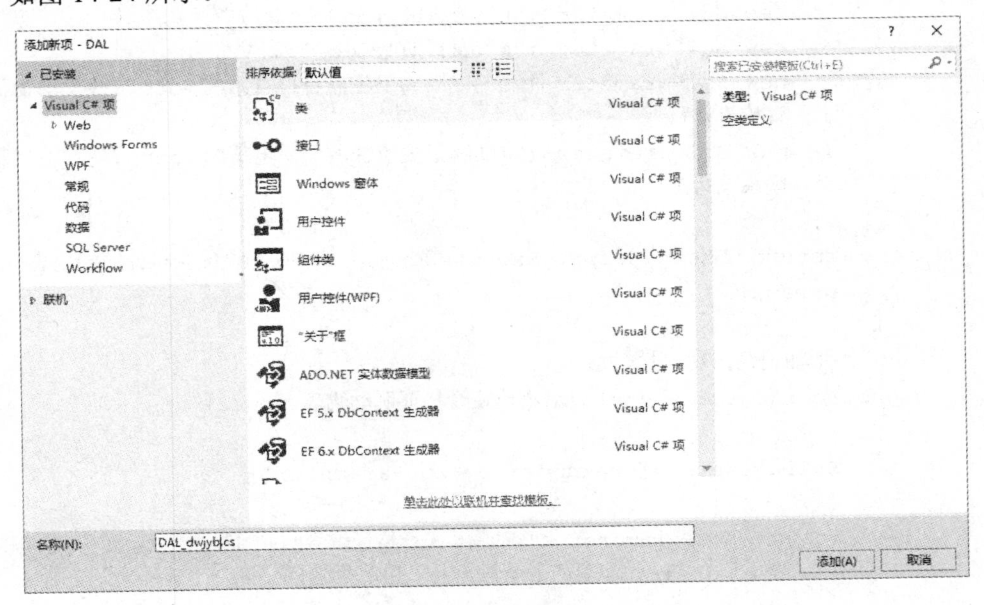

图 14-24 建立类库文件

（2）打开 DAL_dwjyb.cs，输入以下内容：

```
using System;
using System.Collections.Generic;
```

```
using System.Data.SqlClient;
using Models;
namespace DAL
{
  public  class DAL_dwjyb
   {
     /// 增加记录，返回逻辑值
     public bool add(动物检疫合格证明动物表 model)
     {
        SqlParameter[] param = new SqlParameter[]
        {
           new SqlParameter ("@动物检疫合格证编号",model.动物检疫合格证编号),
           new SqlParameter ("@货主",model.货主),
           new SqlParameter ("@货主联系电话",model.货主联系电话),
           new SqlParameter ("@动物名称",model.动物名称),
           new SqlParameter ("@数量",model.数量),
           new SqlParameter ("@启运地点",model.启运地点),
           new SqlParameter ("@到达地点",model.到达地点),
           new SqlParameter ("@用途",model.用途),
           new SqlParameter ("@承运人",model.承运人),
           new SqlParameter ("@运载方式",model.运载方式),
           new SqlParameter ("@检疫证明有效期",model.检疫证明有效期),
           new SqlParameter ("@官方兽医",model.官方兽医),
           new SqlParameter ("@签发日期",model.签发日期),
           new SqlParameter ("@签发动物卫生监督检查站",model.签发动物卫生监
           督检查站),
           new SqlParameter ("@动物卫生监督所联系电话",model.动物卫生监督所
           联系电话)
        };
        return DBHelp.Helper.ExecuteNonQuery("动物检疫合格证明动物表_Add",
        param);
     }
    /// 增加记录,返回自增 ID
    public int addReturnId(动物检疫合格证明动物表 model)
     {
        SqlParameter[] param = new SqlParameter[]
        {
           new SqlParameter ("@动物检疫合格证编号",model.动物检疫合格证编号),
           new SqlParameter ("@货主",model.货主),
           new SqlParameter ("@货主联系电话",model.货主联系电话),
           new SqlParameter ("@动物名称",model.动物名称),
           new SqlParameter ("@数量",model.数量),
           new SqlParameter ("@启运地点",model.启运地点),
           new SqlParameter ("@到达地点",model.到达地点),
           new SqlParameter ("@用途",model.用途),
```

```
        new SqlParameter ("@承运人",model.承运人),
        new SqlParameter ("@运载方式",model.运载方式),
        new SqlParameter ("@检疫证明有效期",model.检疫证明有效期),
        new SqlParameter ("@官方兽医",model.官方兽医),
        new SqlParameter ("@签发日期",model.签发日期),
        new SqlParameter ("@签发动物卫生监督检查站",model.签发动物卫生监
        督检查站),
        new SqlParameter ("@动物卫生监督所联系电话",model.动物卫生监督所
        联系电话)
    };
    return Convert.ToInt32(DBHelp.Helper.ExecuteScalar("动物检疫合格
    证明动物表_AddReturnId", param));
}
/// 修改记录，并判断是否操作成功
public bool change(动物检疫合格证明动物表 model)
{
    SqlParameter[] param = new SqlParameter[]
    {
        new SqlParameter ("@编号",model.编号),
        new SqlParameter ("@动物检疫合格证编号",model.动物检疫合格证编号),
        new SqlParameter ("@货主",model.货主),
        new SqlParameter ("@货主联系电话",model.货主联系电话),
        new SqlParameter ("@动物名称",model.动物名称),
        new SqlParameter ("@数量",model.数量),
        new SqlParameter ("@启运地点",model.启运地点),
        new SqlParameter ("@到达地点",model.到达地点),
        new SqlParameter ("@用途",model.用途),
        new SqlParameter ("@承运人",model.承运人),
        new SqlParameter ("@运载方式",model.运载方式),
        new SqlParameter ("@检疫证明有效期",model.检疫证明有效期),
        new SqlParameter ("@官方兽医",model.官方兽医),
        new SqlParameter ("@签发日期",model.签发日期),
        new SqlParameter ("@签发动物卫生监督检查站",model.签发动物卫生监
        督检查站),
        new SqlParameter ("@动物卫生监督所联系电话",model.动物卫生监督所
        联系电话)
    };
    return DBHelp.Helper.ExecuteNonQuery("动物检疫合格证明动物表
    _Change", param);
}
/// 删除记录，并判断是否操作成功
public bool delete(int Id)
{
    SqlParameter[] param = new SqlParameter[]
    {
```

```
            new SqlParameter ("@编号",Id)
        };
        return DBHelp.Helper.ExecuteNonQuery("动物检疫合格证明动物表_Delete",
        param);
    }
    /// 查看全部记录
    public List<动物检疫合格证明动物表> selectAll()
    {
        List<动物检疫合格证明动物表> list = new List<动物检疫合格证明动物表>();
        动物检疫合格证明动物表 model = null;
        using (SqlDataReader dr = DBHelp.Helper.ExecuteReader("动物检疫
        合格证明动物表_SelectAll", null))
        {
            while (dr.Read())
            {
                model = new 动物检疫合格证明动物表();
                model.编号 = Convert.ToInt32(dr["编号"]);
                if (DBNull.Value != dr["动物检疫合格证编号"])
                    model.动物检疫合格证编号 = dr["动物检疫合格证编号"].
                    ToString();
                if (DBNull.Value != dr["货主"])
                    model.货主 = dr["货主"].ToString();
                if (DBNull.Value != dr["货主联系电话"])
                    model.货主联系电话 = dr["货主联系电话"].ToString();
                if (DBNull.Value != dr["动物名称"])
                    model.动物名称 = dr["动物名称"].ToString();
                if (DBNull.Value != dr["数量"])
                    model.数量 = Convert.ToInt16(dr["数量"]);
                if (DBNull.Value != dr["启运地点"])
                    model.启运地点 = dr["启运地点"].ToString();
                if (DBNull.Value != dr["到达地点"])
                    model.到达地点 = dr["到达地点"].ToString();
                if (DBNull.Value != dr["用途"])
                    model.用途 = dr["用途"].ToString();
                if (DBNull.Value != dr["承运人"])
                    model.承运人 = dr["承运人"].ToString();
                if (DBNull.Value != dr["运载方式"])
                    model.运载方式 = dr["运载方式"].ToString();
                if (DBNull.Value != dr["检疫证明有效期"])
                    model.检疫证明有效期 = Convert.ToInt16(dr["检疫证明有效期"]);
                if (DBNull.Value != dr["官方兽医"])
                    model.官方兽医 = dr["官方兽医"].ToString();
                if (DBNull.Value != dr["签发日期"])
                    model.签发日期 = Convert.ToDateTime(dr["签发日期"]);
                if (DBNull.Value != dr["签发动物卫生监督检查站"])
```

```
                model.签发动物卫生监督检查站 = dr["签发动物卫生监督检查
                站"].ToString();
            if (DBNull.Value != dr["动物卫生监督所联系电话"])
                model.动物卫生监督所联系电话 = dr["动物卫生监督所联系电
                话"].ToString();
            list.Add(model);
        }
    }
    return list;
}
/// 通过 Id 查询
public 动物检疫合格证明动物表 selectById(int Id)
{
    SqlParameter[] param = new SqlParameter[]
    {
        new SqlParameter ("@编号",Id)
    };
    动物检疫合格证明动物表 model = new 动物检疫合格证明动物表();
    using (SqlDataReader dr = DBHelp.Helper.ExecuteReader("动物检疫
    合格证明动物表_SelectById", param))
    {
        if (dr.Read())
        {
            model.编号 = Convert.ToInt32(dr["编号"]);
            if (DBNull.Value != dr["动物检疫合格证编号"])
                model.动物检疫合格证编号 = dr["动物检疫合格证编号"].
                ToString();
            if (DBNull.Value != dr["货主"])
                model.货主 = dr["货主"].ToString();
            if (DBNull.Value != dr["货主联系电话"])
                model.货主联系电话 = dr["货主联系电话"].ToString();
            if (DBNull.Value != dr["动物名称"])
                model.动物名称 = dr["动物名称"].ToString();
            if (DBNull.Value != dr["数量"])
                model.数量 = Convert.ToInt16(dr["数量"]);
            if (DBNull.Value != dr["启运地点"])
                model.启运地点 = dr["启运地点"].ToString();
            if (DBNull.Value != dr["到达地点"])
                model.到达地点 = dr["到达地点"].ToString();
            if (DBNull.Value != dr["用途"])
                model.用途 = dr["用途"].ToString();
            if (DBNull.Value != dr["承运人"])
                model.承运人 = dr["承运人"].ToString();
            if (DBNull.Value != dr["运载方式"])
                model.运载方式 = dr["运载方式"].ToString();
```

```
                if (DBNull.Value != dr["检疫证明有效期"])
                    model.检疫证明有效期 = Convert.ToInt16(dr["检疫证明有效期"]);
                if (DBNull.Value != dr["官方兽医"])
                    model.官方兽医 = dr["官方兽医"].ToString();
                if (DBNull.Value != dr["签发日期"])
                    model.签发日期 = Convert.ToDateTime(dr["签发日期"]);
                if (DBNull.Value != dr["签发动物卫生监督检查站"])
                    model.签发动物卫生监督检查站 = dr["签发动物卫生监督检查
                    站"].ToString();
                if (DBNull.Value != dr["动物卫生监督所联系电话"])
                    model.动物卫生监督所联系电话 = dr["动物卫生监督所联系电
                    话"].ToString();
            }
        }
        return model;
    }
    /// 通过条件查询
    public 动物检疫合格证明动物表 selectByWhere(string WhereString)
    {
        SqlParameter[] param = new SqlParameter[]
        {
            new SqlParameter ("@where",WhereString)
        };
        动物检疫合格证明动物表 model = null;
        using (SqlDataReader dr = DBHelp.Helper.ExecuteReader("动物检疫
        合格证明动物表_SelectByWhere", param))
        {
            while (dr.Read())
            {
                model = new 动物检疫合格证明动物表();
                model.编号 = Convert.ToInt32(dr["编号"]);
                if (DBNull.Value != dr["动物检疫合格证编号"])
                    model.动物检疫合格证编号 = dr["动物检疫合格证编号"].
                    ToString();
                if (DBNull.Value != dr["货主"])
                    model.货主 = dr["货主"].ToString();
                if (DBNull.Value != dr["货主联系电话"])
                    model.货主联系电话 = dr["货主联系电话"].ToString();
                if (DBNull.Value != dr["动物名称"])
                    model.动物名称 = dr["动物名称"].ToString();
                if (DBNull.Value != dr["数量"])
                    model.数量 = Convert.ToInt16(dr["数量"]);
                if (DBNull.Value != dr["启运地点"])
                    model.启运地点 = dr["启运地点"].ToString();
                if (DBNull.Value != dr["到达地点"])
                    model.到达地点 = dr["到达地点"].ToString();
                if (DBNull.Value != dr["用途"])
                    model.用途 = dr["用途"].ToString();
                if (DBNull.Value != dr["承运人"])
```

```
                model.承运人 = dr["承运人"].ToString();
            if (DBNull.Value != dr["运载方式"])
                model.运载方式 = dr["运载方式"].ToString();
            if (DBNull.Value != dr["检疫证明有效期"])
                model.检疫证明有效期 = Convert.ToInt16(dr["检疫证明有效期"]);
            if (DBNull.Value != dr["官方兽医"])
                model.官方兽医 = dr["官方兽医"].ToString();
            if (DBNull.Value != dr["签发日期"])
                model.签发日期 = Convert.ToDateTime(dr["签发日期"]);
            if (DBNull.Value != dr["签发动物卫生监督检查站"])
                model.签发动物卫生监督检查站 = dr["签发动物卫生监督检查站"].
                ToString();
            if (DBNull.Value != dr["动物卫生监督所联系电话"])
                model.动物卫生监督所联系电话 = dr["动物卫生监督所联系电话"].
                ToString();
            }
        }
        return model;
    }
  }
}
```

14.4.6 BLL 业务逻辑层的实现

BLL 业务逻辑层的主要任务是接收表示层发来的请求，并完成相关逻辑判断分析，然后通过数据访问层获得数据表中的数据，最后将结果传回表示层。下面仍以“动物检疫合格证明动物表”为例介绍其实现过程。

（1）右击“pigregulatesystem 解决方案”，在弹出的菜单中选择“添加”→“新建项目”命令，如图 14-25 所示。

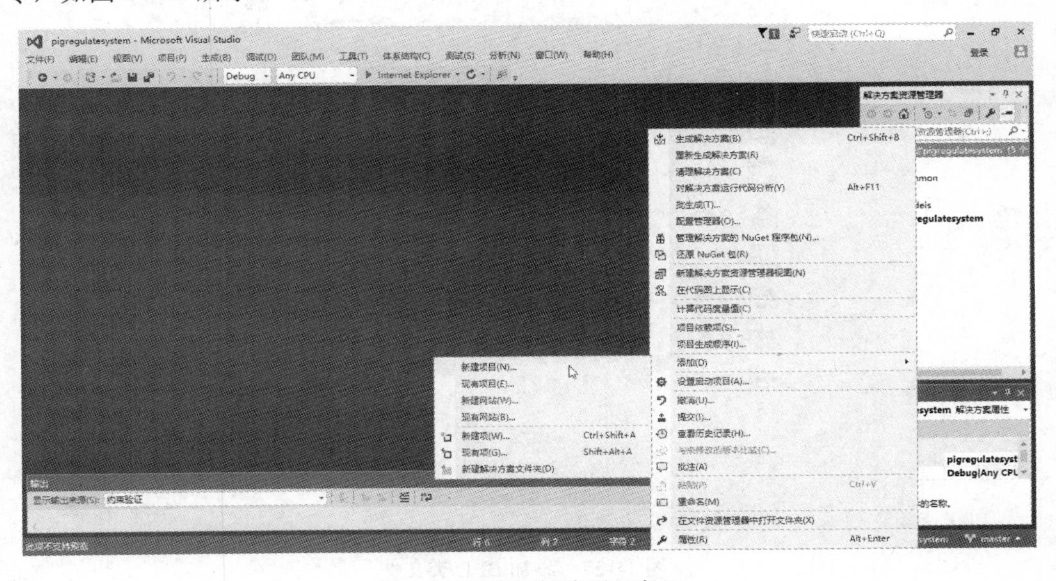

图 14-25　打开新建项目窗口

（2）在弹出的“添加新项目”窗口中，选择“类库”，在“名称”中输入 BLL，单击“确定”按钮，如图 14-26 所示。

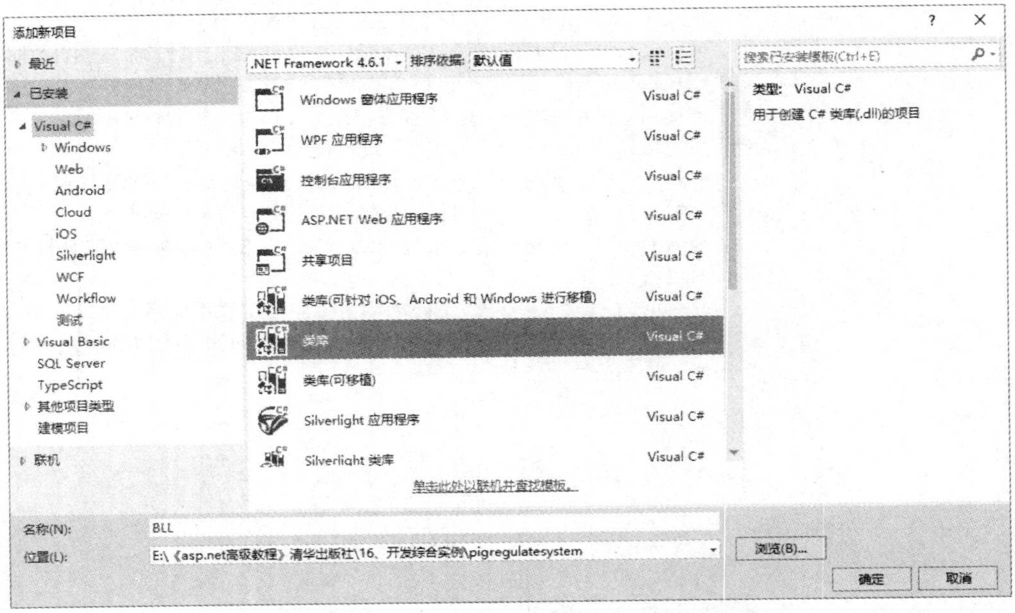

图 14-26　新建 BLL 项目

（3）右击 BLL 类库，在弹出的菜单中选择“添加”→“类”命令，在“名称”中输入 BLL_dwjyb.cs。如图 14-27 所示。

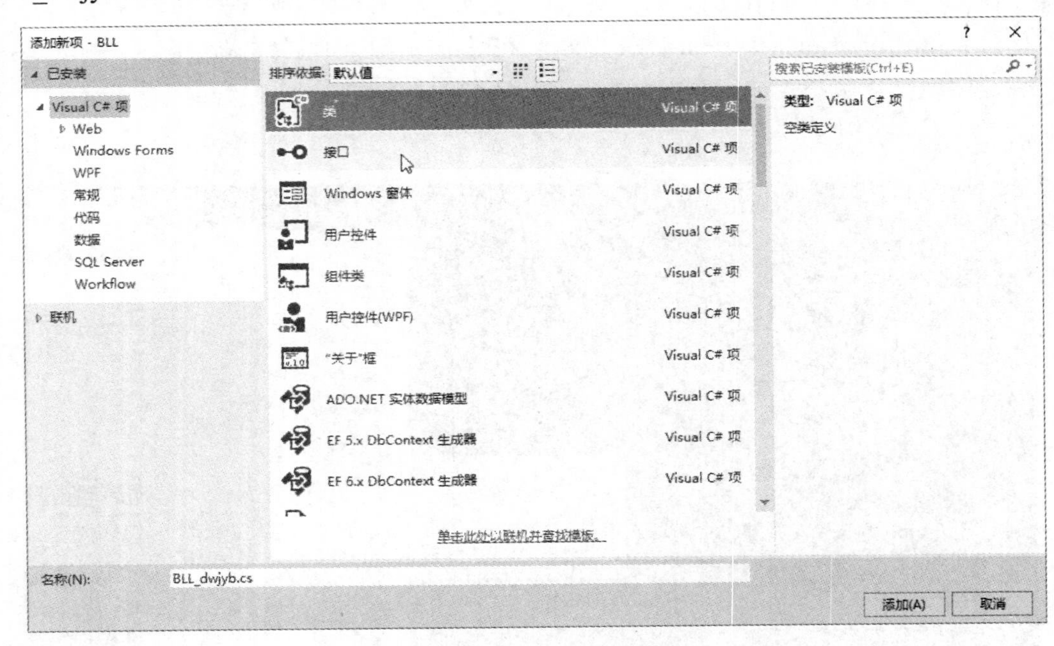

图 14-27　添加 BLL 类文件

（4）打开 BLL_dwjyb.cs 文件，输入如下业务逻辑代码：

```
using System.Collections.Generic;
using Models;
using DAL;
namespace BLL
{
    public class BLL_dwjyb
    {
        private DAL_dwjyb dal = new DAL_dwjyb();
        /// 增加记录，成功后返回逻辑值
        public bool add(动物检疫合格证明动物表 model)
        {
            return dal.add(model);
        }
        /// 增加记录，成功后返回自增 ID
        public int addReturnId(动物检疫合格证明动物表 model)
        {
            return dal.addReturnId(model);
        }
        /// 修改记录，成功后返回逻辑值,判断是否操作成功
        public bool change(动物检疫合格证明动物表 model)
        {
            return dal.change(model);
        }
        /// 删除记录，成功后返回逻辑值,判断是否操作成功
        public bool delete(int Id)
        {
            return dal.delete(Id);
        }
        /// 查询全部记录
        public List<动物检疫合格证明动物表> selectAll()
        {
            return dal.selectAll();
        }
        /// 通过 Id 主键查询满足条件的记录
        public 动物检疫合格证明动物表 selectById(int Id)
        {
            return dal.selectById(Id);
        }
        /// 通过条件查询
        public 动物检疫合格证明动物表 selectByWhere(string WhereString)
        {
            return dal.selectByWhere(WhereString);
        }
    }
}
```

14.4.7 表示层的实现

表示层的作用是接收用户的请求并返回用户所需的数据。在本系统中表示层由 MVC 中的 View（视图）和 Controller（控制器）来实现。下面以添加“动物检疫合格证明动物表”基本信息为例说明其实现过程。实现的效果图如图 14-28 所示。

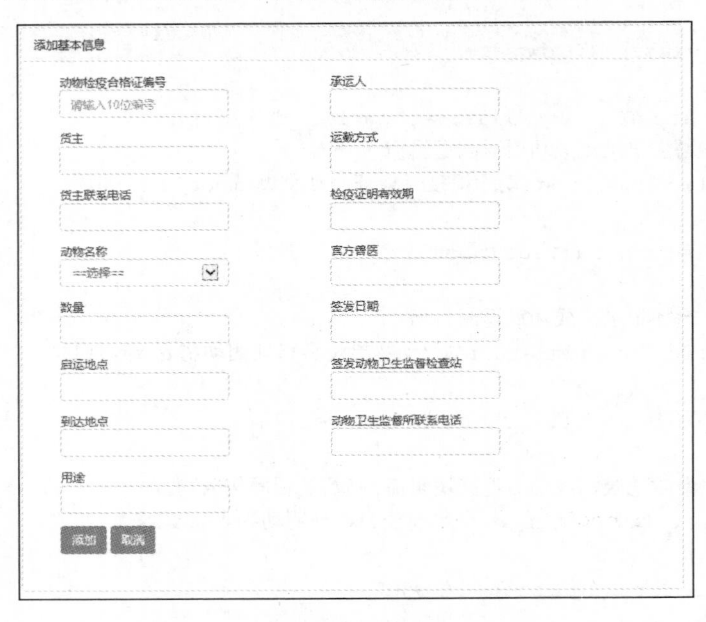

图 14-28 添加基本信息

（1）打开 pigregulatesystem Web 应用程序项，右击 Controllers 文件夹，在弹出的窗口中选择“添加”→“控制器”命令，如图 14-29 所示。

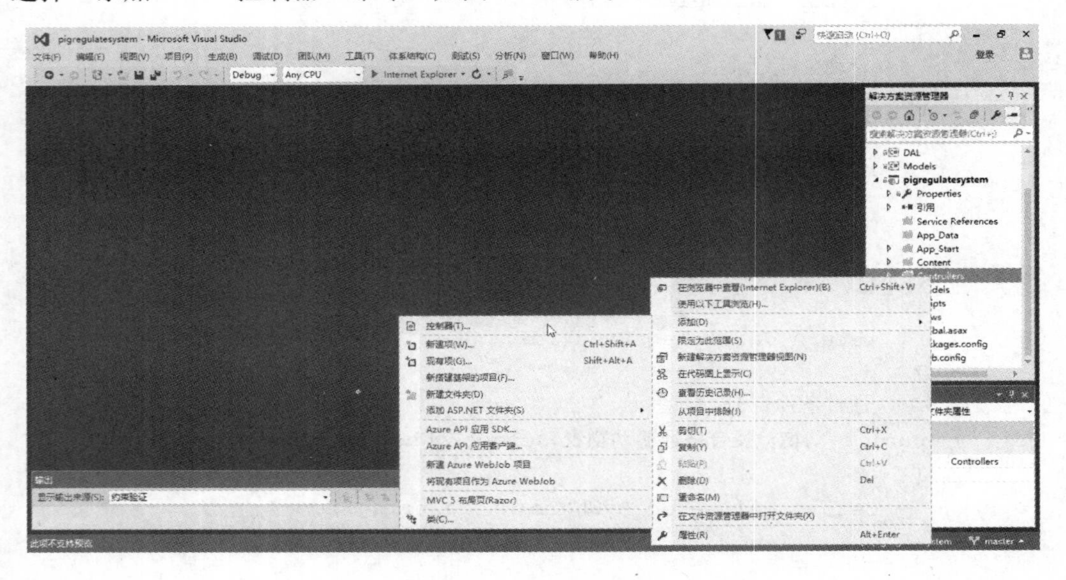

图 14-29 添加控制器

（2）在如图 14-30 所示的窗口中选择“MVC 5 控制器-空”，单击“添加”按钮。

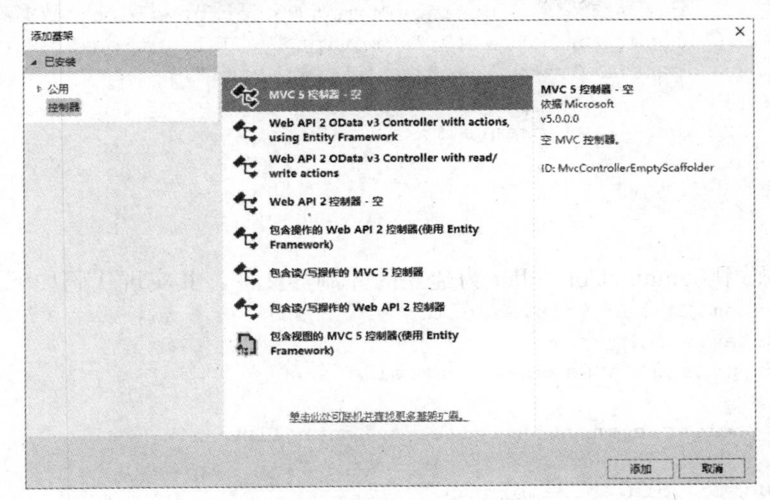

图 14-30　添加基架

（3）在弹出的“添加控制器”窗口中输入 dwjybController，单击“添加”按钮，如图 14-31 所示。

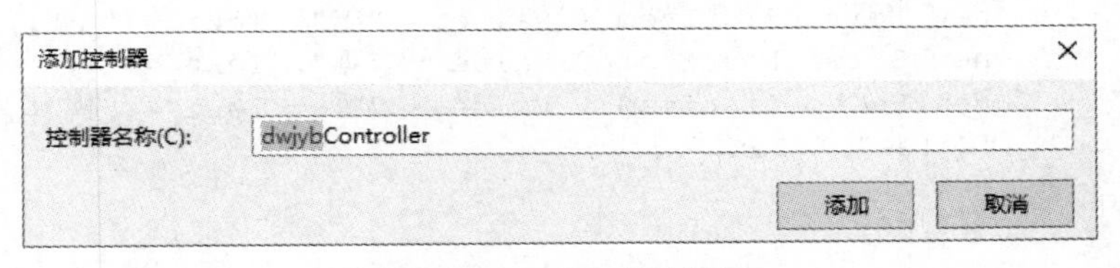

图 14-31　添加控制器

（4）打开控制器 dwjybController.cs，输入如下代码：

```
using System.Collections.Generic;
using System.Web.Mvc;
using BLL;
using Models;
using Webdiyer.WebControls.Mvc;
namespace pigregulatesystem.Controllers
{
    public class dwjybController : commonController
    {
        public ActionResult Create()
        {
            animalbind();
            return View();
        }
        [HttpPost]
        public ActionResult Create([Bind(Exclude = "编号")]动物检疫合格证明动
        物表 dwjyb)
        {
            animalbind();
            if (ModelState.IsValid)
            {
```

```
                new BLL_dwjyb().add(dwjyb);
                var script = string.Format("<script>alert('数据添加成功!');
                location.href='{0}'</script>", Url.Action("dwjy"));
                return Content(script, "text/html");
            }
            return View("create");
        }
    }
}
```

在上述代码中 commonController 为建立的控制器文件，其实现代码如下：

```
using System.Collections.Generic;
using System.Web.Mvc;
namespace pigregulatesystem.Controllers
{
    public class commonController : Controller
    {
        public void animalbind()
        {
            ViewBag.dbanimal = new SelectList(new List<SelectListItem>() {
                new SelectListItem { Value = "猪", Text = "猪"},
                new SelectListItem { Value = "牛", Text = "牛"},
                new SelectListItem { Value = "羊", Text = "羊"},
                new SelectListItem { Value = "鸡", Text = "鸡"},
                new SelectListItem { Value = "鸭", Text = "鸭"}
            }, "Value", "Text");
        }
    }
}
```

同时本页面引用了分页控件 MvcPager，读者可将 MvcPager.dll 文件直接复制到“pigregulatesystem|bin”目录下，同时添加对该文件的引用，即添加命名空间 using Webdiyer.WebControls.Mvc。

（5）选择 Create，在名称上右击，然后在弹出的快捷菜单中选择“添加视图”命令，如图 14-32 所示。

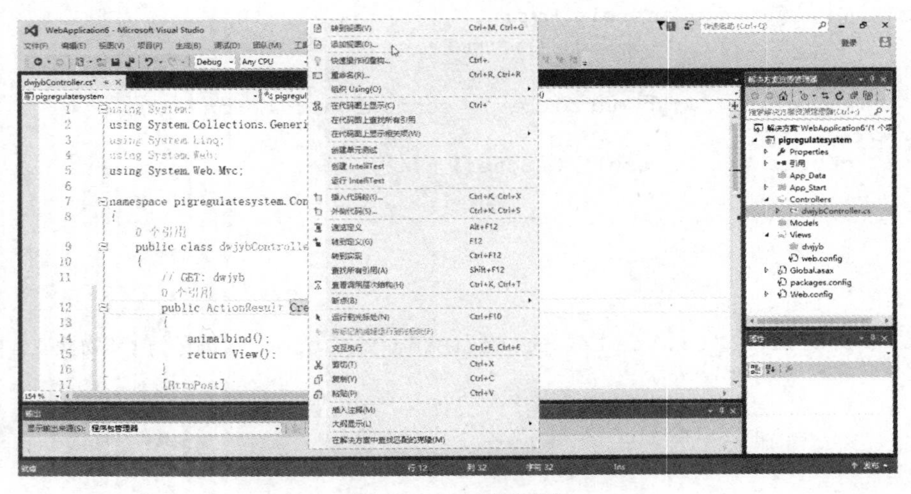

图 14-32　添加视图

（6）在“添加视图”窗口中单击“添加”按钮。系统会自动在 Views 文件夹下建立 dwjyb 文件夹，并在该文件夹下生成 Create.cshtml 文件，如图 14-33 所示。

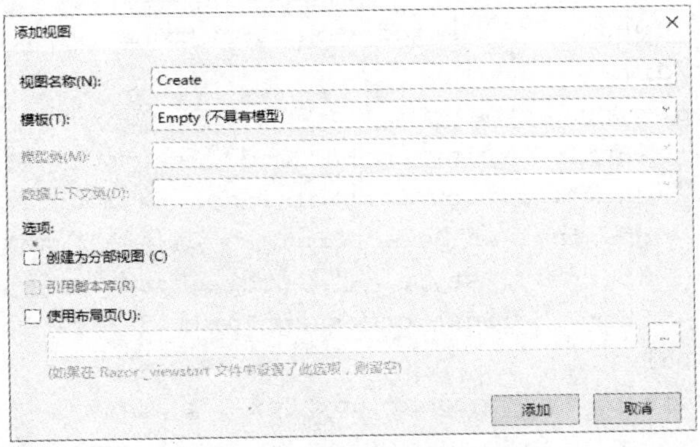

图 14-33　添加视图窗口

（7）打开 Create.cshtml 视图文件，并输入如下代码：

```
@model Models.动物检疫合格证明动物表
@{
    ViewBag.Title = "Create";
    Layout = "~/Views/Shared/_Layoutmenu.cshtml";
}
@using (Html.BeginForm())
{
    <div class="panel panel-default">
        <div class="panel-heading"  style = "color:blue;">
            添加基本信息
        </div>
        <div class="panel-body">
            @Html.ValidationSummary(true)
            <div style="float :left;margin-left:30px;">
                <div style="margin: 0px 0px 15px 0px;">
                    @Html.DisplayNameFor(model => model.动物检疫合格证编号)
                    @Html.TextBoxFor(model => model.动物检疫合格证编号, new
                    { @class = "form-control", style = "width:200px;",
                    placeholder = "请输入 10 位编号" })
                    @Html.ValidationMessageFor(model => model.动物检疫合格证编号)
                </div>
                <div style="margin: 0px 0px 15px 0px;">
                    @Html.DisplayNameFor(model => model.货主)
                    @Html.TextBoxFor(model => model.货主, new { @class =
                    "form-control", style = "width:200px;" })
                    @Html.ValidationMessageFor(model => model.货主)
                </div>
                <div style="margin: 0px 0px 15px 0px;">
```

```
            @Html.DisplayNameFor(model => model.货主联系电话)
            @Html.TextBoxFor(model => model.货主联系电话, new { @class =
            "form-control", style = "width:200px;" })
            @Html.ValidationMessageFor(model => model.货主联系电话)
        </div>
        <div style="margin: 0px 0px 15px 0px;">
            @Html.DisplayNameFor(model => model.动物名称)
            @Html.DropDownListFor(model => model.动物名称, ViewBag.
            dbanimal as SelectList, "==选择==", new { @class = "form-
            control", style = "width:200px;" })
            @Html.ValidationMessageFor(model => model.动物名称)
        </div>
        <div style="margin: 0px 0px 15px 0px;">
            @Html.DisplayNameFor(model => model.数量)
            @Html.TextBoxFor(model => model.数量, new { @class = "form-
            control", style = "width:200px;" })
            @Html.ValidationMessageFor(model => model.数量)
        </div>
        <div style="margin: 0px 0px 15px 0px;">
            @Html.DisplayNameFor(model => model.启运地点)
            @Html.TextBoxFor(model => model.启运地点, new { @class =
             "form-control", style = "width:200px;" })
            @Html.ValidationMessageFor(model => model.启运地点)
        </div>
        <div style="margin: 0px 0px 15px 0px;">
            @Html.DisplayNameFor(model => model.到达地点)
            @Html.TextBoxFor(model => model.到达地点, new { @class =
            "form-control", style = "width:200px;" })
            @Html.ValidationMessageFor(model => model.到达地点)
        </div>
        <div style="margin: 0px 0px 15px 0px;">
            @Html.DisplayNameFor(model => model.用途)
            @Html.TextBoxFor(model => model.用途, new { @class = "form-
            control", style = "width:200px;" })
            @Html.ValidationMessageFor(model => model.用途)
        </div>
    </div>
    <div style="margin-left:350px;">
        <div style="margin: 0px 0px 15px 0px;">
            @Html.DisplayNameFor(model => model.承运人)
            @Html.TextBoxFor(model => model.承运人, new { @class =
            "form-control", style = "width:200px;" })
            @Html.ValidationMessageFor(model => model.承运人)
        </div>
        <div style="margin: 0px 0px 15px 0px;">
```

```
            @Html.DisplayNameFor(model => model.运载方式)
            @Html.TextBoxFor(model => model.运载方式, new { @class =
            "form-control", style = "width:200px;" })
            @Html.ValidationMessageFor(model => model.运载方式)
        </div>
        <div style="margin: 0px 0px 15px 0px;">
            @Html.DisplayNameFor(model => model.检疫证明有效期)
            @Html.TextBoxFor(model => model.检疫证明有效期, new { @class =
            "form-control", style = "width:200px;" })
            @Html.ValidationMessageFor(model => model.检疫证明有效期)
        </div>
        <div style="margin: 0px 0px 15px 0px;">
            @Html.DisplayNameFor(model => model.官方兽医)
            @Html.TextBoxFor(model => model.官方兽医, new { @class =
            "form-control", style = "width:200px;" })
            @Html.ValidationMessageFor(model => model.官方兽医)
        </div>
        <div style="margin: 0px 0px 15px 0px;">
            @Html.DisplayNameFor(model => model.签发日期)
            @Html.TextBoxFor(model => model.签发日期, new { @id =
            "datepicker1", @class = "form-control", style = "width:
            200px;" })
            @Html.ValidationMessageFor(model => model.签发日期)
        </div>
        <div style="margin: 0px 0px 15px 0px;">
            @Html.DisplayNameFor(model => model.签发动物卫生监督检查站)
            @Html.TextBoxFor(model => model.签发动物卫生监督检查站, new
            { @class = "form-control", style = "width:200px;" })
            @Html.ValidationMessageFor(model => model.签发动物卫生监督
            检查站)
        </div>
        <div style="margin: 0px 0px 15px 0px;">
            @Html.DisplayNameFor(model => model.动物卫生监督所联系电话)
            @Html.TextBoxFor(model => model.动物卫生监督所联系电话, new
            { @class = "form-control", style = "width:200px;" })
            @Html.ValidationMessageFor(model => model.动物卫生监督所联
            系电话)
        </div>
    </div>
    <div style="clear:both;margin:30px">
        <button type="submit" class="btn btn-primary">
            添加
        </button>
        <a class="btn btn-primary" href="@Url.Action("dwjy")">取消</a>
    </div>
```

```
        </div>
    </div>
}
@section Scripts {
    @Scripts.Render("~/bundles/jqueryval")
    @Scripts.Render("~/Scripts/DateBootstrap/js/bootstrap-datepicker.js")
    @Scripts.Render("~/Scripts/DateBootstrap/js/locales/bootstrap-
    datepicker.zh-CN.js")
    @Styles.Render("~/Scripts/DateBootstrap/css/datepicker.css")
}
<script>
    $(function () {
        $("#datepicker1").datepicker({ format: 'yyyy-mm-dd' });
    });
</script>
```

14.4.8　三层架构之间相互引用的实现

一般来讲，在三层架构之间存在如下引用关系，即 UI 层引用 BLL 层和 Models 层；BLL 层引用 DAL 层和 Models 层；DAL 层引用 Models 层。通常做法是先创建完所有层，然后添加各层之间的引用，最后再建立各层下的相关文件。为了便于说明，现把此操作放在本节讲解。下面以 BLL 层为例进行说明如何添加引用。

（1）打开 BLL 项目文件，选择“引用”，在其右键快捷菜单中选择“添加引用”命令，如图 14-34 所示。

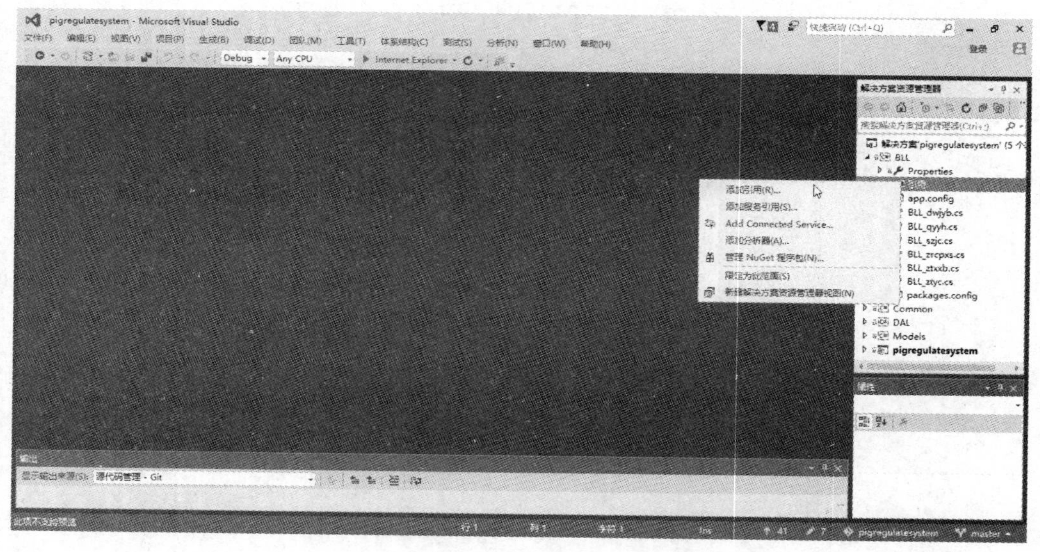

图 14-34　添加引用

（2）在“引用管理器”窗口选择“项目”→“解决方案”选项，在右侧窗口中选择 DAL 和 Models，单击“确定”按钮即可完成 BLL 层的引用，如图 14-35 所示。

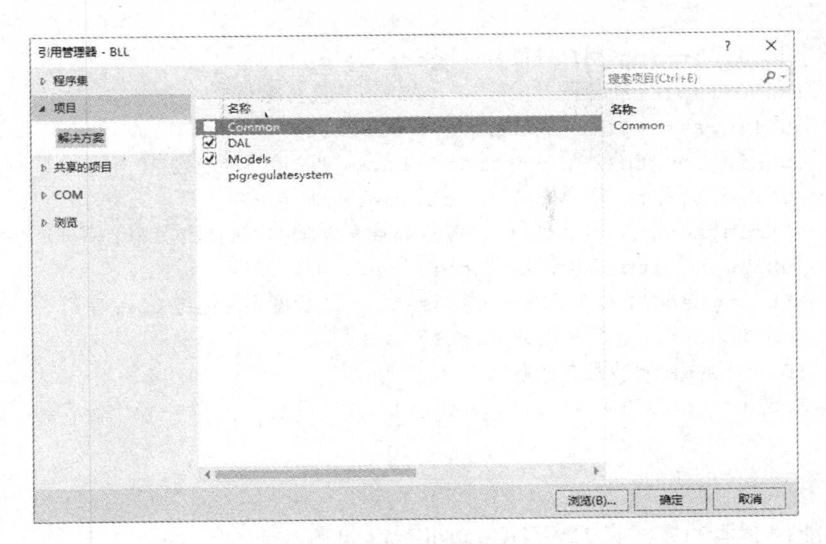

图 14-35　引用管理器添加引用

14.4.9　功能模块的实现

本节将介绍生猪屠宰追溯系统中具体业务的实现。

1. 登录页面

本系统运行时首先看到的页面，如图 14-36 所示。

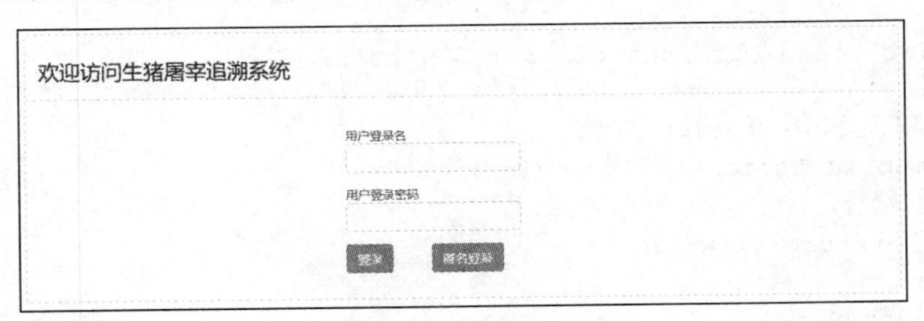

图 14-36　系统登录页面

登录功能页面所对应的数据模型文件为“区域用户信息表.cs”，该文件位于 models/Pig_Models.edmx/ Pig_Models.tt 文件夹下，其代码如下：

```
using System.ComponentModel;
using System.ComponentModel.DataAnnotations;
namespace Models
{
    public partial class 区域用户信息表
    {
        [Key]
        public string 用户编码 { get; set; }
        [Required(ErrorMessage = "请输入登录名")]
        [StringLength(20, ErrorMessage = "长度不能超过 20 个字符！")]
```

```
        public string 用户登录名 { get; set; }
        [Required(ErrorMessage = "请输入登录密码")]
        public string 用户登录密码 { get; set; }
        [StringLength(20, ErrorMessage = "长度不能超过 20 个字符！")]
        public string 用户姓名 { get; set; }
        [StringLength(18, ErrorMessage = "长度不能超过 18 个字符！")]
        public string 身份证号 { get; set; }
        [StringLength(13, ErrorMessage = "长度不能超过 13 个字符！")]
        public string 联系电话 { get; set; }
        [DisplayName("是否在职")]
        public bool 在职 { get; set; }
    }
}
```

登录功能控制器的方法在 QYYHController.cs 文件中，代码如下：

```
using System.Collections.Generic;
using System.Web.Mvc;
using BLL;
using Models;
using Common;
using System.Web.Security;
namespace pigregulatesystem.Controllers
{
    public class QYYHController : Controller
    {
        // 区域用户信息表: QYYH
        public ActionResult Login()
        {
            return View();
        }
        [HttpPost]
        public ActionResult Login(区域用户信息表 usermodel)
        {
            if (ModelState.IsValid)
            {
                DESEncrypt encrypt = new DESEncrypt();
                string ENPassword = encrypt.Md5Hash(usermodel.用户登录密码);
                string str = "where 用户登录名='" + usermodel.用户登录名.
                ToString() + "' and 用户登录密码='" + ENPassword + "'";
                List<区域用户信息表> li = new BLL_qyyh().selectByWhere(str);
                if (li.Count != 0)
                {
                 TempData["userbh"]= li[0].用户编码.ToString();
                 Session["userid"] = li[0].用户编码;
                FormsAuthentication.SetAuthCookie(li[0].用户姓名, true);
                return RedirectToAction("Details", "QYYH");
            }
```

```
                else
                {
                    ModelState.AddModelError("用户登录密码","用户名或密码错误");
                    return View();
                }
            }
            else
            {
                return View();
            }
        }
    }
}
```

登录页面的视图文件为 Views/qyyh/Login.cshtml，具体代码如下：

```
@model Models.区域用户信息表
@using (Html.BeginForm())
{
    @Html.ValidationSummary(true)
    <div class="panel panel-default" >
        <div class="panel-heading"  style = "color:blue;">
          <h3>欢迎访问生猪屠宰追溯系统</h3>
        </div>
        <div class="panel-body">
            <div style="float: left; width: 250px;margin-top: 20px;margin-
            left:350px;">
                <div style="margin: 0px 0px 15px 0px;">
                    @Html.DisplayNameFor(model => model.用户登录名)
                    @Html.TextBoxFor(model => model.用户登录名, new { @class =
                    "form-control", style = "width:200px;" })
                    @Html.ValidationMessageFor(model => model.用户登录名)
                </div>
                <div style="margin: 0px 0px 15px 0px;">
                    @Html.DisplayNameFor(model => model.用户登录密码)
                    @Html.PasswordFor(model => model.用户登录密码, new { @class
                    = "form-control", style = "width:200px;" })
                    @Html.ValidationMessageFor(model => model.用户登录密码)
                </div>
                <div style="margin: 0px 0px 15px 0px;">
                    <button type="submit" class="btn btn-primary" style=
                   "margin-right:40px;">
                        登录
                    </button>
                    <a class="btn btn-primary" href="@Url.Action("index",
                    "zscx")">匿名登录</a>
                 </div>
            </div>
        </div>
```

```
    </div>
}
```


2. 瘦肉精检测列表页面

该页面运行时显示的结果如图 14-37 所示。

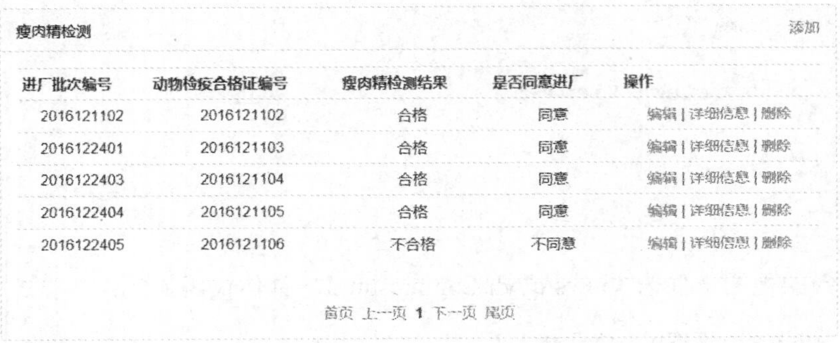

瘦肉精检测　　添加

进厂批次编号	动物检疫合格证编号	瘦肉精检测结果	是否同意进厂	操作
2016121102	2016121102	合格	同意	编辑 | 详细信息 | 删除
2016122401	2016121103	合格	同意	编辑 | 详细信息 | 删除
2016122403	2016121104	合格	同意	编辑 | 详细信息 | 删除
2016122404	2016121105	合格	同意	编辑 | 详细信息 | 删除
2016122405	2016121106	不合格	不同意	编辑 | 详细信息 | 删除

首页 上一页 1 下一页 尾页

图 14-37　瘦肉精检测页面

瘦肉精检测列表页面所对应的数据模型文件为“生猪进厂批次表.cs”，该文件位于 models/Pig_Models.edmx/ Pig_Models.tt 文件夹下，其代码如下：

```
using System.ComponentModel.DataAnnotations;
namespace Models
{
    public partial class 生猪进厂批次表
    {
        public string 进厂批次编号 { get; set; }
        [Required(ErrorMessage = "请输入动物检疫合格证编号")]
        [StringLength(10, ErrorMessage = "长度不能超过 10 个字符！")]
        public string 动物检疫合格证编号 { get; set; }
        [Required(ErrorMessage = "请输入畜禽质量安全检测合格证明编号")]
        [StringLength(10, ErrorMessage = "长度不能超过 10 个字符！")]
        public string 畜禽质量安全检测合格证明编号 { get; set; }
        [Required(ErrorMessage = "请输入生猪贩运人")]
        [StringLength(50, ErrorMessage = "长度不能超过 50 个字符！")]
        public string 生猪贩运人 { get; set; }
        [Required(ErrorMessage = "请输入生猪进厂日期")]
        public System.DateTime 生猪进厂时间 { get; set; }
        [Required(ErrorMessage = "请输入生猪数量")]
        [Range(1, 1000, ErrorMessage = "应为 1-1000 之间的数字")]
        public short 生猪数量 { get; set; }
        [Required(ErrorMessage = "请输入进厂操作人")]
        [StringLength(50, ErrorMessage = "长度不能超过 50 个字符！")]
        public string 进厂操作人 { get; set; }
        [Required(ErrorMessage = "请输入进厂检测人")]
        [StringLength(50, ErrorMessage = "长度不能超过 50 个字符！")]
```

```
        public string 进厂检测人 { get; set; }
        public bool 同意进厂 { get; set; }
        public bool 瘦肉精检测合格 { get; set; }
    }
}
```

瘦肉精检测列表控制器的方法在 szjcController.cs 文件中，代码如下：

```
public class szjcController : Controller
 {
     // 生猪进厂批次表: szjc
    public ActionResult List(int pageIndex = 1, int PAGE_SIZE = 10)
     {
         PagedList<生猪进厂批次表> szjcpc;
         List<生猪进厂批次表> Lszjcpc = new BLL_szjc().selectAll();
         szjcpc =Lszjcpc.ToPagedList(pageIndex, PAGE_SIZE);
         return View(szjcpc);
     }
 }
```

瘦肉精检测列表页面的视图文件为 Views/szjc/list.cshtml，具体代码如下：

```
@using Webdiyer.WebControls.Mvc;
@model PagedList<Models.生猪进厂批次表>
@{
    ViewBag.Title = "List";
    Layout = "~/Views/Shared/_Layoutmenu.cshtml";
}
<div class="panel panel-default">
    <div class="panel-heading"  style = "color:blue;">
        瘦肉精检测
        <span class="pull-right">
            @Html.ActionLink("添加", "create")
        </span>
    </div>
    <div class="panel-body">
        <table class="table table-hover table-condensed">
            <tr><th>进厂批次编号</th><th>动物检疫合格证编号</th><th>瘦肉精检测结
            果</th><th>是否同意进厂</th><th>操作</th></tr>
            @foreach (var item in Model)
            {
                <tr align="center">
                    <td>@Html.DisplayFor(model => item.进厂批次编号)</td>
                    <td>@Html.DisplayFor(model => item.动物检疫合格证编号)</td>
                    <td>
                        @{
                            if (item.瘦肉精检测合格 == true)
                            {
```

```
                    @:合格
                  }
                  else
                  {
                      @:不合格
                  }
              }
          </td>
          <td>
              @{
                  if (item.同意进厂 == true)
                  {
                      @:同意
                  }
                  else
                  {
                      @:不同意
                  }
              }

          </td>
          <td>
              @Html.ActionLink("编辑", "Edit", new { 进厂批次编号 =
              item.进厂批次编号 }) |
              @Html.ActionLink("详细信息", "Details", new { 进厂批次
              编号 = item.进厂批次编号 }) |
              @Html.ActionLink("删除", "Delete", new { 进厂批次编号 =
              item.进厂批次编号 }, new { onclick = "return confirm('
              确认删除？')" })

          </td>
      </tr>
    }
  </table>
  <hr />

  <div style="text-align: center;">
      @Html.Pager(Model, new PagerOptions { PageIndexParameterName =
      "pageIndex", CurrentPagerItemWrapperFormatString = "<b>{0}</b>",
      AutoHide = false })
  </div>
 </div>
</div>
```

3. 批量添加标签数据页面

该页面运行时显示的结果如图 14-38 所示。

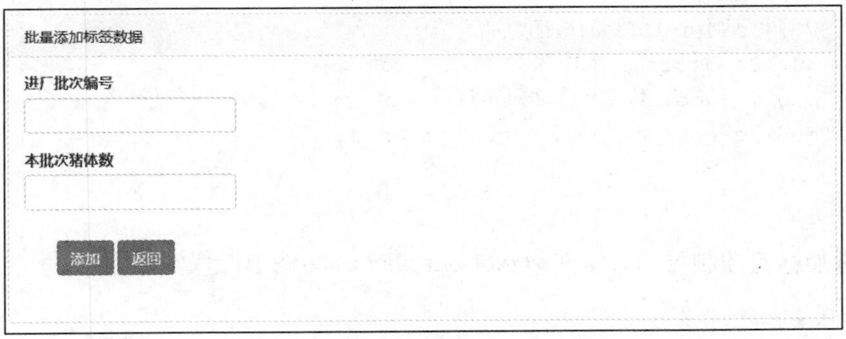

批量添加标签数据

进厂批次编号

本批次猪体数

添加 返回

图 14-38　批量添加标签数据

批量添加标签页面所对应的数据模型文件为“猪体信息表.cs”，该文件位于 models/ Pig_Models.edmx/ Pig_Models.tt 文件夹下，其代码如下：

```
using System.ComponentModel;
using System.ComponentModel.DataAnnotations;
namespace Models
{
    public partial class 猪体信息表
    {
        [Required(ErrorMessage = "请输入 13 位猪体编号")]
        [StringLength(13, MinimumLength = 13, ErrorMessage = "请输入 13 位编号")]
        public string 猪体编号 { get; set; }
        public string 进厂批次编号 { get; set; }
        public string 动物检疫合格证编号 { get; set; }
        public string 畜禽质量安全检测合格证明编号 { get; set; }
        [Required(ErrorMessage = "请输入猪体重量")]
        [Range(typeof(decimal), "000.00", "999.99", ErrorMessage = "请输入
        大于 0 且小于 1000 的重量")]
        public decimal 入圈体重 { get; set; }
        [Required(ErrorMessage = "请输入猪体重量")]
        [Range(typeof(decimal), "000.00", "999.99", ErrorMessage = "请输入
        大于 0 且小于 1000 的重量")]
        public decimal 待宰体重 { get; set; }
        public bool 入圈待宰体重正常 { get; set; }
        [DisplayName("头蹄检疫是否合格")]
        public bool 头蹄正常 { get; set; }
        [DisplayName("内脏检疫是否合格")]
        public bool 内脏正常 { get; set; }
        [DisplayName("旋毛虫检疫是否合格")]
        public bool 旋毛虫正常 { get; set; }
        [DisplayName("品质检疫是否合格")]
        public bool 品质正常 { get; set; }
        [Required(ErrorMessage = "请输入猪体重量")]
        [Range(typeof(decimal), "000.00", "999.99", ErrorMessage = "请输入
```

```
        大于 0 且小于 1000 的重量")]
        public decimal 入库体重 { get; set; }
        public bool 待宰入库体重正常 { get; set; }
        public bool 产品销售 { get; set; }
    }
}
```

批量添加标签控制器的方法在 ztxxbController.cs 文件中，代码如下：

```
//给猪体施加 RFID 标签数据
    public ActionResult add()
    {
        ViewBag.pcbh = "";
        ViewBag.zts = "";
        return View();
    }
    //给猪体施加 RFID 标签数据
    [HttpPost]
    public ActionResult add(string pcbh,string zts)
    {
        if (pcbh == "")
        {
            ViewBag.pcbh = "批次编号不能为空！";
            return View();
        }
        else
        {
            List<猪体信息表> piglist = new BLL_ztxxb().selectByWhere
            ("where 进厂批次编号='" + pcbh + "'");
            if (piglist.Count!=0)
            {
                ViewBag.pcbh = "已输入本批次猪体信息，请查对后重新输入！";
                return View();
            }
            if (!new BLL_szjc().selectByjcpc(pcbh))
            {
                ViewBag.pcbh = "输入的批次编号有误，请查对后重新输入！";
                return View();
            }
        }
        int ztnumber = 0;
        try
        {
            ztnumber = Convert.ToInt32(zts);
            if (ztnumber <= 0 || ztnumber >= 1000)
            {
```

```
                ViewBag.zts = "猪体数量输入格式错误!";
                return View();
            }
        }
        catch
        {
            ViewBag.zts = "猪体数量输入有误! ";
            return View();
        }
        new BLL_ztxxb().addztxx(pcbh,ztnumber);
        var script = string.Format("<script>alert('数据添加成功!');
        location.href='{0}'</script>", Url.Action("List"));
        return Content(script, "text/html");
    }
```

批量添加标签页面的视图文件为 Views/ztxxb/add.cshtml，具体代码如下：

```
@{
    ViewBag.Title = "add";
    Layout = "~/Views/Shared/_Layoutmenu.cshtml";
}
@using (Html.BeginForm())
{
    <div class="panel panel-default">
        <div class="panel-heading"  style = "color:blue;">
            批量添加标签数据
        </div>
        <div class="panel-body">
            @Html.ValidationSummary(true)
            <div style="margin: 0px 0px 15px 0px;">
                @Html.Label("进厂批次编号")
                @Html.TextBox("pcbh", "", new { @class = "form-control", style =
                "width:200px;"})
                <div style="color:red">@Html.Raw(ViewBag.pcbh)</div>
            </div>
            <div style="margin: 0px 0px 15px 0px;">
                @Html.Label("本批次猪体数")
                @Html.TextBox("zts", "", new { @class = "form-control", style =
                "width:200px;"})
                <div style="color:red">@Html.Raw(ViewBag.zts)</div>
            </div>
            <div style="clear:both;margin:30px">
                <button type="submit" class="btn btn-primary">
                    添加
                </button>
                <a class="btn btn-primary"  href="@Url.Action("list")">返回
                </a>
            </div>
```

```
        </div>
    </div>
}
```


4. 生猪异常处理详细信息页面

该页面运行时显示的结果如图 14-39 所示。

生猪异常处理详细信息页面所对应的数据模型文件为“猪体异常处理表.cs”，该文件位于 models/Pig_Models.edmx/ Pig_Models.tt 文件夹下，其代码如下：

```
using System.ComponentModel.DataAnnotations;
namespace Models
{
    public partial class 猪体异常处理表
    {
        public string 猪体编号 { get; set; }
        public string 异常描述 { get; set; }
        [Required(ErrorMessage = "请输入处理方式")]
        public string 处理方式 { get; set; }
        public bool 异常已处理 { get; set; }
        [Required(ErrorMessage = "请输入检验人员姓名")]
        public string 检验人员 { get; set; }
        [Required(ErrorMessage = "请输入处理时间")]
        [DisplayFormat(DataFormatString = "{0:yyyy年MM月dd日}")]
        public System.DateTime 处理时间 { get; set; }
    }
}
```

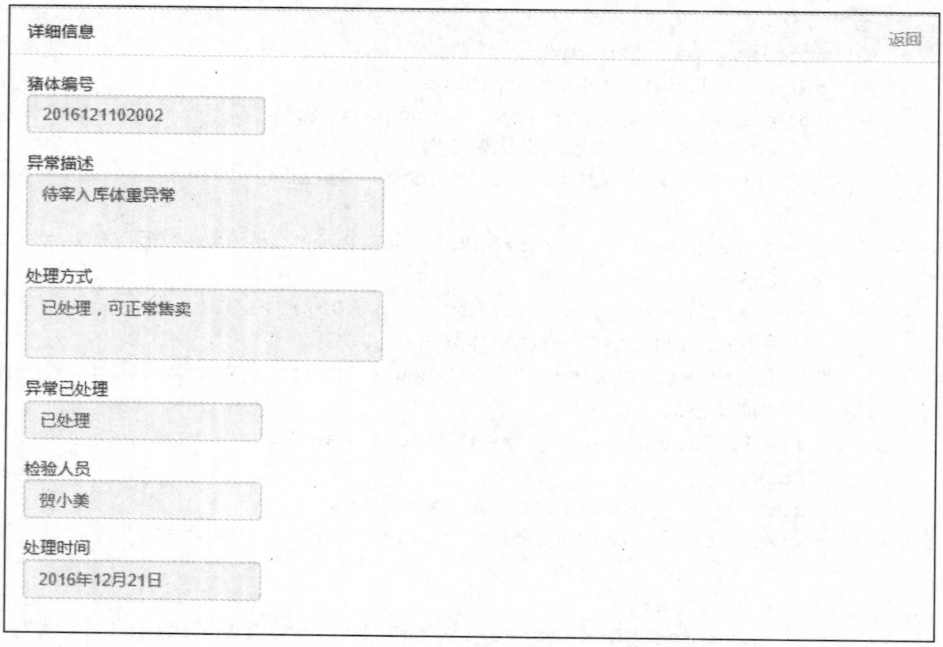

详细信息　返回

猪体编号
2016121102002

异常描述
待宰入库体重异常

处理方式
已处理，可正常售卖

异常已处理
已处理

检验人员
贺小美

处理时间
2016年12月21日

图 14-39　详细信息页面

生猪异常处理详细信息控制器的方法在 ycclController.cs 文件中，代码如下：

```
public ActionResult Details()
    {
        string ztbh = Request["猪体编号"];
        猪体异常处理表 ztyc = new BLL_ztyc().selectById(ztbh);
        return View(ztyc);
    }
```

生猪异常处理详细信息页面的视图文件为 Views/yccl/ Details.cshtml，具体代码如下：

```
@model Models.猪体异常处理表
@{
    ViewBag.Title = "Details";
    Layout = "~/Views/Shared/_Layoutmenu.cshtml";
}
@using (Html.BeginForm())
{
    <div class="panel panel-default">
        <div class="panel-heading"  style = "color:blue;">
            详细信息
            <span class="pull-right">
                <a href="@Url.Action("list")">返回</a>
            </span>
        </div>
        <div class="panel-body">
            @Html.ValidationSummary(true)
            <div style="margin: 0px 0px 15px 0px;">
                @Html.DisplayNameFor(model => model.猪体编号)
                @Html.TextBoxFor(model => model.猪体编号, new { @class = "form-
                control", style = "width:200px;", @readonly = "readonly" })
            </div>
            <div style="margin: 0px 0px 15px 0px;">
                @Html.DisplayNameFor(model => model.异常描述)
                @Html.TextAreaFor(model => model.异常描述, 3, 300, new { @class =
                "form-control", style = "width:300px;", @readonly = "readonly" })
            </div>
            <div style="margin: 0px 0px 15px 0px;">
                @Html.DisplayNameFor(model => model.处理方式)
                @Html.TextAreaFor(model => model.处理方式, 3, 300, new { @class
                = "form-control", style = "width:300px;", @readonly = "readonly" })
            </div>
            <div style="margin: 0px 0px 15px 0px;">
                @Html.DisplayNameFor(model => model.异常已处理)<br />
                @Html.TextBox("异常已处理", (Model.异常已处理 == true ? "已处理"
                :"未处理"), new { @class = "form-control", style = "width:200px;",
```

```
            @readonly = "readonly" })
        </div>
        <div style="margin: 0px 0px 15px 0px;">
            @Html.DisplayNameFor(model => model.检验人员)
            @Html.TextBoxFor(model => model.检验人员, new { @class = "form-
            control", style = "width:200px;", @readonly = "readonly" })
        </div>
        <div style="margin: 0px 0px 15px 0px;">
            @Html.DisplayNameFor(model => model.处理时间)
            @Html.TextBoxFor(model => model.处理时间, new { @class = "form-
            control", style = "width:200px;",@Value=Model.处理时间.
            ToLongDateString(), @readonly = "readonly" })
        </div>
    </div>
</div>
}
```

5. 猪肉产品销售页面

该页面运行时显示的结果如图 14-40 所示。

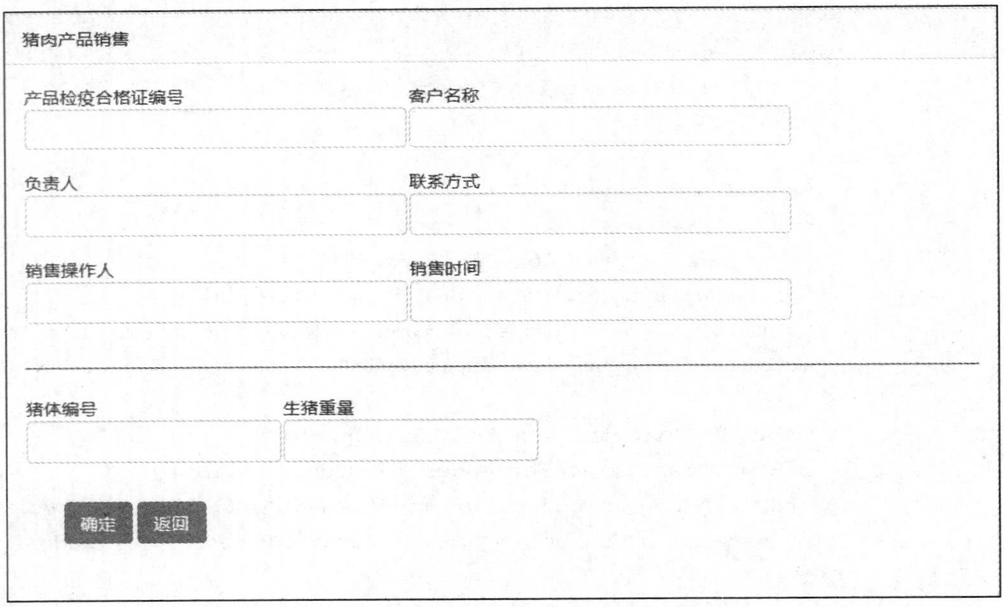

猪肉产品销售

产品检疫合格证编号

客户名称

负责人

联系方式

销售操作人

销售时间

猪体编号

生猪重量

确定

返回

图 14-40　猪肉产品销售

猪肉产品销售页面所对应的数据模型文件为“猪肉产品销售表.cs”，该文件位于 models/ Pig_Models.edmx/ Pig_Models.tt 文件夹下，其代码如下：

```
public partial class 猪肉产品销售表
    {
        [Required(ErrorMessage = "请输入13位猪体编号")]
```

```
    [StringLength(13, MinimumLength = 13, ErrorMessage = "请输入13位编号")]
    public string 猪体编号 { get; set; }
    [Required(ErrorMessage = "请输入客户名称")]
    [StringLength(20, ErrorMessage = "长度不能超过20个字符！")]
    public string 客户名称 { get; set; }
    [Required(ErrorMessage = "请输入负责人名称")]
    [StringLength(20, ErrorMessage = "长度不能超过20个字符！")]
    public string 负责人 { get; set; }
    [Required(ErrorMessage = "请输入联系方式")]
    [StringLength(15, ErrorMessage = "长度不能超过15个字符！")]
    public string 联系方式 { get; set; }
    [Required(ErrorMessage = "请输入产品检疫合格证编号")]
    [StringLength(10, ErrorMessage = "长度不能超过10个字符！")]
    public string 产品检疫合格证编号 { get; set; }
    [Required(ErrorMessage = "请输入销售时间")]
    [DisplayFormat(DataFormatString = "{0:yyyy年MM月dd日}")]
    public System.DateTime 销售时间 { get; set; }
    [Required(ErrorMessage = "请输入销售操作人")]
    [StringLength(20, ErrorMessage = "长度不能超过20个字符！")]
    public string 销售操作人 { get; set; }
    [Required(ErrorMessage = "请输入生猪重量")]
    [Range(typeof(decimal), "0000.00", "9999.99", ErrorMessage = "请输
    入大于0且小于10000的数")]
    public decimal 生猪重量 { get; set; }
}
```

猪肉产品销售页面控制器的方法在“ycclController.cs”文件中，代码如下：

```
[Authorize]
    public ActionResult add()
    {
      return View();
    }
    [HttpPost]
    public ActionResult add(猪肉产品销售表 zrxs)
    {
         猪体信息表 ztxx= new BLL_ztxxb().selectById(zrxs.猪体编号);
       if (ztxx.猪体编号 == null || ztxx.产品销售 == true)
       {
          ModelState.AddModelError("猪体编号","猪体编号输入错误或该生猪已售出！");
       }
       else
        if (ztxx.入圈体重 == 0 || ztxx.入库体重 == 0 || ztxx.待宰体重 == 0 ||
        ztxx.入圈待宰体重正常 == false || ztxx.内脏正常 == false || ztxx.品质
        正常 == false || ztxx.头蹄正常 == false || ztxx.待宰入库体重正常 ==
        false||ztxx.旋毛虫正常==false)
```

```
        {
            ModelState.AddModelError("猪体编号", "该生猪还未屠宰完成或该生猪因
            质量问题不能销售！");
        }
        if (ModelState.IsValid)
            {
                new BLL_zrcpxs().add(zrxs);
                new BLL_ztxxb().changecpxs(zrxs.猪体编号);
                Response.Write("<script>alert('销售成功！')</script>");
            }
          return View(zrxs);
    }
```

猪肉产品销售页面的视图文件为 Views/zrcpxs/add.cshtml，具体代码如下：

```
@model Models.猪肉产品销售表
@{
    ViewBag.Title = "add";
    Layout = "~/Views/Shared/_Layoutmenu.cshtml";
}
@using (Html.BeginForm())
{
<div class="panel panel-default">
    <div class="panel-heading"  style = "color:blue;">
        猪肉产品销售
    </div>
    <div class="panel-body">
        @Html.ValidationSummary(true)
        <table>
            <tr>
                <td>
                    <div style="margin: 0px 0px 15px 0px;">
                        @Html.DisplayNameFor(model => model.产品检疫合格证编号)
                        @Html.TextBoxFor(model => model.产品检疫合格证编号, new
                        { @class = "form-control", style = "width:300px;" })
                        @Html.ValidationMessageFor(model => model.产品检疫合格
                        证编号)
                    </div>
                </td>
                <td>
                    <div style="margin: 0px 0px 15px 0px;">
                        @Html.DisplayNameFor(model => model.客户名称)
                        @Html.TextBoxFor(model => model.客户名称, new { @class
                        = "form-control", style = "width:300px;" })
                        @Html.ValidationMessageFor(model => model.客户名称)
                    </div>
```

```
            </td>
        </tr>
        <tr>
            <td>
                <div style="margin: 0px 0px 15px 0px;">
                    @Html.DisplayNameFor(model => model.负责人)
                    @Html.TextBoxFor(model => model.负责人, new { @class =
                    "form-control", style = "width:300px;" })
                    @Html.ValidationMessageFor(model => model.负责人)
                </div>
            </td>
            <td>
                <div style="margin: 0px 0px 15px 0px;">
                    @Html.DisplayNameFor(model => model.联系方式)
                    @Html.TextBoxFor(model => model.联系方式, new { @class
                    = "form-control", style = "width:300px;" })
                    @Html.ValidationMessageFor(model => model.联系方式)
                </div>
            </td>
        </tr>
        <tr>
            <td>
                <div style="margin: 0px 0px 15px 0px;">
                    @Html.DisplayNameFor(model => model.销售操作人)
                    @Html.TextBoxFor(model => model.销售操作人, new { @class
                    = "form-control", style = "width:300px;" })
                    @Html.ValidationMessageFor(model => model.销售操作人)
                </div>
            </td>
            <td>
                <div style="margin: 0px 0px 15px 0px;">
                    @Html.DisplayNameFor(model => model.销售时间)
                    @Html.TextBoxFor(model => model.销售时间, new { @id =
                    "datepicker1", @class = "form-control", style = "width:
                    300px;" })
                    @Html.ValidationMessageFor(model => model.销售时间)
                </div>
            </td>
        </tr>
    </table>

    <hr style="height:1px;border:none;border-top:1px solid #0066CC;" />
<table>
    <tr>
        <td>
```

```
                @Html.DisplayNameFor(model => model.猪体编号)
                @Html.TextBoxFor(model => model.猪体编号, new { @class = "form-
                control", style = "width:200px;" })
                @Html.ValidationMessageFor(model => model.猪体编号)
            </td>
            <td>
                @Html.DisplayNameFor(model => model.生猪重量)
                @Html.TextBoxFor(model => model.生猪重量, new { @class = "form-
                control", style = "width:200px;" })
                @Html.ValidationMessageFor(model => model.生猪重量)
            </td>
        </tr>
    </table>
        <div style="clear:both;margin:30px">
            <button type="submit" class="btn btn-primary">
                确定
            </button>
            <a class="btn btn-primary" href="@Url.Action("list")">返回</a>
        </div>
    </div>
</div>
}
@section Scripts {
    @Scripts.Render("~/bundles/jqueryval")
    @Scripts.Render("~/Scripts/DateBootstrap/js/bootstrap-datepicker.js")
    @Scripts.Render("~/Scripts/DateBootstrap/js/locales/bootstrap-
    datepicker.zh-CN.js")
    @Styles.Render("~/Scripts/DateBootstrap/css/datepicker.css")
}
<script>
    $(function () {
        $("#datepicker1").datepicker({ format: 'yyyy-mm-dd' });
    });
</script>
```

6. 其他模块

本系统的其他模块具体实现详见源代码资源。

14.5 小　　结

本章介绍了采用 Visual Studio 2015、jQuery、SQL Server 2014 和 MVC 等技术实现了一个纯软件的生猪屠宰追溯系统的过程。本章主要分 4 个部分来介绍该系统的实现：开发背景、需求分析、系统设计和系统实现。本实例实现的功能有系统登录、生猪进厂、待宰静养、屠宰检疫、入库称重、异常处理、生猪售卖和生猪查询。在数据库方面，采用了微软的 SQL Server 2014 且使用了存储过程及实体框架 Entity Framework。通过本章的学习，读者可以快速掌握三层架构+MVC 开发系统的基本思想和方法。

附　　录　HTML 特殊字符编码对照表

特殊符号	命名实体	十进制编码	特殊符号	命名实体	十进制编码	特殊符号	命名实体	十进制编码
Α	Α	Α	Β	Β	Β	Γ	Γ	Γ
Δ	Δ	Δ	Ε	Ε	Ε	Ζ	Ζ	Ζ
Η	Η	Η	Θ	Θ	Θ	Ι	Ι	Ι
Κ	Κ	Κ	Λ	Λ	Λ	Μ	Μ	Μ
Ν	Ν	Ν	Ξ	Ξ	Ξ	Ο	Ο	Ο
Π	Π	Π	Ρ	Ρ	Ρ	Σ	Σ	Σ
Τ	Τ	Τ	Υ	Υ	Υ	Φ	Φ	Φ
Χ	Χ	Χ	Ψ	Ψ	Ψ	Ω	Ω	Ω
α	α	α	β	β	β	γ	γ	γ
δ	δ	δ	ε	ε	ε	ζ	ζ	ζ
η	η	η	θ	θ	θ	ι	ι	ι
κ	κ	κ	λ	λ	λ	μ	μ	μ
ν	ν	ν	ξ	ξ	ξ	ο	ο	ο
π	π	π	ρ	ρ	ρ	ς	ς	ς
σ	σ	σ	τ	τ	τ	υ	υ	υ
φ	φ	φ	χ	χ	χ	ψ	ψ	ψ
ω	ω	ω	ϑ	ϑ	ϑ	ϒ	ϒ	ϒ
ϖ	ϖ	ϖ	•	•	•	…	…	…
′	′	′	″	″	″	‾	‾	‾
⁄	⁄	⁄	℘	℘	℘	ℑ	ℑ	ℑ
ℜ	ℜ	ℜ	™	™	™	ℵ	ℵ	ℵ
←	←	←	↑	↑	↑	→	→	→
↓	↓	↓	↔	↔	↔	↵	↵	↵
⇐	⇐	⇐	⇑	⇑	⇑	⇒	⇒	⇒
⇓	⇓	⇓	⇔	⇔	⇔	∀	∀	∀
∂	∂	∂	∃	∃	∃	∅	∅	∅
∇	∇	∇	∈	∈	∈	∉	∉	∉
∋	∋	∋	∏	∏	∏	∑	∑	−
−	−	−	∗	∗	∗	√	√	√
∝	∝	∝	∞	∞	∞	∠	∠	∠
∧	∧	⊥	∨	∨	⊦	∩	∩	∩
∪	∪	∪	∫	∫	∫	∴	∴	∴
∼	∼	∼	≅	≅	≅	≈	≈	≅
≠	≠	≠	≡	≡	≡	≤	≤	≤
≥	≥	≥	⊂	⊂	⊂	⊃	⊃	⊃
⊄	⊄	⊄	⊆	⊆	⊆	⊇	⊇	⊇

续表

特殊符号	命名实体	十进制编码	特殊符号	命名实体	十进制编码	特殊符号	命名实体	十进制编码
⊕	⊕	⊕	⊗	⊗	⊗	⊥	⊥	⊥
·	⋅	⋅	⌈	⌈	⌈	⌉	⌉	⌉
⌊	⌊	⌊	⌋	⌋	⌋	◊	◊	◊
♠	♠	♠	♣	♣	♣	♥	♥	♥
♦	♦	♦				¡	¡	¡
¢	¢	¢	£	£	£	¤	¤	¤
¥	¥	¥	¦	¦	¦	§	§	§
¨	¨	¨	©	©	©	ª	ª	ª
«	«	«	¬	¬	¬			
®	®	®	¯	¯	¯	°	°	°
±	±	±	²	²	²	³	³	³
´	´	´	µ	µ	µ	"	"	"
<	<	<	>	>	>	'		'

参 考 文 献

[1] 陈长喜. ASP.NET 程序设计基础教程[M]. 2 版. 北京：清华大学出版社，2013.

[2] 张正礼. ASP.NET MVC4 架构实现与项目实战[M]. 北京：清华大学出版社，2014.

[3] 蒋金楠. ASP.NET MVC 5 框架揭秘[M]. 北京：电子工业出版社，2014.

[4] demo. ASP.NET MVC 5 网站开发之美[M]. 北京：清华大学出版社，2015.

[5] 马骏. ASP.NET MVC 程序设计教程[M]. 3 版. 北京：人民邮电出版社，2015.

[6] 巴勒莫. ASP.NET MVC 4 实战[M]. 北京：人民邮电出版社，2014.

[7] 李天平. 项目中的.NET[M]. 北京：电子工业出版社，2012.

[8] 软件开发技术联盟. ASP.NET 开发实例大全（提高卷）[M]. 北京：清华大学出版社，2016.

[9] 张敬普. 精通 C# 5.0 与.NET 4.5 高级编程——LINQ、WCF、WPF 和 WF[M]. 北京：清华大学出版社，2014.

[10] 唐四薪，等. ASP 动态网页设计与 Ajax 技术[M]. 北京：清华大学出版社，2012.

[11] 菲茨杰拉德. Crystal Reports 2008 水晶报表官方指南[M]. 2 版. 北京：清华大学出版社，2010.

[12] 加洛韦（Jon Galloway），等. ASP.NET MVC 5 高级编程[M]. 5 版. 孙远帅，译. 北京：清华大学出版社，2015.

[13] 内格尔（Christian Nagel），等；C#高级编程——C# 5.0 & .NET 4.5.1[M]. 9 版. 李铭，译. 北京：清华大学出版社，2014.

[14] Adam Freeman.精通 ASP.NET 4.5[M]. 5 版. 北京：人民邮电出版社，2014.

[15] 李波，等. PowerDesigner 16 系统分析与建模实战[M].北京：清华大学出版社，2014.

[16] 福思特，等，XML 入门经典[M]. 5 版. 北京：清华大学出版社，2013.

[17] 田中雨. XML 实践教程[M]. 2 版. 北京：清华大学出版社，2016.

[18] [英] 多兰斯（Barry Dorrans）. ASP.NET 安全编程入门经典[M]. 臧国轻，译. 北京：清华大学出版社，2011.

图书资源支持

感谢您一直以来对清华版图书的支持和爱护。为了配合本书的使用，本书提供配套的资源，有需求的读者请扫描下方的“书圈”微信公众号二维码，在图书专区下载，也可以拨打电话或发送电子邮件咨询。

如果您在使用本书的过程中遇到了什么问题，或者有相关图书出版计划，也请您发邮件告诉我们，以便我们更好地为您服务。

我们的联系方式：

地　　址：北京海淀区双清路学研大厦 A 座 707

邮　　编：100084

电　　话：010－62770175－4604

资源下载：http://www.tup.com.cn

电子邮件：weijj@tup.tsinghua.edu.cn

QQ：883604（请写明您的单位和姓名）

资源下载、样书申请

书圈

用微信扫一扫右边的二维码，即可关注清华大学出版社公众号“书圈”。